2025 注册电气工程师 资格考试 专业基础 辅导教材

供配电 发输变电专业

主　编　陈志新

副主编　龚　静

中国电力出版社

CHINA ELECTRIC POWER PRESS

内 容 提 要

　　本书是根据注册电气工程师专业基础考试大纲，结合考试的特点，组织曾多年参与注册工程师考试培训、辅导教材编写，并具有丰富专业基础知识和多年教学经验的专家、教授编写的。本书包含了注册电气工程师资格考试所要求的专业基础的 4 章内容，即电路与电磁场、模拟电子技术、数字电子技术和电气工程基础。每章之后还精选了近些年注册电气工程师（供配电、发输变电专业）的考试真题以及适量的复习题，并给出答案及提示，以便考生了解考试深度和试题类型，提高应试能力。本书以考试大纲为依据，内容全面，简明扼要，难度适宜，实用为主，够用为止。

　　本书特别适合参加 2025 年注册电气工程师资格考试的考生复习使用。

图书在版编目（CIP）数据

　　2025 注册电气工程师资格考试专业基础辅导教材：供配电、发输变电专业 / 陈志新主编；龚静副主编 . -- 北京 ：中国电力出版社, 2025. 4. -- ISBN 978-7-5198-9881-6

　　Ⅰ . TM

　　中国国家版本馆 CIP 数据核字第 2025YN1179 号

出版发行：中国电力出版社
地　　址：北京市东城区北京站西街 19 号（邮政编码 100005）
网　　址：http://www.cepp.sgcc.com.cn
责任编辑：杨淑玲（010-63412602）
责任校对：黄 蓓　朱丽芳　马 宁
装帧设计：张俊霞
责任印制：杨晓东

印　　刷：三河市航远印刷有限公司
版　　次：2025 年 4 月第一版
印　　次：2025 年 4 月北京第一次印刷
开　　本：787 毫米×1092 毫米　16 开本
印　　张：25.5
字　　数：630 千字
定　　价：88.00 元

本 书 编 委 会

主　编　陈志新

副主编　龚　静

参　编（以编写章节为序）

　　　　王晓辉　王　佳　刘辛国

各章编写分工：

　　第1章　电路与电磁场　　　王晓辉　王　佳　刘辛国

　　第2章　模拟电子技术　　　刘辛国

　　第3章　数字电子技术　　　陈志新

　　第4章　电气工程基础　　　龚　静　王晓辉

前　　言

自 2005 年开始实施的注册电气工程师资格考试制度，对于加强我国电气工程设计管理和电气工程师执业管理等具有重要的意义。为配合注册电气工程师资格考试，我们组织了长期参与注册工程师考试培训、辅导教材编写并具有丰富的专业基础知识和多年教学经验的专家、教授，按照注册电气工程师资格专业基础考试大纲编写了这本辅导书。本书可供从事发电、输变电、供配电、建筑电气、电气传动、电力系统等工程设计及相关业务的专业技术人员参加专业基础考前系统复习使用。

本书主编在中国电力出版社曾经多次出版过相关考试辅导用书，多年来一直受到广大准备参加注册电气工程师考生的好评。本书是很多注册电气工程师考前培训班指定的辅导教材。为帮助考生更好地进行考前复习并通过考试，本书以前几版内容为基础进行了修订、扩充，并再次出版。

本书包含了注册电气工程师专业基础考试大纲要求的 4 章内容，即电路与电磁场（包括电路的基本概念和基本定律、电路的分析方法、正弦交流电路、非正弦周期电流电路、简单动态电路的时域分析、静电场、恒定电场、恒定磁场、均匀传输线）、模拟电子技术（包括半导体及二极管、半导体三极管、基本放大电路、放大电路的频率特性、集成运算放大电路、互补功率放大电路、负反馈放大电路、集成运算放大器在运算电路中的应用、集成运算放大器在信号处理电路中的应用、集成运算放大器在信号产生电路中的应用、直流稳压电源）、数字电子技术（包括数字电路基础知识、集成逻辑门电路、数字基础及逻辑函数化简、集成组合逻辑电路、触发器、时序逻辑电路、脉冲波形的产生、数模和模数转换）、电气工程基础（包括电力系统基本知识，电力线路、变压器的参数与等效电路，简单电网的潮流计算，无功功率平衡和电压调整，短路电流计算，变压器，感应电动机，同步电机，过电压及绝缘配合，断路器，互感器，直流电机，电气主接线，电气设备选择）。鉴于考生大都是在职人员，工作繁忙，复习时间短，同时还考虑到考生虽然都曾系统学习过这些内容，但由于考试涉及内容多且已搁置久远，本书力求紧扣考试大纲，以简明扼要、重点突出、难度适宜、实用为主、够用为止为特点，尽量满足广大考生的要求。每章之后还精选了适量的复习题，同时在复习题之后给出相关答案及提示，特别是精选了近些年注册电气工程师（供配电、发输变电专业）的考试真题并予以注明（书中个别电气符号仍保留了原考题的符号形式），以便考生练习，了解考试深度和试题类型，提高应试能力。

本书在编写过程中难免有疏漏之处，恳请读者指正。有关本书的任何疑问、意见及建议，请加 QQ（549525114）进行交流。

编　者

2025 年 3 月

目　　录

第1章 电路与电磁场

➡ **考试大纲**

1.1 电路的基本概念和基本定律

    1.1.1 掌握电阻、独立电压源、独立电流源、受控电压源、受控电流源、电容、电感、耦合电感、理想变压器诸元件的定义、性质

    1.1.2 掌握电流、电压参考方向的概念

    1.1.3 熟练掌握基尔霍夫定律

1.2 电路的分析方法

    1.2.1 掌握常用电路的等效变换方法

    1.2.2 熟练掌握节点电压方程的列写方法，并会求解电路方程

    1.2.3 了解回路电流方程的列写方法

    1.2.4 熟练掌握叠加定理、戴维南定理和诺顿定理

1.3 正弦交流电路

    1.3.1 掌握正弦量的三要素和有效值

    1.3.2 掌握电感、电容元件电流电压关系的相量形式及基尔霍夫定律的相量形式

    1.3.3 掌握阻抗、导纳、有功功率、无功功率、视在功率和功率因数的概念

    1.3.4 熟练掌握正弦交流电路分析的相量方法

    1.3.5 了解频率特性的概念

    1.3.6 熟练掌握三相电路中电源和负载的连接方式及相电压、相电流、线电压、线电流、三相功率的概念和关系

    1.3.7 熟练掌握对称三相电路分析的相量方法

    1.3.8 掌握不对称三相电路的概念

1.4 非正弦周期电流电路

    1.4.1 了解非正弦周期量的傅里叶级数分解方法

    1.4.2 掌握非正弦周期量的有效值、平均值和平均功率的定义和计算方法

    1.4.3 掌握非正弦周期电路的分析方法

1.5 简单动态电路的时域分析

    1.5.1 掌握换路定则并能确定电压、电流的初始值

    1.5.2 熟练掌握一阶电路分析的基本方法

    1.5.3 了解二阶电路分析的基本方法

1.6 静电场

    1.6.1 掌握电场强度、电位的概念

    1.6.2 了解应用高斯定律计算具有对称性分布的静电场问题

    1.6.3 了解静电场边值问题的镜像法和电轴法，并能掌握几种典型情形的电场计算

1.6.4　了解电场力及其计算

1.6.5　掌握电容和部分电容的概念，了解简单形状电极结构电容的计算

1.7　恒定电场

1.7.1　掌握恒定电流、恒定电场、电流密度的概念

1.7.2　掌握微分形式的欧姆定律、焦耳定律、恒定电场的基本方程和分界面上的衔接条件，能正确地分析和计算恒定电场问题

1.7.3　掌握电导和接地电阻的概念，并能计算几种典型接地电极系统的接地电阻

1.8　恒定磁场

1.8.1　掌握磁感应强度、磁场强度及磁化强度的概念

1.8.2　了解恒定磁场的基本方程和分界面上的衔接条件，并能应用安培环路定理正确分析和求解具有对称性分布的恒定磁场问题

1.8.3　了解自感、互感的概念，了解几种简单结构的自感和互感的计算

1.8.4　了解磁场能量和磁场力的计算方法

1.9　均匀传输线

1.9.1　了解均匀传输线的基本方程和正弦稳态分析方法

1.9.2　了解均匀传输线特性阻抗和阻抗匹配的概念

1.1　电路的基本概念和基本定律

电路是电流的通路，它是为了某种需要由某些电气设备或元件按一定方式组合起来的。电路包括电源、负载和中间环节三个组成部分，其中电源或信号源的电压或电流称为激励，它推动电路工作。由激励在电路各部分产生的电压和电流称为响应。

1.1.1　电路元件

1. 电阻元件

电阻元件的电路模型如图 1-1 所示。

(1) 欧姆定律

$$u = Ri \tag{1-1}$$

注意：图 1-1 中的 u、i 参考方向相同，即为关联参考方向，此时式(1-1)成立。若 u、i 参考方向相反，即为非关联参考方向，如图 1-2 所示，式(1-1)变为 $u=-Ri$。

对于 $u=Ri$，当 u、i 为关联正向时，若 $R>0$，则称 R 为正电阻；若 $R<0$，则称为负电阻。工程实际中可用有源电子器件实现负电阻。

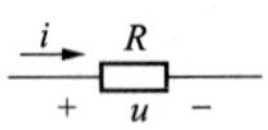

图 1-1　电阻元件（u、i 为关联参考方向）

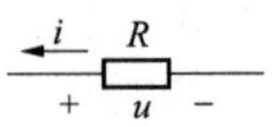

图 1-2　电阻元件（u、i 为非关联参考方向）

(2) 线性正电阻消耗功率

$$P = ui = (Ri)i = Ri^2 = u^2/R \geqslant 0$$

正电阻的功率 $P>0$，即为耗能元件，而负电阻的功率 $P<0$，即它在电路中是向外输送功率的。

(3) 当电阻元件的阻值 $R=0$ 时，可用一根短路线替代；当 $R=\infty$ 时，其等价于“开

路"，可用"断路"表示。

（4）电导。电导定义式为 $G=1/R$，单位为 S（西门子）。

2. 独立电源

独立电源是指其输出不受外界的影响，独立电源分为独立电压源和独立电流源两种电路模型。两种独立电源及其特性见表 1-1。

表 1-1　　　　　　　　　　　　　独立电源及其特性

性质	电压源		电流源	
	标准电压源	理想电压源	标准电流源	理想电流源
电路符号	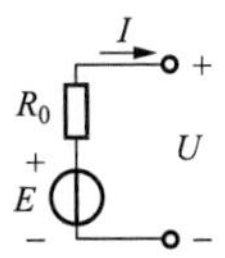	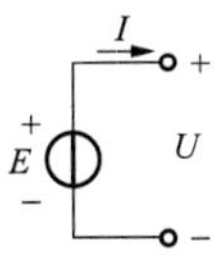	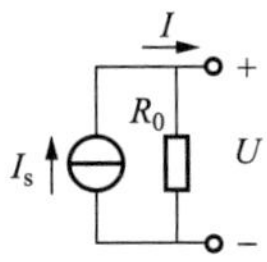	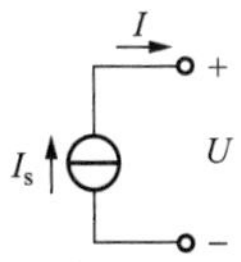
内阻	$R_0=\dfrac{E-U}{I}$	$R_0=0$	$R_0=\dfrac{U}{I_s-I}$	$R\to\infty$
电压或电流	$U=E-R_0I$	$U=E$	$I=I_s-\dfrac{u}{R_0}$	$I=I_s$
特点	内阻小，输出电压恒定		内阻大，输出电流恒定	

（1）独立电压源。电压源是能向外部输出随时间按某种规律变化的电压的元件，它是有源元件，可以分为标准电压源和理想电压源。

1）理想电压源特点：① 输出电压不变，其值恒等于电动势，即 $U\equiv E$；② 电源中的电流由外电路决定。

2）电路中，电压源既可输出功率（即产生功率），又可吸收功率（此时其表现和电阻一样，在电路中消耗能量）。不要误以为电压源在电路总是能提供能量的。

3）电压源的电路符号中，务必给出其端电压的参考极性。

（2）独立电流源。电流源是有源元件，可以分为标准电流源和理想电流源。

1）理想电流源特点：① 输出电流不变，其值恒等于电流源电流 I_s；② 输出电压由外电路决定。

2）电路中，电流源既可向外部提供功率，也可自身消耗功率，这取决于其两端电压的真实极性。

3. 受控电源

受控电源是为模拟电子器件中的物理过程而提出的一种理想化的电路元件。受控电源不同于独立电源，受控电源的输出受控于其他支路的某个电量。受控电源为四端元件，是由控制支路和输出支路构成的。

受控电源有电压控制型电压源（VCVS）、电压控制型电流源（VCCS）、电流控制型电压源（CCVS）和电流控制型电流源（CCCS）四种类型。这四种受控电源及其特性见表 1-2。

表 1-2   **受 控 电 源 及 其 特 性**

代号	VCVS	VCCS	CCVS	CCCS
名称	电压控制型电压源	电压控制型电流源	电流控制型电压源	电流控制型电流源
电路符号	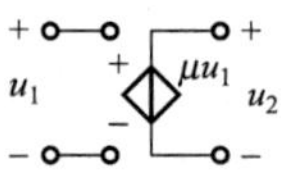 $u_1\ \mu u_1\ u_2$	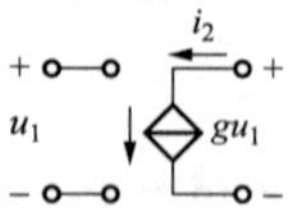 $u_1\ gu_1$	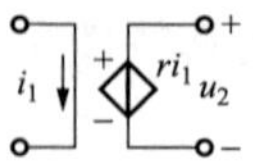 $i_1\ ri_1\ u_2$	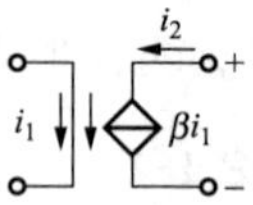 $i_1\ \beta i_1$
控制量	u_1	u_1	i_1	i_1
被控量	u_2	i_2	u_2	i_2
被控支路伏安关系	$u_2 = \mu u_1$	$i_2 = gu_1$	$u_2 = ri_1$	$i_2 = \beta i_1$

当电路中含有受控电源时，其分析处理方法有着许多特殊之处，应予以注意。

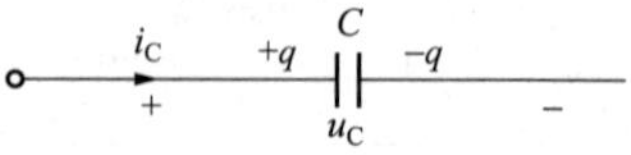

4. 电容元件

（1）特征方程。当电压、电流取关联正向时，如图 1-3 所示，电容元件的特征方程（即伏安关系式）为

$$i_C = C \frac{\mathrm{d}u_C}{\mathrm{d}t} \tag{1-2}$$

图 1-3   电容元件

$$u_C(t) = u_C(0) + \frac{1}{C}\int_0^t i(\xi)\,\mathrm{d}\xi \tag{1-3}$$

（2）电容元件的电流与电压的变化率成正比，这是电容元件与电阻元件的一个重要的不同之处，故称电容元件为动态元件。

（3）在直流电路中，通过电容的电流恒为零，此时电容相当于开路，称之为电容元件的隔直作用；而在电路工作频率极高时，电容元件两端电压近似为零，即相当于短路。

（4）式（1-3）说明，当前 t 时刻的电容电压不仅与现实的电流相关，而且与电容的初始状态有关，故称电容元件为记忆元件。

（5）当电容电流为有界函数时，电容电压不可能发生"突变"（或跳变），只能连续变化，称之为电容电压的连续性，这是电容元件一个很重要的性质。

（6）电容元件中储藏的电场能量计算式为

$$W_C = \frac{1}{2}Cu_C^2$$

（7）由于在任意时刻 t，均有 $W_C \geqslant 0$，这表明电容元件是无源元件。同时，它能存储电场能量，但不消耗能量，故电容元件是非耗能元件，且称它为储能元件。

5. 电感元件

（1）当电流和磁链的参考方向符合右手螺旋法则时，线性电感元件的磁链 ψ_L、电感量 L 及电感电流 i_L 之间关系式为 $\psi_L = Li_L$。

（2）特征方程。当电压、电流取关联正向时，如图 1-4 所示，电感元件的特征方程（即伏安关系式）为

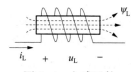

图 1-4   电感元件

$$u_L = L \frac{\mathrm{d}i_L}{\mathrm{d}t}$$

$$i_L(t) = i_L(0) + \frac{1}{L}\int_0^t u(\xi)\mathrm{d}\xi$$

（3）由电容、电感元件的伏安关系式可知，i_C 与 u_L、u_C 与 i_L 具有类比性，称电感、电容元件为对偶元件。

（4）电感元件也是动态元件。在直流电路中，电感元件两端的电压为零，相当于短路；而当电路的工作频率极高时，电感元件近似为开路。

（5）当电感元件两端的电压为有界函数时，电感电流不能跳变，称之为电感电流的连续性。

（6）电感元件是储能元件，其储藏的磁场能量的计算式为

$$W_L = \frac{1}{2}Li_L^2$$

（7）与电容元件相似，电感元件是无源元件，也是非耗能元件。

表 1-3 中归纳总结了电阻、电感、电容元件的特性。

表 1-3   **电阻、电感、电容元件的特性**

性质	电阻 R	电感 L	电容 C
电路符号			
参数意义	$R = \dfrac{u}{i}$	$L = N\dfrac{\Phi}{i}$	$C = \dfrac{\theta}{u}$
伏安关系	$u = Ri$	$u = L\dfrac{\mathrm{d}i}{\mathrm{d}t}$	$i = C\dfrac{\mathrm{d}u}{\mathrm{d}t}$
储能	0	$W = \dfrac{1}{2}Li^2$	$W = \dfrac{1}{2}Cu^2$

6. 耦合电感与理想变压器

（1）耦合电感的基本概念。

1）耦合系数。当两个线圈在电路中相距较近时，各自线圈上电流的变化会通过磁场相互影响，这两个线圈称为耦合电感（或互感）。耦合电感的相互影响程度与线圈的结构、相互位置及周围的磁介质有关，用耦合系数 K 或互感 M 表示其大小，它们与两个线圈的电感量 L_1、L_2 之间的关系为

$$K = \frac{M}{\sqrt{L_1 L_2}}$$

当 $M^2 \leqslant L_1 L_2$ 时，$0 \leqslant K \leqslant 1$；当 $K = 0(M = 0)$ 时，两线圈互不影响；当 $K = 1(M^2 = L_1 L_2)$ 时，称为耦合。

2）同名端。耦合线圈中磁通量的相助或相消，取决于线圈的绕向和电流的方向。为了

易于辨认,规定了一种标志,称为同名端。

当电流从两线圈的某端子同时流入(或流出)时,若两线圈产生的磁通相助,则称此两端为互感线圈的同名端,用"•"表示;反之,称为异名端。

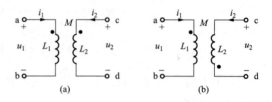

图 1-5 耦合电感模型

3)耦合电感的伏安关系。耦合电感的模型如图 1-5 所示,设各电感上电压、电流参考方向关联。

① 如果电流从同名端流进(出),如图 1-5(a)所示,则有

$$\begin{cases} u_1 = L_1 \mathrm{d}i_1/\mathrm{d}t + M\mathrm{d}i_2/\mathrm{d}t \\ u_2 = L_2 \mathrm{d}i_2/\mathrm{d}t + M\mathrm{d}i_1/\mathrm{d}t \end{cases}$$

② 如果电流从异名端流进(出),如图 1-5(b)所示,则有

$$\begin{cases} u_1 = L_1 \mathrm{d}i_1/\mathrm{d}t - M\mathrm{d}i_2/\mathrm{d}t \\ u_2 = L_2 \mathrm{d}i_2/\mathrm{d}t - M\mathrm{d}i_1/\mathrm{d}t \end{cases}$$

(2)去耦等效电路。当两个耦合电感有一端相连接时,则等效成无耦合电感的电路,图 1-6(a)和图 1-6(b)分别表示同名端相连接和异名端相连接两种情况的电路,它们可以等效为图 1-6(c)所示的 T 形去耦等效电路(同名端相连接时取上面符号,异名端相连接时取下面符号)。在等效电路中,消除了各电感间的耦合,便于分析。

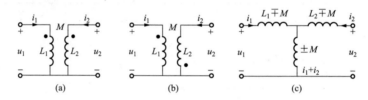

图 1-6 去耦等效电路

(3)含互感正弦稳态电路的分析。在正弦稳态电路中,耦合电感的电流、电压分别用相量表示,取关联参考方向,耦合电感相量模型如图 1-7 所示,端口伏安关系为

$$\begin{cases} \dot{U}_1 = \mathrm{j}\omega L_1 \dot{I}_1 \pm \mathrm{j}\omega M \dot{I}_2 \\ \dot{U}_2 = \mathrm{j}\omega L_2 \dot{I}_2 \pm \mathrm{j}\omega M \dot{I}_1 \end{cases}$$

若两电流同时从同名端流进,如图 1-7(a)所示,则取"+";若从异名端流进,如图 1-7(b)所示,则取"-"。对于含互感的电路,若不去耦等效,则常用回路法分析;若先去耦等效,则回路法和节点法均可使用。

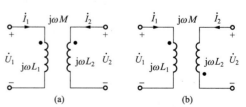

图 1-7 耦合电感相量模型

(4)理想变压器。理想变压器具有以下几个条件:① 变压器本身无损耗;② 耦合系数 $K=1$;③ L_1、L_2 和 M 趋于无限大。理想变压器在时域和正弦稳态情况下,变压、变流、变阻抗的关系见表 1-4。

表 1-4   理想变压器在时域和正弦稳态情况下变压、变流、变阻抗的关系

	时 域 模 型		正弦稳态相量模型
主要特征	(a)	(b)	(a) (b)
变压关系	$u_1(t)=\dfrac{N_1}{N_2}u_2(t)=nu_2(t)$	$u_1(t)=-\dfrac{N_1}{N_2}u_2(t)=-nu_2(t)$	$\dot U_1=\dfrac{N_1}{N_2}\dot U_2=n\dot U_2$
变流关系	$i_1(t)=-\dfrac{N_2}{N_1}i_2(t)$ $=-\dfrac{1}{n}i_2(t)$	$i_2(t)=\dfrac{N_2}{N_1}i_2(t)=\dfrac{1}{n}i_2(t)$	$\dot I_1=-\dfrac{N_2}{N_1}\dot i_2=-\dfrac{1}{n}\dot i_2$
变阻抗关系	当二次绕组接纯电阻 R_L 时,从一次绕组两端看进去的等效电阻为 $$R_{in}=n^2R_L$$		$$Z_{in}=\dfrac{U_1}{I_1}=\left(\dfrac{N_1}{N_2}\right)^2Z_L=n^2Z_L$$ 说明:① Z_{in} 与同名端位置无关,所以变压器上未标同名端;② 若 $Z_L=\infty$(开路),则 $Z_{in}=\infty$(开路);③ 若 $Z_L=0$(短路),则 $Z_{in}=0$(短路)

    理想变压器是电压、电流的线性变换器。在理想情况下,无论对交流还是直流,都有变压、变流作用。在任意时刻,理想变压器吸收的瞬时功率为

$$p(t)=u_1(t)i_1(t)+u_2(t)i_2(t)$$
$$=\left[\pm nu_2(t)\right]\left[\pm\dfrac{1}{n}i_2(t)\right]+u_2(t)i_2(t)=0$$

    上式表明:在任一时刻,一次绕组和二次绕组吸收的功率之和恒等于零。理想变压器既不消耗能量,也不储存能量,只起着能量传输的作用,这是它和耦合电感的本质区别。

    理想变压器的正弦相量模型见表 1-4。可以利用理想变压器的变阻抗特性,通过改变匝数比来改变输入阻抗,使负载获得最大功率。当然,也可以将接在一次绕组两端的阻抗变换到二次绕组,通过戴维南等效电路求解问题。

1.1.2 电流和电压的参考方向

    1. 参考方向的概念

    所谓参考方向是一种假设正向,其作用是和电量计算结果的正负号一起确定其真实方向。习惯上把正电荷移动的方向规定为电流方向(实际方向)。在分析电路时,往往不能事先确定电流的实际方向,而且时变电流的实际方向又随时间不断变动,不能够在电路图上标出适合于任何时刻的电流实际方向。为了电路分析和计算的需要,人们任意规定一个电流参考方向,用箭头标在电路图上。若电流实际方向与参考方向相同,电流取正值;若电流实际方向与参考方向相反,电流取负值。根据电流的参考方向以及电流量值的正负,就能确定电流的实际方向。

习惯上认为电压的实际方向是从高电位指向低电位。将高电位称为正极，低电位称为负极。与电流类似，电路中各电压的实际方向或极性往往不能事先确定，在分析电路时，必须规定电压的参考方向或参考极性，用"+"和"-"分别标注在电路图上。若电压实际方向与参考方向相同，电压取正值；若电压实际方向与参考方向相反，电压取负值。根据电压的参考方向以及电压量值的正负，就能确定电压的实际方向。

需注意以下几点：

（1）在求解电路时，必须首先给出求解过程中所涉及的一切电压、电流的参考方向，并在电路图中予以标示。

（2）参考方向的指定具有任意性，但一经指定后，在求解过程中不得再予以变动。

（3）电路理论中的定义式（公式），求解电路的方程（组）均和特定的参考方向对应。

（4）无论怎样选择电量的参考方向，都不会改变其真实方向。

2. 关联参考方向

图1-8为二端元件电压、电流的参考方向。实际分析电路时，尤其利用欧姆定律解题时，应采用关联参考方向。

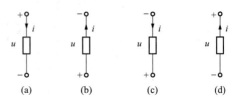

图1-8　二端元件电压、电流的参考方向
（a）（b）为关联参考方向；
（c）（d）为非关联参考方向

1.1.3　基尔霍夫定律

基尔霍夫定律包括基尔霍夫电流定律（以下简称KCL）和基尔霍夫电压定律（以下简称KVL）。

1. 几个名词

（1）支路：电路中一段无分支的路径称为一条支路，其电流和电压分别称为支路电流和支路电压。

（2）节点：三条及三条以上支路的连接点称为节点。

（3）回路：由几条支路组成的闭合路径称为回路。

2. KCL和KVL

（1）KCL是在指定了各支路电流的参考方向后流进（或流出）电路中任一节点电流的代数和为零，即$\sum i = 0$。KCL也适用于电路中任意封闭面。

（2）KVL是在指定了各支路电压的参考方向后沿电路任一闭合回路电压的代数和为零，即$\sum u = 0$。KVL也适用于虚拟回路。

（3）基尔霍夫定律是电路的基本定律。它是电路分析的基本依据，只要是集中参数电路，它都普遍适用。事实上，各种电路分析方法（如节点法、回路法等）不过是基尔霍夫定律的某种特定表现形式。

（4）基尔霍夫定律与元件特性无关。它反映的是网络的拓扑关系，体现的是电路结构上的内在联系。

（5）在列写KCL方程时需注意各项电流符号的确定，即若将流进节点（封闭面）的电流取"+"，则流出节点的电流取"-"；反之亦然。

（6）在列写KVL方程时，为确定各项电压的符号，需首先指定回路的绕行方向（顺时针或逆时针），参考方向与绕行方向一致的电压取"+"；反之取"-"。

KCL、KVL 定律的归纳总结见表 1-5。

表 1-5   **KCL、KVL 定律的归纳总结**

名称	时域形式	适用的范围条件	使用中应注意的问题
KCL	$\sum i(t)=0$	适用于任意时刻、任意电流函数、集中参数电路中的任意节点或闭曲面	（1）对与节点相连的每一支路必须设出电流的参考方向 （2）在列写节点 KCL 方程时，取流出节点的电流为正号，反之亦可，但在列出同一个 KCL 方程时规则应一致 （3）注意区分代数式中的正、负号与电流数值的正与负
KVL	$\sum u(t)=0$	适用于任意时刻、任意电压函数、集中参数电路中的任意回路	（1）对回路中每一段电路必须设电压参考方向 （2）在列出回路 KCL 方程时，选顺时针巡行或是逆时针巡行均可，巡行中先遇电压参考方向的正极性端取"+"；反之取"−" （3）注意区分代数式中的正、负号与电流数值的正与负

　　小结与提示　　电路模型由一些理想电路元件用理想导线连接而成；主要电路元件包括电阻、独立电源(电压源、电流源)、受控电源、电容、电感及耦合电感与理想变压器；一定要建立电流和电压方向的概念并注意区分参考方向和实际方向；基尔霍夫电流定律(KCL)和基尔霍夫电压定律(KVL)是电路的根本定律，必须掌握。

1.2　电路的分析方法

1.2.1　电路的等效变换方法

1. 等效变换的概念

对电路进行分析和计算时，有时可以把电路中某一部分简化，即用一个较为简单的电路替代原电路。

（1）等效概念。当电路中某一部分用其等效电路替代后，未被替代部分的电压和电流均应保持不变。

（2）对外等效。用等效电路的方法求解电路时，电压和电流保持不变的部分仅限于等效电路以外。

2. 电阻的串联和并联

（1）电阻的串联。两个二端电阻首尾相连，各电阻流过同一电流的连接方式，称为电阻的串联(图 1-9)。

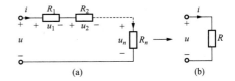

图 1-9　电阻的串联

(a)串联电路；(b)等效电路

1）当 n 个电阻串联时，等效电阻的计算式为

$$R_{\text{eq}} = \sum_{k=1}^{n} R_k$$

2）在串联电路中，第 k 个电阻 R_k 上的电压 u_k，用下述分压公式计算

$$u_k = \frac{R_k}{R_{\text{eq}}} u \quad (k=1,\ 2,\ \cdots,\ n)$$

式中　R_{eq}——串联电路的等效电阻；

　　　　u——串联电路的总电压。

（2）电阻的并联。两个二端电阻首尾分别相连，各电阻处于同一电压下的连接方式，称为电阻的并联（图1-10）。

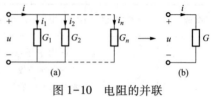

图1-10　电阻的并联

（a）并联电路；（b）等效电路

1）n个电阻并联时，其等效电导的计算式为

$$G_{eq} = \sum_{k=1}^{n} G_k$$

等效电阻的计算式为

$$R_{eq} = \frac{R_1 R_2 \cdots R_n}{R_2 R_3 \cdots R_n + R_1 R_3 \cdots R_n + R_1 R_2 \cdots R_{n-1}}$$

2）并联电路中，第k个电导G_k中的电流i_k用下述分流公式计算

$$i_k = \frac{G_k}{G_{eq}} i \, (k=1, \ 2, \ \cdots, \ n)$$

式中　G_{eq}——并联电路的等效电导；

　　　　i——并联电路的总电流。

3）如图1-11所示，当两个电阻R_1和R_2并联时，等效电阻及分流公式分别为

$$R_{eq} = \frac{R_1 R_2}{R_1 + R_2}$$

$$i_1 = \frac{R_2}{R_1 + R_2} i$$

$$i_2 = \frac{R_1}{R_1 + R_2} i$$

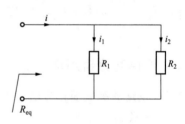

图1-11　两个电阻并联

（3）电阻的混联。

1）既有串联又有并联结构的电路称为混联电路。

2）分析混联电路的关键是看清元件的串、并联关系，即通过同一电流的元件为串联，承受同一电压的元件为并联。

3）当电路中含有短路线时，往往不易看清元件的连接关系。一般的做法是消去短路线，即将短路线缩短为"点"，使其连接的两个端点合并为一个点。

4）等效电阻总是针对特定的端口而言的，求等效电阻时需首先明确所指定的端口。

电阻串、并联等效变换方法归纳比较见表1-6。

3. 电阻丫—△联结的等效变换

（1）丫—△等效变换的公式。丫—△等效变换的公式为

$$\begin{cases} \text{丫电阻} = \dfrac{\text{△相邻电阻的乘积}}{\text{△电阻之和}} \\[3mm] \text{△电阻} = \dfrac{\text{丫电阻两两乘积之和}}{\text{丫不相邻电阻}} \end{cases}$$

表 1-6　　　　　　　　　　　　电阻串、并联等效变换方法归纳比较

			结　构　形　式	重　要　公　式	串并联差别法
二端电路等效	电阻（电导）串联与并联	串联	i, $R_1(G_1)$, u_1; $R_2(G_2)$, u_2; u	$R_{eq}=R_1+R_2\left(G_{eq}=\dfrac{G_1 G_2}{G_1+G_2}\right)$ $u_1=\dfrac{R_1}{R_1+R_2}u\left(u_1=\dfrac{G_2}{G_1+G_2}u\right)$ $u_2=\dfrac{R_2}{R_1+R_2}u\left(u_2=\dfrac{G_1}{G_1+G_2}u\right)$ $P=P_1+P_2\,(P=P_1+P_2)$ $\dfrac{P_1}{P_2}=\dfrac{R_1}{R_2}\left(\dfrac{P_1}{P_2}=\dfrac{G_2}{G_1}\right)$	（1）看结构：首尾相连是串联，首首、尾尾相连是并联 （2）看电压、电流关系：流经各电阻的是同一电流则是串联，各电阻承受的是同一电压则是并联 （3）对电路变形等效：扭动变形，短路线可任意压缩与伸长，多点接地点可用短路线相连
		并联	i, i_1, i_2; $R_1(G_1)$, $R_2(G_2)$; u	$R_{eq}=\dfrac{R_1 R_2}{R_1+R_2}\,(G_{eq}=G_1+G_2)$ $i_1=\dfrac{R_2}{R_1+R_2}i\left(i_1=\dfrac{G_1}{G_1+G_2}i\right)$ $i_2=\dfrac{R_1}{R_1+R_2}i\left(i_2=\dfrac{G_2}{G_1+G_2}i\right)$ $P=P_1+P_2\,(P=P_1+P_2)$ $\dfrac{P_1}{P_2}=\dfrac{R_2}{R_1}\left(\dfrac{P_1}{P_2}=\dfrac{G_1}{G_2}\right)$	

（2）关于Y—△变换的几点说明。

1）在非串、并联的电路中，必定能找到Y与△结构。采用Y—△等效变换的方法，一般可将具有非串、并联结构的电路化为串、并联电路。

2）由于Y—△等效互换的计算式较为复杂，在实际分析计算非串并联电路时，可先根据电路的结构特点及参数，看是否可运用较简便的方法（如电桥平衡法、等电位法、对称法等）加以简化。换句话说，在某种意义上，Y—△等效互换法是一种不得已的方法。

3）混联电路中亦含有Y或△结构，注意不要在这种电路中进行Y—△互换，避免把简单问题复杂化。

4）当Y或△电路中各支路的电阻相等时，Y—△等效互换公式变得很简单，即

$$\begin{cases} R_{\triangle}=3R_{Y} \\ R_{Y}=\dfrac{1}{3}R_{\triangle} \end{cases}$$

电阻Y—△联结等效变换方法归纳比较见表 1-7。

4. 电源的等效变换

（1）理想电源的串、并联。

1）理想电压源的串联（图 1-12）。当 n 个理想电压源串联时，可用一个理想电压源 u_s 等效替换，且有

$$u_s=\sum_{k=1}^{n}u_{sk}$$

式中，u_{sk} 的参考方向与 u_s 的参考方向需对应。

表 1-7　　　　　　　　　　电阻丫—△联结等效变换方法归纳比较

	等 效 形 式	变 换 关 系
多端电路等效 · 电阻△联结与丫联结等效	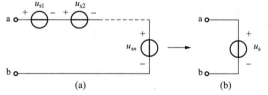	$R_{12} = \dfrac{R_1R_2 + R_1R_3 + R_2R_3}{R_3}$ $R_{23} = \dfrac{R_1R_2 + R_1R_3 + R_2R_3}{R_1}$ $R_{13} = \dfrac{R_1R_2 + R_1R_3 + R_2R_3}{R_2}$ $R_1 = \dfrac{R_{12}R_{13}}{R_{12}+R_{23}+R_{13}}$ $R_2 = \dfrac{R_{12}R_{23}}{R_{12}+R_{23}+R_{13}}$ $R_3 = \dfrac{R_{13}R_{23}}{R_{12}+R_{23}+R_{13}}$

2）理想电压源的并联。根据 KVL，当多个理想电压源的电压相等且极性一致时才能够并联，并可用其中的任一个理想电压源作为其等效电路。

3）理想电流源的串联。根据 KCL，当各个理想电流源的电流相等且方向一致时，多个电流源才可串联，并可用其中的任一个理想电流源作为其等效电路。

4）理想电流源的并联（图 1-13）。当 n 个理想电流源并联时，其等效电路为一理想电流源 i_s，且有

$$i_s = \sum_{k=1}^{n} i_{sk}$$

式中，i_{sk} 的参考方向与 i_s 的参考方向需对应。

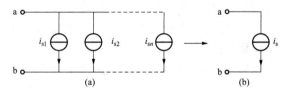

图 1-12　理想电压源的串联

（a）串联电路；（b）等效电路

图 1-13　理想电流源的并联

（a）并联电路；（b）等效电路

（2）实际电源模型的等效变换。

1）实际电压源的电路模型是一个理想电压源和一个电阻的串联，如图 1-14（a）所示。

2）实际电流源的电路模型是一个理想电流源和一个电导（电阻）的并联，如图 1-14（b）所示。

3）图 1-14 两电路可等效互换，参数之间的关系式为

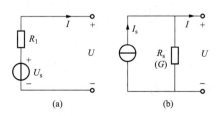

图 1-14　实际电源模型

（a）实际电压源；（b）实际电流源

$$\begin{cases} U_s = I_s R_2 \\ I_s = \dfrac{U_s}{R_1} \\ R_1 = R_2 \end{cases}$$

4）等效互换时应注意图 1-14 所示两电路中电源参考方向的对应关系。若图 1-14（a）中电压源的参考方向反向，则图 1-14（b）中电流源的参考方向也应反向。

5）理想电压源和理想电流源不能进行等效互换。

6）受控电源也能像实际电源模型那样进行等效变换，变换方法相似，只是在变换过程中要注意保留控制量所在的支路。

7）若需对受控源的控制支路进行变换，可采用控制量转移的方法，即把控制量转移至未变换的支路上去。

电源等效变换方法归纳比较见表 1-8。

表 1-8　　　　　　　　　　　　电源等效变换方法归纳比较

	项目	等　效　形　式	重要关系
二端电路等效	理想电压源串联		$U_s = U_{s1} + U_{s2}$ $U_s = U_{s1} - U_{s2}$
	理想电流源并联		$I_s = I_{s1} + I_{s2}$ $I_s = I_{s1} - I_{s2}$
理想电源串联与并联	任意元件与理想电压源并联		$U = U_s$ $I \neq I'$
	任意元件与理想电流源串联		$I = I_s$ $U \neq U'$
	实际电压源与电流源等效变换		$U_s = R_s I_s$ $I_s = \dfrac{U_s}{R_s}$

5. 输入电阻

（1）当一个二端网络的内部不包含独立电源而只含有电阻（可含有受控源）时，其端口的等效电阻称为该网络（电路）的输入电阻。

（2）网络（电路）的输入电阻定义为端口电压 u 与端口电流 i 之比，即

$$R_{eq} = \frac{u}{i}$$

对端口而言，u、i 为关联参考方向。

（3）求输入电阻时，一般可采用两种方法：一是根据输入电阻的定义式计算，即在端口上加电压源，设端口电流，而后求得端口电压与端口电流的比值即得输入电阻；或用在端口加电流源，而后求端口电压的方法也可；二是用串、并联法或 Υ—$\triangle$ 变换法对网络（电路）进行等效变换后求得输入电阻。

1.2.2 节点电压法

以节点电压为变量列写方程求解电路的方法称为节点电压法，简称节点法。

（1）节点电压法方程的列写。节点电压法所需列写的是电路中各独立节点的 KCL 方程，称之为节点方程。节点方程可用规则化的方法列写。

节点电位法列方程的规律（以图 1-15 电路为例）有以下几项：

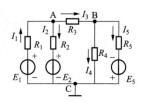

图 1-15　节点电压法电路

列 A 节点方程的方法：方程左边，未知节点的电位乘上聚集在该节点上所有支路电导的总和（称自电导）减去相邻节点的电位乘以与未知节点共有支路上的电导（称互电导）；方程右边，与该节点相联系的各有源支路中的电动势与本支路电导乘积的代数和，当电动势方向朝向该节点时，符号为正，否则为负。

$$U_A\left(\frac{1}{R_1} + \frac{1}{R_2} + \frac{1}{R_3}\right) - U_B\left(\frac{1}{R_3}\right) = \frac{E_1}{R_1} + \frac{E_2}{R_2}$$

按以上规律列写 B 节点方程

$$U_B\left(\frac{1}{R_3} + \frac{1}{R_4} + \frac{1}{R_5}\right) - U_A\left(\frac{1}{R_3}\right) = -\frac{E_5}{R_5}$$

（2）应用节点电压法的解题步骤。

1）选定参考节点和各支路电流的参考方向，给各节点编号。

2）用规则化的方法写出节点电压方程。

3）解节点电压方程，求出各节点电压。

4）由节点电压求出各支路电压，进而求出其他待求电量。

（3）应用节点法时对两种特殊情况的处理。

1）电路中含有受控源。先将受控源视为独立电源列写节点方程，再将受控源的控制量用节点电压表示后代入节点方程并加以整理。

2）电路中含有理想电压源（无伴电压源）。可用两种方法进行处理如下：

方法一：采用虚设"变量法"，即增设通过电压源的电流变量，将这一电流变量视为独立电流源的电流写入方程中，但同时应写出一个用节点电压表示理想电压源电压的增设方程。

方法二：采用"电压源一端接地法"，即将理想电压源的一个端子选作电路的参考节

点，则电压源的另一端于所连节点的电压为已知，于是该节点的方程可不必列写，这样便减少了方程的数目，使计算得以简化。

1.2.3 回路电流法

以回路电流为变量列写方程求解电路的方法称为回路电流法，简称回路法。回路法对平面和非平面网络(电路)均适用。

1. 回路电流

回路电流是一种假想的、沿着一个回路的边缘流动的电流。为使回路电流是独立变量，通常回路电流是指基本回路(独立回路)的电流。

2. 回路电流方程的列写方法

回路电流法所需列写的是基本回路的 KVL 方程，称之为回路方程。回路方程可采用规则化的方法列写。

回路电流法列方程的规律(以图 1-16 电路为例)：

以图 1-16 所示回路电流方向为绕行方向，写出三个回路的 KVL 方程分别为

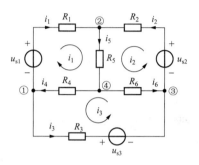

图 1-16　回路电流法例题电路

$$\begin{cases} R_1 i_1 + R_5 i_5 + R_4 i_4 = u_{s1} \\ R_2 i_2 + R_5 i_5 + R_6 i_6 = u_{s2} \\ R_3 i_3 - R_6 i_6 + R_4 i_4 = -u_{s3} \end{cases}$$

将以下各式代入上述方程

$$i_4 = i_1 + i_3, \quad i_5 = i_1 + i_2, \quad i_6 = i_2 - i_3$$

消去 i_4、i_5 和 i_6 后可以得到回路电压方程

$$\begin{cases} (R_1 + R_4 + R_5) i_1 + R_5 i_2 + R_4 i_3 = u_{s1} \\ R_5 i_1 + (R_2 + R_5 + R_6) i_2 - R_6 i_3 = u_{s2} \\ R_4 i_1 - R_6 i_2 + (R_3 + R_4 + R_6) i_3 = -u_s \end{cases}$$

联立上述方程并求解，可得各独立回路电流。

3. 应用回路电流法的解题步骤

(1) 先给出电路中各支路电流的参考方向，再做出电路的有向图，并选一棵"树"。

(2) 由选定的树决定各基本回路，基本回路的方向与连支的方向一致。

(3) 用规则化的方法写出回路方程。

(4) 解回路方程，求出各回路(连支)电流。

(5) 由回路电流决定各树枝电流，进而求出其他待求电量。

4. 采用回路电流法时对两种特殊情况的处理

(1) 电路中含有受控源。先将受控源视作独立电源列写回路方程，再将受控源的控制量用回路电流表示后代入回路方程并加以整理。

(2) 电路中含有理想电流源支路。常用两种方法处理。

方法一：采用"虚设变量法"，即增设理想电流源支路的端电压为新的变量，这与节点电压法的做法相似。

方法二：采用"选'合适'树法"，即选一棵"合适"树，将所有的理想电压源支路选作树枝，所有的理想电流源支路选作连支。这样，电流源连支的电流为已知，可不必列写

该连支对应的基本回路的方程，从而减少了方程的数目。实际中常采用第二种方法。

1.2.4 电路定理

1. 叠加定理

(1) 定理内容。在线性电路中，任一支路的电流或电压为每一独立电源单独作用于电路时在该支路所产生的电流或电压的叠加(代数和)。

(2) 关于叠加定理的说明。

1) 叠加定理体现的是线性电路的基本性质。该定理只适用于线性电路，对非线性电路，该定理不成立。

2) 运用叠加定理求解电路是常用的网络分析方法之一。这一方法的特点是将多电源的电路转化为单电源的电路进行计算，而单一电源电路常是较简单的电路，这就使得分析工作得以简化。

3) 应用叠加定理解题时，需将某个或某几个电源置零。将电源置零的方法：若置电压源为零，则用短路代替；若置电流源为零，则用开路代替。

4) 运用叠加定理时，在单一电源作用的电路中，非电源支路全部予以保留，且元件参数不变。受控电源既可视为独立电源，让其单独作用于电路；也可视为非电源元件，在每一独立电源单独作用时均保留于电路之中，实际中一般采用后一种处理方法。

5) 计算元件的功率时不可采用叠加的方法，即元件的功率不等于各电流分量或电压分量所产生的功率的叠加。

(3) 运用叠加定理求解电路的步骤。

1) 在电路中标明待求支路电流和电压的参考方向。

2) 做出单一电源作用的电路，在这一电路中也应标明待求支路电流和电压的参考方向。为避免出错，每一支路电流、电压的正向最好与原电路中相应支路电流、电压的正向保持一致。若电路中有多个(两个以上)电源，可根据电路特点将这些电源分成若干组再令各组电源单独作用于电路。

3) 计算各单一电源作用的电路。

4) 将各单一电源作用的电路算出的各电流、电压分量进行叠加，求出原电路中待求的电流和电压。

例如，用叠加定理求图 1-17 所示电路中的电流 I。

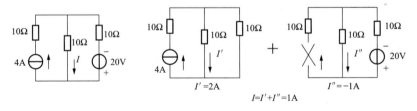

图 1-17　叠加定理例题电路

2. 戴维南定理和诺顿定理

(1) 定理内容。

1) 戴维南定理。一个线性含源二端电阻性网络 N，如图 1-18(a)所示，可以用一个理想电压源和一个电阻串联的电路等效替代，这一等效电路称为戴维南等效电路，如图 1-18

（b）所示，其中电压源的电压 u_{oc} 等于网络 N 的端口开路电压，电阻 R_{eq} 为网络 N 中所有独立电源置零后从端口看进去的入端电阻。

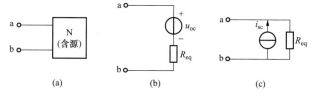

图 1-18 戴维南定理和诺顿定理的等效电路

2）诺顿定理。一个线性含源二端电阻性网络 N，可以用一个理想电流源和一个电阻并联的电路等效替代，这一等效电路称为诺顿等效电路，如图 1-18（c）所示，其中电流源的电流 i_{sc} 等于网络 N 的端口短路电流，电阻 R_{eq} 为网络 N 中所有独立电源置零后从端口看进去的入端电阻。

（2）关于戴维南定理和诺顿定理的说明。

1）这两个定理又合称为等效电源或等效发电机定理。

2）应用等效电源定理的含源网络 N 必须是线性的。

3）网络 N 的戴维南等效电路和诺顿等效电路可互换，如图 1-18（b）和图 1-18（c）所示两电路中的电阻值相同，电源参数间的关系为

$$u_{oc} = i_{sc} R_{eq}$$

4）在电路分析中，等效电源定理是经常应用的一个定理，特别适用于求解电路中某条支路的电压或电流。

5）等效电源定理可用于非线性网络，即应用该定理将非线性网络中的线性部分用戴维南或诺顿电路等效，从而简化分析工作。

【例 1-1】用戴维南定理求图 1-19 所示电路中的电压 U。

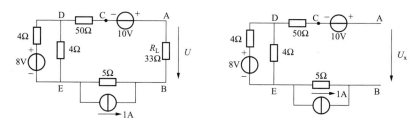

图 1-19 戴维南定理例题电路

解：（1）求线性含源二端网络的开端电压 U_x。
$$U_x = U_{AC} + U_{CD} + U_{DE} + U_{EB} = 10V + 0V + 4V - 5V = 9V$$

（2）求输入电阻 R_d（图 1-20）。

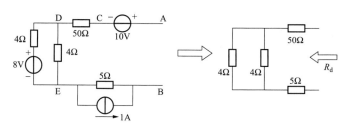

图 1-20 例 1-1 解图（a）

$$R_d = 50\Omega + 4\Omega /\!/ 4\Omega + 5\Omega = 57\Omega$$

（3）由戴维南等效电路（图1-21），得

$$\begin{cases} E_d = U_x = 9\mathrm{V} \\ R_d = 57\Omega \end{cases}$$

（4）求解未知电压 U（图1-22）。

$$U = \frac{9}{57+33} \times 33\mathrm{V} = 3.3\mathrm{V}$$

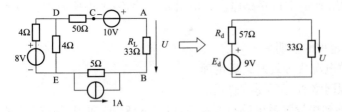

图1-21　例1-1解图（b）

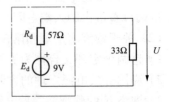

图1-22　例1-1解图（c）

1.3　正弦交流电路

所谓正弦交流电路，是指含有正弦电源（激励）而且电路各部分所产生的电压和电流（响应）均按正弦规律变化的电路。交流发电机中所产生的电动势和正弦信号发生器所输出的信号电压，都是随时间按正弦规律变化的。它们是常用的正弦电源。在生产上和日常生活中所用的交流电，一般都是指正弦交流电。

分析与计算正弦交流电路，主要是确定不同参数和不同结构的各种正弦交流电路中电压与电流之间的关系和功率。

1.3.1　预备知识——复数的基本知识

1. 复数的表示形式

一个复数 A 有三种表示形式。

（1）代数式：$A = a + \mathrm{j}b$，其中 a 为实部，b 为虚部。

（2）三角式：$A = |A|(\cos\varphi + \mathrm{j}\sin\varphi)$，其中，$|A|$ 为复数的模，φ 为幅角。

上述两种表达式之间的关系为

$$\begin{cases} a = |A|\cos\varphi \\ b = |A|\sin\varphi \\ |A| = \sqrt{a^2 + b^2} \\ \varphi = \arctan\dfrac{b}{a} \end{cases}$$

（3）极坐标式：$A = |A| e^{j\varphi}$ 或 $A = |A| \underline{/\varphi}$。极坐标式又称指数式。

2. 复数的运算

（1）加、减运算。复数的加、减运算宜用代数式进行，也可按平行四边形法则在复平面上进行。

（2）乘、除运算。复数的乘、除运算宜用极坐标式进行。

3. 旋转因子

$$e^{j\theta} = 1 \underline{/\theta}$$

j 是一个模等于 1，辐角为 θ 的复数。任意复数 A 乘以 $e^{j\theta}$，等于把复数 A 逆时针旋转一个角度 θ，而 A 的模值不变。因此，"±j" 和 "−1" 都可以看成旋转因子。

一个复数乘以 j，等于把该复数逆时针旋转 $\pi/2$；一个复数除以 j，等于把该复数乘以 −j，即把它顺时针旋转 $\pi/2$。虚轴等于把实轴+1 乘以 j 而得到的。

$$e^{j\frac{\pi}{2}} = j, e^{-j\frac{\pi}{2}} = -j, e^{j\pi} = -1$$

1.3.2 正弦量

正弦电压和电流是按照正弦规律周期性变化的，其波形如图 1−23 所示。由于正弦电压和电流的方向是周期性变化的，在电路图上所标的方向是指它们的参考方向，即代表正半周时的方向。在负半周时，由于所标的参考方向与实际方向相反，则其值为负。

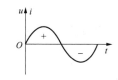

图 1−23　正弦电压和电流

1. 正弦量的三要素

正弦电压和电流等物理量，常统称为正弦量。正弦量的特征表现在变化的快慢、大小及初始值三个方面，而它们分别由频率（或周期）、幅值（或有效值）和初相位来确定。所以频率、幅值和初相位就称为确定正弦量的三要素。

正弦量可用正弦函数或余弦函数表示，其表达式为

$$y(t) = Y_m \cos(\omega t + \varphi_y)$$

称正弦量表达式中的 Y_m 为振幅（最大值），ω 为角频率，φ_y 为初相位，三者称为正弦量的三要素。一个正弦量完全由三要素所确定。

（1）正弦量的角频率 ω、频率 f 和周期 T 之间的关系为

$$\begin{cases} \omega = 2\pi f \\ f = 1/T \\ \omega T = 2\pi \end{cases}$$

（2）正弦量表达式中的 $(\omega t + \varphi_y)$ 称为相位。两个同频率正弦量的相位之差称为相位差

$$\theta = (\omega t + \varphi_1) - (\omega t + \varphi_2) = \varphi_1 - \varphi_2$$

这表明相位差即是初相位之差。应注意：只有相同频率的两个正弦量间才有相位差的概念。

2. 正弦量的相位关系

（1）两个同频率正弦量相位之间的关系用"超前"和"滞后"的概念予以表征。

设正弦波 $y_1(t)$ 的初相位为 φ_1，$y_2(t)$ 的初相位为 φ_2，则相位差 $\theta = \varphi_1 - \varphi_2$。当 $\theta > 0$ 时，称 $y_1(t)$ 超前于 $y_2(t)$；当 $\theta < 0$ 时，称 $y_1(t)$ 滞后于 $y_2(t)$。应注意超前或滞后的相位角度范

围规定应为$-\pi \leqslant \theta \leqslant \pi$。

（2）同频率正弦量的代数运算以及正弦量微分、积分运算的结果仍为一个同频率的正弦量。

3．正弦量的有效值

（1）正弦电压、电流的有效值定义为它的方均根值，即

$$\begin{cases} U = \sqrt{\dfrac{1}{T}\displaystyle\int_0^T u^2 \mathrm{d}t} \\[4mm] I = \sqrt{\dfrac{1}{T}\displaystyle\int_0^T i^2 \mathrm{d}t} \end{cases}$$

上述定义式也适用于周期性的电压、电流。

（2）应注意有效值需用大写字母表示，且有效值恒大于或等于零。

（3）正弦电压、电流的有效值与最大值（振幅）之间为$\sqrt{2}$倍的关系，即

$$\begin{cases} U_{\mathrm{m}} = \sqrt{2}\,U \\[2mm] I_{\mathrm{m}} = \sqrt{2}\,I \end{cases}$$

1.3.3　电路定律的相量形式

1．KCL 和 KVL 的相量形式

KCL 的相量形式：$\sum \dot{I} = 0$ 或 $\sum \dot{I}_{\mathrm{m}} = 0$。

KVL 的相量形式：$\sum \dot{U} = 0$ 或 $\sum \dot{U}_{\mathrm{m}} = 0$。

2．电阻元件伏安关系式的相量形式

（1）电阻元件的相量模型。图 1-24(a)所示的正弦电路中的电阻元件，其对应的相量模型如图 1-24(b)所示，相量图如图 1-25 所示。由图 1-25 可见，电阻上的电压和电流只是大小不同，但是相位永远相同。

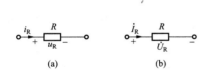

图 1-24　电阻元件的相量模型

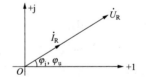

图 1-25　电阻元件的相量图

（2）欧姆定律的相量形式。欧姆定律的相量形式为

$$\dot{U}_{\mathrm{R}} = R\dot{I}_{\mathrm{R}} = RI_{\mathrm{R}}\underline{/\varphi_{\mathrm{i}}}$$

（3）正弦电路中电阻元件的特性。

1）电阻元件电压、电流的大小关系，即

$$\begin{cases} u_{\mathrm{R}} = Ri_{\mathrm{R}} \\[2mm] \dot{U}_{\mathrm{R}} = R\dot{I}_{\mathrm{R}} \\[2mm] U_{\mathrm{R}} = RI_{\mathrm{R}} \end{cases}$$

电阻元件电压、电流的瞬时值、相量、有效值（或最大值）之间均满足欧姆定律，大小

差 R 倍。

2）电阻上电压和电流的相位差为零，或说两者同相位，即

$$\begin{cases} \theta = \varphi_u - \varphi_i = 0 \\ \varphi_u = \varphi_i \end{cases}$$

3. 电感元件伏安关系式的相量形式

（1）电感元件的相量模型。图1-26（a）所示的正弦电路中的电感元件，其对应的相量模型如图1-26（b）所示。由相量图1-26（c）可见，电感上的电压和电流不但大小不同，相位也不相同，电压超前电流90°。

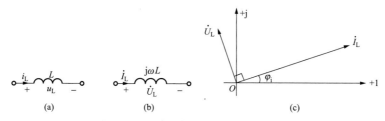

图1-26 电感元件的相量模型和相量图

（2）电感元件伏安关系式的相量形式。L元件伏安关系式的相量形式为

$$\dot{U}_L = j\omega L \dot{I} = \omega L I \underline{/\varphi_i + 90°}$$

（3）正弦电路中电感元件的特性。

1）电感元件上电压、电流的大小关系。电感元件上电压和电流之间的大小关系是感抗，即

$$X_L = \omega L$$
$$U_L = I X_L = I \omega L$$

2）电感元件上的电压超前于电流90°$\left(\dfrac{\pi}{2}\right)$，即

$$\begin{cases} \theta = \varphi_u - \varphi_i = 90° \\ \varphi_u = \varphi_i + 90° \end{cases}$$

4. 电容元件伏安关系式的相量形式

（1）电容元件的相量。图1-27（a）所示的正弦电路中的电容元件，其对应的相量模型如图1-27（b）所示。由相量图1-27（c）可见，电容上的电压和电流不但大小不同，相位也不相同，电压滞后电流90°。

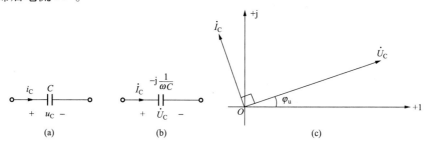

图1-27 电容元件的相量模型和相量图

（2）电容元件伏安关系式的相量形式。C 元件伏安关系式的相量形式为

$$\dot{U}_C = -\mathrm{j}\frac{1}{\omega C}\dot{I}_C = \frac{1}{\omega C}I_C \underline{/\varphi_i - 90°}$$

（3）正弦电路中电容元件的特性。

1）电容元件上电压和电流之间的大小关系是容抗，即

$$X_C = \frac{1}{\omega C}$$

$$U_C = IX_C = I\frac{1}{\omega C}$$

2）电容元件上的电压滞后于电流 $90°\left(\dfrac{\pi}{2}\right)$，即

$$\begin{cases} \theta = \varphi_i - \varphi_u = 90° \\ \varphi_i = \varphi_u + 90° \end{cases}$$

5. 关于相量法的进一步说明

（1）所谓相量法是用相量这一特殊复数来表示正弦量，从而将正弦量的运算转化为相量（复数）运算的方法。引入相量法的目的是为了简化正弦稳态电路的分析计算。

（2）将正弦量用相量表示实质上是一种数学交换。务必记住：正弦量和相量是一种对应关系，两者并不等同。

（3）正弦稳态电路中 R、L、C 元件电压、电流之间关系的相量形式完全与电阻的欧姆定律相似，因此称它们为相量形式的欧姆定律。

R、L、C 伏安特性的相量形式见表 1-9。

表 1-9　　　　　　　　　　R、L、C 伏安特性的相量形式

相 量 模 型	伏 安 关 系	相 量 图
	$\dot{U} = R\dot{I}$　$\begin{cases} U = RI \\ \varphi_u = \varphi_i \end{cases}$	
	$\dot{U} = \mathrm{j}\omega L\dot{I}$　$\begin{cases} U = \omega L I \\ \varphi_u = \varphi_i + \dfrac{\pi}{2} \end{cases}$	
	$\dot{U} = \dfrac{1}{\mathrm{j}\omega C}\dot{I}$　$\begin{cases} U = \dfrac{1}{\omega C}I \\ \varphi_u = \varphi_i - \dfrac{\pi}{2} \end{cases}$	

1.3.4　阻抗和导纳

1. 复阻抗的定义

一个无源二端正弦稳态电路的端口电压、电流相量之比定义为该端口的复阻抗，并用 Z 表示，即

$$Z = \frac{\dot{U}}{\dot{I}} = \frac{U\underline{/\varphi_u}}{I\underline{/\varphi_i}} = \frac{U}{I}\underline{/\varphi_u - \varphi_i} = |Z|\underline{/\varphi_{|z|}}$$

其中，$|Z|$ 称为复阻抗的模。

2. 关于复阻抗的说明

（1）复阻抗是一复数，但不是相量。

（2）复阻抗的模称为阻抗模，也简称为阻抗。复阻抗的幅角称为阻抗角，φ_Z 也是端口电压、电流的相位差，即 $\varphi_Z = \varphi_u - \varphi_i$。

（3）将复阻抗表示为代数式，即 $Z = |Z|\underline{/\varphi_Z} = |Z|\cos\varphi_Z + j|Z|\sin\varphi_Z = R + jX$。其中 Z 的实部称为电阻，Z 的虚部称为电抗。

（4）阻抗角也可表示为 $\varphi_Z = \arctan\dfrac{X}{R}$。即阻抗角也可用阻抗的实部、虚部表示。

（5）电抗 X 可正可负。当 $X > 0$ 时，$\varphi_Z > 0$，称阻抗 Z 是感性的；当 $X < 0$，$\varphi_Z < 0$，称阻抗 Z 是容性的。

（6）电阻元件的阻抗 $Z = R$；电感元件的阻抗 $Z = j\omega L$，其电抗 $X_L = \omega L$，称 X_L 为感抗；电容元件的阻抗 $Z = -j\dfrac{1}{\omega C}$，其电抗 $X_C = \dfrac{1}{\omega C}$，称 X_C 为容抗。

（7）复阻抗 Z、阻抗模 $|Z|$、电抗 X（感抗 X_L、容抗 X_C）的单位与电阻相同，均为欧姆。

（8）阻抗 Z 也称作电路的输入阻抗、等效阻抗或驱动点阻抗。

3. 阻抗三角形

由 $Z = R + jX = |Z|\underline{/\varphi_Z}$，得到

$$\begin{cases} |Z| = \sqrt{R^2 + X^2} \\ \varphi_Z = \arctan\dfrac{X}{R} \end{cases}$$

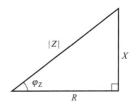

图 1-28　阻抗三角形

$|Z|$、R、X 之间的关系可用图 1-28 所示的直角三角形表示，这一三角形称为阻抗三角形。

4. 复导纳的定义

复导纳被定义为复阻抗的倒数，即 $Y = \dfrac{1}{Z} = \dfrac{\dot{I}}{\dot{U}} = \dfrac{I}{U}\underline{/\varphi_i - \varphi_u} = |Y|\underline{/\varphi_Y}$，其中 $|Y|$ 称为复导纳的模。

5. 关于复导纳的说明

（1）复导纳的模 $|Y|$ 称为导纳模，简称导纳。复导纳的幅角 φ_Y 称为导纳角，φ_Y 是电流、电压的相位差，即 $\varphi_Y = \varphi_i - \varphi_u$，且 $\varphi_Y = -\varphi_Z$。

（2）将复导纳表示为代数式，即 $Y = |Y|\underline{/\varphi_Y} = |Y|\cos\varphi_Y + j|Y|\sin\varphi_Y = G + jB$。其实部 $G = |Y|\cos\varphi_Y$ 称为电导；其虚部 $B = |Y|\sin\varphi_Y$ 称为电纳。

（3）电纳 B 可正可负，当 $B > 0$ 时，$\varphi_Y > 0$，称 Y 为容性的；当 $B < 0$ 时，$\varphi_Y < 0$，称 Y 为感性的。

（4）电阻元件的导纳 $Y = G = 1/R$；电感元件的导纳 $Y = 1/j\omega L = -j/\omega L$，称 $B_L = -1/\omega L$ 为感纳；电容元件的导纳 $Y = j\omega C$，称 $B_C = \omega C$ 为容纳。

（5）复导纳 Y、导纳 $|Y|$、电纳 B（容纳 B_C、感纳 B_L）的单位与电导 G 相同，均为

S$(1/\Omega)$。

（6）导纳 Y 也称作电路的等效导纳，输入导纳或驱动点导纳。

6. **阻抗(导纳)的串联和并联**

（1）阻抗的串联。

1）串联阻抗的等效阻抗。当 n 个阻抗串联时，其等效阻抗为

$$Z_{rq} = \sum_{j=1}^{n} Z_j = \sum_{j=1}^{n} (R_j + jX_j)$$

2）串联阻抗的分压公式。当 n 个阻抗串联时，若端口电压为 $\dot{U}$，则第 k 个阻抗的电压为

$$\dot{U}_k = \frac{Z_k}{Z_{eq}} \dot{U}$$

（2）导纳的并联。

1）并联导纳的等效导纳。当 n 个导纳并联时，其等效导纳为

$$Y_{rq} = \sum_{j=1}^{n} Y_j = \sum_{j=1}^{n} (G_j + jB_j)$$

2）并联导纳的分流公式。当 n 个导纳并联时，若端口电流为 $\dot{I}$，则第 k 个导纳中的电流为

$$\dot{I}_k = \frac{Y_k}{Y_{eq}} \dot{I}$$

1.3.5 正弦稳态电路的功率

1. **瞬时功率**

对图 1-29 所示的一端口无源正弦稳态网络 N，设端口电压、电流的瞬时值表达式为 $u = \sqrt{2} U\cos(\omega t + \varphi_u)$，$i = \sqrt{2} I\cos(\omega t + \varphi_i)$，则其瞬时功率 $p = ui$。

N 的瞬时值功率并不是一个正弦量，需注意瞬时功率一定要用小写字母 p 表示。

2. **有功功率**

有功功率也称为平均功率，用大写字母 P 表示。有功功率被定义为瞬时功率在一个周期内的平均值，即

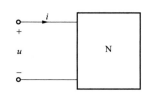

图 1-29　一端口无源正弦稳态网络

$$P = \frac{1}{T} \int_0^1 p\mathrm{d}t = UI\cos(\varphi_u - \varphi_i) = UI\cos\varphi$$

式中，$\varphi = \varphi_u - \varphi_i$，$\cos\varphi$ 称为功率因数。φ 为电压电流的相位差，也是 N 的等效阻抗的阻抗角 φ_Z，称 φ 为功率因数角。有功功率的单位为 W。

3. **无功功率**

无功功率用大写字母 Q 表示，其定义式为

$$Q = UI\sin\varphi$$

式中，$\varphi = \varphi_u - \varphi_i$，与有功功率计算式中的 φ 相同。无功功率的单位为 var。

4. **视在功率**

视在功率用大写字母 S 表示，其定义式为

$$S = UI$$

视在功率的单位为 V·A。

5. 功率三角形

一个电路的有功功率、无功功率及视在功率之间的关系可用一个直角三角形表示，称为功率三角形，如图 1-30 所示，关系式如下：

图 1-30 功率三角形

$$S = \sqrt{P^2 + Q^2}$$

$$\varphi = \arctan \frac{Q}{P}$$

$$P = S\cos\varphi$$

$$Q = S\sin\varphi$$

R、L、C 元件的各种功率见表 1-10。

表 1-10 　　　　　　　　　　　　　R、L、C 元件的各种功率

元件名称	有功功率 P/W	无功功率 Q/var	视在功率 $S/(\mathrm{V \cdot A})$	功率因数 $\cos\varphi$
电阻 R	UI RI^2 $\dfrac{U^2}{R}$	0	UI	1
电感 L	0	UI $X_{\mathrm{L}}I^2$ $\dfrac{U^2}{X_{\mathrm{L}}}$	UI	0
电容 C	0	$-UI$ $-X_{\mathrm{C}}I^2$ $-\dfrac{U^2}{X_{\mathrm{C}}}$	UI	0

注：设各元件电压、电流参考方向关联。

1.3.6 正弦稳态电路的分析

对正弦稳态电路的分析，可采用线性电阻电路的所有分析方法，如等效变换法、列写网络方程法（支路法、节点法、网孔法、回路法）以及运用网络定理法等。

正弦稳态电路的计算步骤：

（1）先将时域电路转化为相量模型。在相量模型电路中，电压、电流必须用相量表示。L 元件的参数为 $\mathrm{j}\omega L$，C 元件的参数为 $1/\mathrm{j}\omega C$ 或 $-\mathrm{j}\dfrac{1}{\omega C}$。务必记住，在相量模型中，$L$、$C$ 元件的参数（阻抗值）是随电路频率的变化而变化的。

（2）与直流电路一样，根据电路结构的具体特点，选用合适的网络分析方法求解电路。

1.3.7 频率特性

1. 串联电路的谐振

（1）串联谐振的定义。图 1-31 所示的 R、L、C 串联电路出现端口电压与电流同相位，即等效阻抗为一纯电阻时，称为电路发生串联谐振。

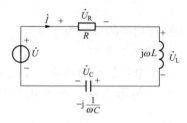

图 1-31　R、L、C 串联谐振电路

（2）串联谐振的条件。串联谐振时，电路的电抗为零，即 $X = \omega L - \dfrac{1}{\omega C} = 0$，得谐振的条件为

$$\omega_0 = \frac{1}{\sqrt{LC}} \text{ 或 } f_0 = \frac{1}{2\pi\sqrt{LC}}$$

式中　ω_0、f_0——谐振角频率和谐振频率。

（3）串联谐振时的电流和电压相量。串联谐振时电路中的电流最大。由于谐振时电感电压相量与电容电压相量的有效值相等，相位相反，即 $\dot{U}_{L0} + \dot{U}_{C0} = 0$，电源电压全部加于电阻 R 上，因此又将串联谐振称为电压谐振。

串联谐振时可出现过电压现象，即电感或电容元件上电压的有效值大于电源电压的有效值。

（4）串联谐振电路的品质因数。对串联谐振电路，其品质因数为 $Q = \dfrac{\omega_0 L}{R} = \dfrac{1}{\omega_0 RC} = \dfrac{1}{R}\sqrt{\dfrac{L}{C}} = \dfrac{U_{L0}}{U} = \dfrac{U_{C0}}{U}$，$Q$ 值的大小体现了电路过电压的强弱。

（5）串联谐振电路中的能量。当发生串联谐振时，电路的无功功率 $Q = Q_L + Q_C = 0$，电路中的总能量为 $W_0(t) = W_{C0}(t) + W_{L0}(t) = LI_0^2\cos^2\omega_0 t + LI_0^2\sin^2\omega_0 t = LI_0^2 = $ 常数。

（6）串联谐振电路的频率特性。在串联谐振电路的频率特性中，最重要的是电流的相对值与频率相对值 ω/ω_0 的关系这一幅频特性，其表达式为

$$\frac{I(\omega)}{I_0} = \frac{U_R(\omega)}{U} = \frac{1}{\sqrt{1 + Q^2\left(\dfrac{\omega}{\omega_0} - \dfrac{\omega_0}{\omega}\right)^2}}$$

式中　Q——电路的品质因数。

对于不同的 Q 值，可做出一组曲线，这种曲线称为串联谐振曲线或通用谐振曲线。

2. 并联谐振电路

图 1-32 所示的并联谐振电路与串联谐振电路互为对偶电路，可由串联谐振电路得到关于并联谐振电路的许多结论。

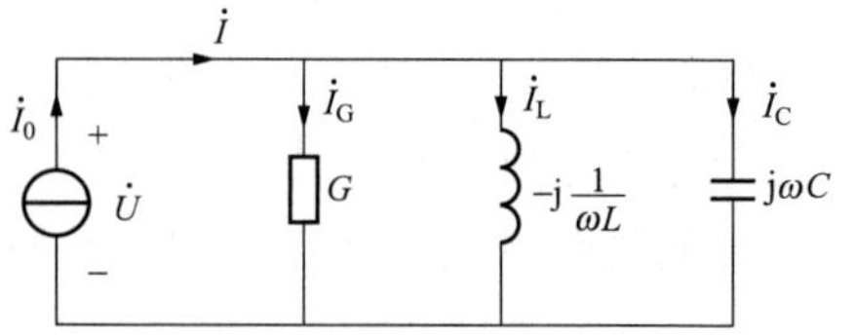

（1）并联谐振的定义。当 G、L、C 并联电路的端口电压与电流同相时称为发生并联谐振，此时电路的等效导纳为一纯电导。

（2）并联谐振的条件。当 $\dfrac{1}{\omega L} = \omega C$ 时，电路发生并联谐振，谐振角频率及谐振频率为

图 1-32　R、L、C 并联谐振电路

$$\omega_0 = \frac{1}{\sqrt{LC}};\ f_0 = \frac{1}{2\pi\sqrt{LC}}$$

（3）并联谐振时的电流和电压相量。并联谐振时，因 $\dot{I}_{L0}+\dot{I}_{C0}=0$，$L$ 和 C 的并联部分等效于开路，端口电流全部通过电阻，因此又将并联谐振称为电流谐振。并联谐振时可能出现过电流现象。

（4）并联谐振电路的品质因数 $Q=\dfrac{B_{C0}}{G}=\dfrac{B_{L0}}{G}=\dfrac{\omega_0 C}{G}=\dfrac{1}{\omega_0 LG}=R\sqrt{\dfrac{C}{L}}$。

（5）并联谐振电路的能量。并联谐振时，电路的无功功率 $Q=Q_C+Q_L=0$。电路的总能量为 $W_0(t)=W_{C0}(t)+W_{L0}(t)=CU_0^2\sin^2(\omega_0 t)+CU_0^2\cos^2(\omega_0 t)=CU_0^2=$ 常数。

（6）并联谐振电路的频率特性。频率特性中最重要的是并联谐振曲线，其表达式为

$$\frac{U(\omega)}{U_0}=\frac{I_G(\omega)}{I}=\frac{1}{\sqrt{1+Q^2\left(\dfrac{\omega}{\omega_0}-\dfrac{\omega_0}{\omega}\right)^2}}$$

1.3.8　三相电路

1. 对称三相电源

对称三相电源是由三个等幅值、同频率、初相依次相差 120° 的正弦电压源连接成星形或三角形组成的电源，如图 1-33 所示。

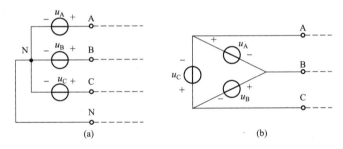

图 1-33　对称三相电源的连接

（a）星形联结；（b）三角形联结

对称三相电压的瞬时值表达式为

$$u_A=\sqrt{2}\,U\cos(\omega t)$$
$$u_B=\sqrt{2}\,U\cos(\omega t-120°)$$
$$u_C=\sqrt{2}\,U\cos(\omega t+120°)$$
$$u_A+u_B+u_C=0$$

对称三相电压的相量表达式为

$$\dot{U}_A=U\underline{/0°}$$
$$\dot{U}_B=U\underline{/-120°}$$
$$\dot{U}_C=U\underline{/120°}$$
$$\dot{U}_A+\dot{U}_B+\dot{U}_C=0$$

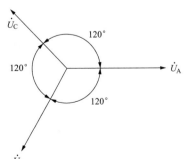

对称三相电压的相量图如图 1-34 所示。

注意：对称三相电源的特点是幅值相等、频率相

图 1-34　对称三相电压的相量图

同，相位互差120°。

2. 三相电源联结

（1）三相电源的星形联结。三相电源接成星形时，线电压 U_L 等于相电压的 $\sqrt{3}$ 倍，且超前于相应相电压30°，即

$$\dot{U}_{AB} = \dot{U}_A - \dot{U}_B = \sqrt{3}\,\dot{U}_A\angle 30°$$

$$\dot{U}_{BC} = \dot{U}_B - \dot{U}_C = \sqrt{3}\,\dot{U}_B\angle 30°$$

$$\dot{U}_{CA} = \dot{U}_C - \dot{U}_A = \sqrt{3}\,\dot{U}_C\angle 30°$$

（2）三相电源的三角形联结。三相电源接成三角形时，线电压等于相电压。

3. 三相负载联结

（1）三相负载的星形联结。三相对称负载接成星形时，线电压等于相电压的 $\sqrt{3}$ 倍，即 $U_L = \sqrt{3}\,U_{ph}$，且线电压超前于相电压30°，如 $\dot{U}_{AB} = \sqrt{3}\,\dot{U}_A\angle 30°$，线电流和相电流相等，即 $I_L = I_{ph}$。

三相对称负载接成星形时，中线电流为零，所以可去掉中线变成三相三线制。

三相不对称负载接成星形时，如果有中线（即三相四线制）时，中性点之间的电压 $\dot{U}_{0'0} = 0\text{V}$，但仍有 $U_L = \sqrt{3}\,U_{ph}$，这一关系中线电流 $\dot{I}_0 = \dot{I}_A + \dot{I}_B + \dot{I}_C$，不等于零；如果无中线，即三相三线制时，中性点间电压 $\dot{U}_{0'0} \neq 0$，则不存在 $U_L = \sqrt{3}\,U_{ph}$ 这一关系。此时可用节点电压法求得中性点之间电压

$$\dot{U}_{0'0} = \frac{\dot{U}_A/Z_A + \dot{U}_B/Z_B + \dot{U}_C/Z_C}{1/Z_A + 1/Z_B + 1/Z_C}$$

式中　　$\dot{U}_{0'0}$——负载中性点到电源中性点之间的电压；

$\dot{U}_A$、$\dot{U}_B$、$\dot{U}_C$——电源的三相相电压；

Z_A、Z_B、Z_C——三相负载的阻抗。

（2）三相负载的三角形联结。三相对称负载三角形联结时，线电压等于相电压，线电流等于 $\sqrt{3}$ 倍的相电流，即 $U_L = U_{ph}$，$I_L = \sqrt{3}\,I_{ph}$。

三相不对称负载三角形联结时，$U_L = U_{ph}$，$I_L \neq \sqrt{3}\,I_{ph}$。

4. 三相功率

三相不对称负载总功率等于三相功率之和，即 $P = P_A + P_B + P_C = U_A I_A \cos\varphi_A + U_B I_B \cos\varphi_B + U_C I_C \cos\varphi_C$。

三相对称负载的总功率为 $P = 3P_{ph} = 3U_{ph}I_{ph}\cos\varphi$。

负载是星形联结时，$U_L = \sqrt{3}\,U_{ph}$，$I_L = I_{ph}$；负载是三角形联结时，$U_L = U_{ph}$，$I_L = \sqrt{3}\,I_{ph}$。所以 $P = \sqrt{3}\,U_L I_L \cos\varphi$，其中 φ 是相电压与相电流之间的相位差（即阻抗角）。

三相无功功率 $Q = \sqrt{3}\,U_L I_L \sin\varphi$；三相视在功率 $S = \sqrt{3}\,U_L I_L$。

小结与提示　复习正弦量的三要素；掌握正弦量复数的表示形式及复数的运算，以便计算正弦电路；掌握电路定律的相量形式、复阻抗、阻抗三角形、复导纳、阻抗（导纳）

的串联和并联是正弦稳态电路分析的基础；功率(包括瞬时功率、有功功率、无功功率、视在功率)及功率三角形；对正弦稳态电路的分析，可采用线性电阻电路的所有分析方法；串、并联谐振电路；三相电路主要掌握对称三相电动势及三相电源、三相负载的连接和三相功率计算。

1.4 非正弦周期电流电路

1.4.1 周期函数的傅里叶分解

周期函数 $f(t)=f(t\pm kT)$, $k=1,2,\cdots$ 若满足狄氏条件，则有

$$f(t)=a_0+\sum_{k=1}^{\infty}[a_k\cos(k\omega_1 t)+b_k\sin(k\omega_1 t)]$$

$$=a_0+\sum_{k=1}^{\infty}A_{km}\cos(k\omega_1 t+\varphi_k)$$

式中 $a_0=\dfrac{1}{T}\displaystyle\int_0^T f(t)\,\mathrm{d}t=\dfrac{1}{T}\displaystyle\int_{-\frac{T}{2}}^{\frac{T}{2}} f(t)\,\mathrm{d}t$；

$a_k=\dfrac{2}{T}\displaystyle\int_0^T f(t)\cos(k\omega_1 t)\,\mathrm{d}t=\dfrac{2}{T}\displaystyle\int_{-\frac{T}{2}}^{\frac{T}{2}} f(t)\cos(k\omega_1 t)\,\mathrm{d}t$；

$b_k=\dfrac{2}{T}\displaystyle\int_0^T f(t)\sin(k\omega_1 t)\,\mathrm{d}t=\dfrac{2}{T}\displaystyle\int_{-\frac{T}{2}}^{\frac{T}{2}} f(t)\sin(k\omega_1 t)\,\mathrm{d}t$；

$\omega=2\pi/T$ 为基波频率(基频)。

A_{km}、φ_k 与 a_k、b_k 的关系是 $A_{km}\cos\varphi_k=a_k$，$A_{km}\sin\varphi_k=b_k$，或 $A_{km}=\sqrt{a_k^2+b_k^2}$，$\varphi_k=\arctan\dfrac{b_k}{a_k}$。

1.4.2 非正弦周期电量的有效值与平均值

1. 有效值

任何周期性电压(或电流)的有效值均可用下式求得

$$U=\sqrt{\frac{1}{T}\int_0^T u^2\,\mathrm{d}t}\,,\quad I=\sqrt{\frac{1}{T}\int_0^T i^2\,\mathrm{d}t}$$

但若已知非正弦周期电压(或电流)的傅里叶级数，如 $u=U_0+\displaystyle\sum_{k=1}^{\infty}U_{km}\cos(k\omega_1 t+\varphi_k)$，则有效值为

$$U=\sqrt{U_0^2+\sum_{k=1}^{\infty}\left(\frac{U_{km}}{\sqrt{2}}\right)^2}=\sqrt{U_0^2+\sum_{k=1}^{\infty}U_k^2}$$

式中 U_k——k 次谐波的有效值，$U_k=\dfrac{U_{km}}{\sqrt{2}}$；

U_0——直流分量。

2. 平均值

周期电压的平均值为

$$U_{av}=\frac{1}{T}\int_0^T |u|\,\mathrm{d}t$$

3. 非正弦周期电路的平均功率

图 1-35 所示非正弦周期稳态网络，端口电压、电流分别为

$$u = U_0 + \sum_{k=1}^{\infty} \sqrt{2}\, U_k \cos(k\omega_i t + \varphi_{uk})$$

$$i = I_0 + \sum_{k=1}^{\infty} \sqrt{2}\, I_k \cos(k\omega_i t + \varphi_{ik})$$

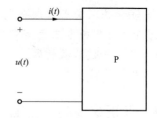

网络 P 吸收的有功功率(平均功率)为

$$P = U_0 I_0 + \sum_{k=1}^{\infty} U_k I_k \cos(\varphi_{uk} - \varphi_{ik}) = P_0 + \sum_{k=1}^{\infty} P_k$$

上式表明非正弦周期电路吸收的平均功率为各次谐波平均功率的代数和。

图 1-35 非正弦周期稳态网络

网络 P 的视在功率为

$$S = UI = \left(\sqrt{U_0^2 + \sum_{k=1}^{\infty} U_k^2} \right) \left(\sqrt{I_0^2 + \sum_{k=1}^{\infty} I_k^2} \right)$$

4. 非正弦周期信号作用下线性电路的计算步骤

(1) 把给定的电压源的非正弦周期电动势或电压、电流源的非正弦周期按傅里叶级数分解为恒定分量与各次谐波分量之和。高次谐波取到哪一项为止由对计算精度的要求确定。

(2) 利用叠加原理计算电源的恒定分量以及各次谐波分量单独作用时所产生的电流分量。对于恒定分量可按直流电路的求解方法,即把电路中的电容看成开路,把电感看成短路。对各次谐波分量可按正弦交流电路进行计算,但是感抗 $X_{Lk} = k\omega L = k X_{L1}$,容抗 $X_{Ck} = \dfrac{1}{k\omega C} = \dfrac{1}{k} X_{C1}$,都与谐波次数有关。

(3) 将所得的电流分量叠加起来,注意同一支路电流只能用瞬时值合成,而不能采用复数式或相量图。

> **小结与提示** 了解周期函数的傅里叶分解;掌握非正弦周期电量的有效值和平均值及其计算;了解非正弦周期电路的平均功率以及非正弦周期信号作用下线性电路的计算步骤。

1.5 简单动态电路的时域分析

动态电路分析的基本方法是建立微分方程,然后用数学方法求解微分方程,得到电压电流响应的表达式。根据考试大纲的要求,本章重点是一阶电路的分析方法,重点应掌握三要素法。

含有动态(储能)元件的电路称为动态电路。动态电路存在过渡过程或暂态过程。电阻性电路不存在过渡过程。

过渡过程由电路的"换路"引起。电路中含有动态元件是过渡过程发生的内因,而换路则是过渡过程产生的外因。

1.5.1 换路定则及电压、电流的初始值和初始条件

1. 换路定则

在分析过渡过程时,通常将换路时刻作为计时的起点,且还需对换路前后的瞬间加以区分,即将换路前的瞬间记为 $t=0_-$,将换路后的瞬间记为 $t=0_+$。这样做是为了准确地表征电路变量在换路时发生突变(跳变)的情况。

换路定则:在换路瞬间($t=0$),电感元件中的电流和电容元件上的电压都应保持原值而

不能跃变，即

$$i_{\rm L}(0_+) = i_{\rm L}(0_-)$$
$$u_{\rm C}(0_+) = u_{\rm C}(0_-)$$

换路定则的实质是能量不能跃变，能量的积累或衰减都要有一个过程。因为磁场能量 $W_{\rm L} = \frac{1}{2}Li_{\rm L}^2$，电场能量 $W_{\rm C} = \frac{1}{2}Cu_{\rm C}^2$，所以 $i_{\rm L}$ 和 $u_{\rm C}$ 不能跃变。

利用换路定则可确定初始值 $i_{\rm L}(0_-)$ 和 $u_{\rm C}(0_-)$。

2. 动态电路的初始条件

（1）电路的初始条件是指 n 阶电路的某个待求电量在 $t=0_+$ 时的值，及其 $n-1$ 阶导数在 $t=0_+$ 时的值，也称初始值。

（2）电容电压和电感电流的初始值 $u_{\rm C}(0_+)$ 和 $i_{\rm L}(0_+)$ 称为独立的初始条件，又称为电路的初始状态，其他电量的初始条件称为非独立的初始条件。

（3）电路中非独立的初始条件是由电路的初始状态 $u_{\rm C}(0_+)$ 和 $i_{\rm L}(0_+)$ 决定的。

3. 电路初始条件的求取方法

电量 $y(t)$ 的初始条件分为初始值 $y(0_+)$ 及其各阶导数的初始值 $y'(0_+)$，$y''(0_+)$，$\cdots$，$y^{n-1}(0_+)$ 两类。

（1）$y(0_+)$ 的计算方法和步骤。

1）由换路前瞬间 $t=0_-$ 的电路求出 $u_{\rm C}(0_-)$ 和 $i_{\rm L}(0_-)$。

2）做出 $t=0_+$ 时刻的等效电路。在这一电路中，将电容元件用电压源代替，其电压为 $u_{\rm C}(0_+) = u_{\rm C}(0_-)$；将电感元件用电流源代替，其电流为 $i_{\rm L}(0_+) = i_{\rm L}(0_-)$；各独立电源均以其在 $t=0_+$ 时所取值的直流电源代替，其余元件（包括受控源）予以保留。

3）用求直流电路的方法解 $t=0_+$ 时的等效电路，求出各非独立变量 $y(0_+)$ 的值。

（2）各阶导数初始值 $y^{(n-1)}(0_+)$ 的求解方法和步骤。

1）由 $t=0_-$ 时的电路求得 $u_{\rm C}(0_-)$ 和 $i_{\rm L}(0_-)$。

2）做出 $t=0_+$ 的等效电路，方法与前述相同。

3）解出 $t=0_+$ 时电路中的 $i_{\rm C}(0_+)$ 和 $u_{\rm L}(0_+)$，则

$$\frac{{\rm d}u_{\rm C}(0_+)}{{\rm d}t} = \frac{1}{C}i_{\rm C}(0_+)$$

$$\frac{{\rm d}i_{\rm L}(0_+)}{{\rm d}t} = \frac{1}{L}u_{\rm L}(0_+)$$

4）除 $\frac{{\rm d}u_{\rm C}(0_+)}{{\rm d}t}$ 及 $\frac{{\rm d}i_{\rm L}(0_+)}{{\rm d}t}$ 外，所有电压、电流的各阶导数的初始值，以及 $u_{\rm C}$ 和 $i_{\rm L}$ 的二阶及以上各阶导数的初始值，则需根据 $t=0_+$ 及 $t>0$ 的电路求出。

1.5.2 一阶电路分析的基本方法

由一阶微分方程描述的电路称为一阶电路。

1. 一阶电路的零输入响应

（1）零输入响应的概念。当电路中没有独立电源的作用，仅由动态元件的初始储能所建立的响应称为零输入响应。

（2）一阶电路零输入响应解的形式。一阶电路零输入响应的一般表达式为

$$y(t) = y(0_+) e^{-\frac{t}{\tau}}, t \geqslant 0 \text{ 或 } t > 0$$

式中　$y(0_+)$——响应 $y(t)$ 的初始值；

　　　τ——一阶电路的时间常数。

注意 $y(t)$ 的表达式应加以时间域的限制，当 $y(0_-) = y(0_+)$ 时，定义域为 $t \geqslant 0$；而当 $y(0_-) \neq y(0_+)$ 时，则定义域只能是 $t > 0$。

2．一阶电路的零状态响应

（1）零状态响应的概念。当电路的初始储能为零时，由电路中的独立电源所产生的响应称为零状态响应。

（2）一阶电路零状态响应解的形式。一阶电路零状态响应 $y(t)$ 的一般表达式为

$$y(t) = y_1 + y_2 = 强制分量 + 自由分量$$

式中　y_1——强制分量，取决于电路中独立电源的变化规律；

　　　y_2——自由分量，$y_2 = Ae^{-\frac{t}{\tau}}$，其中的 τ 为电路的时间常数。

（3）一阶电路零状态响应的形式。对零状态电路，若能确知响应 $y(t)$ 的初始值为零，则可写出响应，即

$$y(t) = y(\infty)(1 - e^{-\frac{t}{\tau}})$$

式中　$y(\infty)$——换路后 $y(t)$ 的稳态值。

若能确定响应 $y(t)$ 在暂态过程结束后为零，则可写出响应，即

$$y(t) = y(0_+) e^{-\frac{t}{\tau}}$$

3．一阶电路的全响应

（1）全响应的概念。当电路的初始状态不为零且有独立电源作用时所产生的响应称为全响应。

（2）关于全响应的两个重要结论：

$$全响应 = 零输入响应 + 零状态响应$$
$$全响应 = 强制分量 + 自由分量$$

上述结论适用于任意阶的线性电路。当换路后的电路存在稳定状态时，第二个结论又可写为

$$全响应 = 稳态分量 + 暂态分量$$

（3）求解一阶电路全响应的三要素法。三要素法是求解一阶电路的全响应 $y(t)$ 的重要方法，必须熟练掌握。

三要素法的公式为

$$y(t) = y_p(t) + [y(0_+) - y_p(0_+)] e^{-\frac{t}{\tau}}$$

式中　$y_p(t)$——响应的强制分量，即电路微分方程的一个特解，而 $y_p(0_+)$ 为 $y(t)$ 的初始值；

　$y(0_+)$——响应的初始值；

　　　τ——电路的时间常数。

$y_p(t)$、$y(0_+)$ 和 τ 称为一阶电路的三要素。

换路后的电路存在稳定状态时，三要素法公式为

$$y(t) = y_\infty(t) + [y(0_+) - y_\infty(0_+)] \mathrm{e}^{-\frac{t}{\tau}}$$

在直流的情况下,因 $y_\infty(t) = y_\infty(0_+) = y(\infty)$,则三要素法公式为

$$y(t) = y(\infty) + [y(0_+) - y(\infty)] \mathrm{e}^{-\frac{t}{\tau}}$$

1)稳态值 $y(\infty)$:换路后,电路达到稳定状态时的电压和电流值。在稳态为直流量的电路中,电路的处理方法是电容开路,电感短路;用求稳态电路的方法求出电容的开路电压 $u_C(\infty)$ 和电感中的短路电流 $i_L(\infty)$ 。

2)初始值 $y(0_+)$:换路后瞬间($t = 0_+$)的电路电压和电流值。由换路定律 $i_L(0_+) = i_L(0_-), u_C(0_+) = u_C(0_-)$,利用换路前的稳态电路求出 $i_L(0_-)$ 或 $u_C(0_-)$,即可得到 $i_L(0_+)$ 或 $u_C(0_+)$ 。

3)时间常数 τ 。

① 应注意只有一阶电路才有时间常数这一概念。

② 时间常数定义为一阶电路微分方程对应的特征根倒数的负值,且其单位为 s。

③ 对 R 、 C 电路,其时间常数 $\tau = R_{eq}C$;而 R 、 L 电路的时间常数 $\tau = L/R_{eq}$ 中 R_{eq} 为从储能元件两端看进去的电阻网络的等效电阻,如图 1-36 所示。

④ τ 反映了暂态过程的快慢,即 τ 越大,则暂态过渡经历的时间越长。

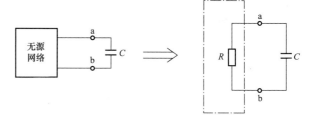

1.5.3 二阶电路分析的基本方法

图 1-36 求时间常数的等效电路

1. 二阶电路及其方程

(1)二阶电路。用二阶微分方程加以描述的电路称为二阶电路。

二阶电路有三种基本形式,即含有一个电感元件和一个电容元件的电路、含有两个(独立的)电容元件的电路以及含有两个(独立的)电感元件的电路。最简单而典型的二阶电路是 R 、 L 、 C 串联及并联电路。

(2)二阶电路的微分方程。二阶电路微分方程的一般形式为

$$a \frac{\mathrm{d}^2 y(t)}{\mathrm{d}t^2} + b \frac{\mathrm{d}y(t)}{\mathrm{d}t} + cy(t) = kx(t)$$

式中: $y(t)$ 为响应; $x(t)$ 为与激励有关的函数。求解上述二阶微分方程所需的初始条件有两个,即 $y(0_+)$ 和 $\dfrac{\mathrm{d}y(0_+)}{\mathrm{d}t}$ 。

2. 二阶电路零输入响应的形式

(1) R 、 L 、 C 串联或并联电路的零输入响应。对 R 、 L 、 C 串联电路,设 $y(t)$ 是电路中的任一零输入响应,则电路微分方程的形式为

$$LC \frac{\mathrm{d}^2 y(t)}{\mathrm{d}t^2} + RC \frac{\mathrm{d}y(t)}{\mathrm{d}t} + y(t) = 0$$

对 R 、 L 、 C 并联电路,其零输入响应对应的微分方程为

$$LC \frac{\mathrm{d}^2 y(t)}{\mathrm{d}t^2} + \frac{L}{R} \frac{\mathrm{d}y(t)}{\mathrm{d}t} + y(t) = 0$$

上述 R、L、C 电路二阶齐次微分方程的特征根为 $S_{1,2}=-\alpha\pm\sqrt{\alpha^2-\omega_0^2}$，根据 α 和 ω_0 的相对大小，特征根有三种情况，对应的电路响应也有三种情况。

1）过阻尼情况，也称为非振荡放电过程，此时 $\alpha>\omega_0$，特征根为两个不相等的负实数，电路微分方程解的形式为

$$y(t)=k_1 e^{S_1 t}+k_2 e^{S_2 t}$$

式中，S_1、$S_2<0$，k_1 及 k_2 为积分常数，由初始条件决定。

2）临界情况，此时 $\alpha=\omega_0$，特征根为两个相等的负实数，微分方程解的形式为

$$y(t)=(k_1+k_2 t)e^{\alpha t}$$

3）欠阻尼情况，也称为振荡放电过程，此时 $\alpha<\omega_0$，特征根为一对共轭复数，即 $S_{1,2}=-\alpha\pm\sqrt{\alpha^2-\omega_0^2}=-\alpha\pm j\omega_d$，其中 $\omega_d=\sqrt{\omega_0^2-\alpha^2}$ 称为振荡角频率。微分方程的解为

$$y(t)=k e^{-\alpha t}\sin(\omega_d t+\beta)$$

（2）关于 R、L、C 串并联电路零输入响应的说明。

1）电路响应属于上述三种情况中的哪一种完全取决于电路的结构和元件的参数，而与电路的初始储能及激励无关。

2）过阻尼情况称为非振荡放电过程，是指在暂态过程中不会出现电场能量与磁场能量交换的情况，即 L、C 两个储能元件一直处于向电阻放电的状态。

3）在欠阻尼时，将发生能量交换的情况，即在某一时刻电容中的部分电场能量转化为磁场能量储于电感之中，而在另一时刻，电感中部分磁场能量转换为电场能量储存于电容之中。

4）在欠阻尼情况下，若电路中 $R=0$，则电路的响应为

$$y(t)=k\sin(\omega_d t+\beta)$$

即响应是一无衰减的正弦波，称之为等幅振荡。

（3）一般二阶电路的零输入响应。一般二阶电路是指除前述 R、L、C 串、并联电路之外的二阶电路。

1）含有 L、C 元件的二阶电路。在这种电路中，响应可有过阻尼、临界阻尼和欠阻尼三种情形。

2）只含有 L 元件或只含 C 元件的二阶电路。在这两种电路中，不存在欠阻尼和临界阻尼的情况，只有过阻尼的情形。

（4）二阶电路零输入响应的求解方法和步骤。

1）对 R、L、C 串、并联电路的零输入响应可用两种方法求解。

一是记住前述的这两种电路的微分方程的形式，将参数代入方程并求得初始值 $y(0_+)$ 和 $dy(0_+)/dt$ 进行求解。二是直接根据电路列写待求变量的微分方程并求得初始值后解微分方程得到响应。一般用前一种方法较为简单，因为这一方法类似于套用公式。

2）对一般二阶电路只能是由电路依据 KCL 和 KVL 列写待求变量的微分方程后求解。为简化列写微分方程的过程，实际中可采用"算子法"。

3）建立电路微分方程的"算子法"。

① 将初始电压不为零的电容元件用一电压源和一零初值的电容元件相串联的电路等效；

将初始电流不为零的电感元件用一电流源和一零初值的电感元件相并联的电路等效。

② 引入微分算子 $D \triangleq \dfrac{\mathrm{d}}{\mathrm{d}t}$ 和积分算子 $D^{-1} \triangleq \displaystyle\int_0^t \mathrm{d}t$，则零初值电容的伏安特性方程为 $i_C = Cdu_C$ 或 $u_C = \dfrac{1}{CD}i_C$，零初值电感的伏安特性方程为 $u_L = Ldi_L$ 或 $i_L = \dfrac{1}{LD}u_L$，引入微分、积分算子后，可将电容、电感元件的参数分别表示为 $1/CD$ 和 LD，两种参数均与欧姆定律中的电阻 R 相当。

③ 对引入微分、积分算子的电路应用适当的网络分析法（多用节点法、网孔法），用观察法列写电路方程（组），然后消去不必要的变量及各项分母中的微分算子 D，再将微分算子还原为 $\mathrm{d}/\mathrm{d}t$，便可得所需的微分方程。

> **小结与提示**　分析二阶动态电路，主要是列写电路的微分方程，并根据初始条件求解微分方程从而得到电路解的方法，即经典分析法。经典法分析暂态过程的步骤是：
> (1) 按换路后的电路列出微分方程式。
> (2) 求微分方程的特解，即稳态分量。
> (3) 求微分方程的补函数，即暂态分量。
> (4) 按照换路定律确定暂态过程的初始值，从而定出积分常数。

1.6　静电场

静电场是指由相对于观察者静止且量值不随时间变化的电荷产生的电场。而所谓电场是指存在于电荷周围空间的一种由非实体粒子组成的特殊物质。静电场的特点是不随时间变化而仅是空间坐标的函数。

1.6.1　电场强度、电位

1. 电场强度

由库仑定律可知，当一点电荷放在另一点电荷的周围时，该点电荷要受到力的作用，这种力在空间各点的值都是确定的，因此在电荷周围存在矢量场。这种矢量场表现为对其他电荷有作用力，故称之为电场。电场的大小与方向用电场强度表示。

从静电场的力的表现出发，利用试验电荷来引出电场强度概念，描述电场的性质。将试验电荷 q_0（点电荷，且 $|q_0|$ 很小）放入 A 点，它所受电场力为 $\boldsymbol{F}$，试验发现，将 q_0 加倍（图 1-37），则所受的电场力也增加相同的倍数，即

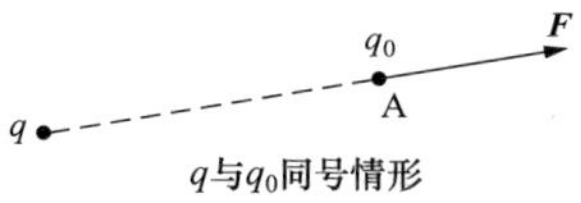

q 与 q_0 同号情形

图 1-37　点电荷受力分析

　　实验电荷：q_0，$2q_0$，$3q_0$，$\cdots$，nq_0。
　　受力：$\boldsymbol{F}$，$2\boldsymbol{F}$，$3\boldsymbol{F}$，$\cdots$，$n\boldsymbol{F}$。

$$\frac{\text{力}}{\text{实验电荷}} = \frac{\boldsymbol{F}}{q_0} = \frac{2\boldsymbol{F}}{2q_0} = \frac{3\boldsymbol{F}}{3q_0} = \cdots = \frac{n\boldsymbol{F}}{nq_0} \tag{1-4}$$

可见，这些比值都为 $\dfrac{\boldsymbol{F}}{q_0}$，该比值与试验电荷无关，仅与 A 点电场性质有关，因此，可以用 $\dfrac{\boldsymbol{F}}{q_0}$ 来描述电场的性质，定义

$$E = \frac{F}{q_0} \qquad (1-5)$$

为电荷 q 的电场在 A 点处的电场强度。

试验电荷放在点电荷系 q_1，q_2，q_3，$\cdots$，q_n 所产生电场中的 A 点，试验表明 q_0 在 A 处所受电场力 F 是各个点电荷各自对 q_0 作用力 F_1，F_2，F_3，$\cdots$，F_n 的矢量和，即

$$F = F_1 + F_2 + F_3 + \cdots + F_n \qquad (1-6)$$

按场强定义

$$E = \frac{F}{q_0} = \frac{F_1}{q_0} + \frac{F_2}{q_0} + \frac{F_3}{q_0} + \cdots + \frac{F_n}{q_0} = E_1 + E_2 + E_3 + \cdots + E_n \qquad (1-7)$$

$$\Rightarrow E = \sum_{i=1}^{n} E_i \qquad (1-8)$$

式(1-8)表明，点电荷系电场中任一点处的总场强等于各个点电荷单独存在时在该点产生的场强矢量和，这称为场强叠加原理。

可见，电场具有可叠加性，也就是说，多个点电荷的电场等于单个点电荷的电场的矢量和。

对于真空中连续分布电荷的电场，也可利用电场的叠加性计算。

2. 电位

静电场是无旋场，$\nabla \cdot E = 0$。由亥姆霍兹定理，电场强度可以表示为一个标量场 φ 的负梯度，即

$$E = -\nabla \varphi \qquad (1-9)$$

$$\varphi(r) = \frac{1}{4\pi} \iint\limits_{V} \frac{\nabla \cdot E(r)}{R} \mathrm{d}V \qquad (1-10)$$

$$\varphi(r) = \frac{1}{4\pi \varepsilon_0} \iiint\limits_{V} \frac{\rho(r)}{R} \mathrm{d}V \qquad (1-11)$$

将式(1-11)代入式(1-9)，考虑到微分运算与积分运算的变量不同，因此可以交换两者的运算次序，得

$$E(r) = -\frac{1}{4\pi \varepsilon_0} \iint\limits_{V} \nabla \frac{\rho(r)}{R} \mathrm{d}V = -\frac{1}{4\pi \varepsilon_0} \iiint\limits_{V} \rho(r) \nabla \frac{1}{R} \mathrm{d}V \qquad (1-12)$$

将 $\nabla \dfrac{1}{R} = -\dfrac{e_R}{R^2}$ 代入，得

$$E(r) = \frac{1}{4\pi \varepsilon_0} \iiint\limits_{V} \frac{\rho(r) e_R}{R^2} \mathrm{d}V \qquad (1-13)$$

式(1-11)是标量积分，一般情况下，计算这个标量积分要比直接计算式(1-10)的矢量积分容易，因此，在计算电场时，也可以先计算出标量积分式(1-11)，然后再求梯度，求出电场。当电荷为面分布、线分布或点电荷时，可按式(1-11)写出对应的计算式。

$$\varphi(r) = \frac{1}{4\pi \varepsilon_0} \iint\limits_{S} \frac{\rho_S(r)}{R} \mathrm{d}S \qquad (1-14)$$

$$\varphi(r)=\frac{1}{4\pi\varepsilon_0}\int_l\frac{\rho_1(r)}{R}\mathrm{d}l \qquad\qquad (1-15)$$

$$\varphi(r)=\frac{q}{4\pi\varepsilon_0 R} \qquad\qquad (1-16)$$

标量场 φ 的物理意义分析如下：考查单位正电荷在电场作用下做功，设单位正电荷在电场力作用下从点 a 位移到点 b，那么电场力所做的功为

$$A=\int_a^b\boldsymbol{E}\cdot\mathrm{d}\boldsymbol{l} \qquad\qquad (1-17)$$

将式(1-9)代入得

$$A=-\int_a^b\nabla\varphi\,\mathrm{d}l=-\int_a^b\frac{\partial\varphi}{\partial l}\mathrm{d}l=-\int_a^b\mathrm{d}\varphi=\varphi(a)-\varphi(b) \qquad (1-18)$$

式(1-18)表明，单位正电荷在电场力作用下，从点 a 位移到点 b，电场力所做的功等于位移起点的标量场值 $\varphi(a)$ 减去终点的标量场值 $\varphi(b)$。将电场和重力场相比较，电场对应的标量场 φ 相当于重力场中的势能，也就是说，标量场 φ 表示电场中各点的势能分布，是从能量角度对电场的描述，因此，标量场 φ 称之为电势或电位。两点之间的电位差，就等于单位正电荷在电场 $\boldsymbol{E}$ 作用下从一点位移到另一点时电场力所做的功，称之为电压。

根据式(1-17)和式(1-18)，电场中 a 点的电位为

$$\varphi(a)=\int_a^b\boldsymbol{E}\cdot\mathrm{d}\boldsymbol{l}+\varphi(b)$$

当 b 点为电位零点，即电位参考点时，$\varphi(b)=0$，有

$$\varphi(a)=\int_a^b\boldsymbol{E}\cdot\mathrm{d}\boldsymbol{l}$$

在电荷分布在有限区域的情况下，一般选取无限远为电位参考点；而在电荷分布延伸到无限远的情况下，必须选取有限区域中的点作电位的参考点；否则，在数学计算过程中将会发生困难。在工程上，由于大地的电位相对稳定，因此，一般取大地为电位参考点。在式(1-13)~式(1-16)的计算电位公式中，已规定电位参考点在无限远处。

电位分布可以用等位面形象地描述，等位面图是相邻电位差相等的一系列等位面。在电场较强处，等位面间距较近，在电场较弱处，等位面间距大。根据电场与电位的关系，电场方向总是与等位面法线方向一致，并指向电位减小一侧，即电场总与等位面处垂直。当电荷在某等位面上移动时，由于位移方向与电场方向垂直，电场不做功。

1.6.2 高斯定理

1. 电力线

电力线是为了描述电场所引进的辅助概念，它并不真实存在。

(1) $\boldsymbol{E}$ 用电力线描述。规定如下：

方向：电力线切线方向。

大小：$\boldsymbol{E}$ 的大小=该电力线密度=垂直通过单位面积的电力线条数=$\frac{\mathrm{d}N}{\mathrm{d}S}$，即

$$E=\frac{\mathrm{d}N}{\mathrm{d}S}$$（即某点场强大小等于过该点并垂直于 $\boldsymbol{E}$ 的面元上的电力线密度）

（2）静电场中电力线性质。

1）不闭合，不中断，起自正电荷，止于负电荷。

2）任意两条电力线不能相交，这是某一点只有一个电场强度方向的要求。

2. 电通量

通过电场中某一面的电力线数叫作通过该面的电场强度通量，用 $\varPhi_e$ 表示。

（1）匀强电场。

1）平面 S 与 E 垂直。如图 1-38 所示，由 E 的大小描述可知

$$\varPhi_e = ES$$

2）平面 S 与 E 夹角为 θ，如图 1-38 所示，由 E 的大小描述可知

$$\varPhi_e = ES_\perp = ES\cos\theta = \boldsymbol{E} \cdot \boldsymbol{S} \ (\boldsymbol{S} = S\boldsymbol{n})$$

式中　$\boldsymbol{n}$——S 的单位法线向量。

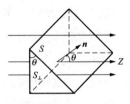

（2）在任意电场中通过任意曲面 S 的电通量。如图 1-39 所示，在 S 上取面元 $\mathrm{d}S$，$\mathrm{d}S$ 可看成平面，$\mathrm{d}S$ 上 E 可视为均匀的。设 $\boldsymbol{n}$ 为 $\mathrm{d}S$ 单位法向向量，$\boldsymbol{n}$ 与该处 E 夹角为 θ，则通过 $\mathrm{d}S$ 电场强度通量为

$$\mathrm{d}\varPhi_e = \boldsymbol{E} \cdot \mathrm{d}\boldsymbol{S}$$

图 1-38　电通量

通过曲面 S 的电场强度通量为

$$\varPhi_e = \int \mathrm{d}\varPhi_e = \int_S \boldsymbol{E} \cdot \mathrm{d}\boldsymbol{S}$$

$$\varPhi_e = \int_S \boldsymbol{E} \cdot \mathrm{d}\boldsymbol{S} \tag{1-19}$$

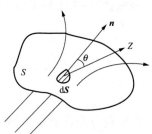

在任意电场中通过封闭曲面的电场强度通量

$$\varPhi_e = \oint_S \boldsymbol{E} \cdot \mathrm{d}\boldsymbol{S} \tag{1-20}$$

注意：通常取面元外法向为正。

图 1-39　曲面的电通量

3. 高斯定理

高斯定理是关于通过电场中任一闭合曲面电通量的定理。

如图 1-40 所示，q 为正点电荷，S 为以 q 为中心以任意 r 为半径的球面，S 上任一点 p 处 E 为

$$E = \frac{q}{4\pi\varepsilon_0 r^3}\boldsymbol{r} \tag{1-21}$$

（1）通过闭合曲面 S 的电场强度通量为

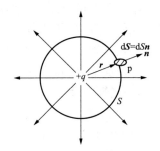

图 1-40　点电荷的电通量

$$\varPhi_e = \oint_S \boldsymbol{E} \cdot \mathrm{d}\boldsymbol{S} = \oint_S \frac{q\boldsymbol{r}}{4\pi\varepsilon_0 r^3} \cdot \mathrm{d}S\boldsymbol{n} = \oint_S \frac{q}{4\pi\varepsilon_0 r^3}r\mathrm{d}S(\boldsymbol{r}、\mathrm{d}\boldsymbol{S} \text{同向})$$

$$= \oint_S \frac{q}{4\pi\varepsilon_0 r^2}\mathrm{d}S = \frac{q}{4\pi\varepsilon_0 r^2}\oint_S \mathrm{d}S = \frac{q}{\varepsilon_0} \tag{1-22}$$

结论：Φ_e 与 r 无关，仅与 q 有关$(\varepsilon_0 = \text{const})$。

（2）点电荷电场中任意闭合曲面 S 的电场强度通量。

1）$+q$ 在 S 内情形。如图1-41所示，在 S 内作一个以 $+q$ 为中心，任意半径 r 的闭合球面 S_1，通过 S_1 的电场强度通量为 $\dfrac{q}{\varepsilon_0}$。因为通过 S_1 的电力线必通过 S，即此时 $\Phi_{es_1} = \Phi_{es}$，所以通过 S 的电场强度通量为

$$\Phi_e = \oint E \cdot dS = \frac{q_0}{\varepsilon_0} \qquad (1-23)$$

2）$+q$ 在 S 外情形。如图1-42所示，此时，进入 S 面内的电力线必穿出 S 面，即穿入与穿出 S 面的电力线数相等，所以

$$\Phi_e = \oint_S E \cdot dS = 0 \qquad (1-24)$$

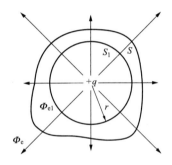

图1-41　点电荷在封闭面 S 内

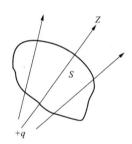

图1-42　点电荷在封闭面 S 外

结论：S 外电荷对 Φ_e 无贡献

$$\Phi_e = \frac{q}{\varepsilon_0} \begin{cases} \dfrac{q_0}{\varepsilon_0} \ (q \text{ 在 } S \text{ 内}) \\[2mm] 0 \ (q \text{ 在 } S \text{ 外}) \end{cases}$$

（3）点电荷情况。在点电荷 q_1，q_2，q_3，$\cdots$，q_n 电场中，任一点场强为

$$E = E_1 + E_2 + E_3 + \cdots + E_n \qquad (1-25)$$

通过某一闭合曲面电场强度通量为

$$\Phi_e = \oint_S E \cdot dS = \oint_S (E_1 + E_2 + E_3 + \cdots + E_n) \cdot dS$$

$$= \oint_S E_1 \cdot dS + \oint_S E_2 \cdot dS + \oint_S E_3 \cdot dS + \cdots + \oint_S E_n \cdot dS = \frac{1}{\varepsilon_0} \sum_{S_{内}} q \qquad (1-26)$$

即

$$\Phi_e = \oint_S E \cdot dS = \frac{1}{\varepsilon_0} \sum_{S_{内}} q \qquad (1-27)$$

式（1-23）表明：在真空中通过任意闭合曲面的电通量等于该曲面所包围的一切电荷的代数和除以 ε_0。这就是真空中的高斯定理。式（1-23）为高斯定理数学表达式，高斯定理中

闭合曲面称为高斯面。

说明：

（1）以上是通过用闭合曲面的电通量概念来说明高斯定理，仅是为了便于理解而用的一种形象解释，不是高斯定理的证明。

（2）高斯定理是在库仑定理基础上得到的，但是前者适用范围比后者更广泛。后者只适用于真空中的静电场，而前者适用于静电场和随时间变化的场，高斯定理是电磁理论的基本方程之一。

（3）高斯定理表明，通过闭合曲面的电通量只与闭合面内的自由电荷代数和有关，而与闭合曲面外的电荷无关。

$$\Phi_e = \oint_S \boldsymbol{E} \cdot \mathrm{d}\boldsymbol{S} = \frac{1}{\varepsilon_0} \sum_{S_{内}} q \begin{cases} > 0, 不能说 S 内只有正电荷 \\ < 0, 不能说 S 内只有负电荷 \\ = 0, 不能说 S 内无电荷 \end{cases} \tag{1-28}$$

注意：这些都是 S 内电荷代数和的结果和表现。

（4）高斯定理说明 $\Phi_e = \oint_S \boldsymbol{E} \cdot \mathrm{d}\boldsymbol{S} = \frac{1}{\varepsilon_0} \sum_{S_{内}} q$ 与 S 内电荷有关而与 S 外电荷无关，这并不是说 $\boldsymbol{E}$ 只与 S 内电荷有关而与 S 外电荷无关。实际上，$\boldsymbol{E}$ 是由 S 内、外所有电荷产生的结果。

（5）高斯面可由我们任选。

1.6.3　静电场边值问题的镜像法

1. 边值问题

（1）不同介质边界条件。在两种不同介质的分界面上（图 1-43）没有自由电荷，即 $\rho_S = 0$，两种不同介质界面上的边界条件为

$$D_{1n} = D_{2n} \tag{1-29}$$

$$E_{1t} = E_{2t} \tag{1-30}$$

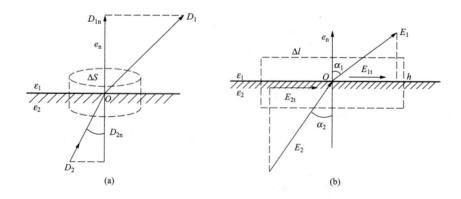

图 1-43　两种不同介质界面的边界条件

也就是说，在两种不同介质的界面上，电位移矢量的法线分量连续，电场强度的切线分量连续。

将 $D = \varepsilon E$ 代入式(1-29)还可表示为

$$\varepsilon_1 E_{1n} = \varepsilon_2 E_{2n} \tag{1-31}$$

根据 $E = -\nabla\varphi$ 及式(1-31)，可得到在两种不同介质界面上的边界条件为

$$\varphi_1 = \varphi_2$$

$$\varepsilon_1 \frac{\partial \varphi_1}{\partial_n} = \varepsilon_2 \frac{\partial \varphi_2}{\partial_n}$$

由式(1-31)可见，电场强度在介质分界面上不连续，使界面两边的电场不但大小不同，方向也不同。由式(1-29)和式(1-30)，界面两边的电场强度的方向与法线的夹角关系为

$$\frac{1}{\varepsilon_1} \tan\alpha_1 = \frac{1}{\varepsilon_2} \tan\alpha_2$$

界面上电场的不连续是由于界面上有束缚电荷。

将式(1-28)用于图1-43中的封闭面，可得到界面上的束缚电荷面密度为

$$\rho_S' = \varepsilon_0(E_{1n} - E_{2n}) \tag{1-32}$$

（2）导体表面的边界条件。由于在导体中电场为零，表面上存在感应的自由电荷，在导体面上

$$D_n = \rho_S \tag{1-33}$$

$$\varepsilon E_n = \rho_S \tag{1-34}$$

$$E_t = 0$$

式(1-33)和式(1-34)说明，电场垂直于导体表面，且表面上的感应电荷面密度等于表面上的电位移矢量的大小，电位的边界条件为

$$\varepsilon \frac{\partial \varphi}{\partial_n} = \rho_S$$

$$\varphi = 常数 \tag{1-35}$$

式(1-35)说明，导体表面是等位面。

2. 镜像法

镜像法是直接建立在唯一性定理基础上的一种求解静电场问题的方法。对于一个电位的边值问题，在区域 V 中电荷分布已知，在其边界 S 上给定边界条件，求区域 V 中的电场，记为边值问题1，如果能找到另一个边值问题2，电荷分布已知，可以方便地计算出电位或电场，并且与边值问题1在相同的区域 V 中有同样的电荷分布，在相同的边界 S 上有同样的边界条件，那么，根据唯一性定理，边值问题1与边值问题2在区域 V 中电场是相同的。边值问题2对于区域 V 是边值问题1的等效问题，镜像法就是一种寻找等效问题的方法。

（1）导电平面上方点电荷的电场。在无限大的导电平板上方 h 处有一个点电荷 q，如图1-44所示，求导电板上方空间的电位分布。建立直角坐标系，取导电平面为 xy 平面，点电荷 q 在P(0, 0, h)处。此电场问题的待求场区为 $z>0$ 区，场区有源，源是电量为 q 位于P(0, 0, h)点的点电荷，边界为 xy 面，由于导电面延伸到无限远，其边界条件为 xy 面上电位为零。

导电平面上场区的电位是由点电荷以及导电平面上的感应电荷产生的，但感应电荷是未知的，因此，无法直接利用感应电荷进行计算。

现在考虑另一种情况，空间中有两个点电荷 q 和 $-q$，分别位于 P（0，0，h）点和 P'（0，0，$-h$）点，使得 xy 面的电位为零，如图 1-45 所示。这种情况，对于 $x>0$ 的空间区域，电荷分布与边界条件都与前一种情况相同，根据唯一性定理，这两种情况 $z>0$ 区域的电位是相同的。也就是说，可以通过后一种情况中的两个点电荷来计算前一种情况的待求场。

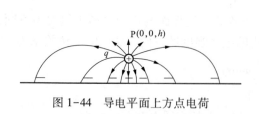

图 1-44 导电平面上方点电荷

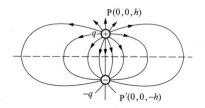

图 1-45 点电荷的镜像电荷

对比这两种情况，对 $z>0$ 区域的场来说，后一种情况位于（0，0，$-h$）点的点电荷与前一种情况导电面上感应电荷是等效的。由于这个等效的点电荷与待求场区的点电荷相对于边界面是镜像对称的，所以这个等效的点电荷称为镜像电荷，这种通过场区之内的电荷与其在待求场区域之外的镜像电荷来进行计算电场的方法称为镜像法。需要特别强调，镜像法只是对特定的区域才有效，镜像电荷一定是位于有效的场区之外。

镜像法不仅可用于以上介绍的导电平面和直角形导电面的情况，也可用于由导电平面折成的，角度为 $\alpha = \pi/n$（n 为正整数）的角形区域，其电场可用原来的电荷与 $2n-1$ 个镜像电荷计算。

（2）导体球附近点电荷的电场。在点电荷位于导体球附近的场合，也可用镜像法计算电场，考虑半径为 a、接地的导体球附近距离球心为 f 的 A 点处有一点电荷 q，计算导体球外的电场。

用镜像法，设镜像电荷 q' 位于球面内点电荷与球心的连线上距球心为 d 的 B 点处，如图 1-46 所示，那么，为保证与原问题有相同的边界条件，球外的点电荷 q 与去掉导体球后的镜像电荷 q' 在半径为 a 的球面边界上任一点 P 处，产生的电位应为零，即

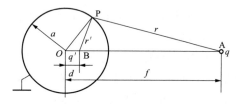

图 1-46 导体球附近的点电荷

$$\frac{q}{4\pi\varepsilon_0 r}+\frac{q'}{4\pi\varepsilon_0 r'}=0$$

可得

$$\frac{-q'}{q}=\frac{r'}{r} \tag{1-36}$$

在式（1-36）中，由于电荷量是确定的，左边是常数，那么，应选择合适的 d 使右边也为常数，为此，使 $\triangle$OPA $\backsim$ $\triangle$OBP，则对应边比例相等，有

$$\frac{PB}{PA}=\frac{OB}{OP}=\frac{OP}{OA}$$

即

$$\frac{r'}{r} = \frac{d}{a} = \frac{a}{f} \tag{1-37}$$

可见，当 d 满足式(1-37)时，使式(1-36)成立。由式(1-36)与式(1-37)，镜像电荷的位置与电量为

$$d = \frac{a^2}{f}$$

$$q' = -\frac{a}{f}q$$

（3）无限长导体圆柱附近有平行放置的线电荷的电场。电荷线密度为 ρ_1，无限长的线电荷平行放置在半径为 a 的无限长的导体圆柱附近，距离为 f，如图1-47所示。

对于圆柱外的区域，有一无限长的线电荷，边界是圆柱等位面。采用镜像法，取掉导体圆柱，在柱面内距轴线为 d 处放镜像线荷，电荷线密度为 $-\rho_1$，柱面外的线电荷与柱面内的镜像电荷在柱面上产生的电位为

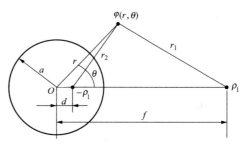

图1-47　无限长导体圆柱附近
平行放置的线电荷

$$\varphi_S = \frac{\rho_1}{2\pi\varepsilon_0}\ln\frac{r_0}{r_1} - \frac{\rho_1}{2\pi\varepsilon_0}\ln\frac{r_0'}{r_2} = \frac{\rho_1}{2\pi\varepsilon_0}\ln\frac{r_0 r_2}{r_1 r_0'} \tag{1-38}$$

式中　r_1、r_2——线电荷与其镜像电荷到柱面上任一点的距离；

r_0、r_0'——线电荷与其镜像电荷到电位参考点的距离。

为计算方便，选电位参考点在线电荷与其镜像电荷之间的中点，即让 $r_0 = r_0'$，式(1-38)变为

$$\varphi_S = \frac{\rho_1}{2\pi\varepsilon_0}\ln\frac{r_2}{r_1} \tag{1-39}$$

要使圆柱面等电位，即式(1-39)为常数，必须有 $\dfrac{r_2}{r_1}$ 等于常数；与圆球问题的镜像法同理，使圆柱面等位的条件为

$$\frac{r_2}{r_1} = \frac{a}{f} = \frac{d}{a} \tag{1-40}$$

由此得

$$d = \frac{a^2}{f} \tag{1-41}$$

将式(1-40)与式(1-41)代入式(1-39)，圆柱面上的电位为

$$\varphi_S = \frac{\rho_1}{2\pi\varepsilon_0}\ln\frac{a}{f} \tag{1-42}$$

如果给定圆柱的半径以及线电荷的密度和位置，就可由线电荷和其镜像电荷求出柱面外的电位

$$\varphi(r,\ \theta) = \frac{\rho_1}{2\pi\varepsilon_0}\ln\frac{\sqrt{f^2+r^2+2rf\cos\theta}}{\sqrt{d^2+r^2-2rd\cos\theta}}$$

可以看出，在这种情形，电位等于零的等位面是两线电荷之间的平面，而线电荷与其镜像电荷相对于该面是镜像对称的，那么，电位分布对于电位为零的平面也是镜像对称的。例如，导电圆柱面的对称圆柱面也是等位面，由式(1-42)，其电位为

$$\varphi_S = \frac{\rho_1}{2\pi\varepsilon_0}\ln\frac{f}{a} \tag{1-43}$$

（4）无限大介质平面上点电荷的电场。镜像法不但适合于计算上述的几种导体边界的情形，也可用于如图1-48(a)所示介质平面边界的情形。图中两种不同介质中的电场是由点电荷 q 和介质分界面上的束缚电荷产生的。

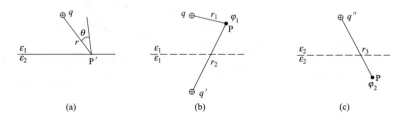

图 1-48　介质界面上方的点电荷的镜像

利用镜像法，计算介质 1 中的电位 φ_1 时，可将界面上的束缚电荷用放在点电荷镜像位置的镜像电荷 q' 来等效，如图1-48(b)所示，计算介质 2 中电位 φ_2 时，可将界面上的束缚电荷和点电荷用放在点电荷 q 位置的点电荷 q'' 来等效，如图1-48(c)所示。如果能求出镜像电荷 q' 与等效电荷 q''，则电位为

$$\varphi_1 = \frac{1}{4\pi\varepsilon_1}\left(\frac{q}{r_1}+\frac{q'}{r_2}\right) \tag{1-44}$$

$$\varphi_2 = \frac{q''}{4\pi\varepsilon_2 r_3} \tag{1-45}$$

式中　r_1、r_2 和 r_3——点电荷 q、q' 和 q'' 到场点 P 的距离。

等效电荷 q' 和 q'' 的值应使两种介质中的电场在介质分界面满足边界条件，即在边界上

$$\varphi_1 = \varphi_2$$

$$\varepsilon_1\frac{\partial\varphi_1}{\partial n} = \varepsilon_2\frac{\partial\varphi_2}{\partial n}$$

将式(1-44)和式(1-45)代入边界条件，考虑到在边界上任一点 P′ 的距离 r_1、r_2 和 r_3 相等，且表示为 r 得

$$\frac{1}{4\pi\varepsilon_1}\left(\frac{q}{r}+\frac{q'}{r}\right) = \frac{q''}{4\pi\varepsilon_2 r}$$

$$\frac{1}{4\pi}\left(\frac{q}{r^2}+\frac{q'}{r^2}\right)\cos\theta=\frac{q''}{4\pi r^2}\cos\theta$$

式中 θ——界面上的电场方向与界面法线的夹角(设界面法线指向介 2 中)。

由式(1-44)、式(1-45)可得

$$\frac{1}{\varepsilon_1}(q+q')=\frac{1}{\varepsilon_2}q''$$

$$q-q'=q''$$

联立求解，可得

$$q'=\frac{\varepsilon_1-\varepsilon_2}{\varepsilon_1+\varepsilon_2}q \tag{1-46}$$

$$q''=\frac{2\varepsilon_2}{\varepsilon_1+\varepsilon_2}q \tag{1-47}$$

将式(1-46)与式(1-47)代入式(1-44)与式(1-45)就可求出介质中的电位。

1.6.4 电场力及其计算

点电荷 q 放在电场 $\boldsymbol{E}$ 中受到的电场力为 $q\boldsymbol{E}$，但这里的电场不包含受力点电荷本身产生的电场。在一些场合，已知的电场是总的电场，也包括要计算的受力带电体产生的电场，使直接利用上述方法计算电场力有一定的困难，这里介绍一种利用电场能量的可能变化计算电场力的方法，称为虚位移法或虚功法。

对任一个带电系统，如果其中的某个带电体受到该系统的电场力为 $\boldsymbol{F}$，假设这个受力带电体在电场力作用下沿力的方向位移为 Δl，电场为此做功为 $\boldsymbol{F}\Delta l$，并且在这一过程中电场能量变化了 ΔW_e，外源向本系统做功为 ΔA。由能量守恒定律，得

$$\Delta A=\Delta W_e+\boldsymbol{F}\Delta l \tag{1-48}$$

下面分两种情况进行分析。

1. 常电荷系统

常电荷系统是指带电体在假设的位移过程中，各带电体上电量不变，即维持系统电量为常数，那么外源就没有向该系统提供电荷，也就没有做功，因此

$$\boldsymbol{F}\Delta l=-\Delta W_e$$

当取位移很小时，常电荷系统带电体受的电场力为

$$\boldsymbol{F}=-\frac{\partial W_e}{\partial l}\bigg|_{q=\text{常数}}$$

力的正方向为位移增大的方向。

2. 常电位系统

常电位系统是指带电体在假设的位移过程中，各带电体电位不变，要维持系统电位为常数，那么，系统电量就会改变，需要外源向该系统提供电荷，对系统做功。设系统电场能量为

$$W_e=\sum_{i=1}^{n}\frac{1}{2}\varphi_i q_i \tag{1-49}$$

由于在电场力做功时，电位不变，则

$$\Delta W_e=\Delta\sum_{i=1}^{n}\frac{1}{2}\varphi_i q_i=\sum_{i=1}^{n}\frac{1}{2}\varphi_i\Delta q_i \tag{1-50}$$

由式(1-50)，每个带电体的电量发生变化，而电位维持不变，因此，外源对系统做的功为

$$\Delta A = \sum_{i=1}^{n} \varphi_i \Delta q_i = 2\Delta W_e \tag{1-51}$$

将式(1-51)代入式(1-48)，得

$$F\Delta l = \Delta W_e$$

当位移很小时，常电位系统带电体受的电场力为

$$F = \frac{\partial W_e}{\partial l}\bigg|_{\varphi=常数}$$

以上两种情况得到的结果应该是相等的。因为，实际上带电体并没有位移，电场也并没有做功，所以称为虚位移法或虚功法。在实际计算带电系统中的电场力时，可根据具体情况选用两种情况之一。

将距离位移推广到角度变化、面积变化、体积变化等这些广义坐标的变化，将力推广到力矩、表面张力、体积压力等广义力，只要使广义力乘以广义坐标的变化等于功，就可以将虚功法中的力推广为广义力，将位移推广为对应的广义坐标。也就是说，在虚功法中，计算电场能量对角度的导数，对应的是力矩；计算电场能量对面积的导数，对应的是表面张力；计算电场能量对体积的导数，对应的是压力。

1.6.5 电容和部分电容的概念及简单形状电极结构电容的计算

在线性介质中，一个孤立导体的电位(电位参考点在无限远处)与导体所带的电量成正比。导体所带的电量 q 与其电位 φ 的比值定义为孤立导体的电容，记为 C，即

$$C = \frac{q}{\varphi}$$

电容的单位为 F，孤立导体的电容与导体的几何形状、尺寸以及周围介质的特性有关，而与导体的带电量无关。

在线性介质中，两个带等量异号电荷的导体之间的电位差与导体上所带的电量成正比。导体上的带电量与两导体之间的电位差之比定义为两导体系统的电容，即

$$C = \frac{q}{|\varphi_1 - \varphi_2|}$$

两导体系统的电容与两个导体的几何形状、尺寸和间距以及周围介质的特性有关而与导体的带电量无关。孤立导体的电容可看成两导体系统中一个导体在无限远的情况下的电容。由电容的定义可以看出，电容的概念不仅适用于电容器，而且适用于任意两个导体之间，以及导体和地之间。例如，两导线之间有电容，一根导线与地之间也有电容，电容的概念，不仅仅是表示两个导体在一定的电压下，存储电荷或电能的大小，它还表示两个导体的电场相互影响，或者说电耦合的程度。

对于两个以上的导体组成的多导体系统，由于其中任一个导体上的电位都要受到其余多个导体上电荷的影响，情况要比两导体复杂，两两之间的相互影响不同于仅有两个导体的情况，因此，将它们之间的电耦合用部分电容表示。

设线性介质中有 $n+1$ 个带电导体，它们的电位仅取决于它们中每个导体所带的电量，而与它们之外的带电体无关，且它们的总电量为零，这样的带电导体系统称为孤立带电系

统，对于多导体组成的孤立带电系统中的每一个导体，其电位与系统中每个导体上电量呈线性关系，例如第一个导体上的电位可用各导体的电量表示为

$$\varphi_1 = \gamma_{11} q_1 + \gamma_{12} q_2 + \cdots + \gamma_{1n+1} q_{n+1} \qquad (1-52)$$

考虑到孤立带电系统中

$$q_1 + q_2 + q_3 + \cdots + q_{n+1} = 0$$

令第 $n+1$ 个导体电位为零，将它的电量用其余导体的电量表示

$$q_{n+1} = -(q_1 + q_2 + \cdots + q_n) \qquad (1-53)$$

将式(1-53)代入式(1-52)，并将系统中各导体的电位都用电量表示，形成线性方程组

$$\begin{cases} \varphi_1 = \alpha_{11} q_1 + \alpha_{12} q_2 + \cdots + \alpha_{1n} q_n \\ \varphi_2 = \alpha_{21} q_1 + \alpha_{22} q_2 + \cdots + \alpha_{2n} q_n \\ \vdots \\ \varphi_n = \alpha_{n1} q_1 + \alpha_{n2} q_2 + \cdots + \alpha_{nn} q_n \end{cases}$$

将此方程组经求解交换后，也可写成如下形式

$$\begin{cases} q_1 = \beta_{11} \varphi_1 + \beta_{12} \varphi_2 + \cdots + \beta_{1i} \varphi_n + \cdots + \beta_{1n} \varphi_n \\ \vdots \\ q_k = \beta_{k1} \varphi_1 + \beta_{k2} \varphi_2 + \cdots + \beta_{ki} \varphi_n + \cdots + \beta_{kn} \varphi_n \\ \vdots \\ q_n = \beta_{n1} \varphi_1 + \beta_{n2} \varphi_2 + \cdots + \beta_{ni} \varphi_n + \cdots + \beta_{nn} \varphi_n \end{cases} \qquad (1-54)$$

令

$$U_{ii} = \varphi_i$$

$$U_{ki} = \varphi_k - \varphi_i$$

式(1-54)经整理可写成以下形式

$$\begin{cases} q_1 = C_{11} U_{11} + C_{12} U_{12} + \cdots + C_{1i} U_{1i} + \cdots + C_{1n} U_{1n} \\ \vdots \\ q_k = C_{k1} U_{k1} + C_{k2} U_{k2} + \cdots + C_{ki} U_{ki} + \cdots + C_{kn} U_{kn} \\ \vdots \\ q_n = C_{n1} U_{n1} + C_{n2} U_{n2} + \cdots + C_{ni} U_{ni} + \cdots + C_{nn} U_{nn} \end{cases} \qquad (1-55)$$

式(1-55)表示各导体上的电量与导电系统中两导体之间的电压的关系，式中各系数称为部分电容，其中，G_{ii} 称为第 i 个导体的固有部分电容

$$C_{ii} = \frac{q_i}{\varphi_i} \bigg|_{\varphi_k = \varphi_i (k=1,2,\cdots,n)}$$

它表示当使 n 个导体电位相同时，第 i 个导体与地之间的电容，G_{ki} 表示第 k 个导体与第 i 个导体之间的互有部分电容

$$C_{ki} = \frac{q_k}{\varphi_k - \varphi_i} \bigg|_{\varphi_m = 0 (m=1,2,\cdots,i-1,i+2,\cdots,n)}$$

部分电容仅与导体系统的几何结构及介质有关，与导体的带电状态无关。图 1-49

表示三个导体与大地形成的多导体系统的部分电容示意图。在电子设备的电路板上，导线或引线之间以及它们与接地板之间都存在部分电容，不同回路的导体之间的部分电容可以造成不同回路的电耦合，使得回路之间相互影响，可能造成不希望有的干扰。

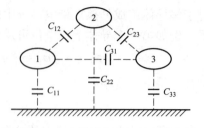

图 1-49　三个导体与大地的部分电容

小结与提示　重点掌握电场强度的概念及电场的性质、真空中静电场高斯定理，电位的概念及其性质；掌握应用高斯定理计算具有对称性分布的静电场问题，以及静电场边值问题的镜像法和电轴法，电场力及其计算，电容和部分电容的概念及简单形状电极结构电容的计算方法。

1.7　恒定电场

1.7.1　恒定电流、恒定电场及电流密度

1. 恒定电流、恒定电场

恒定电流是不随时间变化的电流，虽然恒定电流场中的自由电荷是运动电荷，但由于电流不随时间变化，电荷分布也一定不随时间变化。恒定电流场中的电场是恒定电流场中的电荷产生的，也不随时间变化。

恒定电流场中的电荷产生的电场可分为两个区域，一个是运动电荷所在的空间恒定电流场区，其余空间是另一个场区。一般地，只要确定了电荷分布，就可以利用前面介绍的电场方程计算各区中的电场，但是，在恒定电流场区，电场强度与电流密度有简单、确定的关系，因此，这里仅讨论恒定电流场区的电场。

2. 电流密度

电荷的定向运动形成电流。导电媒质中的电流称作传导电流，气体中大量电荷的定向运动，如显像管中阴极发射的电子束，称作运流电流。电流的大小用电流强度表示，电流强度定义为单位时间流过导电体截面的电荷量，单位为 A。一般地，电流在穿过任一截面时，在该截面上有确定的分布和方向，电流强度并不能描述电流在电流场中的分布情况，而电流产生的场与电流的分布有关。为此，定义一物理量——电流密度，用 J 表示。电流密度度 J 为矢量。

空间任一点的电流密度 J 定义为：单位时间垂直穿过以该点为中心的单位面积的电量，方向为正电荷在该点的运动方向，即如果垂直穿过以正电荷运动方向 e_n 为法线的小曲面 ΔS 的电流强度为 ΔI，则

$$J = \lim_{\Delta S \to 0} \frac{\Delta I}{\Delta S} e_n$$

电流密度单位是 A/m²。根据电流密度的定义，在电流场中，如果已知电流密度 J，则通过面元 dS 的电流强度为

$$dI = J \cdot dS$$

穿过任意曲面 S 的电流强度 I 为

$$I = \iint\limits_{S} \boldsymbol{J} \cdot \mathrm{d}\boldsymbol{S}$$

即电流强度 I 是电流密度 $\boldsymbol{J}$ 的通量。

对电流分布在曲面附近很薄的一层中的情况，当不需分析计算这一薄层中的场时，可忽略薄层的厚度，将电流近似看成是面电流。面电流用电流面密度表示，记为 $\boldsymbol{J}_\mathrm{S}$。电流薄层上 r 点的电流面密度 $\boldsymbol{J}_\mathrm{S}(r)$ 为单位时间垂直穿过单位长度的薄层截面的电量，即

$$\boldsymbol{J}_\mathrm{S} = \lim_{\Delta L \to 0} \frac{\Delta I}{\Delta L} \boldsymbol{e}_\mathrm{n}$$

若已知面电流的电流面密度（图 1-50），则流过长度为工的薄层截面的电流强度为

$$I = \int_L \boldsymbol{J}_\mathrm{S} \cdot \boldsymbol{e}_\mathrm{n} \mathrm{d}L$$

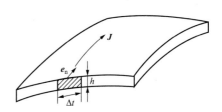

图 1-50 电流面密度

对于电流在细导线中流动的情况，当不需要计算细线中的场时，就可将电流看成是线分布，线电流密度 $\boldsymbol{J}_\mathrm{I}$ 就是电流强度 I，方向为电流的方向 $\boldsymbol{e}_\mathrm{I}$，即

$$\boldsymbol{J}_\mathrm{I} = I\boldsymbol{e}_\mathrm{I}$$

既然电流是电荷的运动形成的，电流密度就应与运动电荷的密度以及电荷运动的速度有关，若体密度为 ρ 的电荷以速度 $\boldsymbol{v}$ 运动，则在 $\mathrm{d}t$ 的时间内，电荷的位移为 $\boldsymbol{v}\mathrm{d}t$。若沿着电荷的运动方向取一端面面积为 S，长度为 $\boldsymbol{v}\mathrm{d}t$ 的圆柱体，如图 1-51 所示。那么在 $\mathrm{d}t$ 的时间内，穿过端面 S 的电荷量为 $\mathrm{d}q = \rho S_v \mathrm{d}t$，因此穿过端面 S 的电流强度为 $I = \rho S_v$。电流密度 $\boldsymbol{J}$ 与电荷体密度 ρ 以及运动速度 $\boldsymbol{v}$ 的关系为

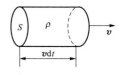

图 1-51 $\boldsymbol{J}$、ρ、$\boldsymbol{v}$ 的关系

$$\boldsymbol{J} = \rho\boldsymbol{v}$$

1.7.2 恒定电场的基本方程

1. 欧姆定律

大量实验表明，对于传导电流，导电媒质中的电流密度与该点的电场强度成正比，即

$$\boldsymbol{J} = \sigma\boldsymbol{E} \tag{1-56}$$

式中 σ——电导率，S/m。σ 代表了媒质的导电性能，其值越大导电能力越强。

不同的媒质，导电性能不同，其 σ 值就不同；同一种媒质，在不同的温度、湿度等环境条件下，电导率也有区别。表 1-11 给出了在常温条件下几种物质的电导率。

表 1-11 　　　　　　　　　　　　在常温条件下几种物质的电导率

媒质	电导率/(S/m)	媒质	电导率/(S/m)	媒质	电导率/(S/m)	媒质	电导率/(S/m)
银	6.17×10^7	铝	3.54×10^7	海水	4	变压器油	10^{-11}
紫铜	5.80×10^7	黄铜	1.57×10^7	淡水	10^{-3}	玻璃	10^{-12}
金	4.10×10^7	铁	10^7	干土	10^{-5}	橡胶	10^{-16}

可以看出，像金、银、铜、铝这样的金属电导率很高，具有良好的导电性能，因此称为良导体。电导率为无限大的导体称为理想导体。在理想导体中，电场一定为零，因为电场不

为零，电流密度就会为无限大，这与电流必须有限相矛盾。当导电体的电导率十分大，在通过一定的电流时，电场强度很小以至于可以忽略的情况下，这种导体可近似为理想导体。而像变压器、玻璃、橡胶等绝缘体电导率十分小，在一般情况下可以忽略，近似认为电导率为零。电导率为零的媒质称为理想介质。在理想介质中电流为零。

取一段截面积为 S，长为 L 的导线，电导率为 σ，在其两端加电压，使这段导线中存在恒定电流，如果导线中电流密度均匀，则流过导线截面的电流强度为

$$I = JS = \sigma ES \tag{1-57}$$

设导线两端的电压为 U，代入式(1-57)，得

$$I = \frac{\sigma US}{L} = \frac{U}{\dfrac{L}{\sigma S}} = \frac{U}{R}$$

即
$$U = IR \tag{1-58}$$

其中
$$R = \frac{L}{\sigma S} \tag{1-59}$$

式(1-58)给出了一段导体两端的电压与导体中电流的关系。式(1-56)给出了导体中一点电流密度与电场强度的关系，在导体中的一个微分体积元上，可认为电流密度均匀，因此，可由式(1-56)直接得到欧姆定律，也就是说，式(1-56)是微小的体积元上的欧姆定律，即是欧姆定律的微分形式，可用于电流分布不均匀的情况，而欧姆定律一般仅适用于电流分布均匀的情况，因此可以将欧姆定律看成是式(1-56)在恒定电流场中电流均匀分布这种特殊情况下的近似。

2. 焦耳定律

在恒定电流场中，电荷受电场力作用而运动形成电流，电场对电荷做功，但电子的动能与势能并没有增加，说明电子在运动过程中有能量损耗。这种能量损耗是由于电子在导电媒质中移动时，与原子晶格发生碰撞，产生了热能，这是一种不可逆转的能量转换。

在恒定电流场中，沿电流方向取一长度为 $\mathrm{d}l$，端面为 $\mathrm{d}S$ 的小圆柱体，如图 1-52 所示，该圆柱体的两个端面分别为两个等位面，若在电场作用下，$\mathrm{d}t$ 时间内有 $\mathrm{d}q$ 电荷自圆柱体左端面移至右端面，电场力做的功为 $\mathrm{d}W = \mathrm{d}qE\mathrm{d}l$，电场损失的功率为

$$P = \frac{\mathrm{d}W}{\mathrm{d}t} = \frac{\mathrm{d}q}{\mathrm{d}t}E\mathrm{d}l = IE\mathrm{d}l = EJ\mathrm{d}S\mathrm{d}l = EJ\mathrm{d}V$$

单位体积内的功率损耗为

$$P = EJ = \sigma E^2 = \frac{J^2}{\sigma}$$

单位体积内的功率损耗又称为功率损耗密度，可写为一般的形式

$$P = \boldsymbol{E} \cdot \boldsymbol{J} \tag{1-60}$$

设图 1-52 中圆柱体两端的电压为 U，则 $E = U/\mathrm{d}l$，又知 $J = I/\mathrm{d}S$，那么，该圆柱体的损耗功率为

$$P = EJ\mathrm{d}V = EJ\mathrm{d}l\mathrm{d}S = (E\mathrm{d}l)(J\mathrm{d}S) = UI$$

这就是电路中的焦耳定律。可以看出，在导电媒质中，当将电场与电流看成均匀分布时，就可直接从式(1-60)得到焦耳定律，因此，式(1-60)称为焦耳定律的微分形式。

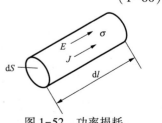

图 1-52　功率损耗

3. 恒定电流场方程

由电荷守恒定律,从任一封闭面中流出的电流等于该封闭面中电量在单位时间的减少,即

$$\oiint\limits_S \boldsymbol{J} \cdot \mathrm{d}\boldsymbol{S} = -\frac{\partial q}{\partial t} \tag{1-61}$$

设封闭面中的电荷密度为 ρ,则

$$q = \iiint\limits_V \rho \mathrm{d}V$$

代入式(1-61),得

$$\oiint\limits_S \boldsymbol{J} \cdot \mathrm{d}\boldsymbol{S} = -\iiint\limits_V \frac{\partial \rho}{\partial t} \mathrm{d}V \tag{1-62}$$

利用高斯定理,可得到式(1-62)的微分形式

$$\nabla \cdot \boldsymbol{J} = -\frac{\partial \rho}{\partial t} \tag{1-63}$$

式(1-61)和式(1-63)分别称为电荷守恒定律的积分形式和微分形式。

电流场中电场也是由电荷产生的。在电流场中虽然电荷是运动的,但对于恒定电流场,电场不随时间变化,那么运动电荷在空间的分布也就不随时间变化,这种电荷称为驻立电荷。由于恒定电流场中,驻立电荷的分布不随时间变化,因此,式(1-61)和式(1-63)变为

$$\oiint\limits_S \boldsymbol{J} \cdot \mathrm{d}\boldsymbol{S} = 0 \tag{1-64}$$

$$\nabla \cdot \boldsymbol{J} = 0 \tag{1-65}$$

式(1-64)和式(1-65)表明,在恒定电流场中,从任一封闭面或点流出的电流的代数和为零,或流进的电流等于流出的电流,也就是说电流是连续的,因此,式(1-64)和式(1-65)称为电流连续性原理。

由驻立电荷产生的恒定电场与静电场一样,也是保守场。电场强度沿任一闭合回路的线积分应等于零,即

$$\oint\limits_l \boldsymbol{E} \cdot \mathrm{d}\boldsymbol{l} = 0$$

其微分形式为

$$\nabla \times \boldsymbol{E} = 0 \tag{1-66}$$

也就是说恒定电场也是无旋场,可以定义电位,将恒定电场表示为电位的梯度,即

$$\boldsymbol{E} = -\nabla \varphi \tag{1-67}$$

将式(1-56)代入式(1-65),得

$$\nabla \boldsymbol{J} = \nabla(\sigma \boldsymbol{E}) = \sigma \nabla \boldsymbol{E} + \boldsymbol{E} \cdot \nabla \sigma = 0$$

$$\nabla \cdot \boldsymbol{E} = -\frac{\boldsymbol{E} \cdot \nabla \sigma}{\sigma} \tag{1-68}$$

由此可见,只有在导电媒质不均匀的区域中才有电场强度的散度(即散度不为零),由 $\nabla \boldsymbol{D} = \rho$ 与式(1-68)可得到导电媒质不均匀的区域的驻立电荷体密度为

$$\rho = \boldsymbol{E} \cdot \left(\frac{\varepsilon \nabla \sigma}{\sigma} + \nabla \varepsilon \right) \tag{1-69}$$

而在导电媒质均匀的区域，驻立电荷体密度为零。即在均匀导电媒质的区域中，有

$$\nabla \cdot \boldsymbol{E} = 0 \tag{1-70}$$

将式(1-67)代入式(1-70)，得

$$\nabla^2 \cdot \varphi = 0 \tag{1-71}$$

4. 恒定电流场的边界条件

由恒定电流场方程的积分形式

$$\oiint_S \boldsymbol{J} \cdot \mathrm{d}\boldsymbol{S} = 0 \tag{1-72}$$

$$\oint_l \boldsymbol{E} \cdot \mathrm{d}\boldsymbol{l} = 0 \tag{1-73}$$

在如图1-53所示的两种导电媒质分界面上，按与推导静电场边界条件相同的方法，即分别取跨界面高度趋于零的圆柱面和宽度趋于零的矩形回路，利用式(1-72)和式(1-73)，可导出恒定电流场的边界条件为

$$J_{1n} = J_{2n} \tag{1-74}$$
$$E_{1t} = E_{2t} \tag{1-75}$$

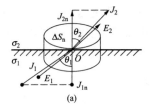 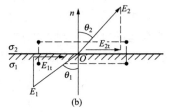

(a)   (b)

图1-53　恒定电流场的边界条件

(a)法向电流密度；(b)切向电场强度

可见，在两种导电媒质分界面两侧，电流密度的法向分量连续，电场强度的切向分量连续。将 $\boldsymbol{J} = \sigma \boldsymbol{E}$ 代入式(1-74)和式(1-75)，得

$$\sigma_1 E_{1n} = \sigma_2 E_{2n}$$

$$\frac{J_{1t}}{\sigma_1} = \frac{J_{2t}}{\sigma_2}$$

也就是说，在两种导电媒质分界面两侧，电流密度的切向分量不连续，电场强度的法向分量不连续。对第二种导电媒质为理想导体，即 $\sigma_2 = \infty$ 的情况，$E_2 = 0$，由式(1-75)得 $E_{1t} = 0$，即理想导电媒质表面上，电场强度仅有法向分量，电流线总是垂直于理想导体表面。

1.7.3　电导和接地电阻

1. 导体间电导

在几何结构与边界条件相同的条件下，静电场中两导体的电容与电流场中两导体之间的电导也有直接的对应关系。考虑如图1-54所示的两导体情况。如果两导体之间是介质，那么，导体上的电量与两导体之间的电压分别为

$$q = \oiint_S \boldsymbol{D} \cdot \mathrm{d}\boldsymbol{S} = \varepsilon \oiint_S \boldsymbol{E} \cdot \mathrm{d}\boldsymbol{S}$$

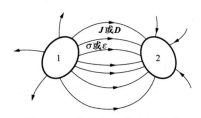

图1-54　静电场与电流场比拟

$$U = \int_L \boldsymbol{E} \cdot \mathrm{d}\boldsymbol{L}$$

两导电体之间的电容为

$$C = \frac{q}{U} = \frac{\varepsilon \oiint_S \boldsymbol{E} \cdot \mathrm{d}\boldsymbol{S}}{\int_L \boldsymbol{E} \cdot \mathrm{d}\boldsymbol{L}} \tag{1-76}$$

如果两导体之间是导电媒质，那么，从一导体流向另一导体的电流与两导体之间的电压分别为

$$I = \oiint_S \boldsymbol{J} \cdot \mathrm{d}\boldsymbol{S} = \sigma \oiint_S \boldsymbol{E} \cdot \mathrm{d}\boldsymbol{S}$$

$$U = \int_L \boldsymbol{E} \cdot \mathrm{d}\boldsymbol{L}$$

两导电体之间导电媒质的电导为

$$G = \frac{I}{U} = \frac{\sigma \oiint_S \boldsymbol{E} \cdot \mathrm{d}\boldsymbol{S}}{\int_L \boldsymbol{E} \cdot \mathrm{d}\boldsymbol{L}} \tag{1-77}$$

从式（1-76）和式（1-77）可以看出，只要将静电场中两导体之间的电容的介质参数 ε 用 σ 代替，就是恒定电流场中两导体之间的电导。

2. 接地电阻

为了使实验室中的电子仪器设备可靠接地，一般实验室都敷设一根共用的深埋地线。地线与大地之间的电阻称为接地电阻。接地电阻越大，共用地线的仪器设备之间通过地线耦合的干扰越大。因此，在敷设地线时，应尽量减小其接地电阻。

计算半径为 a 的导体球的接地电阻，地面下的导体球可近似看成导体球放在无限大的均匀导电媒质中的情况，根据恒定电流场与静电场的比拟，这个导体球的电导与均匀介质中的导体球的电容对应。因而半径为 a 的导体球的电容为 $C = 4\pi\varepsilon a$，因此，电导率为 σ 的大地中的导体球的电导为 $G = 4\pi\sigma a$，接地电阻为

$$R = \frac{1}{4\pi\sigma a}$$

可见，接地球的半径越大，接地球附近土壤的电导率越大，接地电阻越小。

小结与提示　重点掌握恒定电流、恒定电场及电流密度等相关概念，恒定电场的基本方程，包括欧姆定律、焦耳定律、电荷守恒定律的积分形式和微分形式的方程等；掌握恒定电流场的边界条件，以及电导和接地电阻的计算方法。

1.8　恒定磁场

1.8.1　磁感应强度、磁场强度及磁化强度

1. 磁感应强度

众所周知，一载流导线回路放在另一载流导线回路附近就会受到作用力。实验表明，在

真空中，电流为 I_1 的载流导线回路 1 放在电流为 I 的载流导线回路 2 附近受到的作用力为

$$F = \frac{\mu_0}{4\pi} \oint_l \oint_{l'} \frac{I_1 I d\boldsymbol{l} \times (d\boldsymbol{l}' \times \boldsymbol{e}_R)}{R^2} \qquad (1-78)$$

式中　$d\boldsymbol{l}$——载流导线回路 1 上位于 r 点的长度微元，方向为在该点处的电流方向，$Id\boldsymbol{l}$ 称为电流元；

　　$d\boldsymbol{l}'$——载流导线回路 2 上位于 r' 点的长度微元，方向为该点的电流方向，R 为所取的两个电流元之间的距离；

　　$\boldsymbol{e}_R$——从载流导线回路 2 上的电流元指向载流导线回路 1 上的电流元方向的单位矢量，如图 1-55 所示，$\boldsymbol{e}_R = \dfrac{\boldsymbol{r}-\boldsymbol{r}'}{|\boldsymbol{r}-\boldsymbol{r}'|}$；

　　μ_0——真空磁导率，在国际单位制中，$\mu_0 = 4\pi \times 10^{-7}\ \mathrm{H/m}$。

式(1-78)称为安培力定律。

在式(1-78)中，二重线积分的积分变量各自独立，因此，该式也可写为

$$F = \oint_l I_1 d\boldsymbol{l} \times \left(\frac{\mu_0}{4\pi} \oint_r \frac{Id\boldsymbol{l}' \times \boldsymbol{e}_R}{R^2} \right)$$

定义磁感应强度

$$\boldsymbol{B}(r) = \frac{\mu_0}{4\pi} \oint_{l'} \frac{Id\boldsymbol{l}' \times \boldsymbol{e}_R}{R^2} \qquad (1-79)$$

则式(1-78)可写为

$$F = \oint_l I_1 d\boldsymbol{l} \times \boldsymbol{B}$$

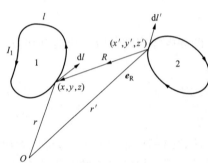

图 1-55　载流回路之间的作用力

式(1-79)表示载流回路 1 所受的力可表示为一个环路线积分，因此，在载流导线回路 2 附近 r 点的电流元 $I_1 d\boldsymbol{l}$ 所受的作用力为

$$\boldsymbol{F}(r) = I_1 d\boldsymbol{l} \times \boldsymbol{B}(r) \qquad (1-80)$$

从式(1-80)可以看出，电流元在载流导线回路 2 周围各点都要受到一确定的力，也就是说，在载流导线回路 2 周围存在一矢量场，其特性表现为对电流有作用力。这一矢量场称为磁场。空间各点磁场的大小方向用磁感应强度表示，记为 $\boldsymbol{B}$。

空间一点的磁感应强度定义为式(1-80)中的矢量 $\boldsymbol{B}$，其大小为单位电流元在该点所受的最大的力，当电流元受力最大时，磁场力、电流元及磁感应强度三者方向相互垂直，且满足右手螺旋关系，当电流元沿磁场方向时，受力为零。在电流元 $Id\boldsymbol{l}$ 中，设线电流元的截面为 S，电流密度为 $\boldsymbol{J}$，而 $dV = Sdl$ 为电流元的体积，则电流元还可写为

$$Id\boldsymbol{l} = \boldsymbol{J}dV \qquad (1-81)$$

如果电流为面分布，电流元还可写为 $J_S dS$。将 $\boldsymbol{J} = \boldsymbol{\rho}\boldsymbol{v}$ 及 $q = \rho dV$（q 为电流元体积中的电量）代入式(1-81)，得

$$Id\boldsymbol{l} = q\boldsymbol{v}$$

将上式代入式(1-80)，得

$$F = q\boldsymbol{v} \times \boldsymbol{B} \qquad (1-82)$$

式(1-82)表示以速度 v 运动的电量为 q 的电荷在磁场中所受的力，此式也说明，磁感

应强度 **B** 的大小为单位电量的电荷以单位速度运动时所受到的最大的力。

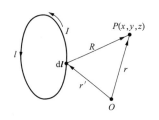

图 1-56 载流导线回路的磁场

由磁感应强度 **B** 的定义，载流导线回路产生的磁感应强度由式(1-79)计算，如图 1-56 所示。式(1-79)称为毕奥-萨伐(Boe-Savert)定律。在国际单位制中，磁感应强度的单位为 T。

将电流元 $I\mathrm{d}l$ 表示为 $\boldsymbol{J}\mathrm{d}V$ 或 $\boldsymbol{J}_\mathrm{S}\mathrm{d}S$，式(1-79)就可重新写为对电流所在区域的体积分或面积分，即

$$\boldsymbol{B}(r)=\frac{\mu_0}{4\pi}\iiint_V\frac{\boldsymbol{J}(r')\times\boldsymbol{e}_\mathrm{R}}{R^2}\mathrm{d}V \tag{1-83}$$

$$\boldsymbol{B}(r)=\frac{\mu_0}{4\pi}\oint_S\frac{\boldsymbol{J}_\mathrm{S}(r')\times\boldsymbol{e}_\mathrm{R}}{R^2}\mathrm{d}S' \tag{1-84}$$

当在真空中已知电流分布时，就可以根据电流分布形式选用式(1-83)、式(1-84)和式(1-79)之一计算磁场。

2. 磁化强度

物质中微观的磁偶极矩越大，在外加磁场作用下大量的微观的磁偶极矩排列得越整齐，物质呈现的磁性就越强。反之，微观的磁偶极矩越小，在外加磁场作用下大量的微观的磁偶极矩排列得越杂乱，物质呈现的磁性就越弱。媒质磁化的强弱程度用磁化强度 **M** 表示，媒质中任一点的磁化强度 **M** 定义为在媒质中该点的邻域内单位体积中微观磁偶极矩的统计平均值，即

$$\boldsymbol{M}=\lim_{\Delta V\to 0}\frac{\sum_k\boldsymbol{m}_k}{\Delta V} \tag{1-85}$$

式(1-85)中的求和是对体积 ΔV 内所有微观的分子磁偶极矩求和。磁化强度的单位为 A/m(安/米)。由定义可知磁化强度是宏观矢量。媒质中的磁化强度越强，媒质的磁性越强；反之，媒质中的磁化强度越小，媒质的磁性越弱。

媒质磁化后产生磁场，这种磁场可以看成是由媒质中束缚电荷运动形成电流而产生的。磁化后媒质中出现产生磁场的电流是由于媒质磁化引起的，这种电流称为磁化电流。媒质中的磁化电流密度 $\boldsymbol{J}'$，以及媒质界面上的磁化电流面密度 $\boldsymbol{J}'_\mathrm{S}$，与磁化强度的关系为

$$\boldsymbol{J}'=\nabla\times\boldsymbol{M}$$

$$\boldsymbol{J}'_\mathrm{S}=\boldsymbol{M}\times\boldsymbol{e}_\mathrm{n}$$

式中 $\boldsymbol{e}_\mathrm{n}$——媒质界面的法向单位矢量。

媒质中，穿过任一曲面 S 的磁化电流 I'，为

$$I'=\iint_S\boldsymbol{J}'\cdot\mathrm{d}\boldsymbol{S}=\iint_S(\nabla\times\boldsymbol{M})\cdot\mathrm{d}\boldsymbol{S}$$

利用斯托克斯定理，将面积分化为闭合线积分，得

$$I'=\oint_l\boldsymbol{M}\cdot\mathrm{d}l \tag{1-86}$$

3. 磁场强度

由于媒质磁化后出现磁化电流，因此，将真空中的恒定磁场方程推广到媒质中时，就必

须要考虑磁化电流。也就是说，在安培环路定律中，穿过以闭合回路为界的曲面的电流，不仅要计及传导电流或运流电流 I，还应加上磁化电流 I'，即

$$\oint_l \boldsymbol{B} \cdot \mathrm{d}\boldsymbol{l} = \mu_0 (I + I') \tag{1-87}$$

将式(1-86)代入式(1-87)，移项，并考虑到两个闭合回路积分路径相同，得

$$\oint_l \left(\frac{\boldsymbol{B}}{\mu_0} - \boldsymbol{M} \right) \mathrm{d}\boldsymbol{l} = I \tag{1-88}$$

令

$$\boldsymbol{H} = \frac{\boldsymbol{B}}{\mu_0} - \boldsymbol{M} \tag{1-89}$$

$\boldsymbol{H}$ 称为磁场强度，单位是 A/m，则式(1-88)又可写为

$$\oint_l \boldsymbol{H} \cdot \mathrm{d}\boldsymbol{l} = I \tag{1-90}$$

式(1-90)称为媒质中的安培环路定律。它表明媒质中的磁场强度 $\boldsymbol{H}$ 沿任一闭合回路的环量等于该回路所包围的传导电流。显然，媒质中磁感应强度对任一封闭面的通量仍为零，即

$$\oiint_S \boldsymbol{B} \cdot \mathrm{d}\boldsymbol{S} = 0 \tag{1-91}$$

对式(1-90)和式(1-91)分别利用斯托克斯定理和高斯定理，得

$$\nabla \times \boldsymbol{H} = \boldsymbol{J} \tag{1-92}$$

$$\nabla \times \boldsymbol{B} = 0 \tag{1-93}$$

式(1-92)和式(1-93)为媒质中磁场方程的微分形式，表明媒质中的磁场仍是有旋无散场，磁场强度的旋度源是传导电流密度。引入磁场强度，方程中不再出现磁化电流，而仅出现传导电流，使磁场方程的形式得到简化。将式(1-89)重写为

$$\boldsymbol{B} = \mu_0 (\boldsymbol{H} + \boldsymbol{M}) \tag{1-94}$$

对于大多数媒质，磁化强度与磁场强度成正比，即

$$\boldsymbol{M} = \chi_m \boldsymbol{H} \tag{1-95}$$

式中 χ_m ——媒质的磁化率，其值取决于媒质的特性。

将式(1-95)代入式(1-94)得

$$\boldsymbol{B} = \mu \boldsymbol{H} \tag{1-96}$$

式中，$\mu = \mu_0 \mu_r$，$\mu_r = 1 + \chi_m$。

μ 称为媒质的磁导率，μ_r 称为媒质的相对磁导率。磁导率是表示媒质磁特性的重要参数，不同磁性的媒质，磁导率不同。对于抗磁性媒质，$\mu_r < 1$；对于顺磁性媒质，$\mu_r > 1$。这两种媒质都是弱磁性媒质，其相对磁导率接近于 1。铁磁性媒质磁性很强，相对磁导率数值很大，且与磁场强度有关。表 1-12 给出了几种媒质的相对磁导率。

表 1-12　　　　　　　　　　　几种媒质的相对磁导率

扰磁性媒质 μ_r	顺磁性媒质 μ_r	铁磁性媒质 μ_r
金 0.999 96	铝 1.000 021	铁 4000
银 0.999 98	镁 1.000 021	镍 250
铜 0.999 99	钛 1.000 180	

媒质的磁性也有均匀和非均匀、线性和非线性、各向同性和各向异性等不同的种类。

将式(1-96)代入式(1-92)可得

$$\nabla \times \frac{\boldsymbol{B}}{\mu} = \frac{1}{\mu} \nabla \times \boldsymbol{B} - \boldsymbol{B} \times \nabla \frac{1}{\mu} = \boldsymbol{J}$$

即

$$\nabla \times \boldsymbol{B} = \mu \boldsymbol{J} + \mu \boldsymbol{B} \times \nabla \frac{1}{\mu} \qquad (1-97)$$

式(1-97)中右边的第二项表示在媒质不均匀处有磁化电流。而在均匀媒质中该项为零，无磁化电流，磁感应强度的旋度为

$$\nabla \times \boldsymbol{B} = \mu \boldsymbol{J} \qquad (1-98)$$

式(1-98)与真空中的对应方程差别仅在媒质参数不同。由于在媒质中 $\nabla \times \boldsymbol{B} = 0$，因此，可仍表示为

$$\boldsymbol{B} = \nabla \times \boldsymbol{A}$$

代入式(1-98)得

$$\nabla^2 \boldsymbol{A} = -\mu \boldsymbol{J} \qquad (1-99)$$

式(1-99)与真空中的对应方程差别也仅是媒质参数 μ 不同。

将真空中的对应方程集中重写如下

$$\begin{cases} \oint_l \boldsymbol{B} \cdot \mathrm{d}\boldsymbol{l} = \mu_0 I \\ \nabla \times \boldsymbol{B} = \mu_0 \boldsymbol{J} \\ \oiint_S \boldsymbol{B} \cdot \mathrm{d}\boldsymbol{S} = 0 \\ \nabla \times \boldsymbol{B} = 0 \end{cases}$$

这组方程决定了磁场的性质。当电流分布具有一定的对称性时，可以直接利用安培环路定律很方便地计算磁场。

由于磁场的散度为零，因此，磁场可表示为矢量磁位的旋度。矢量磁位的有关方程集中写出如下

$$\boldsymbol{A}(r) = \frac{\mu_0}{4\pi} \iiint_V \frac{\boldsymbol{J}(r')}{R} \mathrm{d}V'$$

$$\boldsymbol{B} = \nabla \times \boldsymbol{A}(r)$$

$$\nabla^2 \boldsymbol{A}(r) = -\mu_0 \boldsymbol{J}(r)$$

$$\nabla \times \boldsymbol{A} = 0$$

当电流为线分布时，矢量磁位与电流的积分关系为

$$\boldsymbol{A}(r) = \frac{\mu_0}{4\pi} \oint_l \frac{I \mathrm{d}\boldsymbol{l}'}{R} \qquad (1-100)$$

比较式(1-100)与式(1-79)，可以看出，一般情况下，由电流计算矢量磁位要比直接计算磁感应强度简便，而计算出矢量磁位后，仅需要进行一次求旋度的微分运算就可求出磁感应强度，这也是相对容易的。因此，在一些直接计算磁场比较困难的场合，就可通过矢量磁位计算磁场。

1.8.2 恒定磁场的基本方程及边界条件

1. 恒定磁场的基本方程

（1）安培环路定律：积分形式　　$\oint_l \boldsymbol{H} \cdot \mathrm{d}\boldsymbol{l} = I$

　　　　　　　　　　微分形式　　　$\nabla \times \boldsymbol{H} = \boldsymbol{J}$

（2）磁通连续性原理：积分形式　$\oiint_S \boldsymbol{B} \cdot \mathrm{d}\boldsymbol{S} = 0$

　　　　　　　　　　微分形式　　　$\nabla \times \boldsymbol{B} = 0$

（3）媒质的结构方程：

$$\boldsymbol{B} = \mu \boldsymbol{H}$$

2. 恒定磁场的边界条件

在两种不同媒质的分界面上，磁场不连续，分界面两侧磁场的关系由边界条件确定。恒定磁场边界条件的推导方法和静电场中所采用的方法类似。

设磁导率分别为 μ_1 和 μ_2 的两种媒质分界面如图 1-57 所示。

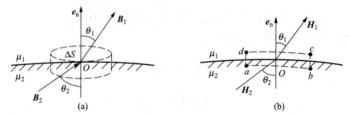

图 1-57　磁场的边界条件

（a）边界上的磁感应强度；（b）边界上的磁场强度

为了得到磁场强度的边界条件，应用安培环路定理

$$\oint_l \boldsymbol{H} \cdot \mathrm{d}\boldsymbol{l} = I$$

取小矩形闭合回路 l，使分别位于两媒质中长为 Δl 的两对边与边界面平行，且无限靠近，则穿过该回路的体电流为零，得

$$H_{1t}\Delta l - H_{2t}\Delta l = J_S \Delta l$$

两边同除 Δl，得磁场强度的边界条件

$$H_{1t} - H_{2t} = J_S \tag{1-101}$$

考虑磁场与电流的方向关系，式（1-101）又可写为

$$\boldsymbol{e}_n \times (\boldsymbol{H}_1 - \boldsymbol{H}_2) = \boldsymbol{J}_S \tag{1-102}$$

式中　$\boldsymbol{e}_n$——界面的法向单位矢量，指向媒质 1 区；

　　　$\boldsymbol{J}_S$——分界面上的传导面电流密度。

一般情况下，两种媒质分界面上的传导面电流密度为零，因此，在两种媒质分界面上，磁场强度的切向分量连续，即

$$H_{1t} = H_{2t} \tag{1-103}$$

应用磁通量连续性原理

$$\oiint_S \boldsymbol{B} \cdot \mathrm{d}\boldsymbol{S} = 0$$

在分界面上取圆柱面，可得磁感应强度的边界条件

$$\boldsymbol{B}_{1n} = \boldsymbol{B}_{2n} \tag{1-104}$$

即在两种媒质分界面上，磁感应强度的法向分量连续。

在两种媒质分界面上磁场不连续是由于边界面上媒质突变使界面上出现了磁化电流。按前面分析磁场强度边界条件的方法，可求得两种媒质边界面上的磁化电流面密度为

$$\boldsymbol{J}_{\boldsymbol{S}}' = \boldsymbol{e}_n \times (\boldsymbol{B}_1 - \boldsymbol{B}_2) / \mu_0$$

磁导率为无限大的媒质称为理想导磁体。由于磁感应强度不可能为无限大，因此，根据 $\boldsymbol{B} = \mu \boldsymbol{H}$，在理想导磁体中，磁场强度 $\boldsymbol{H}$ 为零。那么在理想导磁体界面上，由式（1-103），$H_{1t} = H_{2t} = 0$，即磁场强度仅有法向分量，也就是说，磁场与理想导磁体表面垂直。理想导磁体是一种理想的媒质模型，实际中不存在磁导率为无限大的媒质，但是，在一些场合，将磁导率很高的铁磁物质近似为理想导磁体可以使复杂的问题得到简化。

1.8.3 自感、互感及其计算

在真空中，电流为 I 的单匝导线回路所围成的曲面中的磁通为

$$\Delta \boldsymbol{\varPhi}^m = \iint_S \boldsymbol{B} \cdot \mathrm{d}\boldsymbol{S} = \iint_S (\nabla \times \boldsymbol{A}) \cdot \mathrm{d}\boldsymbol{S} = \oint_l \boldsymbol{A} \cdot \mathrm{d}\boldsymbol{l} = \frac{\mu_0 I}{4\pi} \oint_{l'} \oint_l \frac{\mathrm{d}\boldsymbol{l} \cdot \mathrm{d}\boldsymbol{l}'}{R}$$

可见，回路的磁通与回路的电流强度成正比。

磁场可用磁力线形象地描述。磁力线是一簇无头无尾的闭合曲线载流导线回路产生的磁力线均与电流回路相交链。设与某一导线回路相交链的磁力线为 K 条，第 k 条磁力线穿过该电流回路所围成的曲面的磁通为 $\varPhi_k^m$，则穿过该导线回路所围成的曲面的总磁通为

$$\varPhi^m = \sum_{k=1}^{K} \varPhi_k^m$$

对于多匝线圈形成的导线回路，穿过该回路的磁力线可能与该导线回路的电流交链不止一次，而是多次，对于直径不是无限细的导线形成的截流回路，经过导线内部的磁力线并不是与导线中的全部电流相交链，而只是和部分电流相交链。为了反映磁通或磁力线与电流回路的交链情况，引入磁通链的概念。磁通链也称为磁链。设与电流为 I 的某一导线回路相交链的磁力线为 k 条，第 k 条磁力线穿过该电流回路所圈成的曲面的磁通为 $\varPhi_k^m$，与电流 I 交链 a_k 次，当只与电流 I 的一部分 I' 交链时，$a_k = \dfrac{I'}{I}$ 则穿过该导线回路所围成的曲面的总磁通链为

$$\psi^m = \sum_{k=1}^{K} a_k \varPhi_k^m \tag{1-105}$$

显然，对于存在多次交链或和部分交链的导线回路，当磁场变化时，导线回路的感应电动势应为

$$E = -\frac{\mathrm{d}\psi^m}{\mathrm{d}t}$$

在线性媒质中，回路的磁通与回路的电流强度成正比，根据式（1-105），电流回路的磁链 ψ^m 与电流 I 也成正比，即

$$L = \frac{\psi^m}{I}$$

式中　L——导线回路的电感，H。

电感与导线回路的形状以及周围媒质参数有关，与导线中的电流无关。

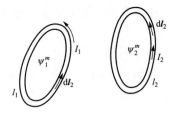

图 1-58　两导线回路的电感

对于两个载流导线回路，如图 1-58 所示。

与电流 I_1 回路交链的磁链 ψ_1^m 由两部分组成，一部分是电流 I_1 产生的 ψ_{11}^m，另一部分是电流 I_2 产生的 ψ_{12}^m；与电流 I_2 回路交链的磁链也由两部分组成，一部分是电流 I_2 产生的 ψ_{22}^m，另一部分是电流 I_1 产生的 ψ_{21}^m，即

$$\begin{cases} \psi_1^m = \psi_{11}^m + \psi_{12}^m \\ \psi_2^m = \psi_{21}^m + \psi_{22}^m \end{cases} \tag{1-106}$$

如果周围是线性媒质，则 ψ_{11}^m 和 ψ_{21}^m 均与电流 I_1 成正比，而 ψ_{22}^m 和 ψ_{12}^m 均与电流 I_2 成正比，定义

$$\begin{cases} L_1 = \dfrac{\psi_{11}^m}{I_1} \\[2mm] M_{12} = \dfrac{\psi_{12}^m}{I_2} \\[2mm] L_2 = \dfrac{\psi_{22}^m}{I_2} \\[2mm] M_{21} = \dfrac{\psi_{21}^m}{I_1} \end{cases} \tag{1-107}$$

式中　L_1——导线回路 l_1 的自感；

　　　L_2——导线回路 l_2 的自感；

　　　M_{12}——回路 l_2 对回路 l_1 的互感；

　　　M_{21}——回路 l_1 对回路 l_2 的互感。

自感与互感均与导线回路的结构以及媒质参数有关，与电流无关。根据以上定义，可将式（1-106）用自感与互感表示为

$$\begin{cases} \psi_1^m = L_1 I_1 + M_{12} I_2 \\ \psi_2^m = M_{21} I_1 + L_2 I_2 \end{cases}$$

在均匀线性媒质中，回路 l_2 对回路 l_1 的互感等于回路 l_1 对回路 l_2 的互感，即

$$M_{12} = M_{21} \tag{1-108}$$

为证明式（1-108）成立，先计算回路 l_2 的电流 I_2 在回路 l_1 中产生的磁链为

$$\psi_{12}^m = \iint_{S_1} \boldsymbol{B}_2 \cdot \mathrm{d}\boldsymbol{S} = \oint_{l_1} \boldsymbol{A}_2 \cdot \mathrm{d}\boldsymbol{l} \tag{1-109}$$

式中，A_2 为电流 I_2 在回路 l_1 处产生的矢量磁位，因此

$$A_2 = \frac{\mu}{4\pi} \oint_{l_2} \frac{I_2 \mathrm{d}l_2}{R} \tag{1-110}$$

将式（1-110）代入式（1-109），得

$$\psi_{12}^m = \frac{\mu I_2}{4\pi} \oint_{l_1} \left(\oint_{l_2} \frac{\mathrm{d}l_2}{R} \right) \mathrm{d}l_1 = \frac{\mu I_2}{4\pi} \oint_{l_1} \oint_{l_2} \frac{\mathrm{d}\boldsymbol{l}_2 \cdot \mathrm{d}\boldsymbol{l}_1}{R}$$

由式(1-107)可得回路 l_2 对回路 l_1 的互感为

$$M_{12} = \frac{\mu}{4\pi} \oint_{l_1} \oint_{l_2} \frac{\mathrm{d}\boldsymbol{l}_2 \cdot \mathrm{d}\boldsymbol{l}_1}{R}$$

同理可得回路 l_1 对回路 l_2 的互感为

$$M_{21} = \frac{\mu}{4\pi} \oint_{l_2} \oint_{l_1} \frac{\mathrm{d}\boldsymbol{l}_1 \cdot \mathrm{d}\boldsymbol{l}_2}{R}$$

在以上两式的二重线积分中，二重积分的积分变量互相独立，因此可交换积分的次序，显然，其中一个交换积分次序后就是另一式，也就是说这两式相等。以上两式称为诺埃曼公式。

当磁感应强度与曲面的法向一致时，磁通大于零，而当磁感应强度与曲面的法向不一致时，磁通小于零。由于载流回路所围的曲面的法向与回路电流的方向符合右手螺旋关系，因此，载流回路在它所围的曲面上的磁场的方向与该曲面的法向一致，所以 ψ_{11}^m 与 ψ_{22}^m 均大于零，也就是说自感始终是正值。但对于互感，一个回路的电流在另一个回路中产生的磁通值的正负与两回路中电流的取向有关，也就是说，如果不限定电流的方向，互感可正可负，取决于电流的取向。当在回路曲面上互磁场与自磁场方向一致时，互感为正，否则，互感为负。实际中，一般总是规定两线圈电流的相对方向，规定两线圈的同名端，使互感为正。

1.8.4 磁场能量和磁场力

1. 磁场能量

单载流线圈的磁场能量

$$W_m = \frac{1}{2} L I^2$$

多载流线圈的磁场能量

$$W_m = \frac{1}{2} \sum_{k=1}^{N} I_k \psi_k^m$$

磁场能量密度

$$W_m = \frac{1}{2} \boldsymbol{H} \cdot \boldsymbol{B} = \frac{1}{2} \mu H^2$$

2. 磁场力

利用虚位移法计算磁场力

$$F = \frac{\mathrm{d}W_m}{\mathrm{d}l} \bigg|_{I = 常数}$$

$$F = -\frac{\mathrm{d}W_m}{\mathrm{d}l} \bigg|_{\psi^m = 常数}$$

小结与提示 重点掌握磁感应强度、磁场强度及磁化强度等相关概念，包括毕奥-萨伐(Boe-Savert)定律、恒定磁场的基本方程(即安培环路定律的积分形式和微分形式方程、磁通连续性原理的积分形式和微分形式方程以及媒质的结构方程)等；掌握恒定磁场的边界条件，自感、互感及其计算，以及磁场能量和磁场力的相关概念。

1.9 均匀传输线

常用的传输线是平行双导线和同轴电缆，平行双导线是由两条直径相同、彼此平行布放的导线组成；同轴电缆线是由两个同心圆柱导体组成。在研究传输线时，不仅要考虑到导线的电阻，还要考虑到与导线有关的电感、电容及漏电导。如果传输线的电阻和电感以及传输线间的电导和电容是均匀沿线分布，这种传输线就可视为均匀传输线，即在传输线的一段长度内，如果其参数处处相同，则该段传输线就称为均匀传输线。

均匀传输线有两个端口，这一点与集总参数电路中的二端口网络相似。因此，在列出传输线始端与终端间电压、电流关系式之后，同样可以用二端口网络的分析方法去进行研究。但要注意均匀传输线研究的主要问题是传输线上的参数对沿线上电压、电流的影响，通常是把终端的电压和电流或者把始端的电压和电流作为已知条件给出，然后再对传输线上各处的电压和电流进行求解。

1.9.1 分布参数电路的概念

（1）分布参数电路。均匀传输线属于分布参数电路。分布参数电路与前些章介绍的集总参数电路不同，描述集总参数电路的方程一般是常微分方程，自变量只有一个；而描述分布参数电路的方程是偏微分方程，自变量包括时间 t 和空间长度 z。因此，分布参数的均匀传输线上的电流和电压既是时间的函数，又是距离的函数，它们反映的实际上是传输线周围磁场和电场作用的结果。

任何导线上都存在着电阻和电感，两根平行导线之间或多或少的存在电容和漏电导，在均匀传输线上电流波和电压波传播的过程中，传输线上的电感和电容比电阻和漏电导有着更重要的实质性意义。分布参数电路的均匀传输线，其长短只是一个相对的概念。计算过程中传输线的长度取决于它与它上面通过的电压波、电流波波长之间的相对关系。集总参数电路中的电压、电流从电路的始端到电路终端，理论上其"作用"瞬间可以完成，但在分布参数的电路中，电压、电流的作用实现是需要一定时间的。

（2）分布参数电路的分析方法。对于分布参数的电路，可以用电磁场理论，也可用电路理论进行分析。采用电路理论分析时，首先将传输线分为无限多个无穷小尺寸的集中参数单元电路，每个单元电路遵循电路的基本定律，然后将各个单元电路级联，去逼近真实情况，所以各单元电路的电压和电流既是时间的函数，又是距离的函数。图 1-59 是分布参数的等效电路。

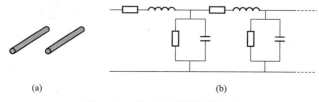

图 1-59　分布参数的等效电路

(a)平行导线；(b)等效电路

1）分布参数电路：当实际电路尺寸与工作波长接近时的电路模型。

2）传输线作用：引导电磁波，将能量或信息定向地从一点传输到另一点。

3）传输线种类：平行双线、同轴电缆、平行板传输线、金属波导和介质波导等。

4）均匀传输线：传输线的材料及其物理参数相同，几何尺寸相同，沿传输线周围的媒质相同。

5）TEM 波：波传播的方向上无电场和磁场的分量。

1.9.2 无损耗均匀传输线方程

图 1-60 是均匀传输线电路模型。

根据节点电流方程 $\sum i = 0$，$i = i + \dfrac{\partial i}{\partial z} \mathrm{d}z + C_0 \mathrm{d}z \dfrac{\partial}{\partial t}\left(u + \dfrac{\partial u}{\partial z}\mathrm{d}z\right)$；而由回路电压方程 $\sum u = 0$，

$u = L_0 \mathrm{d}z \dfrac{\partial i}{\partial t} + u + \dfrac{\partial u}{\partial z}\mathrm{d}z$，略去 $\mathrm{d}z$ 的二阶无穷小项，则

传输线方程为

$$\frac{\partial i}{\partial z} + C_0 \frac{\partial u}{\partial t} = 0 \text{ 和 } \frac{\partial u}{\partial z} + L_0 \frac{\partial i}{\partial t} = 0 \quad (1\text{-}111)$$

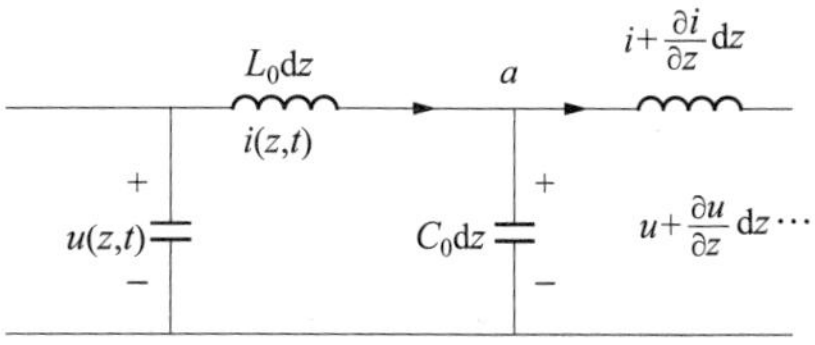

从中可得 u 和 i 的波动方程为

图 1-60　均匀传输线电路模型

电压波动方程　$\dfrac{\partial^2 u}{\partial z^2} + L_0 C_0 \dfrac{\partial^2 u}{\partial t^2} = \dfrac{1}{v^2}\dfrac{\partial^2 u}{\partial t^2} \quad (1\text{-}112)$

电流波动方程　$\dfrac{\partial^2 i}{\partial z^2} + L_0 C_0 \dfrac{\partial^2 i}{\partial t^2} = \dfrac{1}{v^2}\dfrac{\partial^2 i}{\partial t^2}$ 　$(1\text{-}113)$

式中　$v = \dfrac{1}{\sqrt{L_0 C_0}}$

1.9.3　无损耗均匀传输线的传播特性

1. 瞬态解

波动方程　$\dfrac{\partial^2 u}{\partial z^2} + L_0 C_0 \dfrac{\partial^2 u}{\partial t^2} = \dfrac{1}{v^2}\dfrac{\partial^2 u}{\partial t^2},\ \dfrac{\partial^2 i}{\partial z^2} + L_0 C_0 \dfrac{\partial^2 i}{\partial t^2} = \dfrac{1}{v^2}\dfrac{\partial^2 i}{\partial t^2}$

通解　$u(z,t) = u^+\left(t - \dfrac{z}{v}\right) + u^-\left(t + \dfrac{z}{v}\right) \quad (1\text{-}114)$

$$i(z,t) = i^+\left(t - \frac{z}{v}\right) + i^-\left(t + \frac{z}{v}\right) \quad (1\text{-}115)$$

式中　u^+——入射电压；

u^-——反射电压；

i^+——入射电流；

i^-——反射电流。

2. 正弦稳态解

波动方程瞬态形式　$\dfrac{\partial^2 u}{\partial z^2} = L_0 C_0 \dfrac{\partial^2 u}{\partial t^2},\ \dfrac{\partial^2 i}{\partial z^2} = L_0 C_0 \dfrac{\partial^2 i}{\partial t^2}$

波动方程复数形式　$\dfrac{\mathrm{d}^2 \dot{U}}{\mathrm{d}z^2} + (\mathrm{j}\omega)^2 L_0 C_0 \dot{U} = k^2 \dot{U}$

$$\frac{\mathrm{d}^2 \dot{I}}{\mathrm{d}z^2} = k^2 \dot{I}$$

式中　k——传播常数，$k = \mathrm{j}\beta$；

β——相位常数，$\beta = \omega\sqrt{L_0 C_0}$。

方程的解　$\dot{U}(z) = \dot{U}^+ \mathrm{e}^{-\mathrm{j}\beta z} + \dot{U}^- \mathrm{e}^{\mathrm{j}\beta z}$

$$\dot{I}(z) = \dot{I}^+ \mathrm{e}^{-\mathrm{j}\beta z} + \dot{I}^- \mathrm{e}^{-\mathrm{j}\beta z}$$

定义　$Z_0 = \dfrac{\dot{U}^+}{\dot{I}^+} = -\dfrac{\dot{U}^-}{\dot{I}^-} = \sqrt{\dfrac{L_0}{C_0}}$（实数）$\quad (1\text{-}116)$

式中　Z_0——特性阻抗，表1-13列出了特性阻抗的参数值。

所以
$$\dot{I}(z) = \frac{1}{Z_0}(\dot{U}^+ e^{-j\beta z} - \dot{U}^- e^{j\beta z})　\hspace{2cm}(1-117)$$

表1-13　　　　　　　　　　　　　特性阻抗参数值

参数	平行板	双平行线	同轴电缆
R_0	$\dfrac{2}{a}\sqrt{\dfrac{\pi f \mu}{\gamma}}$	$\dfrac{1}{a}\sqrt{\dfrac{f\mu}{\pi\gamma}}$	$\dfrac{1}{2}\sqrt{\dfrac{f\mu}{\pi\gamma}}\left(\dfrac{1}{a}+\dfrac{1}{b}\right)$
L_0	$\dfrac{\mu d}{a}$	$\dfrac{\mu}{\pi}\ln\dfrac{D}{a}$	$\dfrac{\mu}{2\pi}\ln\dfrac{b}{a}$
C_0	$\dfrac{\varepsilon a}{d}$	$\dfrac{\pi\varepsilon}{\ln D/a}$	$\dfrac{2\pi\varepsilon}{\ln b/a}$
G_0	$\dfrac{\gamma a}{d}$	$\dfrac{\pi\gamma}{\ln D/a}$	$\dfrac{2\pi\gamma}{\ln b/a}$

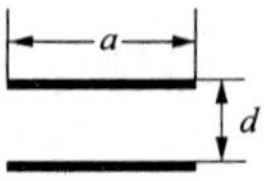

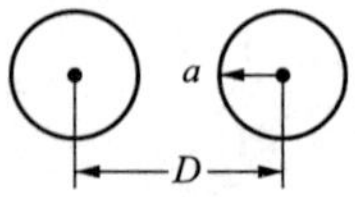

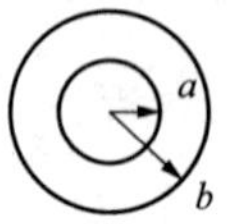

无损耗传输线　　　$Z_0 = \sqrt{\dfrac{L_0}{C_0}}$

（1）已知始端 $\dot{U}_1$、$\dot{I}_1(z=-l)$，如图1-61所示。

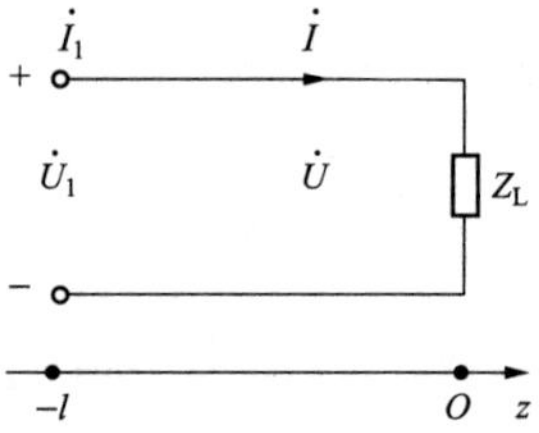

将已知条件代入通解 $\dot{U}_1 = \dot{U}^+ e^{j\beta l} + \dot{U}^- e^{-j\beta l}$

$$\dot{I}_1 = \frac{1}{Z_0}(\dot{U}^+ e^{j\beta l} + \dot{U}^- e^{-j\beta l})$$

图1-61　已知始端 $\dot{U}_1$、$\dot{I}_1$

解得复常数　　　$\dot{U}^+ = \dfrac{1}{2}(\dot{U}_1 + Z_0\dot{I}_1)\,e^{-j\beta l}$

$$\dot{U}^- = \frac{1}{2}(\dot{U}_1 - Z_0\dot{I}_1)\,e^{j\beta l}$$

代入通解　　　$\dot{U}(z) = \dfrac{1}{2}(\dot{U}_1 + Z_0\dot{I}_1)\,e^{-j\beta(l+Z)} + \dfrac{1}{2}(\dot{U}_1 - Z_0\dot{I}_1)\,e^{j\beta(l+Z)}$

$$\dot{I}(z) = \frac{1}{2}\left(\frac{\dot{U}_1}{Z_0} + \dot{I}_1\right)e^{-j\beta(l+Z)} - \frac{1}{2}\left(\frac{\dot{U}_1}{Z_0} - \dot{I}_1\right)e^{j\beta(l+Z)}$$

整理后

$$\dot{U}(z) = \dot{U}_1\cos\beta(l+z) - jZ_0\dot{I}_1\sin\beta(l+z)　\hspace{1cm}(1-118)$$

$$\dot{I}(z) = \dot{I}_1\cos\beta(l+z) - j\frac{\dot{U}_1}{Z_0}\sin\beta(l+z)　\hspace{1cm}(1-119)$$

注意：终端为坐标原点，沿线 $z<0$，$l>0$

（2）已知终端 $\dot{U}_2$、$\dot{I}_2(z=0)$，如图1-62所示。

将已知条件代入通解　　　　　$\dot{U}_2 = \dot{U}^+ + \dot{U}^-$

$$\dot{I}_2 = \frac{1}{Z_0}(\dot{U}^+ + \dot{U}^-)$$

解得复常数 $\quad \dot{U}^+ = \frac{1}{2}(\dot{U}_2 + Z_0 \dot{I}_2)$, $\dot{U}^- = \frac{1}{2}(\dot{U}_2 - Z_0 \dot{I}_2)$

代入通解，得到

$$\dot{U}(z) = \dot{U}_2 \cos\beta z - jZ_0 \dot{I}_2 \sin\beta z \qquad (1-120)$$

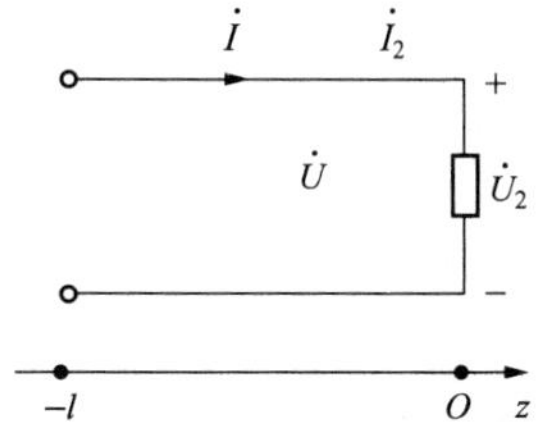

图 1-62 已知终端 $\dot{U}_2$、$\dot{I}_2$

$$\dot{I}(z) = \dot{I}_2 \cos\beta z - j\frac{\dot{U}_2}{Z_0}\sin\beta z \qquad (1-121)$$

1.9.4 无损耗传输线中波的反射和透射

随着时间的增长而不断向一定方向运动的波称为行波，行波既是时间的函数又是空间的函数。当行波行进方向由传输线的始端移向终端（即从电源到负载）时，称为入射波；行波行进的方向由传输线的终端移向始端（即从负载到电源）时，则称为反射波；传输线上各处的线间电压都可以看成是两个向相反方向传播的行波（入射波和反射波）的合成。在传播过程中波的空间位置固定不变，只有振幅随时间按正弦规律变化的电压、电流波称为驻波，驻波只是时间的函数而不是空间的函数。

（1）负载端反射系数，如图 1-63 所示。

负载端 $\quad \dot{U}(0) = \dot{U}^+ + \dot{U}^-$; $\quad \dot{I}(0) = \frac{1}{Z}(\dot{U}^+ + \dot{U}^-)$

$$Z_L = \frac{\dot{U}(0)}{\dot{I}(0)} = Z_0 \frac{\dot{U}^+ + \dot{U}^-}{\dot{U}^+ - \dot{U}^-} = Z_0 \frac{1 + \Gamma_L}{1 - \Gamma_L} \qquad (1-122)$$

反射系数 $\quad \Gamma_L = \frac{\dot{U}^-}{\dot{U}^+} = \frac{Z_L - Z_0}{Z_L + Z_0} = |\Gamma_L| e^{j\varphi_l} \qquad (1-123)$

（2）沿线任一点反射系数 $\quad \Gamma(z) = \frac{\dot{U}^- e^{j\beta z}}{\dot{U}^+ e^{-j\beta z}} = \frac{\dot{U}^-}{\dot{U}^+} e^{j2\beta z} = \Gamma_L e^{j2\beta z} \qquad (1-124)$

（3）非均匀传输线的反射系数和透射系数，如图 1-64 所示。

图 1-63 传输线接负载   图 1-64 非均匀传输线

$z=0$ 处 $\quad \dot{U}^+ + \dot{U}^- = \dot{U}'$, $\quad \frac{\dot{U}^+ - \dot{U}^-}{Z_{01}} = \frac{\dot{U}'}{Z_{02}}$

反射系数 $\quad \Gamma_L = \frac{\dot{U}^-}{\dot{U}^+} = \frac{Z_{02} - Z_{01}}{Z_{02} + Z_{01}} \qquad (1-125)$

透射系数
$$\tau = \frac{\dot{U}'}{\dot{U}^+} = \frac{2Z_{02}}{Z_{02}+Z_{01}}$$
(1-126)

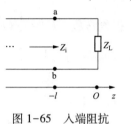

结论: 无限长均匀无损传输线可等效为 $Z_L = Z_0$。

1.9.5 无损耗传输线的入端阻抗

如图 1-65 所示, 入端阻抗定义

$$Z_i(z) = \frac{\dot{U}}{\dot{i}} = \frac{U^+(\mathrm{e}^{-\mathrm{j}\beta z}+\Gamma_L\mathrm{e}^{\mathrm{j}\beta z})}{I^+(\mathrm{e}^{-\mathrm{j}\beta z}-\Gamma_L\mathrm{e}^{\mathrm{j}\beta z})} = Z_0\frac{Z_L-\mathrm{j}Z_0\tan\beta z}{Z_0-\mathrm{j}Z_l\tan\beta z}$$

图 1-65　入端阻抗

a、b 端阻抗
$$Z_i(-l) = Z_0\frac{Z_L+\mathrm{j}Z_0\tan\dfrac{2\pi}{\lambda}l}{Z_0+\mathrm{j}Z_l\tan\dfrac{2\pi}{\lambda}l}$$
(1-127)

因为 $\tan(\beta z - n\pi) = \tan\beta z$ ($n = 0, 1, 2, \cdots$), 所以 $Z(z)$ 每隔 $\dfrac{\lambda}{2}$ 重复出现一次, 即 $Z_i\left(z-\dfrac{\lambda}{2}n\right) = Z_i(z)$。

1.9.6 无损耗均匀传输线的阻抗匹配

(1) $\lambda/4$ 阻抗变换器, 如图 1-66 所示。

当 $Z_L = R$, 接入 $\lambda/4$ 无损线可实现线路阻抗匹配。

$$Z_i = Z_{01}\frac{R+\mathrm{j}Z_{01}\tan\dfrac{2\pi}{\lambda}\dfrac{\lambda}{4}}{Z_{01}+\mathrm{j}R\tan\dfrac{2\pi}{\lambda}\dfrac{\lambda}{4}} = \frac{Z_{01}^2}{R}$$
(1-128)

当 $Z_i = Z_0 = \dfrac{Z_{01}^2}{R}$, 即 $Z_{01} = \sqrt{RZ_0}$ 时, 线路匹配。

(2) 负载为任意阻抗 $Z_L = R+\mathrm{j}X$, 如图 1-67 所示。

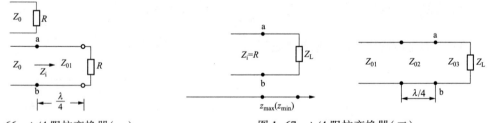

图 1-66　$\lambda/4$ 阻抗变换器(一)　　　　　图 1-67　$\lambda/4$ 阻抗变换器(二)

从终端沿线找到第一个电压极值点 Z_0, 此时

$$\dot{U}(z_0) = U^+\mathrm{e}^{-\mathrm{j}\beta z_0}(1\pm|\Gamma_L|)$$

$$\dot{I}(z_0) = \frac{U^+\mathrm{e}^{-\mathrm{j}\beta z_0}(1\mp|\Gamma_L|)}{Z_{01}}$$

Z_0 处的入端阻抗为

$$Z_i(z_0) = \frac{1+|\Gamma_L|}{1-|\Gamma_L|}Z_0 = R$$
(1-129)

接入 $\lambda/4$ 无损耗线，且 $Z_{02} = \sqrt{RZ_{01}}$，便可实现阻抗匹配。

> **小结与提示** 重点掌握不同负载情况下均匀传输线上电压、电流的波动性质；行波的概念及特性阻抗和传播常数的意义，特性阻抗和传播常数的计算关系；无损耗传输和不失真传输的条件以及均匀传输线的正弦稳态过程。

电路与电磁场复习题

1.1 电路的基本概念和基本定律

1-1（2017）图 1-68 所示独立电流源发出的功率为（　　）。

A. 12W　　　　　B. 3W　　　　　C. 8W　　　　　D. −8W

1-2（2024）图 1-69 所示的电路中，U_s 和 5Ω 电阻两端的电压值分别为（　　）。

A. 20V、−10V　　B. 30V、40V　　C. 10V、−20V　　D. 40V、−30V

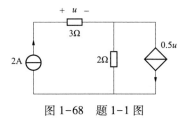

图 1-68　题 1-1 图

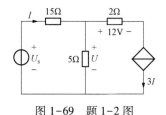

图 1-69　题 1-2 图

1-3（2011）图 1-70 所示电路中，测得 $U_{S1} = 10V$，电流 $I = 10A$。流过电阻 R 的电流 I_1 为（　　）。

A. 3A　　　　　B. −3A　　　　　C. 6A　　　　　D. −6A

1-4（2011）图 1-71 所示电路中，已知 $U_S = 12V$，$I_{S1} = 2A$，$I_{S2} = 8A$，$R_1 = 12\Omega$，$R_2 = 6\Omega$，$R_3 = 8\Omega$，$R_4 = 4\Omega$。取节点③为参考节点，节点①的电压 U_{n1} 为（　　）。

A. 15A　　　　　B. 21A　　　　　C. 27A　　　　　D. 33A

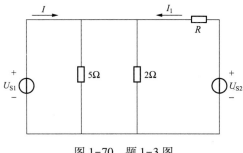

图 1-70　题 1-3 图

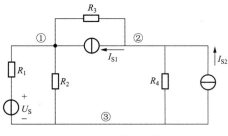

图 1-71　题 1-4 图

1-5(2013)图 1-72 所示电路中 $u=-2V$，则 3V 电压源发出的功率应为下列哪项数值?（　　）

A. 10W　　　　　　B. 3W　　　　　　C. -3W　　　　　　D. -10W

1-6(2011)图 1-73 所示电路中的电阻 R 阻值可变，R 为（　　）时可获得最大功率。

A. 12Ω　　　　　　B. 15Ω　　　　　　C. 10Ω　　　　　　D. 6Ω

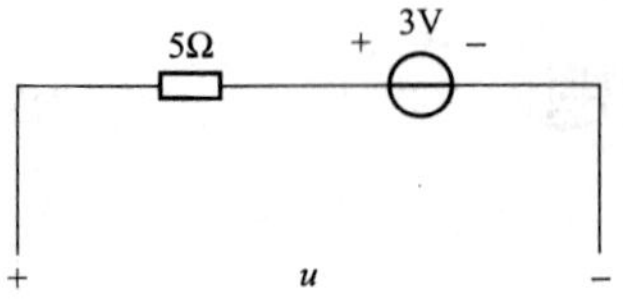

图 1-72　题 1-5 图

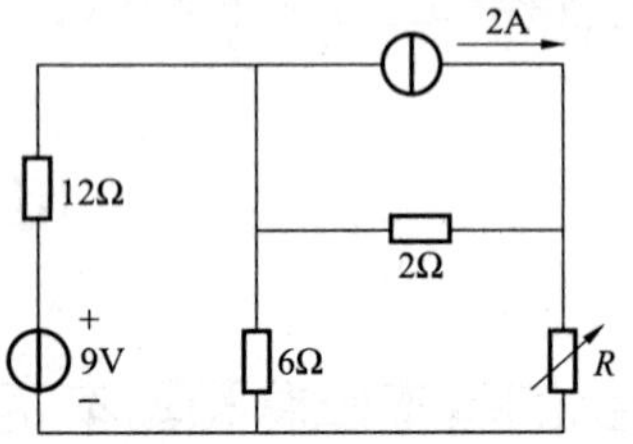

图 1-73　题 1-6 图

1-7(2024)图 1-74 所示的电路中，ab 端接上一个电阻负载可获得最大功率，则该电阻的阻值和最大功率分别为（　　）。

A. 7.5Ω、10.8W　　　B. 15Ω、9.6W　　　C. 25Ω、3.24W　　　D. 30Ω、2.7W

1-8(2024)图 1-75 所示电路中，开路电压 U_{ab}（　　）。

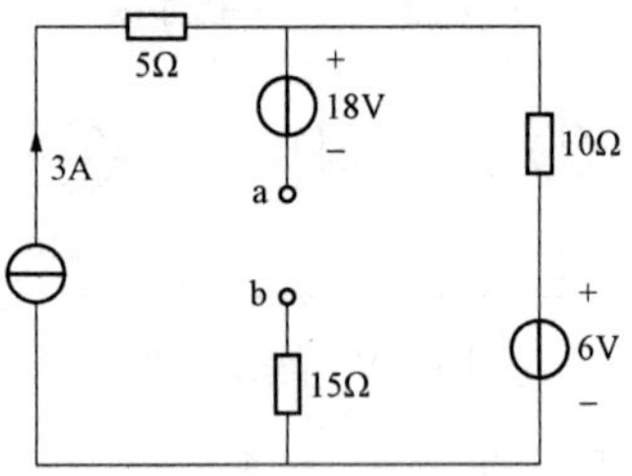

图 1-74　题 1-7 图

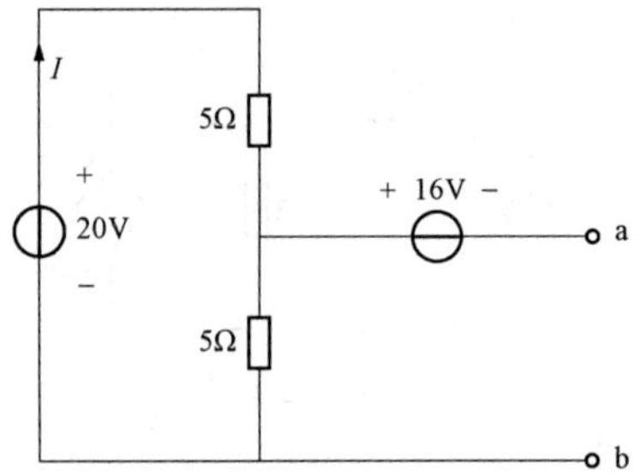

图 1-75　题 1-8 图

A. -6V　　　　　　B. 6V　　　　　　C. -10V　　　　　　D. 10V

1-9(2020)将一个直流电流源通过一个电阻 R 接在电感线圈两侧，如图 1-76 所示，如果 $U=10V$，$I=1A$，那么，将直流电源设备换成交流电源设备后，与该电路的等效模型为（　　）。

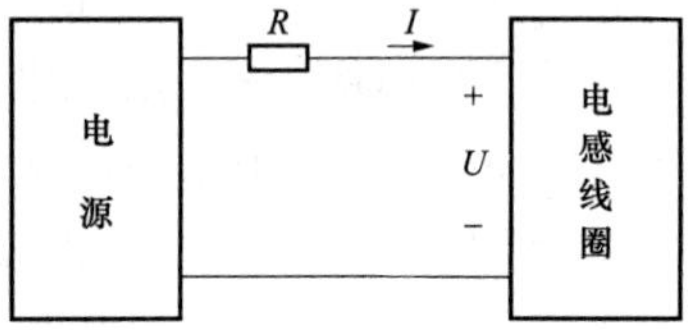

图 1-76　题 1-9 图

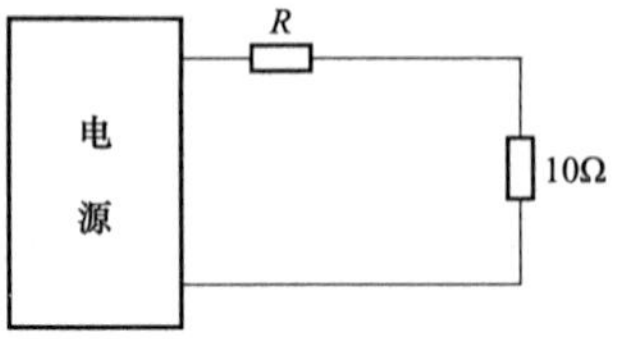

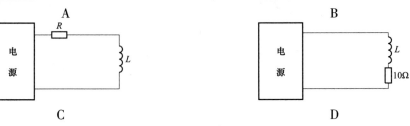

A

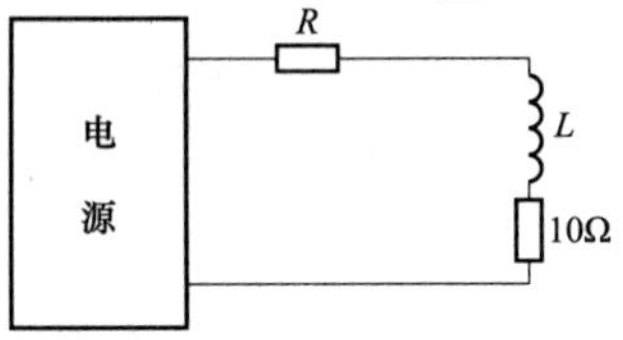

B

C

D

1-10（2024）图 1-77 所示的电阻电路中，等效电阻 R_{12} 值为（　　）。

 A. 5Ω   B. 7Ω

 C. 10Ω   D. 2.6Ω

1-11（2014）一直流发电机端电压 $U_1 = 230V$，线路上的电流 $I = 50A$，输电线路每根导线的电阻 $R_0 = 0.0954Ω$，则负载端电压 U_2 为（　　）。

 A. 225.23V   B. 220.46V

 C. 225 V   D. 220V

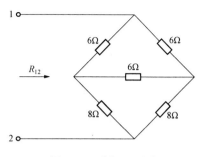

图 1-77　题 1-10 图

1-12（2013）若图 1-78 所示电路中的电压值为该点的节点电压，则电路中的电流 I 应为（　　）。

 A. -2A   B. 2A   C. 0.875 0A   D. 0.437 5A

1-13（2013）在图 1-79 所示电路中，当 R 为下列哪些数值时，它能获得最大功率？（　　）

 A. 7.5Ω   B. 4.5Ω   C. 5.2Ω   D. 5.5Ω

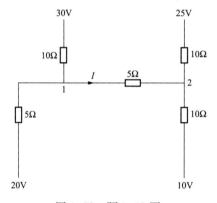

图 1-78　题 1-12 图

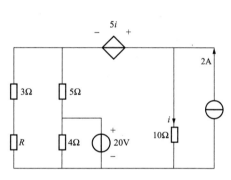

图 1-79　题 1-13 图

1-14（2013）若图 1-80 所示电路中 $i_s = 1.2A$ 和 $g = 0.1S$，则电路中的电压 u 应为（　　）。

 A. 3V   B. 6V

 C. 9V   D. 12V

1-15（2017）图 1-81 所示电路，1Ω 电阻消耗功率 P_1，3Ω 电阻消耗功率 P_2，则 P_1、P_2 分别为（　　）。

 A. $P_1 = -4W$，$P_2 = 3W$

 B. $P_1 = 4W$，$P_2 = 3W$

 C. $P_1 = -4W$，$P_2 = -3W$

 D. $P_1 = 4W$，$P_2 = -3W$

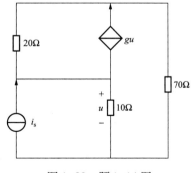

图 1-80　题 1-14 图

1-16（2017）图 1-82 所示一端口电路中的等效电阻是（　　）。

A. $\dfrac{2}{3}\Omega$ B. $\dfrac{21}{13}\Omega$ C. $\dfrac{18}{11}\Omega$ D. $\dfrac{45}{28}\Omega$

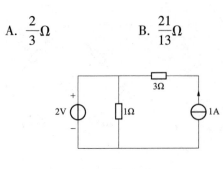   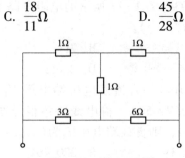

图 1-81　题 1-15 图   图 1-82　题 1-16 图

1-17(2013)图 1-83 所示电路中，若 $u(t)=\sqrt{2}U\sin(\omega t+\varphi)$ 时电阻元件上的电压为 0V，则(　　)。

A. 电感元件断开了   B. 一定有 $I_L=I_C$

C. 一定有 $i_L=i_C$ D. 电感元件被短路了

1-18(2021)电路如图 1-84 所示，如果 $I_3=1\text{A}$，则 I_S 及其端电压 U 分别是(　　)。

A. −3A，16V   B. −3A，−16V   C. 3A，−16   D. 3A，−16V

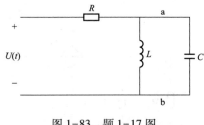   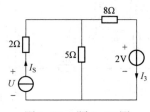

图 1-83　题 1-17 图   图 1-84　题 1-18 图

1-19(2013)图 1-85 所示电路的戴维南等效电路参数 u_s 应为(　　)。

A. 35V   B. 15V   C. 3V   D. 9V

1-20(2017)如图 1-86 所示，用 KVL 至少列几个方程，可以解出 I 值？(　　)

A. 1   B. 2   C. 3   D. 4

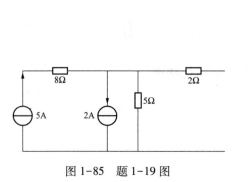   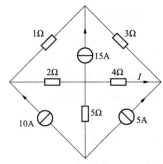

图 1-85　题 1-19 图   图 1-86　题 1-20 图

1-21(2017)图 1-87 所示电路中 N 为纯电阻电路，已知当 U_s 为 5V 时，电阻 R 上电压 U 为 2V，则 U_s 为 7.5V 时，U 为(　　)。

A. 2V   B. 3V

C. 4V   D. 5V

1-22 (2014)一含源一端口电阻网络，测得其短路电流为 2A，测得负载电阻 $R = 10\Omega$ 时，通过负载电阻 R 的电流为 1.5A。该含源一端口电阻网络的开路电压 U_{oc} 为( )。

A. 50V   B. 60V

C. 70V   D. 80V

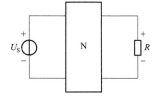

图 1-87 题 1-21 图

1-23 (2023)图 1-88 所示电路中 10Ω 电阻两端电压 u 为( )。

A. 1V   B. -1V   C. 10V   D. -10V

1-24 (2021)电路如图 1-89 所示，其端口 ab 的等效电阻是( )。

A. 1Ω   B. 2Ω   C. 3Ω   D. 5Ω

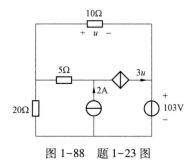

图 1-88 题 1-23 图

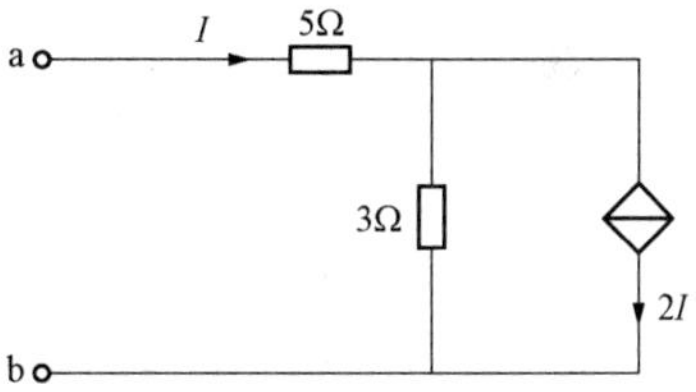

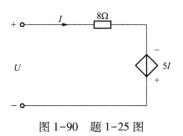

图 1-89 题 1-24 图

1-25 (2022)如图 1-90 所示电路，其输入电阻是( )。

A. 8Ω   B. 13Ω   C. 3Ω   D. 不能简化等效

1-26 (2022)如图 1-91 所示电路，支路电流 I 等于( )。

A. 1A   B. 5/3A   C. -1/3A   D. 4/3A

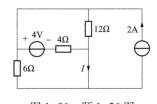

图 1-90 题 1-25 图

图 1-91 题 1-26 图

1-27 图 1-92 所示电阻电路中，列写节点方程时，电路中 B 点的注入电流为( )A。

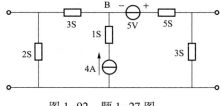

图 1-92 题 1-27 图

A. 21　　　　　　　B. −21　　　　　　　C. 3　　　　　　　D. −3

1−28(2021)电路如图 1−93 所示，ab 端的等效电源是(　　　)。

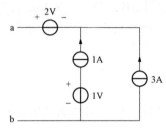

图 1−93　题 1−28 图

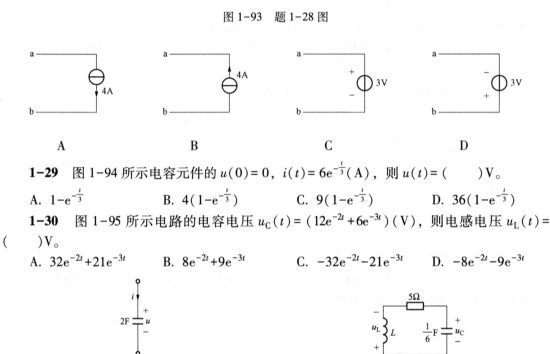

A　　　　　　　　　　B　　　　　　　　　　C　　　　　　　　　　D

1−29　图 1−94 所示电容元件的 $u(0)=0$，$i(t)=6\mathrm{e}^{-\frac{t}{3}}(\mathrm{A})$，则 $u(t)=(\quad)\mathrm{V}$。

A. $1-\mathrm{e}^{-\frac{t}{3}}$　　　　　B. $4(1-\mathrm{e}^{-\frac{t}{3}})$　　　　　C. $9(1-\mathrm{e}^{-\frac{t}{3}})$　　　　　D. $36(1-\mathrm{e}^{-\frac{t}{3}})$

1−30　图 1−95 所示电路的电容电压 $u_{\mathrm{C}}(t)=(12\mathrm{e}^{-2t}+6\mathrm{e}^{-3t})(\mathrm{V})$，则电感电压 $u_{\mathrm{L}}(t)=$ (　　　)V。

A. $32\mathrm{e}^{-2t}+21\mathrm{e}^{-3t}$　　B. $8\mathrm{e}^{-2t}+9\mathrm{e}^{-3t}$　　C. $-32\mathrm{e}^{-2t}-21\mathrm{e}^{-3t}$　　D. $-8\mathrm{e}^{-2t}-9\mathrm{e}^{-3t}$

图 1−94　题 1−29 图　　　　　　　　　　图 1−95　题 1−30 图

1.2　正弦交流电路

1−31(2023)R、L、C 串联电路中，$X_{\mathrm{C}}=25\Omega$，若保持电路总电压不变而将电感短路，电路总电流有效值与原来相同，则 $X_{\mathrm{L}}=(\quad)$。

A. 50Ω　　　　　　　B. 40Ω　　　　　　　C. 25Ω　　　　　　　D. 5Ω

1−32(2013)正弦电流通过电容元件时，电流 $\dot{I}_{\mathrm{C}}$ 应为(　　　)。

A. $\mathrm{j}\omega C U_{\mathrm{m}}$　　　　　B. $\mathrm{j}\omega C\dot{U}$　　　　　C. $-\mathrm{j}\omega C U_{\mathrm{m}}$　　　　　D. $-\mathrm{j}\omega C\dot{U}$

1−33(2014) 按照图 1−96 所选定的参考方向，电流 i 的表达式为 $i=32\sin\left(314t+\dfrac{2}{3}\pi\right)(\mathrm{A})$。如果把参考方向选成相反的方向，则 i 的表达式为(　　　)。

图 1−96　题 1−33 图

A. $32\sin\left(314t-\dfrac{\pi}{3}\right)$ A   B. $32\sin\left(314t-\dfrac{2}{3}\pi\right)$ A

C. $32\sin\left(314t+\dfrac{2\pi}{3}\right)$ A   D. $32\sin\left(314t+\pi\right)$ A

1-34（2014）已知通过线圈的电流 $i=10\sqrt{2}\sin314t$（A），线圈的电感 $L=70\text{mH}$（电阻可以忽略不计）。设电流 i 和外施电压 u 的参考方向为关联方向，那么在 $t=\dfrac{T}{6}$ 时刻的外施电压 u 为（　　）。

    A. -310.8V B. -155.4V C. 155.4V D. 310.8V

1-35（2014）电阻为 4Ω 和电感为 25.5mH 的线圈接到频率为 50Hz、电压有效值为 115V 的正弦电源上，通过线圈的电流的有效值为（　　）。

    A. 12.85A B. 28.75A C. 15.85A D. 30.21A

1-36（2014）在 R、L、C 串联电路中，总电压 u 可能超前电流 i，也可能滞后电流 i 一个相位角 φ，u 超前 i 一个角 φ 的条件是（　　）。

    A. $L>C$ B. $\omega^2LC>1$

    C. $\omega^2LC<1$ D. $L<C$

1-37（2014）已知某感性负载接在 220V、50Hz 的正弦电压上，测得其有功功率和无功功率各为 7.5kW 和 5.5kW，其功率因数为（　　）。

    A. 0.686 B. 0.906 C. 0.706 D. 0.806

1-38（2014）某些应用场合中，常常欲使某一电流与某一电压的相位差为 $90°$，如图 1-97 所示电路，如果 $Z_1=(100+\text{j}500)\ \Omega$，$Z_2=(400+\text{j}1000)\ \Omega$，当 R_1 取何值时，才可以使电流 $\dot{I}_2$ 与电压 $\dot{U}$ 的相位相差 $90°$（$\dot{I}_2$ 滞后于 $\dot{U}$）？（　　）

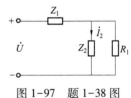

图 1-97　题 1-38 图

    A. 460Ω B. 920Ω

    C. 520Ω D. 260Ω

1-39（2013）有一个由 $R=3000\Omega$，$L=4\text{H}$ 和 $C=1\mu\text{F}$ 三个元件相串联的电路。若电路谐振，则振荡频率应为（　　）。

    A. 331rad/s B. 500rad/s C. 375rad/s D. 750rad/s

1-40（2024）图 1-98 所示的正弦交流电路中，电流表 A1、A2 和 A3 的读数分别为 6A、10A、18A，则电流 A 的读数为（　　）。

    A. 10A B. 14A C. 20A D. 34A

1-41（2024）已知电感元件 L，其两端电压 $u(t)$，流过电流 $i(t)$。在任何时刻 t，该电感所储存的磁场能量 $W_t(t)$（　　）。

    A. $Lu^2(t)$ B. $\dfrac{1}{2}Lu^2(t)$ C. $Li^2(t)$ D. $\dfrac{1}{2}Li^2(t)$

1-42（2011）在图 1-99 所示正弦交流电路中，已知 $Z=(10+\text{j}50)\ \Omega$，$Z_1=(400+\text{j}1000)\ \Omega$。当 β 为（　　）时，$\dot{I}_1$ 和 $\dot{U}_S$ 的相位差为 $90°$。

A. -41　　　　　B. 41　　　　　C. -51　　　　　D. 51

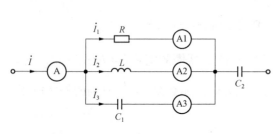
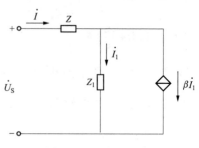

图 1-98　题 1-40 图　　　　　　图 1-99　题 1-42 图

1-43(2011)图 1-100 所示为正弦交流电路中，已知 $\dot{U}_S=$ 100$\angle0°$ V，$R=10\Omega$，$X_L=20\Omega$，$X_C=30\Omega$，当负载 Z_L 为（　　）Ω 时，它将获得最大功率。

A. 8+j21　　　　　B. 8-j21
C. 8+j26　　　　　D. 8-j26

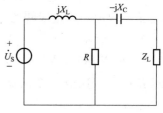

图 1-100　题 1-43 图

1-44(2011)在 R、C 串联电路中，已知：

外加电压：$u(t)=[20+90\sin(\omega t)+30\sin(3\omega t+50°)+10\sin(5\omega t+10°)]$（V）

电路中电流：$i(t)=[1.5+1.3\sin(\omega t+85.3°)+6\sin(3\omega t+45°)+2.5\sin(5\omega t-60.8°)]$（A）

则电路的平均功率 P 为（　　）。

A. 124.12W　　　　　B. 128.12W　　　　　C. 145.28W　　　　　D. 134.28W

1-45(2011)图 1-101 所示 R、L、C 串联电路中，已知 $R=10\Omega$，$L=0.05$H，$C=50\mu$F，电源电压 $u(t)=[20+90\sin(\omega t)+30\sin(3\omega t+45°)]$（V），电源的基波角频率 $\omega=314$rad/s。电路中的电流 $i(t)$ 为（　　）A。

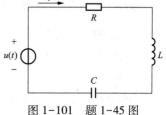

A. $1.3\sqrt{2}\sin(\omega t+78.2°)-0.77\sqrt{2}\sin(3\omega t-23.9°)$

B. $1.3\sqrt{2}\sin(\omega t+78.2°)+0.77\sqrt{2}\sin(3\omega t-23.9°)$

C. $1.3\sqrt{2}\sin(\omega t-78.2°)-0.77\sqrt{2}\sin(3\omega t-23.9°)$

D. $1.3\sqrt{2}\sin(\omega t-78.2°)+0.77\sqrt{2}\sin(3\omega t-23.9°)$

图 1-101　题 1-45 图

1-46(2014)某一供电线路的负载功率是 85kW，功率因数是 0.85（$\varphi>0$），已知负载两端的电压为1000V，线路的电阻为 0.5Ω，感抗为1.2Ω，则电源的端电压有效值为（　　）。

A. 1108V　　　　　B. 554V　　　　　C. 1000V　　　　　D. 130V

1-47(2022)图 1-102 所示 R、L、C 串联电路中，已知端电压 $u=10\sqrt{2}\cos(2500t+15°)$（V）。当电容 $C=8\mu$F 时，电路吸收的平均功率最大值达到 100W，则此时电路的 R 和 L 值分别是（　　）。

A. 10Ω，0.02H　　　　　B. 1Ω，0.02H
C. 10Ω，0.01H　　　　　D. 1Ω，0.01H

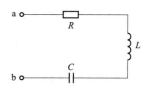

图 1-102　题 1-47 图

1-48　一个由 $R=3$kΩ、$L=4$H 和 $C=1\mu$F 三个元件相串联的

电路，若电路振荡，则振荡角频率为(　　　)。

　　A. 375rad/s　　　　B. 500rad/s　　　　C. 331rad/s　　　　D. 不振荡

1—49(2021)电路如图1-103所示，已知$i_S = 2\cos\omega t$（A），电容C可调，如果电容增大，则电压表的读数(　　　)。

　　A. 增大　　　　　　B. 减小

　　C. 不变　　　　　　D. 不确定

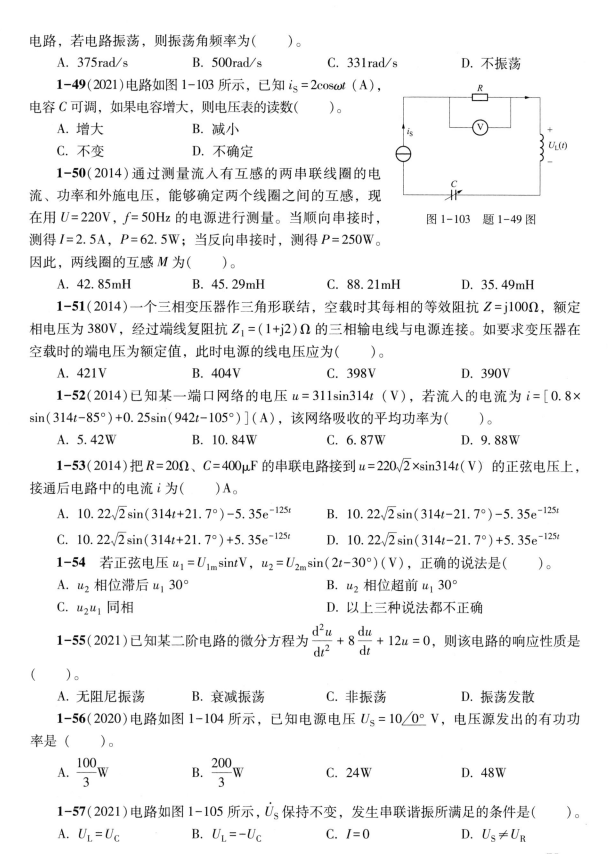

图1-103　题1-49图

1—50(2014)通过测量流入有互感的两串联线圈的电流、功率和外施电压，能够确定两个线圈之间的互感，现在用$U = 220\text{V}$，$f = 50\text{Hz}$的电源进行测量。当顺向串接时，测得$I = 2.5\text{A}$，$P = 62.5\text{W}$；当反向串接时，测得$P = 250\text{W}$。因此，两线圈的互感M为(　　　)。

　　A. 42.85mH　　　　B. 45.29mH　　　　C. 88.21mH　　　　D. 35.49mH

1—51(2014)一个三相变压器作三角形联结，空载时其每相的等效阻抗$Z = j100\Omega$，额定相电压为380V，经过端线复阻抗$Z_1 = (1+j2)\ \Omega$的三相输电线与电源连接。如要求变压器在空载时的端电压为额定值，此时电源的线电压应为(　　　)。

　　A. 421V　　　　　　B. 404V　　　　　　C. 398V　　　　　　D. 390V

1—52(2014)已知某一端口网络的电压$u = 311\sin 314t$（V），若流入的电流为$i = [\,0.8 \times \sin(314t - 85°) + 0.25\sin(942t - 105°)\,]$（A），该网络吸收的平均功率为(　　　)。

　　A. 5.42W　　　　　B. 10.84W　　　　　C. 6.87W　　　　　D. 9.88W

1—53(2014)把$R = 20\Omega$、$C = 400\mu\text{F}$的串联电路接到$u = 220\sqrt{2} \times \sin 314t$（V）的正弦电压上，接通后电路中的电流$i$为(　　　)A。

　　A. $10.22\sqrt{2}\sin(314t + 21.7°) - 5.35\text{e}^{-125t}$　　　　B. $10.22\sqrt{2}\sin(314t - 21.7°) - 5.35\text{e}^{-125t}$

　　C. $10.22\sqrt{2}\sin(314t + 21.7°) + 5.35\text{e}^{-125t}$　　　　D. $10.22\sqrt{2}\sin(314t - 21.7°) + 5.35\text{e}^{-125t}$

1—54　若正弦电压$u_1 = U_{1m}\sin t\text{V}$，$u_2 = U_{2m}\sin(2t - 30°)$（V），正确的说法是(　　　)。

　　A. u_2相位滞后u_1 30°　　　　　　　　　B. u_2相位超前u_1 30°

　　C. $u_2 u_1$同相　　　　　　　　　　　　　D. 以上三种说法都不正确

1—55(2021)已知某二阶电路的微分方程为$\dfrac{\text{d}^2 u}{\text{d}t^2} + 8\dfrac{\text{d}u}{\text{d}t} + 12u = 0$，则该电路的响应性质是(　　　)。

　　A. 无阻尼振荡　　　B. 衰减振荡　　　　C. 非振荡　　　　　D. 振荡发散

1—56(2020)电路如图1-104所示，已知电源电压$U_S = 10\angle 0°$ V，电压源发出的有功功率是(　　　)。

　　A. $\dfrac{100}{3}$W　　　　B. $\dfrac{200}{3}$W　　　　C. 24W　　　　　　D. 48W

1—57(2021)电路如图1-105所示，$\dot{U}_S$保持不变，发生串联谐振所满足的条件是(　　　)。

　　A. $U_L = U_C$　　　　B. $U_L = -U_C$　　　　C. $I = 0$　　　　　D. $U_S \neq U_R$

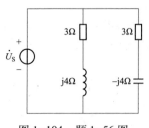

图 1-104 题 1-56 图

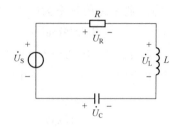

图 1-105 题 1-57 图

1-58(2017)图1-106 所示正弦电路有理想电压表读数,则电容电压有效值为( )。

A. 10V B. 30V C. 40V D. 90V

1-59(2017)图 1-107 所示 RLC 串联电路,已知 $R=60\Omega$, $L=0.02H$, $C=10\mu F$,正弦电压 $u=100\sqrt{2}\cos(10^3t+15°)$ (V),则该电路视在功率为( )。

A. 60V·A B. 80V·A C. 100V·A D. 160V·A

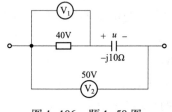

图 1-106 题 1-58 图

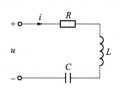

图 1-107 题 1-59 图

1-60(2023)图 1-108 所示电路中, $u_s=141.4\cos314t$(V),电阻消耗功率100W,该电路的功率因数为( )。

A. 0.25 B. 0.4 C. 0.5 D. 0.8

1-61(2023)在如图 1-109 所示正弦稳态电路中,若理想交流电压表 V_1 和 V_2 的读数分别是 80V 和 100V,则电容电压的有效值为( )。

A. 20V B. 60V C. 80V D. 180V

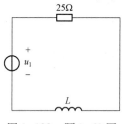

图 1-108 题 1-60 图

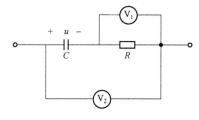

图 1-109 题 1-61 图

1-62(2018)功率表测量的功率是( )。

A. 瞬时功率 B. 无功功率 C. 视在功率 D. 有功功率

1-63(2011)图 1-110 所示含耦合电感电路中,已知 $L_1=0.1H$, $L_2=0.4H$, $M=0.12H$。ab 端的等效电感 L_{ab} 为( )。

A. 0.064H B. 0.062H C. 0.64H D. 0.62H

1-64（2023）在如图 1-111 所示的正弦稳态电路中，如果电压表读数为 10V，电流表读数为 5A，功率表读数为 40W，那么感抗 $\omega L =$（   ）Ω。

A. 10　　　　　B. 5　　　　　C. 1.2　　　　　D. 0.8

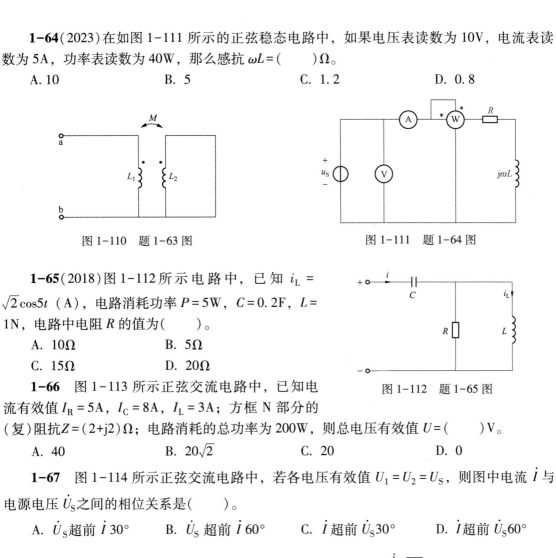

图 1-110　题 1-63 图　　　　　图 1-111　题 1-64 图

1-65（2018）图 1-112 所示电路中，已知 $i_L = \sqrt{2}\cos 5t$（A），电路消耗功率 $P = 5W$，$C = 0.2F$，$L = 1N$，电路中电阻 R 的值为（   ）。

A. 10Ω　　　　　B. 5Ω

C. 15Ω　　　　　D. 20Ω

图 1-112　题 1-65 图

1-66　图 1-113 所示正弦交流电路中，已知电流有效值 $I_R = 5A$，$I_C = 8A$，$I_L = 3A$；方框 N 部分的（复）阻抗 $Z = (2+j2)\Omega$；电路消耗的总功率为 200W，则总电压有效值 $U =$（   ）V。

A. 40　　　　　B. $20\sqrt{2}$　　　　　C. 20　　　　　D. 0

1-67　图 1-114 所示正弦交流电路中，若各电压有效值 $U_1 = U_2 = U_S$，则图中电流 $\dot{I}$ 与电源电压 $\dot{U}_S$ 之间的相位关系是（   ）。

A. $\dot{U}_S$ 超前 $\dot{I}$ 30°　　B. $\dot{U}_S$ 超前 $\dot{I}$ 60°　　C. $\dot{I}$ 超前 $\dot{U}_S$ 30°　　D. $\dot{I}$ 超前 $\dot{U}_S$ 60°

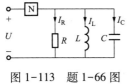

图 1-113　题 1-66 图　　　　　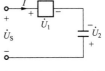

图 1-114　题 1-67 图

1-68　图 1-115 所示正弦交流电路中，已知 $R = 8\Omega$，$\omega L = 12\Omega$，$\dfrac{1}{\omega C} = 6\Omega$，则该电路的功率因数等于（   ）。

A. 0.6　　　　　B. 0.8　　　　　C. 0.75　　　　　D. 0.25

1-69　图 1-116 所示电路中，已知 $R = 10\Omega$，$\omega L = 5\Omega$，$\dfrac{1}{\omega C} = 5\Omega$。若 $I_S = 0.1A$，则 $U_R =$（   ）V。

A. 0.5　　　　　B. $\dfrac{1}{\sqrt{2}}$　　　　　C. 1　　　　　D. 2

1-70（2011）图 1-117 所示电路中的 R、L 串联电路为荧光灯的电路模型。将此电路接于

50Hz 的正弦交流电压源上，测得端电压为 220V，电流为 0.4A，功率为 40W。电路吸收的无功功率 Q 为(　　)。

A. 76.5var　　　　B. 78.4var　　　　C. 82.4var　　　　D. 85.4var

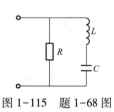

图 1-115　题 1-68 图

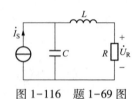

图 1-116　题 1-69 图

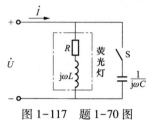

图 1-117　题 1-70 图

1.3　三相电路

1-71(2017)如图 1-118 所示，已经 $Z=38\underline{/-30°}\ \Omega$，线电压 $\dot{U}_{BC}=380\underline{/-90°}$ V，求线电流 $\dot{I}_A=$(　　)。

A. $5.77\underline{/30°}$　　B. $5.77\underline{/90°}$　　C. $17.32\underline{/30°}$　　D. $17.32\underline{/90°}$

1-72(2013)已知图 1-119 所示三相电路中三相电源对称，$Z_1=Z_1\underline{/\varphi_1}$，若 $U_{NN'}=0$，则 $Z_1=Z_2=Z_3$，且(　　)。

A. $\varphi_1=\varphi_2=\varphi_3$

B. $\varphi_1-\varphi_2=\varphi_2-\varphi_3=\varphi_3-\varphi_1=120°$

C. $\varphi_1-\varphi_2=\varphi_2-\varphi_3=\varphi_3-\varphi_1=-120°$

D. N′ 必须被接地

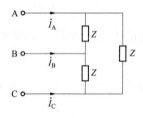

图 1-118　题 1-71 图

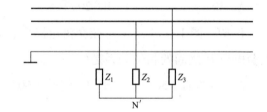

图 1-119　题 1-72 图

1-73(2021)在三相电路中，三相对称负载所必须满足的条件是(　　)。

A. 相同的阻抗模　　B. 相同的能量　　C. 相同的电压　　D. 相同的参数

1-74(2018)电源对称 Y 联结、负载不对称的三相电路如图 1-120 所示，$Z_1=(150+j75)\Omega$，$Z_2=75\Omega$，$Z_3=(45+j45)\Omega$，电源相电压 220V，电源线电流 $\dot{I}_A$ 等于(　　)。

A. $\dot{I}_A=6.8\ \underline{/-85.95°}$ A

B. $\dot{I}_A=5.67\ \underline{/-143.53°}$ A

C. $\dot{I}_A=6.8\ \underline{/85.95°}$ A

D. $\dot{I}_A=5.67\ \underline{/143.53°}$ A

1-75(2020)对称三相电路，三相总功率 $P=\sqrt{3}\,U_lI_l\cos\varphi$，其中 φ 是(　　)。

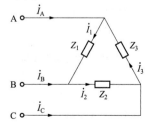

图 1-120　题 1-74 图

A. 线电压与线电流的相位差　　　　B. 相电流与相电压的相位差

C. 线电压与相电流的相位差　　　　D. 相电压与线电流的相位差

1-76　图 1-121 所示电路为三相对称电路，相电压为 200V，$Z_1 = Z_L = (150 - j150)\Omega$，$\dot{I}_A$ 为（　　）。

A. $\sqrt{2}\angle 45°$ A　　　B. $\sqrt{2}\angle -45°$ A　　　C. $\dfrac{\sqrt{2}}{2}\angle 45°$ A　　　D. $-\dfrac{\sqrt{2}}{2}\angle 45°$ A

1-77（2011）图 1-122 所示对称三相电路中，已知线电压 $U_1 = 380$V，负载阻抗 $Z_1 = -j12\Omega$，$Z_2 = (3 + j4)\Omega$。三相负载吸收的全部平均功率 P 为（　　）。

A. 17.424kW　　　B. 13.068kW　　　C. 5.808kW　　　D. 7.424kW

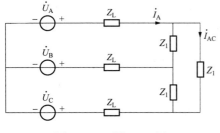 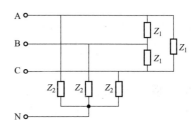

图 1-121　题 1-76 图　　　　　　　　图 1-122　题 1-77 图

1-78　对称三相电路的有功功率 $P = \sqrt{3}\,U_1 I_1 \lambda$，下列对功率因数角 φ 的描述正确的是（　　）。

A. 相电压与相电流的相位差角　　　　B. 线电压与线电流的相位差角

C. 相电压与线电流的相位差角　　　　D. 线电压与相电流的相位差角

1-79　对称星形负载接于三相四线制电源上，如图 1-123 所示。若电源线电压为 380V，当在 D 点断开时，U_1 为（　　）V。

A. 220　　　　　　B. 380

C. 190　　　　　　D. 110

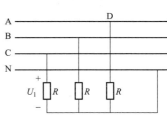

图 1-123　题 1-79 图

1-80　某三相电源的电动势分别为 $e_A = 20\sin(314t + 16°)$（V），$e_B = 20\sin(314t - 104°)$（V），$e_C = 20\sin(314t + 136°)$（V），当 $t = 13$s 时，该三相电动势之和是（　　）V。

A. 20　　　　B. $\dfrac{20}{\sqrt{2}}$　　　C. 0　　　　D. 10

1-81　当三相交流发电机的三个绕组接成星形时，若线电压 $u_{BC} = 380\sqrt{2}\sin\omega t$（V），则相电压 u_C 为（　　）V。

A. $220\sqrt{2}\sin(\omega t + 90°)$　　　　B. $220\sqrt{2}\sin(\omega t - 30°)$

C. $220\sqrt{2}\sin(\omega t - 150°)$　　　　D. $220\sqrt{2}\sin(\omega t + 120°)$

1-82（2022）在三相电路中，中线的作用是（　　）。

A. 强迫负载对称　　　　　　　　B. 强迫负载电流对称

C. 强迫负载电压对称   D. 强迫中线电流为零

1-83 某三相发电机每相绕组电压为 220V，在连接成星形联结时，如果误将两相绕组的末端 X、Y 与另一相的首端 C 连成一点（中点），此时电压 U_{BC} = ( ) V。

  A. 220   B. 380   C. 127   D. 190

1-84 在某对称星形联结的三相负载电路中，已知线电压 $u_{AB} = 380\sqrt{2}\sin\omega t$（V），则 C 相电压有效值相量 $\dot{U}_C$ = ( ) V。

  A. $220\underline{/90°}$ B. $380\underline{/90°}$ C. $220\underline{/-90°}$ D. $380\underline{/-90°}$

1-85 三个 $R = 10\Omega$ 的电阻做三角形联结，已知线电流 $I_1 = 22A$，则该三相负载的有功功率 P = ( ) kW。

  A. 4.84   B. 14.5   C. 8.38   D. 1.61

1-86 图 1-124 所示三相电路，已知三相电源对称，三个线电流有效值均相等 $I_A = I_B = I_C = 10A$，则中线电流有效值 I_N = ( ) A。

  A. 10   B. 0   C. 14.14   D. 7.32

1-87 某三相电路的三个线电流分别为 $i_A = 18\sin(314t + 23°)$（A），$i_B = 18\sin(314t - 97°)$（A），$i_C = 18\sin(314t + 143°)$（A），当 $t = 10s$ 时，这三个电流之和是( ) A。

  A. 18   B. $\dfrac{18}{\sqrt{2}}$ C. 0   D. 54

1-88 图 1-125 所示三相电路由对称三相电压供电，各灯泡额定值均相同。当图中 m、n 点之间断开时，各灯泡亮度( )。

  A. A 相最亮，C 相最暗   B. A 相最暗，C 相最亮

  C. B 相最亮，A 相最暗   D. C 相最亮，A、B 相相同

1-89 图 1-126 所示对称三相星形联结负载电路中，已知电源线电压 $U_1 = 380V$，若图中 m 点处发生断路，则图中电压 U_{AN} = ( ) V。

  A. 0   B. 220   C. 329   D. 380

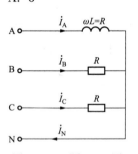 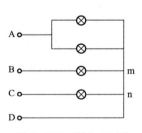 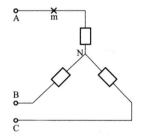

图 1-124　题 1-86 图   图 1-125　题 1-88 图   图 1-126　题 1-89 图

1-90 对称三相电压源为星形联结，每相电压有效值均为 220V，但其中 BY 相接反了，如图 1-127 所示，则电压 U_{AY} 有效值为( ) V。

  A. 220

  C. 127

               B. 380

               D. 0

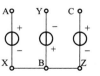

图 1-127　题 1-90 图

1.4 非正弦周期电路

1-91(2017)图 1-128 所示网络中，已知 $i_1 = 3\sqrt{2}\cos(\omega t)$ (A)，$i_2 = 3\sqrt{3}\cos(\omega t + 120°)$ (A)，$i_3 = 4\sqrt{2}\cos(2\omega t + 60°)$ (A)，则电流表读数（读数为有效值）为（　　）。

A. 5A　　　　　　B. 7A　　　　　　C. 13A　　　　　D. 1A

1-92 某周期为 0.02s 的非正弦周期信号，分解成傅里叶级数时，角频率为 300π rad/s 的项被称为（　　）。

A. 三次谐波分量　　B. 六次谐波分量　　C. 基波分量

1-93(2020)图 1-129 所示电路中，$Z_1 = (6 + j8)\Omega$，$Z_2 = -jX_C$，$\dot{U} = 15\underline{/0°}$ V，为使 I 取得最大值，X_C 的取值为（　　）。

A. 6Ω　　　　　B. 8Ω　　　　　C. -8Ω　　　　D. 0Ω

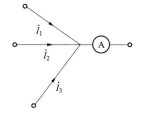

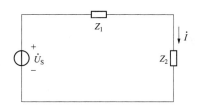

图 1-128　题 1-91 图　　　　　　图 1-129　题 1-93 图

1-94(2021)一个非正弦周期电压为 $u = U_0 + \sqrt{2}U_1\cos(\omega t + \varphi_1) + \sqrt{2}U_2\cos(2\omega t + \varphi_2) + \cdots$ 那么其电压的有效值是（　　）。

A. $U = U_0 + \sqrt{U_1^2 + U_2^2 + \cdots}$

B. $U = \sqrt{U_0^2 + U_1^2 + U_2^2 + \cdots}$

C. $U = \sqrt{0.5U_0^2 + U_1^2 + U_2^2 + \cdots}$

D. $U = U_0 + U_1 + U_2 + \cdots$

1-95 某 R、L、C 串联的线性电路激励信号为非正弦周期信号，若该电路对信号的三次谐波谐振，电路的 5 次谐波感抗 X_{5L} 与 5 次谐波容抗 X_{5C} 的关系是（　　）。

A. $X_{5L} > X_{5C}$　　B. $X_{5L} = X_{5C}$　　C. $X_{5L} < X_{5C}$　　D. $X_{5L} + X_{5C} = 0$

1-96 图 1-130 中所示非正弦周期电流的频率是（　　）kHz。

A. 0.05

B. 0.1

C. 10

D. 0.5

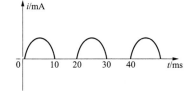

图 1-130　题 1-96 图

1-97 某非正弦周期电流电路的电压为 $u = [120 + 100\sqrt{2}\sin\omega t + 30\sqrt{2}\sin(3\omega t + 30°)]$ (V)，电流 $i = [13.9 + 10\sqrt{2}\sin(\omega t + 30°) + 1.73\sqrt{2}\sin(3\omega t - 30°)]$ (A)，则其三次谐波的功率 P_3 是（　　）W。

A. 25.95　　　　B. 45　　　　　　C. 51.9　　　　　D. 3.46

1-98 图 1-131 所示电路中，电流 $i_1 = (3 + 5\sin\omega t)$ (A)，$i_2 = (3\sin\omega t - 2\sin3\omega t)$ (A)，则 1Ω 电阻两端电压 u_R 的有效值为（　　）V。

A. $\sqrt{13}$　　　　　　　B. $\sqrt{30}$

C. $\sqrt{5}$ D. $\sqrt{10}$

1-99 在( )情况下用 $I = \left(\dfrac{1}{T} \int_0^T i^2 \mathrm{d}t \right)^{\frac{1}{2}}$ 计算电流有

效值。

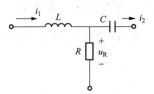

A. 适用于任何电流   B. 适用于任何周期性电流

C. 仅适用于正弦电流   D. 适用于非周期电流

图 1-131 题 1-98 图

1-100 应用叠加原理分析非正弦周期电流电路的方法适

用于( )。

A. 线性电路   B. 非线性电路

C. 线性和非线性电路均适用   D. 任何电路

1-101 若图 1-132 所示电路中，电压 u 含有基波和三次谐波，基波角频率为 $10^4\,\mathrm{rad/s}$。
若要求 u_1 中不含基波分量而将 u 中的三次谐波分量全部取出，则 C_1 应为( )$\mu\mathrm{F}$。

A. 2.5   B. 1.25   C. 5   D. 10

1-102 (2024) 图 1-133 所示的电路中，已知 $u(t) = 10 + 14.14\cos(1000t)$ (V)，电流 $i(t)$
的有效值为( )。

A. 10A   B. 14.14A   C. 20A   D. 28.28A

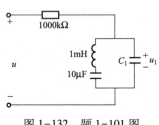 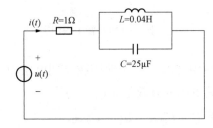

图 1-132 题 1-101 图   图 1-133 题 1-102 图

1-103 (2023) 一端口网络端电压 $u = 200\sin 100t\,\mathrm{V}$，端电流 $i = 2.5\sin(100t - 60°) +$
$3.6\sin(300t - 120°)$ (A)，则该网络吸收的平均功率为( )。

A. 72.5W   B. 125W   C. 500W   D. 1220W

1-104 某周期为 T 的非正弦周期信号分解为傅里叶级数时，其三次谐波的角频率为
$300\pi\,\mathrm{rad/s}$，则该信号的周期 T 为( )s。

A. 50   B. 0.06   C. 0.02   D. 3

1-105 已知电流 $i = \left[10\sqrt{2}\sin\omega t + 3\sqrt{2}\sin(3\omega t + 30°) \right]$ (A)，当它通过 5Ω 线性电阻时消
耗的功率 $P = ($)W。

A. 845   B. 325   C. 545   D. 255

1.5 简单动态电路的时域分析

1-106 (2021) 电路如图 1-134 所示，$t=0\mathrm{s}$ 时开关 S 闭合，则换路后的 $u_C(t)$ 等于( )V。

A. $\dfrac{2}{3}\mathrm{e}^{-0.5t}$ B. $\dfrac{2}{3}(1 - \mathrm{e}^{-0.5t})$

C. $\dfrac{2}{3}+\dfrac{4}{3}e^{-0.5t}$ 　　　　　　　　　　　D. $\dfrac{2}{3}+\dfrac{4}{3}e^{-t}$

1-107（2021）电路如图 1-135 所示，已处于稳态，$t=0s$ 时开关打开，U_S 为直流稳压源，则电流的初始储能（　　　）。

A. 在 C 中　　　B. 在 L 中　　　C. 在 C 和 L 中　　　D. 在 R 和 C 中

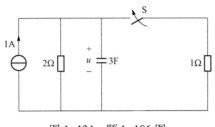　　　　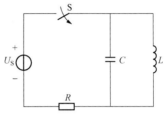

图 1-134　题 1-106 图　　　　　　　　　图 1-135　题 1-107 图

1-108（2013）图 1-136 所示电路原已稳定，$t=0s$ 时闭合开关 S 后，电流 $i(t)$ 应为（　　　）。

A. $4-3e^{-10t}$A　　　B. 0A　　　C. $4+3e^{-t}$A　　　D. $4-3e^{-t}$A

1-109（2013）图 1-137 所示电路中 $u_C(0_-)=0$，在 $t=0s$ 时闭合开关 S 后，$t=0s$ 时 $i_C(0_+)$ 应为（　　　）。

A. 3A　　　B. 6A　　　C. 2A　　　D. 18A

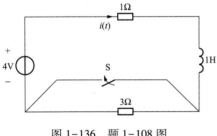　　　　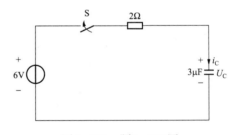

图 1-136　题 1-108 图　　　　　　　　　图 1-137　题 1-109 图

1-110（2017）图 1-138 所示电路 $U=(5-9e^{-t/z})$（V），$z>0$，则 $t=0s$ 和 $t=\infty$ s 时，电压 U 的真实方向为（　　　）。

A. $t=0s$ 时，$U=4V$，电位 a 高，b 低；$t=\infty$ s 时，$U=5V$，电位 a 高，b 低

B. $t=0s$ 时，$U=-4V$，电位 a 高，b 低；$t=\infty$ s 时，$U=5V$，电位 a 高，b 低

C. $t=0s$ 时，$U=4V$，电位 a 低，b 高；$t=\infty$ s 时，$U=5V$，电位 a 高，b 低

D. $t=0s$ 时，$U=-4V$，电位 a 低，b 高；$t=\infty$ s 时，$U=5V$，电位 a 高，b 低

a ○——□——○ b　　图 1-138　题 1-110 图

1-111（2017）暂态电路 3 要素不包含（　　　）。

A. 待求量的原始值　　　B. 待求量的初始值　　　C. 时间常数　　　D. 任一特征值

1-112　图 1-139 所示电路中，开关 S 闭合前电路已处于稳态，在 $t=0s$ 时开关 S 闭合，开关闭合后的 $u_C(t)$ 为（　　　）A。

A. $16-6e^{\frac{t}{2.4}\times 10^2}$　　　B. $16-6e^{-\frac{t}{2.4}\times 10^2}$　　　C. $16+6e^{\frac{t}{2.4}\times 10^2}$　　　D. $16+6e^{-\frac{t}{2.4}\times 10^2}$

1-113 已知图 1-140 所示二阶动态电路的过渡过程是欠阻尼，则电容 C 应小于(　　)。

A. 0.012F   B. 0.024F   C. 0.036F   D. 0.048F

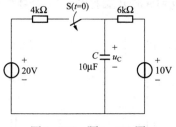
图 1-139　题 1-112 图

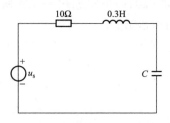
图 1-140　题 1-113 图

1-114 R、L、C 串联电路中，在电感 L 上再并联一个电阻 R_1，则电路的谐振频率将(　　)。

A. 升高   B. 不能确定   C. 不变   D. 降低

1-115(2017)若一阶电路的时间常数为 3s，则零输入响应换路后经过 3s 衰减为初始值的(　　)。

A. 50%   B. 75%   C. 13.5%   D. 36.8%

1-116(2024)图 1-141 所示电路中时，电路处于稳态。在 $t=0$ 时，开关 S 打开，则 $t=0_+$ 时，电容电压 $u_c(0_+)$ 为(　　)。

A. 26V   B. 6.47V   C. 9V   D. 15V

1-117 在图 1-142 所示电路中，开关 S 在 $t=0$ 瞬间闭合，若 $u_C(0_-)=5V$，则 $u_L(0_+)$ 等于(　　)V。

A. 0   B. −5   C. 5   D. 10

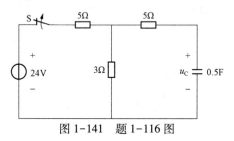
图 1-141　题 1-116 图

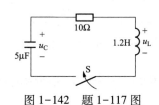
图 1-142　题 1-117 图

1-118(2011)图 1-143 所示电路，换路前已处于稳定状态，在 $t=0$s 时开关 S 打开。开关 S 打开后的电流 $i(t)$ 为(　　)。

A. $3-e^{20t}$A   B. $3-e^{-20t}$A   C. $3+e^{-20t}$A   D. $3+e^{20t}$A

1-119(2023)在如图 1-144 所示的电路中，开关 S 闭合前电路已处于稳态。在 $t=0$ 时开关闭合，则电容电压 $u_C(t)$ 为(　　)。

A. $25+75e^{-2t}$ B. $25-75e^{-2t}$ C. $75+25e^{-20t}$ D. $75-25e^{-20t}$

1-120(2021)电路如图 1-145 所示，已知 $i_L(0_-)=2A$，在 $t=0$s 时合上开关 S，则电感两端的电压 $u_L(t)$ 为(　　)。

A. $-16e^{-2t}$V   B. $16e^{-2t}$V   C. $-16e^{-t}$V   D. $16e^{-t}$V

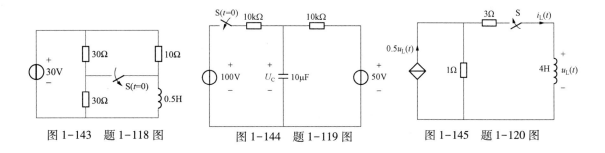

图 1-143 题 1-118 图   图 1-144 题 1-119 图   图 1-145 题 1-120 图

1.6~1.9 电磁场理论(或电磁场部分)

1-121(2024)平面坐标原点处有一电量为+3μC的点电荷,坐标单位为 m,则在坐标点 (3,4)处的电场强度大小为( )。

A. 1078.8N/C   B. 8990N/C   C. 1685.6N/C   D. 1480N/C

1-122(2021)图 1-146 所示是一个简单的电磁铁,能使磁场变得更强的方式是( )。

A. 将导线在钉子上绕更多圈

B. 用一个更小的电源

C. 将接线正负极对调

D. 去掉所有的导线和钉子

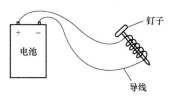

图 1-146 题 1-122 图

1-123(2019)无限大真空中一半径为 $a(a\ll3\mathrm{m})$ 的球,内部均匀分布有体电荷,电荷总量为 q,在距离其 3m 处会产生一个电场强度为 E 的电场,若此球体电荷总量减小一半,同样距离下产生的电场强度应为( )。

A. $E/2$ B. $2E$ C. $E/1.414$ D. $1414E$

1-124(2021)导电媒质中的功率损耗反映的电路定律是( )。

A. 电荷守恒定律   B. 焦耳定律

C. 基尔霍夫电压定律   D. 欧姆定律

1-125(2024)一个半径为 0.4m 的导体球当作接地电极深埋地下,设土壤的电导率为 0.6S/m,忽略地面影响,电极与地之间的电阻为( )。

A. 0.3316   B. 0.3421   C. 0.2344   D. 0.2145

1-126(2020)一般衡量电磁波用的物理量是( )。

A. 幅值   B. 频率

C. 率   D. 能量

1-127(2024)图中沿着两个电荷之间的连线上电压为零的位置为( )。

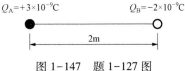

图 1-147 题 1-127 图

A. Q_B 左边 1.2m   B. Q_B 右边 1.2m

B. Q_A 右边 1.2m   D. 没有电压为零的位置

1-128(2020)下面关于电流密度的描述正确的是( )。

A. 电流密度的大小为单位时间通过任意截面积的电荷量

B. 电流密度的大小为单位时间垂直穿过单位面积的电荷量,方向为负电荷运动的方向

C. 电流密度的大小为单位时间穿过单位面积的电荷量，方向为正电荷运动的方向

D. 电流密度的大小为单位时间垂直穿过单位面积的电荷量，方向为正电荷运动的方向

1-129（2022）在方向朝西的磁场中有一条电流方向朝北的带电导线，导线将受到（　　）。

A. 向下的力　　　　B. 向上的力　　　　C. 向西的力　　　　D. 向东的力

1-130（2024）制作一个容值为 1F 的平板电容器，平板之间的距离为 1mm，则平板的面积应为（　　）。

A. $1.1 \times 10^5 m^2$　　B. $1.1 \times 10^8 m^2$　　C. $2.2 \times 10^5 m^2$　　D. $2.2 \times 10^8 m^2$

1-131　如图 1-149 所示，真空中有一无限大带电平板，其上电荷密度为 σ，在与其相距 x 的 A 点处电场强度为（　　）。

A. $\dfrac{\sigma}{2\varepsilon_0} e_x$　　　B. $\dfrac{\sigma}{\varepsilon_0}$　　　C. $\dfrac{\sigma}{\varepsilon_0 x^2}$　　　D. $\dfrac{\sigma}{\varepsilon_0} e_x$

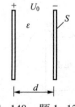

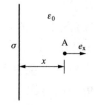

图 1-148　题 1-130 图　　　　　　　　　　图 1-149　题 1-131 图

1-132（2023）真空中一个 $+4\mu C$ 的点电荷距离测试点 2m，测试点处的电场强度 E 为（　　）。

A. 9000N/C　　　B. 2000N/C　　　C. 4000N/C　　　D. 400N/C

1-133（2022）在恒定电场中电流密度的闭合面积分等于（　　）。

A. 电荷之和　　　　B. 电流之和

C. 非零常数　　　　D. 零

1-134（2021）图 1-150 所示 x-y 平面上有一个正方形线圈，其边长为 L，线圈中流过大小为 I 的电流，线圈能够沿中间虚线旋转。如果给一个磁场强度为 B 的恒定磁场，从而在线圈上产生一个转矩 τ，则这个转矩的最大值应为（　　）。

A. $\tau = IL^2 B$　　　B. $\tau = 2IL^2 B$

C. $\tau = 4ILB$　　　D. $\tau = 4IL^2 B$

固定轴

图 1-150　题 1-134 图

1-135（2022）20mm 微波，$f=$（　　）。

A. 100MHz　　　B. 150GHz　　　C. 400MHz　　　D. 73GHz

1-136（2023）对电位描述正确的是（　　）。

A. 电容器中有存储的电荷量

B. 电路中电流的变化率

C. 单位面积表面上的电荷量

D. 电场中某一处单位电荷所具有的电势能量

1-137（2021）不会在闭合回路中产生感应电动势的情况是(　　)。

A. 通过导体回路的磁通量发生变化

B. 导体回路的面积发生变化

C. 通过导体回路的磁通量恒定

D. 穿过导体回路磁感应强度变化

1-138（2021）在静电场中，电场强度小的地方，其电位会(　　)。

A. 更高　　　　　　　　　　　　B. 更低

C. 接近于零　　　　　　　　　　D. 高低不定

1-139（2024）磁铁的北极指向地理上的北极，则地理上的北极为地球磁场的(　　)。

A. 南极　　　　　B. 北极　　　　　C. 电极　　　　　D. 以上都不是

1-140 如图 1-151 所示，平行板电容器中填充介质的电导率 $\gamma = 1 \times 10^{-7} \text{S/m}$，极板面积 $S = 0.6 \text{m}^2$，极板间距离 $d = 3 \text{cm}$，则该电容器的漏电阻为(　　)。

A. $0.5 \text{M}\Omega$　　　B. $1.0 \text{k}\Omega$　　　C. $1.0 \text{M}\Omega$　　　D. $0.5 \text{k}\Omega$

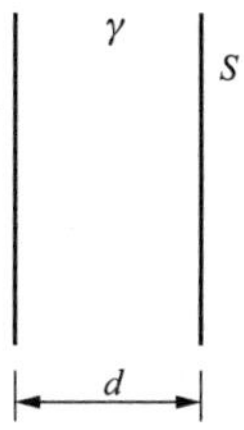

1-141（2023）一根电阻为 R 的导线，横截面积为 A，长度为 L。导线两端施加电压 U，通过导线的电流为 I，则电导的计算公式是(　　)。

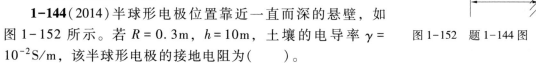

A. $G = \dfrac{R}{LA}$　　　　　　　　　B. $G = \dfrac{LA}{R}$

C. $G = \dfrac{I}{U}$　　　　　　　　　D. $G = \dfrac{U}{I}$

图 1-151　题 1-140 图

1-142（2020）单位体积内的磁场能量称为磁场能量密度，其公式为(　　)。

A. $\omega_m = \dfrac{H^2}{2\mu}$　　　　B. $\omega_m = \dfrac{B^2}{2\mu}$　　　　C. $\omega_m = \mu H^2$　　　　D. $\omega_m = \mu B^2$

1-143（2022）关于库仑定律中的电荷作用力（　　）。

A. 正比于电荷量的乘积

B. 正比于电荷量二次方

C. 反比于电荷量二次方

D. 正比于距离二次方

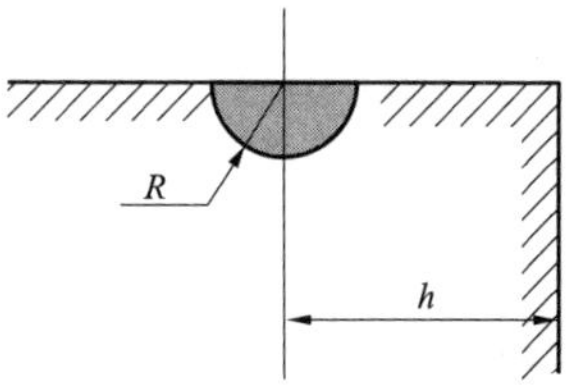

1-144（2014）半球形电极位置靠近一直而深的悬壁，如图 1-152 所示。若 $R = 0.3 \text{m}$，$h = 10 \text{m}$，土壤的电导率 $\gamma = 10^{-2} \text{S/m}$，该半球形电极的接地电阻为(　　)。

图 1-152　题 1-144 图

A. 53.84Ω　　　　　　　　　　B. 53.12Ω

C. 53.98Ω　　　　　　　　　　D. 53.05Ω

1-145（2018）两半径为 a 和 b 的同心导体球面电位差为 V_0，则两极间的电容为(　　)。

A. $4\pi\varepsilon \dfrac{ab}{b-a}$　　　　　　　　　B. $4\pi\varepsilon \dfrac{ab}{b+a}$

C. $4\pi\varepsilon \dfrac{a}{b}$　　　　　　　　　　D. $4\pi\varepsilon \dfrac{ab}{(b-a)^2}$

1-146（2018）半径为 a 的长直导线通有电流 I，周围是磁导率为 μ 的均匀媒质，$r > a$ 的媒质磁感应强度大小为（　　）。

A. $B = \dfrac{I}{2\pi r}$ 　　　　　　　　　　B. $B = \dfrac{\mu I}{2\pi r}$

C. $B = \dfrac{\mu I}{2\pi r^2}$ 　　　　　　　　　D. $B = \dfrac{\mu I}{\pi r}$

1-147（2022）真空中，半径为 10mm 长直导线通有 $I = 10$A 电流，则距离 3m 处磁感应强度为（　　）。

A. 1×10^{-8}T 　　　　　　　　　　B. 1×10^{-6}T

C. 0.67×10^{-7}T 　　　　　　　　D. 0.67×10^{-6}T

1-148（2018）各向同性线性媒质的磁导率为 μ，其中存在的磁场磁感应强度 $B = \dfrac{\mu Il\sin\theta}{4\pi r^2}e_{\mathrm{a}}$，该媒质内的磁化强度为（　　）。

A. $\dfrac{Il\sin\theta}{4\pi r^2}e_{\mathrm{a}}$ 　　　　　　　　　　B. $\dfrac{\mu Il\sin\theta}{4\pi r^2}e_{\mathrm{a}}$

C. $\dfrac{(\mu + \mu_0)Il\sin\theta}{4\pi\mu_0 r^2}e_{\mathrm{a}}$ 　　　　　　D. $\dfrac{(\mu - \mu_0)Il\sin\theta}{4\pi\mu_0 r^2}e_{\mathrm{a}}$

1-149（2023）下面对磁化过程的准确描述是（　　）。

A. 通过施加外部磁场使物体产生磁性

B. 物体自身具有的固有磁性

C. 通过电流流过线圈产生磁场

D. 通过摩擦或碰撞生成磁性

1-150（2018）无损耗传输线的原参数为 $L_0 = 1.3 \times 10^{-3}$ H/km，$C_0 = 8.6 \times 10^{-9}$ F/km，欲使该路线工作在匹配状态，则终端应接多大的负载（　　）。

A. 289　　　　　B. 389　　　　　C. 489　　　　　D. 589

1-151（2023）自感为 L 的直导线通有电流 I，则其磁场能量为（　　）。

A. $\dfrac{1}{2}I^2 L$ 　　　B. $\dfrac{1}{2}IL^2$ 　　　C. $\dfrac{I^2}{2L}$ 　　　D. $\dfrac{I}{2L^2}$

1-152（2024）三个电流强度不同的电流 I_1、I_2 和 I_3 均穿过闭合环路 L 所包围的面，当三个电流中的任意两个在环路内的位置互换，环路不变，则安培环路定律的表达式中（　　）。

A. B 变化，$\sum I_i$ 不变 　　　　　　B. B 变化，$\sum I_i$ 变化

C. B 不变，$\sum I_i$ 变化 　　　　　　D. B 不变，$\sum I_i$ 不变

电路与电磁场复习题答案及提示

1.1　电路的基本概念和基本定律

1-1 C　提示：依据 $P = UI$，电流源的电流为 2A，$U = 6$V，再依据 KVL 求出电流源的电压，由于电流电压方向相反，电流源发出功率，故答案应选 C。

1-2 C 提示：对于 2Ω 电阻，由欧姆定律，得 $2\times3I=12$，则 $I=2$A。因此，5Ω 电阻中的电流为 $-2I$，即 -4A，那么，$U=5\times(-4)=-20$V。由 KVL，$-U_s+15\times2-20=0$，则 $U_s=10$V。

1-3 B 提示：5Ω 和 2Ω 分别流过的电流是 10V$/5\Omega=2$A 和 10V$/2\Omega=5$A，由此可知 $I_1=2$A$+5$A-10A$=-3$A。

1-4 A 提示：根据电路图列节点电压方程，$\left(\dfrac{1}{R_1}+\dfrac{1}{R_2}+\dfrac{1}{R_3}\right)U_{n1}-\dfrac{1}{R_3}U_{n2}=\dfrac{12}{12}+2$，$\left(\dfrac{1}{R_3}+\dfrac{1}{R_4}\right)U_{n2}-\dfrac{1}{R_3}U_{n1}=8-2$。解方程即可求出节点①电压$=15$V。

1-5 B 提示：由电路图，可知流过电路的电流大小为 1A，方向与 3V 电压源非关联，所以该电压源发出功率，大小为 3W，故答案应选 B。

1-6 D 提示：根据戴维南定理，化简 R 两端的等效电阻，$R_{eq}=2\Omega+(6/\!/12)\Omega=6\Omega$。当 R 的取值与 R_{eq} 相等时获得最大功率。

1-7 C 提示：由戴维南定理，$R_{max}=15\Omega+10\Omega=25\Omega$。由 KVL，$-U_{oc}-18+3\times10+6=0$，则 $U_{oc}=18$V。因此，最大功率为 $U_{oc}^2/4R_{max}=3.24$W。

1-8 A 提示：在左侧回路中，$I=20/(5+5)$ A$=2$A。由 KVL，$-20+5\times2+16+U_{ab}=0$，则 $U_{ab}=-6$V。

1-9 B 提示：直流电源作用下，电感线圈部分的电阻阻值 $R=\dfrac{U}{I}=\dfrac{10}{1}\Omega=10\Omega$，此时电感线圈部分等效为电阻 R 的模型。当改为交流电源时，电感线圈部分等效为 $R+\mathrm{j}\omega L$，其中，$R=10\Omega$。

1-10 B 提示：将上半部分△联结的 3 个 6Ω 电阻转换为丫联结，$R_{12}=6/3\Omega+10\Omega/\!/10\Omega=2\Omega+5\Omega=7\Omega$。

1-11 B 提示：$U_2=U_1-IR_0\times2=220.46$V。

1-12 D 提示：根据电源等效变换原则以及并联分流的原理，可求得流过该电阻的电流，故答案应选 D。

1-13 D 提示：此题相当于求除 R 以外的输入电阻，易求得输入电阻为 5.5Ω，当 R 等于输入电阻时，可获得最大功率，故答案应选 D。

1-14 C 提示：根据回路电流法，可知流过 10Ω 电阻的电流为 0.9A，故答案应选 C。

1-15 B 提示：当电压源单独作用时，电流源断路，电压源为 1Ω 电阻供电，消耗功率为 4W，3Ω 电阻功率为零。当电流源单独作用时，电流源为 3Ω 电阻供电，消耗功率为 3W。故答案应选 B。

1-16 B 提示：从图中由上向下看，3 个 1Ω 的电阻呈星形联结，可等效为阻值为 3Ω 的电阻三角形联结，再进行等效电阻计算。

1-17 B 提示：在交流电路中，应用相量形式表达。又选项 A、D 明显错误，故答案应选 B。

1-18 C 提示：根据最右侧支路各元件的电压、电流，可确定上下两节点间电压为 10V。进而，5Ω 电阻的电流为 2A。根据 KCL 可确定 I_S 为 3A。根据 KVL 可确定电压 U 为 -16V。

1-19 B 提示：若想求其开路电压，只需要求出 5Ω 电阻上的电压即可，由题意可知其上电压为 15V，故答案应选 B。

1-20 A 提示：电路中含有 5 个节点，能列 4 个 KCL 方程，剩下 1 个列 KVL 方程。题中只问用 KVL 能列几个方程，所以答案应选 A。

1-21 B 提示：电路中 N 为纯电阻电路，依据比例计算可知答案应选 B。

1-22 B 提示：设电阻为 R_1，由电路知识得 $U_{oc} = 1.5(10+R_1)$，$U_{oc} = 2R_1$，解得 $R_1 = 30\Omega$，$U_{oc} = 60V$。

1-23 B 提示：根据 KCL 定律可得，20Ω 电阻中的电流为 $\left(3u-2+\dfrac{u}{10}\right)$ A，方向自下而上。再针对最外圈回路，列写 KVL 方程为 $\left(3u-2+\dfrac{u}{10}\right)\times20+u+103=0$，可得 $u=-1V$。

1-24 B 提示：由 KCL 可得，3Ω 电阻的电流为 $3I$，则由 KVL，ab 间电压为 $2I$，那么 $R_{eq} = 2I/I = 2\Omega$。

1-25 C 提示：对电路列 KVL 方程，可得 $U=3I$，则输入电阻 $R=U/I=3\Omega$。

1-26 A 提示：利用叠加原理，2A 电流源单独作用时，3 个电阻并联，所求支路电流为 4/3A；4V 电压源单独作用时，所求支路电流为 -1/3A。因此，总电流为 1A。

1-27 B 提示：$I_{SB} = (4-5\times5)$ A = -21A。

1-28 B 提示：与 1A 电流源与 1V 电压源串联的电路等效为 1A 电流源，该 1A 电流源与 3A 电流源合并为 4A 电流源，与 2V 电压源串联，等效为 4A 电流源。

1-29 B 提示：磁场对通电导体产生的力为安培力，其方向由左手定则判断。

1-30 B 提示：根据公式 $i=C\dfrac{\mathrm{d}u}{\mathrm{d}t}$ 求出线路电流，然后求出电阻上的电压，根据 KVL 列出电压方程，进而求出 $u_L(t)$。

1.2 正弦交流电路

1-31 A 提示：根据总电压不变，可得 $I\times\sqrt{R^2+(X_L-X_C)^2} = I\times\sqrt{R^2+X_C^2}$。由于总电流 I 的有效值不变，因此 $X_L-X_C=X_C$，于是 $X_L=2X_C=50\Omega$。

1-32 B 提示：正弦电流电路中，电容的容抗为 $\dfrac{1}{\mathrm{j}\omega C}$ 或 $-\mathrm{j}\dfrac{1}{\omega C}$，根据欧姆定律，显然可得答案应选 B。

1-33 A 提示：把参考方向选成相反方向时，可得

$$i=-32\sin\left(314t+\frac{2}{3}\pi\right)=32\sin\left(314t-\frac{\pi}{3}\right)$$

1-34 C 提示：因为电流 i 与电压 u 参考方向为关联参考方向，则有 $u=L\dfrac{\mathrm{d}i}{\mathrm{d}t}$，$u=0.07\times314\times10\sqrt{2}\cos(314t)$ (V)，其中 $T=\dfrac{2\pi}{\omega}=\dfrac{2\pi\ \mathrm{rad}}{100\pi\ \mathrm{rad/s}}=\dfrac{1}{50}$s，代入得

$$u=0.07\times314\times10\sqrt{2}\cos\left(314\times\frac{1}{50}\times\frac{1}{6}\right) \text{V} = 155.4\text{V}$$

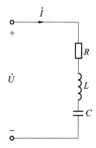

图 1-153　解题 1-36 图

1-35 A 提示：由题意可知，$\omega = 2\pi f = 314\text{rad/s}$，$\dot{I} = \dfrac{115\angle 0°}{4+\text{j}314\times 25.5\times 10^{-3}}\text{A} = \dfrac{115\angle 0°}{4+\text{j}8}\text{A}$，

所以 $I = \dfrac{115}{\sqrt{4^2+8^2}}\text{A} = 12.85\text{A}$。

1-36 B 提示：如图 1-153 所示，由题意得 $Z = R + \text{j}X = R + \text{j}(X_L - X_C)$。因为 u 超前 i，则 $X_L - X_C > 0$，$\omega L - \dfrac{1}{\omega C} > 0$，所以 $\omega L > \dfrac{1}{\omega C}$，$\omega^2 LC > 1$。

1-37 D 提示：$Q = P\tan\varphi$，所以 $\tan\varphi = \dfrac{Q}{P} = \dfrac{5.5}{7.5}$，则

$$\cos\varphi = \dfrac{7.5}{\sqrt{5.5^2+7.5^2}} = 0.806$$

1-38 B 提示：$\dot{U} = \dot{I}_2 Z_2 + Z_1\left(\dot{I}_2 + \dfrac{\dot{I}_2 Z_2}{R_1}\right)$

$$= \dot{I}_2\left(500 + \dfrac{4\times 10^4 - 5\times 10^5}{R_1} + \text{j}1500 + \text{j}\dfrac{3\times 10^5}{R_1}\right)$$

其实部为 0，即 $500 + \dfrac{4\times 10^4 - 5\times 10^5}{R_1} = 0$，解得 $R_1 = 920\Omega$。

故答案应选 B。

1-39 B 提示：在电路中若频率为 $f = \dfrac{1}{2\pi\sqrt{LC}}$ 时，产生谐振，计算可得频率为 500rad/s，故答案应选 B。

1-40 A 提示：画出相量图计算，$A = \sqrt{6^2 + (18-10)^2}\,\text{A} = 10\text{A}$。

1-41 D 提示：电感储存的磁场能量的公式为 $\dfrac{1}{2}Li^2$。

1-42 A 提示：根据基尔霍夫电压定律 $\dot{U}_S = \dot{I}Z + \dot{I}_1 Z_1$，得 $10(1+\beta) = -400$，得 $\beta = -41$。

1-43 C 提示：将 Z_L 两端断开，求电路的等效阻抗为 $8-\text{j}26$，负载与等效阻抗共轭时可获得最大功率。

1-44 B 提示：分别求出各个频率下的功率值，然后相加可得平均功率 $P = 128.12\text{W}$。

1-45 B 提示：由于角频率不同，在各个频率下求出电流值，最后相加。

1-46 A 提示：如图 1-154 所示，由题意知 $\cos\varphi = 0.85$，$U = 1000\text{V}$，且 $P = UI\cos\varphi = 85\times 10^3\text{W}$，解得 $I = 100\text{A}$。又 $P = I^2 R$，所以 $R = \dfrac{P}{I^2} = 8.5\Omega$，所以 $x = R\tan\varphi = 3.57$，则 $\dot{U} = \dot{I}(0.5+\text{j}1.2+8.5+\text{j}3.75) = \dot{I}(9+\text{j}4.77)$，所以 $U = I\sqrt{81+4.77^2} = 1108\text{V}$，故答案应选 A。

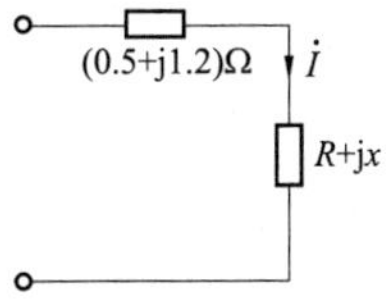

图 1-154　解题 1-46 图

1-47 B 提示：当电容 $C = 8\mu\text{F}$ 时，电路吸收的平均功率最大值达到 100W，此时电

路发生 LC 串联谐振，$U_R = 10V$，其功率 $P_R = 100W$，则电阻 $R = 1\Omega$。同时有 $\omega L = \dfrac{1}{\omega C}$，可得 $L = 0.01H$。

1-48 C 提示：由于 $R < 2\sqrt{\dfrac{L}{C}} = 4k\Omega$，所以电路发生振荡。振荡角频率为

$$\omega = \sqrt{\left(\dfrac{R}{2L}\right)^2 - \dfrac{1}{LC}} = 331\text{rad/s}$$

1-49 C 提示：电压表读数为电阻电压有效值，由于电流不变，电阻不变，因此电阻电压不变。

1-50 D 提示：设 $\dot{U}_a$ 为顺串线圈两端电压，电阻电压 U_{R_a}，$\dot{U}_b$ 为逆串线圈两端电压，电阻电压 U_{R_b}。

顺串时，$\dot{U}_a = j\omega(l_1 + l_2 + 2M)\dot{I}_a$；

逆串时，$\dot{U}_b = j\omega(l_1 + l_2 - 2M)\dot{I}_b$。

则 $\dfrac{\dot{U}_a}{\dot{I}_a \cdot j\omega} = l_1 + l_2 + 2M$ ①

$\dfrac{\dot{U}_b}{\dot{I}_b j\omega} = l_1 + l_2 - 2M$ ②

式① − 式②，得 $4M = \dfrac{U_a}{2.5\omega} - \dfrac{U_b}{5\omega}$ ③

又因为 $R = \dfrac{P}{I^2} = \dfrac{62.5}{2.5^2}\Omega = 10\Omega$，所以 $I_b = \sqrt{\dfrac{P}{R}} = \sqrt{\dfrac{250}{10}}\text{A} = 5\text{A}$，且 $U_{R_a} = I_a R = 2.5\text{A} \times 10\Omega = 25V$，$U_{R_b} = I_b R = 5\text{A} \times 10\Omega = 50V$，所以 $U_a = \sqrt{U^2 - U_{R_a}^2} = \sqrt{220^2 - 25^2}\text{ V}$，$U_b = \sqrt{U^2 - U_{R_b}^2} = \sqrt{220^2 - 50^2}\text{ V}$，$\omega = 2\pi f = 314\text{rad/s}$。代入③式，得 $M = 35.48\text{mH}$，故答案应选 D。

1-51 B 提示：如图 1-155 所示，设 $\dot{U}_z = 380 \underline{/0°}\text{ V}$，则 $\dot{I} = \dfrac{\dot{U}}{Z} =$

图 1-155 解题 1-51 图

$\dfrac{380\underline{/0°}}{j\dfrac{100}{3}}\text{A} = 144 \underline{/-90°}\text{ A}$，所以 $\dot{U}_L = (1 + j2)\dot{I} + 380\underline{/0°} = (402.8 - j11.4)V$，$U_L = \sqrt{402.8^2 + 11.4^2}\text{ V} = 404V$，故答案应选 B。

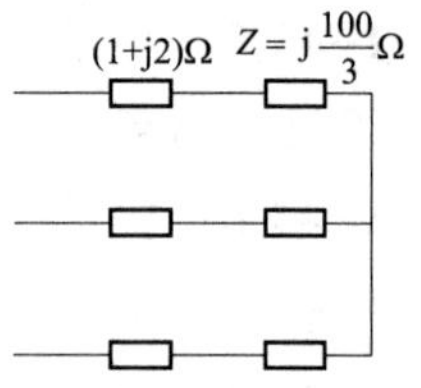

1-52 B 提示：根据平均功率的定义可得 $P = U_1 I_1 \cos\varphi = \dfrac{311}{\sqrt{2}}V \times 0.8A \times \cos 85° = 10.84W$，故答案应选 B。

1-53 A 提示：稳定后，$\dot{I} = \dfrac{\dot{U}}{R - j\dfrac{1}{\omega C}} = \dfrac{220\underline{/0°}}{20 - j7.96}\text{A} = 10.22 \underline{/21.7°}\text{ A}$，所以

$$i(t) = 10.22\sqrt{2} \times \sin(314t + 21.7°)(A),\ i(0_+) = 10.22\sqrt{2}\sin 21.7°A = 5.35A$$

$$i = f(t) + [f(0_+) - f'(0_+)]e^{-\frac{t}{\tau}} = 10.22\sqrt{2}\sin(314t + 21.7°) - 5.35e^{-125t}(A)$$

故答案应选 A。

1-54 D 提示：频率不同无法比较相位。

1-55 C 提示：二阶电路微分方程的特征方程为 $p^2 + 8p + 12 = 0$，$\Delta = 64 - 4 \times 1 \times 12 = 16 > 0$，因此电路为非振荡放电。

1-56 C 提示：电路中只有电阻消耗有功功率，根据题目信息，只需要计算电阻的电流大小即可。

对于 RL 支路：$\dot{I}_{RL} = \dfrac{10\angle 0°}{3 + j4}A$，所以 $I_{RL} = \dfrac{10}{\sqrt{3^2 + 4^2}}A = 2A$，电阻所消耗的功率为 $2^2 \times 3W = 12W$。

对于 RC 支路：$\dot{I}_{RC} = \dfrac{10\angle 0°}{3 - j4}A$，所以 $I_{RC} = \dfrac{10}{\sqrt{3^2 + 4^2}}A = 2A$，电阻所消耗的功率为 $2^2 \times 3W = 12W$。

因此，电阻所消耗的总功率，即电压源发出的有功功率为 $12W + 12W = 24W$。

1-57 A 提示：如图 1-156 所示，串联谐振时 $U_L = U_C$。

1-58 B 提示：电容与电阻串联，依据相位电路图可知电阻电压与电容电压相差 90°，故答案应选 B。

1-59 C 提示：首先求出流经该电路的电压和电流有效值，依据 $S = UI$ 得 C。

1-60 C 提示：根据 $P_R = I^2 R$，可得 $I = 2A$；又根据 $P_R = UI\cos\varphi$，可得功率因数 $\cos\varphi = 0.5$。

1-61 B 提示：通过画相量图进行分析，在电压三角形中，电阻电压 U_1 和电容电压 U 分别为两条直角边，总电压 U_2 为斜边，利用勾股定理可得电容电压 U。

1-62 D

1-63 A 提示：去耦等效电路如图 1-157 所示，$L = (0.12 // 0.28)H + (-0.02)H = 0.064H$。

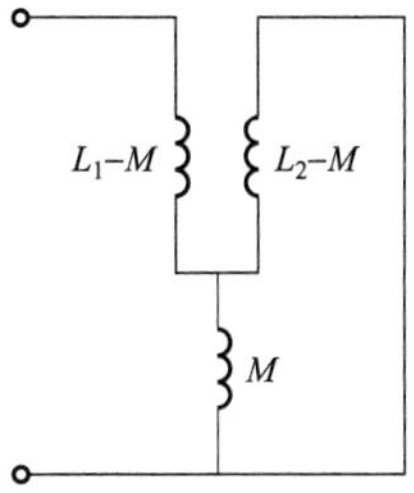

1-64 C 提示：根据 $P = P_R = I^2 R$，可得 $R = 1.6\Omega$；又根据 $P = UI\cos\varphi$，可得功率因数 $\cos\varphi = 0.8$。则根据 $X_L / R = \tan\varphi = 3/4$，可得 $X_L = 1.2\Omega$。本题可与题 1-60 进行类比分析，举一反三。

1-65 B 提示：$I_L = 1A$，$U_R = I_L \cdot \omega L = 1A \times 5\Omega = 5V$，$R = \dfrac{U_R^2}{P} = \dfrac{25}{5}\Omega = 5\Omega$。

1-66 B 提示：$P = P_N + P_R$。画出电路的相量图，可以计算电路的总电流 $I = 5\sqrt{2}A$，因此方框 N 部分的功率 $P_N = (5\sqrt{2})^2 \times 2W = 100W$。总功率为 200W，因此电阻消耗的功率为

图 1-156 解题 1-57 图

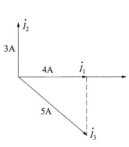

图 1-157 解题 1-63 图

100W，可得电阻电压为20V。根据总电流 $\dot{I}$ 及 N 的阻抗，可得 N 部分的电压相量，并与电阻电压做相量和，得总电压 $U=20\sqrt{2}\,\mathrm{V}$。

1-67 C 提示：画出相量图，如图 1-158 所示。其中，根据 $\dot{I}$ 所画出的电容电压 $\dot{U}_2$，由于其与 $\dot{I}$ 呈非关联参考方向，因此方向向上。

根据 $U_1=U_2=U_S$，可以分析三个电压相量组成的三角形为等边三角形，并且 $\dot{U}_S=\dot{U}_1-\dot{U}_2$，滞后电流30°，即电流 $\dot{I}$ 超前 $\dot{U}_S$ 30°，故答案应选 C。

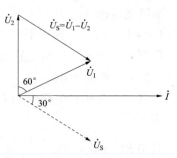

图 1-158 解题 1-67 图

1-68 A 提示：根据已知参数算出电路的复数阻抗。

1-69 A 提示：先计算 RL 支路的分流。

1-70 B 提示：$S=UI=220\mathrm{V}\times0.4\mathrm{A}=88\mathrm{V\cdot A}$，$Q=\sqrt{S^2-P^2}=\sqrt{88^2-40^2}\,\mathrm{var}=78.4\mathrm{var}$。

1.3 三相电路

1-71 C 提示：负载三角形联结，负载的电压等于电源的线电压，则负载相电流为 $10\underline{/60°}\,\mathrm{A}$，线电流与相电流差30°，故答案应选 C。

1-72 A 提示：三相电路中三相电源对称，根据 $U_{NN'}=0$，可以分析出负载也对称。负载对称时，$Z_1=Z_2=Z_3=Z\underline{/\varphi}$，因此，$\varphi_1=\varphi_2=\varphi_3$。

1-73 D 提示：三相对称负载满足 $Z_A=Z_B=Z_C$。

1-74 A 提示：设 $\dot{U}_{AB}=380\underline{/0°}\,\mathrm{V}$，则 $\dot{U}_{BC}=380\underline{/-120°}\,\mathrm{V}$，$\dot{U}_{CA}=380\underline{/120°}\,\mathrm{V}$。

由 $\dot{I}_1=\dfrac{\dot{U}_{AB}}{Z_1}=\dfrac{380\underline{/0°}}{150+\mathrm{j}75}\mathrm{A}=2.266\underline{/-26.565°}\,\mathrm{A}$，$\dot{I}_3=\dfrac{\dot{U}_{CA}}{Z_3}=\dfrac{380\underline{/120°}}{45+\mathrm{j}45}\mathrm{A}=5.971\underline{/75°}\,\mathrm{A}$，因此，$\dot{I}_A=\dot{I}_1-\dot{I}_3=6.8\underline{/-85.95°}\,\mathrm{A}$。

1-75 B 提示：由三相对称电路功率的计算公式 $P=3U_pI_p\cos\varphi=\sqrt{3}U_1I_1\cos\varphi$ 可知，φ 为相电流与相电压的相位差。

1-76 C 提示：Y—△联结换成Y—Y联结，则

$$\dot{I}_A=\frac{\dot{U}_A}{Z_L+\dfrac{Z_1}{3}}=\frac{200\underline{/0°}}{150-\mathrm{j}150+\dfrac{150-\mathrm{j}150}{3}}\mathrm{A}=\frac{200}{200-\mathrm{j}200}\mathrm{A}=\frac{\sqrt{2}}{2}\underline{/45°}\ \mathrm{A}$$

1-77 A 提示：$P=P_Y+P_\triangle$，$P_\triangle=0$，$P_Y=3I^2R=3\times\left(\dfrac{220}{\sqrt{3^2+4^2}}\right)^2\times3\mathrm{kW}=17.4\mathrm{kW}$。

1-78 A 提示：对称三相电路的功率因数角应为相电压与相电流的相位差角。

1-79 A 提示：三相四线制，一相断开其他相电压不受影响。

1-80 C 提示：三相对称电动势之和为零。

1-81 C 提示：由线电压间的相位关系先推出线电压 u_{CA}，u_C 的相位滞后 $u_{CA}30°$。

1-82 C 提示：只有星形联结的三相电路中存在中线，中线的作用是使星形联结的不

对称负载得到相等的相电压。

1-83 A 提示：所求电压是 B 相的相电压。

1-84 A 提示：先推出线电压 u_{CA}，u_C 的相位滞后 $30°$。

1-85 A 提示：$P = 3\left(\dfrac{I_1}{\sqrt{3}}\right)^2 R$。

1-86 C 提示：以三个相电压为参考相量，画出相量图辅助分析。

1-87 C 提示：仔细分析不难看出，三个线电流是对称的，因此和必然为零。

1-88 C 提示：C 相电压不变，不受影响；A 相和 B 相串联，加线电压 U_{AB}，B 相灯少分压多，A 相灯多分压少。

1-89 C 提示：根据 KVL 列出电压方程，$\dot{U}_{AN} = \dot{U}_{AB} + \dot{U}_{BN}$。

1-90 A 提示：$\dot{U}_{AY} = \dot{U}_{AX} + \dot{U}_{BY} = 220\underline{/0°}\,\text{A} + 220\underline{/-120°}\,\text{A} = 0\text{A}$。

1.4 非正弦周期电路

1-91 A 提示：不同频率的电流求有效值将各频率电流的有效值的二次方相加的和开根号可求得。

1-92 A 提示：基波频率 $\omega_0 = \dfrac{2\pi}{T_0} = \dfrac{2\pi}{0.02} = 100\pi$。

1-93 B 提示：电路中总的阻抗 $Z = Z_1 + Z_2 = 6 + \text{j}(8 - X_C)$，根据谐振的概念，当 I 取最大值时，阻抗 Z 的虚部为 0，计算得 $X_C = 8\,\Omega$。

1-94 B 提示：非正弦周期函数的有效值为直流分量及各次谐波分量有效值平方和的方根。

1-95 A 提示：$X_L^{(k)} = kX_L$，$X_C^{(k)} = \dfrac{X_C}{k}$，若该电路对信号的三次谐波谐振，则 $X_L^{(3)} = X_C^{(3)}$，因此 $X_L^{(5)} = \dfrac{5}{3}X_L^{(3)}$，$X_C^{(5)} = \dfrac{3X_C^{(3)}}{5}$，可见 $X_{5L} > X_{5C}$。

1-96 A 提示：$T = 20\text{ms}$，$f = 0.05\text{Hz}$。

1-97 A 提示：$P_3 = U_3 I_3 \cos(30° + 30°) = U_3 I_3 \cos 60° = 25.95\text{A}$。

1-98 A 提示：$i = i_1 - i_2 = 3 + 5\sin\omega t - (3\sin\omega t - 2\sin 3\omega t) = 3 + 2\sin\omega t + 2\sin 3\omega t$，则

$$u_R = 3 + 2\sin\omega t + 2\sin 3\omega t, \quad U_R = (U_0^2 + U_1^2 + U_2^2)^{\frac{1}{2}} = \left[3^2 + \left(\frac{2}{\sqrt{2}}\right)^2 + \left(\frac{2}{\sqrt{2}}\right)^2\right]^{\frac{1}{2}}$$

1-99 B 提示：计算电流有效值公式 $I = \left(\dfrac{1}{T}\displaystyle\int_0^T i^2 \, \mathrm{d}t\right)^{\frac{1}{2}}$ 适用于任何周期性电流。

1-100 A 提示：应用叠加原理的方法分析非正弦周期电流电路只适用于线性电路。

1-101 B 提示：三次谐波分量全部输出，则电感电容并联支路部分相当于开路，其阻抗 Z 为无穷大

$$Z = \frac{-\text{j}X_{C1}(\text{j}X_L - \text{j}X_{C2})}{\text{j}X_L - \text{j}X_{C2} - \text{j}X_{C1}} = \frac{X_{C1}(X_{C2} - X_L)}{X_L - X_{C2} - X_{C1}}\text{j}$$

要使阻抗无穷大，则分母为 0，即 $X_{C1} = X_L - X_{C2}$，即 $\dfrac{1}{\omega C_1} = \omega L - \dfrac{1}{\omega C_2}$，$\omega = 3 \times 10^4 \mathrm{rad/s}$，得 $C_1 = 1.25 \mu\mathrm{F}$。

1-102 A　提示：当 $U = 10\mathrm{V}$ 时，电感与电容并联部分电路相当于短路，则 $I = 10/1\mathrm{A} = 10\mathrm{A}$。当 $u(t) = 14.14\cos(1000t)$ 时，$\omega L = \dfrac{1}{\omega C} = 40\Omega$，电感电容发生谐振，电路相当于断路，$i(t) = 0\mathrm{A}$。因此，$i(t) = I = 10\mathrm{A}$。

1-103 B　提示：非正弦周期网络所吸收的平均功率为各次谐波平均功率的代数和，则 $P = U_1 I_1 \cos\varphi_1 = (200/\sqrt{2}) \times (2.5/\sqrt{2}) \times \cos(60°)\,\mathrm{W} = 125\mathrm{W}$。

1-104 C　提示：非正弦周期信号的三次谐波的角频率为 $300\pi\,\mathrm{rad/s}$，则其 $f = 50\mathrm{Hz}$。

1-105 C　提示：$P = P_0 + P_1 + P_2 + \cdots + P_n = (10^2 \times 5 + 3^2 \times 5)^{\frac{1}{2}}\mathrm{W}$。

1.5　简单动态电路的时域分析

1-106 C　提示：根据一阶暂态电路的三要素法计算电容电压的响应。

1-107 B　提示：开关动作前，电容电压 $U = 0$，则电容储能 $\dfrac{1}{2}CU^2 = 0$。电感电流为 $I = \dfrac{U_S}{R}$，则电感储能 $\dfrac{1}{2}LI^2 = \dfrac{1}{2}L\left(\dfrac{U_S}{R}\right)^2$。

1-108 D　提示：根据一阶电路的全响应方程，求出稳态值为 4A，初始值为 1A，以及时间常数为 1，故答案应选 D。

1-109 A　提示：由于电容的电压不能越变，换路后将电容用 0V 的电压源替换，可看作导线，易知流过电容的电流为 3A，故答案应选 A。

1-110 D　提示：当 $t = 0\mathrm{s}$ 时，$U = -4\mathrm{V}$，电位 a 低，则排除选项 A、B、C，故选项 D 正确。

1-111 A　提示：暂态电路中所求变量的三个要素包括换路后待求量的稳态值、换路后的初始值以及时间常数，故答案应选 A。

1-112 B　提示：先求出闭合前的电压和闭合后稳定时的电压，利用三要素法求解可得。

1-113 A　提示：过渡过程是欠阻尼，即振荡过程，有 $R < 2\sqrt{\dfrac{L}{C}}$，$C < \dfrac{4L}{R^2} = \dfrac{4 \times 0.3}{100}\mathrm{F} = 0.012\mathrm{F}$。$R > 2\sqrt{\dfrac{L}{C}}$ 时，为过阻尼，非振荡过程；$R < 2\sqrt{\dfrac{L}{C}}$ 时，为欠阻尼，振荡过程；$R = 2\sqrt{\dfrac{L}{C}}$ 时，为临界振荡状态。

1-114 A　提示：（1）R、L、C 串联电路的谐振频率：

由 $Z = R + \mathrm{j}\omega L - \mathrm{j}\dfrac{1}{\omega C} = R + \mathrm{j}\left(\omega L - \dfrac{1}{\omega C}\right)$，令 $\omega L = \dfrac{1}{\omega C}$，得 $\omega = \sqrt{\dfrac{1}{LC}}$。

（2）电感 L 上串联电阻 R_1 后：

$$Z = R + \frac{R_1 \cdot j\omega L}{R_1 + j\omega L} - j\frac{1}{\omega C} = R + \frac{R_1^2 \cdot j\omega L + R_1\omega L}{R_1^2 + \omega^2 L^2} - j\frac{1}{\omega C}$$

令 $\dfrac{R_1^2 \cdot j\omega L + R_1\omega L}{R_1^2 + \omega^2 L^2} = \dfrac{1}{\omega C}$，得 $\omega = \sqrt{\dfrac{R_1^2}{R_1^2 LC - L^2}} = \sqrt{\dfrac{1}{LC - \dfrac{L^2}{R_1^2}}}$。

因此，谐振频率增大。

1-115 D 提示：依据零输入响应公式代入值计算可知，故答案应选 D。

1-116 C 提示：开关动作前的稳态电路中，$u_c(0_-) = 9V$。根据换路定则，$u_c(0_+) = u_c(0_-) = 9V$。

1-117 C 提示：换路前电感电流为零，换路瞬间电感电流不能突变，感抗视为无限大。

1-118 B 提示：分别求出开关 S 闭合前和 S 闭合稳定后的电流值，利用三要素法求解可得。

1-119 D 提示：换路前后的电路参数 $U_C(0_+) = U_C(0_-) = 50V$，$U_C(\infty) = 75V$，$\tau = R_{eq}C = 0.05s$。根据三要素法，可得 $u_C(t) = U_C(\infty) + [U_C(0_+) - U_C(\infty)]e^{-t/\tau} = 75 + [50 - 75]e^{-20t} = 75 - 25e^{-20t}$。

1-120 A 提示：根据一阶暂态电路的三要素法计算电感电压的响应。

1.6~1.9　电磁场理论（或电磁场部分）

1-121 A 提示：令原点到坐标点的距离为 r，则 $r = \sqrt{x^2 + y^2} = \sqrt{9 + 16}\,m = 5m$，根据点电荷的场强公式，$E = \dfrac{1}{4\pi\varepsilon_0} \cdot \dfrac{Q}{r^2} = \dfrac{1}{4 \times 3.14 \times 8.85 \times 10^{-12}} \times \dfrac{3 \times 10^{-6}}{5^2}\,N/C = 1079\,N/C$。

1-122 A 提示：根据安培环路定理，线圈通入电流产生的磁场其强度与线圈匝数成正比，则正确答案是 A，其他三种方式均不对。

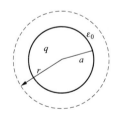

1-123 A 提示：如图 1-159 所示，球外电场强度 $E(r) = \dfrac{q}{4\pi\varepsilon_0 r^2}e_r$，若电荷总量 q 减小一半，则电场强度也减半。

图 1-159　解题 1-123 图

1-124 B 提示：焦耳定律是传导电流将电能转换为热能的定律，涉及功率损耗。

1-125 A 提示：设导体球的半径为 a，则球形（全球）接地电阻为 $R = \dfrac{1}{4\pi\gamma a} = \dfrac{1}{4 \times 3.14 \times 0.6 \times 0.4}\,\Omega = 0.3317\,\Omega$。

1-126 B 提示：电磁波基本概念。

1-127 D 提示：对选择题可以进行判断，没有其他因素影响，根据图 1-147 所示两电荷极性可判定两电荷之间的连线上不可能出现电压为零的点，所以答案选 D。

1-128 D 提示：电流密度定义。

1-129 B 提示：磁场对通电导体产生的力为安培力，其方向由左手定则判断。

1-130 B 提示：根据平板电容器的计算公式，$C = \dfrac{\varepsilon_0 S}{d}$，整理得 $S = \dfrac{Cd}{\varepsilon_0} = \dfrac{1 \times 1 \times 10^{-3}}{8.85 \times 10^{-12}} \text{m}^2 =$

$1.13 \times 10^8 \text{m}^2$

1-131 A 提示：由于是无限大均匀带电平板，其一侧的有限范围内电场强度大小相等，方向相同，都垂直于平板平面。作一轴线垂直于平板的圆柱面，利用高斯定理列方程，解出圆柱端面处的电场强度即为所求。

1-132 A 提示：$E = \dfrac{1}{4\pi\varepsilon_0} \cdot \dfrac{q}{r^2} = \dfrac{1}{4\pi \times 8.85 \times 10^{-12}} \times \dfrac{4 \times 10^{-6}}{2^2} \text{N/C} \approx 9000 \text{N/C}$。

1-133 D 提示：恒定电场中的电流连续性方程 $\oint_S \boldsymbol{J} \cdot d\boldsymbol{S} = 0$。

1-134 A 提示：在匀强磁场中，在通电直导线与磁场方向垂直的情况下，电流所受的安培力 F 等于磁感应强度 B、电流 I 和导线长度 L 三者的乘积，即 $F = ILB$。而方形线圈的转矩 $\tau = \left(2 \times \dfrac{L}{2} \right) ILB = IL^2 B$。

1-135 B 提示：波速 $v = \dfrac{\lambda}{T} = \lambda f$，$f = \dfrac{v}{\lambda} = \dfrac{3 \times 10^8 \times 10^3}{20} \text{Hz}$。

1-136 D 提示：电位的定义就是单位正电荷的电位能差。

1-137 C 提示：当穿过闭合导体回路的磁通量发生变化时才能在回路中激发出感应电动势。

1-138 D 提示：静电场中各点的电位与电位参考点相关，电位参考点不同电位则不同。

1-139 A 提示：根据磁场同性相斥，异性相吸可知，指南针的 N 极指向地球磁极的 S 极，因此答案选 A。

1-140 A 提示：平板电容器的电容 $C = \dfrac{\varepsilon S}{d}$，根据静电场与恒定场的互易法（又称静电比拟法）可知该平板电容器的电导 $G = \dfrac{\gamma S}{d} = \dfrac{1 \times 10^{-7} \times 0.6}{0.03} \text{S} = 2 \times 10^{-6} \text{S}$，该电容器的漏电阻 $R = \dfrac{1}{G} = 0.5 \text{M}\Omega$。

1-141 C 提示：电导是电阻的倒数，$G = \dfrac{1}{R} = \dfrac{I}{U}$。

1-142 B 提示：磁场能量密度 $\omega_m = \dfrac{1}{2}HB$，对于各向同性的线性导磁介质，$\omega_m = \dfrac{1}{2}\mu H^2 = \dfrac{B^2}{2\mu}$。

1-143 A 提示：依据库仑定律，$F = k\dfrac{Q_1 Q_2}{r^2}$。

1-144 A 提示：设想有另一镜像半球，每个半球都有电流 I 流入，其电流分布大致如

图 1-160 所示。可以分别计算每个半球独自在半无穷大土壤中的电流引起的电位，再用叠加法计算出左半球的总电位，进而计算出接地电阻。左半球单独作用时的接地电阻为 $R_1 = 2 \times \dfrac{1}{4\pi\gamma R} =$

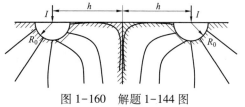

图 1-160　解题 1-144 图

$\dfrac{2}{4\pi \times 10^{-2} \times 0.3}\Omega = 53.05\Omega$，$R_1 = 53.05\Omega$。引起的电位 $\varphi_1 = I \times R_1 = 53.05I$。在右半球电流的单独作用下，土壤中距其球心 $2h$ 的半球面为等位面，其电位为

$$\varphi_2 = I \times R_2 = I\frac{1}{2\pi\gamma(2h)} = \frac{I}{2\pi \times 10^{-2} \times (2 \times 10)} = 0.79I$$

左半球的总电位 $\varphi = \varphi_1 + \varphi_2 = 53.84I$。

左半球的接地电阻 $R = \dfrac{\varphi}{I} = 53.84\Omega$。

1-145 A　提示：$V_0 = \displaystyle\int_a^b E\mathrm{d}r = \int_a^b \frac{q}{4\pi\varepsilon r^2}\mathrm{d}r = \frac{q}{4\pi\varepsilon}\left(\frac{1}{a} - \frac{1}{b}\right) = \frac{q(b-a)}{4\pi\varepsilon ab}$

$$C = \frac{q}{V_0} = \frac{q}{\dfrac{q(b-a)}{4\pi\varepsilon ab}} = \frac{4\pi\varepsilon ab}{b-a}$$

1-146 B　提示：导体外的电流密度为零，应用安培环路定理，当 $r > a$ 时，其包围的电流为 I，即 $B \cdot 2\pi r = \mu I$，所以 $B = \dfrac{\mu I}{2\pi r}$。

1-147 D　提示：根据毕奥–萨伐尔定律，无限长直导线磁感应强度为

$$B = \frac{\mu_0 I}{2\pi r} = \frac{4\pi \times 10^{-7} \times 10}{2\pi \times 3}\mathrm{T} = \frac{2}{3} \times 10^{-6}\mathrm{T}$$

1-148 D　提示：$B = \mu_0(H + M)$，$M = \dfrac{B}{\mu_0} - H = \dfrac{\mu Il\sin\theta}{4\pi\mu_0 r^2} - \dfrac{\mu Il\sin\theta}{4\pi\mu r^2} = \dfrac{\mu - \mu_0}{\mu_0} \cdot \dfrac{Il\sin\theta}{4\pi r^2}e_a$。

1-149 A　提示：只有选项 A 的说法符合介质磁化的概念。

1-150 B　提示：$Z_L = Z_0 = \sqrt{\dfrac{L_0}{C_0}} = \sqrt{\dfrac{1.3 \times 10^{-3}}{8.6 \times 10^{-9}}}\Omega = 388.797\Omega$。

1-151 A　提示：磁场能量是 $W = \displaystyle\int_0^I Li\mathrm{d}i = \frac{1}{2}LI^2$。

1-152 D　提示：定理与闭合环路所包围的电流数量和大小及方向相关，环路不变，环路中包围的电流数量和大小及方向不变，仅互换两个电流的位置，而不会影响 $\sum I_i$ 的变化，进而 B 也不会发生变化。

第2章 模拟电子技术

➡ 考试大纲

2.1 半导体及二极管

    2.1.1 掌握二极管和稳压管特性、参数

    2.1.2 了解载流子、扩散、漂移；PN结的形成及单向导电性

2.2 放大电路基础

    2.2.1 掌握基本放大电路、静态工作点、直流负载和交流负载线

    2.2.2 掌握放大电路的基本分析方法

    2.2.3 了解放大电路的频率特性和主要性能指标

    2.2.4 了解反馈的概念、类型及极性；电压串联型负反馈的分析计算

    2.2.5 了解正负反馈的特点；其他反馈类型的电路分析；不同反馈类型对性能的影响；自激的原因及条件

    2.2.6 了解消除自激的方法，去耦电路

2.3 线性集成运算放大器和运算电路

    2.3.1 掌握放大电路的计算；了解典型差动放大电路的工作原理；差模、共模、零漂的概念，静态及动态的分析计算，输入、输出相位关系；集成组件参数的含义

    2.3.2 掌握集成运算放大器的特点及组成；了解多级放大电路的耦合方式；零漂抑制原理；了解复合管的正确接法及等效参数的计算；恒流源作有源负载和偏置电路

    2.3.3 了解多级放大电路的频响

    2.3.4 掌握理想运算放大器的虚短、虚地、虚断概念及其分析方法；反相、同相、差动输入比例器及电压跟随器的工作原理、传输特性；积分微分电路的工作原理

    2.3.5 掌握实际运算放大器电路的分析；了解对数和指数运算电路工作原理，输入输出关系；乘法器的应用(平方、方均根、除法)

    2.3.6 了解模拟乘法器的工作原理

2.4 信号处理电路

    2.4.1 了解滤波器的概念、种类及幅频特性；比较器的工作原理、传输特性和阈值，输入、输出波形关系

    2.4.2 了解一阶和二阶低通滤波器电路的分析；主要性能，传递函数，带通截止频率，电压比较器的分析法；检波器、采样保持电路的工作原理

    2.4.3 了解高通、低通、带通电路与低通电路的对偶关系、特性

2.5 信号发生电路

    2.5.1 掌握产生自激振荡的条件，RC型文氏电桥式振荡器的起振条件，频率的计算；LC型振荡器的工作原理、相位关系；了解矩形、三角波、锯齿波发生电路的工作原理，振荡周期计算

2.5.2 了解文氏电桥式振荡器的稳幅措施；石英晶体振荡器的工作原理；各种振荡器的适用场合；压控振荡器的电路组成，工作原理，振荡频率估算，输入、输出关系

2.6 功率放大电路

2.6.1 掌握功率放大电路的特点；了解互补推挽功率放大电路的工作原理，输出功率和转换功率的计算

2.6.2 掌握集成功率放大电路的内部组成；了解功率管的选择、晶体管的几种工作状态

2.6.3 了解自举电路；功放管的发热

2.7 直流稳压电源

2.7.1 掌握桥式整流及滤波电路的工作原理、电路计算；串联型稳压电路工作原理，参数选择，电压调节范围，三端稳压块的应用

2.7.2 了解滤波电路的外特性；硅稳压管稳压电路中限流电阻的选择

2.7.3 了解倍压整流电路的原理；集成稳压电路工作原理及提高输出电压和扩流电路的工作原理

2.1 半导体及二极管

2.1.1 半导体基础

1. 本征半导体

（1）本征半导体的定义。本征半导体是化学成分纯净、物理结构完整的半导体。

（2）本征半导体的共价键结构。在半导体晶体中，一个原子最外层的价电子分别与周围的四个原子的价电子形成共价键。共价键中的价电子为这些原子所共有，并为这些原子所束缚，在空间形成排列有序的晶体。

（3）电子空穴对。当半导体处于热力学温度 0K 时，且无外界激发的条件下，物体中没有自由电子。当温度升高大于 0K 时，或受到光的照射等外界激发时，价电子能量增高，有的价电子可以挣脱原子核的束缚，成为自由电子，从而可能参与导电。这一现象称为本征激发（也称为热激发）。

2. 杂质半导体

在本征半导体中掺入某些微量杂质元素，可使半导体的导电性发生显著变化。掺入的杂质主要是三价或五价元素，掺入杂质的本征半导体称为杂质半导体。

（1）N 型半导体。在本征半导体中掺入 5 价杂质元素，例如磷，可形成 N 型半导体，也称为电子型半导体。因 5 价杂质原子中只有 4 个价电子能与周围 4 个半导体原子中的价电子形成共价键，而多余的一个价电子因无共价键束缚而很容易成为自由电子。在 N 型半导体中自由电子是多数载流子，它主要由杂质原子提供；空穴是少数载流子，由热激发形成。提供自由电子的 5 价杂质原子因失去了这个价电子而带正电荷，成为正离子，因此 5 价杂质原子也称为施主杂质。

（2）P 型半导体。在本征半导体中掺入 3 价杂质元素，如硼、镓、铟等形成了 P 型半导体，也称为空穴型半导体。因 3 价杂质原子在与硅原子形成共价键时，缺少一个价电子而在共价键中留下了一个空位。这个空位很容易从邻近的硅原子中俘获价电子，从而使杂质原子成为负离子，而失去价电子的硅原子则出现一个空穴。P 型半导体中空穴是多数载流子，其

数量主要由掺杂的浓度确定；电子是少数载流子，由热激发形成。3 价杂质也称为受主杂质。

2.1.2 PN 结

1. PN 结的形成

将一块 P 型半导体和 N 型半导体紧密连接在一起，此时将在 N 型半导体和 P 型半导体的结合面上形成如下所述的物理过程：

（1）在两种半导体的界面上会因浓度差发生多数载流子的扩散运动，如图 2-1（a）所示。

（2）随着扩散运动的进行，在界面 N 区的一侧，随着电子向 P 区的扩散，施主杂质会变成正离子；在界面 P 区的一侧，随着空穴向 N 区的扩散，受主杂质会变成负离子。施主杂质和受主杂质在晶格中是不能移动的，所以在 N 型和 P 型半导体界面的 N 型区一侧会形成正离子薄层；在 P 型区一侧会形成负离子薄层。这种离子薄层会形成一个电场，方向是从 N 区指向 P 区，称为内电场，如图 2-1（b）所示。

（3）内电场的出现及内电场的方向会对多数载流子的扩散运动产生阻碍作用，限制了扩散运动的进一步发展。内电场的出现，电场力会促使少数载流子产生漂移运动。漂移电流的方向正好与扩散电流的方向相反，扩散运动越强，内电场越强，对扩散运动的阻碍就越强；内电场越强，理应漂移电流就越大。因少数载流子的浓度与温度有关，在一定的温度条件下，少数载流子的浓度一定，所以漂移电流的大小一定，不会随内电场加大而继续加大。从而在某个温度条件下，扩散和漂移会达到动态平衡，扩散电流和漂移电流相等，如图 2-1（b）所示。

在 P 型半导体和 N 型半导体界面处形成的杂质离子薄层，内电场的方向是从 N 区指向 P 区，我们称这个内电场为 PN 结。因为离子薄层中的多数载流子已经扩散尽了，缺少多子，所以这个离子薄层也称为耗尽层或者空间电荷区。

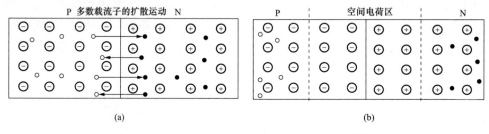

图 2-1　PN 结的形成过程（图中只画出了杂质原子）

（a）多子因浓度差形成扩散运动；（b）扩散和漂移电流达到动平衡形成 PN 结

2. PN 结的单向导电性

如果外加电压使 PN 结 P 区的电位高于 N 区的电位称为加正向电压，简称正偏；若 PN 结 P 区的电位低于 N 区的电位称为加反向电压，简称反偏。

（1）PN 结加正向电压时的导电情况。如图 2-2 所示，外加的正向电压有一部分降落在 PN 结区，方向与 PN 结内电场方向相反，削弱了内电场。于是，内电场对多数载流子扩散运动的阻碍减弱，扩散电流加大。扩散电流远大于漂移电流，可忽略漂移电流的影响，PN 结呈现低阻性。

（2）PN 结加反向电压时的导电情况。如图 2-3 所示，外加的反向电压有一部分降落在

PN结区，方向与PN结内电场方向相同，加强了内电场。内电场对多子扩散运动的阻碍增强，扩散电流大大减小。此时PN结区的少子在内电场作用下形成的漂移电流大于扩散电流，可忽略扩散电流，PN结呈现高阻性。在一定的温度条件下，由本征激发决定的少子浓度是一定的，故少子形成的漂移电流是恒定的，基本上与所加反向电压的大小无关，这个电流也称为反向饱和电流。

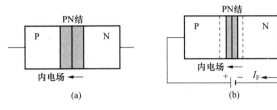

图2-2 PN结正偏时的导电情况

（a）PN结示意图；（b）PN结加正向电压

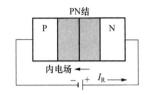

图2-3 PN结反偏时的导电情况

3. PN结的反向击穿

PN结处于反向偏置时，在一定的电压范围内，流过PN结的电流很小，但电压超过某一数值时，反向电流急剧增加，这种现象我们就称为反向击穿。

击穿形式分为两种：雪崩击穿和齐纳击穿。对于硅材料的PN结来说，击穿电压大于7V时为雪崩击穿，小于4V时为齐纳击穿。在4~7V之间，两种击穿都有，这种现象破坏了PN结的单向导电性，在使用时要避免出现。击穿并不意味着PN结烧坏。

2.1.3 半导体二极管

（1）半导体二极管的结构类型。在PN结上加上引线和封装，就成为一个二极管。

（2）半导体二极管的伏安特性曲线。半导体二极管的伏安特性曲线如图2-4所示。处于第一象限的是正向伏安特性曲线，处于第三象限的是反向伏安特性曲线。根据理论推导，二极管的伏安特性曲线可用下式表示

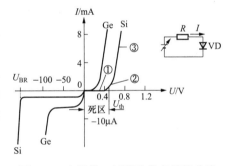

图2-4 半导体二极管的伏安特性曲线

$$I = I_S(e^{\frac{U}{U_T}} - 1) \qquad (2-1)$$

式中　I_S——反向饱和电流；

　　　U——二极管两端的电压降；

　　　U_T——温度的电压当量，$U_T = kT/q$；

　　　k——玻耳兹曼常数；

　　　q——电子电荷量；

　　　T——热力学温度。

对于室温（相当于$T = 300K$），则有$U_T = 26mV$。

1）正向特性。当$U > 0$，二极管处于正向特性区域。正向区又分为三段：

第一段，当$0 < U < U_{th}$时，正向电流为零，U_{th}称为死区电压或开启电压，见图2-4中①。

第二段，当$U > U_{th}$，且U较小时，开始出现正向电流，并按指数规律增长，见图2-4中的曲线②。

第三段，当 $U>U_{th}$，且 U 较大时，正向电流增长很快，且正向电压随正向电流增长而增长很小。对应在图 2-4 中，正向曲线很陡的③。

硅二极管的死区电压 $U_{th} \approx 0.4V$ 左右，锗二极管的死区电压 $U_{th} \approx 0.1V$ 左右。

正向特性曲线第 3 段对应的正向电压可以认为基本不变，对于硅二极管的正向电压 $U_D \approx 0.7 \sim 0.8V$，锗二极管的正向电压 $U_D \approx 0.3 \sim 0.4V$。

2）反向特性。当 $U<0V$ 时，二极管处于反向特性区域。反向区分为两个区域：当 $U_{BR}<U<0V$ 时，反向电流很小，且基本不随反向电压的变化而变化，此时的反向电流也称反向饱和电流 I_S；当 $U \geqslant U_{BR}$ 时，反向电流急剧增加，U_{BR} 称为反向击穿电压。

在反向区，硅二极管和锗二极管的特性有所不同。硅二极管的反向击穿特性比较硬、比较陡，反向饱和电流也很小；锗二极管的反向击穿特性比较软，过渡比较圆滑，反向饱和电流较大。

（3）半导体二极管的参数。半导体二极管主要的参数介绍如下所述：

1）最大整流电流 I_F。二极管长期连续工作时，允许通过二极管的最大整流电流的平均值。

2）反向击穿电压 U_{BR} 和最大反向工作电压 U_{RM}。二极管反向电流急剧增加时对应的反向电压值称为反向击穿电压 U_{BR}。为安全计，在实际工作时，最大反向工作电压 U_{RM} 一般只按反向击穿电压 U_{BR} 的一半计算。

3）反向电流 I_R。在室温下，在规定的反向电压下，一般是最大反向工作电压下的反向电流值。小功率硅二极管的反向电流一般在纳安（nA）级；锗二极管在微安（μA）级。

4）正向压降 U_F。在规定的正向电流下，二极管的正向电压降。小电流硅二极管的正向压降在中等电流水平下，为 $0.6 \sim 0.8V$；锗二极管为 $0.2 \sim 0.3V$。大功率的硅二极管的正向压降往往达到 1V。

5）动态电阻 r_d。反映了二极管正向特性曲线斜率的倒数。显然，r_d 与正向电流的大小有关，也就是求正向曲线上某一点 Q 的动态电阻。所以动态电阻是一个交流参数。动态电阻的定义如下

$$r_d = \frac{\Delta U_F}{\Delta I_F}\bigg|_Q \tag{2-2}$$

小结与提示 本节主要需要掌握 PN 结和二极管的伏安特性，了解 PN 结的形成过程。在此基础上熟悉 PN 结或二极管具有单向导电性和反向击穿特性，利用单向导电性可以实现整流作用，利用反向击穿特性可以实现稳压作用，这是二极管在实际电子电路中应用最多的两个方面。除此之外，还需要了解 PN 结工作在正向特性区域时，在外加正向电压很小的情况下，正向电压不能克服 PN 结内电场对多数载流子扩散电流的阻碍作用，因此电流为零，即存在死区压降，这是三极管存在截止区的主要原因，也是引起基本互补对称功率放大电路出现交越失真的主要原因。

2.2 半导体三极管

半导体三极管有两大类型，一是双极型半导体三极管，二是场效应半导体三极管。这里主要介绍双极型半导体三极管。

1. 双极型半导体三极管的结构

双极型半导体三极管的结构及符号如图 2-5 所示。它是由两个 PN 结按一定方式连接而成，它有两种类型：NPN 型和 PNP 型。

双极型半导体三极管中间部分称为基区，与之相连接的电极称为基极，用 B 或 b 表示（Base）；一侧称为发射区，与之相连接的电极称为发射极，用 E 或 e 表示（Emitter）；另一侧称为集电区，与之相连电极称为集电极，用 C 或 c 表示（Collector）。E-B 间的 PN 结称为发射结（Je）；C-B 间的 PN 结称为集电结（Jc）。

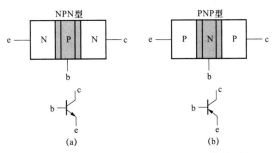

图 2-5　双极型半导体三极管结构及其符号
(a) NPN 型；(b) PNP 型

2. 双极型半导体三极管的电流分配关系

双极型半导体三极管在工作时一定要加上适当的直流偏置电压。若在放大工作状态：发射结加正向电压，集电结加反向电压。现以 NPN 型三极管的放大状态为例，来说明三极管内部的电流关系。

在工艺上要求发射区掺杂浓度高，基区掺杂浓度低且要制作得很薄，集电区掺杂浓度低。当发射结加正偏时，从发射区将有大量的电子向基区扩散，形成电子的扩散电流，而从基区向发射区扩散的空穴电流却很小。

因基区掺杂浓度低，所以发射区扩散过来的载流子电子被复合得很少，只形成很小的基极电流。且基区很薄，所以发射区扩散过来的载流子绝大多数很快就运动到集电区的边沿。由于集电结反偏，所以发射区扩散过来的载流子——电子就被反偏的集电结所收集（集电结电场 N 区为正，P 区为负），形成集电极电流。

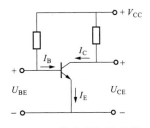

图 2-6　共发射极接法的电压电流关系

集电极电流由扩散到集电区的电子流和集电结的少数载流子形成的反向饱和电流 I_{CBO} 组成，发射极电流与基极电流的关系（图 2-6）为

$$\bar{\beta} = \frac{I_C}{I_B} \qquad\qquad (2-3)$$

式中　$\bar{\beta}$——共发射极接法直流电流放大系数，且 $\beta \gg 1$。

3. 双极型半导体三极管的特性曲线和参数

（1）双极型半导体三极管的特性曲线。

1）输入特性曲线。共发射极接法的输入特性曲线如图 2-7 所示，基本上与二极管的正向特性曲线相同。对硅三极管而言，当 $U_{CE} \geq 1V$ 时，$U_{CB} = U_{CE} - U_{BE} > 0$，集电结已进入反偏状态，开始明显收集电子，且基区复合减少，电子基本上被集电结所收集。若 U_{CE} 再增加，集电结反偏再增加，只要 U_{BE} 不变，从发射区向基区的多子扩散就不变，基区的复合基本固定，I_B 也就基本不变。就是说 $U_{CE} > 1V$ 以后的输入特性曲线基本上是重合的。

2）输出特性曲线。共发射极接法的输出特性曲线如图 2-8 所

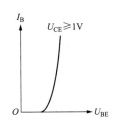

图 2-7　共发射极接法输入特性曲线

示，它是以 I_B 为参变量的一族特性曲线。现以其中任何一条加以说明，当 $U_{CE} = 0V$ 时，因集电极无收集作用，$I_C = 0A$。当 U_{CE} 微微增大时，集电结处于正向电压之下，集电结收集电子的能力很弱，I_C 主要由 U_{CE} 决定。U_{CE} 稍有增加，I_C 即随之增加，I_C 处于上升段。当 U_{CE} 增加到使集电结反偏电压较大时，运动到集电结的电子基本上都可以被集电结收集。此后 U_{CE} 再增加，电流也没有明显的增加，特性曲线进入与 U_{CE} 轴基本平行的区域，I_C 不再有明显地增加，具有恒流特性。

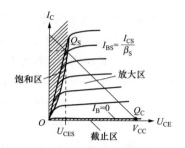

图 2-8　共发射极接法输出特性曲线

输出特性曲线可以分为三个区域。

饱和区——I_C 受 U_{CE} 显著控制的区域，该区域内 U_{CE} 的数值较小，一般 $U_{CE} < 0.7V$（硅管）。此时发射结正偏，集电结正偏或反偏电压很小。

截止区——I_C 接近零的区域，相当 $I_B = 0A$ 的曲线的下方。此时，发射结反偏，集电结反偏。

放大区——I_C 平行于 U_{CE} 轴的区域，曲线基本平行等距。此时，发射结正偏，集电结反偏，U_{BE} 电压大约在 0.7V 左右（硅管）。

（2）半导体三极管的参数。

1）直流电流放大系数 $\bar{\beta}$。$\bar{\beta}$ 在放大区基本不变，可在共发射极输出特性曲线上，通过垂直于 X 轴的直线（U_{CE} = 常数）求取 I_C/I_B，即可计算 $\bar{\beta}$。

2）极间反向电流。当温度上升时，I_{CBO} 会很快增加。I_{CBO} 作为集电极电流的一部分，I_{CBO} 增加，输出特性曲线会明显上移，这说明三极管的温度稳定性较差。

3）交流电流放大系数 β

$$\beta = \frac{\Delta I_C}{\Delta I_B}\bigg|_{U_{CE} = 常数} \tag{2-4}$$

一般情况下 $\beta \approx \bar{\beta}$。

4）集电极最大允许电流 I_{CM}。当集电极电流增加时，β 就要下降，当 β 值下降到线性放大区 β 值的 70%~30% 时，所对应的集电极电流称为集电极最大允许电流 I_{CM}。当 $I_C > I_{CM}$ 时，并不表示三极管一定会过电流而损坏。

5）集电极最大允许功率损耗 P_{CM}。集电极电流通过集电结时所产生的功耗为

$$P_{CM} = I_C U_{CE} \tag{2-5}$$

6）反向击穿电压。反向击穿电压表示三极管两个电极间承受反向电压的能力，第三个电极可以是开路、短路等不同的状态。$U_{(BR)CBO}$ 为发射极开路时的集电结击穿电压，下标 BR 代表击穿之意，是 Breakdown 的字头，C、B 代表集电极和基极，O 代表第三个电极 E 开路。$U_{(BR)CEO}$ 为基极开路时集电极和发射极间的击穿电压。

小结与提示　本节主要需要掌握半导体双极型三极管的结构和放大原理。对于双极型三极管，要熟悉其电流放大作用需要满足的外部条件和内部条件，外部条件为发射结正偏，集电结反偏；内部结构条件为发射区掺杂浓度高；基区很薄且掺杂浓度低。若不满足

发射结正偏或虽然正偏，但工作在发射结正向特性曲线的非线性区，易造成放大电路输出电压波形发生截止失真；而若不满足集电结反偏的条件，易造成输出电压发生饱和失真。

2.3 基本放大电路

2.3.1 基本放大电路的组成及工作原理

1. 共射组态基本放大电路的组成

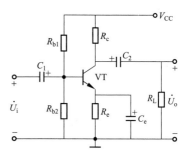

图 2-9 共射组态基本放大电路

共射组态基本放大电路如图 2-9 所示。在该电路中，输入信号加在基极和发射极之间，耦合电容器 C_1 和 C_e 视为对交流信号短路。输出信号从集电极对地取出，经耦合电容器 C_2 隔离直流量，仅将交流信号加到负载电阻 R_L 之上。

2. 放大原理

在输入信号为零时，直流电源通过各偏置电阻为三极管提供直流的基极电流和直流集电极电流，并在三极管的三个极间形成一定的直流电压。由于耦合电容的隔直流作用，直流电压无法到达放大电路的输入端和输出端。

当输入交流信号通过耦合电容 C_1 和 C_e 加在三极管的发射结上时，发射结上的电压变成交、直流的叠加。

由于三极管的电流放大作用，i_c 要比 i_b 大几十倍，一般来说，只要电路参数设置合适，输出电压可以比输入电压高许多倍。u_{CE} 中的交流量 u_{ce} 有一部分经过耦合电容到达负载电阻，形成输出电压，完成电路的放大作用。

由此可见，放大电路中三极管集电极的直流信号不随输入信号而改变，而交流信号随输入信号发生变化。在放大过程中，集电极交流信号是叠加在直流信号上的，经过耦合电容，从输出端提取的只是交流信号。因此，在分析放大电路时，可以采用将交、直流信号分开的办法，可以分成直流通路和交流通路来分析。

3. 放大电路的组成原则

（1）保证放大电路的核心器件三极管工作在放大状态，即有合适的偏置，也就是说发射结正偏，集电结反偏。

（2）输入回路的设置应当使输入信号耦合到三极管的输入电极，形成变化的基极电流，从而产生三极管的电流控制关系，变成集电极电流的变化。

（3）输出回路的设置应该保证将三极管放大以后的电流信号转变成负载需要的电量形式（输出电压或输出电流）。

2.3.2 基本放大电路的静态分析

1. 静态工作状态的计算分析法

静态分析是在输入信号等于零的情况下进行的，因此和放大电路的直流通路打交道。将图 2-9 适当改画成图 2-10 的形式，其中图 2-10（a）是图 2-9 基本放大电路的直流通路，图 2-10（b）是从基极断开，对基极偏置回路用戴维南定理进行变换，使基极偏置电路只具有一个网眼，以方便求解基极电流，图 2-10（c）是变换后基极回路的等效电路。

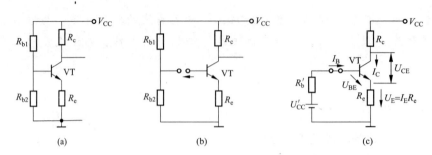

图 2-10　直流通路的变换

（a）直流通路；（b）用戴维南定理变换；（c）变换后的直流通路

静态参数的计算方法为

$$I_B = \frac{U'_{CC} - U_{BE} - U_E}{R'_b} = \frac{U'_{CC} - U_{BE} - I_E R_e}{R'_b}$$

$$= \frac{U'_{CC} - U_{BE} - I_B(1+\beta)R_e}{R'_b} = \frac{U'_{CC} - U_{BE}}{R'_b + (1+\beta)R_e} \qquad (2\text{-}6)$$

式（2-6）中 U'_{CC} 和 R'_b 是根据戴维南定理变换得到的开路电压和等效内阻

$$U'_{CC} = \frac{V_{CC}R_{b2}}{R_{b1} + R_{b2}} \qquad (2\text{-}7)$$

$$R'_b = \frac{R_{b1}R_{b2}}{R_{b1} + R_{b2}} \qquad (2\text{-}8)$$

在输出回路有

$$U_{CE} = V_{CC} - I_C R_c - I_E R_e \approx V_{CC} - I_C(R_c + R_e) \qquad (2\text{-}9)$$

要想通过式（2-6）计算 I_B，就必须知道变量 U_{BE} 的数值，由于三极管工作时，U_{BE} 的数值变化不大，对于硅管为 $0.6\sim0.8V$，对于锗管为 $0.3V$ 左右。所以，可以把 U_{BE} 视为常数。

知道了 I_B，就可以通过 $I_C = \beta I_B$ 计算出 I_C，于是可通过式（2-9）计算出管压降 U_{CE}，同时也可以在输出特性曲线上解得三极管的 I_C 和 U_{CE}。

2. 静态工作状态的图解分析法

在输出特性曲线上图解的过程如图 2-11 所示。式（2-9）是一个直线方程，由两个点即可确定，在此用的是两个特殊点，分别在两个坐标轴上，即（0，$V_{CC}/R_c + R_e$）和（V_{CC}，0）。在输出特性曲线上决定的直线，称为直流负载线。直流负载线与 I_C 的交点，称为静态工作点，用 Q 表示。或与以 I_{BQ} 为参变量的那条曲线相交的点，即为 Q 点。Q 点对应的坐标，专门用加有下标 Q 的坐标符号来表示，即 I_{BQ}、I_{CQ} 和 U_{CEQ}。如果在不会产生误解的情况下，为简单起见，下标 Q 也可不加。

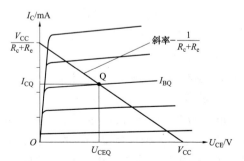

图 2-11　放大电路静态工作状态的图解分析

3. 分压偏置（射极偏置）的优点

图 2-9 放大电路偏置电路的形式称为分压偏置，它有稳定工作点的特点。因为三极管是一种对温度非常敏感的半导体器件，温度变化将导致集电极电流的明显改变。温度升高，集电极电流增大；温度降低，集电极电流减小。这将造成静态工作点的移动，有可能使输出信号产生失真。在实际电路中，要求流过 R_{b1} 和 R_{b2} 串联支路的电流远大于基极电流 I_B。这样温度变化引起的 I_B 的变化，对基极电位就没有多大影响了，就可以用 R_{b1} 和 R_{b2} 的分压来确定基极电位。采用分压偏置以后，基极电位提高，为了保证发射结压降正常，就要串入发射极电阻 R_e。

R_e 的串入有稳定工作点的作用。如果集电极电流随温度升高而增大，则发射极对地电位升高，因基极电位基本不变，故 U_{BE} 减小。从输入特性曲线可知，U_{BE} 的减小基极电流将随之下降，根据三极管的电流控制原理，集电极电流将下降，反之亦然。这就在一定程度上稳定了工作点。

当流过 R_{b1} 和 R_{b2} 串联支路的电流远大于基极电流 I_B（一般大于 10 倍以上）时，可以用下列方法计算工作点的参数值

$$U'_{CC} = \frac{V_{CC}R_{b2}}{R_{b1}+R_{b2}} \approx U_B$$

2.3.3 基本放大电路的动态分析

1. 放大电路的动态图解分析

（1）放大电路加入输入信号的工作状态称为动态。动态时，电路中的电流和电压将在静态直流量的基础上叠加交流量。可以采用交、直流分开的分析方法，即人为地把直流和交流分量分开后单独分析，然后再把它们叠加起来。分析交流分量时，利用放大电路的交流通路。

交流负载线具体做法如图 2-12 所示。通过静态工作点 Q 作一条直线，斜率为 $1/R'_L$，$R'_L = R_C // R_L$，这条直线即为交流负载线。由于交流负载电阻小于直流负载电阻，所以，在输出特性曲线上，交流负载线比直流负载线陡。

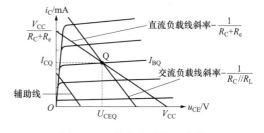

图 2-12　放大电路的负载线

静态时，无信号变化，集电极电位是直流量，不能通过耦合电容。所以，耦合电容 C_2 上承受集电极静态时的电压值。当输入信号增加时，基极电流增加，集电极电流增加，R_C 上的电压降增加，所以集电极电位比静态时下降，C_2 向集电极放电，集电极电流增加；当输入信号减小时，基极电流减小，集电极电流减小，集电极电位比静态时增加，向 C_2 充电，流过 R_C 的电流被分流一部分，集电极电流减小。所以，交流负载线比直流负载线更加陡一些。显然交流负载线是在输入信号作用下，工作点的运动轨迹。当输入信号越来越小，工作点运动的范围就越来越小，交流负载线向静态工作点收缩。当输入信号等于零时，变为静态，交流负载线收缩到点 Q。所以，交流负载线和直流负载线相交于静态工作点 Q。

（2）非线性失真。饱和失真是由于放大电路的工作点达到了三极管特性曲线的饱和区而

引起的非线性失真。

截止失真是由于放大电路的工作点达到了三极管特性曲线的截止区而引起的非线性失真。

2. 基本放大电路的微变等效电路分析

（1）三极管低频小信号模型。

1）模型的建立。微变等效电路法的核心是在小信号条件下，可以认为三极管是工作在线性区，于是可以把非线性的三极管用一个线性等效电路来代替，放大电路变成一个线性电路。这样，就可以利用线性电路的各种分析方法来解决放大电路的计算问题。因为在小信号的条件下，容易保证动态范围处于三极管的线性区；即便达到非线性区，只要信号足够小，也可以认为是线性的，这就是"微变"的含义。

三极管的低频小信号模型如图 2-13（b）所示。在输入端，r_{be} 相当于三极管的输入电阻，即输入特性曲线工作点处斜率的倒数，具体求法如图 2-13（a）所示，即

$$r_{be} = \frac{\Delta u_{be}}{\Delta i_b}\bigg|_Q \qquad (2-10)$$

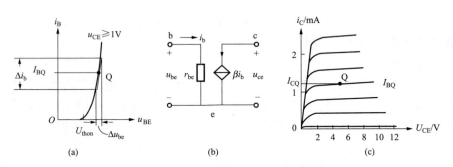

图 2-13　双极型三极管低频小信号简化模型的导出

输出侧，三极管的输出特性曲线很平直，可用一个电流源来等效。βi_b 代表三极管的电流放大作用，是基极电流变化引起的集电极电流的变化量，反映了三极管具有电流控制电流源的特性。

2）模型中的参数 r_{be} 可用下式表示

$$r_{be}\big|_Q = r_{bb'} + (1+\beta)\frac{26(mV)}{I_{EQ}(mA)} \qquad (2-11)$$

对于小功率三极管 $r_{bb'} \approx 200 \sim 300\Omega$。

（2）放大电路微变等效电路分析法。下面以分压偏置共射组态交流基本放大电路为例说明用微变等效电路分析放大电路的基本方法，现将图 2-9 重画于图 2-14（a）。假设分压偏置共射组态交流基本放大电路中 C_1、C_2、C_e 的容量都足够大，对中频信号可视为短路。

先将三极管的简化模型画出，将放大电路的耦合电容和直流电源短路，再将处于交流通路中的有关元件，根据具体的连接去处一一画出。R_{b1}、R_{b2}、R_c 和 R_L 处于交流通路中，结果如图 2-14（b）所示。这里要注意，R_e 因有旁路电容 C_e 的并联，所以被短路，R_c 通过直流电源接地，所以和 R_L 相并联，处于输出回路的交流通路之中。

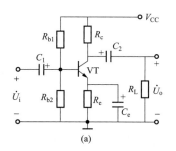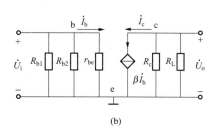

(a)

(b)

图 2-14 共射组态交流基本放大电路及其微变等效电路
(a)共射基本放大电路；(b)h 参数微变等效电路

（3）放大电路的三项动态技术指标。

1）电压放大倍数 A_u。放大电路中的各个物理量如图 2-15 所示，图中 $\dot{U}_s$ 是信号源电压，R_s 是信号源内阻，$\dot{U}_i$ 是放大电路输入端口处的信号电压，$\dot{I}_i$ 是放大电路输入端的电流，$\dot{U}_o$ 是输出电压，R_L 是负载电阻，$\dot{I}_o$ 是输出电流。

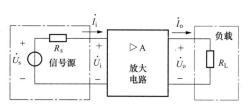

图 2-15 放大倍数的定义

电压放大倍数定义为

$$\dot{A}_u = \frac{\dot{U}_o}{\dot{U}_i} \tag{2-12}$$

2）输入电阻 R_i。输入电阻是表明放大电路从信号源吸取电流大小的参数，R_i 大，放大电路从信号源吸取的电流则小，反之则大。

$$R_i = \frac{\dot{U}_i}{\dot{I}_i} \tag{2-13}$$

r_{be} 一般在 $1k\Omega$ 左右，远小于偏置电阻 R_{b1} 和 R_{b2}，所以并联后，放大电路的输入电阻近似等于 r_{be}。所以，提高输入电阻的关键在 r_{be}。

3）输出电阻 R_o。输出电阻是负载开路、输入信号源的源电压 $\dot{U}_s$ 为零时，输出端口呈现的放大电路的等效交流电阻。它表明放大电路带负载的能力，输出电阻 R_o 大，表明放大电路带负载的能力差，反之则强。

根据求输出电阻的规则，将微变等效电路输入端短路，负载开路。在输出端加一个假想的交流电源 $\dot{U}_o'$，因输入端短路，$\dot{I}_b = 0$，受控电流源相当开路。所以，输出电阻为

$$R_o \approx R_c \tag{2-14}$$

由于在简化三极管模型中忽略了三极管的输出电阻，由于三极管的输出电阻比较大，而 R_c 一般在千欧量级。所以，共射基本放大电路的输出电阻十分近似地等于集电极负载电阻 R_c。

根据图 2-14(b)的微变等效电路，有

· 111 ·

$$\dot{U}_o = -\dot{I}_c R'_L = -\beta \dot{I}_b \dot{R}'_L \qquad (2-15)$$

$$A_u = \frac{\dot{U}_o}{\dot{U}_i} = \frac{-\beta \dot{I}_b (R_c /\!/ R_L)}{\dot{I}_b r_{be}} = -\frac{\beta R'_L}{r_{be}} \qquad (2-16)$$

$$R_i = R_{b1} /\!/ R_{b2} /\!/ r_{be} \approx r_{be} \qquad (2-17)$$

$$R_o \approx R_c \qquad (2-18)$$

小结与提示　本节主要需要掌握放大电路静态分析和动态分析方法。由于放大电路中既有直流信号(用于设置合适的静态工作点),又有交流信号(待放大的交流小信号),当待放大的交流信号幅值较小时,在交流信号的整个周期内半导体器件工作在特性曲线的线性区域,因此可以用叠加原理进行分析,这也是能够将放大电路的直流通路和交流通路分开分析、计算的原因。放大电路的动态分析方法包括图解分析法和小信号等效电路分析法,对于图解分析法,需要掌握直流负载线、交流负载线的画法,以及电路最大不失真动态工作范围的确定;对于小信号等效电路分析法,需要掌握双极型三极管和场效应三极管的小信号模型的画法、放大电路小信号等效电路的画法以及相关交流参数的计算。要注意电压放大倍数、输入电阻和输出电阻都是放大电路的交流参数,只能利用交流通路计算。

2.4　放大电路的频率特性

　　放大电路输出信号的幅度和相位,会随着信号频率的变化发生变化,一般来说,在放大电路的低频段与高频段和中频段相比,信号的幅度会下降,也会产生一定的相移。这就是放大电路的频率特性,它分为幅频特性和相频特性两方面。

　　幅频特性是描绘输入信号幅度固定,输出信号的幅度随频率变化而变化的规律,即

$$|\dot{A}| = |\dot{U}_o / \dot{U}_i| = f(\omega)$$

　　相频特性是描绘输出信号与输入信号之间相位差随信号频率变化而变化的规律,即

$$\angle \dot{A} = \angle \dot{U}_o - \angle \dot{U}_i = f(\omega)$$

　　典型的单管共射放大电路的幅频特性和相频特性如图 2-16 所示。

　　由幅频特性可知,在低频段,随着频率的下降,放大倍数下降;在高频段,随着频率的增大,放大倍数下降。

　　由相频特性可知:低频段与中频段相比,会产生 0°~90° 超前附加相移;高频段与中频段相比,会产生 -90°~0° 滞后附加相移。

　　上、下限频率之差,被称为通频带宽,它是表征放大电路对不同频率的输入信号的响应能力,定义为:$BW = f_H - f_L$。通频带表征了放大电路对不同频率输入信号的响应能力,其值越大,对不同频率输入信号的响应能力越强。它是放大电路重要技术

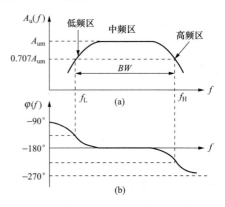

图 2-16　单管共射放大电路的频率特性
(a)幅频特性;(b)相频特性

指标之一。

> **小结与提示** 本节需要掌握放大电路频率特性的概念，熟悉引起频率失真的原因。在低频区，由于电路中的耦合电容和旁路电容效应不能忽略，会引起放大倍数下降，且产生附加相移；在高频区，由于三极管结电容和放大电路中分布电容（杂散电容）的效应不能忽略，会引起放大倍数下降，产生附加相移。

2.5 集成运算放大电路

2.5.1 多级放大电路的耦合方式

多级放大电路的级与级之间、信号源与放大电路之间、放大电路与负载之间的连接方式均称为耦合方式。常见的耦合方式有三种：直接耦合、阻容耦合和变压器耦合。集成电路中采用直接耦合方式。

（1）零点漂移。在直接耦合放大电路中，即使输入端短路，用高灵敏度的直流电压表测量输出端，也会有变化缓慢的输出电压。这种输入电压为零、输出电压不为零的现象，称为零点漂移现象，零点漂移简称零漂。

在放大电路中，任何参数的变化，如电源电压的波动、元件的老化、半导体元件参数随温度变化而产生的变化，使放大电路的工作点（称为零点）随着时间在原有值的基础上发生波动，且逐渐向偏离初始工作点的方向变化，将产生输出电压的漂移。

产生零点漂移的主要原因是晶体管参数（I_{CBO}、U_{BE}、β）随温度的变化而变化，所以有时也称为温度漂移。

（2）直接耦合。多级放大电路的级与级之间连接方式中，最简单的就是将前一级的输出端直接接到后一级的输入端，或者级间通过电阻连接，这就是直接耦合方式。直接耦合放大电路的简化形式如图 2-17 所示。

直接耦合放大电路中级间无耦合电容，低频特性好，能放大缓慢变化的信号和直流信号。因而温度等缓慢变化引起的电信号可以通过直接耦合放大电路。在放大电路中，因温度等因素的影响，会使放大电路的静态工作点产生不规则的偏离初始值的现象，即零点漂移。

由于直接耦合方式容易实现集成化，在集成运算放大器电路中级间都采用直接耦合方式，但必须设法克服零点漂移的影响。

（3）阻容耦合。将放大电路的前级输出端通过电容接到后级输入端，称为阻容耦合方式。图 2-18 为两级阻容耦合放大电路，两级均为共射放大电路。

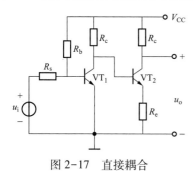

图 2-17　直接耦合

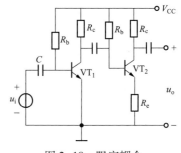

图 2-18　阻容耦合

阻容耦合电路只能传输交流信号，漂移信号和低频信号不能通过。阻容耦合放大电路中各级的静态工作点相互独立，且可阻挡零点漂移，但不易集成。

（4）变压器耦合。将放大电路的前级输出端通过变压器接到后级输入端或负载电阻上，称为变压器耦合方式。图 2-19 为变压器耦合共射放大电路。

在变压器耦合放大电路中前级、后级的静态工作点互相独立，可以通过变压器原副端的匝数比进行阻抗变换，使负载上得到最大的输出功率，也可阻挡零点的漂移。

2.5.2 差分放大电路

差分放大电路(简称差放)就其功能来说，是放大两个输入信号之差。由于它具有优异的抑制零点漂移的特性，因而成为集成运算放大器的主要组成单元。

1. 差分放大电路的组成

差分放大电路如图 2-20 所示。差分放大电路是由两个特性相同的三极管 VT_1、VT_2 组成的对称电路，两部分之间通过射极公共电阻 R_e 耦合在一起。在图 2-20 中，R_{s1}、R_{s2} 为 VT_1、VT_2 确定合适的静态工作点。采用双电源供电形式，可扩大线性放大范围。

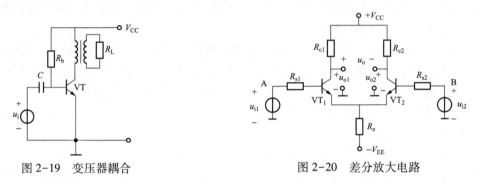

图 2-19　变压器耦合　　　　　　　图 2-20　差分放大电路

差分放大电路是对称电路。对称电路的含义是两个三极管 VT_1、VT_2 的特性一致，电路参数对应相等。

2. 差分放大电路的输入和输出方式

差分放大电路一般有两个输入端：反相输入端和同相输入端，如图 2-20 所示。在输入端 A 输入极性为正的信号 u_{i1}，输出信号 u_o 的极性与其相反，称该输入端 A 为反相输入端。在输入端 B 输入极性为正的信号 u_{i2}，而输出信号 u_o 的极性与其相同，称该输入端 B 为同相输入端。极性的判断以图中确定的正方向为准。

信号从三极管的两个基极加入称为双端输入；信号从三极管的一个基极对地加入称为单端输入。

差分放大电路一般有两个输出端：集电极 C_1 和集电极 C_2。从集电极 C_1 和集电极 C_2 之间输出信号称为双端输出，从一个集电极对地输出信号称为单端输出。

差分放大电路有两个输入端和两个输出端，组合起来就有四种连接方式，即双端输入双端输出、双端输入单端输出、单端输入双端输出和单端输入单端输出。

3. 差模信号和共模信号

（1）差模信号。差模信号是指两个幅度相等、极性相反的双端输入信号。

差分放大电路对差模信号的放大示意图如图 2-21 所示。如果输入是差模信号，从两集电极输出也是差模信号。在图示情况下，两集电极电位一个升高(U_{CQ2} 增加)，一个下降

（U_{CQ1}减小），两集电极之间有差模输出，差分放大电路对差模信号放大能力强。

（2）共模信号。共模信号是指两个幅度相等、极性相同的双端输入信号。

差分放大电路对共模信号的放大示意图如图2-22所示。如果输入是共模信号且幅度相等，两集电极电位（U_{CQ1}和U_{CQ2}）同时以相同幅度、向相同方向变化。在电路对称的条件下，两集电极之间输出$u_o = 0\text{V}$。所以，差分放大电路对共模信号放大能力弱（理想情况下无放大作用）。

图 2-21　差模输入时差分放大电路的输出情况　　　图 2-22　共模输入时差分放大电路的输出情况

温度的变化同时作用在差分放大电路中的两个三极管上，温度对三极管的影响相当于给差分放大电路加入了共模信号，所以差分放大电路能够抑制温漂。

4. 差分放大电路分析计算

（1）静态分析。图2-20所示的差分放大电路的静态和动态计算与基本放大电路基本相同。在图2-20中，发射极电阻接$-V_{EE}$，是电路中的最低电位点。R_{s1}、R_{s2}接地，可以起一部分偏置电阻的作用，R_{s1}、R_{s2}也可以看作信号源内阻。地电位相对$-V_{EE}$是高电位，所以仍然可以提供偏流，这样处理便于直接耦合的输入信号源一端接地。因差分电路的对称性，可以只对其中一半电路进行计算。在求基极电流时，R_e为发射极电阻，因为R_e流过的电流是$2I_E$，所以单边计算时，要用$2R_e$代替，才能使I_E流过$2R_e$产生的电压降与$2I_E$流过R_e产生的电压降相同。

双端输入双端输出差分放大电路的静态计算：

$$I_{CQ1} = I_{CQ2} = \beta I_{BQ1}$$

$$U_{CQ1} = U_{CQ2} = V_{CC} - I_{CQ1}R_c$$

$$U_{EQ} = -V_{EE} + 2I_{CQ1}R_e$$

$$U_{CEQ1} = U_{CEQ2} = U_{CQ1} - U_{EQ}$$

$$I_{EQ} = 2I_{CQ1} = 2I_{CQ2}$$

由于差分放大电路具有对称性，故静态时$U_o = U_{CQ1} - U_{CQ2} = 0\text{V}$。

（2）动态分析。

1）差模电压放大倍数。在图2-20差放电路的两个输入端加入差模信号，即$u_{i1} = -u_{i2} = u_{id}/2$，$u_{id} = u_{i1} - u_{i2}$时，一个三极管电流在$I_{CQ1}$的基础上增加，另一个三极管电流在$I_{CQ2}$的基础上将减少，电流的增量和减量相等。所以，输出信号电压$u_o = u_{C1} - u_{C2} \neq 0$，即在两输出端之间有信号输出。

图2-20的微变等效电路如图2-23所示，差模电压放大倍数的计算与基本放大电路差不多，也可以按半边计算。

因输入端加差模信号，在电路完全对称的条件下，i_{C1}的增量等于i_{C2}的减量（或反之）。所以，流过R_e的直流电流为$I_{EQ} = 2I_{CQ}$，流过R_e的交流电流为零，交流压降为零，故R_e对差模信号可视为交流短路。负载电阻 R_L 接于两管集电极之间，两端电压变化方向相反，负载电阻 R_L 的中点电压不变，中点相当于公共端（等效地）。将 R_L 分为相等的两部分，对 VT_1、VT_2 各取 $1/2R_L$。当从两管集电极之间输出信号时，其差模电压放大倍数与单管放大电路的电压放大倍数相同。两管基极之间的输入是单边的两倍，两管集电极输出也比单管大一倍，即

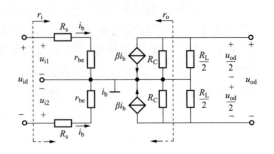

图 2-23　双入双出差分放大电路的微变等效电路

$$A_{ud} = \frac{u_{od}}{u_{id}} = \frac{\frac{1}{2}u_{od}}{\frac{1}{2}u_{id}} = -\frac{\beta R'_L}{R_s + r_{be}} \qquad (2-19)$$

式中，$R'_L = R_C \mathbin{/\mkern-5mu/} (0.5R_L)$。

在双端输入、双端输出的情况下，如果电路完全对称，则图 2-20 的双入双出差分放大电路与共射基本放大电路的电压增益基本相等（共射基本放大电路的电压增益表达式分母中无 R_s）。可见该电路是用成倍的元器件以换取抑制零点漂移的能力。

对双端输出，因考虑到差分放大电路有极好的对称性，两集电极电位做大小相同方向相同的变化。因此从两集电极输出，可认为共模输出为 0，故共模放大倍数为 0。

对于单端输出，比双端输出时，有较大的共模输出，不过由于有发射极电阻 R_e 的抑制作用，这个共模输出也不大。总之不论双端输出，还是单端输出，共模放大倍数 A_{uc} 的大小，取决于差分电路的对称性和发射极电阻 R_e 的大小。对称性好、发射极电阻大时，A_{uc} 很小。

2）差模输入电阻。在讨论差模输入电阻时，参照双入双出差分放大电路的微变等效电路（图 2-23）。不论是单端输入还是双端输入，差模输入电阻 R_{id} 的计算公式如下

$$R_{id} = 2(R_s + r_{be}) \qquad (2-20)$$

3）输出电阻。在讨论输出电阻时，参照双入双出差分放大电路的微变等效电路（图 2-23）。

单端输出时输出电阻为

$$R_{od} = R_C \qquad (2-21)$$

双端输出时输出电阻为

$$R_{od} = 2R_C \qquad (2-22)$$

5. 差分放大电路的共模抑制比

在差分放大电路中，无论是温度变化，还是电源电压的波动都会引起两管集电极电流以及相应的集电极电压向相同方向的变化，其效果相当于在两个输入端加入了共模信号。由于电路具有对称性，在理想情况下可使双端输出电压不变，从而抑制零点漂移。但在实际中差分放大电路很难做到完全对称，且 R_e 不可能太大，故 $A_{uc} \neq 0$。因此，零点漂移不能完全被克服，但将受到很大的抑制。在实际应用中，为了衡量差放抑制共模信号的能力（抑制零漂的能力），制定了一项技术指标，称为共模抑制比（K_{CMR}）。

共模抑制比定义为差模电压放大倍数 A_{ud} 与共模电压放大倍数 A_{uc} 之比的绝对值，即

$$K_{CMR} = \left| \frac{A_{ud}}{A_{uc}} \right|$$

或

$$K_{CMR} = 20\lg \left| \frac{A_{ud}}{A_{uc}} \right| \ (dB) \qquad (2-23)$$

差模电压放大倍数越大，共模电压放大倍数越小，共模抑制能力越强，放大电路的性能越优良，因此 K_{CMR} 值越大越好。共模抑制比常用分贝数表示。在集成化的差分放大电路中，K_{CMR} 是一个很大的数值，可达到 100~130dB。

2.5.3 集成运算放大器的组成和参数

1. 集成运算放大器的组成

集成运算放大器由以下四部分组成：

（1）偏置电路：为各级提供合适的静态工作点，减小失真。

（2）输入级：为了抑制零漂，采用差动放大电路。

（3）中间级：为了提高放大倍数，一般采用有源负载的共射放大电路。

（4）输出级：为了提高电路驱动负载的能力，一般采用互补对称输出级电路。

2. 运算放大器的参数

（1）静态技术指标。

1）输入失调电压 U_{IO}。一个理想的集成运算放大器，当输入电压为零时，输出电压也应为零（不加调零装置）。但实际上集成运算放大器的差分输入级很难做到完全对称，通常在输入电压为零时，存在一定的输出电压。输入失调电压是指为了使输出电压为零而在输入端加的补偿电压。实际上是指输入电压为零时，将输出电压除以电压放大倍数，折算到输入端的数值称为输入失调电压，即

$$U_{IO} = \pm \frac{U_o \mid_{U_i=0}}{A_u}$$

U_{IO} 的大小反映了运算放大器的对称程度和电位配合情况。

2）输入失调电流 I_{IO}。当输出电压为零时，差分输入级的差分对管基极的静态电流之差称为输入失调电流 I_{IO}，即

$$I_{IO} = \left| I_{B1} - I_{B2} \right|$$

由于信号源内阻的存在，I_{IO} 的变化会引起输入电压的变化，使运算放大器输出电压不为零。I_{IO} 越小，输入级差分对管的对称程度越好。

3）输入偏置电流 I_{IB}。集成运算放大器输出电压为零时，运算放大器两个输入端静态偏置电流的平均值定义为输入偏置电流，即

$$I_{IB} = \frac{1}{2}(I_{B1} + I_{B2})$$

从使用角度来看，偏置电流小好，由于信号源内阻变化引起的输出电压变化也越小，故输入偏置电流是重要的技术指标。

4）输入失调电压温漂 $\Delta U_{IO}/\Delta T$。输入失调电压温漂是指在规定工作温度范围内，输入失调电压随温度的变化量与温度变化量的比值。它是衡量电路温漂的重要指标，不能用外接调零装置的办法来补偿。输入失调电压温漂越小越好。

5）输入失调电流温漂 $\Delta I_{IO}/\Delta T$。在规定工作温度范围内，输入失调电流随温度的变化量与温度变化量之比值称为输入失调电流温漂。输入失调电流温漂是放大电路电流漂移的量度，不能用外接调零装置来补偿。

6）最大差模输入电压 U_{idmax}。最大差模输入电压 U_{idmax} 是指运算放大器两输入端能承受的最大差模输入电压。超过此电压，运算放大器输入级对管将进入非线性区，而使运算放大器的性能显著恶化，甚至造成损坏。根据工艺不同，U_{idmax} 为 ±5V～±30V。

7）最大共模输入电压 U_{icmax}。最大共模输入电压 U_{icmax} 是指在保证运算放大器正常工作条件下，运算放大器所能承受的最大共模输入电压。共模电压超过此值时，输入差分对管的工作点进入非线性区，放大器失去共模抑制能力，共模抑制比显著下降。

最大共模输入电压 U_{icmax} 定义为：标称电源电压下将运算放大器接成电压跟随器时，使输出电压产生 1% 跟随误差的共模输入电压值；或定义为 K_{CMR} 下降 6dB 时所加的共模输入电压值。

（2）动态技术指标。

1）开环差模电压放大倍数 A_{ud}。开环差模电压放大倍数 A_{ud} 是指集成运算放大器工作在线性区、接入规定的负载，输出电压的变化量与运算放大器输入端口处的输入电压的变化量之比。运算放大器的 A_{ud} 在 60～120dB 之间。

2）差模输入电阻 r_{id}。差模输入电阻 r_{id} 是指输入差模信号时运算放大器的输入电阻。r_{id} 越大，对信号源的影响越小，运算放大器的 r_{id} 一般都在几百千欧以上。

3）共模抑制比 K_{CMR}。运算放大器共模抑制比 K_{CMR} 的定义与差分放大电路中的定义相同，是差模电压放大倍数与共模电压放大倍数之比，常用分贝数来表示。不同功能的运算放大器，K_{CMR} 也不相同。K_{CMR} 越大，对共模干扰抑制能力越强。

4）开环带宽 BW。开环带宽又称 −3dB 带宽，是指运算放大器的差模电压放大倍数 A_{ud} 在高频段下降 3dB 所对应的频率 f_H。

2.5.4 运算放大器的符号

运算放大器的符号中有三个引线端：两个输入端和一个输出端。其中一个输入端称为同相输入端，在该端输入信号与输出端输出信号的极性相同，用符号 "+" 或 "IN+" 表示；

另一个输入端称为反相输入端，在该端输入信号与输出端输出信号变化的极性相异，用符号 "−" 或 "IN−" 表示。输出端一般画在输入端的另一侧，在符号边框内标有 "+"。实际的运算放大器还必须有正、负电源端，还可能有补偿端和调零端。在简化符号中，电源端、调零端等都不画。国家标准的运算放大器符号如图 2-24 所示。

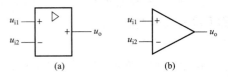

图 2-24　集成运算放大器的符号
（a）国家标准符号；（b）可选符号

> **小结与提示**　本节重点掌握差分放大电路抑制零点漂移的原理及其分析、计算方法，还需要了解集成放大器在级间耦合方面存在的问题和解决方法，以及集成放大器各参数的含义。集成放大器输入端通常采用差分电路，因此有两个输入端。根据对差分电路的分析，差分电路的输出信号和其中一个输入端信号同相，和另一个输入端信号反相，因此经过集成放大器中各级放大电路放大后，集成放大器总的输出信号必然会和某个输入端信号同相，和另一个输入端信号反相。

2.6 互补功率放大电路

在多级大电路中，放大电路的末级通常要带动一定的负载。例如，扬声器的音圈、电动机控制绕组和偏转线圈等。多级放大电路除了应有电压放大级外，还要求有一个能输出一定信号功率的输出级。把向负载提供功率的放大电路称为功率放大电路（简称功放）。前面所介绍的放大电路主要用于增强电压幅度或电流幅度，因而称为电压放大电路（电压放大器）或电流放大电路。

2.6.1 三极管的工作状态

在功率放大电路中，三极管的工作状态比较多。根据三极管在信号的一个周期之中导通角的大小来划分几种情况：

（1）甲类。电压放大电路中输入信号在整个周期内都有电流流过三极管，这种工作方式通常称为甲类放大。在一个周期内，三极管的导通角为360°。甲类功放在静态时也要消耗电源功率，这时电源功率全部消耗在管子和电阻上，并转化为热量的形式耗散出去；当有信号输入时，其中一部分转化为有用的输出功率。甲类放大电路效率低，电阻负载最高也只能达到25%；变压器负载最多可以达到50%。

（2）乙类。为了提高效率，采用乙类推挽电路，其特点是零偏置（$I_B = 0$）。有信号时工作，无信号时不工作，直流静态功率损耗为零。功率管半个周期工作，导通角为180°，这种工作方式称为乙类功放。乙类功放减少了静态功耗，效率较高（理论值可达78.5%），但出现了严重的波形失真。

（3）甲乙类。为了克服乙类功放的缺点，在乙类功放中设置开启偏置电压，使静态工作点设置在临界开启状态。只要有信号输入，三极管就开始工作，这种工作方式称甲乙类功放。在一个周期内，其导通角略大于180°，小于360°。因静态偏置电流很小，在输出功率、功耗和效率等性能上与乙类十分相近，故分析方法与乙类相同。

2.6.2 双电源甲乙类互补输出电路

1. 乙类互补输出电路的工作原理

工作在乙类的放大电路，虽然管耗小，有利于提高效率，但存在严重的失真，使得输入信号的半个波形被削掉了。如果用两个管子，使之都工作在乙类放大状态，但一个在正半周工作，而另一个在负半周工作，同时使这两个输出波形都能加到负载上，从而在负载上得到一个完整的波形，这样就解决了提高效率与非线性失真之间的矛盾。

乙类互补功率放大电路如图2-25（a）所示，该电路实现了在静态时管子不取电流，减少了静态功耗。VT_1（NPN）和VT_2（PNP）是一对特性相同的互补对称三极管。

当输入信号处于正半周，且幅度大于三极管的开启电压时，NPN型三极管导电，有电流通过负载R_L，由上到下，与假设正方向相同；当输入信号处于负半周，且幅度大于三极管的开启电压时，PNP型三极管导电，有电流通过负载R_L，与假设正方向相反。于是两个三极管正半周、负半周轮流导电，在负载上将正半周和负半周合成在一起，可得到一个基本完整的波形，如图2-25（b）所示。

2. 交越失真及其消除

（1）交越失真。在输出信号正、负半周交替过零处，因三极管存在开启电压而形成的非线性失真，称为交越失真，如图2-25（b）所示。

（2）交越失真的消除。

1）用二极管提供偏置的甲乙类互补功率放大电路。如图 2-26 所示，图中二极管 VD_1、VD_2 的支路就是三极管的静态偏置电路。它为 VT_1、VT_2 两管提供一个较小的静态电流，即偏置电压略大于两管的开启电压之和。在静态时，由于两管静态管压降相等，静态输出电压为零，所以流入负载的静态输出电流为零。在动态时，由于设置了偏置电压，在输入信号作用下，两个三极管均在略大于半个周期内导通，可基本消除交越失真。

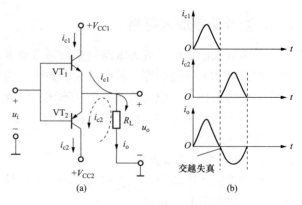

图 2-25 乙类互补功率放大电路
（a）电路图；（b）波形

2）U_{BE} 倍增的甲乙类互补功率放大电路。如图 2-27 所示，图中用电压倍增电路取代二极管，构成 U_{BE} 倍增电路，根据图 2-27 可写出

$$U_{CE4} = U_{BE4}(R_1+R_2)/R_2$$

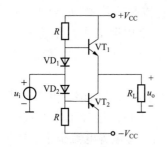

图 2-26 用二极管提供偏置的甲乙类互补功率放大电路

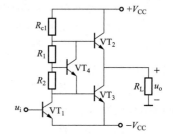

图 2-27 U_{BE} 倍增的甲乙类互补功率放大电路

三极管 VT_4 的发射结压降 U_{BE4} 基本不变（$0.6 \sim 0.7V$），调整电阻 R_1、R_2 使 U_{CE4} 倍增，可满足偏置电压需要，在集成功放中是一种常用的电路。

总之，只要给功率管设置较小的偏置电压，使它们处于临界导通状态，便可改善交越失真。功率管的导通角稍大于 $180°$，故称甲乙类互补推挽功率放大电路。由于偏置很小，故仍按乙类互补推挽功率放大电路处理。

3. 参数计算

（1）输出功率的计算。VT_1 与 VT_2 极性相反，但对称，即特性一致。若输入为正弦波，则在负载电阻上的输出功率为

$$P_o = U_o I_o = \frac{U_{om}}{\sqrt{2}} \times \frac{I_{om}}{\sqrt{2}} = \frac{U_{om}^2}{2R_L} \tag{2-24}$$

式中 U_{om}——输出电压幅值；

I_{om}——输出电流幅值。

当输出幅度最大时，可获得最大输出功率，图中的 VT_1、VT_2 可以看成工作在射极输出器状态，$A_u \approx 1$。当输入信号足够大时，使 $U_{im} = U_{om} = V_{CC} - U_{CES}$ 时。忽略三极管的饱和压降，

负载上最大输出电压幅值 $U_{\text{ommax}} \approx V_{\text{CC}}$。此时负载上的最大不失真功率为

$$P_{\text{omax}} = \frac{U_{\text{ommax}}^2}{2R_\text{L}} \approx \frac{V_{\text{CC}}^2}{2R_\text{L}} \qquad (2-25)$$

（2）功率管的功率损耗计算。三极管的功率损耗主要是集电结的功耗，从另一个角度看，电源输入的直流功率，有一部分通过三极管转换为输出功率，剩余的部分则消耗在三极管上，形成三极管的管耗。对于互补功放电路，在输出正弦波的幅值为 U_{om} 时，输出功率为

$$P_\text{o} = \frac{U_{\text{om}}^2}{2R_\text{L}} \qquad (2-26)$$

对应的直流电源提供的输入功率

$$P_\text{V} = \frac{1}{\pi}\int_0^\pi V_{\text{CC}} i_{\text{cc}} \text{d}(\omega t) = \frac{V_{\text{CC}}}{\pi}\int_0^\pi \frac{U_{\text{om}}}{R_\text{L}}\sin\omega t \text{d}(\omega t) = \frac{2V_{\text{CC}} U_{\text{om}}}{\pi R_\text{L}}$$

两个三极管的功耗

$$P_\text{T} = P_\text{V} - P_\text{o} = \frac{2V_{\text{CC}} U_{\text{om}}}{\pi R_\text{L}} - \frac{U_{\text{om}}^2}{2R_\text{L}} \qquad (2-27)$$

P_T 与 U_{om} 成非线性关系。可用 P_T 对 U_{om} 求导的办法找出最大值，P_{Tmax} 发生在 $U_{\text{om}} = 0.64V_{\text{CC}}$ 处，将 $U_{\text{om}} = 0.64V_{\text{CC}}$ 代入 P_T 表达式，可得 P_{Tmax}

$$P_{\text{Tmax}} = \frac{2V_{\text{CC}} U_{\text{om}}}{\pi R_\text{L}} - \frac{U_{\text{om}}^2}{2R_\text{L}} = \frac{2V_{\text{CC}} 0.64V_{\text{CC}}}{\pi R_\text{L}} - \frac{(0.64V_{\text{CC}})^2}{2R_\text{L}} = 0.4P_{\text{omax}} \qquad (2-28)$$

对一只三极管

$$P_{\text{T1max}} = P_{\text{T2max}} = 0.2P_{\text{omax}} \qquad (2-29)$$

功率三极管的功耗以发热的形式散发出来，为此必须给三极管加一定大小的散热器，以帮助三极管散热。否则三极管的温度上升，会导致反向饱和电流急剧增加，使三极管不能正常工作，甚至烧毁。

（3）效率 η 的计算。互补功放的效率为

$$\eta = \frac{P_\text{o}}{P_\text{V}} = \frac{\dfrac{U_{\text{om}}^2}{2R_\text{L}}}{\dfrac{2V_{\text{CC}} U_{\text{om}}}{R_\text{L}}} = \frac{\pi}{4} \times \frac{U_{\text{om}}}{V_{\text{CC}}} \qquad (2-30)$$

当 $U_{\text{om}} = V_{\text{CC}}$ 时效率最大，互补功放的最大效率 $\eta = \pi/4 = 78.5\%$。显然实际的数值要小于78.5%，因为三极管的饱和压降均没有考虑。

（4）功率管的选择。

1）管耗：根据式（2-29）选择功率管的最大功率损耗。

2）击穿电压 $U_{\text{(BR)CEO}}$：$|U_{\text{(BR)CEO}}| > 2V_{\text{CC}}$。

3）最大集电极电流 I_{CM}：$I_{\text{CM}} > V_{\text{CC}}/R_\text{L}$。

小结与提示 本节重点掌握双电源、单电源互补对称功率放大电路的工作原理和分析、计算方法。功率放大电路通常是多级放大电路的最后一级，需要直接驱动负载工作，要求电路的输出电阻小，带负载能力强，因此可以考虑采用共集电极放大电路。但是一般的共集电极电路需要设置较高的静态工作点，否则会发生非线性失真，而较高的静态工作

点会使电路效率降低，因此可以采取互补对称式功率放大电路。为消除交越失真，互补对称式功率放大电路通常工作在甲乙类状态，此时，两个功放管在静态时均工作在微弱导通状态，这样既不降低电路的工作效率，在动态时又可以消除交越失真。由于两个功放管中流过的电流远大于电路中其他元件（包括为消除交越失真而使用的电阻、二极管等）流过的电流，因此甲乙类互补对称功率放大电路各参数的计算公式和乙类电路相同。

2.7 负反馈放大电路

2.7.1 反馈的概念

反馈是为改善放大电路的性能而引入的一项技术措施。反馈的示意图如图 2-28 所示。反馈就是将输出信号取出一部分或全部送回到放大电路的输入回路，与原输入信号相加或相减后再作用到放大电路的输入端。

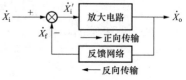

图 2-28 反馈的示意图

在放大电路中信号的传输方向有两种，从输入端到输出端方向的传输是正向传输，从输出端向输入端方向的传输是反向传输。正向传输经过放大电路的正向传输通道，主要经过三极管和集成电路等具有放大功能的电子器件，以及通过相关的电阻和电抗性网络向输出端传输。但是，放大电路输入端的信号经反馈网络向输出端传输的部分，因为它不经过放大器件，和经过放大器件的正向传输相比是很小的，给予忽略。

从图 2-28 可以看出放大电路和反馈网络正好构成一个环路，放大电路无反馈称为开环，放大电路有反馈称为闭环。反馈的概念不仅仅限于放大电路。

2.7.2 反馈基本方程式

反馈基本方程式是说明有反馈时放大电路的增益和无反馈时放大电路增益之间关系的表达式。在图 2-28 中，$\dot{X}_i$ 是输入信号，$\dot{X}_f$ 是反馈信号，$\dot{X}_i'$ 称为净输入信号。可以推导出反馈放大电路的基本方程。放大电路的开环放大倍数，即无反馈的放大倍数定义为

$$A = \frac{\dot{X}_o}{\dot{X}_i'} \tag{2-31}$$

反馈网络的反馈系数定义为

$$F = \frac{\dot{X}_f}{\dot{X}_o} \tag{2-32}$$

放大电路的闭环放大倍数

$$A_f = \frac{\dot{X}_o}{\dot{X}_i} \tag{2-33}$$

由于

$$\dot{X}_i' = \dot{X}_i - \dot{X}_f$$

$$A_f = \frac{\dot{X}_o}{\dot{X}_i} = \frac{A\dot{X}_i'}{\dot{X}_i' + \dot{X}_f} = \frac{A}{\dfrac{\dot{X}_i' + \dot{X}_f}{\dot{X}_i'}} = \frac{A}{1 + AF} \tag{2-34}$$

式中，AF 称为环路增益。而 $1+AF$ 称为反馈深度，它反映了反馈对放大电路影响的程度，可分为下列三种情况：① 当 $|1+AF|>1$ 时，$|A_f|<|A|$，电压增益下降，相当负反馈；② 当 $|1+AF|<1$ 时，$|A_f|>|A|$，电压增益上升，相当正反馈；③ 当 $|1+AF|=0$ 时，$|A_f|=\infty$，相当于输入为零时仍有输出，故称为"自激状态"。

环路增益 $|AF|$ 是指放大电路和反馈网络所形成闭环环路的增益，当 $|AF|\gg1$ 时称为深度负反馈，与 $|1+AF|\gg1$ 相当。

在此还要注意的是 X_i、X_f 和 X_o 可以是电压信号，也可以是电流信号。它们取不同信号时，可影响 A、A_f、F 的量纲。

2.7.3 反馈的组态及判断方法

1. 负反馈和正反馈

（1）概念。负反馈是加入反馈后净输入信号减小，即 $|\dot{X}_i'|<|\dot{X}_i|$，输出幅度下降，A_f 下降；正反馈是加入反馈后净输入信号增加，即 $|\dot{X}_i'|>|\dot{X}_i|$，输出幅度增加，A_f 上升。

（2）正反馈和负反馈的判断法。在放大电路的输入端，假设一个输入信号对地的电压极性，可用"+""-"表示。按信号正向传输方向依次判断相关点的瞬时极性，一直达到反馈信号取出点。再按反馈信号的传输方向判断反馈信号的瞬时极性，直至反馈信号和输入信号的相加点。如果反馈信号的瞬时极性使净输入减小，则为负反馈；反之为正反馈。反馈信号和输入信号的相加点往往是同一个三极管的发射结，或集成运算放大器的同相输入端和反相输入端。上述方法称为瞬时极性法。

2. 串联反馈和并联反馈

反馈信号与输入信号加在放大电路输入回路的同一个电极，称为并联反馈，此时反馈信号与输入信号是电流相加减的关系；反之，反馈信号与输入信号加在放大电路输入回路的两个电极，则为串联反馈，此时反馈信号与输入信号是电压相加减的关系，如图 2-29 所示。

在明确串联反馈和并联反馈后，正反馈和负反馈可用下列规则来判断：反馈信号和输入信号加于输入回路一点时（即并联反馈），输入信号和反馈信号的瞬时极性相同的为正反馈，瞬时极性相反的是负反馈；反馈信号和输入信号加于输入回路两点时（即串联反馈），瞬时极性相同的为负反馈，瞬时极性相反的是正反馈。注意：信号的极性都是以地线为参考而言的。

对共射组态三极管来说这两点是基极和发射极，对运算放大器来说是同相输入端和反相输入端，如图 2-29 所示。

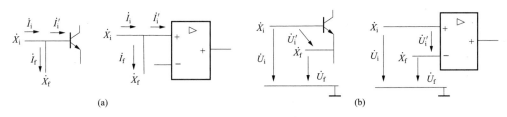

图 2-29　并联和串联反馈时对正反馈和负反馈的判断
（a）并联反馈；（b）串联反馈

3. 电压反馈和电流反馈

反馈信号的大小与输出电压成比例的反馈称为电压反馈；反馈信号的大小与输出电流成比例的反馈称为电流反馈。电压反馈与电流反馈的判断方法：将输出电压"短路"，若反馈回来的反馈信号为零，则为电压反馈；若反馈信号仍然存在，则为电流反馈。

4. 交流反馈和直流反馈

反馈信号只有交流成分时为交流反馈，反馈信号只有直流成分时为直流反馈，既有交流成分又有直流成分时为交直流反馈。

2.7.4 四种负反馈放大电路的分析

1. 电压串联负反馈放大电路

有两个电路如图 2-30 所示，判断电路的反馈组态，求电路的增益。

（1）组态的判断。根据瞬时极性法判断，如图 2-30(a) 所示，经 R_f 加在发射极 E_1 上的反馈电压为"+"，与输入电压极性相同，且加在输入回路的两点，故为串联负反馈。反馈信号与输出电压成比例，是电压反馈，后级对前级的这一反馈是交流串联电压负反馈。

如图 2-30(b) 所示，因输入信号和反馈信号加在运算放大器的两个输入端，故为串联反馈，根据瞬时极性判断是负反馈，且为电压负反馈。结论是交直流串联电压负反馈。

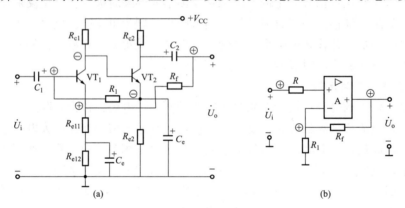

图 2-30　电压串联负反馈
(a)分立元件放大电路；(b)集成运算放大器放大电路

（2）闭环放大倍数。对于串联电压负反馈，在输入端是输入电压和反馈电压相减，所以

$$A_{uuf} = \frac{\dot{X}_o}{\dot{X}_i} = \frac{\dot{U}_o}{\dot{U}_i} = \frac{\dot{A}_{uu}}{1 + \dot{A}_{uu}\dot{F}_{uu}}$$

反馈系数 $F_{uu} = \dfrac{\dot{X}_f}{\dot{X}_o} = \dfrac{\dot{U}_f}{\dot{U}_o}$，对于图 2-30(a)，在深度负反馈条件下

$$F_{uu} \approx \frac{R_{e1}}{R_f + R_{e1}}, A_{uuf} = 1 + \frac{R_f}{R_{e1}}$$

对于图 2-30(b)

$$F_{uu} \approx \frac{R_1}{R_f + R_1}, A_{uuf} = 1 + \frac{R_f}{R_1}$$

2. 电压并联负反馈

电压并联负反馈电路如图 2-31 所示。因反馈信号与输入信号在一点相加，为并联反馈。根据瞬时极性法判断，为负反馈，且为电压负反馈。结论是交直流电压并联负反馈。因为是并联反馈，在输入端采用电流相加减。

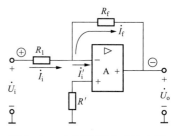

图 2-31　电压并联负反馈电路

3. 电流串联负反馈

电流串联负反馈电路如图 2-32 所示。

对图 2-32(a)，反馈电压从 R_{e1} 上取出，根据瞬时极性和反馈电压接入方式，可判断为串联负反馈。因输出电压短路，反馈信号仍然存在，故为电流串联负反馈。

对图 2-32(b)，根据瞬时极性和反馈电压接入方式，可判断为串联负反馈。将输出电压短路，反馈信号仍然存在，故为电流串联负反馈。

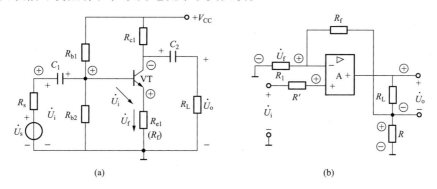

图 2-32　电流串联负反馈电路

4. 电流并联负反馈

电流并联负反馈电路如图 2-33 所示。对于图(a)电路，反馈节点与输入点相同，所以是电流并联负反馈。对于图(b)电路，也为电流并联负反馈。

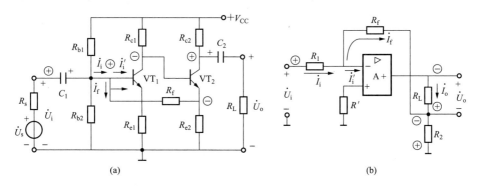

图 2-33　电流并联负反馈电路

2.7.5　负反馈对放大电路性能的影响

负反馈是改善放大电路性能的重要技术措施，广泛应用于放大电路和反馈控制系统之中。

1. 负反馈对增益的影响

负反馈对增益的影响包括两方面，即负反馈对增益大小的影响和负反馈对增益稳定性的影响。

(1) 负反馈对增益大小的影响。根据负反馈基本方程，不论何种负反馈，都可使反馈放大倍数下降 $|1+AF|$ 倍，对电压串联负反馈

$$A_{uuf} = \frac{\dot{X}_o}{\dot{X}_i} = \frac{\dot{U}_o}{\dot{U}_i} = \frac{A_{uu}}{1+A_{uu}F_{uu}}$$

当环路增益 $|AF| \gg 1$ 时，即深度负反馈时，闭环放大倍数

$$A_f = \frac{A}{1+AF} \approx \frac{1}{F}$$

也就是说在深度负反馈条件下，闭环放大倍数近似等于反馈系数的倒数，与三极管等有源器件的参数基本无关。

(2) 负反馈对增益稳定性的影响。在负反馈条件下增益的稳定性也得到了提高，这里增益应该与反馈组态相对应

$$dA_f = \frac{(1+AF)dA - AFdA}{(1+AF)^2} = \frac{dA}{(1+AF)^2}$$

$$\frac{dA_f}{A_f} = \frac{1}{1+AF} \times \frac{dA}{A} \qquad (2-35)$$

式(2-35)表明，有反馈时增益的稳定性比无反馈时提高了 $(1+AF)$ 倍。要注意对电压负反馈使电压增益的稳定性提高；对电流负反馈使电流增益的稳定性提高。不同的反馈组态对相应组态的增益的稳定性有所提高。

2. 负反馈对输入电阻的影响

负反馈对输入电阻的影响与反馈加入的方式有关，即与串联反馈或并联反馈有关，而与电压反馈或电流反馈无关。

(1) 串联负反馈使输入电阻增加。当是串联负反馈时，反馈电压与输入电压加在放大电路输入回路的两个点，且极性相同，所以净输入电压减小，输入电流减小，这相当输入电阻增加，如图 2-32(b)所示。

(2) 并联负反馈使输入电阻减小。在并联负反馈放大电路的输入端，输入信号与反馈信号加在同一个点，如图 2-33(a)所示。由于反馈极性为负，反馈电路将分流一部分输入电流，使输入电流增大，相当输入电阻减小。

3. 负反馈对输出电阻的影响

(1) 电压负反馈使输出电阻减小。电压负反馈可以稳定输出电压，使放大电路接近电压源，输出电压稳定，也就是放大电路带负载能力强，相当输出电阻减小。输出电阻小，输出电压在内阻上的电压降就小，输出电压稳定性就好，这与电压负反馈可使输出电压稳定是一致的因果关系。理论推导可以证明电压负反馈可以使输出电阻减少 $(1+AF)$ 倍。

(2) 电流负反馈使输出电阻增加。这与电流负反馈可以稳定输出电流有关。输出电流稳定，使放大电路接近电流源，因此放大电路的输出电阻，即内阻增加，电流负反馈使输出电流稳定与输出电阻增大是一致的因果关系。理论推导可以证明电流负反馈可以使输出电阻增

加$(1+AF)$倍。

2.7.6 负反馈放大电路的自激振荡

多级放大电路中引入某种负反馈组态可以改善它的许多性能指标，但不合适的反馈深度和多级放大电路的附加相移将可能使放大电路产生自激振荡。

（1）产生自激振荡的条件。幅度条件$1+\dot{A}\dot{F}=0$，即$|\dot{A}\dot{F}|=1$；相位条件$\angle\dot{A}\dot{F}=\pm(2n+1)\pi$（$n$为整数）。

以上两个条件都具备时，放大电路就将产生自激振荡。电路一旦自激，就意味着失去控制，不再能够实现正常放大工作。

（2）产生自激振荡的原因分析。在电路中引入的负反馈，实际上都是基于在中频区进行的。但$\dot{A}$、$\dot{F}$是频率的函数，由放大电路频率特性知道，在高频区或低频区，$\dot{A}$除了幅度下降，还有附加相移，这将可能导致$1+\dot{A}\dot{F}=0$，从而产生了自激振荡。

对于单级放大电路，其附加相移为$0°\sim\pm90°$，不会自激；对于两级放大电路，附加相移$0°\sim\pm180°$，不会自激；对于三级或三级以上放大电路，其附加相移$0°\sim\pm270°$以上，则肯定有个频率f_0，将使附加相移达到$180°$，此时负反馈变性为正反馈。若$|\dot{A}\dot{F}|\geq1$，则满足自激振荡条件，能够起振和振荡；若$|\dot{A}\dot{F}|<1$，则不满足自激振荡条件，电路仍然是稳定的。

（3）自激振荡频率来源。自激振荡频率来源包括电路开机激励、外来干扰或者热噪声等。

> **小结与提示** 本节重点需要掌握反馈的基本概念、反馈的四种组态以及负反馈对放大器性能的影响，能够根据电路设计要求为电路设置合适的反馈类型。负反馈可以改善电路的性能，直流负反馈的主要作用是稳定静态工作点，交流负反馈则可以影响电路的放大倍数和输入、输出电阻，因此所谓的反馈组态主要是针对交流负反馈而言。要注意当负反馈电路存在有高频或低频噪声、干扰信号时，为待放大的中频区信号设计的负反馈对于此类高、低频信号有可能会变成正反馈，将引起放大电路自激，而让放大电路自激恰好是振荡电路的需要。在负反馈放大电路中需要采取措施避免自激，而振荡电路则为使电路自激需要人为地为电路设置正反馈。

2.8 集成运算放大器在运算电路中的应用

2.8.1 运算放大器线性应用的特点

运算放大器的线性应用是运算放大器应用电路中最重要的组成部分。所谓"线性应用"是指运算放大器输出信号与输入信号间保持一定的函数关系，运算放大器工作在线性区，相当于一个线性放大器。

1. 理想运算放大器和理想运算放大器条件

在分析和综合运算放大器应用电路时，大多数情况下，可以将集成运算放大器看成一个理想运算放大器。理想运算放大器顾名思义是将集成运算放大器的各项技术指标理想化。由于实际运算放大器的技术指标比较接近理想运算放大器，因此由理想化带来的误差非常小，在一般的工程计算中可以忽略。

理想运算放大器各项技术指标为：① 开环差模电压放大倍数 $A_{ud} = \infty$；② 输入电阻 $R_{id} = \infty$，输出电阻 $R_{od} = 0$；③ 输入偏置电流 $I_{B1} = I_{B2} = 0$；④ 失调电压 U_{IO}、失调电流 I_{IO}、失调电压温漂 $\Delta U_{IO}/\Delta T$、失调电流温漂 $\Delta I_{IO}/\Delta T$ 均为零；⑤ 共模抑制比 $K_{CMR} = \infty$；⑥ $-3dB$ 带宽 $f_H = \infty$；⑦ 无内部干扰和噪声。

2. 虚短和虚断

理想运算放大器工作在线性区时可以得出两条重要的结论。

（1）虚短。因为理想运算放大器的电压放大倍数很大，而运算放大器工作在线性区，是一个线性放大电路，输出电压不超出线性范围(即有限值)，所以，运算放大器同相输入端与反相输入端的电位十分接近相等。在运算放大器供电电压为±15V 时，输出的最大值一般在 $10 \sim 13V$。所以运算放大器两输入端的电压差，在 1mV 以下，近似两输入端短路。这一特性称为虚短，显然这不是真正的短路，只是分析电路时在允许误差范围之内的合理近似。

要使运算放大器工作在线性区，则必须给运算放大器加上深度负反馈才能实现，由于理想运算放大器开环差模电压放大倍数 $A_{ud} = \infty$，因此很容易满足深度负反馈的条件。

（2）虚断。由于运算放大器的输入电阻一般都在几百千欧以上，流入运算放大器同相输入端和反相输入端中的电流十分微小，比外电路中的电流小几个数量级，流入运算放大器的电流往往可以忽略，这相当运算放大器的输入端开路，这一特性称为虚断。显然，运算放大器的输入端不能真正开路。

在给运算放大器加上深度负反馈后，净输入量很小，所以易于实现"虚短"和"虚断"。

2.8.2 比例运算电路

比例运算电路说明输出信号与输入信号之间满足比例运算的关系，比例运算电路是各种运算电路的基础。

1. 反相比例运算

理想运算放大器组成的反相比例运算电路如图 2-34 所示，图中运算放大器中的 ∞ 表示为理想运算放大器。

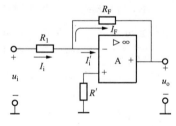

图 2-34 反相比例运算电路

根据虚断，$I_i' \approx 0$，故 $U_+ \approx 0$，且 $I_i \approx I_F$；根据虚短，$U_- \approx U_+ \approx 0$，所以有

$$I_i = \frac{U_i - U_-}{R_1} \approx \frac{U_i}{R_1}$$

$$U_o = -I_F R_F \approx -\frac{U_i}{R_1} R_F$$

所以，电压增益

$$A_u = \frac{U_o}{U_i} = -\frac{I_F R_F}{I_i R_1} \approx -\frac{R_F}{R_1} \tag{2-36}$$

电压增益表达式有一个负号，这个符号是根据电路中电压正方向的规定得出的。也可以这样看这个负号，因为输入电压是通过电阻 R_1 加在运算放大器的反相输入端，输出电压与输入电压反相。

反相比例运算电路的输入电阻为

$$R_{\mathrm{i}} = R_1 \qquad\qquad (2-37)$$

根据上述关系式，该电路可用于反相比例运算。平衡电阻 R' 是为了保证运算放大器的两个差动输入端处于平衡的工作状态，避免输入偏流产生附加的差动输入电压。因此，应该使反相输入端和同相输入端对地的电阻相等，应保证 $R' = R_1 /\!/ R_{\mathrm{F}}$。

$U_+ \approx U_- \approx 0$ 称为虚地现象。虚地是反相输入端的电位近似等于地电位，且对于理想运算放大器也没有电流流入运算放大器的反相输入端。此现象是反相运算电路的一个重要特点。

2. 同相比例运算

理想运算放大器组成的同相比例运算电路如图2-35所示。根据虚断，因输入回路没有电流，所以，$U_{\mathrm{i}} = U_+$。根据虚短，$U_{\mathrm{i}} = U_+ \approx U_-$，故

$$U_+ = U_{\mathrm{i}} = \frac{R_1}{R_1 + R_{\mathrm{F}}} U_{\mathrm{o}}$$

所以，电压增益为

$$A_{\mathrm{u}} = \frac{U_{\mathrm{o}}}{U_{\mathrm{i}}} = 1 + \frac{R_{\mathrm{F}}}{R_1} \qquad\qquad (2-38)$$

根据上述关系式，该电路可用于同相比例运算。同相比例运算电路在运算放大器的两输入端加上了共模电压，不存在虚地现象；此外，输入电阻中包含了运算放大器的输入电阻，在一般情况下可以看成无穷大。

实际电路中，经常将同相比例运算电路接成如图2-36所示的电压跟随器形式。根据虚短和虚断的概念，在此电路中输出电压等于输入电压，电压增益等于1。该电路还具有和共集电极组态基本放大电路相同的重要性质，如输出输入同相，输入电阻很大，输出电阻很小等。

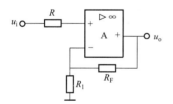

图 2-35　同相比例运算电路

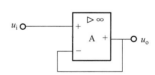

图 2-36　同相跟随器

同相比例运算电路的输入电阻非常大，一般情况下可视为无穷大。无虚地存在，有共模电压输入。

3. 差动比例运算

理想运算放大器组成的差动比例运算放大电路如图2-37所示。为保证输入端处于平衡状态，两个输入端对地的电阻相等，同时为降低共模电压放大倍数，通常使 $R_1 = R'_1$，$R'_{\mathrm{F}} = R_{\mathrm{F}}$。

利用叠加定理可以求得反相输入端和同相输入端的电位为

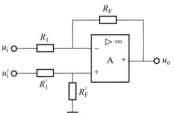

图 2-37　差动比例运算放大电路

$$U_- = U_{\mathrm{i}} \frac{R_{\mathrm{F}}}{R_1 + R_{\mathrm{F}}} + U_{\mathrm{o}} \frac{R_1}{R_1 + R_{\mathrm{F}}}, \qquad U_+ = U'_{\mathrm{i}} \frac{R'_{\mathrm{F}}}{R'_1 + R'_{\mathrm{F}}}$$

根据虚短，可知 $U_- = U_+$，当满足 $R_1 = R'_1$，$R_{\mathrm{F}} = R'_{\mathrm{F}}$ 时，

可得

$$U_o = -\frac{R_F}{R_1}(U_i - U_i')$$

$$A_u = \frac{U_o}{U_i - U_i'} = -\frac{R_F}{R_1} \tag{2-39}$$

电路的输出电压与两个输入电压的差值成正比，电压增益的数值与反相比例运算电路相同。差动比例运算放大电路的同相输入端和反相输入端有共模电压存在，没有虚地现象。由此可以看出，有虚地存在，在反相输入端和同相输入端无共模电压；无虚地存在时，在反相输入端和同相输入端有共模电压存在。

2.8.3 求和运算电路

输出量是多个输入量按照一定比例相加的结果，称为求和运算，或者称为比例求和。

1. 反相输入求和电路

在反相比例运算电路的基础上，增加一个输入支路，就构成了反相输入求和电路，如图 2-38 所示。此时两个输入信号电压产生的电流都流向 R_F，输出是两输入信号的比例和。

由图 2-38，可得

$$u_o = -(i_{i1} + i_{i2})R_F = -\left(\frac{u_{i1}}{R_1} + \frac{u_{i2}}{R_2}\right)R_F$$

$$u_o = -\left(\frac{R_F}{R_1}u_{i1} + \frac{R_F}{R_2}u_{i2}\right) \tag{2-40}$$

2. 同相输入求和电路

在同相比例运算电路的基础上，增加一个输入支路，就构成了同相输入求和电路，如图 2-39 所示。

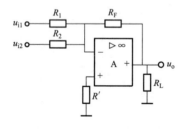

图 2-38 反相输入求和电路

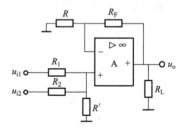

图 2-39 同相输入求和电路

因运算放大器具有虚断的特性，所以

$$u_- = \frac{R}{R_F + R}u_o$$

对运算放大器同相输入端的电位可用叠加原理求得

$$u_+ = \frac{(R_2 /\!/ R')u_{i1}}{R_1 + (R_2 /\!/ R')} + \frac{(R_1 /\!/ R')u_{i2}}{R_2 + (R_1 /\!/ R')}$$

而

$$u_- = u_+$$

由此可得出

$$u_o = \left[\frac{(R_2 /\!/ R') u_{i1}}{R_1 + (R_2 /\!/ R')} + \frac{(R_1 /\!/ R') u_{i2}}{R_2 + (R_1 /\!/ R')} \right] \frac{R_F + R}{R}$$

$$= \left[\frac{R_1}{R_1} \times \frac{(R_2 /\!/ R') u_{i1}}{R_1 + (R_2 /\!/ R')} + \frac{R_2}{R_2} \times \frac{(R_1 /\!/ R') u_{i2}}{R_2 + (R_1 /\!/ R')} \right] \frac{R_F + R}{R}$$

$$= \left(\frac{R_p}{R_1} u_{i1} + \frac{R_p}{R_2} u_{i2} \right) \left(\frac{R + R_F}{R} \times \frac{R_F}{R_F} \right)$$

$$u_o = \frac{R_p}{R_n} \times R_F \times \left(\frac{u_{i1}}{R_1} + \frac{u_{i2}}{R_2} \right) \tag{2-41}$$

式中，$R_p = R_1 /\!/ R_2 /\!/ R'$，$R_n = R_F /\!/ R$。

2.8.4 积分和微分运算电路

1. 积分运算电路

积分运算电路的分析方法与求和电路差不多，反相积分运算电路如图 2-40 所示。根据虚地有 $i = u_i/R$，于是

$$u_o = -u_C = -\frac{1}{C} \int i_C \mathrm{d}t = -\frac{1}{RC} \int u_i \mathrm{d}t \tag{2-42}$$

由此可见，输出电压为输入电压对时间的积分，负号表明输出电压和输入电压在相位上是相反的。

当输入信号是阶跃直流电压 U_i 时，电容将以近似恒流的方式进行充电，输出电压与时间呈线性关系，即

$$u_o = -u_C = -\frac{1}{RC} \int u_i \mathrm{d}t = -\frac{U_i}{RC} t \tag{2-43}$$

实际的积分电路，应当采用失调电压、偏置电流和失调电流较小的运算放大器，并在同相输入端接入可调平衡电阻；选用泄漏电流小的电容，如薄膜电容、聚苯乙烯电容，可以减少积分电容的漏电流产生的积分误差。

2. 微分运算电路

微分运算电路如图 2-41 所示，显然

$$u_o = -i_R R = -i_C R = -RC \frac{\mathrm{d}u_C}{\mathrm{d}t}$$

$$u_o = -RC \frac{\mathrm{d}u_i}{\mathrm{d}t} \tag{2-44}$$

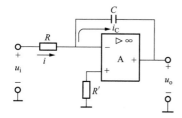

图 2-40 反相积分运算电路

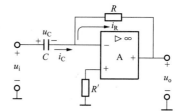

图 2-41 微分运算电路

由上式可知，输出电压是输入电压的微分。这种微分电路当输入信号频率高时，电容的容抗减小，放大倍数增大，因而对输入信号中的高频干扰非常敏感。

小结与提示　本节重点需要掌握比例、求和、积分、微分等运算电路的工作原理和计算方法。需要注意的是，要实现上述运算关系，集成电路运算放大器必须工作在负反馈状态，否则输出无法和输入之间保持线性关系，也就无法实现运算。在深度负反馈条件下，集成放大器的两个输入端存在虚短和虚断，利用这一点，可以大大简化电路运算关系的分析、计算。所谓虚短是指，放大器两个输入端之间的电压信号和与其串联的其他电压信号相比很小，在计算时可以近似当作0来处理；所谓虚断是指，放大器两个输入端流入放大器内部的电流和与其并联的其他支路电流相比很小，在计算时可以近似当作0来处理，上述电压和电流信号并不真的为0，否则电路无法正常工作。

2.9　集成运算放大器在信号处理电路中的应用

2.9.1　有源滤波器

1. 滤波器的分类

滤波电路的作用为：允许规定范围内的信号通过，而使规定范围之外的信号不能通过。滤波器分为4类，即低通滤波器（LPF）［图2-42(a)］、高通滤波器（HPF）［图2-42(b)］、带通滤波器（BPF）［图2-42(c)］和带阻滤波器（BEF）［图2-42(d)］。

图2-42描述了4种滤波器的理想特性（图中实线表示），对低通和高通滤波器，有一个截止频率f_0，它把频率域分为通带和阻带。对于带通和带阻滤波器，存在着上限截止频率f_1和下限截止频率f_2，它们之差即$|f_2-f_1|$叫作通带宽度或阻带宽度。

实际上的滤波器在通带与阻带交界的地方并不能一下子阻断信号，存在着一个逐渐衰减的过程（图中虚线部分）。因此，在设计滤波器的时候，应尽量使信号在截止频率附近衰减的速度加快，才能使滤波器更接近理想，从而滤波效果更好。

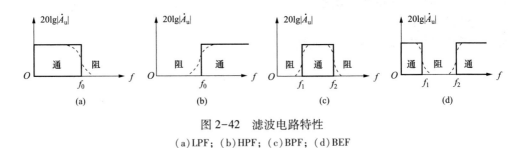

图2-42　滤波电路特性
(a) LPF；(b) HPF；(c) BPF；(d) BEF

利用电阻、电容等无源器件构成的滤波电路有很大的缺陷，如电路增益小、驱动负载能力差等。

2. 有源低通滤波器

一阶低通滤波器电路如图2-43所示，其幅频特性曲线如图2-44所示。一阶有源滤波器的特点是电路简单，阻带衰减太慢，选择性较差。

图2-43中输出电压与运算放大器同相端电位的关系是

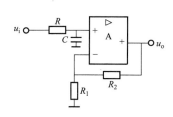

图 2-43　一阶低通滤波器电路

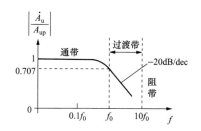

图 2-44　一阶低通滤波器的幅频特性曲线

$$\dot{U}_o = \left(1 + \frac{R_2}{R_1}\right)\dot{U}_+$$

$\dot{U}_+$ 是运算放大器同相输入端的信号，它与输入电压的关系是

$$\dot{U}_+ = \dot{U}_C = \frac{1}{1+j\omega CR}\dot{U}_i$$

$$\dot{A}(j\omega) = \frac{\dot{U}_o(j\omega)}{\dot{U}_i(j\omega)_{up}} = \frac{A_{up}}{1+j\omega RC} = \frac{A_{up}}{1+j\dfrac{\omega}{\omega_0}} \qquad (2\text{-}45)$$

式中，$\omega_0 = \dfrac{1}{RC} = 2\pi f_0$。

通带上限截止频率是

$$f_H = f_0 = \frac{1}{2\pi RC} \qquad (2\text{-}46)$$

在对数频率特性图（又称为波特图）中常用十倍频程来说明频率特性曲线的变化速率。过上限截止频率后，幅频特性曲线开始以 -20dB/dec 的速率下降。图 2-44 的纵坐标是对数坐标，当频率达到 $f = 10f_0$ 时，计算出的放大倍数是通带增益 A_{uP} 的十分之一，十倍的电压增益相当 20dB。因为增益是下降的，所以写成 -20dB/dec。

3. 有源高通滤波器

从图上可以读出，高通滤波器和低通滤波器互为对偶（镜像）关系，因此，可以由低通滤波器来类比推出高通滤波器的电压增益关系。

一阶高通滤波器电路如图 2-45 所示，对应的幅频特性曲线如图 2-46 所示。

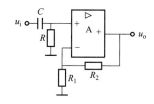

图 2-45　一阶高通滤波器电路

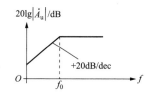

图 2-46　一阶高通滤波器幅频特性曲线

电压增益

$$\dot{A}(j\omega) = \frac{\dot{U}_o(j\omega)}{\dot{U}_i(j\omega)} = \frac{A_{up}}{1 + \frac{1}{j\omega RC}} = \frac{A_{up}}{1 - j\frac{\omega}{\omega_0}} \qquad (2-47)$$

式中，$\omega_0 = \dfrac{1}{RC} = 2\pi f_0$；$A_{up} = 1 + \dfrac{R_2}{R_1}$。

通带截止频率

$$f_0 = f_L = \frac{1}{2\pi RC} \qquad (2-48)$$

2.9.2　采样保持电路

图 2-47 所示为一个实际的采样保持电路 LF198 的电路结构图，图中 A_1、A_2 是两个运算放

大器，S 是模拟开关，L 是控制模拟开关 S 状态的逻辑单元电路。采样时令 $u_L = 1$，S 随之闭合。A_1、A_2 接成单位增益的电压跟随器，故 $u_o = u_o' = u_i$。同时 u_o' 通过 R_2 对外接电容 C_h 充电，使 $u_{ch} = u_i$。因电压跟随器的输出电阻十分小，故对 C_h 充电很快结束。采样结束时，令 $u_L = 0$，S 断开，由于 u_{ch} 无放电通路，其上电压值基本不变，故使 u_o 值得以保持，即将采样所得结果保持下来。

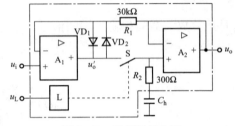

图 2-47　采样保持电路

图中还有一个由二极管 VD_1、VD_2 组成的保护电路。在没有 VD_1 和 VD_2 的情况下，如果在 S 再次接通以前 u_i 变化了，且变化较大时，于是 u_o' 的变化也很大。以至于使 A_1 的输出进入饱和状态，u_o' 与 u_i 不再保持线性关系，并使开关电路承受较高的电压，不利于安全。接入 VD_1 和 VD_2 以后，当 u_o' 比 u_o 所保持的电压高出一个二极管的正向压降时，VD_1 将导通，u_o' 被钳位于 $u_i + U_{D1}$。这里的 U_{D1} 表示二极管 VD_1 的正向导通压降。u_o' 比 u_o 低一个二极管的压降时，VD_2 导通，将 u_o' 钳位于 $u_i - U_{D2}$。U_{D2} 为 VD_2 的正向压降。在 S 接通的情况下，因为 $u_o' \approx u_o$，所以 VD_1 和 VD_2 都不导通，保护电路不起作用。

2.9.3　电压比较器

集成比较器是由集成运算放大器组成的一种模拟电压比较电路，是将一个模拟电压信号与一个基准电压相比较的电路。电压比较器的基本特点是：工作在开环或正反馈状态；因开环增益很大，比较器的输出只有高电平和低电平两个稳定状态；因是大幅度工作，输出和输入不成线性关系。

普通电压比较器的电路如图 2-48(a) 所示，运算放大器处于开环工作状态，U_{REF} 称为基准电压。此时运算放大器具有的特点是：当 $u_s \geq U_{REF}$ 时，$u_o = -U_{om}$；当 $u_s \leq U_{REF}$ 时，$u_o = +U_{om}$。

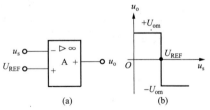

图 2-48　普通电压比较器电路
(a)电路图；(b)电压传输特性

分析比较器时，应遵循上述两条原则处理输出与输入的关系。U_{om} 为运算放大器输出的最大饱和电压。

普通电压比较器的传输特性如图 2-48(b) 所示。若 $U_{REF} = 0$，则相应的比较器称为过零比较器。

2.10　集成运算放大器在信号产生电路中的应用

2.10.1　正弦波振荡电路

正弦波振荡电路是一种自激振荡电路，它的特点是利用"自激振荡"原理工作的，其实质是放大器引入正反馈的结果。

1.　正弦波振荡电路概述

（1）利用正反馈产生振荡。振荡电路是不需要输入信号，自身就可以产生一定输出信号的电子电路。在负反馈放大电路中曾经介绍过"自激振荡"的概念，"自激振荡"是指在不外加信号的条件下，放大电路就能够产生某一频率和一定幅度的输出信号。

可以用图2-49来加以说明，该图是负反馈放大电路的框图，反馈信号与输入信号相减，得到比输入信号更小的净输入信号，从而使负反馈放大电路的输出比没有反馈时有所减小。图2-50与图2-49有两点不同：一是输入等于0，表现为输入信号接地；二是反馈信号是正反馈，用"+"表示。

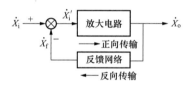

图2-49　负反馈放大电路框图

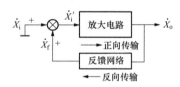

图2-50　振荡电路框图

如果反馈信号的极性变为正反馈，反馈信号与输入信号同极性，且反馈信号的幅度与输入信号相同。此时"迅速"地将输入信号取消，而用正反馈信号代替输入信号，由于正反馈信号在相位和幅度上与输入信号完全一样，放大电路仍然有输出信号存在，放大电路变成了振荡电路。对应这种情况的框图如图2-50所示。

在负反馈电路中，产生自激振荡是有害的，要设法消除。而在振荡电路中，必须人为地引入正反馈，使之产生自激振荡。这种振荡必须在满足一定的条件下才能实现。

（2）振荡电路的自激条件。在负反馈放大电路中，曾经推导过反馈的基本方程式，即负反馈放大电路的增益与无反馈时电路增益之间的关系为 $\dot{A}_f = \dfrac{\dot{A}}{1+\dot{A}\dot{F}}$。

当 $|1+AF|=0$ 时，$|A_f|=\infty$，相当于输入为零时仍有输出，故称为"自激状态"。又可写为

幅度条件　　　　　　　　　　　　　$|AF|=1$ 　　　　　　　　　　　　　　（2-49）

相位条件　　　　　　　$\varphi_{AF}=\varphi_A+\varphi_F=\pm 2n\pi\,(n=0,1,2,3,\cdots)$ 　　　　　（2-50）

式（2-50）中，φ_A 是放大电路的相移；φ_F 是反馈电路的相移，如果 $\varphi_A+\varphi_F=0°$ 或 360°，720°，…，即为同相。如果正反馈信号足够大，满足振荡的幅度条件，即可产生振荡。

（3）正弦波振荡电路的组成。由上述振荡条件的讨论，可见要组成振荡电路必须要有放大电路和正反馈网络（电路），因此放大电路和正反馈网络是振荡电路的最主要部分。但是这样两部分构成的振荡电路一般得不到正弦波，这是由于很难控制正反馈的量。如果正反馈量大，则增幅，输出幅度越来越大，最后由三极管的非线性限幅，这必然产生非线性失真。反之，如果正反馈量不足，则减幅，可能停振，为此振荡电路要有一个稳幅电路。此外，为了获得单一频率的正弦波输出，应该有选频网络，选频网络往往和正反馈网络或放大电路合而为一。所以，正弦波振荡电路是由放大电路、正反馈网络、稳幅电路和选频网络组成的。

2. RC 正弦波振荡电路

（1）RC 文氏桥振荡电路结构。如图 2-51 所示，RC 串并联网络是正反馈网络，由运算放大器、R_3 和 R_4 负反馈网络构成放大电路。

C_1R_1 和 C_2R_2 支路是正反馈网络，R_3R_4 支路是负反馈网络。C_1R_1、C_2R_2、R_3、R_4 正好构成一个桥路，称为文氏桥。

（2）RC 串并联选频网络的选频特性。如图 2-52 所示，RC 串联臂的阻抗用 Z_1 表示，RC 并联臂的阻抗用 Z_2 表示。

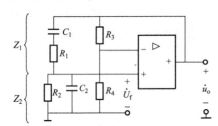

图 2-51 RC 文氏桥振荡电路

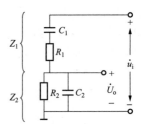

图 2-52 RC 串并联选频网络

1）RC 串并联网络的传递函数。RC 串并联网络的传递函数为

$$Z_1 = R_1 + (1/j\omega C_1), \ Z_2 = R_2 /\!/ (1/j\omega C_2) = \frac{R_2}{1+j\omega R_2 C_2}$$

$$\dot{F} = \frac{\dot{U}_o}{\dot{U}_i} = \frac{Z_2}{Z_1 + Z_2} = \frac{R_2/(1+j\omega R_2 C_2)}{R_1 + (1/j\omega C_1) + [R_2/(1+j\omega R_2 C_2)]}$$

$$= \frac{1}{\left(1 + \dfrac{R_1}{R_2} + \dfrac{C_2}{C_1}\right) + j\left(\omega R_1 C_2 - \dfrac{1}{\omega R_2 C_1}\right)} \tag{2-51}$$

当输入端的电压和电流同相时，电路产生谐振，也就是式（2-51）是实数，虚部为 0。令式（2-51）的虚部为 0，即可求出谐振频率。

2）谐振频率

$$f_0 = \frac{1}{2\pi \sqrt{R_1 R_2 C_1 C_2}} \tag{2-52}$$

对于文氏 RC 振荡电路，一般都取 $R = R_1 = R_2$，$C = C_1 = C_2$ 时，于是谐振角频率

$$\omega_0 = \frac{1}{RC} \tag{2-53}$$

3）频率特性。

幅频特性

$$|\dot{F}| = \cfrac{1}{\sqrt{\left(1+\cfrac{R_1}{R_2}+\cfrac{C_2}{C_1}\right)^2+\left(\omega R_1 C_2-\cfrac{1}{\omega R_2 C_1}\right)^2}} = \cfrac{1}{\sqrt{3^2+\left(\cfrac{\omega}{\omega_0}-\cfrac{\omega_0}{\omega}\right)^2}} \qquad (2-54)$$

相频特性

$$\varphi_F = -\arctan\cfrac{\omega R_1 C_2-\cfrac{1}{\omega R_2 C_1}}{1+\cfrac{R_1}{R_2}+\cfrac{C_2}{C_1}} = -\arctan\cfrac{\cfrac{\omega}{\omega_0}-\cfrac{\omega_0}{\omega}}{3} \qquad (2-55)$$

文氏 RC 振荡电路正反馈网络传递函数的幅度频率特性曲线和相位频率特性曲线如图 2-53 所示。

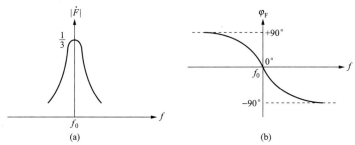

图 2-53 RC 串并联网络的频率响应特性曲线

（a）幅频特性曲线；（b）相频特性曲线

4）反馈系数。当满足 $R=R_1=R_2$，$C=C_1=C_2$ 条件，且当 $f=f_0$ 时的反馈系数

$$|\dot{F}| = \frac{\dot{U}_f}{\dot{U}_o} = \frac{1}{3} \qquad (2-56)$$

此时反馈系数 $|\dot{F}| = 1/3$ 与频率 f_0 的大小无关，此时的相角 $\varphi_F = 0°$。根据振荡条件 $|AF| = 1$，在谐振时，放大电路的电压增益应该 $A_u = 3$。由图 2-51 可知，RC 串并联网络的反馈信号加在运算放大器的同相输入端，运算放大器的电压增益由 R_3 和 R_4 确定，是电压串联负反馈，于是应有

$$A_{uf} = 1+\frac{R_3}{R_4} = 3 \qquad (2-57)$$

（3）振荡的建立和幅度的稳定。

1）振荡的建立。所谓振荡的建立，就是要使电路自激，从而产生持续的振荡输出。由于电路中存在噪声，噪声的频谱分布很广，其中也包括 f_0 及其附近一些频率成分。为了保证这种微弱的信号，经过放大通过正反馈的选频网络，使输出幅度越来越大，振荡电路在起振时应有比振荡稳定时更大一些的电压增益，即 $|AF| > 1$，所以 $A_{uf} > 3$，$|AF| > 1$ 称为起振条件。

2）通过热敏元件稳定输出幅度。加入 R_3、R_4 支路，电路是串联电压负反馈，其放大倍数 $A_{uf} = 1+\cfrac{R_3}{R_4} > 3$。若 A_{uf} 始终大于 3，振荡电路的输出会不断加大，最后受电路中非线性元

件的限制，使振荡幅度不再增加，但振荡电路的输出
会产生失真。所以应该在起振时使 $A_{uf} > 3$，而当振起
来以后，应使 $A_{uf} = 3$。解决这个问题必须要自动地改
变运算放大器的增益，起振时，增益大于3，起振后
增益稳定在3。决定运算放大器增益的是 R_3 和 R_4，例
如我们通过图 2-54 电路中的 R_4 来调节增益。R_4 是具

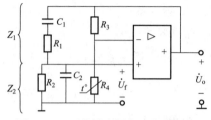

图 2-54　用热敏电阻保证电路起振

有正温度系数的热敏电阻，起振前其阻值较小，使
$A_{uf} > 3$。当起振后，流过 R_4 的电流加大，R_4 的温度升高阻值加大，负反馈增强以控制输出
幅度，达到振荡稳定状态时，$A_{uf} = 3$，$|F| = 1/3$，$|AF| = 1$。若热敏电阻是负温度系数，应放
置在 R_3 的位置。

3. LC 正弦波振荡电路

常见的 LC 正弦振荡电路有变压器反馈式、电感三点式和电容三点式三种，它们的共同
特点是用 LC 谐振回路作为选频网络，而且一般采用 LC 并联回路。

（1）LC 并联谐振电路的频率特性。如图 2-55(a)所示，其中 R 表示电感和回路其他损
耗总的等效电阻，$\dot{I}$ 是输入电流，$\dot{I}_L$ 是流经 L、R、C 的回路电流。

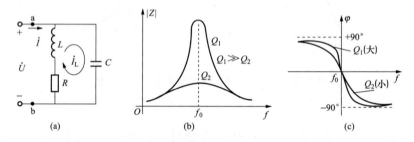

图 2-55　并联谐振电路及其谐振曲线
（a）LC 并联谐振电路；（b）阻抗频率特性；（c）相频特性

1）谐振频率

$$\omega_0 \approx \frac{1}{\sqrt{LC}} \tag{2-58}$$

$$f_0 = \frac{1}{2\pi\sqrt{LC}} \tag{2-59}$$

2）品质因数

$$Q = \frac{\omega_0 L}{R} \tag{2-60}$$

3）谐振阻抗

谐振阻抗 Z_0 就是 LC 并联回路在谐振时对外电路呈现出来的阻抗。

$$Z_0 = \frac{L}{RC} \tag{2-61}$$

故知谐振时 LC 并联电路的阻抗呈纯阻性。R 越小，Q 值越大，谐振时的阻抗值也越大，
如图 2-55(b)所示。这是因为谐振时，电感支路的电流与电容支路的电流基本反相，相量
求和后的总电流十分小，Q 值越大，总电流越小，所以谐振阻抗越大。图 2-55(c)表明，Q

值越大，*LC* 并联电路的相角随频率变化的程度越急剧，选频效果越好。

（2）变压器耦合 *LC* 振荡电路。变压器反馈 *LC* 振荡电路如图 2-56 所示。*LC* 并联谐振电路作为三极管的负载，反馈线圈 L_2 与电感线圈 L_1 相耦合，将反馈信号送入三极管的输入回路。交换反馈线圈的两个线头，可使负反馈和正反馈发生变化。调整反馈线圈的匝数可以改变反馈信号的强度，以使正反馈的幅度条件得以满足。图中电容 C_b 和 C_e 足够大，起耦合信号的作用，可视为短路。有关同名端的极性请参阅图 2-57。

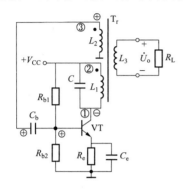
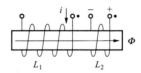

图 2-56　变压器反馈 *LC* 振荡电路　　　　图 2-57　同名端的极性

对于图 2-56 的 *LC* 振荡电路，首先看组成振荡电路的各个部分是否齐全合理，三极管构成共射组态放大电路，偏置合理，集电极是 *LC* 并联谐振回路，反馈线圈 L_2 通过磁性与 L_1 耦合，负载电阻通过 L_3 耦合。

为了分析相位条件，且认为 *LC* 并联电路的谐振时呈现纯阻性，用瞬时极性法设三极管的基极为 ⊕，集电极电流增加，集电极极性则为 ⊖，所以 L_1 同名端的电流流入，反馈线圈同名端的瞬时极性为 ⊕，电路是正反馈，满足相位条件。如果是负反馈则可以改变同名端加以解决，改变 L_1 的同名端或 L_2 的同名端均可。注意只需要改变其中一个线圈的同名端即可，不可 L_1 和 L_2 同名端同时改变。

反馈电压的大小，可以通过反馈线圈的匝数来加以控制，如果反馈电压太小，可以适当增加反馈线圈 L_2 的匝数，即可满足振荡的幅值条件。

变压器反馈 *LC* 振荡电路的振荡频率与并联 *LC* 谐振电路相同。

（3）三点式 *LC* 振荡电路。

1）电感三点式 *LC* 振荡电路。图 2-58 为两种电感三点式 *LC* 振荡电路，电感线圈 L_1 和 L_2 是一个线圈，②点是中间抽头。

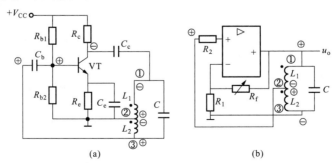

图 2-58　电感三点式 *LC* 振荡电路

先看图 2-58(a)，放大电路为共射组态，LC 并联谐振回路经耦合电容接在集电极输出端。其次用瞬时极性法判断反馈的性质，某个瞬间电路基极为 $\oplus$ 极性，集电极则为 $\ominus$ 极性，这个 $\ominus$ 极性是集电极对地的瞬时极性，将分配在电感 L_1 上，因电感 L_2 的绕向与 L_1 相同，集电极的电压同时在电感 L_2 上感生，有关点的极性如图 2-58(a)所示。所以 L_2 上的反馈电压的瞬时极性下 $\oplus$ 上 $\ominus$，即反馈信号瞬时极性对地为 $\oplus$，所以是正反馈，满足振荡的相位条件。如果幅值条件不满足，可以适当改变线圈的抽头的位置，增加 L_2 的匝数即可。该电路的振荡频率为

$$f_0 = \frac{1}{\sqrt{(L_1+L_2)C}} \tag{2-62}$$

对于图 2-58(b)的振荡电路是由运算放大器构成放大单元，放大倍数由电阻 R_f、R_1 决定，根据瞬时极性法判断也满足正反馈的相位条件。

2）电容三点式 LC 振荡电路。与电感三点式 LC 振荡电路类似的有电容三点式 LC 振荡器，如图 2-59 所示，其分析方法与电感三点式 LC 振荡电路相同。用瞬时极性法判断正负反馈时，三极管或运算放大器的输出电压，将在 LC 并联回路上分配。电容支路是由 C_1 和 C_2 串联后组成，其上电压与电容的容量成反比分配，而在电感三点式振荡电路中是与电感量成正比分配。图 2-59 振荡电路的反馈电压是从电容器 C_2 上取出，即 C_2 对地的电压，如果反馈电压不足，应适当减小电容量。

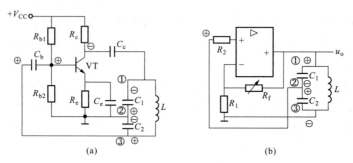

图 2-59　电容三点式 LC 振荡电路
(a)电路原理图；(b)交流通道图

图 2-59 电路的振荡频率是

$$f_0 = \frac{1}{\sqrt{L\dfrac{C_1C_2}{C_1+C_2}}} \tag{2-63}$$

（4）晶体振荡电路。利用石英晶体的高品质因数的特点，构成 LC 振荡电路，如图 2-60 所示。

石英晶体的阻抗频率特性曲线如图 2-61 所示，它有一个串联谐振频率 f_s，一个并联谐振频率 f_p，两者十分接近。

对于图 2-60(a)的电路与电感三点式振荡器相似。要使反馈信号能传递到发射极，为此石英晶体应处于串联谐振点，此时晶体的阻抗接近为零。

对于图 2-60(b)的电路，石英晶体必须呈电感性才能形成 LC 回路。根据瞬时极性法判断，可满足正反馈的条件，可产生振荡。由于石英晶体的 Q 值很高，可达到几千以上，可以获得很高的振荡频率稳定性。

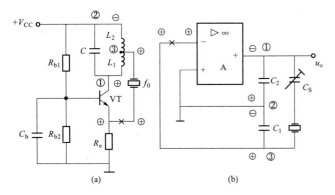

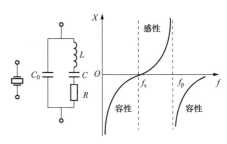

图 2-60　石英晶体振荡电路　　　　　图 2-61　石英晶体的阻抗频率特性曲线

2.10.2　矩形波发生电路

1. 工作原理

矩形波发生电路如图 2-62 所示，图中的运算放大器和正反馈电路 R_2 和 R_3 构成滞回比较器；R_1 和 C 构成定时电路，以决定电路的振荡频率；R_4 和双向稳压管将电路的输出电压限制在 $+U_Z$ 和 $-U_Z$ 之间，使输出幅度规范。

电源刚接通时 $u_C = 0$，$u_o = +U_Z$，所以上限阈值电压

$$U_{TH1} = \frac{R_2 U_Z}{R_2 + R_3} \qquad (2\text{-}64)$$

输出经 R_1 给电容 C 充电，u_C 按指数规律升高。

当 $u_C \geqslant U_{TH1}$ 时，$u_o = -U_Z$，所以，下限阈值电压

$$U_{TH2} = -\frac{R_2 U_Z}{R_2 + R_3} \qquad (2\text{-}65)$$

由于输出变为负值，电容 C 开始放电，u_C 按指数规律下降。

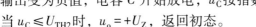

图 2-62　矩形波发生电路

当 $u_C \leqslant U_{TH2}$ 时，$u_o = +U_Z$，返回初态。

矩形波发生电路的工作波形如图 2-63 所示。

2. 振荡周期

方波的振荡周期 T 用暂态过程公式的三要素可以方便地求出。根据图 2-63 可知，只要 $U_{TH1} = |U_{TH2}|$，正方波和负方波是等宽的，求其中的一半的宽度即可。

电路的充电和放电的时间常数相等

$$\tau = R_1 C$$

初始放电电压

$$U_C(0_+) = \frac{R_2 U_Z}{R_2 + R_3}$$

放电电压在无穷时刻的值

$$U_C(\infty) = -U_Z$$

带入暂态过程公式

$$u_C(t) = u_C(\infty) + \left[u_C(0_+) - u_C(\infty) \right] e^{-\frac{t}{\tau}}$$

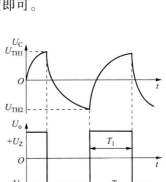

图 2-63　矩形波发生电路波形图

当 $t=\dfrac{T}{2}$ 时，$u_C\left(\dfrac{T}{2}\right)=-\dfrac{R_2 U_Z}{R_2+R_3}$，所以

$$u_C(t)=u_C(\infty)+\left[u_C(0_+)-u_C(\infty)\right]\mathrm{e}^{-\frac{t}{\tau}}$$

$$u_C\left(\frac{T}{2}\right)=-U_Z+\left[\frac{R_2 U_Z}{R_2+R_3}-(-U_Z)\right]\mathrm{e}^{-\frac{T/2}{R_1 C}}=-\frac{R_2 U_Z}{R_2+R_3}$$

由此可解出
$$T=2R_1 C\ln\left(1+\frac{2R_2}{R_3}\right)\tag{2-66}$$

3. 占空比可调的矩形波电路

显然为了改变输出方波的占空比，必须改变电容器 C 的充电和放电时间常数。占空比可调的矩形波发生电路如图 2-64 所示，和图 2-62 相比就增加了一个电位器。

2.10.3 三角波发生电路

三角波发生电路如图 2-65 所示。它是由矩形波发生器加上一个积分器并适当改变接线而构成的。滞回比较器 A_1 和积分器 A_2 闭环组合后，积分器的输出反馈给滞回比较器，作为滞回比较器的 U_{REF}。

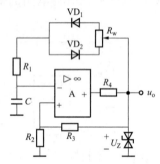

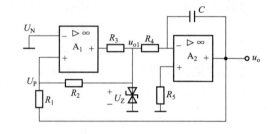

图 2-64　占空比可调的矩形波发生电路　　　　图 2-65　三角波发生电路

当 $u_{o1}=+U_Z$ 时，积分器的电容 C 充电，同时 u_o 按线性逐渐下降，拉动运算放大器 A_1 的 U_P 跟着下降，当使 A_1 的 U_P 略低于 $U_N=0$ 时，u_{o1} 从 $+U_Z$ 跳变为 $-U_Z$。

在 $u_{o1}=-U_Z$ 后，电容 C 开始放电，u_o 按线性上升，拉动运算放大器 A_1 的 U_P 跟着上升，当使 A_1 的 U_P 略大于零时，u_{o1} 从 $-U_Z$ 跳变为 $+U_Z$，如此周而复始，产生振荡。u_o 的上升、下降时间相等，斜率绝对值也相等，故 u_o 为三角波，如图 2-66 所示。

输出正向峰值

$$U_{om}=R_1 I_1=\frac{R_1}{R_2}U_Z$$

输出负向峰值

$$-U_{om}=R_1 I_1=\frac{R_1}{R_2}U_Z$$

振荡周期

$$T=4R_4 C\frac{U_{om}}{U_Z}=\frac{4R_4 R_1 C}{R_2}\tag{2-67}$$

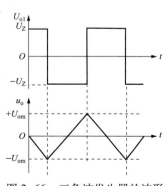

图 2-66　三角波发生器的波形

2.10.4　锯齿波发生电路

锯齿波发生电路如图 2-67 所示。为了获得锯齿波，显然应改变积分器的充放电时间常数，即充电电流和放电电流不等。图中的二极管 VD 和 R_6 将使充电时间常数减小为 $(R_4 /\!/ R_6)C$，而放电时间常数仍为 R_4C。锯齿波发生电路的波形图如图 2-68 所示。

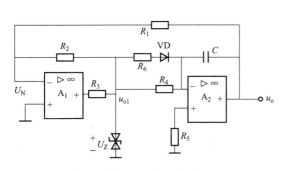

图 2-67　锯齿波发生电路

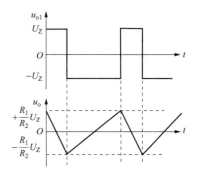

图 2-68　锯齿波发生电路的波形

> **小结与提示**　本节重点需要掌握 RC、LC 正弦波振荡电路以及方波、三角波发生电路的工作原理，要求会计算电路的特性参数，包括振荡电路的振荡频率、方波和三角波的振荡周期等。注意在正弦波振荡电路中通过选频网络引入了正反馈，电路中没有外加信号，振荡信号的来源是瞬态干扰、噪声等，如果正弦波振荡电路满足振荡的相位条件和幅值条件，则当此类干扰信号消失时，振荡已经建立起来。还需要注意的是，在方波和三角波发生电路中，集成放大器工作在正反馈状态，放大器两输入端之间的电压较大，不存在虚短，且两输入端的电流也较大，不存在虚断，因此不能再用虚短和虚断对电路进行分析。

2.11　直流稳压电源

2.11.1　直流稳压电源的组成

电子系统的正常运行离不开稳定的电源，除了在某些特定场合下采用太阳能电池或化学电池作电源外，多数电路的直流电是由电网的交流电转换来的。这种直流电源的组成以及各处的电压波形如图 2-69 所示。

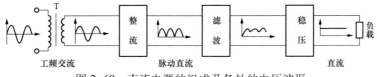

图 2-69　直流电源的组成及各处的电压波形

图中各组成部分的功能如下：

（1）电源变压器。将电网交流电压（220V 或 380V）变换成符合需要的交流电压，此交流电压经过整流后可获得电子设备所需的直流电压。

（2）整流电路。利用具有单向导电性能的整流元件，把方向和大小都变化的 50Hz 交流电变换为方向不变但大小仍有脉动的直流电。

（3）滤波电路。利用储能元件电容 C 两端的电压（或通过电感 L 的电流）不能突变的性质，把电容 C（或电感 L）与整流电路的负载 R_L 并联（或串联），就可以将整流电路输出中的交流成分大部分加以滤除，从而得到比较平滑的直流电。在小功率整流电路中，经常使用的是电容滤波。

（4）稳压电路。当电网电压或负载电流发生变化时，滤波电路输出的直流电压的幅值也将随之变化，因此，稳压电路的作用是使整流滤波后的直流电压基本上不随交流电网电压和负载的变化而变化。

2.11.2 整流电路

利用二极管的单向导电性组成整流电路，可将交流电压变为单向脉动电压。为便于分析整流电路，此处把整流二极管当作理想元件，即认为它的正向导通电阻为零，而反向电阻为无穷大。

1. 单相桥式整流电路

（1）工作原理。单桥式整流电路如图 2-70（a）所示。利用二极管的单相导电性，在交流输入电压 u_2 的正半周内，二极管 VD_1、VD_3 导通，VD_2、VD_4 截止，在负载 R_L 上得到上正下负的输出电压；在负半周内，正好相反，VD_1、VD_3 截止，VD_2、VD_4 导通，流过负载 R_L 的电流方向与正半周一致。因此，利用变压器的二次绕组和四个二极管，使得在交流电源的正、负半周内，整流电路的负载上都有方向不变的脉动直流电压和电流。其工作波形如图 2-70（b）所示。

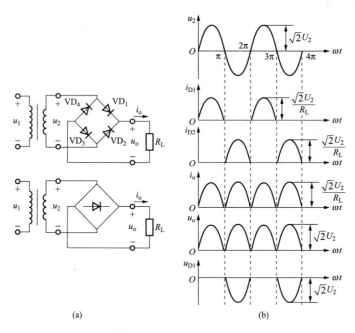

图 2-70 单相全波桥式整流电路及工作波形

（2）性能参数。

1）输出电压平均值

$$U_{o(AV)} = \frac{1}{\pi} \int_0^{\pi} \sqrt{2} U_2 \sin\omega t \, d(\omega t) = \frac{2\sqrt{2}}{\pi} U_2 = 0.9 U_2 \qquad (2-68)$$

2）整流二极管正向平均电流。在桥式整流电路中，整流二极管 VD_1、VD_3 和 VD_2、VD_4

是两两轮流导通的，因此，流过每个整流二极管的平均电流是电路输出电流平均值的一半

$$I_{D(AV)} = \frac{I_o}{2} = \frac{0.45U_2}{R_L} \tag{2-69}$$

3）二极管最大反向电压。桥式整流电路因其变压器只有一个二次绕组，在 U_2 正半周时，VD_1、VD_3 导通，VD_2、VD_4 截止，此时 VD_2、VD_4 所承受的最大反向电压为 U_2 的最大值，即

$$U_{Rmax} = \sqrt{2}U_2 \tag{2-70}$$

同理，在 U_2 负半周时，VD_1、VD_3 也承受同样大小的反向电压。

2. 倍压整流电路

为了得到高的直流电压，而又不希望提高变压器二次电压 U_2，避免造成变压器体积增大，和对二极管和电容的耐压要求提高，可以采用倍压整流电路。倍压整流的思路是利用二极管的导引作用，将直流电压分别存在多个电容器上，并将这些电压按照相同的极性串联起来，从而得到较高的直流电压。

二倍压整流电路如图 2-71 所示。

u_2 在正半周时，VD_1 导通，VD_2 截止，电容 C_1 充电，峰值电压可达 $\sqrt{2}U_2$；u_2 在负半周时，VD_2 导通，VD_1 截止，电容 C_2 充电，峰值电压可达 $\sqrt{2}U_2$。所以，输出直流电压最大峰值为 $2\sqrt{2}U_2$，称为二倍压。

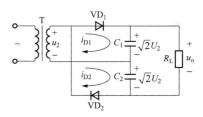

图 2-71　二倍压整流电路

实际上，电容 C_1、C_2 会通过负载 R_L 放电，所以输出电压略低于 $2\sqrt{2}U_2$，并且有脉动。显然，负载电阻 R_L 越大（负载电流越小），输出电压下降得越少，脉动也越小，所以倍压整流电路适合于要求输出直流电压高，负载电流小的场合。

2.11.3　电容滤波电路

为获得比较理想的直流电压，需要利用具有储能作用的电抗性元件（如电容、电感）组成的滤波电路来滤除整流电路输出电压中的脉动成分以获得直流电压。

1. 电容滤波电路的工作原理

以单相桥式整流电路采用电容滤波的情况为例，说明电容滤波的工作原理。按空载和带载两种情况进行分析。

（1）空载时的情况。当电路采用电容滤波，输出端空载，如图 2-72（a）所示，设初始时电容电压 u_C 为零。接入电源后，当 u_2 在正半周时，通过 VD_1、VD_3 向电容器 C 充电；当在 u_2 的负半周时，通过 VD_2、VD_4 向电容器 C 充电，充电时间常数为

$$\tau_C = R_{int}C$$

式中，R_{int} 包括变压器二次绕组的直流电阻和二极管的正向导通电阻。由于 R_{int} 一般很小，电容器很快就充到交流电压 u_2 的最大值 $\sqrt{2}U_2$，如波形图 2-72（b）中 $t=t_1$ 的时刻。此后，u_2 开始下降，由于电路输出端没接负载，电容器没有放电回路，所以电容电压值 u_C 不变，此时，$u_C > u_2$，二极管两端承受反向电压，处于截止状态，电路的输出电压 $u_o = u_C = \sqrt{2}U_2$，电路输出维持一个恒定值。

（2）带载时的情况。图 2-73 给出了电容滤波电路在带电阻负载后的工作情况。接通交

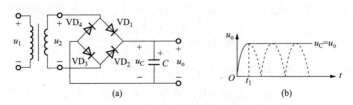

图 2-72 空载时桥式整流电容滤波电路

(a)电路图;(b)波形图

流电源后,二极管导通,整流电源同时向电容充电和向负载提供电流,输出电压的波形是正弦形。在 t_1 时刻,即达到 u_2 的 90°峰值时,u_2 开始以正弦规律下降,此时二极管是否关断,取决于二极管承受的是正向电压还是反向电压。

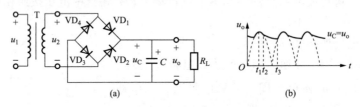

图 2-73 带载时桥式整流滤波电路

(a)电路图;(b)波形图

先设达到 90°后,二极管关断,那么只有滤波电容以指数规律向负载放电,从而维持一定的负载电流。但是 90°后指数规律下降的速率快,而正弦波下降的速率小,所以超过 90°以后有一段时间二极管仍然承受正向电压,二极管导通。随着 u_2 的下降,正弦波的下降速率越来越快,u_C 的下降速率越来越慢。所以在超过 90°后的某一点,例如图 2-73(b)中的 t_2 时刻,二极管开始承受反向电压,二极管关断。此后只有电容器 C 向负载以指数规律放电的形式提供电流,直至下一个半周的正弦波来到,u_2 再次超过 u_C,如图 2-73(b)中的 t_3 时刻,二极管重又导电。

以上过程电容器的放电时间常数为

$$\tau_d = R_L C$$

电容滤波一般负载电流较小,可以满足 τ_d 较大的条件,所以输出电压波形的放电段比较平缓,纹波较小,输出平均电压 $U_{o(AV)}$ 大,具有较好的滤波特性。

2. 电容滤波电路的性能参数

(1)输出电压的平均值。输出电压的平均值 $U_{o(AV)}$ 与放电时间常数 $R_L C$ 有关,$R_L C$ 越大,电容器放电速度越慢,则输出电压所包含的纹波成分越小,$U_{o(AV)}$ 越大。为获得平滑的输出电压,一般取放电时间常数为

$$\tau_d = R_L C \geqslant (3 \sim 5) \frac{T}{2} \tag{2-71}$$

式中 T——交流电的周期。

在整流电路放电时间常数满足式(2-71)的关系时,可用下式对输出电压的平均值进行估算

$$U_{o(AV)} \approx 1.2U_2 \qquad (2-72)$$

（2）整流二极管电流。在电容滤波的整流电路中，整流二极管的平均电流

$$I_{D(AV)} = \frac{U_{o(AV)}}{2R_L} \qquad (2-73)$$

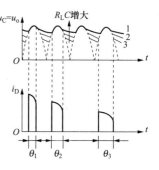

图 2-74　电容滤波的
输出波形

只有当 $u_2 > u_C$ 时，二极管才导通，二极管导通的电角度称为导通角，用 θ 表示。在电容滤波电路中 $\theta < \pi$，且 $\theta = \pi - (t_2 - t_3)$。从图 2-74 所示的波形中可以看出，电容放电时间常数 $R_L C$ 越大则电路输出电压 u_o 的平均值越大，即负载电流的平均值越大。与此同时整流二极管的导通角越小，二极管的峰值电流必然越大，以维持一定的平均电流。此外，在电路开始接通电源后的一段时间内，滤波电容需要有一个充电过程才能逐渐达到工作电压值。如果 C 值过大，则冲击电流（浪涌电流）持续时间长，会影响整流管的使用寿命。因此在选二极管的 $I_{D(AV)}$ 时，应比 $U_{o(AV)}/2R_L$ 值大 2~3 倍，保证安全。

2.11.4　稳压电路

引起稳压电路输出电压不稳定的因素有三种，即输入电压的变化、负载电流的变化和温度的变化。输入电压的变化（如电网电压波动）显然会影响输出电压的稳定性；因为电源有内阻，负载电流的变化会引起内阻上的压降变化，从而影响输出端口处的电压值；温度的变化会引起电子器件参数的某些变化，从而影响输出电压发生变化。

1. 稳压二极管的特性

利用硅二极管的反向击穿特性，可以制造出稳压二极管。稳压二极管的 PN 结面积制造的较大，允许功耗较大，只要在击穿时功耗不超过允许值，稳压二极管就不会烧毁。

稳压二极管的各参数如图 2-75 所示，左上角是稳压二极管的符号。为了使稳压二极管中的电流不超过 I_{Zmax}，在稳压二极管与电源之间必须串入一个限流电阻 R，稳压二极管的工作电路图如图 2-76 所示，图中稳压二极管是反接的，因为它要工作在第三象限。

2. 稳压二极管稳压电路

（1）工作原理。由图 2-76 可以看出：$I_R = I_Z + I_o$，$U_i = I_R R + U_o$。

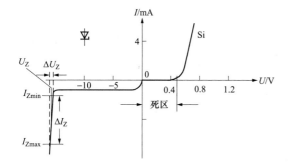

图 2-75　稳压二极管的反向击穿特性

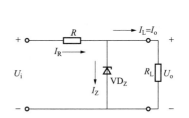

图 2-76　稳压二极管稳压电路

若输入电压 U_i 发生改变，负载电流不变，则有如下过程：

设 U_i 增加，I_R 增加，则 $U_o = U_Z$ 增加。由于稳压二极管 U_Z 很小的变化，会引起很大的 I_Z 变

化，所以稳压二极管的电流实际上起到调节电流 I_R 的作用。所以有 $I_R(\uparrow)=I_Z(\uparrow)+I_o(\uparrow)$，而 I_R 的增加，主要由 I_Z 增加来提供。I_R 在 R 上的电压降增加，从而使输出电压不能增加得那么多。该公式中用大 $(\uparrow)$ 和小 $(\uparrow)$ 表示增加量的大小关系。

限流电阻 R 除了限制电流，保护稳压二极管外，还有其他作用。显然 R 大，较小的稳压二极管电流的变化，就可以在电阻 R 上获得较大的电压变化量，以补偿输入电压的变化。

若输出电流 I_o 发生变化，输入电压不变，则有如下过程：

设 I_o 增加，则输出端电压 $U_o=U_Z$ 就要下降，于是 I_Z 下降，从而维持 I_R 基本不变，在电阻 R 上的压降基本不变，输出电压得以维持基本不变，即 $I_R(\uparrow$ 基本不变 $)=I_Z(\downarrow)+I_o(\uparrow)$。

（2）限流电阻的选择。稳压二极管稳压电路中，稳压二极管最小工作电流不得小于 I_{Zmin}；最大工作电流不得大于 I_{Zmax}。

1）当 $U_i=U_{imax}$，$I_o=I_{omin}$ 时，I_Z 值最大，此时应保证 $I_Z<I_{Zmax}$。

即有

$$(U_{imax}-U_Z)/R-I_{omin}<I_{Zmax}$$

所以有

$$R>(U_{imax}-U_Z)/(I_{Zmax}+I_{omin}) \tag{2-74}$$

2）当 $U_i=U_{imin}$，$I_o=I_{omax}$ 时，I_Z 值最小，此时应保证 $I_Z>I_{Zmin}$。

即有

$$(U_{imin}-U_Z)/R-I_{omax}>I_{Zmin}$$

所以有

$$R<(U_{imin}-U_Z)/(I_{Zmin}+I_{omax}) \tag{2-75}$$

式中　I_{Zmin}——用稳压管稳定电流计算，$I_{Zmax}=P_Z/U_Z$；

　　　　P_Z——稳压管额定功耗。

3. 串联型稳压电路

（1）串联型直流稳压电路的组成。所谓串联型直流稳压电路，就是在输入直流电压和负载之间串入一个三极管，用三极管的管压降代替稳压二极管电路中的稳压电阻 R。当 U_i 或 R_L 变化引起输出电压 U_o 变化时，U_o 的变化将反映到三极管的发射结电压 U_{BE} 上，引起 U_{CE} 的变化，从而调整 U_o，以保持输出电压的基本稳定。根据三极管所起的作用，称为调整管。由于调整管与负载是串联关系，所以图 2-77 称为串联型稳压电路，它主要由基准电压、比较放大、取样电路和调整元件组成。比较放大可以是单管放大电路、差动放大电路、集成运算放大器。调整元件可以是单个功率管，复合管或用几个功率管并联。取样电路取出输出电压 U_o 的一部分和基准电压 U_{REF} 比较。

（2）稳压原理。串联型稳压电路是一种典型的串联电压负反馈调节系统，利用了引入深度电压串联负反馈可以稳定输出电压的原理。

当电网电压升高，引起输出电压 U_o 上升时，通过下述反馈过程，可令 U_o 稳定

$$U_i\uparrow \rightarrow U_o\uparrow \rightarrow U_F\uparrow \xrightarrow{U_{REF}\text{一定}} U_{o1}\downarrow \rightarrow U_{BE}\downarrow$$
$$U_o\downarrow \leftarrow U_{CE}\uparrow \leftarrow I_E\downarrow$$

当负载变化时，设 R_L 变小，使 U_o 下降，则通过下述反馈过程，可令 U_o 稳定

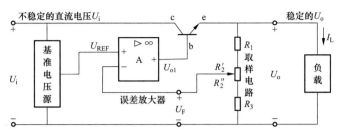

图 2-77　串联型稳压电路

$$R_L \downarrow \rightarrow U_o \downarrow \rightarrow U_F \downarrow \xrightarrow{U_{REF}一定} U_{o1} \uparrow \rightarrow U_{BE} \uparrow$$
$$U_o \uparrow \leftarrow U_{CE} \downarrow \leftarrow I_E \uparrow$$

（3）输出电压的确定和调节范围。在满足深度负反馈条件下 $U_F \approx U_{REF}$，则有

$$U_o = \frac{R_1 + R_2 + R_3}{R_2'' + R_3} U_{REF} \tag{2-76}$$

显然，当电位器的滑动端调到最下端时，输出电压最高；反之，输出电压最小

$$U_{omax} = \frac{R_1 + R_2 + R_3}{R_3} U_{REF} \tag{2-77}$$

$$U_{omin} = \frac{R_1 + R_2 + R_3}{R_2 + R_3} U_{REF} \tag{2-78}$$

4. 三端集成稳压器

集成稳压器具有体积小，可靠性高、温度特性好等优点，而且使用灵活、价格低廉，被广泛应用于仪器、仪表及其他各种电子设备中。特别是三端集成稳压器，只有三个端子，即输入端、输出端和公共端，基本上不需外接元件，而且内部有限流保护、过热保护和过电压保护，使用安全、方便。下面简要介绍固定电压输出集成稳压器。

（1）固定电压输出三端集成稳压器简介。固定式集成稳压器分为正电压输出（W78××）和负电压输出（W79××）两个系列，型号后面的两位数字表示输出电压值，即输出端与公共端之间的电压值。这类集成稳压器的产品封装只有输入端、输出端和公共端三个引线端。W78××和W79××系列其中的一种管脚编号及定义如图 2-78 所示。由于这类产品具有使用方便，性能稳定，价格低廉等优点，目前得到广泛的应用。

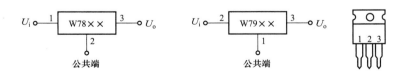

图 2-78　固定式三端集成稳压器的 TO-220 封装的管脚定义

（2）应用电路。使用时，只需根据查出的有关参数、性能指标、外形尺寸，配上适当的散热片，就可按所需直流电压接成电路使用。输出为固定正电压时的接法如图 2-79（a）所示，输出为固定负电压的接法如图 2-79（b）所示。由于大容量的电解电容有一定的绕制电

感，以及输入线较长时也有一定的分布电感，电容器 C_1 和 C_2 是瓷介质电容，高频性能良好，用来抵消电感效应以防止产生自激振荡，改善稳压电源的高频性能。

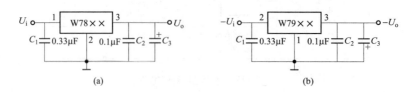

图 2-79　TO-220 封装的 W78×× 和 W79×× 系列的典型接法电路

在需要同时输出正、负电压时，可同时选用 W78×× 和 W79×× 集成稳压器，按图 2-80 所示接线。

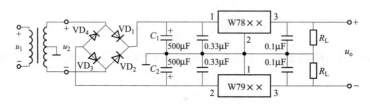

图 2-80　输出正、负电压的直流稳压电源接法电路

小结与提示　本节重点需要掌握单相桥式整流电路、电容滤波电路和稳压二极管稳压电路、串联反馈式稳压电路的工作原理和相关参数的计算。单相桥式整流电容滤波电路的工作原理是本节的难点，要注意把握电容的充电和放电过程，了解在放电时间常数足够大时，输出电压介于无电容滤波的 $0.9U_2$ 和有电容滤波且负载无穷大时的 $1.414U_2$ 之间，一般取 $1.2U_2$。在有电容滤波的情况下，二极管导电时间很短，冲击电流会比较大，因此在选择管子时，在电流方面要留有足够的余度。在进行稳压管稳压电路的分析时，要注意稳压管的工作电流必须处于 I_{Zmin} 和 I_{Zmax} 之间。串联型稳压电路实质上是一带负反馈的直流放大器，它用调整管代替了稳压管稳压电路中的限流电阻 R，起到进一步稳定输出电压、降低输出电阻的作用，还可实现输出电压可调。

模拟电子技术复习题

2-1(2020)电路如图 2-81 所示，二极管的正向压降忽略不计，则电压 U_A 为(　　)。

A. 0V　　　　　　B. 4V　　　　　　C. 6V　　　　　　D. 12V

2-2(2024)在半导体中，N 型半导体是在本征半导体中掺入极微量的五价元素组成的。这种半导体内多数载流子为(　　)。

　A. 正离子　　　　B. 空穴　　　　　C. 负离子　　　　D. 自由电子

2-3(2021)在图 2-82 所示电路中二极管为硅管，电路输出电压 U_o 为(　　)。

A. 7V　　　　　　B. 0.7V　　　　　C. 10V　　　　　D. 3V

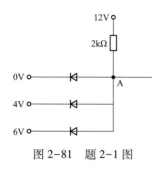

图 2-81 题 2-1 图

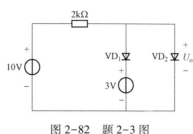

图 2-82 题 2-3 图

2-4 在同一测试条件下，测得 4 个同型号二极管的参数见表 2-1，其中哪个二极管性能最好？（   ）

表 2-1　　　　　　　　　　　　同型号二极管的测量参数

序号	正向电流 正向电压相同/mA	反向电流 反向电压相同/μA	反向击穿电压/V
A	100	8	200
B	100	2	200
C	100	6	200
D	100	10	200

2-5（2021）设某晶体管三个极的电位分别为 $U_E = -3V$，$U_B = -2.3V$，$U_C = 6.5V$，则该管是（   ）。

A. PNP 型锗管　　　B. NPN 型锗管　　　C. PNP 型硅管　　　D. NPN 型硅管

2-6（2022）如图 2-83 所示，已知稳压管 VD_{Z1} 稳定电压为 6V，VD_{Z2} 稳定电压为 9V，则电路输出电压为（   ）。

A. 3V　　　　　　B. 6V

C. 9V　　　　　　D. 18V

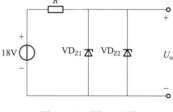

图 2-83 题 2-6 图

2-7（2011）下列晶体管电路中，已知各晶体管的 $\beta = 50$。那么晶体管处于放大工作状态的电路是（   ）。

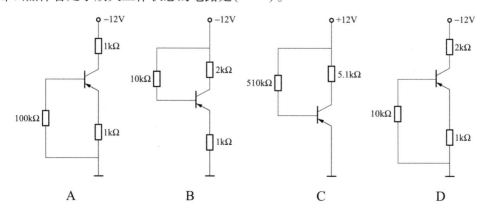

A　　　　　　B　　　　　　C　　　　　　D

2-8（2022）图 2-84 所示射极输出器中，已知 $\beta = 100$，$R_S = 40\Omega$，$R_B = 100\text{k}\Omega$，$R_E = 1.5\text{k}\Omega$，$r_{be} = 0.95\text{k}\Omega$，则电压放大倍数 A_u、r_i 和 r_o 分别是（　　）。

A. $A_u = 0.99$，$r_i = 60.4\text{k}\Omega$，$r_0 = 9.9\Omega$　　　　B. $A_u = 9.9$，$r_i = 60.4\text{k}\Omega$，$r_0 = 9.9\text{k}\Omega$

C. $A_u = 0.99$，$r_i = 60.4\text{k}\Omega$，$r_0 = 9.9\text{k}\Omega$　　　　D. $A_u = 9.9$，$r_i = 60.4\text{k}\Omega$，$r_o = 9.9\Omega$

2-9（2021）电路如图 2-85 所示，画出了放大电路及其输入、输出电压的波形，若要使 U_o 波形不产生失真，则应（　　）。

A. 增大 R_C 　　　　B. 减小 R_B 　　　　C. 增大 R_B 　　　　D. 减小 R_C

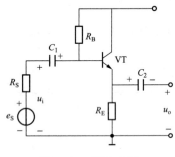
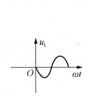
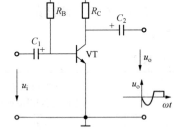

图 2-84　题 2-8 图　　　　　　　　　　　图 2-85　题 2-9 图

2-10（2023）PN 结外加反向电压时，空间电荷区将（　　）。

A. 变窄　　　　B. 变宽　　　　C. 基本不变　　　　D. 不能确定

2-11（2018）图 2-86 所示电路所加入电压为正弦波，电压放大倍数 $A_{u1} = U$，$A_{u2} = U_{o2}/U_i$ 分别是（　　）。

A. $A_{u1} \approx 1$，$A_{u2} \approx 1$ 　　　　　　　　B. $A_{u1} \approx -1$，$A_{u2} \approx -1$

C. $A_{u1} \approx -1$，$A_{u2} \approx 1$ 　　　　　　　　D. $A_{u1} \approx 1$，$A_{u2} \approx -1$

2-12（2013）N 型半导体和 P 型半导体所呈现的电性分别为（　　）。

A. 正电，负电　　　　B. 负电，正电　　　　C. 负电，负电　　　　D. 中性，中性

2-13（2023）如图 2-87 所示，已知晶体管 $\beta = 100$，$r_{be} = 1\text{k}\Omega$，若负载电阻 $R_L = 5\text{k}\Omega$，为使输入电压有效值为 1mV 时，输出电压有效值大于 200mV，则 R_c 至少应为（　　）。

A. $2\text{k}\Omega$ 　　　　B. $3.3\text{k}\Omega$ 　　　　C. $3\text{k}\Omega$ 　　　　D. $2.5\text{k}\Omega$

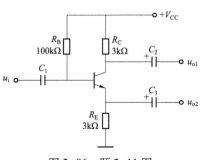
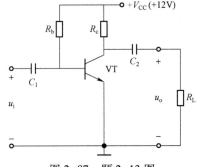

图 2-86　题 2-11 图　　　　　　　　　　　图 2-87　题 2-13 图

2-14　射极输出器属于下列哪种电路？（　　）

A. 共集电极电路　　　　　　　　　　B. 共发射极电路

C. 共基极电路　　　　　　　　　　　D. 共源极电路

2-15(2013)某放大器要求其输出电流几乎不随负载电阻的变化而变化，且信号源的内阻很大，应选用的反馈类型为（　　　）。

A. 电压串联　　　　　　　　　　　B. 电压并联

C. 电流串联　　　　　　　　　　　D. 电流并联

2-16(2017)已知图 2-88 中 $U_{BE}=0.7\text{V}$，判断（a）（b）的状态（　　　）。

A. 放大，饱和　　　　　　　　　　B. 截止，饱和

C. 截止，放大　　　　　　　　　　D. 放大，放大

2-17(2020)图 2-89 所示电路中，已知晶体管的 $\bar{\beta}=37.5$，则放大电路的 A_u，r_i 和 r_o 分别是（　　　）。

A. $A_u=71.2$，$r_i=0.79\text{k}\Omega$，$r_o=2\text{k}\Omega$　　　B. $A_u=-71.2$，$r_i=0.79\text{k}\Omega$，$r_o=2\text{k}\Omega$

C. $A_u=71.2$，$r_i=796\text{k}\Omega$，$r_o=21\text{k}\Omega$　　　D. $A_u=-71.2$，$r_i=79\text{k}\Omega$，$r_o=2\text{k}\Omega$

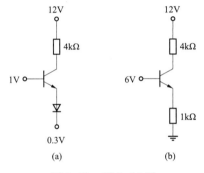

图 2-88　题 2-16 图

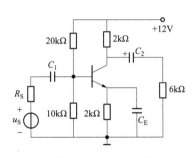

图 2-89　题 2-17 图

2-18(2022)如图 2-90 所示电路，欲满足 $u_o=-(u_{i1}+u_{i2})$ 的关系，则 R_1、R_2、R_F 的阻值必须满足（　　　）。

A. $R_1=R_2=R_F$

B. $R_1=R_2=2R_F$

C. $R_2=R_F=2R_1$

D. $R_1=R_F=2R_2$

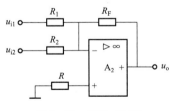

图 2-90　题 2-18 图

2-19(2024)欲实现 $A_u=-100$ 的放大电路，应选用（　　　）。

A. 反相比例运算电路　　　　　　　B. 同相比例运算电路

C. 积分电路　　　　　　　　　　　D. 微分电路

2-20(2011)某双端输入、单端输出的差分放大电路的差模电压放大倍数为 200，当两个输入端并接 $u_1=1\text{V}$ 的输入电压时，输出电压 $\Delta u_c=100\text{mV}$。那么，该电路的共模电压放大倍数和共模抑制比分别为下列哪组数值？（　　　）

A. -0.1，200　　　　　　　　　　B. -0.1，2000

C. -0.1，-200   D. 1，2000

2-21（2024）图 2-91 所示电路的反馈组态为
（　　）。

   A. 电压并联负反馈

   B. 电压串联负反馈

   C. 电流并联负反馈

   D. 电流串联负反馈

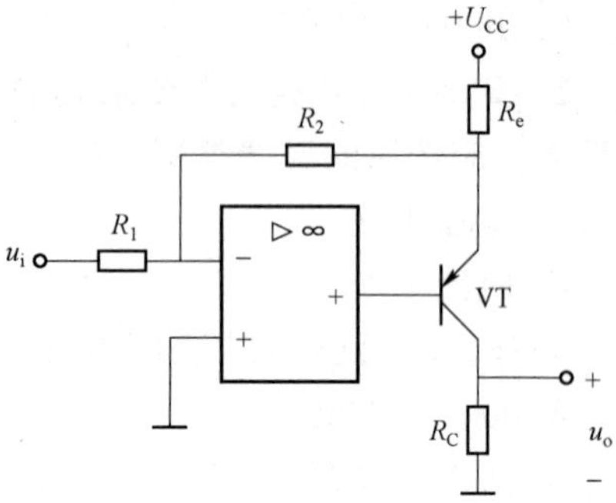

2-22（2013、2017）电路如图 2-92 所示，设运放
为理想器件，电阻 $R_1 = 10\text{k}\Omega$，为使该电路产生正弦
波，则要求 R_F 为（　　）。

   A. $R_F = 10\text{k}\Omega + 4.7\text{k}\Omega$（可调）

   B. $R_F = 100\text{k}\Omega + 4.7\text{k}\Omega$（可调）

   C. $R_F = 18\text{k}\Omega + 4.7\text{k}\Omega$（可调）

   D. $R_F = 4.7\text{k}\Omega + 4.7\text{k}\Omega$（可调）

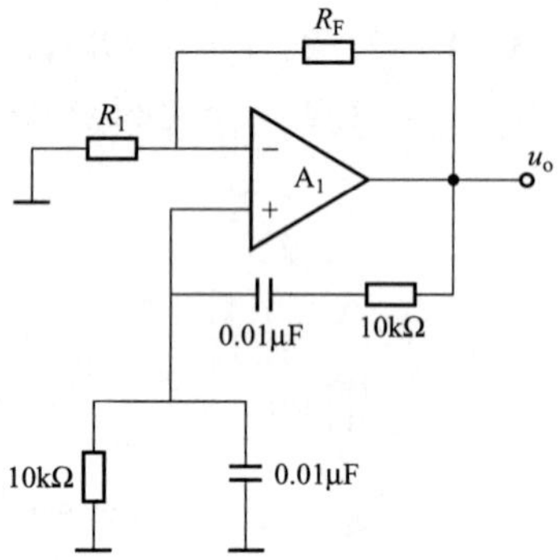

图 2-91　题 2-21 图

2-23（2023）电路如图 2-93 所示，若 $R_1 = 50\text{k}\Omega$，
$R_3 = R_4 = 100\text{k}\Omega$，$R_5 = 2\text{k}\Omega$，则该路的电压放大倍数为
（　　）。

   A. -52　　　　　　B. -104

   C. -4　　　　　　　D. -2

2-24（2024）比较器电路如图 2-94 所示，稳压管
VD_Z 的双向限幅值为 ±6V，则其上门限电压，下门限电压
分别为（　　）。

   A. +6V，-6V　　　　　　　　B. +3V，-3V

   C. +2V，-2V　　　　　　　　D. +1V，-1V

图 2-92　题 2-22 图

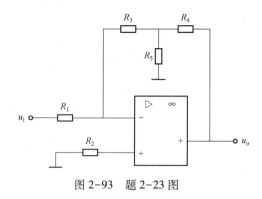

图 2-93　题 2-23 图 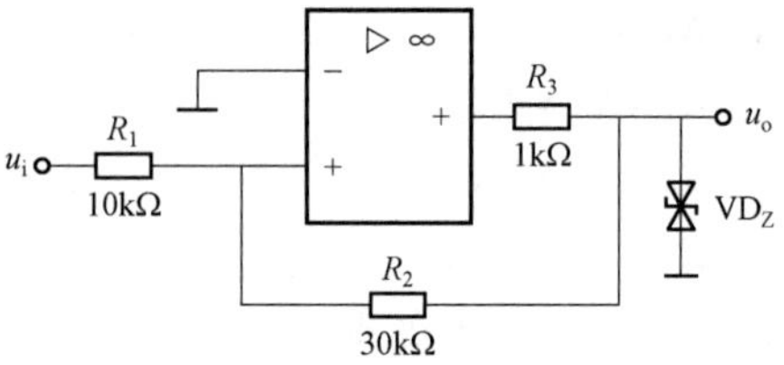　　　　　　　　图 2-94　题 2-24 图

2-25（2020）运算放大器电路如图 2-95 所示，求电路电压放大倍数 $A_u =$（　　）。

   A. -8　　　　　　　B. -18　　　　　　　C. 8　　　　　　　D. 18

2-26（2022）电路如图 2-96 所示，已知 $u_i = -2V$，则输出电压 u_o 等于（　　）。

   A. 8V　　　　　　　B. -8V　　　　　　　C. 2V　　　　　　　D. -2V

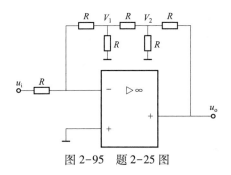

图 2-95　题 2-25 图

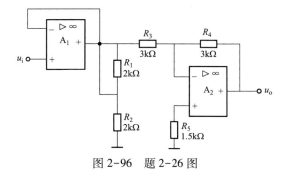

图 2-96　题 2-26 图

2-27（2018）图 2-97 所示电路的稳压管 VD_Z 起稳幅作用，其稳定电压 $\pm U_Z = \pm 6V$。试估算输出电压不失真情况下的有效值和振荡频率分别是（　　）。

  A. $U_o \approx 63.6V$，$f_o \approx 9.95Hz$

  B. $U_o \approx 6.36V$，$f_o \approx 99.5Hz$

  C. $U_o \approx 0.636V$，$f_o \approx 995Hz$

  D. $U_o \approx 6.36V$，$f_o \approx 9.95Hz$

2-28（2024）运放电路如图 2-98 所示，若输入电压 u_i 为 1V，则输出电压 u_o 为（　　）。

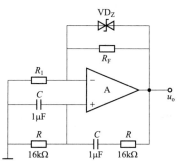

图 2-97　题 2-27 图

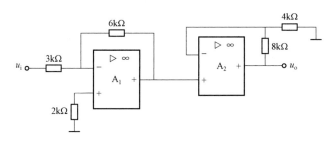

图 2-98　题 2-28 图

  A. +6V   B. +4V   C. -6V   D. -4V

2-29（2022）RC 正弦波振荡电路如图 2-99 所示，在维持等幅振荡时，若 $R_F = 200k\Omega$，则 R_1 为（　　）。

  A. $50k\Omega$ B. $200k\Omega$

  C. $100k\Omega$ D. $400k\Omega$

2-30（2023）已知某差动放大电路的差模放大倍数 $A_{ud} = 100$，共模抑制比 $k_{CMR} = 1000$，若输入 $U_{i1} = 100\mu V$，$U_{i2} = 8\mu V$，则输出电压为（　　）。

  A. $9200\mu V$ B. $9210.8\mu V$

  C. $9205.4\mu V$ D. $9189.2\mu V$

2-31　甲乙类功率放大电路中放大管的导通角 θ 为多

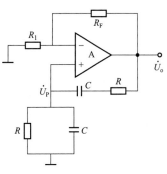

图 2-99　题 2-29 图

大? (　　)

A. $\theta = \pi$ B. $\pi < \theta < 2\pi$ C. $\theta > 2\pi$ D. $\theta = 0$

2-32(2017)如图 2-100 所示，功放的输出功率为(　　)W，$R_L = 8\Omega$。

A. 9 B. 4.5 C. 2.75 D. 2.25

2-33(2023)图 2-101 所示是 RC 正弦波振荡电路，在维持等幅振荡时，若 $R_f = 200\text{k}\Omega$，则 R_1 为(　　)。

A. 100kΩ B. 200kΩ C. 50kΩ D. 600kΩ

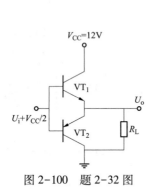

图 2-100　题 2-32 图

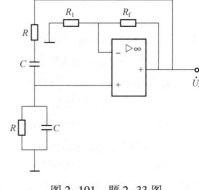

图 2-101　题 2-33 图

2-34(2014)电路如图 2-102 所示，已知 $I_W = 3\text{mA}$，U_1 足够大，C_1 是容量较大的电解电容，输出电压 U_o 为(　　)。

A. -15V B. -22.5V C. -30V D. -33.36V

2-35(2017)如图 2-103 中 R_U 不为零，忽略电流 I_W，则 $U_o = ($　　$)$。

A. $\dfrac{12R_L}{R_W}$ B. $-\dfrac{12R_L}{R_W}$ C. $\left(1+\dfrac{R_L}{R_W}\right)\times 12$ D. $-\left(1+\dfrac{R_L}{R_W}\right)\times 12$

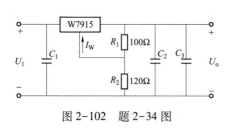

图 2-102　题 2-34 图

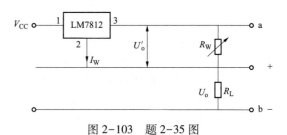

图 2-103　题 2-35 图

2-36(2020)电路如图 2-104 所示，已知 $u_2 = 20\sqrt{2}\sin\omega t(\text{V})$，在下列 3 种情况下：

（1）电容 C 因虚焊未连接上，试求对应的输出电压平均值 U_o。

（2）如果负载开路（即 $R_L = \infty$），电容 C 已连接上，试求对应的输出电压平均值 U_o。

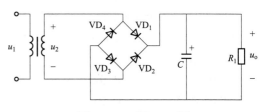

图 2-104　题 2-36 图

（3）如果二极管 VD_1 因虚焊未连接上，电容 C 开路，试求对应的输出电压平均值 U_o。上述电压依次是（　　）。

A. 9V，28.28V，18V 　　　　　B. 18V，28.28V，9V

C. 9V，14.14V，18V 　　　　　D. 18V，14.14V，9V

2-37（2021）如图 2-105 所示桥式整流电容滤波电路中，$U_2 = 20V$（有效值），$R_L = 40\Omega$，$C = 1000\mu F$。电路正常时，计算输出电压的平均值 U_o、流过负载的平均电流 I_o、流过整流二极极管的平均电流 I_D、整流二极二极管承受的最高反向电压 U_{RM} 分别是（　　）。

A. $U_o = 24V$，$I_o = 600mA$，$I_D = 300mA$，$U_{RM} = 28.28V$

B. $U_o = 28V$，$I_o = 600mA$，$I_D = 300mA$，$U_{RM} = 28.28V$

C. $U_o = 24V$，$I_o = 300mA$，$I_D = 600mA$，$U_{RM} = 14.14V$

D. $U_o = 18V$，$I_o = 600mA$，$I_D = 300mA$，$U_{RM} = 14.14V$

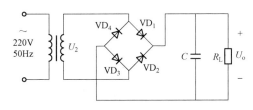

图 2-105　题 2-37 图

2-38（2024）已知单相桥式整流电容滤波电路中变压器二次侧电压有效值为 20V，电容足够大，现测得输出电压平均值为 18V，则电路可能的工作状态是（　　）。

A. 正常工作　　　　　　　　　B. 一个二极管开路

C. 负载开路　　　　　　　　　D. 电容开路

模拟电子技术复习题答案及提示

2-1 A　提示：0V 为最低电位端，根据电路结构判断，连接 0V 电位端的二极管最终承受正向电压处于导通状态，A 点被钳位在 0V，其余二极管承受反向电压截止，所以 $U_A = 0V$。

2-2 D　提示：掺入的 +5 价元素后，取代了本征半导体共价键结构中的原 +4 价元素，多出的一个电子成为自由电子，掺杂浓度达到一定量时，自由电子数量增多，而靠本征激发而产生的空穴数量极少，所以，此时半导体中电子浓度远远大于空穴浓度，空穴为少数载流子，电子为多数载流子。

2-3 B　提示：先将二极管 VD_2 支路摘开，根据电路结构判断，二极管 VD_1 阳极电位高于阴极电位，二极管 VD_1 导通，VD_1 管管压降上正下负为 0.7V，此时 3V 电源支路端电压为 3.7V，接回 VD_2 支路，二极管 VD_2 承受正向电压导通，$U_o = 0.7V$。

2-4 B　提示：其他条件相同的情况下反向电流越小的二极管性能越好。

2-5 D　提示：根据题意，发射极和基极两电极电位差为 0.7V，所以为硅管；集电极电位最高，发射极电位最低，按晶体管放大工作状态判定，应为 NPN 管。

2-6 B　提示：输出端开路时，两个稳压管均承受大于其稳压值的反向电压，由于稳压

管 VD_{Z1} 稳定电压为 6V，小于稳压管 VD_{Z2} 稳定电压，最终电路输出端电压为 6V。

2-7 C 提示：只有选项 C 电路偏置及工作点处于正常放大状态。

2-8 A 提示：$\dot{A}_u = \dfrac{\dot{V}_o}{\dot{V}_i} = \dfrac{(1+\beta)R_E}{r_{be}+(1+\beta)R_E} = \dfrac{(1+100)\times 1.5\times 10^3}{0.95\times 10^3+(1+100)\times 1.5\times 10^3} \approx 0.99$

$r_i = R_B \,/\!/\, [r_{be}+(1+\beta)R_E] = 100 \,/\!/\, (0.95+101\times 1.5)\text{k}\Omega \approx 60.4\text{k}\Omega$

$R'_S = R_S \,/\!/\, R_B$

$r_o = R_E \,/\!/\, \dfrac{r_{be}+R'_S}{1+\beta} \approx \dfrac{r_{be}+R'_S}{1+\beta} = \dfrac{950+40 \,/\!/\, 100\,000}{101}\Omega = 9.8\Omega$

2-9 B 提示：放大电路输入为正弦波，输出电压波形上半周失真，放大电路工作点过低，即 I_B 偏小，工作点接近截止区，信号进入截止区，产生了截止失真。因此，若要使输出波形不失真，应减小基极偏置电阻 R_B，从而使基极电流增加，工作点脱离截止区，恢复完整输出波形。

2-10 B 提示：PN 结外加反向电压时，外电场对 PN 结的内电场起到增强的作用，使空间电荷区变宽。

2-11 C 提示：若 $A_{u1}=U$，u_{o1} 与 u_i 反相，所以 $A_{u1}\approx -1$；u_{o2} 输出为射极输出器，所以 $A_{u2}\approx 1$。

2-12 D 提示：半导体本身不显电性。

2-13 B 提示：$A_u = \dfrac{\beta R'_L}{r_{be}} \geqslant 200$，$R'_L \geqslant 200\times\dfrac{1000}{100}\Omega = 2000\Omega$，$R'_L = \dfrac{R_C R_L}{R_C+R_L} \geqslant 2000\Omega$，

$5000R_C \geqslant 2000R_C + 2000\times 5000$，$R_C \geqslant \dfrac{10\text{k}\Omega}{3\text{k}\Omega} \approx 3.3\text{k}\Omega$。

2-14 A 提示：射极输出器是共集电极电路。

2-15 C 提示：要稳定输出电流应引入电流反馈，实现阻抗匹配要增大输入电阻，需引入串联反馈。

2-16 B 提示：两个晶体管均为 NPN 型，图 2-90(a) 电路中基极至二极管阴极的 0.7V 电压加在两个 PN 结上，不足以使晶体管导通；图 2-90(b) 电路中发射极电流 $I_E = \dfrac{6-0.7}{1}\text{mA} = 5.3\text{mA}$，晶体管饱和。

2-17 B 提示：$U_B = \dfrac{R_{B2}}{R_{B1}+R_{B2}}U_{CC} = \dfrac{10}{20+10}\times 12\text{V} = 4\text{V}$

$I_{EQ} \approx \dfrac{U_B-U_{be}}{R_E} = \dfrac{4-0.7}{2000}\text{A} = 1.7\text{mA}$

$r_{be} = 200+(1+\beta)\dfrac{26}{I_{EQ}} = 200\Omega+38.5\times\dfrac{26}{1.7}\Omega \approx 0.79\text{k}\Omega$

$A_u \approx -\beta\dfrac{R'_L}{r_{be}} = -37.5\times\dfrac{2\,/\!/\,6}{0.79} = -71.2$

$r_i = R_{B1} \,/\!/\, R_{B2} \,/\!/\, r_{be} \approx r_{be} = 0.79\text{k}\Omega$，$r_o \approx R_C = 2\text{k}\Omega$

2-18 A 提示：$u_o = -\left(\dfrac{R_F}{R_1}u_{i1}+\dfrac{R_F}{R_2}u_{i2}\right)$，若 $R_1=R_2=R_F$，则 $u_o = -(u_{i1}+u_{i2})$。

2-19 A 提示：若放大倍数为负数（输入与输出反相）且为常数，只有反比例运算电路可以实现。

2-20 B 提示：双端输入、单端输出电路的共模电压增益为单端输出电压与共模输入信号之比（单端输出，输入与输出反相）；共模抑制比为电路的差模增益与共模增益之比（取模）。

2-21 C 提示：将输出电压 u_o 短路，电压消失，而 R_2 支路依旧存在反馈电流，因此是电流反馈；反馈信号与输入信号共同接在运放的反向输入端，因此为并联负反馈。

2-22 C 提示：振荡电路在起振时应有比振荡稳定时更大一些的电压增益，即 $|AF|>1$，$|F|=1/3$，所以 $A_{uf}>3$，$|AF|>1$ 称为起振条件。稳幅时 $|AF|=1$，则 $A_{uf}=3$。

2-23 B 提示：$A_u = \dfrac{u_o}{u_i} = -\dfrac{R_3+R_4}{R_1}\left(1+\dfrac{R_3/\!/R_4}{R_5}\right) = -\dfrac{200}{50}\times\left(1+\dfrac{50}{2}\right) = -104$。

2-24 C 提示：运放反相输入端接地，由"虚短"概念可得运放输入端 $U_+ = U_- = 0$；再根据"虚断"概念及基尔霍夫定律可列方程，$\dfrac{u_i-U_+}{R_1} = \dfrac{U_+-u_o}{R_2}$，即 $\dfrac{u_i}{R_1} = \dfrac{-u_o}{R_2}$，由此得电路的输入与输出之间关系，$u_i = -\dfrac{R_1}{R_2}\cdot u_o = -\dfrac{1}{3}u_o$。

稳压管 VDz 的双向限幅值为 ±6V，即输出限定在 ±6V，考虑限幅稳压管的影响，则 $u_i = -\dfrac{1}{3}u_o = -\dfrac{1}{3}\times(\pm 6)$ V $= \mp 2$V。

2-25 A 提示：如题解图 2-106 所示，根据虚短、虚地，$i_2 = i_1 = \dfrac{u_i}{R}$，$i_2 R = i_3 R$，即 $i_2 = i_3 = i_1$，$i_4 = 2i_1$，$i_3 R + i_4 R = i_5 R$，即 $i_3 + i_4 = i_5 = 3i_1$，$i_4 + i_5 = i_6 = 5i_1$，$u_o = -i_5 R - i_6 R = -8i_1 R = -8\times\dfrac{u_i}{R}R = -8u_i$。所以，

$A_u = \dfrac{u_o}{u_i} = -8$。

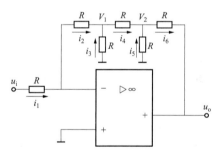

图 2-106　解题 2-25 图

2-26 C 提示：第一级为电压跟随器，$u_o = u_i = -2$V，电阻 R_1 被短路，输出级为反相比例运算电路，$u_o = -\dfrac{R_4}{R_3}u_i = -\dfrac{3}{3}\times(-2)$ V $= 2$V。

2-27 D 提示：① 双向稳压管稳定电压 $\pm U_Z = \pm 6$V，其正向导通电压 0.3~0.6V，所以 $U_o \approx 6.36$V。② $f_o = \dfrac{1}{2\pi RC} = \dfrac{1}{2\times 3.14\times 16\times 10^3\times 10^{-6}}$ Hz $= 9.95$Hz。

2-28 C 提示：第一级运放 A_1 为反相比例运算电路，第二级运放 A_2 为同相比例运算电路。

设第一级运放 A_1 输出电压为 u_{A10}，则 $u_{A10} = -\dfrac{R_f}{R_1}\cdot u_i = -\dfrac{6}{3}\times 1$V $= -2$V，而电路输出 $u_0 = \left(1+\dfrac{8}{4}\right)\times(-2)$ V $= -6$V。

2-29 C 提示：等幅振荡，$\dot{A}_u = \dfrac{\dot{U}_o}{\dot{U}_P} = 1 + \dfrac{R_f}{R_1} = 3$，$R_f = 2R_1$，$R_1 = 100\text{k}\Omega$。

2-30 C 提示：$k_{CMR} = \left| \dfrac{A_{ud}}{A_{uc}} \right|$，由此得 $A_{uc} = 0.1$，$u_{id} = U_{i1} - U_{i2} = 100\mu\text{V} - 8\mu\text{V} = 92\mu\text{V}$，

$u_{ic} = \dfrac{U_{i1} + U_{i2}}{2} = 54\mu\text{V}$，$u_{od} = A_{ud} u_{id} = 100 \times 92\mu\text{V} = 9200\mu\text{V}$，$u_{oc} = A_{uc} u_{ic} = 0.1 \times 54\mu\text{V} = 5.4\mu\text{V}$，

$u_o = u_{od} + u_{oc} = 9200\mu\text{V} + 5.4\mu\text{V} = 9205.4\mu\text{V}$。

2-31 B 提示：三极管导通时间大于半周而小于全周（$\pi < \theta < 2\pi$）的称为甲乙类功率放大电路。

2-32 A 提示：$P_o = \dfrac{1}{2} \times \dfrac{V_{CC}^2}{R_L} = \dfrac{1}{2} \times \dfrac{12^2}{8}\text{W} = 9\text{W}$。

2-33 A 提示：根据振幅平衡条件，$\dot{A}_u \cdot \dot{F}_u = 1$，同相比例运算 $A_u = \dfrac{u_o}{u_i} = 1 + \dfrac{R_f}{R_1}$，选频网

络 $|F_u| = \dfrac{1}{3}$，要满足平衡条件，$|A_u| = 3$，即 $1 + \dfrac{R_f}{R_1} = 3$，$R_1 = \dfrac{R_f}{2} = 100\text{k}\Omega$。

2-34 D 提示：R_1 电阻上电流 $I = \dfrac{U_W}{R_1} = \dfrac{15}{100}\text{mA} = 150\text{mA} > 5I_W$，所以

$$U_o = U_W + \left(\dfrac{U_W}{R_1} + I_W \right) R_2 = -15\text{V} + \left[\dfrac{-15}{100} + (-0.003) \right] \times 120\text{V} = -33.36\text{V}$$

2-35 A 提示：忽略电流 I_W，根据电路结构，$U_o = \dfrac{U_o'}{R_W} R_L = \dfrac{12R_L}{R_W}$。

2-36 B 提示：（1）电容未接，u_2 有效值为 20V，所以 $U_o = 0.9U_2 = 18\text{V}$。

（2）有电容滤波，负载开路，u_2 幅值为 $20\sqrt{2}\text{V}$，所以 $U_o = 20\sqrt{2}\text{V} = 28.28\text{V}$。

（3）此时相当于半波整流，电容未接，所以 $U_o = 0.45U_2 = 9\text{V}$。

2-37 A 提示：有电容滤波，u_2 有效值为 20V，所以 $U_o = 1.2U_2 = 24\text{V}$，$I_o = 24\text{V}/40\Omega = 0.6\text{A} = 600\text{mA}$，$I_D = I_o/2 = 300\text{mA}$，$U_{RM} = \sqrt{2}U_2 = 28.28\text{V}$。

2-38 D 提示：桥式整流电容滤波电路输出电压应为 $U_o = 1.2U_2 = 1.2 \times 20\text{V} = 24\text{V}$，桥式整流无电容滤波电路输出电压为 $U_o = 0.9U_2 = 0.9 \times 20\text{V} = 18\text{V}$。因此，现在的状态是电容开路滤波失效。

第3章 数字电子技术

➡ **考试大纲**

3.1 数字电路基础知识

  3.1.1 掌握数字电路的基本概念

  3.1.2 掌握数制和码制

  3.1.3 掌握半导体器件的开关特性

  3.1.4 掌握三种基本逻辑关系及其表达方式

3.2 集成逻辑门电路

  3.2.1 掌握 TTL 集成逻辑门电路的组成和特性

  3.2.2 掌握 MOS 集成门电路的组成和特性

3.3 数字基础及逻辑函数化简

  3.3.1 掌握逻辑代数基本运算关系

  3.3.2 了解逻辑代数的基本公式和原理

  3.3.3 了解逻辑函数的建立和四种表达方法及其相互转换

  3.3.4 了解逻辑函数的最小项和最大项及标准与或式

  3.3.5 了解逻辑函数的代数化简方法

  3.3.6 了解逻辑函数的卡诺图画法、填写及化简方法

3.4 集成组合逻辑电路

  3.4.1 掌握组合逻辑电路输入输出的特点

  3.4.2 了解组合逻辑电路的分析、设计方法及步骤

  3.4.3 掌握编码器、译码器、显示器、多路选择器及多路分配器的原理和应用

  3.4.4 掌握加法器、数码比较器、存储器、可编程逻辑阵列的原理和应用

3.5 触发器

  3.5.1 了解 RS、D、JK、T 触发器的逻辑功能、电路结构及工作原理

  3.5.2 了解 RS、D、JK、T 触发器的触发方式、状态转换图(时序图)

  3.5.3 了解各种触发器逻辑功能的转换

  3.5.4 了解 CMOS 触发器结构和工作原理

3.6 时序逻辑电路

  3.6.1 掌握时序逻辑电路的特点及组成

  3.6.2 了解时序逻辑电路的分析步骤和方法,计数器的状态转换表、状态转换图和时序图的画法;触发器触发方式不同时对不同功能计数器的应用连接

  3.6.3 掌握计数器的基本概念、功能及分类

  3.6.4 了解二进制计数器(同步和异步)逻辑电路的分析

  3.6.5 了解寄存器和移位寄存器的结构、功能和简单应用

3.6.6　了解计数型和移位寄存器型顺序脉冲发生器的结构、功能和分析应用

3.7　脉冲波形的产生

了解 TTL 与非门多谐振荡器、单稳态触发器、施密特触发器的结构、工作原理、参数计算和应用

3.8　数模和模数转换

3.8.1　了解逐次逼近和双积分模数转换工作原理；R-2R 网络数模转换工作原理；模数和数模转换器的应用场合

3.8.2　掌握典型集成数模和模数转换器的结构

3.8.3　了解采样保持器的工作原理

3.1　数字电路基础知识

3.1.1　数字电路基本概念

1. 数字电路的定义与特点

数字电路是用来产生、传输、处理不连续变化的离散信号的电路，主要用来研究电路的输出与输入之间的逻辑关系。其特点是：电路的半导体器件多数工作在开关状态，即工作在饱和区或截止区，放大区仅是过渡状态。

2. 数字电路的分类

数字电路按其逻辑功能特点可分为组合电路和时序电路。按其结构可分为分立元件电路和集成电路两大类。集成电路又可分为小规模、中规模、大规模和超大规模集成电路。按其所用器件不同还可分为双极型电路和单极型电路。其中，双极性电路有 DTL、TTL、ECL 等，单极型电路有 JFET、NMOS、PMOS、CMOS 等。

3.1.2　数制和码制

1. 数制

计数是数字电路常遇到的问题。在数字电路中多采用二进制数，有时也采用十六进制和八进制数。表 3-1 给出了常用进制之间的特点对照。

表 3-1　　　　　　　　　　　　常用进制之间的特点对照

进制	数码符号	基数	进位规律	按权展开举例
十	0、1、2、3、4、5、6、7、8、9	10	逢十进一	$234.78 = 2×10^2 + 3×10^1 + 4×10^0 + 7×10^{-1} + 8×10^{-2}$
二	0、1	2	逢二进一	$(101.01)_2 = 1×2^2 + 0×2^1 + 1×2^0 + 0×2^{-1} + 1×2^{-2} = (5.25)_{10}$
十六	0、1、2、3、4、5、6、7、8、9、A、B、C、D、E、F	16	逢十六进一	$(2BD.48)_{16} = 2×16^2 + 11×16^1 + 13×16^0 + 4×16^{-1} + 8×16^{-2} = (701.281\ 25)_{10}$
八	0、1、2、3、4、5、6、7	8	逢八进一	$(472.24)_8 = 4×8^2 + 7×8^1 + 2×8^0 + 2×8^{-1} + 4×8^{-2} = (314.312\ 5)_{10}$

2. 数制转换

（1）十进制数转换为二、八、十六进制数。将十进制的整数和小数分别转换，合并后即

得到转化结果。

1）整数部分采用除基取余法。将十进制数逐次除以目的数制的基数 R（2、8 或 16），第一次所得的余数为目的数的最低位，把所得的商再除以该基数 R，所得的余数为目的数的次低位，以此类推，直到商等于 0 为止。将所得的余数组合在一起，就是二进制数、八进制数或十六进制数的整数部分（最后一次得到的余数为最高位，第一个得到的余数为最低位）。

2）小数部分采用乘基取整法。将该小数乘以目的数制的基数 R（2、8 或 16），第一次乘得的结果整数部分为目的数的最高位，将乘得结果的小数部分再乘以基数 R，所得结果整数部分为目的数的次高位，以此类推，直到小数部分为零或达到要求的精度。将所得的整数组合在一起，就是二进制数、八进制数或十六进制数的小数部分（第一次得到的整数为最高位，最后一个得到的整数为最低位）。

【例 3-1】 将 $(62)_{10}$ 转换为二进制数，$(262)_{10}$ 转换为十六进制数，$(982)_{10}$ 转换为八进制数。

解：

2	62	余数
2	31	$0 = b_0$
2	15	$1 = b_1$
2	7	$1 = b_2$
2	3	$1 = b_3$
	$1 = b_5$	$1 = b_4$

16	262	余数
16	16	$6 = b_0$
	$1 = b_2$	$0 = b_1$

8	982	余数
8	122	$6 = b_0$
8	15	$2 = b_1$
	$1 = b_3$	$7 = b_2$

因此，$(62)_{10} = (111110)_2$；$(262)_{10} = (106)_{16}$；$(982)_{10} = (1726)_8$。

【例 3-2】 将 $(0.356)_{10}$ 转换为二进制、八进制和十六进制数（保留 4 位）。

解：

$0.356 \times 2 = 0.712$	0	$0.356 \times 8 = 2.848$	2	$0.356 \times 16 = 5.696$	5
$0.712 \times 2 = 1.424$	1	$0.848 \times 8 = 6.784$	6	$0.696 \times 16 = 11.136$	B
$0.424 \times 2 = 0.848$	0	$0.784 \times 8 = 6.272$	6	$0.136 \times 16 = 2.176$	2
$0.848 \times 2 = 1.696$	1	$0.272 \times 8 = 2.176$	2	$0.176 \times 16 = 2.816$	2
$0.696 \times 2 = 1.392$	1	$0.176 \times 8 = 1.408$	1	$0.816 \times 16 = 4.896$	4

因此，$(0.356)_{10} = (0.0110)_2$；$(0.356)_{10} = (0.2662)_8$；$(0.356)_{10} = (0.5B22)_{16}$。

十进制小数转换成其他进制数时，一般保留 4 位小数，第 5 位数按如下方式处理：二进制"0 舍 1 入"，八进制"3 舍 4 入"，十六进制"7 舍 8 入"。

（2）二、八、十六进制数转换为十进制数。方法：使用公式法。将各进制数按其通用公式展开，各项乘积相加后得到十进制数。

例如：$(1110.01)_2 = 1 \times 2^3 + 1 \times 2^2 + 1 \times 2^1 + 0 \times 2^0 + 0 \times 2^{-1} + 1 \times 2^{-2} = (14.25)_{10}$

$(2A4.2)_{16} = 2 \times 16^2 + 10 \times 16^1 + 4 \times 16^0 + 2 \times 16^{-1} = 512 + 160 + 4 + 0.125 = (676.125)_{10}$

（3）二进制数转换八、十六进制数。方法：使用分组法。将二进制数从最低位开始，每 3 位（转八进制）或 4 位（转十六进制）分为一组，将各组的转换结果位组合在一起，就是八进制数或十六进制数。

【例 3-3】 将 $(10101001.1110110)_2$ 转换为八进制数和十六进制数。

解：$(010\ 101\ 001.111\ 011\ 000)_2=(251.730)_8$；

$(1010\ 1001.1110\ 1100)_2=(A9.EC)_{16}$。

【例 3-4】 将$(20A.6)_{16}$转换为二进制数。

解：$(20A.6)_{16}=(0010\ 0000\ 1010.0110)_2=(1000001010.0110)_2$。

(4) 各进制之间的简单对应关系。表 3-2 给出了常用的几种进制数的关系对照表。

表 3-2　　常用的几种进制数的关系对照

数制				数制			
十	二	八	十六	十	二	八	十六
0	0000	0	0	8	1000	10	8
1	0001	1	1	9	1001	11	9
2	0010	2	2	10	1010	12	A
3	0011	3	3	11	1011	13	B
4	0100	4	4	12	1100	14	C
5	0101	5	5	13	1101	15	D
6	0110	6	6	14	1110	16	E
7	0111	7	7	15	1111	17	F

3. 码制

用一定位数的二进制数来代表某一特定的事务、文字符号等称为编码。采用不同的编码形式称为码制。

(1) BCD 码。用四位二进制数组成一组代码，表示 0~9 十个数称二—十进制代码，即 BCD 码。其常用的编码形式见表 3-3。

表 3-3　　常用编码形式

十进制数	8421 码	2421 码	余 3 码
0	0000	0000	0011
1	0001	0001	0100
2	0010	0010	0101
3	0011	0011	0110
4	0100	0100	0111
5	0101	1011	1000
6	0110	1100	1001
7	0111	1101	1010
8	1000	1110	1011
9	1001	1111	1100
特　　点	四位的二进制数的权值从左至右分别为 8、4、2、1	四位的二进制数的权值从左至右分别为 2、4、2、1	它属于无权码，它的数值比它表示的十进制数码多 3

（2）格雷码。格雷码属于无权码，其特点是任意相邻的数码之间只有一位数码不同；由于首尾相接后也只有一位不同，又称循环码，其编码形式见表3-4。

表3-4　　　　　　　　　　　　格雷码编码形式

十进制数	二进制数	格雷码	十进制数	二进制数	格雷码
0	0000	0000	8	1000	1100
1	0001	0001	9	1001	1101
2	0010	0011	10	1010	1111
3	0011	0010	11	1011	1110
4	0100	0110	12	1100	1010
5	0101	0111	13	1101	1011
6	0110	0101	14	1110	1001
7	0111	0100	15	1111	1000

二进制码转换成格雷码的方法是：从二进制数的低位开始每两位相异或，即可得到转换后对应的格雷码。例如，$(01101001)_{8421BCD} = (01011101)_{格雷码}$。

3.1.3　半导体器件的开关特性

1. 二极管开关特性

二极管具有单向导电性，即外加正向电压（大于二极管导通电压时导通，硅管 $0.6 \sim 0.7V$，锗管 $0.2 \sim 0.3V$），外加反向电压时截止，如图3-1所示。由此可见，二极管在电路中是一个受外电压控制的开关。

2. 三极管开关特性

三极管可工作在截止、放大和饱和三种状态。在数字电路中，三极管通常工作在饱和（开）或截止（关）状态，作为开关元件使用。三极管的开关电路及工作状态如图3-2所示。

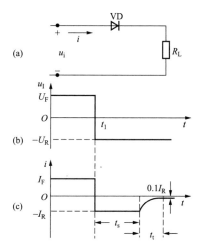

图3-1　二极管的开关特性
（a）电路；（b）输入电压；（c）二极管电流

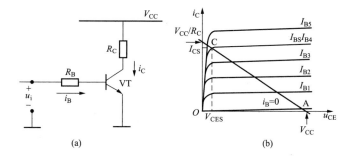

图3-2　三极管的开关电路及工作状态
（a）电路；（b）工作状态图解

三极管的三种工作状态的条件和特点见表3-5。

表 3-5

NPN 三极管共发射极的三种工作状态和特点

工作状态		截 止	放 大	饱 和
条 件		i_B	$0 < i_B < I_{CS}/\beta$	$i_B > I_{CS}/\beta$
工作特点	偏置情况	发射结和集电结均为反偏	发射结正偏，集电结反偏	发射结和集电结均为正偏
	集电极电流	$i_C \approx 0$	$i_C \approx \beta i_B$	$i_C = I_{CS} \approx V_{CC}/R_C$
	管压降	$V_{CEO} \approx V_{CC}$	$U_{CE} = V_{CC} - i_C R_C$	$V_{CES} \approx 0.2 \sim 0.3V$
	c、e 间等效内阻	很大，相当于断开	可变	很小，相当于开关闭合

3.1.4 三种基本逻辑关系及其表达方式

1. 与运算

与运算如图 3-3 所示。

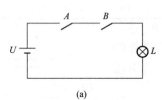

图 3-3 与运算

(a)电路图；(b)真值表；(c)用 0、1 表示的真值表；(d)与逻辑门电路的符号

特点：输入全为 1 时输出为 1，否则输出为 0。

$A \cdot 1 = A$(输入与 1 相与保持不变)

$A \cdot 0 = 0$(输入与 0 相与输出清零)

2. 或运算

或运算如图 3-4 所示。

特点：输入全为 0 时输出为 0，否则输出为 1。

$A + 1 = 1$(输入与 1 相或输出为 1)

$A + 0 = A$(输入与 0 相或保持不变)

3. 非运算

非运算如图 3-5 所示。

特点：输出与输入状态相反。

几种常用的逻辑运算见表 3-6。

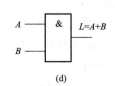
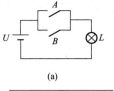
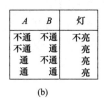
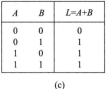

图 3-4 或运算

(a)电路图；(b)真值表；

(c)用 0, 1 表示的真值表；(d)或逻辑门电路的符号

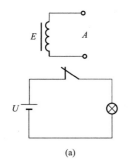

继电器 A	灯
不通电	亮
通电	不亮

A	$L=\bar{A}$
0	1
1	0

(a)   (b)   (c)

图 3-5 非运算

(a)电路图；(b)真值表；(c)用 0、1 表示的真值表

表 3-6   几种常用的逻辑运算

逻辑变量		逻辑运算及符号					
		与运算 $L=A \cdot B$	或运算 $L=A+B$	非运算 $L=\bar{A}$	与非运算 $L=\overline{A \cdot B}$	或非运算 $L=\overline{A+B}$	异或运算 $L=A \oplus B$
A	B						
0	0	0	0	1	1	1	0
0	1	0	1	1	1	0	1
1	0	0	1	0	1	0	1
1	1	1	1	0	0	0	0

  小结与提示 数字电路采用二进制数表示数据，数字 1 和 0 分别表示两个逻辑状态，电路易实现。数字逻辑可实现算术运算，也可实现逻辑运算。逻辑运算的三个最基本运算是与、或、非运算。

3.2 集成逻辑门电路

3.2.1 TTL 集成逻辑门电路的组成和特性

1. TTL 与非逻辑门

图 3-6 说明采用多发射极 BJT 用作 3 输入端 TTL 与非门的输入条件。当任一输入端为

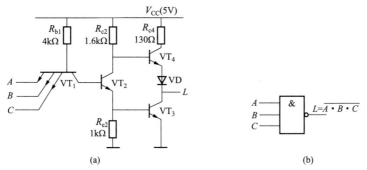

图 3-6 具有多发射极 BJT 的 3 输入端与非电路

(a)电路图；(b)代表符号

低电平时，VT_1 的发射结将正向偏置而导通，VT_2 将截止。结果将导致输出为高电平。只有当全部输入端为高电平时，VT_1 将转入倒置放大状态，VT_2 和 VT_3 均饱和，输出为低电平。

2. TTL 或非逻辑门

图 3-7 是由图 3-6 的结构改进而来，即两个 BJT 的 VT_{2A} 和 VT_{2B} 代替 VT_2。若两个输入端 A、B 为低电平，则 VT_{2A} 和 VT_{2B} 均将截止，$i_{B3}=0$，输出 L 为高电平。若 A、B 两输入端中有一个为高电平，则 VT_{2A} 或 VT_{2B} 将饱和，导致 $i_{B3}>0$，i_{B3} 便使 VT_3 饱和，输出 L 为低电平。这就实现了或非功能。

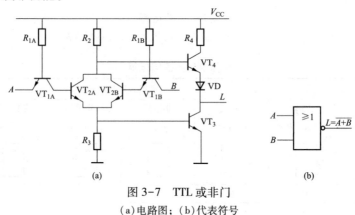

图 3-7　TTL 或非门

(a)电路图；(b)代表符号

3.2.2　MOS 集成逻辑门电路的组成和特性

MOS 集成电路按照所用管子类型不同分为以下三种：

（1）PMOS 电路，制造工艺简单，工作速度慢。

（2）NMOS 电路，工作速度优于 PMOS，但制造工艺复杂。

（3）CMOS 电路，由 PMOS 和 NMOS 构成的互补 MOS 电路，静态功耗低，抗干扰能力强、工作稳定性好、开关速度高等优点。

1）CMOS 反相器如图 3-8 所示。

2）CMOS 与非门电路。CMOS 与非门电路如图 3-9 所示，这种电路具有与非的逻辑功能，即 $L=\overline{A \cdot B}$。

3）CMOS 或非门电路。CMOS 或非门电路如图 3-10 所示，这种电路具有或非的逻辑功能，即 $L=\overline{A+B}$。

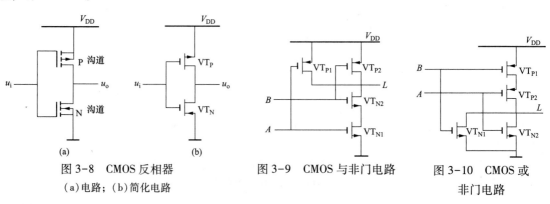

图 3-8　CMOS 反相器
(a)电路；(b)简化电路

图 3-9　CMOS 与非门电路

图 3-10　CMOS 或
非门电路

3.3 数字基础及逻辑函数化简

3.3.1 逻辑代数基本运算关系

逻辑代数中，基本逻辑运算有"与"逻辑(也称逻辑乘)、"或"逻辑(也称逻辑加)和"非"逻辑(也称逻辑反)三种运算(3.1.4已介绍)。

3.3.2 逻辑代数的基本公式和原理

1. 逻辑代数的基本定律和恒等式(表3-7)

表 3-7 　　　　　　　　　　　　逻辑代数的基本定律和恒等式

基本定律	自等律	$A+0=A$, $A \cdot 1=A$
	0-1律	$A+1=1$, $A \cdot 0=0$
	互补律	$A+\overline{A}=1$, $A \cdot \overline{A}=0$
	重叠律	$A+A=A$, $A \cdot A=A$
	还原律	$\overline{\overline{A}}=A$
交换律		$A+B=B+A$, $A \cdot B=B \cdot A$
结合律		$(A+B)+C=A+(B+C)$, $(AB)C=A(BC)$
分配律		$A(B+C)=AB+AC$, $A+BC=(A+B)(A+C)$
吸收律		$A+AB=A$, $A(A+B)=A$, $A+\overline{A}B=A+B$, $A(\overline{A}+B)=AB$
反演律		$\overline{A \cdot B \cdot C \cdot \cdots}=\overline{A}+\overline{B}+\overline{C}+\cdots$, $\overline{A+B+C+\cdots}=\overline{A} \cdot \overline{B} \cdot \overline{C} \cdot \cdots$
其他常用恒等式		$AB+\overline{A}C+BC=AB+\overline{A}C$

2. 逻辑代数的三个基本规则(定律)

(1) 代入规则。如果将等式两边出现的某变量 A，都用一个函数代替，则等式依然成立。

(2) 反演规则。求一个逻辑函数 L 的非函数 $\overline{L}$ 时，可将 L 中的"·"换成"+"，"+"换成"·"；再将原变量换成非变量，非变量换成原变量；"0"换成"1"，"1"换成"0"；那么所得的逻辑函数式就是 $\overline{L}$。

(3) 对偶规则。L 是一个逻辑表达式，如把 L 中的"·"换成"+"，"+"换成"·"；"0"换成"1"，"1"换成"0"；那么得到的函数式就是原函数式的对偶式，记作 L'。

3.3.3 逻辑函数的建立和四种表达方法及其相互转换

1. 逻辑函数的建立

一般地说，若输入逻辑变量 A，B，C，…的取值确定以后，输出的逻辑变量 F 的值也唯一地确定了，就称 F 是 A，B，C，…逻辑函数。写作

$$F=f(A,B,C,\cdots) \tag{3-1}$$

式中：A、B、C 常称为输入逻辑变量；F 称为输出逻辑变量。

逻辑函数的特点是：输入变量和输出变量只能采用二值逻辑，即"0"或"1"，逻辑值没有大小；函数关系是由"与""或""非"三种基本运算决定的。

2. 逻辑函数的表达方式

（1）逻辑真值表。将输入变量在所有的取值下对应的输出值找出来，列成表格，即可得到真值表。

（2）逻辑函数式。逻辑函数式就是由逻辑变量的"与""或""非"三种基本运算符所构成的表达式。

（3）逻辑图。将逻辑函数中各变量之间的"与""或""非"等逻辑关系用图形符号表示，就可以画出表示函数关系的逻辑图。

（4）卡诺图。卡诺图是一种最小项的平面方阵图，边注用循环码，使得几何位置上相邻的排成矩形圈，2^i 个最小项可以合并为一项，保留其中的公因子。

【例3-5】有3个逻辑输入量 A、B、C，当输入变量中有两个及以上为"1"时，输出为"1"，否则为"0"。用4种逻辑函数表达方式描述上述关系。

解：第一步，真值表表达见表3-8。

表 3-8　　　　　　　　　　　　　　　　例 3-5 真 值 表

A	B	C	F	A	B	C	F
0	0	0	0	1	0	0	0
0	0	1	0	1	0	1	1
0	1	0	0	1	1	0	1
0	1	1	1	1	1	1	1

第二步，逻辑表达式。

$$F = \bar{A}BC + A\bar{B}C + AB\bar{C} + ABC = \bar{A}BC + A\bar{B}C + AB(\bar{C}+C)$$
$$= \bar{A}BC + A(\bar{B}C + B) = \bar{A}BC + AB + AC = B(\bar{A}C + A) + AC$$
$$= AB + AC + BC$$

第三步，逻辑电路图如图3-11所示。

第四步，卡诺图如图3-12所示。

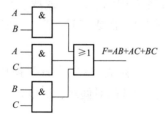

图 3-11　例 3-5 逻辑电路图

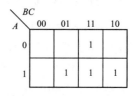

图 3-12　例 3-5 卡诺图

3. 各种表示方法的相互转换

（1）根据真值表写出逻辑函数表达式。

1）在真值表中依次找出函数值等于1的变量组合，变量值为1的写成原变量，变量值为0的写成反变量。

2）把组合中各变量相乘（逻辑与）。

3）把乘积项相加（逻辑或），得到相应的逻辑函数表达式。

（2）根据逻辑表达式列出真值表。将输入变量取值的所有组合状态逐一代入逻辑式来求函数值，列成表，即可得到真值表。

（3）根据逻辑表达式画出逻辑图。用逻辑图形符号代替逻辑表达式中运算符号，就可以画出逻辑图。

（4）根据逻辑图写出逻辑式。从输入端到输出端逐级写出每个逻辑图形符号对应的逻辑式，就可以得到对应的逻辑函数。

3.3.4　逻辑函数的最小项和最大项及标准与或式

一个逻辑函数可以有多种等效的表达式，但其标准形式是唯一的，逻辑函数有两种标准形式，即标准与或式（最小项表达式）和标准或与式（最大项表达式）。这里仅介绍前者。

1. 最小项（标准与或式）

在 n 个变量逻辑函数中，若 m 为包含 n 个因子的乘积项，而且这 n 个变量均以原变量或反变量的形式存在 m 中出现一次，则称 m 为该组变量的最小项。例如：A、B、C 三个变量的逻辑函数共有 $\bar{A}\bar{B}\bar{C}$、$\bar{A}\bar{B}C$、$\bar{A}B\bar{C}$、$\bar{A}BC$、$A\bar{B}\bar{C}$、$A\bar{B}C$、$AB\bar{C}$、ABC 八个项。通常用 m_i 表示最小项。对下标 i 有如下规定：把最小项的取值看作一个二进制数，那么它所表示的十进制数即为该最小项的编号。如最小项按 $A\bar{B}\bar{C}$，记作 m_4。

【例 3-6】写出 $F=AB+AC+BC$ 的最小项标准与或表达式。

解：$F=AB+AC+BC=AB(C+\bar{C})+AC(B+\bar{B})+BC(A+\bar{A})=ABC+AB\bar{C}+ABC+A\bar{B}C+ABC+\bar{A}BC=\bar{A}BC+A\bar{B}C+AB\bar{C}+ABC=m_3+m_5+m_6+m_7=\sum m(3,5,6,7)$

2. 最小项性质

（1）在输入变量的任何取值下必有一个最小项，而且仅有一个最小项的值为 1。

（2）全体最小项之和（逻辑或）为 1。

（3）任意两个最小项的乘积（逻辑与）为 0。

（4）具有相邻性的两个最小项之和（逻辑或）可以并成一项并消去一对因子。

3.3.5　逻辑函数的代数化简方法

与-或表达式是逻辑函数的最基本表达形式，其最简的标准为：

（1）子项个数最少，即表达式中"+"号最少。

（2）每个与项中的变量数最少，即表达式中"·"号最少。

化简方法的基本方法主要有以下几种：

1）并项法。运用 $A+\bar{A}=1$，将两个乘积项合并成一项，消去一个变量。例如：

$$F=ABC+AB\bar{C}=AB(C+\bar{C})=AB$$

2）吸收法。运用吸收律 $A+AB=A$，吸收多余的项。例如：

$$F=A\bar{C}+A\bar{B}\bar{C}+BC=(A+A\bar{B})\bar{C}+BC=A\bar{C}+BC$$

3）消去法。运用吸收律 $A+\bar{A}B=A+B$，消去多余的变量。例如：

$$F=AB+\bar{A}C+\bar{B}C=AB+(\bar{A}+\bar{B})C=AB+\overline{AB}C=AB+C$$

4）配项法。通过乘以 $A+\bar{A}(=1)$ 或加上 $A\bar{A}(=0)$，将某一项配成两项，以便消去更多的乘积项。例如：

$$F=AB+\overline{A}C+BCD=AB+\overline{A}C+BCD(A+\overline{A})=AB+\overline{A}C+ABCD+\overline{A}BCD=AB+\overline{A}C$$

3.3.6 逻辑函数的卡诺图画法、填写及化简方法

1. 卡诺图的构成

卡诺图实质上是将代表逻辑函数的最小项用小方格表示，并将这些小方格按相邻原则排列成的方块图。图 3-13 给出了画出 2~4 变量的卡诺图。方格中数字是最小项编号。

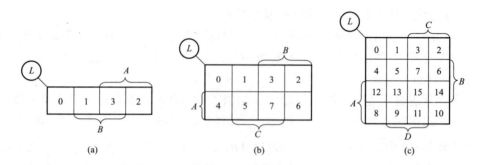

图 3-13　卡诺图

(a)2 变量卡诺图；(b)3 变量卡诺图；(c)4 变量卡诺图

2. 用卡诺图表示逻辑函数

任何一个逻辑函数都可用最小项之和的形式来表示。卡诺图表示逻辑函数的方法是：首先逻辑函数转换为最小项之和的形式，然后在卡诺图上与这些最小项对应位置上填入 1，其余填 0 或不填，就得到了表示该逻辑函数的卡诺图。

3. 卡诺图化简逻辑函数的方法

由于卡诺图具有相邻性，当相邻的两个方格为 1 时，即可消去两个方格中不同的那个变量。简化方法如下：

（1）根据给定的逻辑函数，画出该逻辑函数的卡诺图。

（2）合并最小项。即将卡诺图中相邻方格中的"1"圈起来。画包围圈的方法是：

1）包围圈中所包围的最小项的个数必须是 2^n 个（$n=1,2,3,4$）。

2）包围圈要尽可能大，以便消去更多的变量因子。

3）避免重复包围，包围圈中必须有新的变量。否则，该包围圈将是多余的。

（3）写出每个包围圈的函数式，然后再将这些函数式相加，即得到简化后的逻辑函数式。

【例 3-7】 已知：$L=\overline{A}\,\overline{B}\,\overline{C}\,\overline{D}+\overline{A}\,\overline{B}\,\overline{C}D+\overline{A}\,\overline{B}C\overline{D}+\overline{A}B\overline{C}\,\overline{D}+\overline{A}B\overline{C}D+\overline{A}BC\overline{D}+ABCD$

$$=\sum m(0,1,2,4,5,6,15)$$

画出该函数的卡诺图，并由卡诺图简化该逻辑函数式。

解： 画出 4 变量卡诺图中，对 L 的各最小项对应的方格中填 1。

按照卡诺图化简逻辑函数的方法，画出 3 个包围圈，如图 3-14 所示，分别写出 2 个包围圈函数式和一个最小项，然后加起来，得到

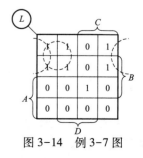

图 3-14　例 3-7 图

$$L=\overline{A}\,\overline{C}+\overline{A}\,\overline{D}+ABCD$$

3.4 集成组合逻辑电路

3.4.1 组合逻辑电路输入、输出的特点

组合逻辑电路在结构上，具有以下特征：

(1) 组合逻辑电路是由各类逻辑门组成，电路中不含存储元件。

(2) 组合逻辑电路的输入和输出之间没有反馈通路。

基于以上两点，组合逻辑电路的特点是：电路在任意时刻的输出仅仅取决于该时刻的输入，而与电路以前的状态无关。

3.4.2 组合逻辑电路的分析、设计方法及步骤

1. 组合逻辑电路的分析

分析组合逻辑电路的目的是确定已知电路的逻辑功能。其分析步骤大致是：

(1) 从输入端入手，根据电路的逻辑功能逐级写出各输出端的逻辑函数表达式。

(2) 化简和变换各逻辑表达式。

(3) 列出真值表。

(4) 根据真值表和逻辑表达式对逻辑电路进行分析，最后确定其功能。

【例 3-8】一个双输入端、双输出端的组合逻辑电路如图 3-15 所示，分析该电路的功能。

解： 第一步，由逻辑电路写出逻辑表达式，并化简和变换。

$$Z_1 = \overline{AB}$$

$$Z_2 = \overline{A \cdot \overline{AB}}$$

$$Z_3 = \overline{B \cdot \overline{AB}}$$

$$S = \overline{\overline{Z_2} \cdot \overline{Z_3}} = \overline{Z_2} + \overline{Z_3}$$

$$= A \cdot \overline{AB} + B \cdot \overline{AB}$$

$$= A(\overline{A} + \overline{B}) + B(\overline{A} + \overline{B})$$

$$= A\overline{B} + \overline{A}B = A \oplus B$$

$$C = \overline{Z_1} = AB$$

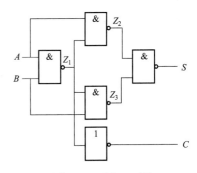

图 3-15 例 3-8 图

第二步，列写真值表，见表 3-9。

表 3-9   **例 3-8 真 值 表**

输　　入	输　　出	输　　入	输　　出
$A\ B$	$S\ C$	$A\ B$	$S\ C$
0　0	0　0	1　0	1　0
0　1	1　0	1　1	0　1

第三步，分析真值表可知，A、B 都是 0 时，S 为 0，C 也是 0；当 A、B 有一个 1 时，S 为 1，C 为 0；A、B 都是 1 时，S 为 0，C 为 1。这符合两个一位二进制数相加的规律，即 A、B 为两个加数，S 是它们的和，C 是向高位的进位。这种电路可实现两个一位二进制相加，称为半加器。

2. 组合逻辑电路的设计方法及步骤

组合逻辑电路设计是根据给出的实际逻辑问题，经过逻辑抽象，找出用最少的逻辑门实现给定的逻辑功能的方案，并画出逻辑电路图。其步骤如下：

(1) 根据给定的逻辑问题，确定因果关系，列出真值表。

(2) 根据真值表写出逻辑表达式。

(3) 化简或变换逻辑函数表达式。

(4) 根据逻辑函数表达式画出逻辑电路图。

【例 3-9】用逻辑电路实现如下功能：只有当三个裁判(包括裁判长)，或裁判长和另一个裁判确认的情况下，才认为成功，按下按键，使灯亮，否则，表示失败。

解： 第一步，根据问题，设定 A、B、C 三个逻辑变量为三个裁判，其中 A 为裁判长。输入逻辑变量为"1"表示按下按键，"0"表示未按下；输出"1"表示成功，"0"表示失败。

第二步，列出真值表，见表 3-10。

表 3-10　　　　　　　　　　　　　　　例 3-9 真 值 表

输　入	输　出	输　入	输　出
A　B　C	F	A　B　C	F
0　0　0	0	1　0　0	0
0　0　1	0	1　0　1	1
0　1　0	0	1　1　0	1
0　1　1	0	1　1　1	1

第三步，根据真值表写出逻辑表达式。

$$F = AB\bar{C} + A\bar{B}C + ABC$$

第四步，简化函数表达式。

$$F = AB\bar{C} + A\bar{B}C + ABC = AB(\bar{C}+C) + AC(\bar{B}+B) = AB + AC$$

$$= \overline{\overline{AB} \cdot \overline{AC}}$$

第五步，画出逻辑电路图，如图 3-16 所示。

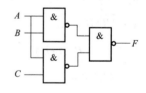

图 3-16　例 3-9 逻辑电路图

3.4.3　编码器、译码器、显示器、多路选择器及多路分配器的原理和应用

1. 编码器

将二进制码按一定规律进行编码，使每一组代码具有一定的含义，这个过程称为编码。如：8421BCD 码中用 1000 表示数字 8。实现编码的电路称为编码器。编码器的逻辑功能是：能将每一组输入信息变换为相应二进制的代码输出，如 4 线-2 线编码器是将输入的 4 个状态分别编成 4 个二位二进制数码输出。

4 线–2 线编码器的功能表见表 3-11。

表 3-11   **4 线–2 线编码器的功能表**

输 入				输 出	
I_0	I_1	I_2	I_3	Y_1	Y_0
1	0	0	0	0	0
0	1	0	0	0	1
0	0	1	0	1	0
0	0	0	1	1	1

由表 3-11 可知，该编码器为高电平输入有效，其逻辑表达式为

$$Y_1 = \overline{I_0}\,\overline{I_1}\,I_2\,\overline{I_3} + \overline{I_0}\,\overline{I_1}\,\overline{I_2}\,I_3 , \quad Y_0 = \overline{I_0}\,I_1\,\overline{I_2}\,\overline{I_3} + \overline{I_0}\,\overline{I_1}\,\overline{I_2}\,I_3$$

由逻辑表达式画出的逻辑电路图
（图 3-17）可以实现表 3-11 所示功能，
即 $I_0 \sim I_3$ 中在某一个输入为 1，输出
$Y_1 Y_0$ 即为相应的代码，例如：I_1 为 1
时，$Y_1 Y_0$ 为 01。

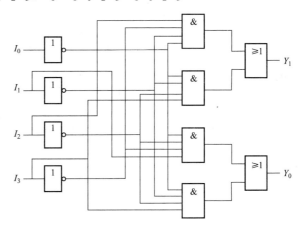

图 3-17   4 线–2 线编码器逻辑电路图

2. 译码器

译码是编码的逆过程，即将每一
组二进制码翻译成特定的输出信号，
表示它原来所代表的信息。具有译码
功能的逻辑电路称为译码器。最常用
的译码器有二进制译码器和二—十进
制译码器。

二进制译码器有 n 个二进制代码输入，2^n 个译码输出，还可以有一个或多个输入使能
端。当输入使能端为有效电平时，对应每一组的代码输入，仅有一个与该代码相对应的输出
端为有效电平，其他 $2^n - 1$ 个输出端均为无效电平。图 3-18 是常用的 74138 集成译码器，仅
当使能端有效时，即 $G_1 G_{2A} G_{2B} = 100$ 时，译码器才可译码，例如：当输入为 $CBA = 110$ 时，$Y_6 =$
0（低电平有效），其他输出为高电平（无效）。当使能端 $G_1 G_{2A} G_{2B}$ 为无效电平时（非 100），该
译码器输出皆为高电平，译码器处于非工作状态。

3. 显示器

最常用的显示器有半导体发光二极管和液晶显示器。发光二极管显示器有共阳极显示器
和共阴极显示器之分。图 3-19 为发光二极管显示器。

图 3-20 是由 74LS48 译码器构成的译码显示驱动电路图。

该电路中显示器为七段共阴极显示器。74LS48 为七段译码驱动器，输入 $A_3 \sim A_0$ 为四位二进
制代码，译码输出 $Y_a \sim Y_g$ 用来驱动发光二极管。例如：当输入二进制代码 $A_3 \sim A_0 = 0010$ 时，译
码输出 $Y_a \sim Y_g = 1101101$，即七段显示器 a、b、e、d、g 段被点亮，此时显示数字 "2"。

4. 数据选择器

在数据传输过程中，经常需要把多路信号中的某一路信号挑选出来，能完成此功能的部
件，称为数据选择器（或多路开关），如图 3-21 所示。数据选择器是一种多路输入，单路输

出的逻辑部件，由地址(编码)控制端来确定选择哪路输入信号。

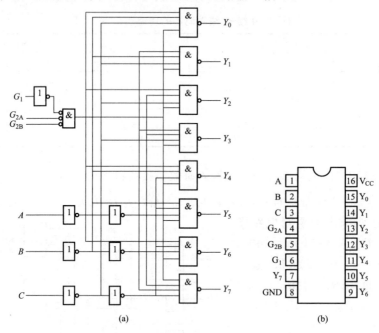

图 3-18　74138 集成译码器逻辑电路图和引脚图

(a)逻辑电路图；(b)引脚图

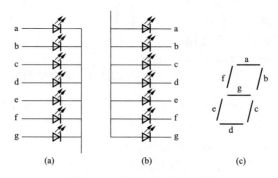

图 3-19　发光二极管显示器

(a)共阴极显示器；(b)共阳极显示器；(c)段组合图

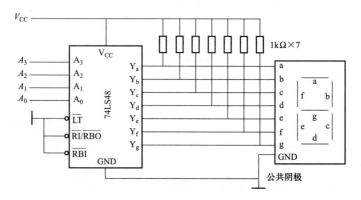

图 3-20　74LS48 译码器构成的译码显示驱动电路图

图 3-22 是一个四选一数据选择器，G 是使能端，低电平有效。当 $G=0$ 时，输出 $Y=D_i$，i 由地址线 BA 等于 00，01，10，11 的四种状态确定。当 $G=1$ 时，所有的与门都被封锁，Y 总为 0。

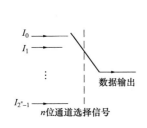

图 3-21　数据选择器示意图

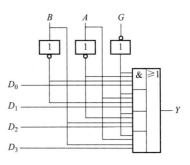

图 3-22　四选一数据选择器逻辑图

5. 数据分配器

在数据传输过程中，完成将一路输入数据分配到多路输出端的电路称为数据分配器。它是一种单路输入、多路输出的逻辑部件，由地址（编码）控制端来确定选择哪路输出信号。图 3-23 是数据分配器的示意图。

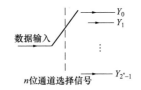

图 3-23　数据分配器示意图

3.4.4　加法器、数码比较器、存储器、可编程逻辑阵列的原理和应用

1. 加法器

完成两个数码相加的逻辑电路称为加法器。这里加法器是指二进制数加法器。

（1）半加器。半加器是实现两个一位二进制数相加的运算电路，如图 3-24 所示。半加器在例 3-8 已有描述，这里不再赘述。

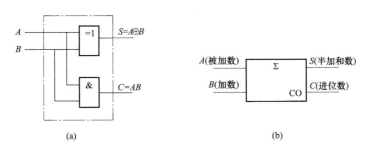

(a)　　　　　　　　　　　　(b)

图 3-24　半加器

（a）由异或门及与门组成；（b）半加器符号

（2）全加器。全加器是实现两个一位二进制数相加，同时还要加上低位进位的电路。

设低位进位用 C_{i-1} 表示，A_i 和 B_i 分别表示两个一位二进制数，按二进制加法规则可得到全加器的真值表，见表 3-12。

表 3-12			全 加 器 真 值 表						
输　　入			输　　出		输　　入			输　　出	
A_i	B_i	C_{i-1}	S_i	C_i	A_i	B_i	C_{i-1}	S_i	C_i
0	0	0	0	0	1	0	0	1	0
0	0	1	1	0	1	0	1	0	1
0	1	0	1	0	1	1	0	0	1
0	1	1	0	1	1	1	1	1	1

由全加器真值表可写出全加器逻辑输出表达式

$$S_i = \overline{A_i}\,\overline{B_i}\,C_{i-1} + \overline{A_i}\,B_i\,\overline{C_{i-1}} + A_i\,\overline{B_i}\,\overline{C_{i-1}} + A_i B_i C_{i-1} = A_i \oplus B_i \oplus C_{i-1} \tag{3-2}$$

$$C_i = \overline{A_i}\,B_i C_{i-1} + A_i\,\overline{B_i}\,\overline{C_{i-1}} + A_i B_i\,\overline{C_{i-1}} + A_i B_i C_{i-1} = (A_i \oplus B_i)C_{i-1} + A_i B_i \tag{3-3}$$

由此逻辑函数式画出的逻辑电路如图 3-25 所示。

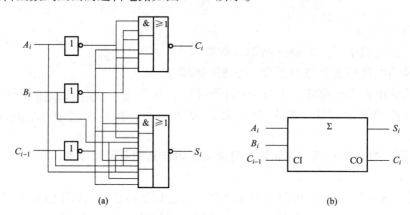

(a) (b)

图 3-25　全加器

(a)逻辑电路图；(b)代表符号

由多位全加器可构成多位二进制加法器，图 3-26 是由 4 个全加器构成的四位二进制加法器。

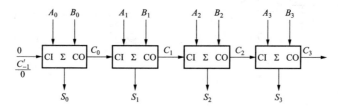

图 3-26　四位二进制加法器

2. 数码比较器

能够完成两数码 A、B 进行比较的数字逻辑电路称为数码比较器，比较的结果有 $A>B$、$A<B$ 和 $A=B$ 三种情况。A、B 一般为二进制数。

一位比较器。设 A、B 两个数为一位二进制数，比较的三种情况由真值表列出，见表 3-13。

输	入	输		出
A	B	$F_{A>B}$	$F_{A<B}$	$F_{A=B}$
0	0	0	0	1
0	1	0	1	0
1	0	1	0	0
1	1	0	0	1

由表 3-13 得到输出逻辑函数表达式为

$$F_{A>B} = A\overline{B}$$

$$F_{A<B} = \overline{A}B$$

$$F_{A=B} = \overline{A}\,\overline{B} + AB = \overline{\overline{A}B + A\,\overline{B}}$$

一位二进制数比较器的逻辑电路如图 3-27 所示。

多位数码比较器原理与一位比较器原理相同，这里不再赘述。

3. 半导体存储器

半导体存储器分为只读存储器（ROM）和随机存储器（RAM）。

（1）半导体存储器的特点。ROM 存储器的特点：只能读出，不能写入；掉电后信息不丢失。RAM 存储器的特点：可读可写；掉电后信息丢失。

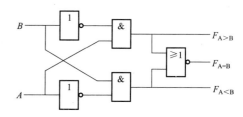

图 3-27   一位二进制数比较器的逻辑电路图

（2）半导体存储器的结构。存储器电路包括地址译码器、存储矩阵和读/写控制电路。地址译码器实现地址编码到字选信号的变换，通常分为行译码和列译码。存储矩阵将存储单元按矩阵排列，来自译码器输出的行选信号和列选信号选通存储器矩阵中的某一存储单元，一个存储单元存放一位二进制数。读/写控制电路完成读出和写入的方向选择。图 3-28 是一个 256×4RAM 的存储器的电路结构。

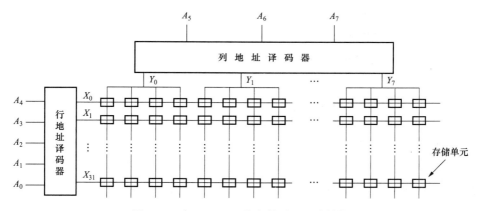

图 3-28   256×4RAM 的存储器的电路结构

图 3-28 中，8 条地址线分行列两组，$A_0 \sim A_7$ 经行地址器译码产生 $X_{31} \sim X_0$ 的 32 个行选信号，$A_7 \sim A_5$ 经列地址器译码产生 $Y_7 \sim Y_0$ 的 8 个列选信号，每一行和列交叉分布着一组存储单元，这组单元地址相同，每组存有四位二进制信息。因此，该矩阵有 256×4 个存储单元，也即是它的容量。

4. 可编程逻辑器件(PLD 的原理和应用)

PLD 表示法在芯片内部配置和逻辑图之间建立了一一对应的关系，并将逻辑图和真值表结合起来，形成了一种紧凑而易于识读的表达形式。

（1）连接方式。PLD 电路由与门阵列和或门阵列两种基本门阵列组成。图 3-29 是一个基本的 PLD 结构图，由图可以看出，门阵列交叉点上有三种连接方式。

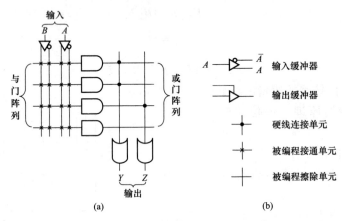

图 3-29 PLD 表示法

(a)基本的 PLD 结构图；(b)PLD 连接方式

1）硬件链接，硬件连接是固定连接，不可编程改变。

2）编程连接，它是通过编程实现接通的连接。

3）编程断开，通过编程实现断开状态。

（2）基本门电路 PLD 的表示法。一个四输入与门和四输入或门在 PLD 表示法中的表示如图 3-30 所示，$L_1 = ABCD$，$L_2 = A + B + C + D$，L_1 成为积项，A、B、C、D 称为输入项。

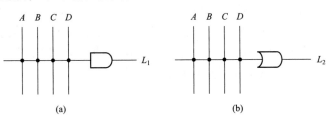

图 3-30 PLD 表示法的图形符号

(a)与门符号；(b)或门符号

在图 3-31 中，输出变量 L_1、L_2、L_3 为

$$L_1 = A \cdot \overline{A} \cdot B \cdot \overline{B} = 0$$

$$L_2 = 1$$

$$L_3 = \overline{A} \cdot B$$

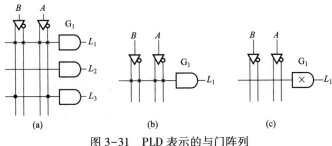

图 3-31 PLD 表示的与门阵列

图3-31(a)中，与门 G_1 对应所有的输入项被编程接通，输出项恒等于0，这种状态为与门编程的默认状态，如图3-31(b)所示。可以在与门 G_1 中画一个"×"取代各个输入项对应的"×"。其等效图形符号如图3-31(c)所示。

小结与提示　组合电路的特点是输出状态仅决定于同一时刻的输入状态。分析组合电路的主要步骤是：写出输出逻辑表达式→简化和变换逻辑表达式→列出真值表→确定功能电路。设计组合逻辑电路的主要步骤是：列出真值表→写出逻辑表达式→逻辑化简与变换→画出逻辑电路图。常用的组合逻辑器件有编码器、译码器、显示器多路选择器和多路分配器等。

3.5　触发器

3.5.1　RS 触发器

1. 基本 RS 触发器

（1）组成。由与非门组成的基本 RS 触发器如图3-32所示。S 称置位端，R 为复位端，Q 和 $\overline{Q}$ 为输出端，且互为反变量。

（2）原理。当 $SR=01$ 时，$Q^{n+1}=1$，电路输出处于1状态。

当 $SR=10$ 时，$Q^{n+1}=0$，电路输出处于0状态。

当 $SR=11$ 时，电路保持原来状态不变。

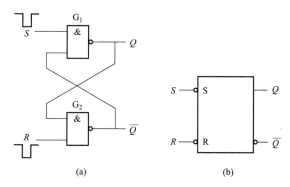

图3-32　基本 RS 触发器
（a）逻辑电路图；（b）逻辑符号

当 $SR=00$ 时，电路的状态是无法确定的。应禁止该情况出现，即要求有 $S+R=1$ 的约束。

（3）逻辑功能表（表3-14）。

表 3-14　　　　　　　　　　　　　　**基本 RS 触发器逻辑功能表**

S	R	Q^n	Q^{n+1}	功　能
1	0	0	0	置0
1	0	1	0	
0	1	0	1	置1
0	1	1	1	
1	1	0	0	不变
1	1	1	1	
0	0	0	×	不定
0	0	1	×	

（4）逻辑功能函数表达式（特征方程）。

$$Q^{n+1}=\overline{S}+RQ^n$$
$$S+R=1（约束条件）$$

$$(3-4)$$

（5）状态转换图（图3-33）。

2. 同步 RS 触发器

（1）组成。同步 RS 触发器及符号如图3-34所示。CP 为同步脉冲。

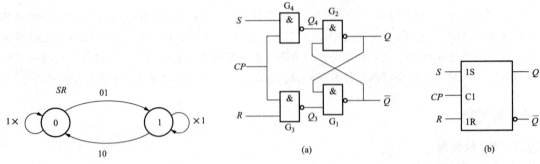

图 3-33　基本触发器状态转换图

图 3-34　同步 RS 触发器
（a）逻辑电路图；（b）逻辑符号

（2）工作原理。当 $CP=0$ 时，G_3、G_4 截止，输入信号 R、S 不会影响输出 Q，触发器保持原态。

当 $CP=1$ 时，R、S 信号通过 G_3、G_4 反向加到 G_1、G_2，组成的基本 RS 触发器上，使输出 Q 的状态随输入状态变化。

（3）功能表（表3-15）。

表 3-15　　　　　　　　　　　　　同步 RS 触发器逻辑功能表

CP	S	R	Q^n	Q^{n+1}	功　能
1	0	0	0	0	状态不变
1	0	0	1	1	
1	0	1	0	0	与 S 状态相同
1	0	1	1	0	
1	1	0	0	1	与 S 状态相同
1	1	0	1	1	
1	1	1	0	×	状态不定
1	1	1	1	×	
0	×	×	0	0	保持状态
0	×	×	1	1	

（4）逻辑功能函数表达式（特征方程）。

$$Q^{n+1}=S+\overline{R}Q^n$$
$$SR=0(约束条件) \tag{3-5}$$

（5）状态转换图（图3-35）。

3.5.2　同步 D 触发器

1. 组成

在同步触发器的输入端接一个非门，信号只从 S 端输入，就构成了同步 D 触发器。如

图 3-36 所示。

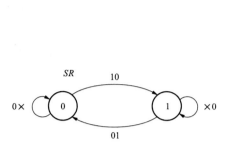

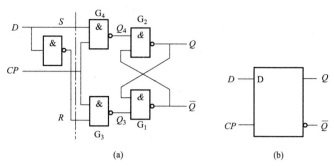

图 3-35 同步 RS 触发器的状态转换图

图 3-36 同步 D 触发器
(a)逻辑电路图;(b)逻辑符号

2. 工作原理

当 $CP=0$ 时,控制门被封锁,触发器的状态保持不变。

当 $CP=1$ 时,控制门被打开,若 $D=1$,则 $SR=10$,$Q^{n+1}=1$;若 $D=0$,则 $SR=01$,$Q^{n+1}=0$。

3. 功能表(表 3-16)

表 3-16   同步 D 触发器功能表

CP	D	Q^n	Q^{n+1}	功　　能
0	0	0	0	状态不变
0	1	1	1	
1	0	×	0	同 D 端
1	1	×	1	

4. 逻辑功能函数表达式(特征方程)

$$Q^{n+1}=D \qquad\qquad (3-6)$$

5. 状态转换图(图 3-37)

3.5.3 主从 JK 触发器

1. 组成

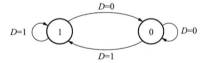

图 3-37 同步 D 触发器的状态转换图

在主从 RS 触发器的基础上加上两条反馈线,可得到图 3-38 所示的主从 JK 触发器。

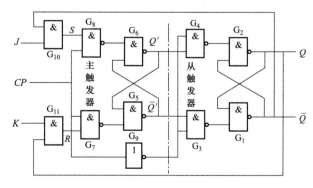

图 3-38 主从 JK 触发器逻辑电路

2. 工作原理

当 $CP=1$ 时，当 $JK=10$ 时，$Q^{n+1}=1$；$JK=01$ 时，$Q^{n+1}=0$；$JK=11$ 时，$Q^{n+1}=\overline{Q^n}$。JK 触发器与 RS 触发器的不同之处是，它没有约束条件。在 $JK=11$ 时，每来一次 CP 脉冲，触发器翻转一次，该状态称为计数状态，翻转次数可以计算出时钟脉冲个数。

3. 功能表（表 3-17）

表 3-17　　　　　　　　　　　　　　　　JK 触发器功能表

J	K	Q^n	Q^{n+1}	功　能
0	0	0	0	状态不变
0	0	1	1	
0	1	0	0	输出状态与 J 端状态相同
0	1	1	0	
1	0	0	1	
1	0	1	1	
1	1	0	1	每输入一个脉冲，输出状态改变一次
1	1	1	0	

4. 逻辑功能函数表达式（特征方程）

$$Q^{n+1}=J\overline{Q^n}+\overline{K}Q^n \tag{3-7}$$

5. 状态转换图（图 3-39）

3.5.4　T 触发器

1. 组成

将 JK 触发器的 J、K 端连在一起作为 T 端，就构成了 T 触发器。

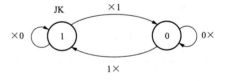

图 3-39　JK 触发器的状态转换图

2. 功能表（表 3-18）

表 3-18　　　　　　　　　　　　　　　　T 触发器功能表

T	Q^n	Q^{n+1}	功　能
0	0	0	$Q^{n+1}=Q^n$ 保持
0	1	1	
1	0	1	$Q^{n+1}=\overline{Q^n}$ 翻转
1	1	0	

3. 逻辑功能函数表达式（特征方程）

$$Q^{n+1}=\overline{T}Q^n+T\overline{Q^n} \tag{3-8}$$

4. 状态转换图（图 3-40）

3.5.5　触发器的触发方式

对于不同电路结构的触发器，可以实现相同的逻辑功能，但其动态特点是不同的，反映到逻辑符

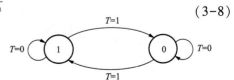

图 3-40　T 触发器的状态转换图

号上，时钟的触发方式是不同的。即逻辑符号的 CP 脉冲输入端上不带小三角的为电平触发，带小三角的为脉冲边沿触发，不带小圈的为时钟脉冲的高电平或上升沿触发，带小圈的为时钟脉冲的低电平或下降沿触发。因此，在画时序图时应注意时钟脉冲的触发方式。

现以 D 触发器为例，画出了各种触发方式的逻辑符号，如图 3-41 所示。

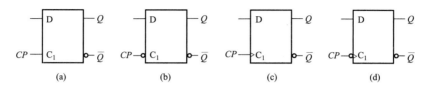

图 3-41　各种触发方式的逻辑符号

(a)高电平触发；(b)低电平触发；(c)上升沿触发；(d)下降沿触发

3.5.6　触发器逻辑功能的转换

1. D 触发器转换为 T 触发器

T 触发器的特征方程为 $\qquad Q^{n+1}=\overline{T}Q^n+T\overline{Q^n}$

D 触发器的特征方程为 $\qquad\qquad Q^{n+1}=D$

将两式相比，可得

$$D=\overline{T}Q^n+T\overline{Q^n} \qquad\qquad (3-9)$$

根据此式可画出逻辑电路图，如图 3-42(a)所示。

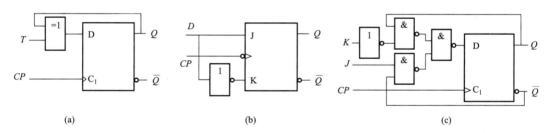

图 3-42　触发器功能的转换

(a)D 触发器转换为 T 触发器；(b)JK 触发器转换为 D 触发器；(c)D 触发器转换为 JK 触发器

2. JK 触发器转换为 D 触发器

JK 触发器的特征方程为 $\qquad Q^{n+1}=J\overline{Q^n}+\overline{K}Q^n$

D 触发器的特征方程为 $\qquad\qquad Q^{n+1}=D$

转化时，可将 D 触发器的特征方程变换成 JK 触发器特征方程相似的形式，即

$$Q^{n+1}=D=D(\overline{Q^n}+Q^n)=D\overline{Q^n}+DQ^n=J\overline{Q^n}+\overline{K}Q^n \qquad (3-10)$$

可见，若取 $J=D$，$K=\overline{D}$，可画出逻辑电路图，如图 3-42(b)所示。

3. D 触发器转换为 JK 触发器

根据 D 触发器和 JK 触发器的特征方程，可以得到

$$D=J\overline{Q^n}+\overline{K}Q^n \qquad\qquad (3-11)$$

根据此式可画出逻辑电路图，如图 3-42(c)所示。

小结与提示 触发器是具有记忆功能的逻辑器件，每个触发器可存储一位二进制数据，它是时序逻辑电路的基本单元。常用触发器有 RS、JK、T 和 D 触发器，触发方式有高电平触发、低电平触发、上升沿触发和下降沿触发，在电路中它们的逻辑符号是不同的。

3.6 时序逻辑电路

3.6.1 时序逻辑电路的特点及组成

1. 时序逻辑电路的特点

时序逻辑电路任何时刻的输出不仅取决于该时刻的输入，还与电路原来的状态有关，这是由时序电路的结构决定的。

2. 时序逻辑电路的组成

时序逻辑电路是由组合逻辑电路和存储电路两部分组成，如图 3-43 所示。

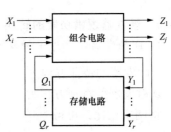

图 3-43 中，$X(X_1, X_2, X_3, \cdots, X_i)$ 表示时序逻辑电路的输入，$Q(Q_1, Q_2, Q_3, \cdots, Q_r)$ 表示存储电路（触发器）的输出状态，$Y(Y_1, Y_2, Y_3, \cdots, Y_r)$ 表示存储电路的输入，$Z(Z_1, Z_2, Z_3, \cdots, Z_j)$ 表示组合电路的输出信号，也就是时序电路的外部输出。由框图可得出 X、Y、Z、Q 之间的关系为

图 3-43 时序逻辑电路框图

输出方程	$Z = F_1(X, Q^n)$	(3-12)
驱动方程	$Y = F_2(X, Q^n)$	(3-13)
状态方程	$Q^{n+1} = F_3(Y, Q^n)$	(3-14)

这一组方程式还不能获得电路逻辑功能的完整印象，描述时序逻辑电路转换过程的方法还有状态转换表、状态转换图和时序图。

3.6.2 时序逻辑电路的分析步骤和方法

时序逻辑电路的分析方法是根据给定的逻辑电路图，通过分析，找到电路输出状态 Q 的变化规律以及外部输出的规律。由于时序逻辑电路有同步和异步之分，因此，其分析也可分为同步电路分析（电路具有统一的时钟 CP）和异步电路分析（电路没用统一的时钟 CP）。时序逻辑电路一般分析步骤如下：

（1）根据给定的时序电路图写出下列逻辑方程式：

1）各触发器的时钟信号 CP 的逻辑表达式。

2）时序电路的输出方程。

3）各触发器的驱动方程。

（2）将驱动方程代入相应触发器的特征方程，求得各触发器的次态方程，也就是时序逻辑电路状态方程。

（3）根据状态方程和输出方程，列出该时序电路的状态图，画出状态图或时序图。

（4）用文字描述给定时序电路逻辑功能的逻辑功能。

【例 3-10】分析图 3-44 所示的同步逻辑电路。

解： 第一步，写出各逻辑方程。

输出方程：$Z_0 = Q_0^n$，$Z_1 = Q_1^n$，$Z_2 = Q_2^n$。

驱动方程：$D_0 = \overline{Q_0^n}\,\overline{Q_1^n}$，$D_1 = Q_0^n$，$D_2 = Q_1^n$。

第二步，将驱动方程代入相应的 D 触发器的特征方程，求得各 D 触发器的次态方程。

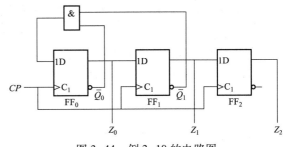

图 3-44　例 3-10 的电路图

$$Q_0^{n+1} = D_0 = \overline{Q_0^n}\,\overline{Q_1^n}$$
$$Q_1^{n+1} = D_1 = Q_0^n$$
$$Q_2^{n+1} = D_2 = Q_1^n$$

第三步，列出状态表、画出状态图和时序图。这里要注意的是：$Z_1 Z_2 Z_3 = Q_2^n Q_1^n Q_0^n$，且没有输入信号。

根据状态表(表 3-19)可画出状态图，如图 3-45 所示。由图可知：001、101、100 这 3 个状态形成了闭合回路，为有效状态，其他 5 个状态为无效状态。

表 3-19　　　　　　　　　　　　　　　　例 3-10 的状态表

Q_2^n	Q_1^n	Q_0^n	Q_2^{n+1}	Q_1^{n+1}	Q_0^{n+1}
0	0	0	0	0	1
0	0	1	0	1	0
0	1	0	1	0	0
0	1	1	1	1	0
1	0	0	0	0	1
1	0	1	0	1	0
1	1	0	1	0	0
1	1	1	1	1	0

设电路初态 $Q_1 Q_2 Q_3 = 000$，根据状态图或状态表，可画出在 CP 脉冲作用下该电路的时序图，如图 3-46 所示。

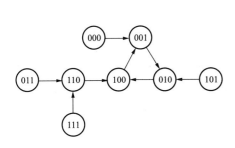

图 3-45　例 3-10 的状态图

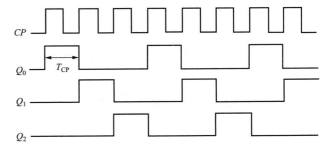

图 3-46　例 3-10 的时序图

第四步，功能分析。由时序图可以看出：在正常情况下，各触发器轮流出现一个宽度为 CP 周期的脉冲信号，称为脉冲分配器或节拍脉冲产生器。另外，从状态图可看出：电路如处于其他 5 个状态为无效状态时，在 CP 脉冲的作用下，电路可回到有效序列，这种能力称为电路具有自启动能力。

【例3-11】分析图3-47所示逻辑电路。

在电路中 FF_1 的时钟输入端没有与 CP 相连，属异步时序逻辑电路。

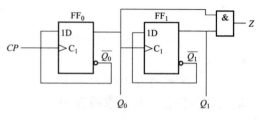

图 3-47　例 3-11 的逻辑电路图

解：第一步，写出各逻辑方程式。

（1）各触发器的时钟信号的逻辑方程

$CP_0 = CP$（时钟脉冲源），上升沿触发。

$CP_1 = Q_0$，仅当 Q_0 由 $0 \rightarrow 1$ 时，Q_1 才可能改变状态，否则 Q_1 将保持原态。

（2）输出方程

$$Z = Q_1^n Q_0^n$$

（3）驱动方程

$$D_0 = \overline{Q_0^n}, \ D_1 = \overline{Q_1^n}$$

第二步，写出各触发器的次态方程。

$$Q_0^{n+1} = D_0 = \overline{Q_0^n}（CP \text{ 由 } 0 \rightarrow 1 \text{ 时，有效}）$$

$$Q_1^{n+1} = D_1 = \overline{Q_1^n}（Q_0 \text{ 由 } 0 \rightarrow 1 \text{ 时，有效}）$$

第三步，列出状态表、画出状态图和时序图。

根据状态表（表 3-20）可画出状态图，如图 3-48 所示。该电路的时序图如图 3-49 所示。

表 3-20　　　　　　　　　　　　例 3-11 的 状 态 表

Q_1^n	Q_0^n	CP_0	CP_1	$Q_1^{n+1} Q_0^{n+1}/Z$
0	0	↑	↑	11/0
0	1	↑	0	00/0
1	0	↑	↑	01/0
1	1	↑	0	10/1

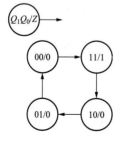

图 3-48　例 3-11 的状态图

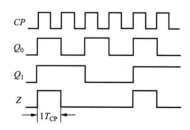

图 3-49　例 3-11 的时序图

第四步，功能分析。

由状态图和时序图可以看出：该电路是一个异步四进制减法计数器，Z 是借位信号。也可把该电路看作一个时序信号发生器。输出序列脉冲信号 Z 的重复周期是 $4T_{CP}$，宽度为 $1T_{CP}$。

3.6.3 计数器

1. 计数器的基本概念

所谓计数器就是用来计算时钟脉冲个数的电路。计数器具有计数、分频和定时等功能。

2. 计数器的分类

计数器可以有以下几种分类方法：

（1）按计数脉冲引入方式。有同步计数器和异步计数器。

（2）按计数器数码的变化规律。有加法器、减法器和可逆计数器。

（3）按计数的计数制。有二进制计数器、十进制计数器和任意进制计数器。

3. 同步二进制计数器

【例 3-12】由 JK 触发器组成的同步二进制计数器如图 3-50 所示，试分析该电路的逻辑功能。

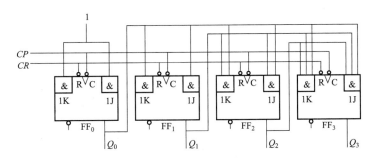

图 3-50 例 3-12 逻辑电路图

解：第一步，组成。该电路由于 CP 端接在一起，同时接受 CP 脉冲，是同步时序逻辑电路。

第二步，确定驱动方程。

$$J_3 = K_3 = Q_2^n Q_1^n Q_0^n$$
$$J_2 = K_2 = Q_1^n Q_0^n$$
$$J_1 = K_1 = Q_0^n$$
$$J_0 = K_0 = 1$$

第三步，列出触发器的状态方程。

$$Q_3^{n+1} = Q_2^n Q_1^n Q_0^n \overline{Q_3^n} + \overline{Q_2^n Q_1^n Q_0^n} Q_3^n$$
$$Q_2^{n+1} = Q_1^n Q_0^n \overline{Q_2^n} + \overline{Q_1^n Q_0^n} Q_2^n$$
$$Q_1^{n+1} = Q_0^n \overline{Q_1^n} + \overline{Q_0^n} Q_1^n$$
$$Q_0^{n+1} = \overline{Q_0^n}$$
$$C = Q_3^n Q_2^n Q_1^n Q_0^n$$

第四步，列出状态转换功能表（表 3-21）。设定初态，求次态。图 3-51 给出了时序图。t_{pd} 是触发器传输延时时间。

表 3-21   例 3-12 状态转换功能表

CP	Q_3^n	Q_2^n	Q_1^n	Q_0^n	Q_3^{n+1}	Q_2^{n+1}	Q_1^{n+1}	Q_0^{n+1}	C
0	0	0	0	0	0	0	0	1	0
1	0	0	0	1	0	0	1	0	0
2	0	0	1	0	0	0	1	1	0
3	0	0	1	1	0	1	0	0	0
4	0	1	0	0	0	1	0	1	0
5	0	1	0	1	0	1	1	0	0
6	0	1	1	0	0	1	1	1	0
7	0	1	1	1	1	0	0	0	0
8	1	0	0	0	1	0	0	1	0
9	1	0	0	1	1	0	1	0	0
10	1	0	1	0	1	0	1	1	0
11	1	0	1	1	1	1	0	0	0
12	1	1	0	0	1	1	0	1	0
13	1	1	0	1	1	1	1	0	0
14	1	1	1	0	1	1	1	1	0
15	1	1	1	1	0	0	0	0	1

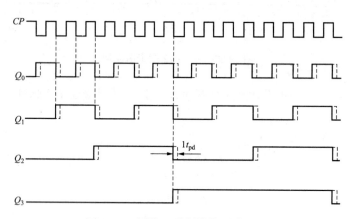

图 3-51　同步二进制计数器波形图

第五步，状态转换图（略）。由状态转换功能表（表 3-21）即可看出这是个四位二进制加法计数器。

4. 异步二进制计数器

【例 3-13】 由 D 触发器组成的异步二进制计数器如图 3-52 所示，试分析该电路的逻辑功能。

解：第一步，组成。该电路由 3 个 D 触发器（上升沿触发）组成。电路的 CP 仅加在触发器 FF_0 的脉冲输入端（CP 上沿触发），FF_1 和 FF_2 的时钟脉冲输入分别接 $\overline{Q_0}$ 和 $\overline{Q_1}$（FF_1 和 FF_2 由 $\overline{Q_0}$ 和 $\overline{Q_1}$ 的上沿触发）。因此该电路是异步时序逻辑电路。

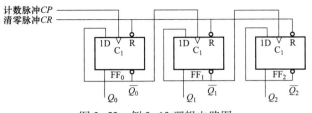

图 3-52 例 3-13 逻辑电路图

第二步，确定状态方程。

由于该电路是异步时序电路，各触发器的时钟脉冲不同时到达。

$$Q_0^{n+1} = \overline{Q_0^n} CP_0 \uparrow = \overline{Q_0^n} CP \uparrow$$

$$Q_1^{n+1} = \overline{Q_1^n} CP_1 \uparrow = \overline{Q_1^n} Q_0^n \downarrow$$

$$Q_2^{n+1} = \overline{Q_2^n} CP_2 \uparrow = \overline{Q_2^n} Q_1^n \downarrow$$

第三步，根据状态方程可画出时序波形图，如图 3-53 所示。

第四步，状态转换图（图 3-54）。

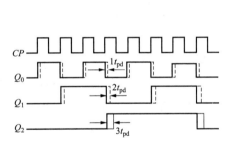

图 3-53 例 3-13 时序波形图

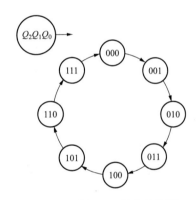

图 3-54 例 3-13 状态转换图

第五步，由状态转换功能表即可看出这是个三位二进制加法计数器。

5. 同步计数器 74LS161 介绍

74LS161 是四位二进制同步加法计数器，计数范围是 0~15，具有异步清零、同步置数、保持和二进制加法计数等逻辑功能。图 3-55 所示为 74LS161 的逻辑功能示意图和输

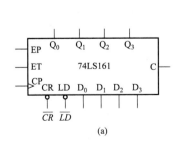

(a)

	输			入					输		出	
$\overline{CR}$	$\overline{LD}$	EP	ET	CP	D_0	D_1	D_2	D_3	Q_0	Q_1	Q_2	Q_3
0	×	×	×	×	×	×	×	×	0	0	0	0
1	0	×	×	↑	d_0	d_1	d_2	d_3	d_0	d_1	d_2	d_3
1	1	0	×	×	×	×	×	×	保持			
1	1	×	0	×	×	×	×	×	保持			
1	1	1	1	↑	×	×	×	×	二进制加法计数			

(b)

图 3-55 74LS161 的逻辑功能示意图和输入输出逻辑真值表

(a) 逻辑功能示意图；(b) 输入输出逻辑真值表

入输出逻辑真值表。图中 CR 是异步清零控制端，LD 是同步置数控制端，EP 和 ET 是计数控制端，CP 是上升沿有效的时钟脉冲输入端，$D_0 \sim D_3$ 是并行数据输入端，$Q_0 \sim Q_3$ 是计数输出端，C 是进位输出端，且进位输出 $C = ETQ_0Q_1Q_2Q_3$，它可以用来实现电路的级联扩展。

表中各控制输入端按优先级从高到低的次序排列依次为 $\overline{CR}$、$\overline{LD}$、ET、EP。由表可知，74LS161 具有以下逻辑功能：

（1）异步清零。当 $\overline{CR} = 0$ 时，计数器清零，与 CP 脉冲无关，所以称为异步清零。

（2）同步置数。当 $\overline{CR} = 1$，$\overline{LD} = 0$，CP 脉冲上升沿到来时，并行输入数据 $d_3d_2d_1d_0$ 被置入计数器，计数器输出为 $d_3d_2d_1d_0$。由于脉冲发生在 CP 的上升沿时刻，故称为同步置数。

（3）保持。当 $\overline{CR} = \overline{LD} = 1$，且 $EP = ET = 0$ 时，计数器处于保持状态，输出不变。

（4）二进制加法计数。当 $\overline{CR} = \overline{LD} = 1$，且 $EP = ET = 1$ 时，计数器处于计数状态。随着 CP 脉冲上升沿的到来，计数器对 CP 脉冲进行二进制加法计数，每来一个 CP 脉冲，计数值加1。当计数值达到 15 时，即 $d_3d_2d_1d_0 = 1111$ 时，进位输出 $C = 1$。

用 74LS161 构成任意进制加法计数器的方法：

（1）反馈清零法。只要在异步清零输入端加一低电平，使 $\overline{CR} = 0$，74LS161 的输出会立刻从当时那个状态回到 0000 状态。清零信号消失后，74LS161 又开始从 0000 开始计数。图 3-56（a）是一个用反馈清零法构成的九进制计数器。由图可知，74LS161 从 0000 开始计数，当第九个脉冲上升沿到来时，输出为 $Q_3Q_2Q_1Q_0 = 1001$，通过与非门，反馈给 $\overline{CR}$ 一个清零信号，立刻使输出 $Q_3Q_2Q_1Q_0 = 0000$，$\overline{CR} = 1$，计数器又重新开始从 0000 开始新的计数周期。这样就跳过了 1001~1111 七个状态构成九进制计数器。需要说明的是，电路是在进入 1001 状态后，才立即被置成 0000 状态的，即 1001 状态会在极短的瞬间出现。因此，在主循环状态图中用虚线表示。

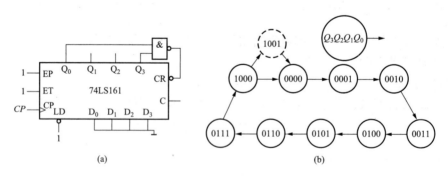

图 3-56　用反馈清零法将 74LS161 接成九制计数器
(a)逻辑电路图；(b)主循环状态图

（2）反馈置数法。在计数过程中，可以将其输出的任一状态通过译码，产生一个预置信号反馈至预置输入端，使 $\overline{LD} = 0$，在下一个脉冲 CP 脉冲作用后，计数器就把预置输入端的数据预置到计数器，预置信号消失后，计数器就从被预置的状态开始重新计数。图 3-57 就是用反馈置数法，用 74LS161 构成的九进制计数器。在电路中，把输出 $Q_3Q_2Q_1Q_0 = 1000$ 的状态经译码产生预置信号 0，反馈给预置端，在下一个脉冲 CP 的上升沿到来时，置入 0000 状态。

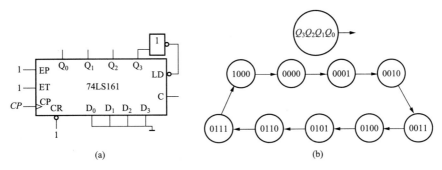

图 3-57 用反馈置数法将 74LS161 接成九制计数器

(a) 逻辑电路图；(b) 主循环状态图

3.6.4 寄存器

寄存器主要部件是触发器，一个触发器可存一位二进制代码，存储 n 位二进制代码的寄存器则需要 n 个触发器。例如：图 3-58 是一个 4 位 D 触发器构成的 4 位寄存器（集成电路 74LS175）。在 CP 脉冲的上沿作用下，$1D \sim 4D$ 端数据并行存入寄存器，即寄存于输出端 $1Q \sim 4Q$ 端。R_D 是清零端。

移位寄存器是最常用的一种寄存器。它除具有寄存器功能还具有移位功能。所谓移位就是存于寄存器的代码在移位脉冲的作用下依次左移或者右移。

图 3-59 是由 4 个边沿 D 触发器构成的 4 位移位寄存器。

数据由串行输入 D_{IN} 输入，左边触发器的输出作为右邻触发器的数据输入。

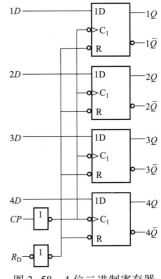

图 3-58 4 位二进制寄存器

它的工作过程是：设移位寄存器的初态为 $Q_3Q_2Q_1Q_0 = 0000$，将数码 $D_3D_2D_1D_0(1101)$ 从高位（D_3）至低位（D_0）送到 D_{IN} 端，第 1 个脉冲后，$Q_0 = D_3$。由于跟随数码 D_3 后的数码 D_2，经第 2 个脉冲后，触发器 FF_0 的状态移入触发器 FF_1，而 FF_0 变为新的状态，即 $Q_1 = D_3$，$Q_0 = D_2$。依次类推。得到 4 位右向移位寄存器的状态，见表 3-22。

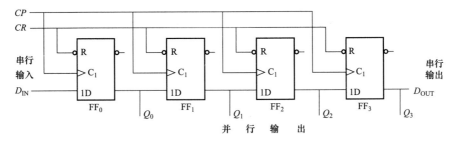

图 3-59 用边沿 D 触发器构成的 4 位移位寄存器

表 3-22　　　　　　　　　　　　　图 3-59 电路的状态表

CP	Q_0	Q_1	Q_2	Q_3
0	0	0	0	0
1	$D_3(1)$	0	0	0
2	$D_2(1)$	$D_3(1)$	0	0
3	$D_1(0)$	$D_2(1)$	$D_3(1)$	0
4	$D_0(1)$	$D_1(0)$	$D_2(1)$	$D_3(1)$

由表 3-22 可知，4 个脉冲后，4 个触发器的输出状态 $Q_3Q_2Q_1Q_0$ 与输入数据 $D_3D_2D_1D_0$ 相对应。该电路的时序图如图 3-60 所示。由图中还可看出，8 个脉冲后，数码从 Q_3 端全部移出寄存器，说明数码可从 D_{OUT} 输出。

小结与提示　时序逻辑电路一般由组合电路和存储电路组成。其特点是：任一时刻的输出信号不仅与当时的输入信号有关，而且还与电路原来的状态有关。时序电路的分析步骤主要是：写出逻辑方程组→列出状态表→画出状态图或时序图→说明电路的逻辑功能。

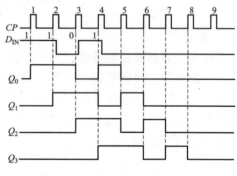

图 3-60　图 3-59 电路的时序图

3.7 脉冲波形的产生

3.7.1 多谐振荡器

多谐振荡器是一种自激振荡电路，无稳定的状态。它在接通电源后无须外接触发信号就能产生矩形脉冲信号。由于矩形波有丰富的谐波分量，故称谐波振动器。它主要用作信号源。多谐振荡器种类很多，这里仅介绍 RC 环形多谐振荡器。

1. 电路组成

RC 环形多谐振荡器电路原理如图 3-61 所示，它由三个非门 G_1、G_2、G_3、两个电阻 R_1、R 和一个电容 C 组成。R_1 是 G_3 的限流保护电阻，R、C 为定时器件，R 的阻值要小于门的关门电阻，$R < 700\Omega$，否则电路无法工作。由于 RC 值较大，门电路的延时可忽略不计。

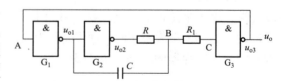

图 3-61　RC 环形多谐振荡器电路原理

2. 工作原理

设 A 点电位初始为低电平，G_1 关闭，输出 u_{o1} 为高电平。它一方面使 G_2 开通，u_{o2} 为低电平；另一方面通过电容 C 的耦合使 B 点和 D 点的电位 u_B、u_D 均为高电平，导致 G_3 开通，输出 u_{o3} 为低电平。由于 u_{o3} 的低电平通过反馈线反馈到 G_1 的输入端，稳定在低电平，所以能保持一段时间不变。

由于 u_{o2} 为低电平，u_{o1} 通过 R 对电容 C 充电，使 B 点电位 u_B 逐渐下降，u_D 也随之下降，因此这是个暂稳态。当 u_D 降到 G_3 的关门电平时，G_3 关闭，输出 u_{o3} 为高电平。电路转入另一个暂稳态，这是因为 u_{o3} 为高电平后，由反馈线使 G_1 开通，输出 u_{o1} 转为低电平，G_2 关闭，输出 u_{o2} 为高电平，电容 C 被反向充电，使 u_B 逐渐上升，当 u_B 达到 G_3 的开门电平时，G_3 开通，电路恢复到第一暂稳态，如此周而复始，反复翻转，便形成了多谐振荡，输出矩形波，其工作波形如图 3-62 所示。

3. 脉冲周期

输出脉冲的周期 T 由电容 C 的充电（T_1）和放电（T_2）两部分组成，其中

$$\left. \begin{array}{l} T_1 \approx 1.1RC \\ T_2 \approx 1.2RC \\ T = T_1 + T_2 \approx 2.3RC \end{array} \right\} \quad (3-15)$$

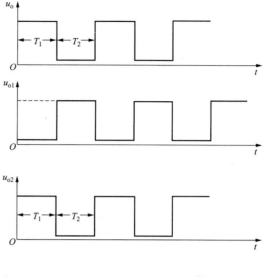

图 3-62 RC 环形多谐振荡器工作波形图

3.7.2 单稳态触发器

单稳态触发器是一种只有一个稳定状态的电路。当外加触发信号使单稳态电路进入暂稳态后，随着 RC 延时环节的作用，这个暂稳态维持一段时间后回到稳态。单稳态触发器须有一个触发信号，其次是 RC 环节，它决定暂态时间的长短。单稳态触发器常用于脉冲波形变换（即宽窄波形的相互变换）、定时等。

1. 电路组成

图 3-63 是由或非门构成的微分型单稳态触发器，与基本 RS 触发器不同，构成单稳态触发器的两个逻辑门是由 RC 耦合的。由于 RC 电路为微分电路的形式，故称微分型单稳态触发器。

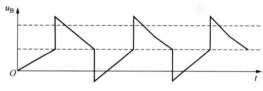

图 3-63 微分型单稳态触发器电路原理图

2. 工作原理

（1）没有触发信号时，电路处于稳态。

这是由于 U_i 为低电平，G_2 的输入端经 R 接 U_{DD}，因此 U_{o2} 为低电平，使得 U_{o1} 为高电平，电容两端电压接近为 0，这使电路处于"稳态"。

（2）外加触发信号，电路由稳态翻转到暂态。

当 U_i 正跳变时，U_{o1} 由高变低，经 C，使 U_R、U_{o1} 变高。瞬间导致如下正反馈过程

$$U_i \uparrow \rightarrow U_{o1} \downarrow \rightarrow U_R \downarrow \rightarrow U_{o2} \uparrow$$

U_i 变低，由于 U_{o2} 的作用，U_{o1} 仍维持低电平，电路处于暂稳态。电容充电，电路由暂稳态自动返回到稳态。

在暂稳态期，电源经 R 和 G_1 导通工作管对 C 充电，过程为

$$C充电 \rightarrow U_R \uparrow \rightarrow U_{o2} \downarrow \rightarrow U_{o1} \uparrow$$

G_1 迅速截止，G_2 导通，电路返回稳态。其工作波形如图 3-64 所示。

3. 主要参数计算

脉冲宽度

$$t_w = RC\ln \frac{U_{DD}}{U_{DD} - U_{th}} \qquad (3-16)$$

当 $U_{th} = U_{DD}/2$ 时

$$t_w \approx 0.7RC \qquad (3-17)$$

恢复时间：$t_{re} = 3\tau_d$，τ_d 为放电时间常数。

最高工作频率：$f_{max} = 1/T_{min} < 1/(t_w + t_{re})$，其中最小时间间隔

$$T_{min} = t_w + t_{re} \qquad (3-18)$$

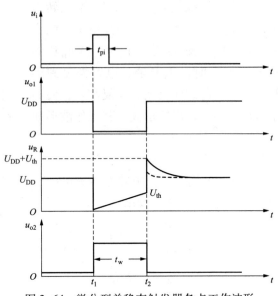

图 3-64　微分型单稳态触发器各点工作波形

3.7.3　施密特触发器

施密特触发器与一般的触发器不同，它的特点是：

（1）它是由电平触发，而不是脉冲。当输入信号电平值为某一定电压时，输出状态发生突变。

（2）当输入信号电压变化方向不同，它的输出电压发生突变的输入阈值电压不同，具有图 3-65 的传输特性。

施密特触发器常用于信号波形的整性、幅度鉴别等。

1）电路组成。图 3-66 是由两个 CMOS 反相器组成的施密特触发器，分压电阻 R_1、R_2 将输出端的电压反馈到输入端对电路产生影响。

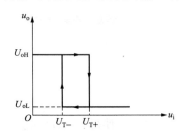

图 3-65　施密特电路的传输特性

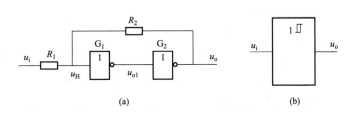

图 3-66　CMOS 反相器组成的施密特触发器

（a）电路；（b）图形符号

2）工作原理。设反相器阈值电压 $U_{th} \approx U_{DD}/2$，$R_1 < R_2$，u_i 为三角波。

由电路可知：G_1 的输入电平 U_H 决定着电路的状态

$$U_H = \frac{R_2}{R_1+R_2} u_i + \frac{R_1}{R_1+R_2} u_o \qquad (3-19)$$

当 $u_i = 0V$ 时，G_1 截止，G_2 导通，$u_o = 0$，此时 $u_H \approx 0V$。

当 u_i 上升使得 $U_H = U_{th}$ 时，使电路产生如下正反馈

$$U_H \uparrow \rightarrow U_{o1} \downarrow \rightarrow U_o \uparrow$$

很快 $u_o \approx U_{DD}$，此时 $u_i = U_{T+}$（正向阈值电压）。

当 $u_H > U_{th}$ 时，电路状态维持 $u_o = U_{DD}$ 不变。

当 u_i 上升至最大值后开始下降，当 $u_H = U_{th}$ 时，使电路产生如下正反馈：这样电路又迅速转换为 $u_o \approx 0V$ 的状态，此时 u_i 降至 U_{T-}（负向阈值电压）。

只要满足 $u_i < U_{T-}$，电路就稳定在 $u_o \approx 0V$ 的状态。

回差电压为

$$\Delta U_T = U_{T+} - U_{T-} \approx 2 \frac{R_1}{R_2} U_{th} \qquad (3-20)$$

回差电压与 R_1/R_2 成正比，改变 R_1/R_2 比值可调节回差电压大小。电路的工作波形和传输特性曲线如图 3-67 所示。

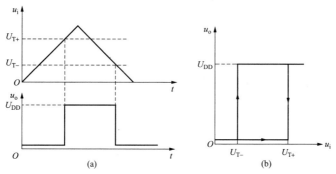

图 3-67 施密特触发器工作波形及传输特性曲线

（a）工作波形；（b）传输特性曲线

小结与提示 单稳态触发器只有一个稳态。多谐振荡器是自激振荡电路，没有稳态。

3.8 数模和模数转换

能将数字信号转化成模拟信号的电路称为数模转化器（D/A 转换器）；而能将模拟信号转化成数字信号的电路称为模数转化器（A/D 转换器）。D/A 转换器和 A/D 转换器是计算机系统不可缺少的接口电路。

3.8.1 D/A 转换器

使用最多的 D/A 转换器是 R-$2R$ 的 T 形电阻网络 D/A 转换器。以下以 4 位 D/A 转换器为例说明其工作原理。

如图 3-68 所示，该转换器由 $S_0 \sim S_3$ 为模拟开关，R-$2R$ 电阻解码网络（呈倒 T 形）和运算放大器 A 组成求和电路。S_i 由输入数码 D_i 控制，$D_i = 1$，S_i 接通，I_i 流入求和电路；$D_i = 0$，S_i 将电阻 $2R$

接地。在 R-$2R$ 电阻网络中串联臂上的电阻为 R，并联臂上的电阻为 $2R$，从每个并联臂 $2R$ 电阻往后看，电阻都为 $2R$，所以流过每个与开关 S_i 连接的 $2R$ 电阻的电流 I_i 是前级的一半，即

$$i_\Sigma = \frac{U_{REF}}{R}\left(\frac{D_0}{2^4}+\frac{D_1}{2^3}+\frac{D_2}{2^2}+\frac{D_3}{2^1}\right) = \frac{U_{REF}}{2^4 \times R}\sum_{i=0}^{3}(D_i \times 2^i) \tag{3-21}$$

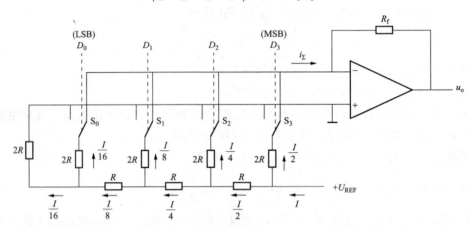

图 3-68　4 位 R-$2R$ 的 T 形电阻网络 D/A 转换器原理图

输出电压

$$u_o = -i_\Sigma R_f = -\frac{R_f}{R} \times \frac{U_{REF}}{2^4}\sum_{i=0}^{3}(D_i \times 2^i) \tag{3-22}$$

如将数字扩展为 n 位，可得 n 位倒 T 形电阻网络 D/A 转换器，模数间的关系为

$$u_o = -\frac{U_{REF}}{2^n} \times \frac{R_f}{R}\sum_{i=0}^{n-1}(D_i \times 2^i) = -KN_B \tag{3-23}$$

式中，$K = \dfrac{U_{REF}}{2^n} \times \dfrac{R_f}{R}$，说明每一个二进制数 N_B 均与模拟电压 u_o 成正比。

3.8.2　A/D 转换器

为将时间连续、幅值也连续的模拟量转换为时间离散、幅值也离散的数字信号，需要采用模数转换器（A/D 转换器）。A/D 转换一般要经过采样、保持、量化及编码 4 个过程。这些过程往往在转换过程中同时完成。

1. 逐次逼近式 A/D 转换器

逐次逼近式 A/D 转换器是由比较器、D/A 转换器、数码寄存器和控制逻辑电路组成，如图 3-69 所示。

工作原理：转换开始前，先将数码寄存器清零，所以 D/A 转换器的数字量全是零。当发出启动转换控制信号后，通过逻辑控制电路，首先使寄存器的输出最高位置 1，这个数字被送到 D/A 转换器，转换成相应的模拟电压 u_o'，并送到电压比较器与输入信号 u_i 进行比较，若 $u_o' > u_i$，说明数字过大，去掉这个"1"；若 $u_o' < u_i$，说明数字不够大，保留这个"1"。接着，寄存器的次高位置 1，按上述方法确定这个"1"是否保留，逐次比较下去，直到最低位比较完为止。这时寄存器所存的数码就是所求的数字量。

2. 双积分式 A/D 转换器

双积分式 A/D 转换器是一种间接 A/D 转换器。它的基本原理是：对输入模拟电压和参

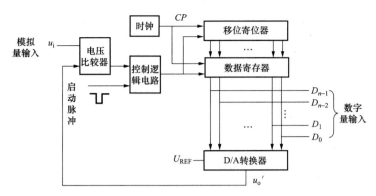

图 3-69 逐次逼近式 A/D 转换器框图

考电压分别进行两次积分，将输入电压平均值变换成与之成正比的时间间隔，然后利用时钟脉冲和计数器测出此时间间隔，进而得到相应的数字量输出。由于该转换电路是输入电压的平均值进行变换，所以它具有很强的抗干扰工频能力，在数字测量中得到广泛应用。图 3-70 是这种转换器的原理电路，它由积分器（集成运算放大器 A）、过零比较器（C）、时钟脉冲控制门（G）和定时、计数器（$FF_0 \sim FF_n$）等几部分组成。

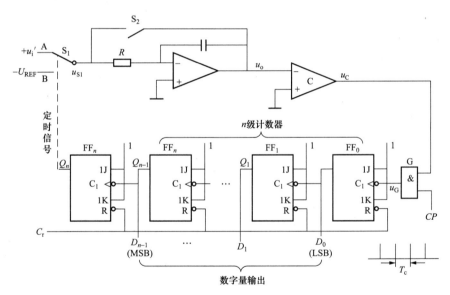

图 3-70 双积分式 A/D 转换器原理电路

3.8.3 采样保持器的工作原理

把随时间连续变化的模拟信号变化转换成离散的数字信号，首先要按一定的时间间隔取出模拟信号的值，这一过程叫作采样，如图 3-71 所示。

图 3-71（a）中，传输门受采样信号 $S(t)$ 控制，在 $S(t)$ 的脉宽 τ 期间，传输门导通，$u_o(t) = u_i(t)$，而在 $(T_S - \tau)$ 期间 ［图 3-71（b）］，$u_o(t) = 0$。

采样信号 $S(t)$ 的频率越高，所采样的信号经低通滤波器后越能真实复原输入信号。采样频率由采样定理确定。

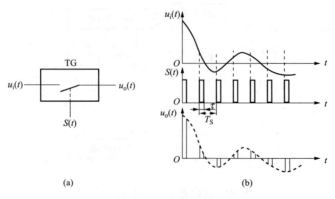

图 3-71 采样过程

(a)原理图；(b)波形图

采样定理：设采样信号 $S(t)$ 的频率为 f_S，输入模拟信号 $u_i(t)$ 的最高频率分量的频率为 f_{max}，则 f_S 与 f_{max} 必须满足下面关系

$$f_S \geqslant f_{max} \tag{3-24}$$

由于 A/D 转换需要一定的时间，在转换时间内所采样的模拟信号应保持不变，完成这种功能的电路称为采样保持电路。

采样保持电路的原理如图 3-72 所示。电路由输入放大器 A_1、输出放大器 A_2、保持电容 C_H 和开关驱动电路组成。其原理是：在 $t=t_0$ 时，开关 S 闭合，电容充电，$u_o=u_i$，在 $t_0 \sim t_1$ 期间为采样阶段。当 $t=t_1$ 时 S 断开。若 A_2 的输入阻抗为无穷大、S 为理想开关，这样可认为 C_H 没放电回路，其两端电压保持为 u_o 不变，如图 t_1 到 t_2 平坦，就是保持阶段。

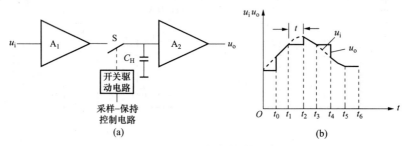

图 3-72 采样保持控制电路

(a)原理图；(b)波形图

小结与提示 A/D 和 D/A 转换在数字电路中两个相反的过程。最常用的 D/A 是由 R-$2R$ 电阻解码网络和运算放大器构成。A/D 转换器主要有逼近式和双积分式。

数字电子技术复习题

3-1(2024)将十进制数 169 转换为十六进制数，结果为(　　　)。

A. 8A　　　　　　　B. 7F　　　　　　　C. A9　　　　　　　D. F6

3-2(2022)逻辑函数 $Y=\overline{A}B+AC$，使 $Y=1$，则 A、B、C 取值组合为(　　)。

A. 000　　　　　　B. 010　　　　　　C. 100　　　　　　D. 001

3-3(2024)下列数中与十进制数 2024 相等的是(　　)。

A. $(11111101010)_B$　　　　　　　　　B. $(11110101010)_B$

C. $(7E8)_H$　　　　　　　　　　　　　D. $(7DF)_H$

3-4(2023)$L=\overline{A}\,\overline{B}C+\overline{(A+B+C)}+\overline{A}\,\overline{B}\,\overline{C}D$ 化简为最简与或式为(　　)。

A. $AB+CD$　　　B. ABC　　　C. $\overline{A}\,\overline{B}$　　　D. $\overline{A}+\overline{CD}$

3-5(2019)图 3-73 所示波形是某种组合电路的输入、输出波形，该电路的逻辑表达式为(　　)。

A. $Y=AB+\overline{A}\,\overline{B}$　　B. $Y=AB+\overline{AB}$　　C. $Y=A\overline{B}+\overline{A}B$　　D. $Y=\overline{A}\,\overline{B}+A+B$

3-6(2010)图 3-74 所示电路实现(　　)的逻辑功能。

A. 两变量异或　　B. 两变量与非　　C. 两变或非　　D. 两变量与

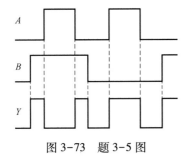

图 3-73　题 3-5 图

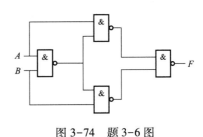

图 3-74　题 3-6 图

3-7(2021)测得某逻辑门输入 A、B 和输出 F 的波形如图 3-75 所示，则 F 的表达式是(　　)。

A. $F=AB$　　　　B. $F=\overline{AB}$　　　　C. $F=A\oplus B$　　　　D. $F=A+B$

3-8(2019)逻辑电路如图 3-76 所示，该电路实现逻辑功能是(　　)。

A. 编码器　　　　B. 译码器　　　　C. 计数器　　　　D. 半加器

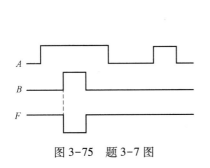

图 3-75　题 3-7 图

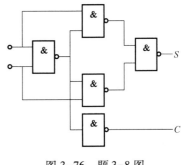

图 3-76　题 3-8 图

3-9(2023)下列四个组合逻辑电路中，能实现 $Y=AB+\overline{A}\cdot\overline{B}$ 逻辑函数关系的是(　　)。

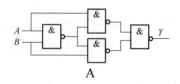

A

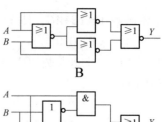

B

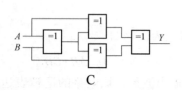

C

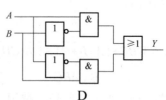

D

3-10(2023)图 3-77 所示逻辑电路的逻辑运算表达式为( )。

A. $Y=A\,\overline{B}+B\,\overline{C}+\overline{A}C$

B. $Y=ABC+\overline{A}\,\overline{B}\,\overline{C}$

C. $Y=\overline{ABC+\overline{A}\,\overline{B}\,\overline{C}}$

D. $Y=\overline{A}B+\overline{B}C+A\,\overline{C}$

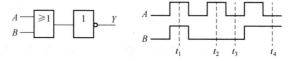

图 3-77 题 3-10 图

3-11(2020)等式不成立的是( )。

A. $A+\overline{A}B=A+B$

B. $(A+B)(A+C)=A+BC$

C. $AB+\overline{A}C+BC=AB+BC$

D. $A\overline{B}+\overline{A}\,\overline{B}+AB+\overline{A}B=1$

3-12(2023)已知用卡诺图化简逻辑函数 $L=\overline{A}\,\overline{B}C+A\,\overline{B}\,\overline{C}$ 的结果是 $L=C+A$，那么该逻辑函数的无关项至少有( )。

A. 2 个   B. 3 个   C. 4 个   D. 5 个

3-13(2018)函数 $Y=\overline{A}B+AC$，欲使 $Y=1$，则 A，B，C 的取值组合是( )。

A. 000   B. 010   C. 100   D. 001

3-14(2024)逻辑函数 $Y(A,B,C,D)=\sum m(1,2,4,5,6,9)$，其约束条件为 $AB+AC=0$，则最简与或式为( )。

A. $B\,\overline{C}+\overline{C}D+C\,\overline{D}$

B. $B\,\overline{C}+\overline{C}D+AC\,\overline{D}$

C. $A\,\overline{C}\,\overline{D}+\overline{C}D+C\,\overline{D}$

D. $A\,\overline{B}+B\,\overline{D}+\overline{A}C$

3-15(2008)已知逻辑函数 $L=\overline{A}B\,\overline{D}+\overline{B}\,\overline{C}D+\overline{A}\,\overline{B}D$ 的简化表达式为 $L=B\oplus D$，该函数至少有( )无关项。

A. 1 个   B. 2 个   C. 3 个   D. 4 个

3-16(2021)逻辑图和输入 A、B 的波形如图 3-78 所示，输出 Y 为"1"的时刻应是( )。

图 3-78 题 3-16 图

A. t_1 B. t_2 C. t_3 D. t_4

3-17(2021)图 3-79 所示逻辑电路的逻辑功能是( )。

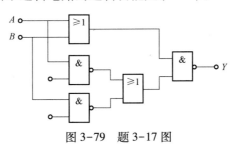

图 3-79 题 3-17 图

A. 半加器   B. 比较器

C. 同或门   D. 异或门

3-18(2012)由 3-8 译码器 74LS138 组成的逻辑电路如图 3-80 所示，该电路能实现的功能为( )。

A. 8421BCD 码检测及四舍五入   B. 全减器

C. 全加器   D. 比较器

3-19(2024)图 3-81 所示触发器具有的功能是( )。

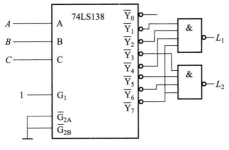 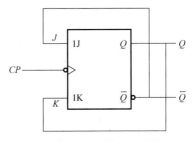

图 3-80 题 3-18 图   图 3-81 题 3-19 图

A. 保持   B. 计数   C. 置位   D. 复位

3-20(2024)如图 3-82 所示电路，某同学参加三门课程的考试，规定：课程 A、课程 B、课程 C 及格分别得 1 分、2 分、3 分，不及格得 0 分。若总分大于或等于 4 分可以结业，F 为 1 表示结业，0 表示不结业，则下列可表示此功能的逻辑电路是( )。

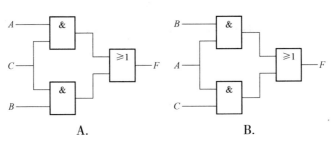

图 3-82 题 3-20 图（一）

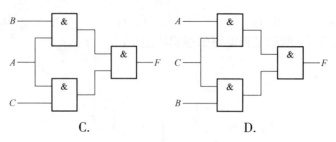

图 3-82　题 3-20 图（二）

A. 图（A）　　　　B. 图（B）　　　　C. 图（C）　　　　D. 图（D）

3-21（2013）PLA 编程后的阵列图如图 3-83 所示，该函数实现的逻辑功能为（　　）。

A. 多数表决器　　　　B. 乘法器

C. 减法器　　　　D. 加法器

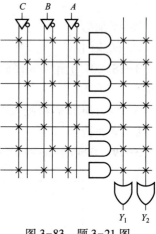

图 3-83　题 3-21 图

3-22（2024）将 $Y=\overline{A}\,\overline{B}+\overline{A}C+\overline{B}D+\overline{A}\,\overline{C}+A\,\overline{B}$ 化简后，所得下列四式中错误的是（　　）。

A. $Y=\overline{A\cdot B}$

B. $Y=AB$

C. $Y=\overline{A}+\overline{B}$

D. $Y=\overline{A}+\overline{B}+\overline{AB}$

3-23（2011）要获得 32K×8 的 RAM，需用 4K×4 的 RAM 的片数为（　　）。

A. 8　　　　B. 16

C. 32　　　　D. 64

3-24（2023）十进制数 5684 的 8421BCD 码可以表示为（　　）。

A. $(0110011110010100)_{8421\text{BCD}}$

B. $(0101011010000100)_{8421\text{BCD}}$

C. $(1000100110110100)_{8421\text{BCD}}$

D. $(1011110011100100)_{8421\text{BCD}}$

3-25（2023）用与非门构成的基本 RS 触发器处于置 1 状态时，其输入信号应为（　　）。

A. $\overline{R}\,\overline{S}=00$

B. $\overline{R}\,\overline{S}=01$

C. $\overline{R}\,\overline{S}=10$

D. $\overline{R}\,\overline{S}=11$

3-26（2021）逻辑电路如图 3-84 所示，当 A = "0"，B = "1" 时，CP 脉冲连续来到后，D 触发器（　　）。

A. 具有计数功能

B. 保持原状态

C. 置 "0"

D. 置 "1"

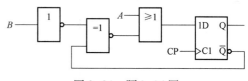

图 3-84　题 3-26 图

3-27（2018）图 3-85 所示逻辑组合电路，对于输入变量 A、B、C，输出 Y_1 和 Y_2 两者不相等组合是（　　）。

A. $ABC=00\times$　　　　B. $ABC=01\times$

C. $ABC=10\times$　　　　D. $ABC=11\times$

3-28（2020）译码器 74LS138 在译码状态时，其输出端的有效电平个数是（　　）。

A. 1　　　　B. 2

C. 4　　　　D. 8

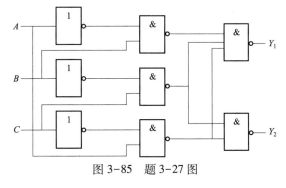

图 3-85　题 3-27 图

3-29（2013，2014）在图 3-86 所示电路中，当开关 A、B、C 分别闭合时，电路所实现的功能分别是（　　）。

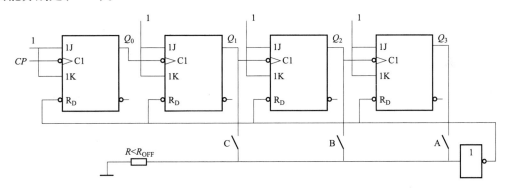

图 3-86　题 3-29 图

A. 8、4、2 进制加法计数器　　　　B. 16、8、4 进制加法计数器

C. 4、2 进制加法计数器　　　　D. 16、8、2 进制加法计数器

3-30（2020）图 3-87 所示触发器，输入 $J=1$，设初始状态为 0，则输出 Q 的波形为图 3-88 中（　　）。

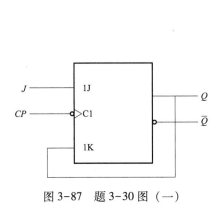

图 3-87　题 3-30 图（一）

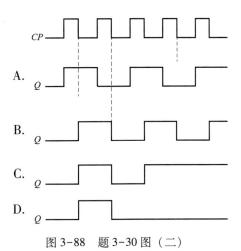

图 3-88　题 3-30 图（二）

3-31（2021）如图 3-89 所示同步时序电路，该电路的逻辑功能是（　　　）。

A. 同步八进制加法计数器　　　　　B. 同步八进制减法计数器

C. 同步五进制加法计数器　　　　　D. 同步五进制减法计数器

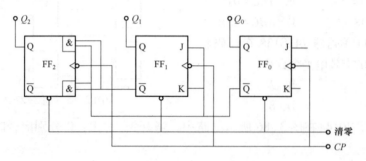

图 3-89　题 3-31 图

3-32（2023）已知计数器电路如图 3-90 所示，设三个触发器的初始状态为"0，0，0"，则该路是（　　　）。

A. 同步五进制加法计数器　　　　　B. 同步六进制加法计数器

C. 同步七进制加法计数器　　　　　D. 同步八进制加法计数器

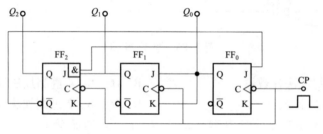

图 3-90　题 3-32 题

3-33（2019）逻辑电路图及相应的输入 CP、A、B 的波形如图 3-91 所示，初始状态 $Q_1 = Q_2 = 0$，当 $\overline{R_D} = 1$ 时，D、Q_1、Q_2 端输出的波形分别是（　　　）。

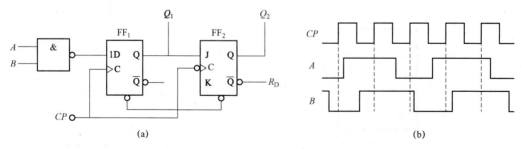

(a)　　　　　　　　　　　　　　　(b)

图 3-91　题 3-33 图

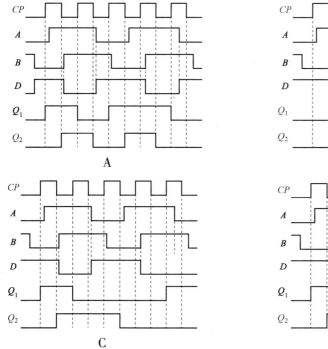

A   B

C   D

3-34(2007)某时序电路如图 3-92 所示，其中 R_A，R_B，R_S 均为 8 位移位寄存器，其余电路分别为全加器和 D 触发器，则该电路具有(   )。

A. 实现两组 8 位二进制串行乘法功能   B. 实现两组 8 位二进制串行除法功能

C. 实现两组 8 位二进制串行加法功能   D. 实现两组 8 位二进制串行减法功能

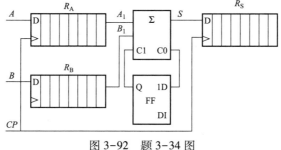

图 3-92 题 3-34 图

3-35(2011)如图 3-93 所示电路是用 D/A 转换器和运算放大器组成的可变增益放大器，DAC 的输出电压 $u = -D_n U_{REF}/255$，它的电压放大倍数 $A_V = u_o/u_1$ 可由输入数字量 D_n 来设定。当 D_n 取 $(01)_H$ 和 $(FF)_H$ 时，A_y 分别为(   )。

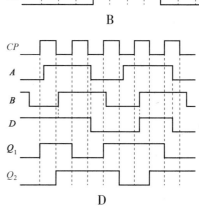

图 3-93 题 3-35 图

A. 1，25.6   B. 1，25.5

C. 256，1   D. 255，1

3-36(2011)电路如图 3-94 所示，该电路完成的功能是(   )。

A. 8 位并行加法器   B. 8 位串行加法器   C. 4 位并行加法器   D. 4 位串行加法器

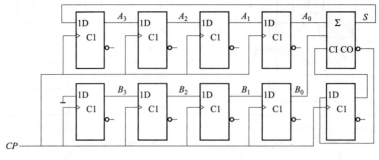

图 3-94　题 3-36 图

3-37（2023）由两个 D 触发器组成的时序逻辑电路如图 3-37 所示，已知 CP 脉冲的频率为 1000Hz，输出 Q_2 波形的频率为（　　）。

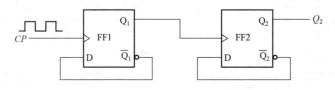

图 3-95　题 3-37 图

A. 2000Hz　　　　　B. 1000Hz　　　　　C. 500Hz　　　　　D. 250Hz

3-38（2018）图 3-96 所示的由 74LS161 集成计数器构成的计数器电路和由 74LS290 集成计数器构成的计数器电路所实现的逻辑功能依次是（　　）。

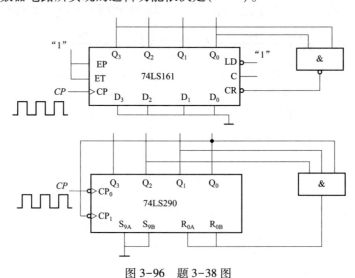

图 3-96　题 3-38 图

A. 九进制加法计数器，七进制加法计数器

B. 六进制加法计数器，十进制加法计数器

C. 九进制加法计数器，六进制加法计数器

D. 八进制加法计数器，七进制加法计数器

3-39(2011)74LS161 的功能见表 3-23。图 3-97 所示电路的分频比(即 Y 与 CP 的频率之比)为( )。

表 3-23   **74LS161 功能表**

CP	$\overline{CR}$	$\overline{LD}$	EP	ET	工作状态
×	0	×	×	×	置零
↑	1	0	×	×	预置数
×	1	1	0	1	保持
×	1	1	×	0	保持(但 $C=0$)
↑	1	1	1	1	计数

A. 1:63   B. 1:60   C. 1:96   D. 1:256

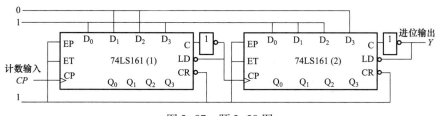

图 3-97 题 3-39 图

3-40(2020)图 3-98 所示逻辑电路在 $M=1$ 和 $M=0$ 时的功能分别是( )。

A. $M=1$ 时为五进制计数器,$M=0$ 时为十五进制计数器

B. $M=1$ 时为十进制计数器,$M=0$ 时为十六进制计数器

C. $M=1$ 时为十五进制计数器,$M=0$ 时为五进制计数器

D. $M=1$ 时为十六进制计数器,$M=0$ 时为十进制计数器

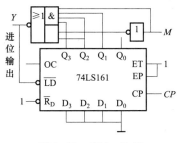

图 3-98 题 3-40 图

3-41 能起定时作用的电路是( )。

A. 施密特触发器   B. 译码器

C. 多谐振荡器   D. 单稳态触发器

3-42 单稳态触发器中最重要的参数是( )。

A. 上触发电平   B. 下触发电平   C. 回差   D. 暂稳宽度

3-43(2016)由 COMS 与非门组成的单稳态触发器如图 3-99 所示,已知 $R=51\text{k}\Omega$;$C=0.01\mu\text{F}$;电源电压 $U_o=10\text{V}$。在触发器信号作用下,输出脉冲的宽度为( )。

A. 1.12ms   B. 0.7ms   C. 0.56ms   D. 0.357ms

3-44 有一个 8 位 D/A 转换器,设它的满度输出电压为 25.5V,当输入数字量为 11101101 时,输出电压为( )V。

A. 12.5　　　　　　B. 12.7

C. 23.7　　　　　　D. 25

3-45（2012）八位 D/A 转换器，当输入数字量 10000000 时，输出电压为 5V，若输入为 10001000 时，输出电压为（　　）。

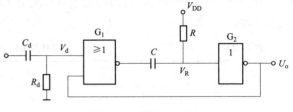

图 3-99　题 3-43 图

A. 5.31　　　　　　B. 5.76

C. 6.25　　　　　　D. 6.84

3-46（2010）一片 8 位 ADC 最小量化电压为 19.6mV，当输入电压为 4.0V 时，则输出数字量是（　　）。

A. 11001001　　　　　B. 11001000　　　　　C. 10001100　　　　　D. 11001100

3-47（2013）一片 8 位 DAC 的最小输出电压增量是 0.02V，当输入为 11001011 时，输出电压为（　　）。

A. 2.62V　　　　　B. 4.06V　　　　　C. 4.82V　　　　　D. 5.00V

3-48（2018）由 555 定时器构成的单稳态触发器，其输出脉冲宽度取决于（　　）。

A. 电源电压　　　　　　　　　　　B. 触发信号的幅度

C. 触发信号的宽度　　　　　　　　D. 外接 R，C 的数值

3-49（2017）逻辑函数式 $P(A,B,C) = \sum m(3,5,6,7)$，化简式为（　　）。

A. $BC + AC$　　　　B. $C + AB$　　　　C. $B + A$　　　　D. $BC + AC + AB$

3-50（2019）如图 3-100 所示电路，权电阻网络 D/A 转换器中，若取 $V_{\text{REF}} = 5V$，则当输入数字量为 $D_3D_2D_1D_0 = 1101$ 时，输出电压为（　　）。

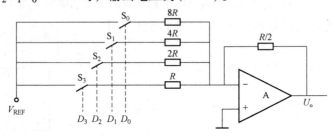

图 3-100　题 3-50 图

A. -4.062 5V　　　　B. -0.812 5V　　　　C. 4.062 5V　　　　D. 0.812 5V

3-51（2017）某 EPROM 有 8 条数据线，13 条地址线，则其存储量为（　　）。

A. 8Kbit　　　　　B. 8KB

C. 16KB　　　　　D. 64KB

3-52（2024）图 3-101 所示由 74160 构成的计数器为（　　）。

A. 四进制计数器　　　　B. 五进制计数器

C. 六进制计数器　　　　D. 七进制计数器

3-53（2017）555 定时器构成的多谐振荡器如图 3-102 所示，若 $R_A = R_B$，则输出矩形波的空占比为（　　）。

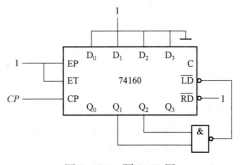

图 3-101　题 3-52 图

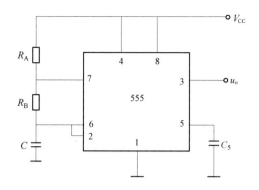

555 定时器的功能表

R_D（4 脚）	U_m（6 脚）	U_{TL}（2 脚）	U_o（3 脚）	VT（7 脚）
0	×	×	0	导通
1	$>\frac{2}{3}V_{cc}$	$>\frac{1}{3}V_{cc}$	0	导通
1	$<\frac{2}{3}V_{cc}$	$>\frac{1}{3}V_{cc}$	保持	保持
1	$<\frac{2}{3}V_{cc}$	$<\frac{1}{3}V_{cc}$	1	截至
1	$>\frac{2}{3}V_{cc}$	$<\frac{1}{3}V_{cc}$	1	截至

图 3-102　题 3-53 图

　　A. 1/2　　　　　　　B. 1/3　　　　　　　C. 2/3　　　　　　　D. 3/4

3-54（2024）某 8 位 D/A 转换器，当输入数字量只有最低位为 1 时，输出电压为 0.02V 量只有最高位为 1 时，则输出电压为（　　）。

　　A. 0.039V　　　　　　B. 2.56V　　　　　　C. 1.27V　　　　　　D. 0.68V

数字电子技术复习题答案及提示

3-1 C　提示：$169=10×16^1+9×16^0=(A9)_{16}$，因此答案选 C。

3-2 B　提示：将 A、B、C 代入逻辑函数式。

3-3 C　提示：按数制转换方法转换为十进制。$(7E8)_H=7×16^2+14×16^1+8=2024$，故答案选 C。

3-4 B　提示：$L=\overline{A}\ \overline{B}C+\overline{(A+B+C)}+\overline{A}\ \overline{B}\ CD=\overline{A}\ \overline{B}C+\overline{A}\ \overline{B}\ \overline{C}+\overline{A}\ \overline{B}\ CD=\overline{A}\ \overline{B}C+\overline{A}\ \overline{B}\ \overline{C}=\overline{A}\ \overline{B}$。

3-5 C　提示：由题干图可知，A 和 B 相异时 $Y=1$。

3-6 A　提示：$F=\overline{\overline{A\cdot B}\cdot A\cdot\overline{\overline{A\cdot B}\cdot B}}=\overline{\overline{A\cdot B}\cdot A}+\overline{\overline{A\cdot B}\cdot B}=(\overline{A}+\overline{B})A+(\overline{A}+\overline{B})B=A\ \overline{B}+\overline{A}B=A\oplus B$。

3-7 B　提示：从图 3-75 中可以看到，当且仅当 A 和 B 同为 1 时，$F=1$。

3-8 D　提示：S 为和，C 为进位。

3-9 B　提示：将 4 个逻辑电路的逻辑表达式列出即可看出，例如 B 的逻辑表达式是

$\overline{\overline{A+\overline{A+B}}+\overline{B+\overline{A+B}}}=(A+\overline{A+B})(B+\overline{A+B})=(A+\overline{A}\,\overline{B})(B+\overline{A}\,\overline{B})=AB+\overline{A}\,\overline{B}$

3-10 B　提示：根据电路列出逻辑表达式为 $Y=\overline{(AC+\overline{B})}\oplus\overline{(A+B)\overline{B}}=\overline{(AC+\overline{B})}(A+B)\overline{B}+(AC+\overline{B})\overline{(A+B)\overline{B}}=ABC+\overline{A}\,\overline{B}\,\overline{C}$

3-11 C　提示：可以用真值表验证，也可用逻辑推演。例如 $A+\overline{A}B=A+AB+\overline{A}B=A+B$（反变量吸收律）。

3-12 B　提示：画出逻辑函数化简前后的卡诺图，可看出有 4 个无关项。

3-13 B　提示：将 A、B、C 的取值分别代入逻辑表达式，只有 $ABC=010$ 才使 $Y=1$。

3-14 A　提示：约束条件 $AB+AC=0$，即 $A=0$，$B+C=0$。

由 $Y(A,B,C)=\sum m(1,2,4,5,9)=\overline{A}\,\overline{B}\,\overline{C}D+\overline{A}\,\overline{B}C\overline{D}+\overline{A}B\overline{C}\,\overline{D}+\overline{A}B\overline{C}D+A\overline{B}\,\overline{C}D=\overline{A}B\overline{C}+\overline{A}\,\overline{C}D+\overline{A}C\overline{D}+A\overline{B}\,\overline{C}D$ 将 $A=0$ 代入上式，得：$Y(A,B,C)=B\overline{C}+\overline{C}D+C\overline{D}$。因此答案选 A。

3-15 B　提示：分别画出两个等价式的卡诺图。由图 3-103 可知有 3 项无关项。

AB \ CD	00	01	11	10
00		1	1	
01	1			1
11				
10		1		

AB \ CD	00	01	11	10
00		1	1	
01	1			1
11	×			×
10		1	×	

图 3-103　解题 3-15 图

3-16 C　提示：由图 3-78 可知 $Y=\overline{A+B}=\overline{A}\,\overline{B}$，当且仅当 t_3，A，B 都为“0”时，输出 $Y=$“1”。

3-17 C　提示：$Y=\overline{(A+B)(\overline{A}+\overline{B})}=\overline{A\overline{B}+\overline{A}B}=\overline{A\oplus B}=A\odot B$。

3-18 D　提示：根据 74LS138 译码器的真值表可知，当 $ABC=111$，即 ABC 相同且都等于 1 时，$L_1L_2=11$；当 $ABC=000$，即 ABC 相同且都等于 0 时，$L_1L_2=00$；当 ABC 不相同，$L_1\neq L_2$。由此分析可知，该电路具有比较器功能。

3-19 B　提示：$Q^{n+1}=J\overline{Q^n}+\overline{K}Q^n=\overline{Q^n}\,\overline{Q^n}+\overline{Q^n}Q^n=\overline{Q^n}$，因此答案选 B。

3-20 A　提示：按题意列出真值表（表 3-24）。

表 3-24　　**真　值　表**

A	B	C	D
0	0	0	0
0	0	1	0
0	1	0	0
0	1	1	1
1	0	0	0
1	0	1	1
1	1	0	0
1	1	1	1

由真值表可知 $F=AC+BC+ABC=AC+BC$。题干中图（A）表达式 $F=AC+BC$；图（B）表达式 $F=AB+AC$；图（C）表达式 $F=\overline{AB}\cdot\overline{AC}=ABC$；图（D）表达式 $F=\overline{AC}\cdot\overline{BC}=ABC$。因此答案选 A。

3-21 D　提示：$Y_1=\overline{A}\,\overline{B}C+\overline{A}B\,\overline{C}+A\,\overline{B}\,\overline{C}+ABC=A\oplus B\oplus C$，$Y_2=\overline{A}BC+A\,\overline{B}C+AB=\overline{A}B+AC+BC$。

显然：A 和 B 是两个加数，C 是来自低位的进位；Y_1 为加法器的和，Y_2 为向高位的进位。

3-22 B　提示：$Y=\overline{A}\,\overline{B}+\overline{A}C+\overline{B}D+\overline{A}\,\overline{C}+A\,\overline{B}=(\overline{A}+A)\overline{B}+\overline{A}C+\overline{B}D+\overline{A}\,\overline{C}=\overline{B}(1+D)+\overline{A}(C+\overline{C})=\overline{A}+\overline{B}=\overline{A\cdot B}=\overline{A}+\overline{B}+AB$，因此答案选 B。

3-23 B　提示：在 4K×4 中，前者 4K 表示有 4×1024 个单元，后者 4 表示每个单元的位数。按要求要构成 8 位的存储器，就必须由两片 4K×4 实现，即两片构成一组 4K×8 的 RAM，共需要 8 组才能构成 32K×8 的 RAM，因此需要 16 片 4K×4RAM。

3-24 B　提示：以最低位为始，向左每四位一组转换 8421BCD 码。

3-25 C　提示：由与非门构成的基本 RS 触发器电路可知，清零和置位信号为 10，表示清零无效，置位有效，使触发器置 1。

3-26 A　提示：$Q^{n+1}=D=A+(\overline{B\oplus Q^n})=\overline{Q^n}$。

根据 D 触发器的特征方程 $Q^{n+1}=D$，因此其次态方程为 $Q^{n+1}=\overline{Q^n}$，具有计数功能。

3-27 B　提示：根据电路可列出 Y_1 和 Y_2 的逻辑表达式分别为：$Y_1=\overline{A}B+\overline{B}C+A\overline{C}$；$Y_2=\overline{B}C+A\overline{C}$。从两个式子可以看出只有当 $A=0$，$B=1$ 时，两式有不同结果。

3-28 A　提示：74LS138 译码输出有 8 个输出端，即 $\overline{Y_0}\sim\overline{Y_7}$，译码时，只有一个为有效电平（低电平），其他都是高电平。

3-29 A　提示：先分析开关 C 合上，当 2 个计数脉冲 CP 后，计数器 $Q_3Q_2Q_1Q_0=0010$，但 $Q_1=1$ 经反相器使计数器复位 $Q_3Q_2Q_1Q_0=0000$。当开关 B 合上，当 4 个计数脉冲 CP 后，计数器 $Q_3Q_2Q_1Q_0=0100$，但 $Q_2=1$ 经反相器使计数器复位 $Q_3Q_2Q_1Q_0=0000$。同样，当开关 A 合上，当 8 个计数脉冲 CP 后，计数器 $Q_3Q_2Q_1Q_0=1000$，但 $Q_3=1$ 经反相器使计数器复位 $Q_3Q_2Q_1Q_0=0000$。因此，故答案应选 A。

3-30 B　提示：根据图 3-87 可知，$J=1$，$K=Q^n$，由 JK 触发器的真值表或特征方程可以得到。$Q^{n+1}=J\overline{Q^n}+\overline{K}Q^n=\overline{Q^n}$，因此，每当 CP 脉冲下降沿触发使 JK 输出翻转。

3-31 B　提示：根据 JK 触发器的特征方程 $Q^{n+1}=J\overline{Q^n}+\overline{K}Q^n$，各触发器的驱动方程分别为：

$Q_0^{n+1}=J_0\overline{Q_0^n}+\overline{K_0}Q_0^n=\overline{Q_0^n}$

$Q_1^{n+1}=J_1\overline{Q_1^n}+\overline{K_1}Q_1^n=\overline{Q_0^n}\,\overline{Q_1^n}+Q_0^nQ_1^n$

$Q_2^{n+1}=J_2\overline{Q_2^n}+\overline{K_2}Q_2^n=\overline{Q_0^n}\,\overline{Q_1^n}\,\overline{Q_2^n}+\overline{Q_0^n}\,\overline{Q_1^n}\,Q_2^n+\overline{Q_0^n\,Q_1^n}Q_2^n=\overline{Q_0^n}\,\overline{Q_1^n}\,\overline{Q_2^n}+Q_0^nQ_2^n+Q_1^nQ_2^n$

电路复位后，随同步脉冲 CP 触发，$Q_2Q_1Q_0$ 按八进制减法规律计数，即按 000→111→110→101→100→011→010→001→000 变化。

3-32 A 提示：根据 JK 触发器的特征方程

$Q^{n+1} = J\overline{Q^n} + \overline{K}Q^n$，三个触发器的状态方程分别为 $Q_0^{n+1} = \overline{Q_2^n}\,\overline{Q_0^n}$，$Q_1^{n+1} = Q_0^n\overline{Q_1^n} + \overline{Q_0^n}Q_1^n$，$Q_2^{n+1} = Q_0^nQ_1^n\overline{Q_2^n}$。$Q_2Q_1Q_0$ 按 $000 \to 001 \to 010 \to 011 \to 100 \to 000$ 五进制加法器规律变化，如图 3-104 所示。

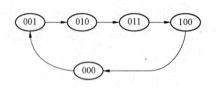

图 3-104　解题 3-32 图

3-33 A 提示：由电路可知 $D = \overline{AB}$（与 CP 无关）；$Q_1^{n+1} = D = \overline{AB}$（$CP$ 上沿有效时）；$Q_2^{n+1} = J\overline{Q_2^n} + \overline{K}Q_2^n = J\overline{Q_2^n} = Q_1^n\overline{Q_2^n}$（$CP$ 下沿有效时）。排除法，先看选项 D，只当 A、B 同时为 1 时，$D = 0$，只有选项 A 的图形正确。

3-34 C 提示：每来一次脉冲，加数与被加数的对应位及进位相加，并产生结果和进位，同时三个移位寄存器移位，8 次脉冲后完成。

3-35 D 提示：当 $D_n = 01$ 时，$u = -V_{REF}/255$，根据虚短，$u \approx u_i$，A_1 的放大倍数 $u_{o1}/u_i = -255$，由于 A_2 的放大倍数为 $u_o/u_{o1} = -1$（注意反馈电阻 $R_F = R$）所以，$A_V = u_o/u_i = -u_{o1}/u_i = 255$。

同理，当 $D_n = (FF)_H$，即 $D_n = 255$ 时，$u = -U_{REF}$，A_1 的放大倍数 $u_{o1}/u_i = -1$，$A_V = u_o/u_i = -u_{o1}/u_i = 1$。

3-36 D 提示：图中有一个 1 位全加器，每来一次 CP 完成 1 位数的加法运算。第一个脉冲到来完成第 1 位的加法，其和送到另一加数 A（最高位的输入端），同时将加数 A 和被加数 B 由高位向低位传递，当 4 个脉冲结束后完成 4 位加法运算，相加和寄存在图中上面 4 个 D 触发器中（右边为结果的低位），因此，电路是一个 4 位串行加法器。

3-37 D 提示：触发器为上升边沿触发，每个脉冲上升沿使触发器翻转一次，为 CP 频率的 1/2。Q_1 输出是 500Hz，Q_2 输出是 250Hz。

3-38 A 提示：由 74LS161 构成的九进制加法计数器，详见本书 3.6.3 计数器（5 同步计数器 74LS161 介绍）。

74LS290 是二/五分频十进制计数器，功能如下：

（1）异步清零端 R_{0A}，R_{0B} 为高电平时，只要置 9 端 S_{9A}，S_{9B} 有一个为低电平，就可以完成清零功能。

（2）当 S_{9A}，S_{9B} 均为高电平时，不管其他输入端状态如何，就可以完成置 9 功能。

（3）当 R_{0A}，R_{0B} 中有一个以及 S_{9A}，S_{9B} 中有一个同时为低电平时，在时钟端 CP_0，CP_1 脉冲下降沿作用下进行计数操作。

1）十进制计数：应将 CP_1 与 Q_0 连接，计数脉冲由 CP_0 输入。

2）二、五混合进制计数：将 CP_0 与 Q_1 连接，计数脉冲由 CP_1 输入。

3）二分频、五分频计数：Q_0 为二分频输出，$Q_1 \sim Q_3$ 为五分频输出。

由图可知，74LS290 组成的是 8421BCD 码十进制计数器。当计数器 $Q_3Q_2Q_1Q_0 = 0111$ 时，计数器迅速复位到 0000，又重新开始从 0000 计数，计数器在 0111 状态很短（10ns 左右），因此该电路有效状态是 0000~0110，为七进制计数器。

3-39 A 提示：在图中，左边的 74LS161 在每次计数产生进位后，使其进入预置数状态，同时由图可知预置数为 $D_3D_2D_1D_0 = 1001$，因此该计数器计 7 次（7 个脉冲）后产生进位。同理，右边的 74LS161 的 CP 脉冲是来自左边 74LS161 的进位位，即左边 74LS161 每计数 7 次，右边的 74LS161 计数 1 次，其初始预置数为 $D_3D_2D_1D_0 = 0111$，即计数 9 次产生一次进位，因此输出 Y 与输入脉冲 CP 的频率之比是 $1:63$。

3-40 C　提示：注意该计数器采用了反馈置数法。$M=1$ 时，当计数器计到 1110 时，$Y=0$，在下一个脉冲到来后，使计数器重新置数（0000），计数范围是 0000 到 1110，所以是十五进制计数器。$M=0$ 时，当计数器计为 0100 时，$Y=0$，在下一个脉冲到来后，使计数器重新置数，计数范围是 0000 到 0100，所以是五进制计数器。

3-41 D　提示：输出方波宽度 $t_w \approx 0.7RC$，调节 RC 可改变时间。

3-42 D　提示：单稳态触发器的输出脉冲宽度的计算为 $T_w = 0.7RC = 0.7 \times 51 \times 10^3 \times 0.01 \times 10^{-6}\text{s} = 0.357\text{ms}$

3-43 C

3-44 C　提示：$(11101101)_2 = (237)_{10}$，$\dfrac{25.5 \times 237}{2^8 - 1}\text{V} = 23.7\text{V}$。

3-45 A　提示：输出电压 $= 5 \times 136/128\text{V} = 5.31\text{V}$。

3-46 D　提示：$N = u_i / U_{LSB} = 4/(19.6 \times 10^{-3}) = 204 = (11001100)_2$。

3-47 B　提示：最小增量为 0.02V，即表示数字量为 00000001 时其输出电压为 0.02V，依次，$11001011B = 203$　$U = 203 \times 0.02\text{V} = 4.06\text{V}$。

3-48 D　提示：由 555 定时器构成的单稳态触发器的输出脉宽 $t_w = RC\ln 3 = 1.1RC$。

3-49 D　提示：由逻辑函数式直接化简或用卡诺图化简。

3-50 A　提示：由 D/A 转换器电路可知 $U_o = -R_f(i_3 + i_2 + i_1 + i_0)$。$R_f = R/2$；$i_3 = V_{REF}D_3/R$，$i_2 = V_{REF}D_2/2R, i_1 = V_{REF}D_1/4R, i_0 = V_{REF}D_0/8R$，将 $D_3D_2D_1D_0 = 1101, V_{REF}$　5V，代入可得 $U_o = -4.0625\text{V}$。

3-51 C　提示：13 条地址线有 16K 地址单元，8 条数据线说明每个单元有 8 个字节。

3-52 B　提示：74LS160 为十进制同步加法计数器，具有同步置数，异步清零功能，题目反馈至置数端，计数范围为 0010~0110，即为五进制计数器，因此答案选 B。

3-53 A　提示：555 定时器构成的多谐振荡器的空占比的计算是 $q(\%) = \dfrac{R_A}{R_A + R_B} \times 100\%$。

3-54 B　提示：数字 1 转换电压是 0.02V，最高位为 1 时，即数字 128，转换电压为 $128\text{V} \times 0.02 = 2.56\text{V}$，故答案选 B。

第4章 电气工程基础

➡️ **考试大纲**

4.1 电力系统基本知识

    4.1.1 了解电力系统的运行特点和基本要求

    4.1.2 掌握电能质量的各项指标

    4.1.3 了解电力系统中各种接线方式及其特点

    4.1.4 掌握我国规定的网络额定电压与发电机、变压器等器件的额定电压

    4.1.5 了解电力网络中性点运行方式及对应的电压等级

4.2 电力线路、变压器的参数与等效电路

    4.2.1 了解输电线路4个参数所表征的物理意义及输电线路的等效电路

    4.2.2 了解应用普通双绕组、三绕组变压器空载与短路试验数据计算变压器参数及制定其等效电路

    4.2.3 了解电网等效电路中有名值和标幺值参数的简单计算

4.3 简单电网的潮流计算

    4.3.1 了解电压降落、电压损耗、功率损耗的定义

    4.3.2 了解已知不同点的电压和功率情况下的潮流简单计算方法

    4.3.3 了解输电线路中有功功率、无功功率的流向与功角、电压幅值的关系

    4.3.4 了解输电线路的空载与负载运行特性

4.4 无功功率平衡和电压调整

    4.4.1 了解无功功率平衡概念及无功功率平衡的基本要求

    4.4.2 了解系统中各无功电源的调节特性

    4.4.3 了解利用电容器进行补偿调压的原理与方法

    4.4.4 了解变压器分接头进行调压时，分接头的选择计算

4.5 短路电流计算

    4.5.1 了解实用短路电流计算的近似条件

    4.5.2 了解简单系统三相短路电流的实用计算方法

    4.5.3 了解短路容量的概念

    4.5.4 了解冲击电流、最大有效值电流的定义和关系

    4.5.5 了解同步发电机、变压器、单回、双回输电线路的正、负、零序等效电路

    4.5.6 掌握简单电网的正、负、零序序网的制定方法

    4.5.7 了解不对称短路的故障边界条件和相应的复合序网

    4.5.8 了解不对称短路的电流、电压计算

    4.5.9 了解正、负、零序电流、电压经过 Yd11 变压器后的相位变化

4.6 变压器

4.6.1 了解三相组式变压器及三相心式变压器的结构特点

4.6.2 掌握变压器额定值的含义及作用

4.6.3 了解变压器电压比和参数的测定方法

4.6.4 掌握变压器工作原理

4.6.5 了解变压器电动势平衡方程式及各量含义

4.6.6 掌握变压器电压调整率的定义

4.6.7 了解变压器在空载合闸时产生很大冲击电流的原因

4.6.8 了解变压器的效率计算及变压器具有最高效率的条件

4.6.9 了解三相变压器联结组和铁心结构对谐波电流、谐波磁通的影响

4.6.10 了解用变压器组联结方式及极性端判断三相变压器联结组别的方法

4.6.11 了解变压器的绝缘系统及冷却方式、允许温升

4.7 感应电动机

4.7.1 了解感应电动机的种类及主要结构

4.7.2 掌握感应电动机转矩、额定功率、转差率的概念及其等效电路

4.7.3 了解感应电动机三种运行状态的判断方法

4.7.4 掌握感应电动机的工作特性

4.7.5 掌握感应电动机的起动特性

4.7.6 了解感应电动机常用的起动方法

4.7.7 了解感应电动机常用的调速方法

4.7.8 了解转子电阻对感应电动机转动性能的影响

4.7.9 了解电机的发热过程、绝缘系统、允许温升及其确定、冷却方式

4.7.10 了解感应电动机拖动的形式及各自的特点

4.7.11 了解感应电动机运行及维护工作要点

4.8 同步电机

4.8.1 了解同步电机额定值的含义

4.8.2 了解同步电机电枢反应的基本概念

4.8.3 了解电枢反应电抗及同步电抗的含义

4.8.4 了解同步发电机并入电网的条件及方法

4.8.5 了解同步发电机有功功率及无功功率的调节方法

4.8.6 了解同步电动机的运行特性

4.8.7 了解同步发电机的绝缘系统、温升要求、冷却方式

4.8.8 了解同步发电机的励磁系统

4.8.9 了解同步发电机的运行和维护工作要点

4.9 过电压及绝缘配合

4.9.1 了解电力系统过电压的种类

4.9.2 了解雷电过电压特性

4.9.3 了解接地和接地电阻、接触电压和跨步电压的基本概念

4.9.4 了解氧化锌避雷器的基本特性

4.1　电力系统基本知识

4.1.1　电力系统的运行特点和基本要求

1. 电力系统运行特点

由生产、输送、分配、消费电能的发电机、变压器、电力线路、各种用电设备联系在一起组成的统一整体就是电力系统，其 3 个主要运行特点如下：

(1) 重要性。电能是最重要、最方便的能源，电能供应的中断或减少将影响国民经济的各个部门，造成巨大的损失。

(2) 快速性。由于电能的传播速度接近光速，因而电力系统从一种运行方式转变成另一种运行方式的过渡过程非常快，如事故从发生到引起严重后果所经历的时间常以秒甚至毫秒计。

(3) 同时性。电能的生产、输送、分配和消费实际上是同时进行的，即发电厂任何时刻生产的电能必须等于该时刻用电设备消费与输送分配中损耗的电能之和。

2. 电力系统运行的基本要求

基于以上特点，对电力系统的运行提出了 4 项基本要求：

（1）可靠。供电的中断将造成生产停顿、生活混乱，甚至危及设备和人身安全，引起十分严重的后果，停电给国民经济造成的损失远超过电力系统本身的损失。因此，电力系统的运行首先必须满足安全可靠持续供电的要求。据此，可将负荷分为一、二、三级负荷。

（2）优质。电压、频率、波形是衡量电能质量的基本指标。良好的电能质量是指电压正常，偏移不超过给定值，如额定电压的±5%；频率正常，偏移不超过给定值，如额定频率的(±0.2~0.5)Hz；波形不产生大的畸变；三相对称等。

（3）经济。电能生产的规模很大，降低每生产一度电所消耗的能源和降低输送分配过程中的损耗有极重要的意义。系统的经济运行符合可持续发展战略，能更好地建立节约性的社会。

（4）环保。要实现电力系统与环境的和谐发展。

【例4-1】（2008）对电力系统的基本要求是（　　）。

A. 在优质前提下，保证安全，力求经济　B. 在经济前提下，保证安全，力求经济

C. 在安全前提下，保证质量，力求经济　D. 在降低网损情况下，保证一类用户供电

答案：C

【例4-2】（2018）构成电力系统的四个最基本的要素是（　　）。

A. 发电厂、输电网、供电公司、用户　　B. 发电公司、输电网、供电公司、负荷

C. 发电厂、输电网、供电网、用户　　　D. 电力公司、电网、配电所、用户

答案：C

提示：电力系统的四个关键要素是"发、输、配、用"。

小结与提示

（1）相关概念：用户（负荷）、发电、输电、配电、变电、变电站、电力系统、电力网。

（2）电力网的分类：按计算需要、接线方式、电压等级分类。

（3）电能的3个运行特点。

（4）对电力系统的4项基本要求。

（5）负荷等级的划分：一级负荷、二级负荷、三级负荷。

4.1.2　电能质量的各项指标

1. 电压偏差（移）

（1）定义：电压偏差（移）是指用电设备的实际端电压偏离其额定电压的百分数，即

$$U\% = \frac{U - U_N}{U_N} \times 100\% \tag{4-1}$$

式中　U_N——用电设备的额定电压，V；

　　　　U——用电设备的实际端电压，V。

（2）原因：电压偏差（移）是由系统滞后的无功负荷所引起的。

（3）危害：① 异步电动机：电动机的转矩与端电压的二次方成正比，即 $T \propto U^2$。当 $U\uparrow \Rightarrow$ 励磁电流 $i_f\uparrow \Rightarrow$ 温升$\uparrow \Rightarrow$ 危及绝缘，当 $U\downarrow \Rightarrow M\downarrow \Rightarrow$ 严重时，将使得电动机无法正常起动。② 照明设备：电压过低会导致气体放电光源的照明器不能正常点燃，过高则会缩短光源寿命。

（4）改善措施：采取合适的中枢点调压方式（如逆调压、顺调压、恒调压）；合理选择

变压器分接头；减小系统阻抗；对无功功率进行合理的补偿，改善功率因数；尽量使三相负载平衡。

2. 电压波动和闪变

（1）定义：电压在短时间内的快速变动情况，通常以电压幅度波动值和波动频率来衡量电压波动的程度，其变化速度等于或大于每秒 0.2% 时称为电压波动。波动的幅值为

$$\Delta U\% = \frac{U_{\max} - U_{\min}}{U_{N}} \times 100\% \tag{4-2}$$

式中　$U_{\max}$——用电设备端电压的最大波动值，V；

　　　$U_{\min}$——用电设备端电压的最小波动值，V。

负荷急剧的波动造成供配电系统瞬时三相电压升高，照度随之急剧变化，使人眼对灯闪感到不适，这种现象称为电压闪变。

（2）原因：电压波动和闪变是由系统的冲击性负荷造成的。

（3）改善措施：采用专用线或专用变压器；增大供电容量，减小系统阻抗；在系统出现严重电压波动时，减少或切除引起电压波动的负荷；选用更高电压等级的电网供电；装设静止无功补偿装置。

3. 三相不对称度

（1）定义：三相电压不对称度是衡量三相负荷平衡的指标，它用三相系统的电压负序分量与电压正序分量的方均根值百分数来表示，公式如下

$$\varepsilon_{u} = \frac{U_{-}}{U_{+}} \times 100\% \tag{4-3}$$

式中　U_{-}——三相电压的负序分量方均根值，V；

　　　U_{+}——三相电压的正序分量方均根值，V。

（2）原因：三相不对称度是由系统三相负荷不平衡引起的。

（3）改善措施：尽量使三相负荷均衡分配；将不对称负荷尽可能地分散接到不同的供电点；将不对称负荷接到更高电压等级的电网。

4. 谐波

（1）定义：谐波是指对周期性非正弦交流量进行傅里叶级数分解所得到的大于基波频率的各次分量。下面以电流为例，介绍描述谐波的几个常用概念。

1）h 次谐波电流含量 I_h

$$I_h = \sqrt{\sum_{h=2}^{\infty} (I_h)^2} \tag{4-4}$$

2）h 次谐波电流含有率 HRI_h

$$HRI_h = \frac{I_h}{I_l} \times 100\% \tag{4-5}$$

3）电流总谐波畸变率 THD_i

$$THD_i = \frac{I_h}{I_l} \times 100\% \tag{4-6}$$

式中　I_h、I_l——第 h 次谐波、基波电流的有效值，A。

（2）原因：谐波是由系统的非线性设备引起的。

（3）危害：使电动机、变压器等电气设备产生附加损耗，引起发热，导致绝缘损坏；使电容极易发生短路甚至造成短路；通信干扰；计量误差。

（4）改善措施：三相整流变压器采用 Yd 或 Dy 联结；增加换流器的相数；装设滤波装置(无源、有源)；限制电力系统中接入的交流设备和交流调压装置等的容量；提高对大容量非线性设备的供电电压；将"谐波源"与不能受干扰的负荷电路从电网的接线上分开。

5. 频率偏差

（1）定义：频率偏差是指实际频率与电网的标准频率的差值。

（2）原因：频率偏差与有功功率密切相关。电力系统内若有功功率满足不了用户的要求，会造成频率下降，若用户具有冲击性的有功功率，有可能引起频率波动。频率偏差的本质就是发电机的转速偏离了其同步转速。

（3）频率偏差允许值：根据 GB/T 15945—2008《电能质量 电力系统频率偏差》规定，电力系统正常频率偏差的允许值为±0.2Hz，当系统容量较小时，可放宽到±0.5Hz。

（4）频率偏差的调整：增大或减小电力系统发电机的有功功率。

6. 供电可靠性

供电可靠性指标是根据用电负荷的等级要求制定的。衡量供电可靠性的指标，用全年平均供电时间占全年时间百分数表示，例如，全年时间 8760h，用户全年停电时间为 87.6h，即停电时间占全年的 1%，则供电可靠性为 99%。

【例 4-3】(2007，2009，2024)衡量电能质量的指标是(   )。

A. 电压、频率   B. 电压、频率、网损率
C. 电压、波形、频率   D. 电压、频率、不平衡度

答案：C

小结与提示 掌握下列定义、国家允许指标范围、控制措施等详细内容。

（1）电压偏差(移)。

（2）电压波动。

（3）电压闪变。

（4）正弦波形畸变率。

（5）频率偏差。

（6）供电可靠性。

4.1.3 电力系统中各种接线方式及其特点

电力系统的接线方式大致可以分为无备用和有备用两类。

（1）无备用接线：每个负荷只能从一个供电回路取得电能的开式网。常见的网络结构形式有单回路放射式、树干式、链式，如图 4-1 所示。

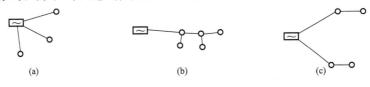

图 4-1　无备用接线方式

(a)放射式；(b)树干式；(c)链式

无备用接线的主要优点是线路结构简单、经济和运行方便。缺点是供电可靠性差。

（2）有备用接线：每个负荷至少能从两个不同供电回路取得电能的网络。常见的网络结构形式有双回路放射式、树干式、链式以及环式和两端供电网络，如图 4-2 所示。

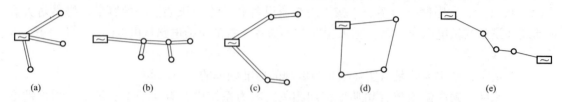

图 4-2 有备用接线方式
（a）放射式；（b）树干式；（c）链式；（d）环式；（e）两端供电网络

有备用接线中，双回路放射式、干线式、链式网络的优点在于供电可靠性和电压质量高，缺点是不够经济。环式接线有与上列接线方式有相同的供电可靠性，但却较它们经济，缺点为运行调度较复杂，且故障时的电压质量差。两端供电网络最常见，但采用这种接线方式的先决条件是必须有两个或两个以上独立电源，而且它们与各负荷点的相对位置又决定了采用这种接线的合理性。

> **小结与提示** 掌握接线方式、图形表达、特点、应用条件、特殊要求等内容。
> （1）无备用接线方式：放射式、树干式、链式。
> （2）有备用接线方式：放射式、树干式、链式、环式、两端供电。

4.1.4 我国规定的网络额定电压与发电机、变压器等器件的额定电压

为保证电气设备生产的系列化和标准化，各国都制定有标准的额定电压等级，我国标准见表 4-1。

表 4-1　　　　　　　我国制定的 1kV 以上的电力系统额定电压标准　　　　　　（单位：kV）

用电设备额定线电压	交流发电机额定线电压	变压器额定线电压		用电设备额定线电压	交流发电机额定线电压	变压器额定线电压	
		一次绕组	二次绕组			一次绕组	二次绕组
3	3.15	3 及 3.15	3.15 及 3.3	110	—	110	121
6	6.3	6 及 6.3	6.3 及 6.6	220	—	220	242
10	10.5	10 及 10.5	10.5 及 11	330	—	330	363
—	15.75	15.75	—	500	—	500	—
35	—	35	38.5				

说明：电力系统额定电压如无特殊说明，均为线电压。

1. 用电设备的额定电压

负荷是用电设备，其额定电压就是标准中的用电设备额定电压 U_N。

2. 线路的额定电压

线路的额定电压与用电设备额定电压 U_N 相同，因此选用电力线路额定电压时只能选用国家规定的电压级。

3. 发电机的额定电压

发电机的额定电压一般比同级电网的额定电压高出 5%，即取 $1.05U_N$，这是因为发电机

一般都位于线路首端，需要补偿线路上的电压损失。

4. 变压器的额定电压

说明：以下变压器一、二次侧的确定是以电能传输的方向来定的，电能首先到达的那侧即接受功率侧为一次侧，后到达的那侧即输出功率侧为二次侧。

（1）变压器一次侧额定电压。变压器一次侧额定电压按照"接谁同谁"的原则确定，即一次侧接线路则取线路额定电压 U_N，一次侧接发电机则取发电机额定电压 $1.05U_N$。

（2）变压器二次侧额定电压。变压器二次侧额定电压通常取 $1.1U_N$，其中 5% 用于补偿变压器满载供电时，一、二次绕组上的电压损失；另外，5% 用于补偿线路的电压损失。

但在以下两种情况下变压器二次侧额定电压取 $1.05U_N$，一是变压器漏抗较小（变压器的短路电压百分值 $u_k\% < 7.5$），二是变压器二次侧直接与用电设备相连。

（3）关于分接头的补充说明。为了调节电压，双绕组变压器的高压侧绕组和三绕组变压器的高、中压侧绕组都设有几个分接头供选择使用。变压器的额定电压比是指主抽头额定电压之比；实际电压比是指实际所接分接头的额定电压之比。

【例4-4】如图4-3所示的电力系统，各级电网的额定电压已标注于图4-3中，求：

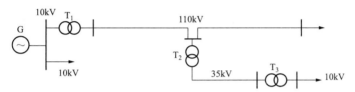

图 4-3　电力系统接线

（1）电力系统各元件的额定电压。

（2）设变压器 T_1 工作于 +2.5% 抽头，T_2 工作于主抽头，T_3 工作于 -5% 抽头，求这些变压器的实际电压比。

解：（1）G：10.5kV　　T_1：10.5/121kV　　T_2：110/38.5kV　　T_3：35/11kV

电力线路的额定电压与图4-3中所示各级电网的额定电压相同。

（2）T_1：$K_{T1} = \dfrac{(1+0.025)\times 121}{10.5} = 11.812$

T_2：$K_{T2} = \dfrac{110}{38.5} = 2.857$

T_3：$K_{T3} = \dfrac{(1-0.05)\times 35}{11} = 3.023$

【例4-5】图4-4中已经标明各级电网的电压等级，试写出图4-4中发电机和电动机的额定电压以及变压器的额定电压比；若变压器 T_1 工作于 +2.5% 抽头，T_3 工作于 -5% 抽头，试写出 T_1、T_3 的实际电压比。

解：G：10.5kV；M_1：3kV；M_2：6kV。

T_1：$10.5\text{kV}/(220\times 1.1)\text{kV} = 10.5/242$

T_2：$220\text{kV}/(110\times 1.1)\text{kV}/(6\times 1.05)\text{kV} = 220/121/6.3$

T_3：$220\text{kV}/(35\times 1.1)\text{kV} = 220/38.5$

T_4：$10.5\text{kV}/(1.05\times 3)\text{kV} = 10.5/3.15$

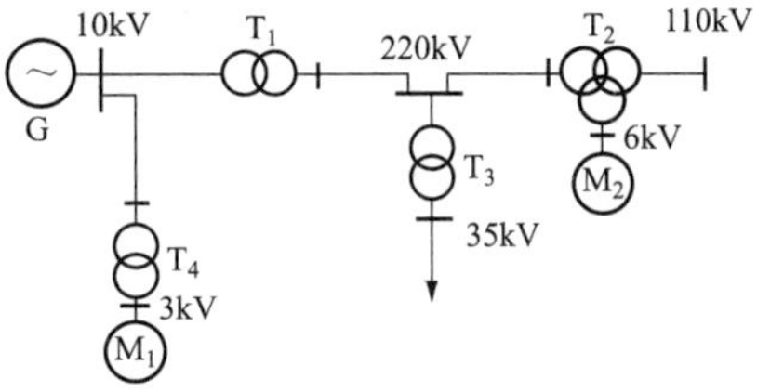

图 4-4　电力系统的部分接线

若变压器 T_1 工作于 +2.5% 抽头，T_3 工作于 -5% 抽头，T_1 的实际电压比为 10.5kV/($220 \times 1.1 \times 1.025$)kV = 10.5/248.05；$T_3$ 的实际电压比为 (220×0.95)kV/(35×1.1)kV = 209/38.5。

【例 4-6】(2007) 电力系统的部分接线如图 4-5 所示，各级电网的额定电压示于图 4-5 中。设变压器 T_1 工作于 +2.5% 的抽头，T_2 工作于主抽头，T_3 工作于 -5% 抽头，这些变压器的实际电压比是(   )。

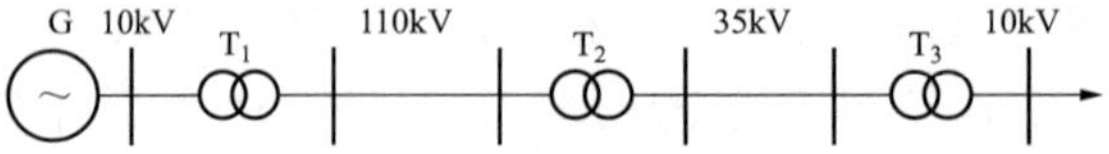

图 4-5　电力系统的部分接线

A. T_1：10.5/124.025；T_2：110/38.5；T_3：33.25/11
B. T_1：10.5/121；T_2：110/38.5；T_3：36.575/10
C. T_1：10.5/112.75；T_2：110/35；T_3：37.5/11
D. T_1：10.5/115.5；T_2：110/35；T_3：37.5/11

答案：A

提示：T_1：$\dfrac{10.5\text{kV}}{110 \times 1.1 \times 1.025\text{kV}} = \dfrac{10.5}{124.025}$；$T_2$：$\dfrac{110\text{kV}}{35 \times 1.1\text{kV}} = \dfrac{110}{38.5}$；$T_3$：$\dfrac{35 \times 0.95\text{kV}}{10 \times 1.1\text{kV}} = \dfrac{33.25}{11}$。

小结与提示

(1) 额定电压的定义。
(2) 规定额定电压的目的。
(3) 我国额定电压等级。
(4) 各种设备额定电压的关系：用电设备、线路额定电压、发电机、变压器。

4.1.5　电力系统中性点运行方式及对应的电压等级

电力系统的中性点是指星形联结的变压器或发电机的中性点。中性点运行方式主要分两类，即中性点直接接地和不接地。

直接接地系统供电可靠性低，因这种系统中一相接地时，出现了除中性点外的另一个接地点，构成了短路回路，接地相电流很大，为了防止设备损坏，必须迅速切除接地相甚至三相。不接地系统供电可靠性高，但对绝缘水平的要求也高。因这种系统中一相接地时，不构成短路回路，接地相电流不大，不必切除接地相，但这时非接地相的对地电压却升高为相电压的 $\sqrt{3}$ 倍。在电压等级较高的系统中，绝缘费用在设备总价格中占相当大的比重，降低绝缘水平带来的经济效益很显著，一般就采用中性点直接接地方式。反之，在电压等级较低的系统中，一般就采用中性点不接地方式以提高供电可靠性。在我国，110kV 及以上的系统中性点直接接地，35kV 及以下的系统中性点不接地。两种中性点接地方式的比较见表 4-2。

表 4-2　　　　　　　　　　中性点接地方式比较

中性点接地方式	中性点直接接地系统	中性点不接地系统
别称	大电流接地系统 NDGS	小电流接地系统 NUGS
可靠性比较	低	高
电流电压比较	大电流	高电压
适于电压等级	高	低

从属于中性点不接地方式的还有中性点经消弧线圈接地。所谓消弧线圈，其实就是电抗线圈。由于接地点接地相电流属于容性电流，而且随网络的延伸，这电流也越来越大，以至完全有可能使接地点电弧不能自行熄灭并引起弧光接地过电压。为避免发生上述情况，可在网络中某些中性点处装设消弧线圈，由于装设了消弧线圈，构成了另一回路，接地点接地相电流中增加了一个感性电流分量，它和装设消弧线圈的容性电流分量相抵消，减小接地点的电流，使电弧易于自行熄灭，提高了供电可靠性。

根据消弧线圈的电感电流对电容电流的补偿程度的不同，可以有完全补偿、欠补偿和过补偿三种补偿方式，分别分析如下：

（1）完全补偿，即 $I_L = I_C$，接地点的电流近似为零。从消除故障点电弧看，这种补偿方式是最好的。但从实际运行看，完全补偿时，正是电感和三相对地电容对 50Hz 串联谐振的条件，这样线路上会产生很高的谐振过电压，所以实际运行中不能采用完全补偿的方式。

（2）欠补偿，即 $I_L < I_C$。采用这种方式时，仍然不能避免谐振问题的发生，因为当系统运行方式变化时，例如某个元件被切除或因为发生故障而跳闸，则电容电流就会减小，这时很可能出现感性和容性两个电流相等，从而引起谐振过电压，因此欠补偿的方式一般是不用的。

（3）过补偿，即 $I_L > I_C$，补偿后的残余电流是感性的，I_L 大于 I_C 的程度用过补偿度 P 来表示，其关系为 $P = \dfrac{I_L - I_C}{I_C} \times 100\%$，一般选择过补偿度 $P = 5\% \sim 10\%$，而不大于 10%。采用这种方法不可能发生串联谐振的过电压问题，同时考虑到系统的进一步发展，因此实践中，一般采用过补偿方式。

【例 4-7】（2021）10kV 中性点不接地电力系统，单相接地短路时，非故障相对地电压为（　　）。

A. 10kV

B. 0kV

C. $10\sqrt{3}$ kV

D. $\dfrac{10}{\sqrt{3}} \times 35$kV

提示：10kV 是线电压。
答案：A

【例 4-8】（2007，2013）我国 35kV 及容性电流大的电力系统中性点常采用（　　）。

A. 直接接地

B. 不接地

C. 经消弧线圈接地

D. 经小电阻接地

答案：C

小结与提示

（1）相关概念：中性点、消弧线圈、补偿度。

（2）中性点不接地系统：结构、应用、电压等级、特点。

（3）中性点经消弧线圈（阻抗）接地系统：结构、应用、电压等级、特点。

（4）中性点直接接地系统：结构、应用、电压等级、特点。

4.2 电力线路、变压器的参数与等效电路

4.2.1 输电线路4个参数所表征的物理意义及输电线路的等效电路

1. 输电线路4个参数物理意义及计算

(1) 电阻。电阻是反映线路通过电流时产生的有功功率损失效应的参数。每相导线单位长度的电阻可按下式计算

$$r_1 = \frac{\rho}{S} \tag{4-7}$$

式中　r_1——导线单位长度的电阻，Ω/km。

ρ——导线材料的电阻率，$\Omega \cdot mm^2/km$；在电力系统计算时，铝导线 $\rho = 31.5\Omega \cdot mm^2/km$，铜导线 $\rho = 18.8\Omega \cdot mm^2/km$。

S——导线载流部分的标称截面积，mm^2。

按照式(4-7)计算所得或从手册中查得的电阻值，都是指温度为20℃时的值。在要求较高精度时，t℃时的电阻值 r_t 可按下式计算

$$r_t = r_{20}[1 + \alpha(t - 20)] \tag{4-8}$$

式中　α——电阻温度系数，$1/℃$；铜导线 $\alpha = 0.003\,82\ 1/℃$，铝导线 $\alpha = 0.003\,6\ 1/℃$。

(2) 电抗。电抗是反映载流导线产生的磁场效应的参数。

1) 单相导线线路的电抗

$$x_1 = 0.144\,5\lg\frac{D_m}{r} + 0.015\,7 \tag{4-9}$$

式中　x_1——导线单位长度的电抗，Ω/km；

r——导线的半径，mm；

D_m——三根导线间的几何均距，mm；当三相导线间的距离分别为 D_{ab}、D_{bc}、D_{ca} 时，其几何均距 D_m 为 $D_m = \sqrt[3]{D_{ab}D_{bc}D_{ca}}$。

2) 分裂导线线路的电抗。将输电线的每相导线分裂成若干根，按一定的规则分散排列，便构成分裂导线输电线，如图4-6所示，其中 d 为分裂间距。分裂导线的采用改变了导线周围的磁场分布，等效地增大了导线半径，从而减小了导线电抗。

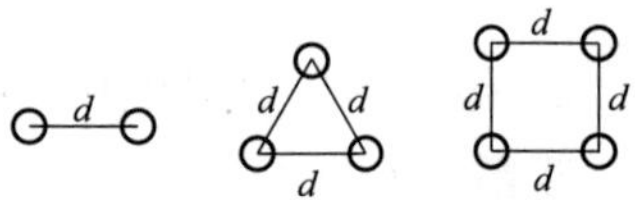

图4-6　分裂导线的布置

每相具有 n 根的分裂导线线路电抗仍可按式(4-9)计算，但式中的第二项应除以 n，第一项中导线的半径应以等效半径 r_{eq} 替代，其值为

$$r_{eq} = \sqrt[n]{r(d_{12}d_{13}\cdots d_{1n})} \tag{4-10}$$

式中　　　　n——每相的分裂根数；

r——每根导体的半径；

$d_{12}, d_{13}, \cdots, d_{1n}$——某根导体与其余 $n-1$ 根导体间的距离。

因此，分裂导线线路电抗计算公式为

$$x_1 = 0.144\,5\lg\frac{D_m}{r_{eq}} + \frac{0.015\,7}{n} \tag{4-11}$$

对于架空线路，一般单相导线线路电抗为 $0.4\Omega/\text{km}$ 左右，分裂导线线路的电抗与分裂根数有关，当分裂根数为 2、3、4 根时，某电抗分别为 $0.33\Omega/\text{km}$、$0.30\Omega/\text{km}$、$0.28\Omega/\text{km}$。

（3）电导。电导是反映线路带电时绝缘介质中产生泄漏电流及导线附近空气游离而产生有功功率损失的参数。

$$g_1 = \frac{\Delta P_g}{U^2} \qquad (4-12)$$

式中　g_1——导线单位长度的电导，S/km；

　　　ΔP_g——实测三相线路每千米的泄漏和电晕损耗，MW/km；

　　　U——线路电压，kV。

一般情况下，$g_1 \approx 0$。

（4）电纳。电纳是反映带电导线周围电场效应的参数，其计算公式为

$$b_1 = \frac{7.58}{\lg \dfrac{D_m}{r}} \times 10^{-6} \qquad (4-13)$$

式中　b_1——导线单位长度的电纳值，S/km。

D_m、r 含义同电抗计算式(4-9)。

分裂导线的采用也改变了导线周围的电场分布，等效地增大了导线半径，从而增大了每相导线的电纳，采用分裂导线的线路仍可按式(4-13)计算电纳，只是此时导线半径 r 按式(4-10)等效半径 r_{eq} 替代即可。

对于单相导线线路，电纳值大约为 $2.8 \times 10^{-6}\text{S/km}$；对于分裂导线线路，当每相分裂根数分别为 2、3、4 根时，电纳约分别为 $3.4 \times 10^{-6}\text{S/km}$、$3.8 \times 10^{-6}\text{S/km}$、$4.1 \times 10^{-6}\text{S/km}$。

2. 输电线路的等效电路

以 R、X、G、B 分别表示全线路每相的总电阻、总电抗、总电导和总电纳。当线路长度为 $l\text{km}$ 时，有 $R = r_1 l(\Omega)$，$X = x_1 l(\Omega)$，$G = g_1 l(\text{S})$，$B = b_1 l(\text{S})$。

（1）短线路的等效电路。短线路指长度不超过 100km 的架空线路。通常晴朗天气不发生电晕，而沿绝缘子的泄漏又很小，可设 $G = 0$；线路电压不高时，这种线路电纳 B 的影响一般不大，B 可略去。故短线路的等效电路就是一个串联的总阻抗 $Z = R + jX$，如图4-7所示。

（2）中等长度线路的等效电路。中等长度线路指长度在 100～300km 之间的架空线路和不超过 100km 的电缆线路。这种线路仍可设 $G = 0$，但电纳 B 一般不能略去，其等效电路有两种：Ⅱ 形等效电路和 T 形等效电路，如图4-8所示，其中常用的是 Ⅱ 形等效电路。

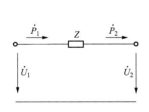

图4-7　一字形等效电路

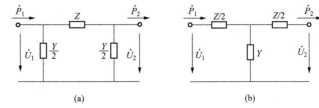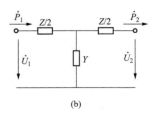

(a)　(b)

图4-8　中等长度线路的等效电路

(a) Ⅱ 形等效电路；(b) T 形等效电路

在 Ⅱ 形等效电路中，除串联的线路总阻抗 $Z=R+jX$ 外，还将线路的总导纳 $Y=jB$ 各分一半，分别并联在线路的始、末端。在 T 形等效电路中，线路的总导纳集中在中间，而线路的总阻抗则分为两半，分别串联在它的两侧。注意，这两种电路都是近似的等效电路，因此相互间并不等值，即它们不能用△—Ｙ变换公式相互变换。

（3）长线路的等效电路。长线路是指长度超过 300km 的架空线路和超过 100km 的电缆线路。对于这种线路，不能不考虑它们的分布参数特性，需要引入修正系数进行计算。

小结与提示

（1）相关概念：几何均距、分裂导线、等效半径、电晕、分布电容、循环换位、等效电容。

（2）电阻计算：电阻、直流电阻、电阻随温度的变化。

（3）电抗计算：电抗、单相导线、几何均距、三相导线、分裂导线。

（4）电导计算：电导、电晕电压。

（5）电纳计算：电纳、等效电容。

（6）等效参数的计算。

（7）等效电路：一字形、Ⅱ形。

4.2.2 变压器参数及其等效电路

1. 普通双绕组变压器的等效电路及参数计算

（1）等效电路。在电力系统计算中，常将变压器的励磁支路以导纳形式表示。普通双绕组变压器的 Γ 形等效电路如图 4-9 所示。

（2）电阻 R_T。

$$R_T = \frac{\Delta P_k U_N^2}{1000 S_N^2} \qquad (4-14)$$

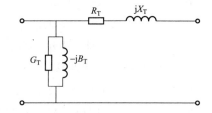

图 4-9　双绕组变压器的 Γ 形等效电路

式中　R_T——变压器一次、二次绕组的总电阻，Ω；

ΔP_k——变压器额定短路损耗，kW；

U_N——变压器的额定电压，kV；

S_N——变压器的额定容量，MV·A。

后面介绍的其他参数计算所使用的 S_N 和 U_N 的含义及单位均与此相同。

注意：① 式（4-14）中 ΔP_k 和 S_N 为三相的值；② 所计算出的 R_T 为某一相的值；③ U_N 为线电压，且参数归算到哪一侧就用哪一侧的额定电压。

（3）电抗 X_T。

$$X_T = \frac{U_k\%}{100} \times \frac{U_N^2}{S_N} \qquad (4-15)$$

式中　X_T——变压器一次、二次绕组的总电抗，Ω；

$U_k\%$——变压器的短路电压百分数。

（4）电导 G_T。

$$G_T = \frac{\Delta P_0}{1000 U_N^2} \qquad (4-16)$$

式中　G_T——变压器的电导，S；

ΔP_0——变压器的空载损耗，kW。

（5）电纳 B_T。

$$B_T = \frac{I_0\%}{100} \times \frac{S_N}{U_N^2} \qquad (4-17)$$

式中　B_T——变压器的电纳，S；

　　　$I_0\%$——变压器的空载电流百分数。

2. 三绕组变压器的等效电路及参数计算

（1）等效电路。三绕组变压器的等效电路如图 4-10 所示。

（2）电阻。三绕组变压器的短路试验是依
次让一个绕组开路，按双绕组变压器来做的。
若测得短路损耗分别为 ΔP_{k12}、ΔP_{k23}、ΔP_{k31}，
于是

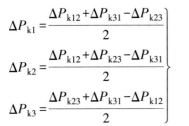

$$\left.\begin{aligned}\Delta P_{k1} &= \frac{\Delta P_{k12} + \Delta P_{k31} - \Delta P_{k23}}{2} \\[2pt] \Delta P_{k2} &= \frac{\Delta P_{k12} + \Delta P_{k23} - \Delta P_{k31}}{2} \\[2pt] \Delta P_{k3} &= \frac{\Delta P_{k23} + \Delta P_{k31} - \Delta P_{k12}}{2}\end{aligned}\right\} \qquad (4-18)$$

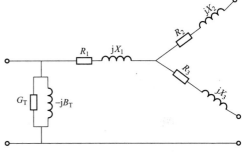

图 4-10　三绕组变压器的等效电路

然后按与双绕组变压器一样的公式计算各绕组电阻，计算公式如下

$$R_{T1} = \frac{\Delta P_{k1} U_N^2}{1000 S_N^2}, \quad R_{T2} = \frac{\Delta P_{k2} U_N^2}{1000 S_N^2}, \quad R_{T3} = \frac{\Delta P_{k3} U_N^2}{1000 S_N^2} \qquad (4-19)$$

上述公式适用于变压器三个绕组的额定容量都相等，即 100/100/100 的情况。若按变压器高、中、低压绕组的顺序，容量比为 100/100/50 或 100/50/100，则对于工厂提供的试验值 $\Delta P'_{k12}$、$\Delta P'_{k23}$、$\Delta P'_{k31}$ 需先按式（4-20）换算后，再代入式（4-18）和式（4-19）进行计算。

$$\left.\begin{aligned}\Delta P_{k12} &= \Delta P'_{k12}\left(\frac{S_N}{S_{2N}}\right)^2 \\[4pt] \Delta P_{k23} &= \Delta P'_{k23}\left[\frac{S_N}{\min(S_{2N},\ S_{3N})}\right]^2 \\[4pt] \Delta P_{k31} &= \Delta P'_{k31}\left(\frac{S_N}{S_{3N}}\right)^2\end{aligned}\right\} \qquad (4-20)$$

（3）电抗。先由各绕组两两之间的短路电压百分数 $U_{k12}\%$、$U_{k23}\%$、$U_{k31}\%$ 求出各绕组的短路电压百分数，计算公式如下

$$\left.\begin{aligned}U_{k1}\% &= \frac{U_{k12}\% + U_{k31}\% - U_{k23}\%}{2} \\[4pt] U_{k2}\% &= \frac{U_{k12}\% + U_{k23}\% - U_{k31}\%}{2} \\[4pt] U_{k3}\% &= \frac{U_{k23}\% + U_{k31}\% - U_{k12}\%}{2}\end{aligned}\right\} \qquad (4-21)$$

然后按与双绕组变压器相同的公式计算各绕组电抗

$$X_{T1} = \frac{U_{k1}\%}{100} \times \frac{U_N^2}{S_N}, \quad X_{T2} = \frac{U_{k2}\%}{100} \times \frac{U_N^2}{S_N}, \quad X_{T3} = \frac{U_{k3}\%}{100} \times \frac{U_N^2}{S_N} \tag{4-22}$$

需要说明的是，制造厂提供的短路电压值，不论变压器各绕组的容量比如何，一般都已经折算为与变压器额定容量相对应的值，因此，对于非 100/100/100 的变压器，其短路电压百分数不再需要归算，可直接代入式(4-21)和式(4-22)进行计算。

（4）电导、电纳。导纳的计算公式同双绕组变压器，见式(4-16)和式(4-17)。

【例 4-9】 某 220kV 三绕组变压器，其容量比为 120000/80000/120000，额定电压为 220/121/38.5kV。厂家给出的试验数据为：$\Delta P'_{k12} = 500\text{kW}$、$\Delta P'_{k23} = 450\text{kW}$、$\Delta P'_{k31} = 700\text{kW}$，$U_{k12}\% = 21$、$U_{k23}\% = 7$、$U_{k31}\% = 14$，$\Delta P_0 = 140\text{kW}$，$I_0\% = 0.85$。试求归算至高压侧的变压器参数并做出其等效电路。

解： （1）电阻 R。

先折算短路损耗

$$\Delta P_{k12} = \Delta P'_{k12}\left(\frac{S_N}{S_{2N}}\right)^2 = 500 \times \left(\frac{120}{80}\right)^2 \text{kW} = 1125\text{kW}$$

$$\Delta P_{k23} = \Delta P'_{k23}\left[\frac{S_N}{\min(S_{2N}, S_{3N})}\right]^2 = 450 \times \left(\frac{120}{80}\right)^2 \text{kW} = 1012.5\text{kW}$$

$$\Delta P_{k31} = \Delta P'_{k31}\left(\frac{S_N}{S_{3N}}\right)^2 = 700 \times \left(\frac{120}{120}\right)^2 \text{kW} = 700\text{kW}$$

各绕组的短路损耗分别为

$$\Delta P_{k1} = \frac{\Delta P_{k12} + \Delta P_{k31} - \Delta P_{k23}}{2} = \frac{1125 + 700 - 1012.5}{2}\text{kW} = 406.25\text{kW}$$

$$\Delta P_{k2} = \frac{\Delta P_{k12} + \Delta P_{k23} - \Delta P_{k31}}{2} = \frac{1125 + 1012.5 - 700}{2}\text{kW} = 718.75\text{kW}$$

$$\Delta P_{k3} = \frac{\Delta P_{k23} + \Delta P_{k31} - \Delta P_{k12}}{2} = \frac{1012.5 + 700 - 1125}{2}\text{kW} = 293.75\text{kW}$$

各绕组的电阻分别为

$$R_{T1} = \frac{\Delta P_{k1} U_N^2}{1000 S_N^2} = \frac{406.25 \times 220^2}{1000 \times 120^2}\Omega = 1.3655\Omega$$

$$R_{T2} = \frac{\Delta P_{k2} U_N^2}{1000 S_N^2} = \frac{718.75 \times 220^2}{1000 \times 120^2}\Omega = 2.4158\Omega$$

$$R_{T3} = \frac{\Delta P_{k3} U_N^2}{1000 S_N^2} = \frac{293.75 \times 220^2}{1000 \times 120^2}\Omega = 0.9873\Omega$$

（2）电抗 X。

各绕组的短路电压分别为

$$U_{k1}\% = \frac{U_{k12}\% + U_{k31}\% - U_{k23}\%}{2} = \frac{21 + 14 - 7}{2} = 14$$

$$U_{k2}\% = \frac{U_{k12}\% + U_{k23}\% - U_{k31}\%}{2} = \frac{21 + 7 - 14}{2} = 7$$

$$U_{k3}\% = \frac{U_{k23}\% + U_{k31}\% - U_{k12}\%}{2} = \frac{7 + 14 - 21}{2} = 0$$

各绕组的等效电抗分别为

$$X_{T1} = \frac{U_{k1}\%}{100} \times \frac{U_N^2}{S_N} = \frac{14}{100} \times \frac{220^2}{120}\Omega = 56.466\ 7\Omega$$

$$X_{T2} = \frac{U_{k2}\%}{100} \times \frac{U_N^2}{S_N} = \frac{7}{100} \times \frac{220^2}{120}\Omega = 28.233\ 8\Omega$$

$$X_{T3} = \frac{U_{k3}\%}{100} \times \frac{U_N^2}{S_N} = \frac{0}{100} \times \frac{220^2}{120}\Omega = 0\Omega$$

（3）电导 G。

$$G_T = \frac{\Delta P_0}{1000 U_N^2} = \frac{140}{1000 \times 220^2}S = 2.892\ 6 \times 10^{-6}S$$

（4）电纳 B。

$$B_T = \frac{I_0\%}{100} \times \frac{S_N}{U_N^2} = \frac{0.85}{100} \times \frac{120}{220^2}S = 21.074\ 4 \times 10^{-6}S$$

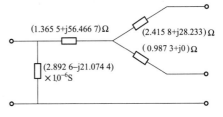

图 4-11　归算到高压侧的变压器等效电路

（5）归算到高压侧的等效电路如图 4-11 所示。

小结与提示

（1）相关概念：双绕组变压器、三绕组变压器、短路实验、空载实验、变压器的短路损耗、电路电压百分比、空载损耗、空载电流百分比、变压器容量比。

（2）双绕组变压器参数计算：电阻、电抗、励磁电导、励磁电纳。

（3）双绕组变压器等效电路：T 形、Π 形、Γ 形、一字形。

（4）三绕组变压器参数计算：电阻、电抗、励磁电导、励磁电纳。

（5）三绕组变压器等效电路：Γ 形。

4.2.3　电网等效电路中有名值和标幺值参数的简单计算

1. 标幺值

任意一个物理量对基准值的比值称为标幺值。

$$标幺值 = \frac{实际有名值（具有单位）}{基准值（与实际值同单位）}$$

一个物理量的标幺值是实际有名值与具有同样单位的一个有名基准值的比值，本身已不再具有单位，标幺值实际上是一个相对值。

2. 基准值的选取

在电力系统中，由于三相交流电路对称，所以线电压 U、线电流 I、三相功率 S 和一相等值阻抗 Z 满足这样的关系式 $S = \sqrt{3}\ UI$，$U = \sqrt{3}\ IZ$，所以 U、I、Z、S 这 4 个电气量的基准值中只需要选定其中两个，其余的基准相应可得。一般选定 S_B、U_B，再由选定的 S_B、U_B 按以下公式求得 I_B、Z_B。

$$I_B = \frac{S_B}{\sqrt{3}\ U_B}, \quad Z_B = \frac{U_B}{\sqrt{3}\ I_B} = \frac{U_B^2}{S_B} \tag{4-23}$$

通常 S_B 取发电机的额定容量、变压器的额定容量或者某一个整数，如 50MV·A，100MV·A 等。U_B 取设备、电网的额定电压或电网的平均额定电压。电网的平均额定电压用 U_{av} 表示，它与电网的额定电压 U_N 之间的关系为 $U_{av} = 1.05 U_N$，具体值见表 4-3。

表 4-3				与额定电压对应的平均额定电压				（单位：kV）
额定电压 U_N	3	6	10	35	110	220	330	500
平均额定电压 U_{av}	3.15	6.3	10.5	37	115	230	345	525

3. 不同基准值的标幺值之间的变换

从手册或产品说明书中查得的电机和电器的阻抗值，一般都是以各自的额定容量和额定电压为基准的标幺值，由于各元件的额定值可能不同，因此，在电力系统计算中，必须把不同基准下的标幺值换算成同一基准下的标幺值。例如给定发电机在其额定基准下的电抗标幺值为 X_{N*} ，则在选定的 S_B ， U_B 基准下其标幺值 X_{B*} 为

$$X_{B*} = \frac{X}{X_B} = \frac{X_{N*} X_N}{X_B} = \frac{X_{N*} \dfrac{U_N^2}{S_N}}{\dfrac{U_B^2}{S_B}} = X_{N*} \left(\frac{U_N}{U_B}\right)^2 \frac{S_B}{S_N} \tag{4-24}$$

4. 多电压级电网中参数的归算

$$\left.\begin{aligned}
& R = R'(k_1 k_2 k_3 \cdots)^2, \quad X = X'(k_1 k_2 k_3 \cdots)^2 \\
& G = G'\left(\frac{1}{k_1 k_2 k_3 \cdots}\right)^2, \quad B = B'\left(\frac{1}{k_1 k_2 k_3 \cdots}\right)^2 \\
& U = U'(k_1 k_2 k_3 \cdots), \quad I = I'\left(\frac{1}{k_1 k_2 k_3 \cdots}\right)
\end{aligned}\right\} \tag{4-25}$$

式中 k_1 、 k_2 、 k_3 ——变压器的电压比，取目标/待归算；

R' 、 X' 、 G' 、 B' 、 U' 、 I' ——归算前电阻、电抗、电导、电纳、电压、电流的值；

R 、 X 、 G 、 B 、 U 、 I ——归算后电阻、电抗、电导、电纳、电压、电流的值。

【例 4-10】（2005）某网络中的参数如图 4-12 所示。

（1）取 $S_B = 100\text{MV} \cdot \text{A}$ ，用近似计算法计算各元件标幺值，并做出对应的标幺值等效电路。

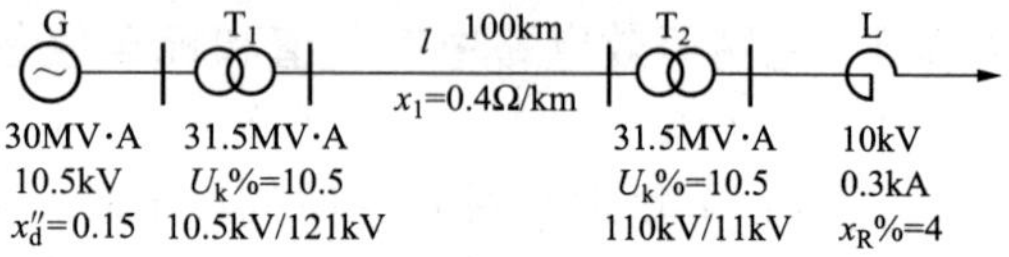

图 4-12   某网络接线图

（2）做出归算至发电机 G 侧的有名值等效电路。

解：（1）近似计算取 $U_B = U_{av}$ ，即 $U_{B1} = 10.5\text{kV}$ ， $U_{B2} = 115\text{kV}$ ， $U_{B3} = 10.5\text{kV}$ 。

$$x_{G*} = x''_d \times \frac{\dfrac{U_N^2}{S_N}}{\dfrac{U_B^2}{S_B}} = 0.15 \times \frac{10.5^2}{30} \times \frac{100}{10.5^2} = 0.5$$

$$x_{T1*} = \frac{u_k\%}{100} \times \frac{\dfrac{U_N^2}{S_N}}{\dfrac{U_B^2}{S_B}} = \frac{u_k\%}{100} \times \frac{S_B}{S_N} = \frac{10.5}{100} \times \frac{100}{31.5} = 0.333$$

$$x_{1*} = x_1 \times \frac{l}{\dfrac{U_B^2}{S_B}} = 0.4 \times 100 \times \frac{100}{115^2} = 0.302$$

$$x_{T2*} = \frac{u_k\%}{100} \times \frac{S_B}{S_N} = \frac{10.5}{100} \times \frac{100}{31.5} = 0.333$$

$$x_{L*} = \frac{x_R\%}{100} \times \frac{U_N}{\sqrt{3}I_N} \times \frac{S_B}{U_B^2} = \frac{4}{100} \times \frac{10}{\sqrt{3} \times 0.3} \times \frac{100}{10.5^2} = 0.698$$

对应的标幺值等效电路如图4-13所示。

图4-13 标幺值等效电路

（2）利用式（4-25），计算出归算值发电机 G 侧的各元件有名值如下，其等效电路如图4-14所示。

$$x_G = x_d'' \times \frac{U_N^2}{S_N} = 0.15 \times \frac{10.5^2}{30}\Omega = 0.551\Omega$$

$$x_{T1} = \frac{u_k\%}{100} \times \frac{U_N^2}{S_N} = \frac{10.5}{100} \times \frac{10.5^2}{31.5}\Omega = 0.367\,5\Omega$$

$$x_1 = x_1 \times l \times k^2 = 0.4 \times 100 \times \left(\frac{10.5}{121}\right)^2 \Omega = 0.301\Omega$$

$$x_{T2} = \frac{u_k\%}{100} \times \frac{U_N^2}{S_N} \times k^2 = \frac{10.5}{100} \times \frac{110^2}{31.5} \times \left(\frac{10.5}{121}\right)^2 \Omega = 0.304\Omega$$

$$x_L = \frac{x_R\%}{100} \times \frac{U_N}{\sqrt{3}I_N} \times (k_1 k_2)^2 = \frac{4}{100} \times \frac{10}{\sqrt{3} \times 0.3} \times \left(\frac{110}{11} \times \frac{10.5}{121}\right)^2 \Omega = 0.58\Omega$$

图4-14 归算至发电机 G 侧的有名值等效电路

小结与提示

（1）相关概念：有名值、基准值、标幺值。

（2）电气量的标幺值计算。

（3）电气量的有名值计算。

（4）不同基准值的标幺值换算。

4.3 简单电网的潮流计算

4.3.1 电压降落、电压损耗、功率损耗的定义

1. 电压降落

电压降落是指线路首末两端电压的相量差 $\dot{U}_1 - \dot{U}_2$，如图4-15所示，若末端负荷为 $P+jQ$，线路阻抗为 $R+jX$，则电压降落包括两个分量 $\Delta\dot{U}$ 和 $\delta\dot{U}$，分别称为电压降落的纵分量和横分量，其计算公式如下

$$\dot{U}_1 - \dot{U}_2 = \Delta U + j\delta U = \frac{PR+QX}{U_2} + j\frac{PX-QR}{U_2} \tag{4-26}$$

式(4-26)的运用注意以下几点：

（1）功率用三相的，电压用线电压。

（2）功率和电压是对应同一端的值。

（3）功率 P、Q 一定是流过阻抗 R、X 的功率值。

相应的相量图如图 4-16 所示，从而可计算得到首端电压 $\dot{U}_1$ 的有效值和相位角是

$$U_1 = \sqrt{(U_2+\Delta U)^2 + \delta U^2}, \quad \delta = \arctan \frac{\delta U}{U_2+\Delta U} \tag{4-27}$$

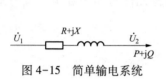

图 4-15　简单输电系统

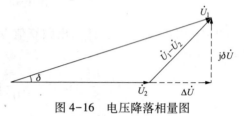

图 4-16　电压降落相量图

当输电线路不长，首末两端的相角差不大时，往往忽略电压降落的横分量 $\delta \dot{U}$，从而近似地有 $U_1 = U_2 + \Delta U$。

2. 电压损耗

电压损耗是指线路首末两端电压的数值差 $U_1 - U_2$，它是一个标量。

3. 功率损耗

（1）线路功率损耗的计算。如图 4-15 所示，阻抗 $R+jX$ 上的功率损耗 S_{loss} 计算公式为

$$S_{\text{loss}} = P_{\text{loss}} + jQ_{\text{loss}} = \frac{P^2+Q^2}{U_2^2}R + j\frac{P^2+Q^2}{U_2^2}X = \frac{P^2+Q^2}{U_2^2}(R+jX) \tag{4-28}$$

式中　P_{loss}、Q_{loss}——对应线路参数 R 和 X 的有功损耗和无功损耗。

（2）变压器功率损耗的计算。

变压器的有功损耗

$$\Delta P_{\text{T}} = \Delta P_0 + \Delta P_{\text{k}}\left(\frac{S_{\text{c}}}{S_{\text{N}}}\right)^2 \tag{4-29}$$

式中　ΔP_{T}——变压器有功损耗，kW；

　　　ΔP_0——变压器空载有功损耗，kW；

　　　ΔP_{k}——变压器短路有功损耗，kW；

　　　S_{c}——变压器上通过的计算视在功率，kV·A；

　　　S_{N}——变压器的额定视在功率，kV·A。

变压器的无功损耗

$$\Delta Q_{\text{T}} = S_{\text{N}}\left[\frac{I_0\%}{100} + \frac{U_{\text{k}}\%}{100}\left(\frac{S_{\text{c}}}{S_{\text{N}}}\right)^2\right] \tag{4-30}$$

式中　ΔQ_{T}——变压器无功损耗，kvar；

　　　$I_0\%$——变压器空载电流百分值；

　　　$U_{\text{k}}\%$——变压器短路电压百分数；

　　　S_{c}、S_{N} 含义同式(4-29)。

4.3.2 已知不同点的电压和功率情况下的潮流简单计算方法

1. 开式网络的潮流计算

（1）已知同一点电压和功率，如已知末端功率和末端电压的情况。计算思路：总结为从已知功率、电压端，利用式(4-26)~式(4-28)由末端往首端齐头并进逐段求解功率和电压，计算过程如图4-17所示。

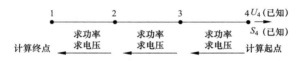

图4-17 已知末端功率和末端电压求解开式网络的潮流

【例4-11】（2009，2024）输电线路等效电路及参数如图4-18所示，已知末端电压$\dot{U}_2 = 110\underline{/0°}$ kV，末端负荷$\dot{S}_2 = (15+j13)$MV·A，始端功率$\dot{S}_1$为（　　）。

A.（14.645+j10.162）MV·A

B.（18.845+j10.162）MV·A

C.（15.645+j11.162）MV·A

D.（20.165+j7.216）MV·A

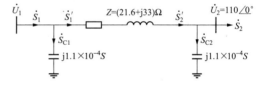

图4-18 输电线路的等效电路及参数

答案：C

提示：本题为开式网已知同一端(末端)的S和U的情况，只需要由末端往首端推S和U即可。

$$\dot{S}_{C2} = -j1.1\times10^{-4}\times110^2\text{MV·A} = -j1.331\text{MV·A}$$

$$\dot{S}'_2 = \dot{S}_2 + S_{C2} = (15+j13)\text{MV·A} - j1.331\text{MV·A} = (15+j11.669)\text{MV·A}$$

$$\Delta\dot{S}_Z = \frac{P^2+Q^2}{U^2}\times(R+jX) = \frac{15^2+11.669^2}{110^2}\times(21.6+j33)\text{MV·A} = (0.6447+j0.985)\text{MV·A}$$

$$\dot{S}'_1 = \dot{S}'_2 + \Delta\dot{S}_Z = (15+j11.669)\text{MV·A} + (0.6447+j0.985)\text{MV·A}$$
$$= (15.6447+j12.654)\text{MV·A}$$

$$\Delta U = \frac{P'_2 R + Q'_2 X}{U_2} = \frac{15\times21.6+11.669\times33}{110}\text{kV} = 6.44615\text{kV}$$

$$\delta U = \frac{P'_2 X - Q'_2 R}{U} = \frac{15\times33-11.669\times21.6}{110}\text{kV} = 2.20863\text{kV}$$

$$U_1 = \sqrt{(U_2+\Delta U)^2+\delta U^2} = \sqrt{(110+6.44615)^2+2.20863^2}\text{kV} = 116.4671\text{kV}$$

$$\delta = \arctan \frac{\delta U}{U_2 + \Delta U} = \arctan \frac{2.208\ 63}{110 + 6.446\ 15} = 1.0866°$$

因此

$$\dot{U}_1 = 116.467\ 1 \underline{/1.086\ 6°}\ \text{kV}$$

$$\dot{S}_1 = \dot{S}'_1 + \dot{S}_{C1} = (15.644\ 7 + j12.654)\text{MV·A} - j1.1 \times 10^{-4} \times 116.467\ 1^2 \text{MV·A}$$
$$= (15.644\ 7 + j11.162)\text{MV·A}$$

故最后选择答案 C。

【例 4-12】（2008）变压器的等效电路及参数如图 4-19 所示，已知末端电压 $\dot{U}_2 = 112 \underline{/0°}$ kV，末端负荷功率 $\dot{S}_2 = (50 + j20)$ MV·A，变压器的始端电压 $\dot{U}_1$ 为（   ）。

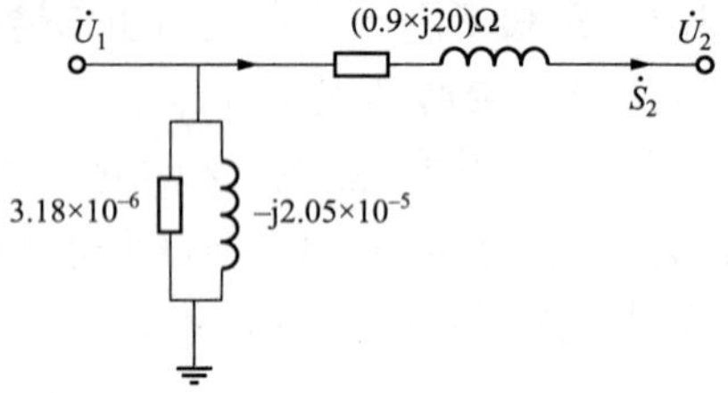

A. $116.3 \underline{/4.32°}$ kV

B. $112.24 \underline{/4.5°}$ kV

C. $114.14 \underline{/4.62°}$ kV

D. $116.3 \underline{/1.32°}$ kV

答案：A

图 4-19　变压器的等效电路及参数

提示：

$$\dot{U}_1 = \dot{U}_2 + \Delta \dot{U} + j\delta \dot{U} = \dot{U}_2 + \frac{PR + QX}{U_2} + j\frac{PX - QR}{U_2}$$

$$= \left(112 + \frac{50 \times 0.9 + 20 \times 20}{112} + j\frac{50 \times 20 - 20 \times 0.9}{112}\right) \text{kV}$$

$$= (115.973 + j8.768) \text{kV} = 116.3 \underline{/4.32°}\ \text{kV}$$

注意：由于只需要求电压，所以图 4-19 中已知的对地导纳支路的参数用不上。

【例 4-13】（2008）某 110kV 输电线路的等效电路如图 4-20 所示，已知 $\dot{U}_2 = 112 \underline{/0°}$ kV，$\dot{S}_2 = (100 + j20)$ MV·A，则线路的串联支路的功率损耗为（   ）。

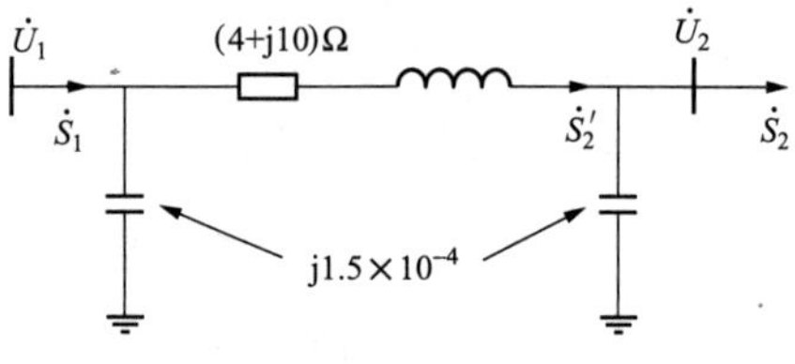

A. $(3.415 + j14.739)$ MV·A

B. $(6.235 + j8.723)$ MV·A

C. $(5.461 + j8.739)$ MV·A

D. $(3.294 + j8.234)$ MV·A

答案：D

图 4-20　某 110kV 输电线路的等效电路

提示：

$$\dot{S}'_2 = \dot{S}_2 - \Delta Q_C = \dot{S}_2 - j\omega C U^2 = (100 + j20)\text{MV·A} - j1.5 \times 10^{-4} \times 112^2 \text{MV·A}$$
$$= (100 + j18.118\ 4)\text{MV·A}$$

$$\Delta \dot{S} = \frac{100^2 + 18.118\ 4^2}{112^2} \times (4 + j10)\text{MV·A} = (3.293 + j8.234)\text{MV·A}$$

注意：① 对地电容功率的计算：公式和极性。② 注意求 $\Delta \dot{S}$ 时 P、Q 流过 R、X 的功率。

（2）已知不同点电压和功率，例如已知末端功率和首端电压的情况。计算思路：总结为

"一来、二去"共两步来逼近需求解的网络功率和电压分布。"一来"是假设全网电压均为线路额定电压，用已知功率端的功率和假设的额定电压由末端往首端推算功率；"二去"是从已知电压的节点开始，用前一步推得的功率和已知电压节点的电压，由首端往末端推算电压。计算过程如图4-21所示。注意：由首端推末端电压的相量图如图4-22所示，则 $U_2 = \sqrt{(U_1-\Delta U)^2+\delta U^2} \approx U_1-\Delta U$。

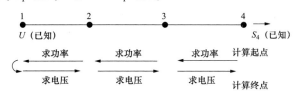

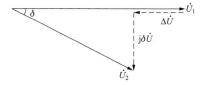

图4-21 已知末端功率和首端电压求解开式网络的潮流   图4-22 由首端推末端电压的相量图

【例4-14】已知某一电力网络及其参数如图4-23所示。

（1）求节点①送出的功率 S_1；

（2）忽略电压降落的横分量，求节点③的电压 U_3。

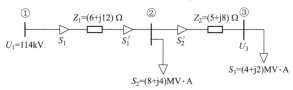

图4-23 某电力网络接线图

解：（1）此题为已知末端功率和首端电压的情况，先假设全网电压为额定电压，即110kV，由末端往首端推功率，求出 S_1。

$$\Delta S_{Z2} = \frac{4^2+2^2}{110^2}(5+j8)MV\cdot A = (0.008\ 26+j0.013\ 2)MV\cdot A$$

$$S_2' = \Delta S_{Z2}+S_3 = [(0.008\ 26+j0.013\ 2)+(4+j2)]MV\cdot A$$
$$= (4.008\ 26+j2.013\ 2)MV\cdot A$$

$$S_1' = S_2'+S_2 = [(4.008\ 26+j2.013\ 2)+(8+j4)]MV\cdot A$$
$$= (12.008\ 26+j6.013\ 2)MV\cdot A$$

$$\Delta S_{Z1} = \frac{12.008\ 26^2+6.013\ 2^2}{110^2}\times(6+j12)MV\cdot A = (0.089+j0.178\ 9)MV\cdot A$$

$$S_1 = S_1'+\Delta S_{Z1} = (12.097+j6.192)MV\cdot A$$

（2）由（1）求得的功率和已知的 U_1 电压由首端往末端推电压，求出 U_3。

$$\Delta U_{12} = \frac{12.097\times6+6.192\times12}{114}kV = 1.288kV$$

$$U_2 = U_1-\Delta U_{12} = (114-1.288)kV = 112.711\ 5kV$$

$$\Delta U_{23} = \frac{4.008\ 26\times5+2.013\ 2\times8}{112.711\ 5}kV = 0.320\ 7kV$$

$$U_3 = U_2-\Delta U_{23} = (112.711\ 5-0.320\ 7)kV = 112.390\ 8kV$$

2. 闭式网络的潮流计算

（1）力矩法确定功率分点。某简单环网如图4-24所示，其对应的解环后的等效网络如图4-25所示。

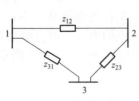

图 4-24 简单环网

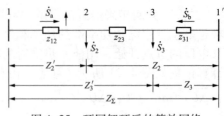

图 4-25 环网解环后的等效网络

力矩法计算公式如下

$$
\left.
\begin{aligned}
\dot{S}_{\text{a}} &= \frac{(\overset{*}{z}_{23} + \overset{*}{z}_{31})\dot{S}_2 + \overset{*}{z}_{31}\dot{S}_3}{\overset{*}{z}_{12} + \overset{*}{z}_{23} + \overset{*}{z}_{31}} = \frac{\dot{S}_2\overset{*}{Z}_2 + \dot{S}_3\overset{*}{Z}_3}{\overset{*}{Z}_{\Sigma}} = \frac{\sum \dot{S}_m \overset{*}{Z}_m}{\overset{*}{Z}_{\Sigma}} \\
\dot{S}_{\text{b}} &= \frac{(\overset{*}{z}_{23} + \overset{*}{z}_{12})\dot{S}_3 + \overset{*}{z}_{12}\dot{S}_2}{\overset{*}{z}_{12} + \overset{*}{z}_{23} + \overset{*}{z}_{31}} = \frac{\dot{S}_2\overset{*}{Z}'_2 + \dot{S}_3\overset{*}{Z}'_3}{\overset{*}{Z}_{\Sigma}} = \frac{\sum \dot{S}_m \overset{*}{Z}'_m}{\overset{*}{Z}_{\Sigma}}
\end{aligned}
\right\} \quad (4\text{-}31)
$$

式中，"＊"表示求共轭，如 $\overset{*}{z}_{31}$ 表示阻抗 z_{31} 的共轭复数。求得各支路功率 $\dot{S}_{\text{a}}$ 和 $\dot{S}_{\text{b}}$ 后将发现，网络中某些节点的功率是由两侧向其流动的，这种节点称为功率分点，用"▼"和"▽"分别表示有功、无功功率分点。

（2）环形网络的潮流计算。利用力矩法求得网络中功率分布后，就可确定其功率分点以及流向功率分点的功率，由于功率分点总是网络中最低电压点，可在该点将环网解开，即将环形网络记作为两个辐射形开式网络，由功率分点开始，分别从其两侧逐段向电源端推算电压降落和功率损耗，这时运用的计算公式与计算开式网络时完全一样。

进行上述计算时，可能会出现以下两个问题：

1）有功功率分点和无功功率分点不一致，应该以哪个分点作为计算的起点？鉴于较高电压级网络中，电压损耗主要是由无功功率流动所引起，无功功率分点电压往往低于有功功率分点电压，故一般以无功功率分点作为计算的起点。

2）已知的是电源端电压而不是功率分点的电压，应该按什么电压起算？假设网络中各点电压均为额定电压，由假设的额定电压和功率分点功率先计算各线路的功率损耗，求得电源端功率后，再运用已知的电源端电压和求得的电源端功率计算各线路电压降落。

【例 4-15】（2014）如图 4-26 所示一环网，已知两台变压器归算到高压侧的电抗均为 12.1Ω，T-1 的实际变比 110/10.5kV，T-2 的实际变比 110/11kV，两条线路在本电压级下的电抗均为 5Ω，已知低压母线 B 电压为 10kV，不考虑功率损耗，流过变压器 T-1 和变压器 T-2 的功率分别为（　　）MV·A。

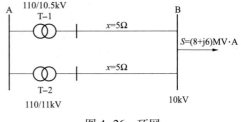

图 4-26 环网

A. 5+j3.45，3+j2.56
B. 5+j2.56，3+j3.45
C. 4+j3.45，4+j2.56
D. 4+j2.56，4+j3.45

答案： D

提示： 此题涉及变比不等的两台变压器并联运行时的功率分布问题，考虑由于变压器变比不等而导致的循环功率，做出相应的等效电路如图 4-27 所示，参数均归算至低压侧进行计算。此时变压器的实际功率分布是由变压器变比相等且供给实际负荷时的功率分布与不计负荷仅因变比不同而引起的循环功率叠加而成。

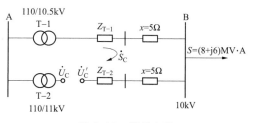

图 4-27　等效电路

（1）假设两台变压器变比相同，计算其功率分布，因为两台变压器电抗相等，故

$$S_{LD1} = S_{LD2} = \frac{1}{2}S = \frac{1}{2} \times (8+j6) \, MV \cdot A = (4+j3) \, MV \cdot A$$

（2）求循环功率 $\dot{S}_C$，假设循环功率方向如图中所示顺时针方向，则

$$\Delta \dot{U} = \dot{U}_C - \dot{U}'_C = \dot{U}'_C \times \frac{110}{11} \times \frac{10.5}{110} - \dot{U}'_C = \left(\frac{10.5}{11} - 1\right)\dot{U}'_C$$

不考虑功率损耗，故 $\dot{U}'_C = 10 \, kV$，代入可得 $\Delta \dot{U} = \left(\frac{10.5}{11} - 1\right) \times 10 \, kV = -0.4545 \, kV$。

故循环功率为

$$\dot{S}_C = \frac{U_B \Delta U}{\overset{*}{Z}_\Sigma} = \frac{10 \times (-0.4545)}{\left[j12.1 \times \left(\frac{10.5}{110}\right)^2 + j12.1 \times \left(\frac{11}{110}\right)^2 + j5 + j5\right]^*} MV \cdot A = \frac{-4.545}{-j10.231} MV \cdot A = -j0.44 \, MV \cdot A$$

（3）计算两台变压器的实际功率分布。

$$S_{T-1} = S_{LD1} + S_C = (4+j3) \, MV \cdot A + (-j0.44) \, MV \cdot A = (4+j2.56) \, MV \cdot A$$
$$S_{T-2} = S_{LD2} + S_C = (4+j3) \, MV \cdot A - (-j0.44) \, MV \cdot A = (4+j3.44) \, MV \cdot A$$

小结与提示
（1）相关概念：简单输电系统、开式网、环网。
（2）同一电压等级开式网计算：精确计算、近似计算。
（3）不同电压等级开式网计算：精确计算、近似计算。

4.3.3　输电线路中有功功率、无功功率的流向与功角、电压幅值的关系

由于高压输电线路的电阻远小于电抗，因而使得高压输电线路中有功功率的流向主要由两端节点电压的相位决定，有功功率是从电压相位超前的一端流向滞后的一端。输电线路中无功功率的流向主要由两端节点电压的幅值决定，由幅值高的一端流向低的一端。这可由下面的公式看出

$$\dot{U}_1 = \dot{U}_2 + \frac{PR+QX}{U_2} + j\frac{PX-QR}{U_2} \overset{R=0}{=} \dot{U}_2 + \frac{QX}{U_2} + j\frac{PX}{U_2} \tag{4-32}$$

$$\dot{U}_1 = U_1(\cos\delta + j\sin\delta) = U_1\cos\delta + jU_1\sin\delta \tag{4-33}$$

式（4-32）和式（4-33）相等，则有

$$U_1\cos\delta + jU_1\sin\delta = U_2 + \frac{QX}{U_2} + j\frac{PX}{U_2} \tag{4-34}$$

式（4-34）中，虚部相等，即 $U_1\sin\delta = \dfrac{PX}{U_2}$，从而

$$P = \frac{U_1 U_2}{X}\sin\delta \qquad (4-35)$$

由此可见，P 主要与 $\delta = \delta_1 - \delta_2$ 的大小有关，相位差 δ 越大，则 P 越大。

式 (4-34) 中，实部相等，即 $U_1\cos\delta = U_2 + \dfrac{QX}{U_2}$，从而

$$Q = \frac{(U_1\cos\delta - U_2)U_2}{X} \approx \frac{(U_1 - U_2)U_2}{X} \qquad (4-36)$$

由此可见，Q 与两端电压幅值 U_1 和 U_2 的差值有关，幅值差越大，则 Q 越大。

小结与提示

（1）$\delta = 0°$：有功功率、无功功率的流向与功角、电压幅值的关系。

（2）$0° \leqslant \delta \leqslant 180°$：有功功率、无功功率的流向与功角、电压幅值的关系。

（3）$\delta = 180°$ 有功功率、无功功率的流向与功角、电压幅值的关系。

（4）电力系统的功角特性曲线：凸极发电机、隐极发电机。

（5）系统的静态稳定：定义、系统扰动、静态稳定判据、功率极限、静稳定的储备系数。

（6）负荷的静态稳定：负荷的静态特性、负荷无功静态稳定、负荷有功静态稳定、负荷稳定判据、临界电压、负荷的稳定储备系数。

4.3.4 输电线路的空载与负载运行特性

1. 输电线路的空载运行特性

输电线路空载，线路末端功率为 0，即在图 4-28 中 $S_2 = 0$，当线路末端电压 U_2 已知时，

$\Delta S_{\frac{B}{2}} = -j\dfrac{B}{2}U_2^2$，$S'_2 = -j\dfrac{B}{2}U_2^2$。

$$\dot U_1 = \dot U_2 + \Delta \dot U = U_2 + \frac{PR+QX}{U_2} + j\frac{PX-QR}{U_2} \overset{P=0}{=} U_2 + \frac{-\frac{B}{2}U_2^2 X}{U_2} + j\frac{-\left(-\frac{B}{2}U_2^2\right)R}{U_2}$$

$$= U_2 - \frac{B}{2}U_2 X + j\frac{B}{2}U_2 R \overset{R=0}{=} U_2 - \frac{BX}{2}U_2 \qquad (4-37)$$

考虑到高压线路一般所采用的导线截面较大，所以式 (4-37) 中最后一步忽略了线路电阻，即认为 $R=0$。由于线路 Ⅱ 形等效电路的电纳是容性，即 $B>0$，故由式 (4-37) 可知 $U_1 < U_2$。这说明高压输电线路空载时，线路末端的电压将高于始端电压，故此称为末端电压升高现象。

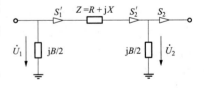

图 4-28　输电线路空载运行特性

2. 输电线路的负载运行特性

（1）输电线路的负载很轻时，称为轻载。在这种情况下，当负载电流小于线路电容电流，则也会出现末端电压升高现象。

（2）输电线路负载电流大于线路电容电流时，输电线路末端电压将低于首端电压，输电线路传输的最大功率主要与两端电压幅值的乘积成正比，而与线路的电抗成反比，即

$$P_{\max} = \frac{U_1 U_2}{X} \qquad (4-38)$$

实际中还要考虑到导线发热和系统稳定性等其他因素，实际能传输的有功功率比它小得多。

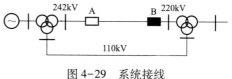

图 4-29 系统接线

【例 4-16】（2005）如图 4-29 所示系统中，已知 220kV 线路的参数为 $R = 16.9\Omega$，$X = 83.1\Omega$，$B = 5.79 \times 10^{-4}S$，当线路（220kV）两端开关都断开时，两端母线电压分别为 242kV 和 220kV，开关 A 合上时，开关 B 断口两端的电压差为（　　）kV。

A. 22 　　　　　 B. 34.20 　　　　　 C. 27.95 　　　　　 D. 5.40

答案：C

提示：参见式（4-37），$\dot{U}_1 = U_2 - \dfrac{B}{2}U_2X + j\dfrac{B}{2}U_2R$，将题目已知条件代入，可得

$$242 = U_2 - \frac{1}{2} \times 5.79 \times 10^{-4} \times U_2 \times 83.1 + j\frac{1}{2} \times 5.79 \times 10^{-4} \times U_2 \times 16.9$$

可得　　　　　　　　　　$U_2 = 247.95$

故开关 B 断口两端的电压差为（247.95−220）kV = 27.95kV。

小结与提示

（1）相关概念：电力线路的自然功率、特性阻抗、波阻抗。

（2）线路空载运行特性。

（3）线路负载运行特性。

4.4　无功功率平衡和电压调整

4.4.1　无功功率平衡概念及无功功率平衡的基本要求

电力系统中无功电源所发出的无功功率应与系统中的无功负荷及无功损耗相平衡，同时还应有一定的无功功率备用电源。允许合理的无功功率电源配置是保证电压合理的关键。

无功功率平衡的基本要求是：

（1）无功电源发出的无功功率应该大于或等于负荷所需的无功功率和网络中的无功损耗之和。

（2）系统还必须配置一定的无功备用容量。

（3）尽量避免通过电网元件大量的传送无功功率，应该分地区分电压级地进行无功功率平衡。

（4）一般情况下按照正常最大和最小负荷的运行方式计算无功平衡，必要时还应校验某些设备检修时或故障后运行方式下的无功功率平衡。

系统的无功功率平衡关系式为

$$Q_{GC} - Q_{LD} - Q_L = Q_{res} \tag{4-39}$$

式（4-39）中，Q_{GC} 为无功电源供应的无功功率之和；Q_{LD} 为无功负荷之和；Q_L 为无功功率损耗之和，Q_{res} 为无功功率备用，若 $Q_{res} > 0$，则表示系统中无功功率可以平衡且有适量的备用；若 $Q_{res} < 0$，则表示系统中无功功率不足，应考虑加设无功补偿装置。

实现无功功率在额定电压下的平衡是保证电压质量的基本条件。总之，无功平衡是一个

比有功平衡更复杂的问题。一方面不仅要考虑总的无功功率平衡，另一方面还要考虑分地区的无功功率平衡，还要计算超高压线路充电功率、网损、线路改造、新变压器投运及各种大用户对无功功率平衡的影响。一般无功功率按照"分层分区就地平衡"的原则进行补偿容量的分配。小容量的、分散的无功补偿可采用静电电容器，大容量的配置在系统中枢点的无功补偿则宜采用同步调相机或静止无功补偿器。

> **小结与提示**　无功平衡：无功电源、无功负荷、无功损耗、无功备用。

4.4.2　系统中各无功电源的调节特性

1. 无功功率负荷和无功功率损耗

（1）异步电动机。异步电动机是电力系统主要的无功负荷。

（2）变压器。变压器的无功损耗包括励磁支路中的损耗和绕组漏抗中的损耗两部分。

（3）线路。线路的无功损耗包括并联电纳和串联电抗中的无功损耗，前者呈容性，后者呈感性。

2. 无功功率电源

（1）发电机。发电机是系统唯一的有功功率电源，又是最基本的无功功率电源。其发出的有功功率和无功功率可由发电机的 P-Q 极限图确定。

（2）同步调相机。同步调相机相当于空载运行的同步电动机。在过励磁运行时，向系统供给无功功率，起无功电源的作用；在欠励磁运行时，它吸收感性无功功率，起无功负荷作用。由于反应速度较慢，难以适应动态无功控制的要求，20 世纪 70 年代以来已逐渐被静止无功补偿装置所取代。

（3）电容器。并联电容器只能向系统供应感性的无功功率，因此只能成组的投入、切除。静电电容器供给的无功功率 Q_C 与所在节点的电压 U 的二次方成正比，即 $Q_C = \omega C U^2$。当系统发生故障或由于其他原因导致电压下降时，电容器的无功输出将减少，从而将导致电压继续下降，也即电容器的无功功率调节性能比较差。

（4）静止无功补偿器（Static Var Compensator，SVC）。静止无功补偿器是一类新型的动态静止无功补偿装置。所谓静止是指无旋转机械，动态是指可随运行状况的变化自动调节发出的无功。组成部件主要有饱和电抗器、固定电容器、晶闸管控制电抗器和晶闸管投切电容器，可组合组成多种类型。

（5）静止无功发生器（Static Var Generator，SVG）。静止无功发生器是一种更为先进的静止型无功补偿装置。适当控制其逆变器的输出电压，就可以灵活地改变 SVG 地运行工况。与 SVC 比较，SVG 具有响应快、运行范围宽、谐波电流含量少等优点，尤其是电压较低时仍可向系统注入较大的无功电流。

以上 5 种无功电源，除电容外，其余 4 种装置对于系统无功的调节均是双向的。

> **小结与提示**　无功电源的调节特性：发电机、同步调相机、静电电容器、静止无功补偿器。

4.4.3　利用电容器进行补偿调压的原理与方法

图 4-30 为一简单电力网，供电点电压 $\dot{U}_1$ 和负荷功率 $\dot{S}_2$ 已给定，负荷点电压不符合要

求，拟在负荷端点采用并联电容发出一定的无功以改善其电压状况，如图4-31所示。

图4-30　并联 C 补偿调压系统图　　　　图4-31　并联 C 补偿调压等效电路

不计线路和变压器并联导纳，不计电压降落的横分量，有关系式

$$U_1 = U'_{2C} + \frac{P_2 R + (Q_2 - Q_C) X}{U'_{2C}} \qquad (4\text{-}40)$$

式中　U'_{2C}——归算至高压侧的补偿后负荷端电压。

设补偿前后供电点1的电压 $\dot{U}_1$ 不变，即将供电点视作电压恒定点，于是有

$$U_1 = U'_{2C} + [P_2 R + (Q_2 - Q_C) X]/U'_{2C} \approx U'_2 + (P_2 R + Q_2 X)/U'_2 \qquad (4\text{-}41)$$

式中　U'_2——归算至高压侧的补偿前负荷端电压。

可解得

$$Q_C = \frac{U'_{2C}}{X} \left[(U'_{2C} - U'_2) + \left(\frac{P_2 R + Q_2 X}{U'_{2C}} - \frac{P_2 R + Q_2 X}{U'_2} \right) \right] \approx \frac{U'_{2C}}{X} (U'_{2C} - U'_2) \qquad (4\text{-}42)$$

因式(4-42)中第二项为补偿前后电源损耗的变化量，很小，可略去。设变压器的变比为 $k:1$，则 $U'_{2C} = kU_{2C}$，从而

$$Q_C = kU_{2C}(kU_{2C} - U'_2)/X \qquad (4\text{-}43)$$

式(4-43)中，U_{2C} 为变压器低压母线希望的补偿后电压；U'_2 为补偿前归算至高压侧的低压母线电压。

由式(4-43)可见，所需的补偿容量 Q_C 正比于补偿前后负荷端电压的差值，要补偿的电压越大，则所需的补偿容量越大；同时，Q_C 也与变压器的电压比 k 有关，即计算补偿容量时同时需要考虑变压器电压比的选择，选择电压比的原则是既满足调压要求，又使补偿容量最小。

对于电容器，按最小负荷时全部退出，最大负荷时全部投入的原则选择变压器的电压比，即先在最小负荷时确定变压器电压比，有

$$U'_{2min}/U_{2min} = U_f/U_{2N} \qquad (4\text{-}44)$$

从而

$$k = U_f/U_{2N} = U'_{2min}/U_{2min} \qquad (4\text{-}45)$$

式(4-45)中，U'_{2min} 为最小负荷时归算到高压侧的低压母线电压，可由计算得到；U_{2min} 为用户所要求的低压母线电压。

由式(4-45)求得的电压比 k 还需要规格化，选取最接近的分接头，然后在最大负荷时由式(4-43)求出所需要的无功补偿容量，即

$$Q_C = kU_{2Cmax}(kU_{2Cmax} - U'_{2max})/X \qquad (4\text{-}46)$$

式(4-46)中，U_{2Cmax} 为所要求的最大负荷时低压母线电压；U'_{2max} 为最大负荷时归算至高压侧的低压母线电压。

【例4-17】简单电力系统及其等效电路如图4-32和图4-33所示。发电机维持端电压 $U_G = 10.5\mathrm{kV}$ 不变，变压器 T_1 电压比 k_1 已选定，现用户要求实现恒调压，使 $U_2 = 10.5\mathrm{kV}$，

试确定负荷端应装无功补偿电容的容量。计算中不计变压器和输电线的并联导纳以及电压降落的横分量。

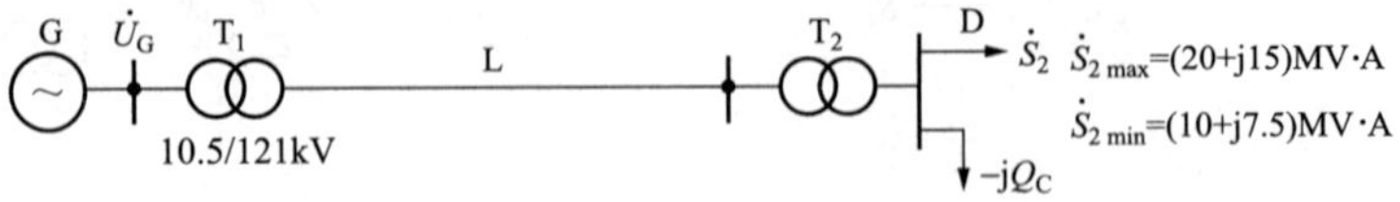

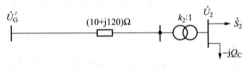

图 4-32　电力系统图

解：（1）求补偿前最大、最小负荷时归算至高压侧的负荷端电压 $U'_{2\text{max}}$ 和 $U'_{2\text{min}}$。

归算至高压侧的发电机端电压为 $U'_{\text{G}} = 10.5 \times$ 121/10.5kV = 121kV。

图 4-33　电力系统等效电路

按简单电力系统潮流计算的方法，先取额定电压计算功率损耗

$$\Delta \dot{S}_{\text{max}} = \frac{20^2 + 15^2}{110^2} \times (10 + \text{j}120)\,\text{MV·A} = (0.516\,5 + \text{j}6.198\,3)\,\text{MV·A}$$

$$\Delta \dot{S}_{\text{min}} = \frac{10^2 + 7.5^2}{110^2} \times (10 + \text{j}120)\,\text{MV·A} = (0.129\,1 + \text{j}1.549\,9)\,\text{MV·A}$$

首端功率为

$$\dot{S}_{\text{Gmax}} = \dot{S}_{2\text{max}} + \Delta \dot{S}_{\text{max}} = [(20 + \text{j}15) + (0.516\,5 + \text{j}6.198\,3)]\,\text{MV·A}$$
$$= (20.516\,5 + \text{j}21.198\,3)\,\text{MV·A}$$

$$\dot{S}_{\text{Gmin}} = \dot{S}_{2\text{min}} + \Delta \dot{S}_{\text{min}} = [(10 + \text{j}7.5) + (0.129\,1 + \text{j}1.549\,9)]\,\text{MV·A}$$
$$= (10.129\,1 + \text{j}9.049\,9)\,\text{MV·A}$$

从而

$$U'_{2\text{max}} = U'_{\text{G}} - \frac{P_{\text{Gmax}}R + Q_{\text{Gmax}}X}{U'_{\text{G}}} = \left(121 - \frac{20.516\,5 \times 10 + 21.198\,3 \times 120}{121}\right)\text{kV} = 98.218\,3\text{kV}$$

$$U'_{2\text{min}} = U'_{\text{G}} - \frac{P_{\text{Gmin}}R + Q_{\text{Gmin}}X}{U'_{\text{G}}} = \left(121 - \frac{10.129\,1 \times 10 + 9.049\,9 \times 120}{121}\right)\text{kV} = 111.187\,8\text{kV}$$

（2）按最小负荷确定变压器分接头。

$$U_{\text{f}} = U'_{2\text{min}} \times U_{2\text{N}} / U_{2\text{min}} = 111.187\,8 \times 11 / 10.5\text{kV} = 116.48\text{kV}$$

选最接近的分接头+5%，故电压比 $k_2 = 110 \times 1.05 / 11 = 10.5$。

（3）计算补偿容量。

$$Q_{\text{C}} = kU_{2\text{Cmax}}(kU_{2\text{Cmax}} - U'_{2\text{max}})/X$$
$$= 10.5 \times 10.5 \times (10.5 \times 10.5 - 98.281\,3)/120\text{Mvar} = 10.996\,2\text{Mvar}$$

取 $Q_{\text{C}} = 11\text{Mvar}$，检验实际电压。

（4）检验。

$$\Delta \dot{S}_{\text{max}} = \frac{20^2 + (15-11)^2}{110^2} \times (10 + \text{j}120)\,\text{MV·A} = (0.343\,8 + \text{j}4.125\,6)\,\text{MV·A}$$

$$\dot{S}_{\text{Gmax}} = \dot{S}_{2\text{max}} + \Delta \dot{S}_{\text{max}} = [20 + \text{j}(15-11)]\,\text{MV·A} + (0.343\,8 + \text{j}4.125\,6)\,\text{MV·A}$$

$$= (20.343\ 8+j8.125\ 6)\text{MV}\cdot\text{A}$$

$$U'_{2\max} = U'_G - \frac{P_{G\max}R+Q_{G\max}X}{U'_G} = \left(121 - \frac{20.343\ 8\times10+8.125\ 6\times120}{121}\right)\text{kV}$$

$$= 111.260\ 3\text{kV}$$

$$U_{2\max} = U'_{2\max}/k_2 = 111.260\ 3/10.5\text{kV} = 10.596\ 2\text{kV}$$

$$U_{2\min} = U'_{2\min}/k_2 = 111.187\ 8/10.5\text{kV} = 10.598\ 3\text{kV}$$

两者均略高于要求的 10.5kV，原因在于所需的电压比不是正好在某一分接头，以及补偿容量不是正好为一整数，但基本满足要求。

小结与提示

（1）补偿调压原理。

（2）补偿方式：就地补偿、集中补偿。

（3）补偿容量的计算。

4.4.4 变压器分接头进行调压时，分接头的选择计算

1. 变压器分接头的基本概念

双绕组变压器的高压侧绕组和三绕组变压器的高、中压侧绕组为了调节电压，都设有几个分接头供选择使用，其中对应额定电压的接头称为主接头，变压器的低压绕组一般不设分接头，从高压侧引出分接头的主要原因是：① 考虑绝缘要求，变压器高压绕组离铁心较中、低压绕组远，在最外层，因而抽头引出方便；② 根据 $S=\sqrt{3}\,UI$，对于一定容量的变压器，高压侧电流相对于其他侧要小一些，引出线和分头开关的载流部分导体截面积小些，因而接触不良的影响也小，较易解决。容量在 6300kV·A 以下的变压器一般设有三个分接头，即 $1.05U_N$、U_N、$0.95U_N$，调节范围为±5%。容量在 8000kV·A 以上的变压器有 5 个分接头，分别在 $1.05U_N$、$1.025U_N$、U_N、$0.975U_N$、$0.95U_N$ 几处引出，调压范围为±2×2.5%。

2. 降压变压器分接头的选择计算

某降压变压器如图 4-34 所示，其对应的等效电路如图 4-35 所示，图 4-35 中电压比为 $1:k$ 的变压器可视为一理想变压器，即它仅仅表示变比的变化，其阻抗已经归算至高压侧，为 $R+jX$，已知最大负荷时，高压侧实际电压为 U_1，低压侧要求的电压为 U_2，归算到高压侧的变压器电压损耗为 ΔU_T，低压绕组额定电压为 U_{2N}，所带负荷 $\dot{S}=P+jQ$。

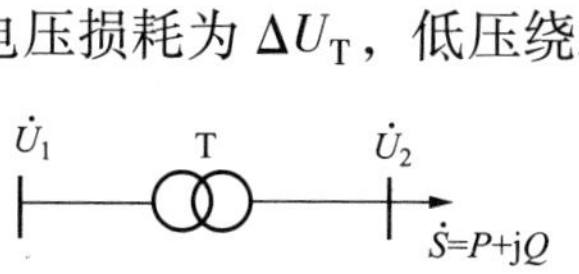

图 4-34 降压变压器

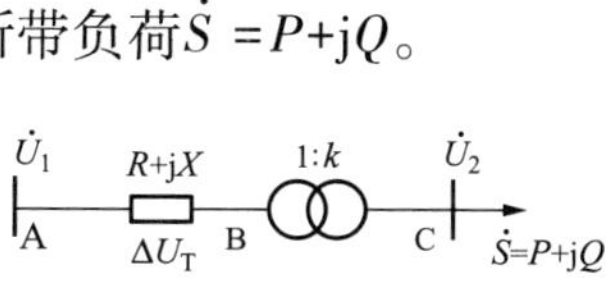

图 4-35 降压变压器的等效电路

图 4-35 中，B 点电压为 $(U_1-\Delta U_T)$，再将其归算至低压侧 C 点，即有

$$(U_1-\Delta U_T)k = U_2 \Rightarrow (U_1-\Delta U_T)\times\frac{U_{2N}}{U_{f\max}} = U_2 \tag{4-47}$$

故最大负荷时变压器高压侧分接头电压

$$U_{fmax} = (U_1 - \Delta U_T) \times \frac{U_{2N}}{U_2} = \left(U_1 - \frac{PR+QX}{U_1}\right) \times \frac{U_{2N}}{U_2} \tag{4-48}$$

同理，可求得最小负荷时变压器高压侧分接头电压 U_{fmin}。普通变压器分接头的转换只能在停电情况下进行，故求平均值

$$U_f = \frac{1}{2}(U_{fmax} + U_{fmin}) \tag{4-49}$$

根据 U_f 选择一个最接近的分接头。最后根据所选取的分接头校验在最大和最小负荷时低压母线的实际电压是否满足要求。

3. 升压变压器分接头的选择计算

选择升压变压器分接头的方法与选择降压变压器分接头的方法基本相同。

某升压变压器，如图 4-36 所示，最大负荷时，高压侧要求电压为 U_1，低压侧实际的电压为 U_2，归算到高压侧的变压器电压损耗为 ΔU_T，低压绕组额定电压为 U_{2N}，所带负荷 $\dot{S} = P+jQ$。

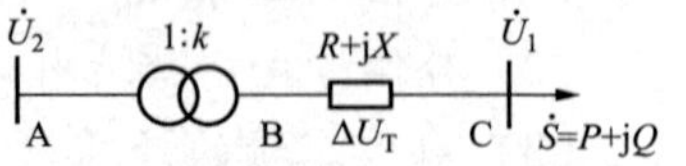

图 4-36 升压变压器的等效电路

图 4-36 中，B 点电压为 $(U_1 + \Delta U_T)$，再将其归算至低压侧 A 点，即有

$$(U_1 + \Delta U_T) \times \frac{U_{2N}}{U_{fmax}} = U_2 \tag{4-50}$$

故最大负荷时变压器高压侧分接头电压为

$$U_{fmax} = (U_1 + \Delta U_T) \times \frac{U_{2N}}{U_2} = \left(U_1 + \frac{PR+QX}{U_1}\right) \times \frac{U_{2N}}{U_2} \tag{4-51}$$

注意此处为"+"，其余计算与降压变压器一样。

强调：切勿死记公式，重点在于理解其基本思路！

4. 有载调压变压器

有载调压变压器的高压侧有可以调节分接头的调压绕组，能在带有负荷的情况下改变分接头，调压范围也比较大，一般在 15% 以上。目前我国 110kV 电压级的有载调压变压器的调压范围为 $\pm 3 \times 2.5\%$，有 7 个分接头。220kV 电压级的有载调压变压器的调压范围为 $\pm 4 \times 2.5\%$，有 9 个分接头。对于特殊要求的有载调压变压器还可有更多的分接头。有载调压变压器具有如下特点：

(1) 分接头数目多于普通变压器，从而调节范围宽，级差也较小。

(2) 能在带负荷情况下切换分接头，调压灵活方便，能更好满足用户的电压要求。

(3) 造价高，维修复杂。

【例 4-18】某降压变电站有一电压比 $k = (110 \pm 2 \times 2.5\%) \text{kV}/11\text{kV}$ 的变压器。归算到高压侧的阻抗为 $Z = (2.44 + j40)\Omega$，最大负荷为 $S_{max} = (28 + j14)\text{MV·A}$，最小负荷为 $S_{min} = (10 + j6)\text{MV·A}$。最大负荷时高压母线电压为 113kV，最小负荷时为 115kV。低压侧母线允许电压变化范围为 10~11kV。试选择分接头(选变压器分接头时，不计变压器的功率损耗)。

解：高压侧：$U_{1max} = 113\text{kV}$，$U_{1min} = 115\text{kV}$。

低压侧：$U_{2max} = 10\text{kV}$，$U_{2min} = 11\text{kV}$。

（1）高压侧提供的电压。

$$U'_{2\max} = U_{1\max} - \Delta U_{T\max} = U_{1\max} - \frac{P_{\max}R_T + Q_{\max}X_T}{U_{1\max}} = \left(113 - \frac{28\times2.44 + 14\times40}{113}\right)\text{kV} = 107.44\text{kV}$$

$$U'_{2\min} = U_{1\min} - \Delta U_{T\min} = U_{1\min} - \frac{P_{\min}R_T + Q_{\min}X_T}{U_{1\min}} = \left(115 - \frac{10\times2.44 + 6\times40}{115}\right)\text{kV} = 112.7\text{kV}$$

（2）选择分接头。

$$U_{f\max} = \frac{U'_{2\max}}{U_{2\max}} \times U_{2N} = \frac{107.44}{10} \times 11\text{kV} = 118.2\text{kV}$$

$$U_{f\min} = \frac{U'_{2\min}}{U_{2\min}} \times U_{2N} = \frac{112.7}{11} \times 11\text{kV} = 112.7\text{kV}$$

（3）求平均值。

$$U_f = \frac{U_{f\max} + U_{f\min}}{2} = \frac{118.2 + 112.7}{2}\text{kV} = 115.45\text{kV}$$

（4）选最接近（计算值 115.45kV）的分接头电压 115.5kV，即 110+5% 的分接头。

（5）校验。最大最小负荷时，低压母线的实际电压为

$$U_{2\max} = U'_{2\max}k = 107.44 \times \frac{11}{115.5}\text{kV} = 10.23\text{kV} > 10\text{kV}$$

$$U_{2\min} = U'_{2\min}k = 112.7 \times \frac{11}{115.5}\text{kV} = 10.73\text{kV} < 11\text{kV}$$

即低压侧母线的电压变化在 10~11kV 之间，所选择的分接头能满足调压要求。

【例 4-19】 某水电厂通过升压变压器与系统相连，如图 4-37 所示。高压母线电压最大负荷时为 112.09kV，最小负荷时为 115.45kV。要求低压母线采用逆调压，试选择变压器分接头电压。

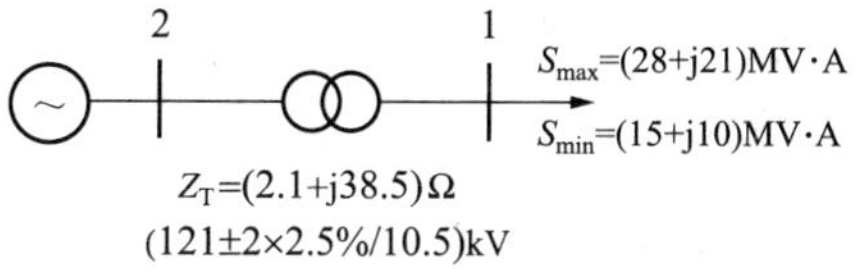

图 4-37　升压变压器接线图

解：（1）最大、最小负荷时变压器的电压损耗分别为

$$\Delta U_{T\max} = \frac{P_{\max}R_T + Q_{\max}X_T}{U_{1\max}} = \frac{28\times2.1 + 21\times38.5}{112.09}\text{kV} = 7.74\text{kV}$$

$$\Delta U_{T\min} = \frac{P_{\min}R_T + Q_{\min}X_T}{U_{1\min}} = \frac{15\times2.1 + 10\times38.5}{115.45}\text{kV} = 3.61\text{kV}$$

（2）最大、最小负荷时变压器分接头计算。根据低压母线逆调压要求可知，低压母线实际电压要求为最大负荷时 $1.05U_N$，最小负荷时 U_N，U_N 为线路额定电压，此处取 10kV，从而

$$(U_{1\max} + \Delta U_{T\max}) \times \frac{U_{NT}}{U_{f\max}} = 1.05U_N，故\ U_{f\max} = (112.09 + 7.74) \times \frac{10.5}{1.05\times10}\text{kV} = 119.83\text{kV}$$

$$(U_{1\min} + \Delta U_{T\min}) \times \frac{U_{NT}}{U_{f\min}} = U_N，故\ U_{f\min} = (115.45 + 3.61) \times \frac{10.5}{10}\text{kV} = 125.01\text{kV}$$

（3）求平均值。

$$U_f = \frac{1}{2}(U_{f\max} + U_{f\min}) = \frac{1}{2}(119.83 + 125.01)\text{kV} = 122.42\text{kV}$$

选择最接近的分接头 121kV。

（4）校验。按所选分接头，最大最小负荷时低压母线的实际电压为

$$U_{2\max}=\left(112.09+7.74\right)\times\frac{10.5}{121}\mathrm{kV}=10.4\mathrm{kV}<10.5\mathrm{kV}$$

$$U_{2\min}=\left(115.45+3.61\right)\times\frac{10.5}{121}\mathrm{kV}=10.33\mathrm{kV}>10\mathrm{kV}$$

可见所选分接头满足调压要求。

小结与提示
（1）变压器的分接头的调整范围。
（2）升压变压器的分接头计算。
（3）降压变压器的分接头计算。
（4）有载调压变压器的应用。
（5）电力系统电压的调整方式：顺调压、逆调压、恒调压。

4.5 短路电流计算

4.5.1 实用短路电流计算的近似条件

（1）在短路电流的实际计算中，为简化计算，常采用以下假设：

1）短路时系统中各电源仍保持同步，即只考虑电磁暂态过程，不考虑机械暂态过程。

2）不计元件的磁路饱和，因此可以运行叠加原理进行网络化简和电量计算。

3）各元件均用纯电抗表示，避免复数运算。在元件模型方面，忽略发电机、变压器和输电线路的电阻，不计输电线路的电容，略去变压器的励磁电流，负荷忽略不计或只做近似估算。但当 $R_\Sigma>\dfrac{1}{3}X_\Sigma$，不能忽略。

4）所有短路为金属性短路。即以最坏的情况求出最大可能的短路电流值。

5）系统中三相除不对称故障处以外都可当作是对称的。因而在应用对称分量法时，对于每一序的网络可用单相等效电路进行分析。

经过以上假设，计算所得的短路电流数值稍有偏差，但能够满足工程实际要求。

（2）无限大功率电源具有如下 3 个特点（P、Q 表示无限大功率电源本身的功率，ΔP、ΔQ 表示功率的扰动值）：

1）由于 $P\gg\Delta P$，所以可以认为在短路过程中无限大功率电源的频率是恒定的。

2）由于 $Q\gg\Delta Q$，所以可以认为在短路过程中无限大功率电源的端电压也是恒定的。

3）电压恒定的电源，内阻抗必然等于零，因此可以认为无限大功率电源的内电抗 $X=0$。

在实际中并不存在真正的无限大功率电源，但如果电源的内阻抗小于短路回路总阻抗的 5%~10% 时，则可近似认为其为一无限大功率电源。从工程的角度看，当发生短路时，总能在系统中找到一点，该点的电压变化小到可忽略不计，则这一点就可以认为是无限大功率电源输出点。

4.5.2 简单系统三相短路电流的实用计算方法

短路电流的工程实用计算，在多数情况下只要求计算短路电流周期分量的起始值，即短路瞬间短路电流的周期分量（基频分量）的初始有效值，一般称起始次暂态电流。电力系统三相短路的实用计算通常采用标幺值进行，其实用计算步骤如下：

（1）取基准 S_B、$U_B = U_{av}$。注意两点：① 在参数计算时，要将以自身额定容量、额定电压为基准的标幺值参数换算为统一基准容量、基准电压下的标幺值参数。② 在选取各级平均额定电压 U_{av} 作为基准电压时，忽略各元件（电抗器除外）的额定电压和相应电压级平均额定电压的差别，认为变压器电压比等于其对应侧平均额定电压之比，即所有变压器的标幺电压比都等于 1。

（2）求各元件的电抗标幺值，详见 4.2.3 节。

（3）化简电路，求出短路回路总电抗标幺值，即从电源点到短路点前的所有元件电抗标幺值之和 $x_{\Sigma *}$。

（4）计算短路点 f 三相短路电流周期分量初始有效值的标幺值为

$$I_{f*}^{(3)} = \frac{1}{x_{\Sigma *}} \qquad (4-52)$$

换算为有名值为

$$I_f^{(3)} = I_{f*}^{(3)} I_B = \frac{I_B}{x_{\Sigma *}} = \frac{1}{x_{\Sigma *}} \times \frac{S_B}{\sqrt{3}\, U_B} \qquad (4-53)$$

4.5.3 短路容量的概念

短路容量描述了无限大功率电源向短路点提供的视在功率，它表明了系统中某一点与电源联系的紧密程度，是电力系统极为重要的一个基础数据。S_k 的定义为

$$S_k = \sqrt{3}\, U_{av} I_f^{(3)} \qquad (4-54)$$

式中 S_k——系统中某一点的短路容量；

U_{av}——短路点所在电网的平均额定电压；

$I_f^{(3)}$——短路点的三相短路电流周期分量有效值。

短路容量的标幺值为

$$S_{k*} = \frac{S_k}{S_B} = \frac{\sqrt{3}\, U_{av} I_f^{(3)}}{\sqrt{3}\, U_B I_B} = \frac{I_f^{(3)}}{I_B} = I_{f*}^{(3)} = \frac{1}{x_{\Sigma *}} \qquad (4-55)$$

利用这一关系，很容易求得短路容量的有名值

$$S_k = S_{k*} S_B = I_{f*}^{(3)} S_B = \frac{S_B}{x_{\Sigma*}} \qquad (4-56)$$

小结与提示 三相短路电流短路容量：定义、计算、应用。

4.5.4 冲击电流、最大有效值电流的定义和关系

1. 无限大功率电源供电系统三相短路暂态过程分析

图4-38所示系统，已知 $u(t) = U_m \sin(\omega t + \alpha)$，由于是无限大功率电源，故 $u(t)$ 在短路前后保持不变。若k点发生三相短路，对应的短路前、后a相电流波形如图4-39所示，从图4-39中可看到，短路电流具有如下重要特征：① 短路电流是周期（或强制）分量 i_p 和非周期（或自由）分量 i_{np} 的叠加。② 周期分量由电源维持恒定，非周期分量因在短路电阻上产生损耗而衰减，经过若干周期后，非周期分量衰减完毕，此后便只剩下周期分量。③ 电流变化过程为：稳态交流电流（小）⇒暂态电流⇒稳态交流电流（大）。

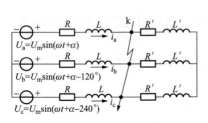

图4-38 无限大功率电源供电系统
三相短路暂态过程分析

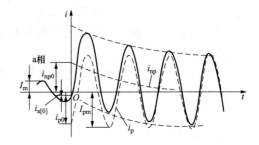

图4-39 短路前后a相电流波形

2. 冲击电流的定义及计算

短路电流最大可能的瞬时值称为短路冲击电流，记为 i_{sh}。它出现在短路后0.01s的时刻，其计算公式为

$$i_{sh} = (1 + e^{-\frac{0.01}{T}}) I_{fm} = K_{sh} I_{fm} = K_{sh} \sqrt{2} I_f \qquad (4-57)$$

式中 K_{sh}——冲击系数；

  T——短路回路的时间常数，s；

  I_{fm}——三相短路电流周期分量幅值，A；

  I_f——三相短路电流周期分量有效值，A。

式(4-57)中，$K_{sh} = 1 + e^{-\frac{0.01}{T}}$，因此 $1 \leq K_{sh} \leq 2$，工程上对 K_{sh} 的取值通常为

对 L 较大的中、高压系统，取 $K_{sh} = 1.8$，则

$$i_{sh} = 1.8 \times \sqrt{2} \times I_f = 2.55 I_f \qquad (4-58)$$

对于 R 较大的低压系统，取 $K_{sh} = 1.3$，则

$$i_{sh} = 1.3 \times \sqrt{2} \times I_f = 1.84 I_f \qquad (4-59)$$

i_{sh} 用于校验电气设备和载流导体在短路时的动稳定。

3. 最大有效值电流的定义和计算

最大有效值电流 I_{sh} 是指短路全电流的最大有效值，它出现在短路后的第一周期内，又

称为冲击电流的有效值。其计算公式为

$$I_{sh} = \sqrt{I_f^2 + \left[(K_{sh}-1)\sqrt{2}I_f\right]^2} = I_f\sqrt{1 + 2(K_{sh}-1)^2} \qquad (4-60)$$

当 $K_{sh} = 1.8$ 时，$I_{sh} = 1.52I_f$。

当 $K_{sh} = 1.3$ 时，$I_{sh} = 1.09I_f$。

I_{sh} 用于校验电气设备在短路时的热稳定。

【例4-20】某供电系统如图4-40所示，已知电力系统短路容量为 $500MV \cdot A$，架空线路电抗 $x = 0.38\Omega/km$，电缆线路电抗 $x = 0.08\Omega/km$，试求配电所10kV母线上 k-1 点短路和低压380V母线上 k-2 点短路时，三相短路电流周期分量有效值、冲击电流、最大有效值电流和短路容量。

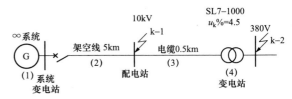

图4-40 某供电系统接线图

解：（1）取 $S_B = 100MV \cdot A$，$U_{B1} = 10.5kV$，$U_{B2} = 0.4kV$。

（2）计算各元件电抗。

电力系统：$x_{s*} = \dfrac{S_B}{S_d} = \dfrac{100}{500} = 0.2$

架空线路：$x_{l(2)*} = 0.38 \times 5 \times \dfrac{S_B}{U_{B1}^2} = 0.38 \times 5 \times \dfrac{100}{10.5^2} = 1.723$

电缆线路：$x_{l(3)*} = 0.08 \times 0.5 \times \dfrac{S_B}{U_{B1}^2} = 0.08 \times 0.5 \times \dfrac{100}{10.5^2} = 0.0363$

变压器：$x_{T*} = \dfrac{u_k\%}{100} \times \dfrac{S_B}{S_N} = \dfrac{4.5}{100} \times \dfrac{100 \times 10^3}{1000} = 4.5$

标幺值等效电路如图4-41所示。

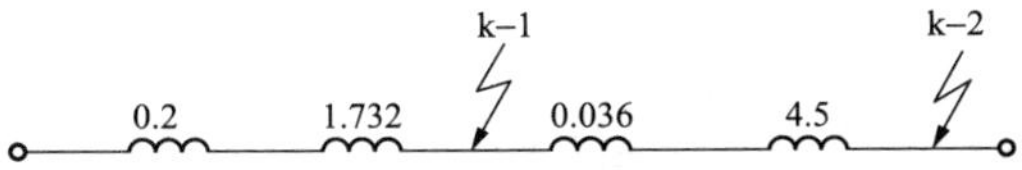

```
        k-1                    k-2
  0.2   1.732      0.036   4.5
○———————————⚡———————————————⚡————○
```

图4-41 标幺值等效电路

（3）求 k-1 点短路时的 $x_{\Sigma*}$。

$$x_{\Sigma*(k-1)} = x_{s*} + x_{l(2)*} = 0.2 + 1.723 = 1.923$$

（4）三相短路电流周期分量有效值：$I_{f(k-1)}^{(3)} = \dfrac{1}{x_{\Sigma*}} \dfrac{S_B}{\sqrt{3}U_{B1}} = \dfrac{1}{1.923} \times \dfrac{100}{\sqrt{3} \times 10.5} kA = 2.86kA$

冲击电流：$i_{sh(k-1)} = 2.55 \times I_{f(k-1)}^{(3)} = 2.55 \times 2.86kA = 7.29kA$

最大有效值电流：$I_{sh(k-1)} = 1.52 \times I_{f(k-1)}^{(3)} = 1.52 \times 2.86kA = 4.35kA$

短路容量：$S_{k(k-1)} = \dfrac{S_B}{x_{\Sigma*(k-1)}} = \dfrac{100}{1.923}MV \cdot A = 52MV \cdot A$

（5）k-2 点短路时：

$$x_{\Sigma*(k-2)} = 0.2 + 1.723 + 0.036 + 4.5 = 6.459$$

$$I_{f(k-2)}^{(3)} = \frac{1}{6.459} \times \frac{100}{\sqrt{3} \times 0.4} kA = 22.35 kA$$

$$i_{sh(k-2)} = 1.84 \times 22.35 kA = 41.12 kA$$

$$I_{sh(k-2)} = 1.09 \times 22.35 kA = 24.36 kA$$

$$S_{k(k-2)} = \frac{1}{6.459} \times 100 MV \cdot A = 15.48 MV \cdot A$$

【例 4-21】（2009）图 4-42 所示系统 f 处发生三相短路，各线路电抗均为 $0.4\Omega/km$，长度标在图 4-40 中，取 $S_B = 250 MV \cdot A$，f 处短路电流周期分量起始值及冲击电流分别为（　　）。

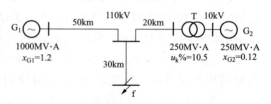

图 4-42　系统接线

A. 2.677kA，6.815kA

B. 2.132kA，3.838kA

C. 4.636kA，6.815kA

D. 4.636kA，7.786kA

答案：A

提示：取 $S_B = 250 MV \cdot A$，$U_B = U_{av}$，进行参数计算如下：

发电机 G_1：$x_{G1*} = x_{G1} \dfrac{S_B}{S_N} = 1.2 \times \dfrac{250}{1000}$
$$= 0.3$$

50km 线路：$x_{l50*} = 0.4 \times 50 \times \dfrac{S_B}{U_B^2} = 20 \times \dfrac{250}{115^2} = 0.378$

30km 线路：$x_{l30*} = 0.4 \times 30 \times \dfrac{S_B}{U_B^2} = 12 \times \dfrac{250}{115^2} = 0.227$

20km 线路：$x_{l20*} = 0.4 \times 20 \times \dfrac{S_B}{U_B^2} = 8 \times \dfrac{250}{115^2} = 0.151$

变压器 T：$x_{T*} = \dfrac{u_k\%}{100} \times \dfrac{S_B}{S_N} = \dfrac{10.5}{100} \times \dfrac{250}{250} = 0.105$

发电机 G_2：$x_{G2*} = x_{G2} \dfrac{S_B}{S_N} = 0.12 \times \dfrac{250}{250} = 0.12$

对应的标幺值等效电路如图 4-43 所示。

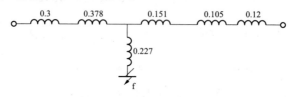

图 4-43　标幺值等效电路

所以　　　　$x_{\Sigma*} = (0.3 + 0.378)//(0.151 + 0.105 + 0.12) + 0.227 = 0.4689$

f 处短路电流周期分量起始值：$I_f = \dfrac{1}{x_{\Sigma*}} \times \dfrac{S_B}{\sqrt{3}U_B} = \dfrac{1}{0.4689} \times \dfrac{250}{\sqrt{3} \times 115} kA = 2.677 kA$

冲击电流：
$$i_{sh} = 1.8 \times \sqrt{2} \times 2.677\text{kA} = 6.815\text{kA}$$

【例 4-22】（2024）某无穷大电力系统如图 4-44 所示，k 点的三相短路电流为（　　）。

图 4-44　系统接线

A. 24.5kA　　　　　B. 20.5kA　　　　　C. 15.28kA　　　　　D. 12.5kA

提示： 取 $S_B = 100\text{MVA}$，$U_B = U_{av}$，即 $U_{B1} = 10.5\text{kV}$，$U_{B2} = 0.4\text{kV}$

$$x_{1*} = x_0 l \left/ \frac{U_{B1}^2}{S_B} \right. = 0.38 \times 10 \left/ \frac{10.5^2}{100} \right. = 3.447$$

$$x_{T*} = \frac{u_k\%}{100} \times \frac{S_B}{S_N} = \frac{6}{100} \times \frac{100}{1} = 6$$

$$x_{\Sigma*} = x_{1*} + x_{T*} = 3.447 + 6 = 9.447$$

$$I_k^{(3)} = \frac{1}{x_{\Sigma*}} \times \frac{S_B}{\sqrt{3}\,U_{B2}} = \frac{1}{9.447} \times \frac{100}{\sqrt{3} \times 0.4}\text{kA} = 15.28\text{kA}$$

答案： C

小结与提示

（1）三相短路最大冲击电流瞬时值：定义、短路冲击系数定义、计算、应用。

（2）三相短路最大冲击电流有效值：定义、计算、应用。

4.5.5　同步发电机，变压器，单回、双回输电线路的正、负、零序等效电路

1. 对称分量法

在三相电路中，任意一组不对称的三相相量可以分解成三组对称的三相相量，如图 4-45 所示，显然有 $\dot{U}_U = \dot{U}_U^+ + \dot{U}_U^- + \dot{U}_U^0$，$\dot{U}_V = \dot{U}_V^+ + \dot{U}_V^- + \dot{U}_V^0$，$\dot{U}_W = \dot{U}_W^+ + \dot{U}_W^- + \dot{U}_W^0$。各序分量具有如下特征：

（1）正序分量：三相大小相等，相位 U 超前于 V 相 120°，V 超前于 W 相 120°。

（2）负序分量：三相大小相等，相位 U 超前于 W 相 120°，W 超前于 V 相 120°。

（3）零序分量：三相大小相等，且相位相同。

引入算子 $\alpha = e^{j120°}$，写成矩阵形式为

$$
\begin{bmatrix}
\dot{U}_U \\
\dot{U}_V \\
\dot{U}_W
\end{bmatrix} =
\begin{bmatrix}
1 & 1 & 1 \\
\alpha^2 & \alpha & 1 \\
\alpha & \alpha^2 & 1
\end{bmatrix}
\begin{bmatrix}
\dot{U}_{U(1)} \\
\dot{U}_{U(2)} \\
\dot{U}_{U(0)}
\end{bmatrix}
\tag{4-61}
$$

当选择 U 相作为基准相时，式（4-61）左乘逆矩阵，可得由三相相量求其对称分量的关系为

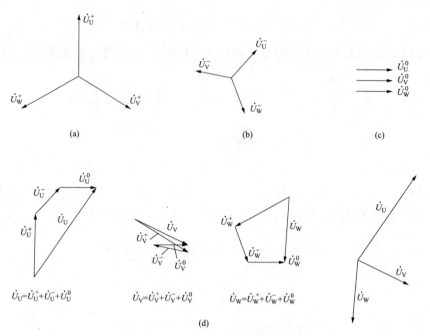

图 4-45　对称分量的叠加

（a）正序分量系统；（b）负序分量系统；（c）零序分量系统；（d）各序分量的叠加

$$\begin{bmatrix} \dot{U}_{U(1)} \\ \dot{U}_{U(2)} \\ \dot{U}_{U(0)} \end{bmatrix} = \frac{1}{3} \begin{bmatrix} 1 & \alpha & \alpha^2 \\ 1 & \alpha^2 & \alpha \\ 1 & 1 & 1 \end{bmatrix} \begin{bmatrix} \dot{U}_U \\ \dot{U}_V \\ \dot{U}_W \end{bmatrix} \qquad (4\text{-}62)$$

式(4-62)中，$\dot{U}_{U(1)}$、$\dot{U}_{U(2)}$、$\dot{U}_{U(0)}$ 分别为 U 相电压的正、负、零序分量。

【例 4-23】（2009）图 4-46 中电压互感器二次侧开口三角形是用于（　　　）。

A. 消除三次谐波　　B. 测量零序电压　　C. 测量线电压　　　D. 测量相电压

答案：B

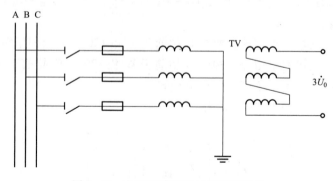

图 4-46　电压互感器开口三角形联结

　提示：电压互感器开口三角形所测得的电压为

$$\dot{U}_A + \dot{U}_B + \dot{U}_C = (\dot{U}_{A+} + \dot{U}_{A-} + \dot{U}_{A0}) + (\dot{U}_{B+} + \dot{U}_{B-} + \dot{U}_{B0}) + (\dot{U}_{C+} + \dot{U}_{C-} + \dot{U}_{C0}) = 3\dot{U}_0$$

此信号可以作为单相接地的故障报警启动信号或者绝缘监视信号。

2. 序阻抗

所谓元件的序阻抗是指元件的三相参数对称时，元件两端某一序的电压降与通过该元件同一序电流的比值。对于静止元件，如变压器和输电线路，当它们分别加以正序和负序电压时，三相的电磁关系是相同的，因此 $Z_{(1)} = Z_{(2)} \neq Z_{(0)}$；对于旋转元件，如发电机和电动机，由于各序电流流过电机时引起不同的电磁过程，正、负序所形成的旋转磁场方向不一样，因此 $Z_{(1)} \neq Z_{(2)} \neq Z_{(0)}$。其中 $Z_{(1)}$、$Z_{(2)}$、$Z_{(0)}$ 分别代表正、序、零序阻抗值。

3. 同步发电机的正、负、零序等效电路

同步发电机在正常对称运行时，只有正序电势和正序电流，此时的电机参数就是正序参数。例如稳态时用的同步电机电抗 x_d、x_q，过渡过程中用的 x'_d、x_q（无阻尼绕组电机）以及 x''_d、x''_q（有阻尼绕组电机）都属于正序阻抗。

电力系统短路故障一般发生在线路上，所以在短路的实用计算中，同步电机的负序电抗可以认为与短路种类无关，取为 $x_{(2)} = \frac{1}{2}(x''_d + x''_q)$；对于无阻尼绕组凸极机，取为 $x_{(2)} = \sqrt{x'_d x_q}$；对汽轮发电机及有阻尼绕组水轮发电机，取为 $x_{(2)} = 1.22 x''_d$；对于无阻尼绕组发电机，取为 $x_{(2)} = 1.45 x''_d$。

零序电流所产生的漏磁通与正、负序漏磁通不同，它们的差别视绕组的结构形式而定，发电机零序电抗的变化范围大致是 $x_{(0)} = (0.15 \sim 0.6) x''_d$。

4. 变压器的正、负、零序等效电路

（1）变压器的正、负序电抗为 $x_{(1)} = x_{(2)} = x_T = \frac{U_k \%}{100} \times \frac{U_N^2}{S_N}$。

（2）变压器的零序电抗 $x_{(0)}$ 与变压器的三相绕组连接方式和变压器铁心的结构有关。由于零序电流分量在 D 线路和 Y 线路上流不通，所以只考虑一次侧为 YN 联结的情况。

双绕组变压器的相应连接方式如图 4-47 所示。

1）YNd：$x_{(0)} = x_I + x_{II} /\!/ x_{m0} \approx x_I + x_{II}$。

2）YNy：$x_{(0)} = x_I + x_{m0} \approx \infty$。

3）YNyn：要看外电路能否再提供一个接地点，若外电路为 d 或 y 联结，则同 YNy，即 $x_{(0)} = x_I + x_{m0} \approx \infty$；若外电路为 yn 联结，则 $x_{(0)} = x_I + (x_{II} + x_外) /\!/ x_{m0} \approx x_I + x_{II} + x_外$。

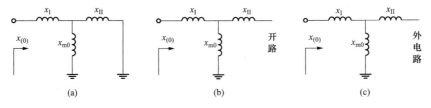

图 4-47　双绕组变压器联结
（a）YNd；（b）YNy；（c）YNyn

三绕组变压器的相应连接方式如图 4-48 所示。

1）YNdy：$x_{(0)} = x_I + x_{II}$。

2）YNdd：$x_{(0)} = x_I + x_{II} /\!/ x_{III}$。

3) YNdyn：要看外电路能否再提供一个接地点。

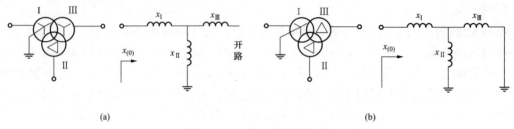

图 4-48　三绕组变压器连接

(a) YNdy；(b) YNdd

特别说明：对于由单相变压器组成的三相变压器、三相四柱式、三相五柱式变压器，其 x_{m0} 很大，故有上面"≈"后的近似计算；对于三相三柱式变压器，应考虑 x_{m0} 的影响，应计入 x_{m0}。

注意：当变压器中性点采用中性点经阻抗接地的 YN 联结时，中性点接地电抗 x_n 接在哪一侧，就将 $3x_n$ 值与该侧漏抗串联，如图 4-49 所示。

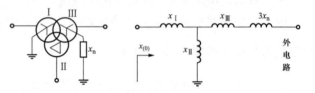

图 4-49　变压器中性点采用中性点经阻抗接地的 YN 联结

5. 单回、双回输电线路的正、负、零序等效电路

输电线路的正、负序电抗相等，其值为 $x_{(1)} = x_1 l$，其中 x_1 为单位长度正序电抗，l 为线路长度。输电线路的零序电抗与平行线的回路数以及有无架空地线和地线的导电性能等因素有关。由于零序电流在三相线路中同方向，互感很大，因而零序电抗要比正序电抗大。零序电流是经过大地及架空地线返回的，所以架空地线对三相导线会产生屏蔽作用，使零序磁链减少，因而使零序电抗减小。在短路电流实用计算中，输电线路的零序电抗可以用表 4-4 中的数据计算。

表 4-4　　　　　　　　　　　输电线路的各序单位长度电抗值

线 路 种 类	电抗值/(Ω/km)	
	$x_{(1)} = x_{(2)}$	$x_{(0)}$
单回架空线路(无地线)	0.4	$3.5X_1$
单回架空线路，但有钢质架空地线	0.4	$3.0X_1$
单回架空线路，但有导电良好的架空地线	0.4	$2.0X_1$
双回架空线路(无地线)	0.4(每一回)	$5.5X_1$
双回架空线路，但有钢质架空地线	0.4(每一回)	$4.7X_1$
双回架空城路，但有导电良好的架空地线	0.4(每一回)	$3.0X_1$
6~10kV 电缆线路	0.08	$4.6X_1$
35kV 电缆线路	0.12	$4.6X_1$

小结与提示

（1）序分量：对称分量法、正序分量、负序分量、零序分量。

（2）序分量关系：正序分量、负序分量、零序分量相位关系。

（3）序分量的合成：相量表达、序量表达。

（4）序阻抗：正序阻抗、负序阻抗、零序阻抗。

（5）发电机、电动机、架空线、电缆、变压器、电抗器、负荷等系统元件的正序阻抗、负序阻抗、零序阻抗。

（6）零序阻抗经过变压器后的阻抗变化。

4.5.6 简单电网的正、负、零序序网的制定方法

（1）正序网络：与三相短路的等效电路相同，注意中性点接地阻抗和空载线路不计。

（2）负序网络：与正序网络基本相同。不同之处：发电机等旋转元件用负序电抗代替正序电抗；将电源点接地。

（3）零序网络：从短路点开始寻找零序电流的通路，能流得通的地方画下来，流不通的地方去掉。

【例 4-24】 如图 4-50(a)所示系统接线，做出其对应的正、负、零序等效网络，如图 4-50(b)~(g)所示。

解：（1）正序网络的制定：中性点接地阻抗 x_{n1}、x_{n2} 和空载线路 L-3、空载变压器 T-3 不包括在正序网络中。从 $f_1 \sim o_1$ 即故障端口看正序网络，它是一个有源网络，可以利用戴维南定理简化成图 4-50(c)的形式。

（2）负序网络的制定：负序电流能流通的元件与正序网络的相同，所以只需将正序网络中的电源置零，相应元件参数代之以负序参数即可得到负序网络。从 $f_2 \sim o_2$ 看负序网络，它是一个无源网络，因此最终可以简化成一个等效电抗，如图 4-50(e)所示。

（3）零序网络的制定：零序网络的绘制从故障点开始画（表 4-5）。表 4-5 中“先”表示从故障点开始画时“首先”碰到的绕组连接方式，“后”表示“其次”碰到的绕组连接方式。

表 4-5　　零序网络的绘制原则

顺序	变压器绕组联结方式	处理方法	
先	D，Y	开路	
	YN	能流通	
后	D	直接接地	
	Y	开路	
	YN	外电路有另一个接地点 YN	能流通
		外电路无另一个接地点 D，Y	开路

从图 4-50(f)可见，变压器中性点接地电抗以 $3x_{n1}$、$3x_{n2}$ 反应在零序网络中，正序网络没有的空载线路 L-3 在零序网络中却有，正序网络有的负载线路 L-4 由于变压器 T-4 的星形联结在零序网络中却没有体现，从而可以看出，零序网络与正、负序网络有着很大的不同。从 $f_0 - o_0$ 看零序网络，它是一个无源网络，因此最终可以简化成一个等效电抗，如图 4-50(g)所示。

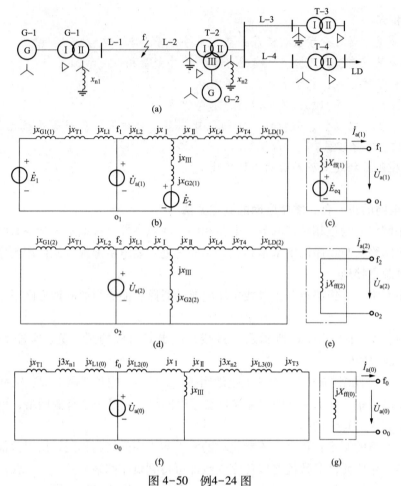

图 4-50 例4-24 图

(a)电力系统接线图;(b)、(c)正序网络;(d)、(e)负序网络;(f)、(g)零序网络

小结与提示

(1) 序网络:正序网络、负序网络、零序网络的电源、阻抗的构成。

(2) 序网电路的构成。

4.5.7 不对称短路的故障边界条件和相应的复合序网

电力系统的短路类型中除三相短路 $f^{(3)}$ 是对称短路外,其余的单相短路 $f^{(1)}$、两相短路 $f^{(2)}$、两相短路接地 $f^{(1,1)}$ 均为不对称短路。由 4.5.6 节可知,正、负、零序网络最终可以简化成图 4-51 的形式。

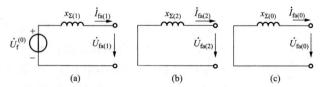

图 4-51 正、负、零各序网络

(a)正序网络;(b)负序网络;(c)零序网络

由图 4-51 得到故障点 f 的序电压方程为

$$\dot{U}_{fa(1)} = \dot{U}_f^{(0)} - jx_{\Sigma(1)}\dot{I}_{fa(1)}, \dot{U}_{fa(2)} = -jx_{\Sigma(2)}\dot{I}_{fa(2)}, \dot{U}_{fa(0)} = -jx_{\Sigma(0)}\dot{I}_{fa(0)}$$

式中　　　　　$\dot{U}_f^{(0)}$——短路发生前故障点的电压;

$\dot{I}_{fa(1)}$、$\dot{I}_{fa(2)}$、$\dot{I}_{fa(0)}$——故障点 f 处 A 相的正、负、零序电流分量;

$\dot{U}_{fa(1)}$、$\dot{U}_{fa(2)}$、$\dot{U}_{fa(0)}$——故障点 f 处 A 相的正、负、零序电压分量。

三个序电压方程中有短路点各序电流及各序电压,共 6 个未知量,故方程的求解还需要三个方程,这可由故障类型的边界条件而得。说明:以下的分析均以 A 相作为特殊相。

(1) 单相短路 $f^{(1)}$。如图 4-52 所示,A 相发生单相接地短路,则由相分量表示的边界条件是:$\dot{U}_{fa} = 0$,$\dot{I}_{fb} = 0$,$\dot{I}_{fc} = 0$。利用对称分量法,整理后得到用序分量表示的边界条件为

$$\dot{U}_{fa(1)} + \dot{U}_{fa(2)} + \dot{U}_{fa(0)} = 0, \dot{I}_{fa(1)} = \dot{I}_{fa(2)} = \dot{I}_{fa(0)} \tag{4-63}$$

根据故障处各序量之间的关系,将各序网络在故障端口连接起来所构成的网络称为复合序网。与单相短路 $f^{(1)}$ 边界条件式(4-63)相对应的复合序网如图 4-53 所示,显然它是正、负、零序网三个网络的串联。电压和电流的各序分量,可以直接利用复合序网求得。例如图 4-53 中,有

$$\dot{I}_{fa(1)} = \frac{\dot{U}_f^{(0)}}{j\left[x_{\Sigma(1)} + x_{\Sigma(2)} + x_{\Sigma(0)}\right]} \tag{4-64}$$

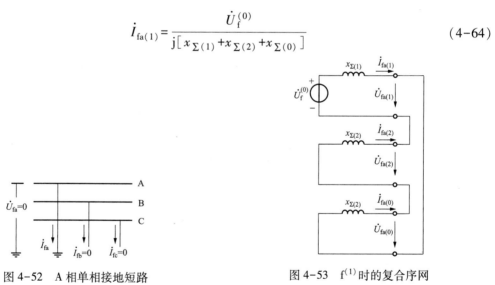

图 4-52　A 相单相接地短路　　　　　图 4-53　$f^{(1)}$ 时的复合序网

$\dot{U}_{fa(2)} = -jx_{\Sigma(2)}\dot{I}_{fa(2)}$ 等,由各序分量进而很容易得到故障点的电压、电流相量值。

(2) 两相短路 $f^{(2)}$。如图 4-54 所示,BC 两相发生短路,则由相分量表示的边界条件是:$\dot{I}_{fa} = 0$,$\dot{I}_{fb} = -\dot{I}_{fc}$,$\dot{U}_{fb} = \dot{U}_{fc}$。利用对称分量法,整理后得到用序分量表示的边界条件为

$$\dot{I}_{fa(0)} = 0, \dot{I}_{fa(1)} + \dot{I}_{fa(2)} = 0, \dot{U}_{fa(1)} = \dot{U}_{fa(2)} \tag{4-65}$$

由此边界条件做出复合序网如图 4-55 所示,显然它是正、负序网络的并联,并且没有零序网络。利用这个复合序网可得到

$$\dot{I}_{fa(1)} = \frac{\dot{U}_f^{(0)}}{j[x_{\Sigma(1)} + x_{\Sigma(2)}]} \qquad (4-66)$$

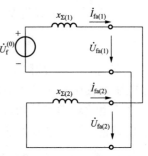

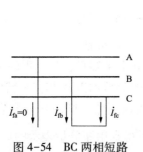

图 4-54　BC 两相短路

图 4-55　$f^{(2)}$ 时的复合序网

（3）两相短路接地 $f^{(1,1)}$。如图 4-56 所示，BC 两相短路并且接地，则由相分量表示的边界条件为 $\dot{I}_{fa} = 0$，$\dot{U}_{fb} = 0$，$\dot{U}_{fc} = 0$。用序分量表示的边界条件为

$$\dot{I}_{fa(1)} + \dot{I}_{fa(2)} + \dot{I}_{fa(0)} = 0, \dot{U}_{fa(1)} = \dot{U}_{fa(2)} = \dot{U}_{fa(0)} \qquad (4-67)$$

由此边界条件做出复合序网如图 4-57 所示，显然它是正、负、零序三个网络的并联。利用这个复合序网可得到

$$\dot{I}_{fa(1)} = \frac{\dot{U}_f^{(0)}}{j[x_{\Sigma(1)} + x_{\Sigma(2)} /\!/ x_{\Sigma(0)}]} \qquad (4-68)$$

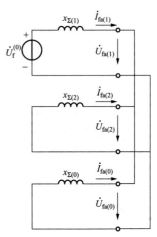

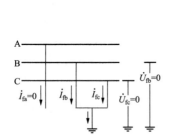

图 4-56　BC 两相短路接地

图 4-57　$f^{(1,1)}$ 时的复合序网

（4）正序等效定则。以上所得的三种简单不对称短路时短路电流正序分量 $\dot{I}_{fa(1)}$ 的计算式(4-64)、式(4-66)、式(4-68)，可以统一写成

$$\dot{I}_{fa(1)}^{(n)} = \frac{\dot{U}_f^{(0)}}{j[x_{\Sigma(1)} + x_{\Delta}^{(n)}]} \qquad (4-69)$$

式(4-69)中，$x_{\Delta}^{(n)}$ 表示附加电抗，其值随着短路类型不同而不同，上角标(n)是代表短路类型的符号。式(4-69)表明：在简单不对称短路情况下，短路点电流的正序分量，与在

短路点每一相中加入附加电抗 $x_\Delta^{(n)}$ 而发生三相短路时的电流相等，这就是正序等效定则。

此外，还可推得短路点故障相电流为 $I_{\mathrm{f}}^{(n)}=m^{(n)}I_{\mathrm{fa}(1)}^{(n)}$，其中 $m^{(n)}$ 为比例系数，其值视短路种类而定。各种简单短路时的 $x_\Delta^{(n)}$ 和 $m^{(n)}$ 列于表 4-6 中。

表 4-6　　　　　　　　　　　简单短路时的 $x_\Delta^{(n)}$ 和 $m^{(n)}$ 值

短 路 形 式	$X_\Delta^{(n)}$	$m^{(n)}$
单相接地 $k^{(1)}$	$X_{\Sigma 2}+X_{\Sigma 0}$	3
两相短路 $k^{(2)}$	$X_{\Sigma 2}$	$\sqrt{3}$
两相接地 $k^{(1,1)}$	$X_{\Sigma 2}/\!/X_{\Sigma 0}$	$\sqrt{3}\,\sqrt{1-\dfrac{X_{\Sigma 0}X_{\Sigma 2}}{(X_{\Sigma 0}+X_{\Sigma 2})^2}}$
三相短路 $k^{(3)}$	0	1

小结与提示

（1）相关概念：等效网络、序电路、边界条件、复合序网络。

（2）对称短路的故障边界条件和相应的复合序网：两相短路、单相接地短路、两相接地短路。

4.5.8　不对称短路的电流、电压计算

不对称短路的电流、电压计算的步骤如下：

（1）计算各元件的正、负、零序参数。

（2）做出系统的正、负、零等效电路，并化简。

（3）根据故障边界条件做出复合序网。

（4）在复合序网中求出电压、电流的各序分量。

（5）根据对称分量法由各分量求出各相分量。

【例 4-25】（2005）系统如图 4-58 所示，各元件标幺值参数为：G：$x_{\mathrm{d}}''=0.1$，$x_{(2)}=0.1$，$E''=1.0$；T：$x_{\mathrm{T}}=0.2$，$x_{\mathrm{p}}=0.2/3$。当在变压器高压侧的 B 母线发生 A 相接地短路时，变压器中性线中的电流为（　　）。

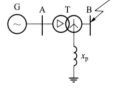

图 4-58　系统接线

A. 1　　　　　B. $\sqrt{3}$　　　　　C. 2　　　　　D. 3

答案：D

提示：发生 A 相接地短路时，正、负、零序各序网串联，其复合序网如图 4-59 所示。

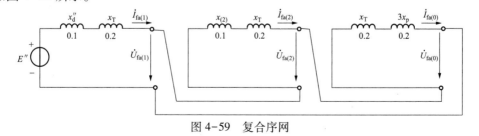

图 4-59　复合序网

$$\dot{I}_{\mathrm{fa}(1)}=\dot{I}_{\mathrm{fa}(2)}=\dot{I}_{\mathrm{fa}(0)}=\frac{1}{\mathrm{j}0.3+\mathrm{j}0.3+\mathrm{j}0.4}=-\mathrm{j}1$$

变压器中性线中的电流为

$$\dot{I} = \dot{I}_{fa} + \dot{I}_{fb} + \dot{I}_{fc} = 3\dot{I}_{fa(0)} = -j3$$

【例 4-26】 如图 4-60 所示系统，变压器 T_2 高压母线发生 $k_b^{(1)}$、$k_{bc}^{(2)}$、$k_{ab}^{(1,1)}$ 三种金属性不对称短路故障，试分别计算短路瞬间故障点的短路电流和各相电压。已知参数如下：发电机 G：$120\text{MV}\cdot\text{A}$，$10.5\text{kV}$，$X_d'' = X_2 = 0.14$；变压器 T_1 和 T_2 相同：$60\text{MV}\cdot\text{A}$，$U_k\% = 10.5$；线路 l：105km，每回路 $X_1 = 0.4\Omega/\text{km}$，$X_0 = 3X_1$；负荷 L_1 容量

图 4-60 系统接线

$60\text{MV}\cdot\text{A}$，负荷 L_2 容量 $40\text{MV}\cdot\text{A}$，负荷的标幺值电抗，正序取 0.35。故障前 k 点电压 $U_{k|0|} = 109\text{kV}$。

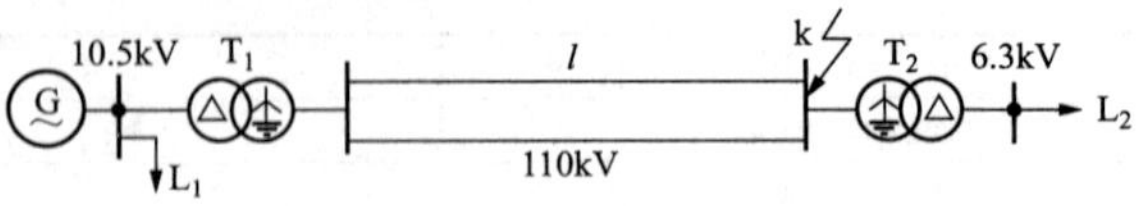

解：（1）取 $S_B = 120\text{MV}\cdot\text{A}$，$U_B = U_{av}$，进行参数计算如下：

发电机 G：$X_{G1} = 0.14$，$X_{G2} = 0.14$

负荷 L_1：$X_{L1\cdot1} = 1.2 \times \dfrac{S_n}{S_N} = 1.2 \times \dfrac{120}{60} = 2.4$

$$X_{L1\cdot2} = 0.35 \times \frac{120}{60} = 0.7$$

变压器 T_1：$X_{T1\cdot1} = \dfrac{U_k\% \cdot S_n}{100 S_N} = \dfrac{10.5 \times 120}{100 \times 60} = 0.21 = X_{T1\cdot2} = X_{T1\cdot0}$

线路 1：$X_{l1} = X_{l2} = 0.4 \times 105 \times \dfrac{120}{115^2} \times \dfrac{1}{2} = 0.1905$

$$X_{l0} = 3 \times X_{l1} = 3 \times 0.1905 = 0.572$$

变压器 T_2：$X_{T2\cdot1} = X_{T2\cdot2} = X_{T2\cdot0} = \dfrac{U_k\% \cdot S_n}{100 S_N} = \dfrac{10.5 \times 120}{100 \times 60} = 0.21$

负荷 L_2：$X_{l2\cdot1} = 1.2 \times \dfrac{120}{40} = 3.6$

$$X_{l2\cdot2} = 0.35 \times \frac{120}{40} = 1.05$$

$$X_{\Sigma1} = \left[(X_{G1} /\!/ X_{L1\cdot1}) + X_{T1\cdot1} + X_{l1} \right] /\!/ (X_{T2\cdot1} + X_{L2\cdot1}) = 0.468$$

$$X_{\Sigma2} = \left[(X_{G2} /\!/ X_{L1\cdot2}) + X_{T1\cdot2} + X_{l2} \right] /\!/ (X_{T2\cdot2} + X_{L2\cdot2}) = 0.367$$

$$X_{\Sigma0} = (X_{T1\cdot0} + X_{l0}) /\!/ X_{T2\cdot0} = 0.166$$

$$\dot{U}_{k[0]} = 109/115 = 0.948 \underline{/0°}$$

正、负、零序网络如图 4-61 所示。

（2）B 相单相接地故障 $k_b^{(1)}$。

B 相单相接地故障时的复合序网如图 4-62 所示。

$$\dot{I}_{b1} = \dot{I}_{b2} = \dot{I}_{b0} = \frac{\dot{U}_{k101}}{j(X_{\Sigma1} + X_{\Sigma2} + X_{\Sigma0})} = \frac{0.948}{j(0.468 + 0.367 + 0.166)} = -j0.947$$

$$\dot{U}_{b1} = j\dot{I}_{b1} \times (X_{\Sigma2} + X_{\Sigma0}) = j \times (0.367 + 0.166) \times (-j0.947) = 0.505$$

$$\dot{U}_{b2} = -j\dot{I}_{b1} X_{\Sigma2} = -j \times (-j0.947) \times 0.367 = -0.348$$

$$\dot{U}_{b0} = -j\dot{I}_{b0}X_{\Sigma 0} = -j \times (-j0.947) \times 0.166 = -0.157$$

故障点各相电压、电流为

$$\begin{bmatrix} \dot{I}_a \\ \dot{I}_b \\ \dot{I}_c \end{bmatrix} = \begin{bmatrix} a & a^2 & 1 \\ 1 & 1 & 1 \\ a^2 & a & 1 \end{bmatrix} \begin{bmatrix} \dot{I}_{b1} \\ \dot{I}_{b2} \\ \dot{I}_{b0} \end{bmatrix} = \begin{bmatrix} 0 \\ -j2.84 \\ 0 \end{bmatrix} \qquad \begin{bmatrix} \dot{U}_a \\ \dot{U}_b \\ \dot{U}_c \end{bmatrix} = \begin{bmatrix} a & a^2 & 1 \\ 1 & 1 & 1 \\ a^2 & a & 1 \end{bmatrix} \begin{bmatrix} \dot{U}_{b1} \\ \dot{U}_{b2} \\ \dot{U}_{b0} \end{bmatrix} = \begin{bmatrix} 0.775 \underline{/107.7°} \\ 0 \\ 0.775 \underline{/-107.7°} \end{bmatrix}$$

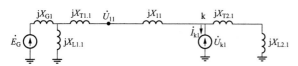

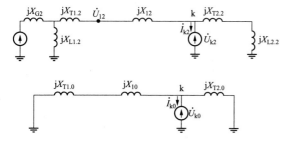

图 4-61　正、负、零序网络

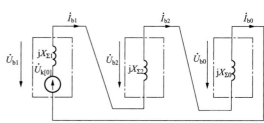

图 4-62　$k_b^{(1)}$ 时的复合序网

$$I_b = 2.84 \times \frac{120}{\sqrt{3} \times 115} kA = 1.71 kA, \quad U_a = U_c = 0.775 \times \frac{115}{\sqrt{3}} kV = 51.5 kV$$

（3）BC 两相短路 $k_{bc}^{(2)}$。

$$\dot{I}_{a1} = \frac{\dot{U}_{k[0]}}{j(X_{\Sigma 1} + X_{\Sigma 2})} = \frac{0.948}{j(0.468 + 0.367)} = -j1.135$$

$$\dot{I}_{a2} = -\dot{I}_{a1} = j1.135$$

$$\dot{U}_{a1} = \dot{U}_{a2} = -j\dot{I}_{a2}X_{\Sigma 2} = -j \times (j1.135) \times 0.367 = 0.417$$

$$\begin{bmatrix} \dot{I}_a \\ \dot{I}_b \\ \dot{I}_c \end{bmatrix} = \begin{bmatrix} 1 & 1 & 1 \\ a^2 & a & 1 \\ a & a^2 & 1 \end{bmatrix} \begin{bmatrix} \dot{I}_{a1} \\ \dot{I}_{a2} \\ \dot{I}_{a0} \end{bmatrix} = \begin{bmatrix} 0 \\ -1.966 \\ 1.966 \end{bmatrix}$$

$$\begin{bmatrix} \dot{U}_a \\ \dot{U}_b \\ \dot{U}_c \end{bmatrix} = \begin{bmatrix} 1 & 1 & 1 \\ a^2 & a & 1 \\ a & a^2 & 1 \end{bmatrix} \begin{bmatrix} \dot{U}_{a1} \\ \dot{U}_{a2} \\ \dot{U}_{a0} \end{bmatrix} = \begin{bmatrix} 0.834 \\ -0.417 \\ -0.417 \end{bmatrix}$$

$$I_b = I_c = 1.966 \times \frac{120}{\sqrt{3} \times 115} kA = 1.184 kA$$

$$U_b = U_c = 0.417 \times \frac{115}{\sqrt{3}} kV = 27.7 kV$$

$$U_a = 0.834 \times \frac{115}{\sqrt{3}} \text{kV} = 55.4 \text{kV}$$

（4）AB 两相短路接地 $k_{ab}^{(1,1)}$。

AB 两相短路接地时复合序网如图 4-63 所示。

$$\dot{I}_{c1} = \frac{\dot{U}_{k[0]}}{j(X_{\Sigma 1} + X_{\Sigma 2} /\!/ X_{\Sigma 0})} = -j1.629$$

$$\dot{I}_{c2} = -\frac{X_{\Sigma 0}}{X_{\Sigma 2} + X_{\Sigma 0}} \dot{I}_{c1} = j0.507$$

$$\dot{I}_{c0} = -\frac{X_{\Sigma 2}}{X_{\Sigma 2} + X_{\Sigma 0}} \dot{I}_{c1} = j1.122$$

$$\dot{U}_{c1} = \dot{U}_{c2} = \dot{U}_{c0} = j\frac{X_{\Sigma 2} X_{\Sigma 0}}{X_{\Sigma 2} + X_{\Sigma 0}} \dot{I}_{c1} = 0.1862$$

$$I_a = I_b = 2.5 \times \frac{120}{\sqrt{3} \times 115} \text{kA} = 1.51 \text{kA}$$

$$U_c = 0.559 \times \frac{115}{\sqrt{3}} \text{kV} = 37.1 \text{kV}$$

$$\begin{bmatrix} \dot{I}_a \\ \dot{I}_b \\ \dot{I}_c \end{bmatrix} = \begin{bmatrix} a^2 & a & 1 \\ a & a^2 & 1 \\ 1 & 1 & 1 \end{bmatrix} \begin{bmatrix} \dot{I}_{c1} \\ \dot{I}_{c2} \\ \dot{I}_{c0} \end{bmatrix} = \begin{bmatrix} 2.5 \underline{/137.7°} \\ 2.5 \underline{/42.3°} \\ 0 \end{bmatrix}$$

$$\begin{bmatrix} \dot{U}_a \\ \dot{U}_b \\ \dot{U}_c \end{bmatrix} = \begin{bmatrix} a^2 & a & 1 \\ a & a^2 & 1 \\ 1 & 1 & 1 \end{bmatrix} \begin{bmatrix} \dot{U}_{c1} \\ \dot{U}_{c2} \\ \dot{U}_{c0} \end{bmatrix} = \begin{bmatrix} 0 \\ 0 \\ 0.559 \end{bmatrix}$$

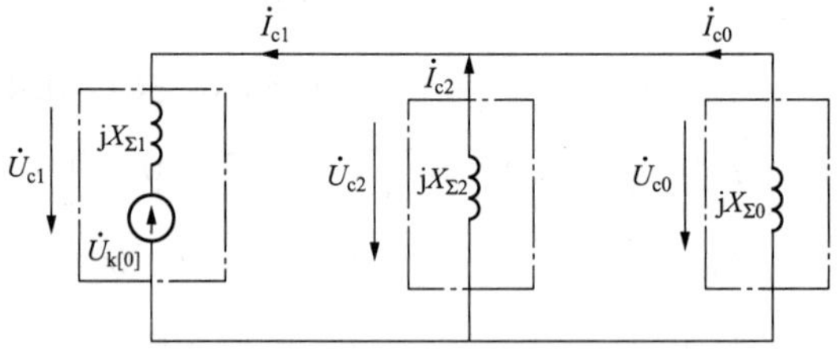

图 4-63　$k_{ab}^{(1,1)}$ 时的复合序网

小结与提示

（1）两相短路：根据两相短路的边界方程和复合序网求出的各序电流、电压对称分量及各相电流、电压值。

（2）单相接地短路：根据单相接地短路的边界方程和复合序网求出的各序电流、电压对称分量及各相电流、电压值。

（3）两相接地短路：根据两相接地短路的边界方程和复合序网求出的各序电流、电压对称分量及各相电流、电压值。

4.5.9　正、负、零序电流、电压经过 Yd11 变压器后的相位变化

对于 Yd11 联结的变压器，如在星形联结侧施以正序电压，三角形联结侧的线电压与星形联结侧的相电压同相位，但三角形联结侧的相电压却超前于星形联结侧的相电压 30°，（以逆时针方向为正方向），如图 4-64（a）所示。如在星形联结侧施以负序电压，三角形联结侧的相电压落后于星形联结侧的相电压 30°，如图 4-64（b）所示。变压器两侧相电压的正、负序分量（用标幺值表示，且 $k_* = 1$）存在以下关系：$\dot{U}_{a1} = \dot{U}_{A1} e^{j30°}$，$\dot{U}_{a2} = \dot{U}_{A2} e^{-j30°}$。

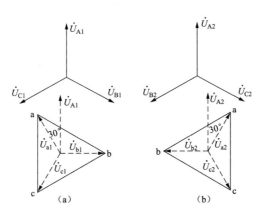

图 4-64　Yd11 联结的变压器两侧电压的正、负序分量的相位关系

电流也有类似的情况，三角形联结侧的正序线电流超前于星形联结侧正序线电流 30°，如图 4-65（a）所示；三角形联结侧的负序线电流落后于星形联结侧负序线电流 30°，如图 4-65（b）所示。对应关系式为：$\dot{I}_{a1} = \dot{I}_{A1} e^{j30°}$，$\dot{I}_{a2} = \dot{I}_{A2} e^{-j30°}$。

Yd11 联结的变压器，在三角形联结侧的外电路中总不含零序分量。

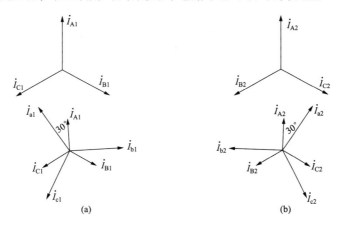

图 4-65　Yd11 联结的变压器两侧电流的正、负序分量的相位关系

【例 4-27】（2005）系统接线如图 4-66 所示，在取基准功率 100MV·A 时，各元件的标幺值电抗分别为 G：$x''_d = x_{(2)} = 0.1$，$E''_{|0|} = 1.0$；T：$x_T = 0.1$，YNd11 联结。则在母线 B 发生 BC 两相短路时，变压器三角形联结侧 A 相电流为（　　）。

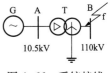

图 4-66　系统接线

A. 0   B. 1.25   C. $\sqrt{3} \times 1.25$ D. 2.5

答案：D

提示：首先做出各序网络如图 4-67 所示。

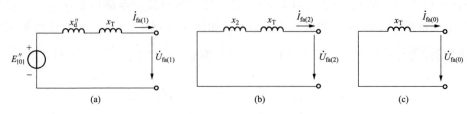

图 4-67 各序网络

(a)正序网络；(b)负序网络；(c)零序网络

BC 两相短路时复合序网为正序网络与负序网络并联，如图 4-68 所示。

故障处母线 B 的 $\dot{I}_{fa(1)} = \dfrac{1}{j0.2+j0.2} = -j2.5$，$\dot{I}_{fa(2)} = -\dot{I}_{fa(1)} = j2.5$。

经变压器 T 变换后，三角形联结侧 A 相电流序分量为

$$\dot{I}_{\Delta A(1)} = \dot{I}_{fa(1)} \times e^{j30°} = -j2.5 \times e^{j30°}, \quad \dot{I}_{\Delta A(2)} = \dot{I}_{fa(2)} \times e^{-j30°} = j2.5 \times e^{-j30°}$$

所以变压器三角形联结侧 A 相电流为

$$\dot{I}_{\Delta A} = \dot{I}_{\Delta A(1)} + \dot{I}_{\Delta A(2)} + \dot{I}_{\Delta A(0)} = -j2.5 \times e^{j30°} + j2.5 \times e^{-j30°} = 2.5$$

相量图如图 4-69 所示。

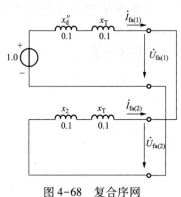

图 4-68 复合序网

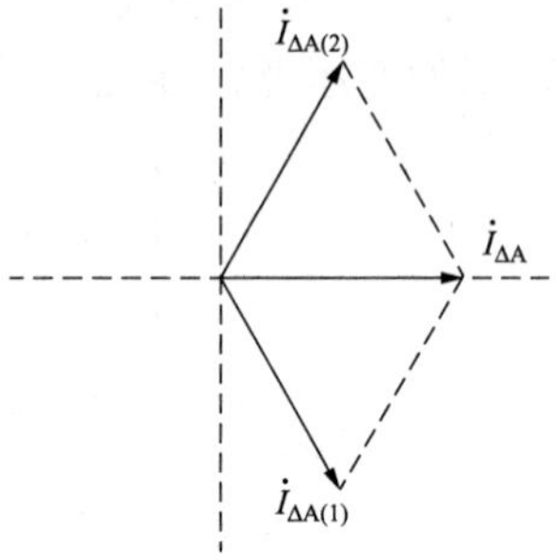

图 4-69 相量图

【例 4-28】（2007，2009）发电机和变压器归算至 $S_B = 100 \text{MV·A}$ 的电抗标幺值标在图 4-70 中，试计算图 4-70 网络中 f 点发生 BC 两相短路时，短路点的短路电流及发电机母线 B 相电压为（　　）。（变压器联结组 YNd11）

A. 0.945kA，10.5kV   B. 0.546kA，6.06kV

C. 0.945kA，6.06kV   D. 1.637kA，10.5kV

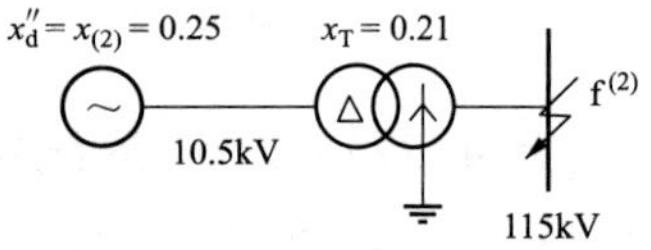

答案：C

提示：BC 两相短路时的复合序网如图 4-71 所示。

f 点的 a 相电流的各序分量为

图 4-70 网络接线

$$\dot{I}_{\text{fa}(1)}=\frac{1}{\text{j}0.25+\text{j}0.21+\text{j}0.25+\text{j}0.21}=-\text{j}1.087, \quad \dot{I}_{\text{fa}(2)}=-\dot{I}_{\text{fa}(1)}=\text{j}1.087, \quad \dot{I}_{\text{fa}(0)}=0,$$ f 点的短

路电流为

$$\dot{I}_{\text{fb}*}=\dot{I}_{\text{fb}(1)}+\dot{I}_{\text{fb}(2)}+\dot{I}_{\text{fb}(0)}=\dot{I}_{\text{fa}(1)}\times\text{e}^{\text{j}240°}+\dot{I}_{\text{fa}(2)}\times\text{e}^{\text{j}120°}+\dot{I}_{\text{fa}(0)}$$
$$=-1.087\times\cos30°\times2=-1.882\,7$$

相应的相量图如图 4-72 所示。

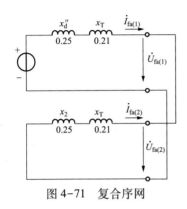

图 4-71 复合序网

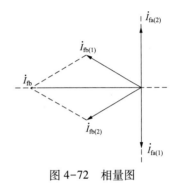

图 4-72 相量图

对应的有名值为

$$\dot{I}_{\text{fb}}=1.882\,7\times\frac{100}{\sqrt{3}\times115}\text{kA}=0.945\text{kA}$$

为防止形成环流而使绕组发热，因此发电机绕组一般都不接成三角形联结，故根据星形联结的相、线电压之间的关系，很容易得到题目要求的发电机母线 B 相电压为 $10.5/\sqrt{3}\,\text{kV}=6.06\text{kV}$。

小结与提示
（1）Yd11变压器的一次绕组、二次绕组的电流、电压相位关系。
（2）正、负、零序电压经过 Yd11变压器后的相位变化。
（3）正、负、零序电流经过 Yd11变压器后的相位变化。

4.6 变压器

4.6.1 三相组式和心式变压器

1. 三相组式变压器

三相组式变压器由 3 台容量、电压比等完全相同的单相变压器按三相联结方式连接组成，其示意图如图 4-73 所示，此图的一、二次侧均接成星形联结，也可接成其他联结。三相组式变压器的特点是具有 3 个独立铁心；三相磁路互不关联；三相电压对称时，三相励磁电流和磁通也对称。

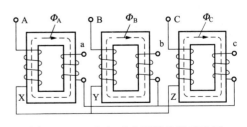

图 4-73 三相组式变压器接线示意图

2. 三相心式变压器

三相心式变压器的磁路系统是由组式变压器演变过来的，其演变过程如图4-74所示。把三台单相变压器的一个边(即铁心柱)贴合在一起，各相磁路就主要通过未贴合的一个柱上，如图4-74(a)所示。这时，在中央公共铁心柱内的磁通为三相磁通之和，即 $\dot{\Phi}_\Sigma = \dot{\Phi}_A + \dot{\Phi}_B + \dot{\Phi}_C$。当三相变压器正常运行(即三相对称)时，合成磁通 $\dot{\Phi}_\Sigma = 0$，这样公共铁心柱内的磁通也就为零。因此中央公共铁心柱可以省去，则三相变压器的磁路系统如图4-74(b)所示。为了工艺制造方便起见，可以把3相铁心柱排在一个平面上，于是就得到了目前广泛采用的如图4-74(c)所示的三相心式变压器的磁路系统。

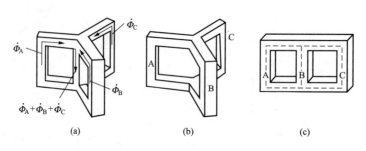

图4-74　三相心式变压器的铁心演变过程示意图

(a)三个铁心柱贴合；(b)中央公共铁心柱取消；(c)三相心式铁心

三相心式变压器的磁路系统是不对称的，中间一相的磁路比两边要短些。因此，在对称情况下(即 $\dot{\Phi}_A = \dot{\Phi}_B = \dot{\Phi}_C$)，中间相的励磁电流就比另外两相的小，但由于励磁电流在变压器负载运行时所占比重较小，故这对变压器实际运行不会带来多大影响。

比较心式和组式三相变压器可以知道，在相同的额定容量下，三相心式变压器具有省材料、效率高、经济等优点；但组式变压器中每一台单相变压器却比一台三相心式变压器体积小，重量轻，便于运输。对于一些超高电压、特大容量的三相变压器，当制造及运输发生困难时，一般采用三相组式变压器。

3. 三相变压器的联结组

三相变压器的一次侧和二次侧都分别有A、B、C三相绕组，它们之间到底如何连接，对变压器的运行性能有很大的影响。一次侧和二次侧三相绕组的联结方式，也就是所谓三相变压器的联结组问题。联结组可能的标号共12种，为了使电力变压器使用方便和统一，避免因联结组标号过多造成混乱，国家标准中做了严格规定。

4.6.2　变压器的额定值

(1) 额定电压 U_{1N}/U_{2N}，单位为 V 或 kV。U_{1N} 是指变压器正常运行时电源加到一次侧的额定电压，U_{2N} 是指变压器一次侧加上额定电压后，变压器处于空载状态时的二次电压。在三相变压器中，额定电压均指线电压。

(2) 额定容量 S_N，单位为 V·A 或 kV·A(容量更大时也用 MV·A)。

它是变压器的视在功率。通常把变压器的一、二次绕组的额定容量设计得相同。

(3) 额定电流 I_{1N}/I_{2N}，单位为 A 或 kA。它是变压器正常运行时所能承担的电流，I_{1N}、I_{2N} 分别称为一、二次侧的额定电流。在三相变压器中，额定电流均指线电流。

$$\begin{cases} 对于单相变压器，则有 \ I_{1N}=\dfrac{S_N}{U_{1N}}, \ I_{2N}=\dfrac{S_N}{U_{2N}} \\[4mm] 对于三相变压器，则有 \ I_{1N}=\dfrac{S_N}{\sqrt{3}\,U_{1N}}, \ I_{2N}=\dfrac{S_N}{\sqrt{3}\,U_{2N}} \end{cases}$$

（4）额定频率 f_N，单位为 Hz，我国一般采用 50Hz。

4.6.3 变压器的变比和参数的测定

1. 变压器的变比

以单相变压器为例，通常我们把变压器一次绕组感应电动势 E_1 对二次绕组感应电动势 E_2 之比称为变压器的变比，即

$$k=\frac{E_1}{E_2}=\frac{4.44fN_1\Phi_m}{4.44fN_2\Phi_m}=\frac{N_1}{N_2} \tag{4-70}$$

式中 k—— 一、二次绕组的匝数比。

当单相变压器空载运行时，由于 $U_1 \approx E_1$，$U_2 = E_2$，因此单相变压器的变比还可近似认为等于空载运行时的一、二次电压之比，即

$$\frac{U_1}{U_2} \approx \frac{E_1}{E_2}=\frac{N_1}{N_2}=k \tag{4-71}$$

从式（4-71）可以看出：如果 $N_2 > N_1$，则 $U_2 > U_1$，这就是升压变压器；反之，如果 $N_2 < N_1$，则 $U_2 < U_1$，这就是降压变压器。因此，变压器之所以能够改变电压，根本原因就是两个绕组的匝数不同。只要在设计制造时适当选择一、二次绕组的匝数比，即可实现人们所要求的电压变换。但是，应当着重指出，一次绕组的匝数并不是可以任意选定的，它必须符合下式的约束

$$U_1 \approx 4.44fN_1\Phi_m=4.44fN_1B_mS \tag{4-72}$$

或

$$N_1 \approx \frac{U_1}{4.44fB_mS} \tag{4-73}$$

式中 U_1——电源电压，V；

　　Φ_m——磁通量的最大值，Wb；

　　B_m——磁通密度的最大值，T，通常在采用热轧硅钢片时取为 1.1~1.475T，对冷轧硅钢片取为 1.5~1.7T；

　　S——铁心的有效截面积，m^2；

　　f——电源频率，一般为 50Hz。

通常在设计制造变压器时，电源电压 U_1 和频率 f 都是已知的，只要根据铁心材料即可决定 B_m，再选取一定的铁心截面积 S，运用式（4-73）即可很方便地确定一次绕组匝数 N_1 的大致范围，再根据变比 $k=N_1/N_2$，就可以确定二次绕组的匝数 N_2 了。变比 k 是变压器的重要参数，无论是单相变压器或者是三相变压器，k 对变压器的设计、制造和运行检修都有着密切关系。

2. 变压器参数的测定

变压器等效电路的参数，一般是通过空载试验和短路试验测得的。

（1）空载实验。变压器的空载试验电路如图 4-75 所示。试验时，在变压器的低压侧施

加额定电压 U_{1N}，将高压侧开路，测量变压器的二次侧
空载时一次侧电流 I_0、二次侧空载电压 U_{20} 和空载损耗
P_0。根据测量结果，可以计算得出变压器等效电路中
的励磁阻抗。

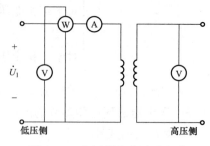

图 4-75　变压器空载试验电路

变压器二次绕组开路时，一次绕组的电流 I_0 就
是励磁电流 I_m。由于一次漏阻抗比励磁阻抗小得
多，因此可以将其忽略，近似计算得出励磁阻抗
模为

$$|Z_m| \approx \frac{U_{1N}}{I_0}$$

由于空载电流很小，它在一次侧绕组中产生的电阻损耗可忽略不计，可以认为空载损耗
近似等于变压器铁心损耗，则励磁电阻为

$$R_m \approx \frac{P_0}{I_0^2}$$

于是励磁电抗为

$$X_m \approx \sqrt{|Z_m|^2 - R_m^2}$$

此外，根据所测电压可以计算得到变压器的变比 k 为

$$k = \frac{U_{1N}}{U_{20}}$$

（2）变压器的短路实验。变压器的短路试验接线
如图 4-76 所示。试验时，将变压器的低压绕组短路，
在高压绕组两端加上额定频率的交流电压使变压器线
圈内的电流 I_k 为额定值 I_{1N}，此时所测得的损耗为短路
损耗 P_k，所加的电压 U_k 为短路电压。根据所测量数
据求得的阻抗为短路阻抗。

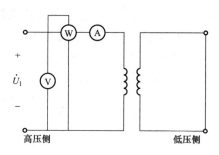

图 4-76　变压器短路试验电路

变压器低压侧短路时，高压侧所加的电压 U_k 很
小，仅为其额定电压为 5% ~ 10% 左右，这是因为外加电压仅用于克服变压器内部的漏阻抗
压降。短路试验时变压器内的主磁通很小，励磁电流和铁耗均可忽略不计。于是变压器的等
效漏阻抗即为短路阻抗 Z_k，且

$$|Z_k| \approx \frac{U_k}{I_k}$$

不计铁耗时，短路时的输入功率 P_k 可认为全部消耗在一次和二次绕组的电阻损耗上，
故短路电阻为

$$R_k \approx \frac{P_k}{I_k^2}$$

则等效漏抗为

$$X_k = \sqrt{|Z_k|^2 - R_k^2}$$

4.6.4 变压器的基本工作原理

1. 变压器的空载运行

变压器空载运行时，空载电流 $\dot{I}_0$ 产生励磁磁动势 F_0，F_0 建立主磁通 $\dot{\Phi}$，而交变的磁通 $\dot{\Phi}$ 将在一次绕组内感应电动势 e_1。单独产生磁通的电流为磁化电流 $\dot{I}_{0w}$，$\dot{I}_{0w}$ 与电动势 $\dot{E}_1$ 之间的夹角是 90°，故 $\dot{I}_{0w}$ 是一个纯粹的无功电流。铁心中的磁通交变，一定存在着涡流损耗和磁滞损耗，为了供给这两个损耗，励磁电流 $\dot{I}_m$ 中除了用来产生磁通的无功电流外，还包括对应于铁心损耗的有功电流 $\dot{I}_{0r}$，即 $\dot{I}_m = \dot{I}_{0w} + \dot{I}_{0r}$，其相量关系如图 4-77 所示。所以考虑铁心损耗的影响，产生 $\dot{\Phi}_m$ 所需的励磁电流 $\dot{I}_m$ 便超前 $\dot{\Phi}_m$ 一个小角度 α，实验时的 $\dot{I}_0$ 可认为就是 $\dot{I}_m$。将主磁通感应的电动势 $-\dot{E}_1$ 沿 $\dot{I}_m$ 方向分解为分量 $\dot{I}_m R_m$ 和分量 $\dot{I}_m X_m$ 的相量之和，以便得出空载时的等效电路。故从相量图 4-77 可知

$$-\dot{E}_1 = \dot{I}_m R_m + j\dot{I}_m X_m = \dot{I}_m Z_m$$

式中，励磁电阻 R_m 反映铁耗的等效电阻。励磁电抗 X_m 是主磁通 $\dot{\Phi}$ 引起的电抗，反映了电机铁心的导磁性能，代表了主磁通的电磁效应。

用一个支路 $R_m + jX_m$ 的电压降来表示主磁通对变压器的作用，得到空载时变压器的等效电路如图 4-78 所示。一次绕组的电阻 R_1 和漏电抗 $X_{1\sigma}$ 基本不受饱和程度的影响近似不变量。但是，由于铁心存在着饱和现象，所以 R_m 和 X_m 都是随着饱和程度的减少而增加。但是，变压器在正常工作时，由于电源电压变化范围很小，故铁心中主磁通的变化范围也是不大的，励磁阻抗 Z_m 也基本不变。

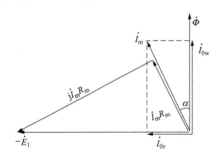

图 4-77　考虑铁耗影响的变压器相量

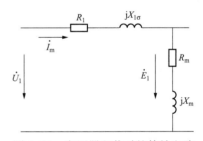

图 4-78　变压器空载时的等效电路

2. 变压器负载运行

（1）变压器正方向的规定。电路分析时，一定要先标出各电量的正方向才能列出方程式进行求解，所以需要假定正方向。而"电机"与"电路"总是有区别的，研究电机时，电机的正方向是事先规定的，形成一种规范。这里的规定在任何情况下都不允许随意更改，否则以后的分析就是无效或错误的了。图 4-79 中规定了变压器的正方向。

（2）磁动势平衡方程式。变压器负载运行时，二次电流所产生的磁动势 $\dot{I}_2 N_2$ 也作用于铁心上，力图改变铁心中的主磁通 $\dot{\Phi}$ 及其感应的电动势 E_1，也使原方电流变化为 $\dot{I}_1$，但是，实际变压器中的一次漏阻抗 Z_1 很小，其电压降 $I_1 Z_1$ 远小于 E_1，因此 U_1 的数值由电网

电压所决定，可认为不变。这样变压器负载运行时的主磁通及产生它所需要的合成磁动势 $\dot{I}_1 N_1 + \dot{I}_2 N_2$ 应该与空载运行的磁动势 $\dot{I}_m N_1$ 相等，故磁动势平衡方程式为

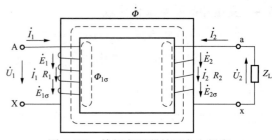

图 4-79 单相变压器的正方向规定

$$\dot{I}_1 + \dot{I}_2 = \dot{I}_m \qquad (4-74)$$

或　　　$\dot{I}_1 N_1 + \dot{I}_2 N_2 = \dot{I}_m N_1 \approx \dot{I}_0 N_1 \quad (4-75)$

式中　$\dot{I}_1 N_1$——一次绕组磁动势；

$\dot{I}_2 N_2$——二次绕组磁动势；

$\dot{I}_0 N_1$——建立主磁通所需要的合成磁动势，也叫空载磁动势或励磁磁动势。

将式(4-75)第一个等号两边同除以 N_1，整理后并考虑 $k = N_1/N_2$，得

$$\dot{I}_1 = \dot{I}_0 + \left(-\frac{\dot{I}_2}{k} \right) = \dot{I}_0 + \dot{I}_{1L} \qquad (4-76)$$

式中

$$\dot{I}_{1L} = \frac{-\dot{I}_2}{k} \qquad (4-77)$$

从式(4-76)可以看出，当变压器负载后，一次电流 $\dot{I}_1$ 可以看成由两个分量组成，其中一个分量是励磁电流分量 $\dot{I}_0$，它在铁心中建立起主磁通 $\dot{\Phi}$；另一个分量是随负载变化的分量 $\dot{I}_{1L}$，用来抵消负载电流 $\dot{I}_2$ 所产生的磁动势，所以 $\dot{I}_{1L}$ 又称为一次电流的负载分量。

由于在额定负载时，$\dot{I}_0$ 只是 $\dot{I}_1$ 中的一个很小的分量，一般只占 I_{1N} 的 $2\% \sim 10\%$，因此在分析负载运行的许多问题时，都可以把励磁电流忽略不计，这样从式(4-76)可以有

$$\dot{I}_1 + \frac{1}{k} \dot{I}_2 \approx 0 \qquad (4-78)$$

从数值上则可认为

$$I_1/I_2 \approx N_2/N_1 = 1/k \qquad (4-79)$$

式(4-79)是表示一、二次绕组内电流关系的近似公式，同时说明了变压器一、二次电流大小与变压器一、二次绕组的匝数大致成反比。由此可见，由于变压器一、二次绕组匝数不同，所以它不仅能够起到变换电压的作用，而且也能够起到变换电流的作用。

（3）负载运行时的电动势平衡方程式。变压器负载运行时的物理过程如图 4-80 所示。

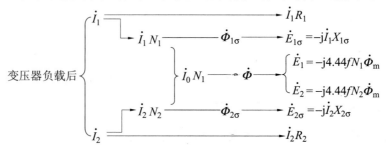

图 4-80 变压器负载运行时的物理过程

变压器负载时，除了铁心内的主磁通 $\dot{\Phi}$ 外，还分别有一、二次绕组漏磁通 $\dot{\Phi}_{1\sigma}$ 与 $\dot{\Phi}_{2\sigma}$ 单独与一、二次绕组相匝链，两者分别相应由一、二次绕组的磁动势单独产生。

主磁通 $\dot{\Phi}$ 将在一、二次绕组内分别感应出电动势 $\dot{E}_1$ 与 $\dot{E}_2$；而漏磁通 $\dot{\Phi}_{1\sigma}$ 与 $\dot{\Phi}_{2\sigma}$ 也将分别感应出一次绕组漏感电动势 $\dot{E}_{1\sigma}$ 及二次绕组漏感电动势 $\dot{E}_{2\sigma}$。

根据图 4-81 所示的参考方向，可以分别列出负载时一、二次侧的电动势平衡方程。负载时一次侧的电动势平衡方程式与空载时的电动势平衡方程式基本相同，即

$$\dot{U}_1 = -\dot{E}_1 + \dot{I}_1 R_1 + j\dot{I}_1 X_{1\sigma}$$

$$= -\dot{E}_1 + \dot{I}_1 (R_1 + jX_{1\sigma}) = -\dot{E}_1 + \dot{I}_1 Z_1 \qquad (4-80)$$

同样，也可求出二次侧的电动势平衡方程式为

$$\dot{U}_2 = \dot{E}_2 - \dot{I}_2 R_2 + \dot{E}_{2\sigma}$$

$$= \dot{E}_2 - \dot{I}_2 R_2 - j\dot{I}_2 X_{2\sigma}$$

$$= \dot{E}_2 - \dot{I}_2 (R_2 + jX_{2\sigma})$$

$$= \dot{E}_2 - \dot{I}_2 Z_2$$

式中　$\dot{E}_{2\sigma}$——二次绕组的漏感电动势，它同样可以用一次绕组的漏抗电压降来表示，即

$$\dot{E}_{2\sigma} = -j\dot{I}_2 X_{2\sigma}$$

　　R_2——二次绕组的电阻；

　　$X_{2\sigma}$——二次绕组的漏电抗；

　　Z_2——二次绕组的漏阻抗。

3. 变压器的等效电路

把变压器一、二次侧的电路进行等效归算，即把二次侧的全部参数折算成与一次侧相同，使变压器变成 1∶1 的变压器，如图 4-81 所示。当然等效归算是有原则的，首先应保证二次绕组电流所产生的电磁效应不变，其次变化后二次的有功功率与无功功率应守恒。

因为图 4-81 是 1∶1 的变压器，有 $N_1 = N_2'$，当把 c 与 e 两点相连时有 $\dot{E}_1 = \dot{E}_2'$。b、d 两点变成等电位，把两点相连，依据 KCL 与 KVL 电路定律和磁动势平衡关系 $\dot{I}_1 + \dot{I}_2' = \dot{I}_{\mathrm{m}}$，可推导出变压器的等效电路如图 4-82 所示。该电路为对变压器进行系统的定量分析奠定了基础。

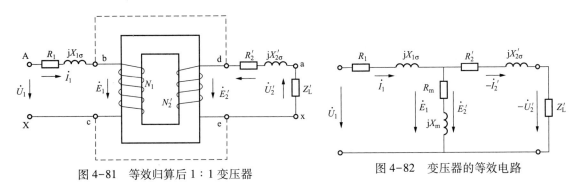

图 4-81　等效归算后 1∶1 变压器　　　　　图 4-82　变压器的等效电路

4.6.5 变压器电压调整率的定义

当变压器的二次侧流过负载电流时，由于绕组内存在一定的漏阻抗等因素，使输出到负载的电压产生一定的电压降落，这使得负载的二次电压 U_2 低于空载时的二次电压 U_{20}，通常这种二次电压的变化程度用电压调整率来表示。

所谓变压器的电压调整率是指空载时的二次电压 U_{20} 与负载时的二次电压 $\dot{U}_2$ 之差与额定二次电压 U_{2N} 之比值，用百分数来表示，即

$$\Delta U = \frac{U_{20} - U_2}{U_{2N}} \times 100\%$$

由于空载时二次电压 U_{20} 就等于二次侧的额定电压 U_{2N}，故

$$\Delta U = \frac{U_{2N} - U_2}{U_{2N}} \times 100\% \tag{4-81}$$

若将式(4-81)分子分母同乘以电压比 k，得到用一次侧表示的公式如下

$$\Delta U = \frac{U_{1N} - U_2'}{U_{1N}} \times 100\% \tag{4-82}$$

4.6.6 变压器的效率

变压器的损耗 ΔP 包括两部分：铁损耗和铜损耗，即 $\Delta P = P_{Cu} + P_{Fe}$。其中，铜损耗 P_{Cu} 由绕组导线的电阻所致；铁损耗 P_{Fe} 指变压器铁心中的磁滞损耗和涡流损耗。

变压器的效率定义为变压器的输出功率 P_2 与输入功率 P_1 之比，即

$$\eta = \frac{P_2}{P_1} \times 100\% = \frac{P_2}{P_2 + \Delta P} \times 100\% = \frac{P_2}{P_2 + P_{Cu} + P_{Fe}} \times 100\% \tag{4-83}$$

在已知变压器参数的情况下，可以利用下式计算变压器的效率

$$\eta = \left(1 - \frac{\beta^2 P_k + P_0}{\beta s_N \cos\varphi_2 + \beta^2 P_k + P_0}\right) \times 100\% \tag{4-84}$$

式中　β——负载系数，$\beta = \dfrac{I_2}{I_{2N}}$；

　　　I_2——变压器二次侧的实际电流；

　　　I_{2N}——变压器二次侧的额定电流；

　　　P_k——变压器短路损耗；

　　　P_0——变压器空载损耗；

　　　s_N——变压器额定容量；

　$\cos\varphi_2$——变压器二次侧功率因数。

在负载性质一定的情况下（$\cos\varphi_2$ = 常数），效率 η 仅随 β 变化。若需考虑变压器的最大效率，只需求上式，取 $\dfrac{\mathrm{d}\eta}{\mathrm{d}\beta} = 0$，可得；当变压器效率最高时的负载系数

$$\beta_m = \sqrt{\frac{P_0}{P_k}}$$

将此时的 β_m 代入式(4-84)便可计算变压器的最大效率 η_m。

4.6.7 变压器的联结组

三相变压器的联结组别，反映了三相变压器连接方式及一、二次侧线电动势（或线电压）的相位关系。三相变压器的联结组别不仅与绕组的绕向和首末端标志有关，而且还与三相绕组的连接方式有关。

实践证明，无论采用何种连接方式，一、二次侧线电动势（或线电压）的相位差总是 $30°$ 的整数倍。因此采用时钟表示法用一次电动势 $\dot{E}_{UV}$ 作为钟表的分针，指向 12 点，二次电动势 $\dot{E}_{uv}$ 作为钟表的时针，其指向的数字就是三相变压器的联结组别号。联结组别号的数字乘以 $30°$，就是二次绕组的线电动势滞后于一次电动势的相位角。

（1）Yy0 联结。同名端在对应端，对应的相电动势同相位，线电动势 $\dot{E}_{UV}$ 和 $\dot{E}_{uv}$ 也同相位，三相变压器 Yy0 联结组别，如图 4-83 所示。

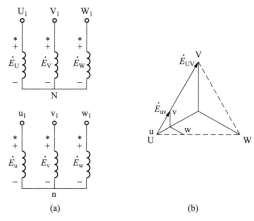

图 4-83　三相变压器 Yy0 联结组别

(a)绕组接法；(b)电压相量图

若高压绕组三相标志不变，低压绕组三相标志依次后移，即原来 v 端变为 u 端，原来 w 端变为 v 端，原来的 u 端变为 w 端，就可以得到 Yy4 联结组别，如图 4-84 所示。

同理，再移可得 Yy8 联结组别。若用异名端与之对应，可得到 Yy6、Yy10 和 Yy2 联结组别。

（2）Yd 联结。同名端在对应端，对应的相电动势同相位，线电动势 $\dot{E}_{UV}$ 和 $\dot{E}_{uv}$ 相位相差 $330°$，联结组别为 Yd11，如图 4-85 所示。

若高压绕组三相标志不变，低压绕组三相标志依次后移，可以得到 Yd3、Yd7 联结组别。同理，若异名端在对应端，可得到 Yd5、Yd9 和 Yd11 联结组别。

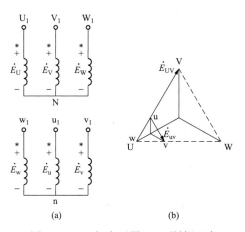

图 4-84　三相变压器 Yy4 联结组别

(a)绕组接法；(b)电压相量图

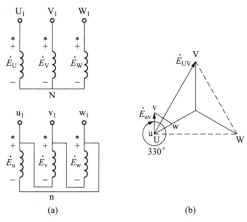

图 4-85　三相变压器 Yd11 联结组别

(a)绕组接法；(b)电压相量图

同名端在对应端，对应的相电动势同相位，线电动势 $\dot{E}_{UV}$ 和 $\dot{E}_{uv}$ 相差 30°，联结组别为 Yd11，如图 4-86 所示。

若高压绕组三相标志不变，低压绕组三相标志依次后移，可以得到 Yd5、Yd9 联结组别。同理，若异名端在对应端，可得到 Yd7、Yd11 和 Yd3 联结组别。

总之，对于 Yy（或 Dd）联结，可以得到 0、2、4、6、8、10 等 6 个偶数组别；而 Yd（或 Dy）联结，可以得到 1、3、5、7、9、11 这 6 个奇数组别。

变压器的联结组别很多，为了便于制造和并联运行，国家标准规定 Yyn0、Yd11、YNd11、YNy0 和 Yy0 联结组为三相双绕组电力变压器的标准联结

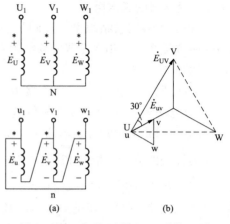

图 4-86　三相变压器 Yd11 联结组别
(a)绕组接法；(b)电压相量图

组别。其中前 3 种最为常用：Yyn0、联结的二次绕组可以引出中性线，成为三相四线制，用作配电变压器时可兼供动力和照明负载；Yd11 联结用于低压侧电压超过 400V 的线路中；YNd11 联结方式主要用于高压输电线路中，可以使电力系统的高压侧接地。

小结与提示　变压器应首先了解单项变压器和三相变压器的结构及特点，重点掌握变压器额定值、变压器电压比的含义及作用和变压器的工作原理，理解变压器电动势平衡方程式及各量含义，学习了解变压器的等效电路、变压器的效率计算以及变压器电压调整率的定义。

4.7　感应电动机

4.7.1　感应电动机的原理、种类及主要结构

1. 三相异步电动机的原理

三相异步电动机的定子铁心上嵌有对称三相绕组，在圆柱体的转子铁心上嵌有均匀分布的导条，导条两端分别用铜环把它们连接成一个整体。当对称三相绕组接到对称三相电源以后，即在定子、转子之间的气隙内建立了以同步转速 n_0 旋转的旋转磁场。由于转子上的导条被这种旋转磁场的磁力线切割，根据电磁感应定律，转子导条内会感应产生感应电动势，若旋转磁场按逆时针方向旋转，如图 4-87 所示，根据右手定则，可以判明图中转子上半部导体中的电动势方向，都是进入纸面的，下半部导体中的电动势都从纸面出

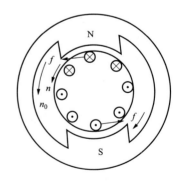

图 4-87　三相异步电动机的工作原理

来的。因为转子上导条已构成闭合回路，转子导条中就有电流通过。如不考虑导条中电流与电动势的相位差，则电动势的瞬时方向就是电流的瞬时方向。根据电磁力定律，导条在旋转磁场中，并载有由感应作用所产生的电流，这样导条必然会受到电磁力。电磁力的方向用左手定则决定。从图 4-87 可看出，转子上所有导条受到的电磁力形成一个逆时针方向的电磁

转矩。于是转子就跟着旋转磁场逆时针方向旋转，其转速为 n。如转子与生产机械连接，则转子上受到的电磁转矩将克服负载转矩而做功，从而实现能量的转换，这就是三相异步电动机的工作原理。

2. 三相异步电动机的结构

三相异步电动机主要由静止的定子和转动的转子组成。定子与转子之间有一个较小的气隙。图 4-88 表示绕线转子三相异步电动机的结构剖面示意图。

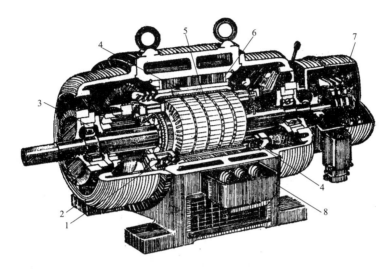

图 4-88　绕线转子三相异步电动机结构剖面示意图

1—转子绕组；2—端盖；3—轴承；4—定子绕组；5—转子；6—定子；7—集电环；8—出线盒

（1）定子。异步电动机的定子由定子铁心、定子绕组和机座三部分组成。

1）定子铁心。定子铁心是异步电动机主磁通磁路的一部分。为了使异步电动机能产生较大的电磁转矩，希望有一个较强的旋转磁场，同时由于旋转磁场对定子铁心以同步转速旋转，定子铁心中的磁通的大小与方向都是变化的，必须设法减少由旋转磁场在定子铁心中所引起的涡流损耗和磁滞损耗，因此，定子铁心由导磁性能较好的 0.5mm 厚且冲有一定槽形的硅钢片叠压而成。对于容量较大（10kW 以上）的电动机，在硅钢片两面涂以绝缘漆，作为片间绝缘之用。

定子铁心上的槽形通常有三种：半闭口槽、半开口槽及开口槽。从提高电动机的效率和功率因数来看，半闭口槽最好，如图 4-89（c）所示。但绕组的绝缘和嵌线工艺比较复杂，所以这种槽形适用于小容量的及中型的低压异步电动机。半开口槽的槽口等于或略大于槽宽的一半，如图 4-89（b）所示，半开口槽可以嵌放成型线圈，这种槽形用于大型低压异步电动机。开口槽如图 4-89（a）所示，用于高压异步电动机，以保证绝缘的可靠和下线方便。

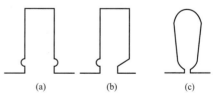

图 4-89　定子铁心槽形

（a）开口槽；（b）半开口槽；（c）半闭口槽

2）定子绕组。定子绕组是异步电动机定子部分的电路，它也是由许多线圈按一定规律连接而成。能分散嵌入半闭口槽的线圈，由高强度漆包圆铜线或圆铝线绕成；放入半开口槽的成型线圈用高强度漆包扁铝线或扁铜线，或用玻璃丝包扁铜线绕成。开口槽也放入成型线圈，其绝缘通常采用云母带，线圈放入槽内必须与槽壁之间隔有"槽绝缘"，以免电动机在运行时绕组对铁心出现击穿或短路故障。

一般根据定子绕组在槽内布置的情况，有单层绕组及双层绕组两种基本形式。容量较大的异步电动机都采用双层绕组。双层绕组在每槽内的导线分上、下两层放置，上、下层线圈边之间需要用层间绝缘隔开。小容量异步电动机常采用单层绕组。槽内定子绕组的导线用槽楔紧固。槽楔常用的材料是竹、胶布板或环氧玻璃布板等非磁性材料。

3）机座。机座的作用主要是固定和支撑定子铁心。中、小型异步电动机一般都采用铸铁机座，并根据不同的冷却方式而采用不同的机座形式。例如小型封闭式电动机，电动机中损耗变成的热量全都要通过机座散出。为了加强散热能力，在机座的外表面有很多均匀分布的散热筋，以增大散热面积。对于大、中型异步电动机，一般采用钢板焊接的机座。

（2）转子。异步电动机的转子由转子铁心、转子绕组和转轴组成。

1）转子铁心。转子铁心是电动机主磁通路的一部分，一般由 0.5mm 厚冲槽的硅钢片叠成，铁心固定在转轴或转子支架上。整个转子铁心的外表面成圆柱形。

2）转子绕组。转子绕组分为笼型和绕线型两种结构，下面分别说明这两种绕组结构形式的特点。

① 笼型绕组。由于异步电动机转子导体内的电流是由电磁感应作用而产生的，不需要由外电源对转子绕组供电，因此绕组可自行闭合，绕组的相数也不必限定为三相。因此笼型绕组的各相均由单根导条组成。笼型绕组由插入转子的导条和两端的环形端环组成。如果去掉铁心，整个绕组的外形就像一个关松鼠的笼子，如图 4-90 所示。具有这种笼型绕组的转子，习惯上称为笼型转子。为了节约用铜和提高生产率，小容量笼型异步电动机一般都采用铸铝转子如图 4-91 所示。这种转子的导条和端环一次铸出。对容量大于 100W 的电动机，由于铸铝质量不易保证，常用铜条插入转子内，在两端焊上端环，构成笼型绕组。笼型转子上既无集电环，又无绝缘，所以结构简单、制造方便、运行可靠。

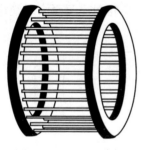

图 4-90　铜条笼型转子

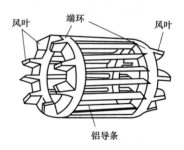

图 4-91　铸铝笼型转子

② 绕线型绕组。它与定子绕组一样也是一个对称的三相绕组，这个对称三相绕组接成星形，并接到转轴上三个集电环，再通过电刷使转子绕组与外电路接通，如图 4-92 所示。这种转子的特点是，通过集电环和电刷可在转子回路中接入附加电阻或其他控制装置，以便改善电动机的起动性能或调速特性。

（3）气隙。异步电动机定、转子之间的气隙是很小的，中、小型电动机一般为 0.2~2mm。气隙的大小与异步电动机的性能关系极大。气隙越大，磁阻也越大。磁阻大时，产生同样大小的旋转磁场就需要较大的励磁电流。励磁电流是无功电流（与变压器中的情况一样），该电流增大会使电动机的功率因数变坏。然而，磁阻大可以减少气隙磁场中的谐波含量，从而可减少附加损耗，且改善起动性能。气隙过小，会使装配困难和运转不安全。如何决定气隙大小，应权衡利弊，全面考虑。一般异步电动机的气隙以较小为宜。

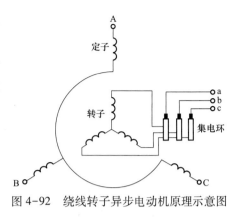

图 4-92　绕线转子异步电动机原理示意图

4.7.2　感应电动机转矩、额定功率、转差率的概念及其等效电路

1. 转差率的概念

一般情况下，异步电动机的转速不能达到同步转速 n_0。因为电动机转子转速达到同步转速 n_0，则旋转磁场与转子导条之间不再有相对运动，因而不可能在导条内感应产生电动势与电流，也不会产生电磁转矩来拖动机械负载。因此，异步电动机的转子转速 n 总是略小于旋转磁场的同步转速 n_0，即与旋转磁场"异步"地转动。异步电动机由此而命名。转速 n_0 与 n 之差称为转差。转差（n_0-n）的存在是异步电机运行的必要条件。将转差（n_0-n）表示为同步转速 n_0 的百分值，称为转差率，用 s 表示，即

$$s(\%) = \frac{n_0-n}{n_0} \times 100\% \tag{4-85}$$

转差率是异步电动机的一个基本参量。一般情况下，异步电动机的转差率变化不大，空载转差率在 0.5% 以下，满载转差率在 5% 以下。

2. 等效电路

经频率和绕组归算后的异步电动机定、转子电路如图 4-93 所示，归算后的各个量都在原来符号的右上角加"′"来表示。

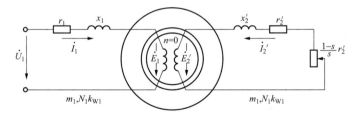

图 4-93　转子绕组归算后的异步电动机的定、转子电路

经频率和绕组的归算，把异步电动机的转子绕组的频率、相数、每相有效串联匝数都归算成和定子绕组一样，即可用归算过的基本方程式推导出异步电动机的等效电路。

等效电路如图 4-94 所示，叫作异步电动机的 T 形等效电路。在电路中，r_1、x_1 为定子绕组的电阻和漏抗，r_2'、x_2' 为归算过的转子绕组的电阻和漏抗；r_m 代表与定子铁心损耗相对应的等效电阻；x_m 代表与主磁通相对应的铁心电路的励磁电抗。

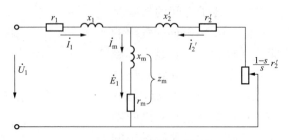

图4-94 异步电动机T形等效电路

异步电动机的T形等效电路以电路形式综合了异步电动机的电磁过程，因此它必然反映异步电动机的各种运行情况。下面从T形等效电路去看几种异步电动机典型的运行情况。

（1）异步电动机的空载运行。异步电动机空载时，转子转速与同步转速非常接近，因此转差率$s \approx 0$。T形等效电路中代表机械负载的附加电阻$(1-s)r'_2/s \to \infty$，转子电路相当于开路情况，这时定子电路的电流$\dot{I}_m$滞后于外加电压$\dot{U}_1$的相位差接近$90°$，所以异步电动机空载运行时，功率因数是滞后的，而且很低。

（2）异步电动机在额定负载下运行。异步电动机带有额定负载时，转差率s_N大约为5%左右，这时归算过的转子电路中的总电阻r'_2/s为归算前的转子电阻r'_2的20倍左右，这使归算过的转子电路基本上成为电阻性的。因此定子的功率因数能达到$0.8 \sim 0.85$。有负载时定子漏阻抗电压降I_1Z_1的影响不大，E_1和相应的主磁通比空载时略小。

（3）异步电动机起动时的情况。这里所说的"起动"，实际上为转子堵转状态。异步电动机堵转时，$n=0$，则$s=1$，代表机械负载的附加电阻$(1-s)r'_2/s$等于零，相当于电路呈短路状态。所以起动电流（即堵转电流）很大，而功率因数也较低。

（4）异步发电机运行。异步电动机作发电机运行时，转子转速超过同步转速，而n处于$\infty > n > n_0$之间，s处于$-\infty < s < 0$之间，转差率进入负值。此时代表机械功率的附加电阻$(1-s)r'_2/s$是一个负电阻，与之相应的机械功率也是负的。即这时是输入机械功率，每相功率输入分配如下

$$\left(-I'^2_2 \frac{1-s}{s}r'_2 \right)_{s<0} = I'^2_2 R'_2 + \left(-I'^2_2 \frac{R'_2}{s} \right)$$

即：转子机械功率输入=转子铜耗+传给定子的功率。

（5）异步电动机作电磁制动状态运行。异步电动机处于电磁制动状态，转子反旋转磁场旋转，即转差率$s > 1$，产生的机械功率也是负的，即

$$\left(I'^2_2 \frac{1-s}{s}R'_2 \right)_{s>1} < 0$$

在这种情况下，异步电动机是吸收机械功率，这时由定子送到转子的电磁功率以及轴上吸收的机械功率，都供给了转子的铜损耗。这种既吸收机械功率而又吸收电功率的运行情况，对机械运动起制动作用，所以称为电磁制动情况。

4.7.3　功率转换过程与转矩

异步电动机的功率流程图和能量转换关系如图4-95所示。

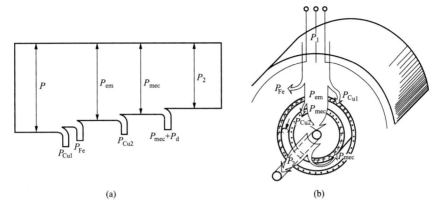

(a)

(b)

图 4-95 异步电动机的功率流程图和能量转换关系
(a)功率关系；(b)能量转换关系

根据图 4-95 的功率流程图，异步电动机各种功率与转矩计算公式如下

$$P_1 = m_1 U_1 I_1 \cos\varphi_1$$

$$P_{Cu1} = m_1 I_1^2 r_1$$

$$P_{Fe} = m_1 I_m^2 r_m$$

$$P_{em} = P_1 - P_{Fe} - P_{Cu1} = m_1 E_2' I_2' \cos\varphi_2' = m_1 I_2'^2 \times \frac{r_2'}{s}$$

$$P_{em} = P_{mec} + P_{Cu2}$$

$$P_{Cu2} = m_1 I_2'^2 R_2'$$

$$P_{Cu2} = s P_{em}$$

$$P_{mec} = (1-s) P_{em}$$

$$T_{em} = T_2 + T_{mec} + T_\Delta \approx T_2 + T_0$$

$$T_{em} = \frac{P_{em}}{\Omega_1}$$

$$T_{mec} = \frac{P_{mec}}{\Omega}$$

式中　U_1——定子相电压；

　　T_2——电动机输出的机械转矩；

　　I_1——定子相电流；

　T_{mec}——机械损耗转矩；

　　φ_1——定子功率因数角；

　　φ_2'——转子功率因数角；

　　T_0——空载转矩；

　　m_1——定子相数；

　　Ω_1——旋转磁场电角速度；

　P_{em}——电磁功率；

　　Ω——机械角速度；

P_{mec}——机械功率；

T_{em}——电磁转矩；

P_{Cu2}——转子铜耗；

P_1——转入功率。

4.7.4 感应电动机的三种运行状态

感应电动机的三种运行状态与判断方法如图 4-96 所示。

4.7.5 感应电动机的运行特性

运行特性一般是指电动机在额定电压和额定频率下运行时，转子转速 n、电磁转矩 T_{em}、功率因数 $\cos\varphi$、效率 η 和定子电流 I_1 等随输出功率 P_2 而变化的关系。图 4-97 中以标幺值示出一般用途异步电动机典型的运行特性曲线。

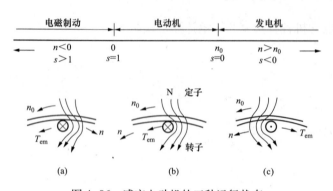

图 4-96　感应电动机的三种运行状态

（a）电磁制动状态；（b）电动机状态；（c）发电机状态

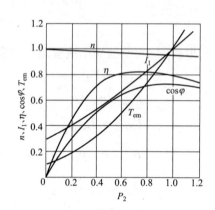

图 4-97　感应电动机运行特性曲线

从图 4-97 中可以看出：

（1）异步电动机从空载到满载范围运行时，转子转速稍有下降，基本不变。

（2）轻负载时，功率因数及效率很低，而当负载增加到一定值（如 50% 额定值）以上时，$\cos\varphi$ 及 η 变化很少。

（3）电磁转矩 T_{em} 及定子电流 I_1 随负载增大而增大。

4.7.6 感应电动机的起动特性

电动机的起动包括从接通电源到电动机达到额定转速的全部过程。对异步电动机的起动，需要考虑的主要因素是最初起动转矩和起动电流。具有不同绕组类型转子的电动机，如一般单笼、深槽单笼、双笼或绕线型电动机具有不同的起动特性。电动机的最初起动转矩和最小转矩都必须高于被拖动机械特性才能顺利起动。在起动过程中，起动电流很大，满压起动时约为额定电流的 5~7 倍。因此电动机必须有足够大的起动转矩，使电动机能尽快地加速到满转速以缩短起动时间，避免由于时间过长导致电动机绕组过热。另外，在电动机起动时，由于电流过大常将使电源电压降低，影响同一电源上其他设备的供电。因此，在电动机起动转矩满足需要的条件下，要求尽可能降低其起动电流。为了降低起动电流或避免电机起动时对负载的过大冲击，对笼型电动机常采用降低电压起动的方法。对起动特别困难的场合，需要采用绕线型电动机。采用在绕线转子电路中串接电阻的方法，可以得到最高的起动转矩、最低的起动电流和较平滑的起动特性。当然也可以采用软起动和变频起动等先进的起动方法。

4.7.7 感应电动机常用起动方法

1. 笼型异步电动机的起动方法

笼型异步电动机的起动方法有全压起动和降压起动两种。在电源容量足够大时，应优先采用全压起动。当电动机功率较大而电源容量又相对较小需要降低其起动电流，而且是轻载起动时，可采用降压起动。常用的降压起动方法有星形—三角形(Y—△)起动、电抗降压起动、自耦变压器起动和延边三角形起动等。也可以采用软起动和变频起动等先进的起动方法。

2. 绕线转子异步电动机的起动方法

绕线转子异步电动机起动时，在其转子回路中接入变阻器以减小起动电流，同时也提高起动转矩。在起动过程中，随电动机转速的上升，逐渐减小变阻器的阻值，最后完全扣除。常用的变阻器有起动变阻器和频敏变阻器两种。

4.7.8 感应电动机常用调速方法

异步电动机可以通过改变极对数 p、转差率 s 和频率 f 三种办法来改变转速，也可以与其他变速装置如齿轮变速器等配套使用。

$$n = \frac{60 f (1-s)}{p} \qquad (4-86)$$

1. 变极变速

利用改变定子绕组线圈间的连接，使电动机改变极数达到变速的目的。这种变速方法主要用于笼型异步电动机。

2. 改变转差率调速

根据不同的调节方法有下面几种：

（1）调压调速。异步电动机在不同的定子电压下有不同的转矩-转速曲线，如图 4-98 所示。在相同的负载转矩下，调节定子电压可以得到不同的转差率及不同的转速(即电动机稳定运行在转矩曲线的 a、b、c 点上)。调压调速方法就是利用这种特性通过自耦变压器等调节定子电压进行调速的。这种调速方法多用于具有高电阻转子绕组的笼型异步电动机和串接有变阻器的绕线转子异步电动机。

（2）调节转子电阻调速。这种调速方法是在绕线转子绕组电路中串接可调变阻器，调节变阻器的阻值就可达到调速目的。从图 4-99 中可以看出，当负载转矩相同时，转子串入不同的电阻可使电动机分别稳定运行在不同的转矩曲线上，可以得到不同的转速。但此时一部分功率消耗在调节变阻器内，使运行效率降低。

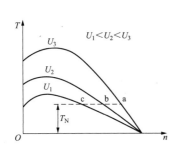

图 4-98　在不同电压下电动机转子的转矩-转速曲线

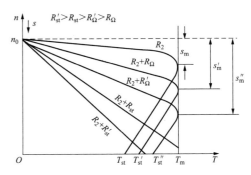

图 4-99　转子串联对称电阻时的人为机械特性

（3）在转子电路中引入附加电动势进行调速。这种调速方法是在转子绕组电路中，引入一个与其电动势有相同频率的调节电动势，以改变电动机的转差率来进行调速的。

（4）串级调速。串级调速是在绕线转子异步电动机上，利用晶闸管装置，将转子电路内转差电压经整流和逆变后，使转子部分功率反馈到电网上去。调节晶闸管的逆变角以控制反馈能量即可实现调速。当调速范围在 1∶2 以下，晶闸管装置需反馈的功率不大于额定功率的一半时比较经济。这种调速方法适用于要求调速范围小于 1∶2 的中、大功率电动机。

3. 变频调速

改变频率可以调节电动机同步转速。随着电源频率的变化，电动机的磁通、转矩、效率、功率因数等在一般情况下都要发生变化。为此，在调频的同时，必须调节电压，以保证电动机在任何频率下都具有恒定的气隙磁通，从而得到恒转矩的调速特性。变频电源可由晶闸管变频装置或变频机组提供。

4.7.9 转子电阻对感应电动机转动性能的影响

由感应电动机的分析理论知道，发生最大电磁转矩的转差率

$$s_m = \pm \frac{R_2'}{\sqrt{R_1^2 + (x_1 + x_2')^2}} \tag{4-87}$$

而最大电磁转矩

$$T_m = \pm \frac{m_1}{\Omega_0} \times \frac{u_x^2}{2[\pm R_1 + \sqrt{R_1^2 + (x_1 + x_2')^2}]} \tag{4-88}$$

起动电磁转矩 T_{st} 的计算公式为

$$T_{st} = \frac{m_1}{\Omega_0} \times \frac{u_x^2 R_2'}{(R_1 + R_2')^2 + (x_1 + x_2')^2} \tag{4-89}$$

在绕线转子异步电动机的转子电路内，三相分别串联同样大小的电阻 R_2，由式（4-87）~式（4-89）可见，此时 n_0 不变，T_m 也不变；s_m 则随 R_2' 的增大而增大。T_{st} 之值也将改变，一开始随 R_2 的增大而增加一直增大到 R_{st} 时，$T_{st} = T_m$，如 R_Ω 继续增大，T_{st} 将开始减小（图 4-99）。

4.7.10 电动机的发热、绝缘及冷却

1. 发热、绝缘与温升

决定电动机功率时，要考虑电动机的发热，允许过载与起动能力等三方面的因素，一般情况下，以发热问题最为重要。

电动机的发热，是由于在实现能量变换过程中在电动机内部产生损耗并变成热量使电动机的温度升高。在电动机中，耐热最差的最绕组的绝缘材料，不同等级的绝缘材料，其最高允许温度是不同的。电动机中常用的绝缘材料可有 5 种等级。

（1）A 级绝缘。包括经过绝缘浸渍处理的棉纱、丝、纸等；普通漆包线的绝缘漆，最高允许温度为 105℃。

（2）E 级绝缘。包括高强度漆包线的绝缘；环氧树脂；三醋酸纤维薄膜、聚酯薄膜及青壳纸；纤维填料塑料，最高允许温度为 120℃。

（3）B 级绝缘。包括由云母、玻璃纤维、石棉等制成的材料，用有机材料黏合或浸渍；矿物填料塑料，最高允许温度为 130℃。

（4）F 级绝缘。包括与 B 级绝缘相同的材料，但黏合剂及浸渍漆不同，最高允许温度为 155℃。

（5）H 级绝缘。包括与 B 级绝缘相同的材料，但用耐温 180℃ 的硅有机树脂黏合或浸渍；硅有机橡胶；无机填料塑料，最高允许温度为 180℃。

目前的趋势是日益广泛地使用高允许温度等级的绝缘材料，如 F、H 级绝缘材料，这样，可以在一定的输出功率下使电动机的重量与体积大为降低。

当电动机温度不超过所用绝缘材料的最高允许温度时，绝缘材料的寿命较长，可达 20 年以上；反之，如温度超过上述最高允许温度，则绝缘材料老化、变脆，缩短了电动机的寿命，严重情况下，绝缘材料将碳化、变质、失去绝缘性能，从而使电动机烧坏。

由此可见，绝缘材料的最高允许温度是一台电动机带负载能力的限度，而电动机的额定功率就是代表这一限度。电动机铭牌上所标的额定功率即指如环境温度（或冷却介质温度）为 40℃，电动机带动额定负载（指负载功率为额定值）长期连续工作，温度逐渐升高趋于稳定后，最高温度可达到绝缘材料允许的极限。

上述环境温度 40℃ 是我国规定的标准（我国旧系列电动机，如 J、Z 系列电动机，标准的环境温度曾规定为 35℃）。既然电动机的额定功率是对应于环境温度为标准值 40℃ 的功率，则当环境温度低于 40℃ 时，电动机可带动高于额定值的负载；反之，当环境温度高于 40℃ 时，所带负载应适当降低，以保证两种情况下电动机最终都达到绝缘材料最高允许温度。

必须指出，在研究电动机发热时，常把电动机温度与周围环境温度之差称为"温升"。显然，使用不同的绝缘材料的电动机，其最高允许温升是不同的。电动机铭牌上所标的温升是指所用绝缘材料的最高允许

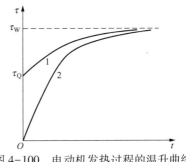

图 4-100　电动机发热过程的温升曲线
1—$\tau_Q \neq 0$；2—$\tau_Q = 0$

温度与 40℃ 之差，或称为额定温升。电动机发热过程温升典型曲线如图 4-100 所示。

由温升曲线可见，发热过程开始时，由于温升较小，散发出去的热量较小，大部分热量被电动机吸收，因而温升 τ 增长较快；其后，随着温度的升高，散发的热量不断增长，而电动机发出热量则由于负载不变而维持不变，电动机吸收的热量不断减少，温升曲线趋于平缓；最后，发热量与散热量相等，电动机的温度不再升高，温度达到稳定值 τ_w。

因此电动机发热过程各参数与输出功率 P_N 的关系如下

$$P_N = \frac{\tau_w A \eta_N}{1 - \eta_N} \tag{4-90}$$

由式（4-90）可见，对同样尺寸的电动机，欲使其额定功率 P_N 提高，可从下列三个方面入手。

1）提高额定效率 η_N，即相当于采取措施降低电动机损耗。

2）提高散热系数 A，用加大空气流通速度与散热表面积可使散热加快，因此电动机中广泛采用风扇（自带风扇的自扇冷式及另外配备通风机的他扇冷式）和带散热筋的机壳，在结构形式上，同样尺寸的开启式电动机，其额定功率比封闭的大，因前者的散热条件较好，其散热系数比后者的大。

3）提高绝缘材料的允许温升τ_W，这可从采用等级较高的绝缘材料达到要求。

2. 电动机的冷却过程

电动机的冷却可能有两种情况：其一是负载减小，电动机损耗功率ΔP（或热流量Φ）下降时；其二是电动机自电网断开，不再工作，电动机的ΔP或Φ变为零。

电动机冷却过程的温升曲线变化规律方程式的形式与发热过程相似，其中τ_Q为冷却开始时的温升，而τ_W为由降低负载后的ΔP或Φ所决定的稳定温升，显然$\tau_W < \tau_Q$，这一情况在图4-101上用曲线1表示。

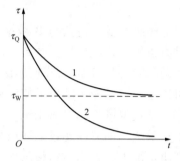

图4-101　电动机冷却过程的$\tau = f(t)$曲线
1—负载减小时；2—电动机脱离电网

当电动机自电网断开时，$\Delta P = \Phi = 0$，则$\tau_W = 0$方程式变为

$$\tau = \tau_Q e^{-t/T}$$

在图4-101上用曲线2表示电动机脱离电源的冷却过程的$\tau = f(t)$曲线。

必须注意，电动机脱离电网时的冷却时间常数T'与电动机通电时的时间常数T不同。这是因为，当电动机由电网断开后，电动机停转，在采用自扇冷式的电动机上，风扇不转，散热系数下降为A'，使时间常数增大为$T' = C/A'$，T'可达$2 \sim 3T$。在采用他扇冷式时，则$T' = T$。

由图4-101可见，在电动机冷却时，发热减小或没有了，原来储存在电动机中的热量逐渐散出，使电动机温升下降。冷却开始时，电动机的温升大，散热量大，温升下降快；随着温升的不断下降，散热量越来越小，温升下降变得平缓，最后趋于τ_W或$\tau_W = 0$。

4.7.11　感应电动机拖动形式及各自的特点

（1）感应电动机的电动。即正常的感应电动机运行与反向电动机运行。

（2）感应电动机的制动。根据被拖动机械的需要，有时对感应电动机进行制动的要求。例如在切断电源后要求感应电动机很快停止转动，要求电动机降低转速或维持其转速使其不至于过速（吊车电动在重物下降时）。感应电动机的制动方法主要有以下几种：

1）发电制动（再生制动）。当转子转速在外加转矩作用下大于同步转速时，电动机处于发电机状态，产生制动转矩，从而对外加转矩起制动作用。例如起重机等一类机械在负载高速降落时利用发电制动作用限制下降速度。此时如需要制动停止状态，还需要用其他制动方法配合使用。

2）反接制动。短时改变电动机的相序，使旋转磁场反向，从而使电动机产生的转矩和负载惯性转矩方向相反，因而起制动使用。这种方法较简单可靠，但由于反接制动时的振动和冲击力较大，所以一般不适用于精密度要求较高的精密机床等设备。

3）动力制动（能耗制动）。当电动机与交流电源断开后，立即将直流电源加在定子绕组上，于是在气隙中产生一个静止磁场，此时在转子绕组中即产生感应电动势和电流，因而消耗动能产生制动作用。这种制动方法通常用在非逆转的传动系统和停转后才允许反转的可逆传动系统上。

4）机械制动。通常所称机械制动主要是指电磁机械制动。在切割电动机电源的同时，也切断制动机构中克服弹簧压力的电磁铁电源，使抱闸受弹簧压力迅速动作，制动闸轮使电动机停转。制动力矩可通过调节抱闸的弹簧压力来改变。这种方法可不受中途停电或电气故障的影响而造成事故，因此广泛用于起重、卷扬等设备上。

4.7.12 异步电动机的维护

1. 起动前的检查

（1）检查电动机和起动设备的接地装置是否良好和完整，接线是否正确，接触是否良好。电动机铭牌所标的电压、频率应与电源电压、频率相符。

（2）对新安装或长期停用的电动机，使用前应检查电动机定、转子绕组各相之间和绕组对地的绝缘电阻。绝缘电阻应大于下式所求得的数值。

$$R = \frac{U}{1000 + \frac{P}{100}} \qquad (4-91)$$

式中　R——电动机绕组的绝缘电阻，$M\Omega$；

U——电动机绕组的额定电压，V；

P——电动机的额定功率，kW。

（3）对绕线转子异步电动机，应检查集电环上的电刷及电刷提升机构是否处于正常工作状态，电刷压力为 $0.015 \sim 0.025 MPa$。

（4）检查轴承是否有润滑油。对滑动轴承，应达到规定的油位；对滚动轴承，应达到规定的油量，以保证润滑。

合闸后，如发现不转或起动很慢，声音不正常，必须立即停电检查。

2. 正常运行中的维护

（1）电动机在正常运行时的温升不应超过允许的限度。运行时应经常注意监视各部分温升情况。

（2）监视电动机负载电流。电动机发生故障时大都会使定子电流剧增，使电动机过热。较大功率的电动机应装有电流表监视电动机的负载电流。电动机的负载电流不应超过铭牌上所规定的额定电流值。

（3）监视电源电压、频率的变化和电压的不平衡度。电源电压和频率的过高或过低，三相电压的不平衡造成的电流不平衡，都可能引起电动机过热或其他不正常现象。

（4）注意电动机的气味、振动和噪声。绕组因温度过高就会发出绝缘焦味。有些故障，特别是机械故障，很快会反映为振动和噪声，因此在闻到焦味或发现不正常的振动或碰擦声、特大的嗡嗡声或其他杂声时应立即停电检查。

（5）经常检查轴承发热，漏油情况，定期更换润滑油。一般在更换润滑油时，将轴承及轴承盖用煤油清洗，然后用汽油洗干净。滚动轴承润滑脂不宜超过轴承室容积的 70%。

（6）对绕线转子异步电动机，应检查电刷与集电环间的接触、电刷磨损以及火花情况，如火花严重必须及时清理集电环表面，并校正电刷弹簧压力。

（7）注意保持电动机内部的清洁，不允许有水滴、油污以及杂物等落入电动机内部。电动机的进风口和出风口必须保持畅通无阻。

4.8　同步电机

4.8.1　同步电机的原理和结构

1. 同步发电机原理简述

（1）结构模型。同步发电机和其他类型的旋转电动机一样，由固定的定子和可旋转的转子两大部分组成。最常用的转场式同步发电机的定子铁心的内圆均匀分布着定子槽，槽内嵌放着按一定规律排列的三相对称交流绕组。这种同步发电机的定子又称为电枢，定子铁心和绕组又称为电枢铁心和电枢绕组。转子铁心上装有制成一定形状的成对磁极，磁极上绕有励磁绕组，通以直流电流时，将会在电机的气隙中形成极性相间的分布磁场，称为励磁磁场（也称主磁场、转子磁场）。除了转场式同步电动机外，还有转枢式同步发电机，其磁极安装于定子上，而交流绕组分布于转子表面的槽内，这种同步发电机的转子充当了电枢。图4-102给出了典型的转场式同步发电机的结构模型。图中用 AX、BY、CZ 三个在空间错开120°电角度分布的线圈代表三相对称交流绕组。

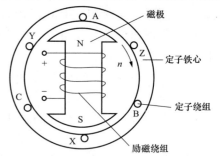

图4-102　同步发电机结构模型

（2）工作原理。同步发电机电枢绕组是三相对称交流绕组，当原动机拖动转子旋转时，通入三相对称电流后，会产生高速旋转磁场，随轴一起旋转并顺次切割定子各相绕组（相当于绕组的导体反向切割励磁磁场），会在其中感应出大小和方向按周期性变化的交变电动势，每相感应电动势的有效值为

$$E_0 = 4.44 f N \Phi_f k_w \tag{4-92}$$

式中　f——电源频率；

Φ_f——每极平均磁通；

N——绕组总导体数；

k_w——绕组系数。

E_0 是由励磁绕组产生的磁通 Φ_f 在电枢绕组中感应而得的，称为励磁电动势（也称主电动势、空载电动势、转子电动势）。由于三相电枢绕组在空间分布的对称性，决定了三相绕组中的感应电动势将在时间上呈现对称性，即在时间相位上相互错开1/3周期。通过绕组的出线端将三相感应电动势引出后作为交流电源。可见，同步发电机可以将原动机提供给转子的旋转机械能转化为三相对称的交变电能。

感应电动势的频率决定于同步发电机的转速 n 和极对数 p，即

$$f = \frac{pn}{60}$$

从供电品质考虑，由众多同步发电机并联构成的交流电网的频率应该是不变的值，这就要求发电机的频率应该和电网的频率一致。我国电网的频率为 $f = 50\text{Hz}$。

2. 同步电机的额定值和型号

（1）额定值。额定容量 $S_N(\text{V}\cdot\text{A}，\text{kV}\cdot\text{A}，\text{MV}\cdot\text{A})$ 或额定功率 $P_N(\text{W}，\text{kW}，\text{MW})$：指电机输出功率的保证值。发电机通过额定容量值可以确定电枢电流，通过额定功率可以确定配套原动机的容量。电动机的额定容量一般用 kW 表示，补偿机则用 kvar 表示。

额定电压 $U_N(\text{V}，\text{kV})$：指额定运行时定子输出端的线电压。

额定电流 $I_N(\text{A})$：指额定运行时定子输出端的线电流。

额定功率因数 $\cos\varphi_N$：额定运行时电机的功率因数。

额定频率 $f_N(\text{Hz})$：额定运行时电机电枢输出端电能的频率，我国标准工业频率规定为 50Hz。

额定转速 $n_N(\text{r/min})$：额定运行时电机的转速，即同步转速。

除上述额定值外，同步电机铭牌上还常列出一些其他的运行数据，例如额定负载时的温升 τ_N、励磁容量 P_{fN} 和励磁电压 U_{fN} 等。

（2）国产同步电机型号。我国生产的汽轮发电机有 QFQ、QFN、QFS 等系列，前两个字母表示汽轮发电机；第三个字母表示冷却方式；Q 表示氢外冷，N 表示氢内冷，S 表示双水内冷。我国生产的大型水轮发电机为 TS 系列，T 表示同步，S 表示水轮。例如：QFS-300-2 表示容量为 300MW 双水内冷 2 极汽轮发电机；TSS1264/48 表示双水内冷水轮发电机，定子外径为 1264cm，铁心长为 160cm，极数为 48。

此外，同步电动机系列有 TD、TDL 等，TD 表示同步电动机，后面的字母指出其主要用途。如 TDG 表示高速同步电动机；TDL 表示立式同步电动机。同步补偿机为 TT 系列。

4.8.2　同步发电机励磁方式简介

1. 直流励磁机励磁

直流励磁机通常与同步发电机同轴，采用并励或者他励接法。采用他励接法时，励磁机的励磁电流由另一台被称为副励磁机的同轴的直流发电机供给，如图 4-103 所示。

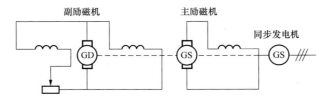

图 4-103　直流励磁机励磁系统

2. 静止整流器励磁

同一轴上有 3 台交流发电机，即主发电机、交流主励磁机和交流副励磁机。副励磁机的励磁电流开始时由外部直流电源提供，待电压建立起来再转为自励（有时采用永磁发电机）。副励磁机的输出电流经过静止晶闸管整流后供给主励磁机，而主励磁机的交流输出电流经过静止的三相桥式晶闸管整流器整流后供给主发电机的励磁绕组（图 4-104）。

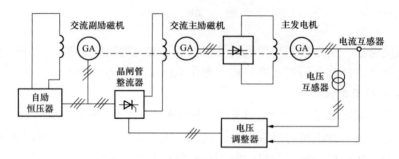

图 4-104　静止整流器励磁系统

3. 旋转整流器励磁

静止整流器的直流输出必须经过
电刷和集电环才能输送到旋转的励磁
绕组，对于大容量的同步发电机，其
励磁电流达到数千安培，使得集电环
严重过热。因此，在大容量的同步发
电机中，常采用不需要电刷和集电环
的旋转整流器励磁系统，如图 4-105
所示。主励磁机是旋转电枢式三相同

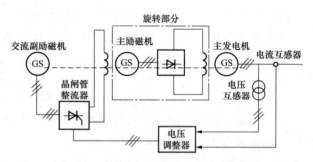

图 4-105　旋转整流器励磁系统

步发电机，旋转电枢的交流电流经与主轴一起旋转的晶闸管整流器整流后，直接送到主
发电机的转子励磁绕组。交流主励磁机的励磁电流由同轴的交流副励磁机静止的晶闸管
整流器整流后供给。由于这种励磁系统取消了集电环和电刷装置，故又称为无刷励磁
系统。

4.8.3　同步电机电枢反应的概念

1. 负载后的磁动势分析

空载时，同步电机中只有一个以同步转速旋转的励磁磁动势 F_f，它在电枢绕组中感应
出三相对称交流电动势，其每相有效值为 E_0，称为励磁电动势。电枢绕组每相端电压
$U=E_0$。

当电枢绕组接上三相对称负载后，电枢绕组和负载一起构成闭合通路，通路中流过的是
三相对称的交流电流 $\dot{i}_a$、$\dot{i}_b$ 和 $\dot{i}_c$。当三相对称电流流过三相对称绕组时，将会形成一个以同
步速度旋转的旋转磁动势。由此可见，负载以后同步电机内部将会产生又一个旋转磁动势
F_a，即电枢旋转磁动势。因此，同步发电机接上三
相对称负载以后，电机中除了随轴同转的转子磁动
势 F_f（称为机械旋转磁动势）外，又多了一个电枢旋
转磁动势 F_a（称为电气旋转磁动势）。如图 4-106
所示，不难证明这两个旋转磁动势的转速均为同步
转速，而且转向一致，两者在空间上处于相对静止
状态，可以用矢量加法将其合成为一个合成磁动势
F_0，其气隙磁场 B_δ 可以看成是由合成磁动势 F 在

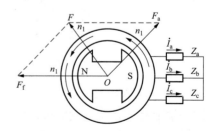

图 4-106　负载后电机中的旋转磁动势

电机的气隙中建立起来的磁场。B_δ 也是以同步转速旋转的旋转磁场。

可见，同步发电机负载以后，电机内部的磁动势和磁场将发生显著变化，这一变化主要由电枢磁动势的出现所致。

2. 电枢反应

电枢磁动势的存在，将使气隙磁场的大小和位置发生变化，我们把这一现象称为电枢反应。电枢反应会对电机性能产生重大影响。电枢反映的情况决定于空间相量 F_a 和 F_f 之间的夹角，从下面的分析可知，这一夹角又和时间相量 $\dot I_a$ 和 $\dot E_0$ 之间的相位差 φ 相关联。φ 称为内功率因数角，其大小由负载的性质决定。可见 φ 的大小（即负载的性质）决定了 F_a 和 F_f 之间的夹角，也即决定了电枢反映的情况。为了分析方便，将转子磁极的轴线定义为直轴，并用 d 表示；将与直轴正交的方向定义为交轴，并用 q 表示。以下从同步发电机的时空相量图入手对各种情况下的电枢反应进行分析。

（1）同步发电机的时空相量图。如图 4-107 所示的瞬间，A 相绕组中感应电动势 $\dot E_0$ 达到最大值，此时如果 $\varphi = 0°$，即 A 相电流 $\dot I_a$ 和 $\dot E_0$ 同相位，则 $\dot I_a$ 也达到最大值。由异步电动机介绍可知，电枢磁动势（三相合成磁动势）F_a 的轴线将和 A 相线圈的轴线重合。一般情况下，$\dot I_a$（时间相量）滞后或超前于 $\dot E_0$（时间相量）φ 电角度时，F_a（空间相量）的轴线位置也滞后或超前于 A 相绕组的轴线 φ 电角度。即 $\dot I_a$ 和 $\dot E_0$ 在时间上的相位差等于 F_a 的轴线和 A 相绕组轴线的空间角度差。以上结论虽然是在一个特殊的瞬间（磁极轴线和 A 相绕组轴线重合时）得出的，由于 F_a 和 F_f 同速同步旋转，故在负载一定的情况下，F_a 和 F_f 的空间相位差等于 $\varphi + 90°$ 电角度。

为了分析方便，人们常将时间相量 $\dot\Phi_f$、$\dot\Phi_a$、$\dot E_0$、$\dot I_a$ 和空间相量 F_f、F_a、F 画在一起构成所谓的时空相量图（图 4-107）。在时空相量图中 $\dot\Phi_f$ 和 F_f（处于磁极轴线方向，即 d 方向）重合，$\dot E_0$ 滞后 $\dot\Phi_f$ 90° 电角度（处于相邻一对磁极的中性线位置，即 q 方向），$\dot I_a$ 和 $\dot E_0$ 之间的相位差 φ 由负载性质决定，F_a 和 $\dot I_a$ 重合。

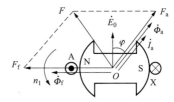

图 4-107　同步发电机时空相量图

利用时空相量图可以方便地分析不同负载情况时同步发电机电枢反应的情况。

（2）$\dot I_a$ 和 $\dot E_0$ 同相位或者反相位时的电枢反应。此时，$\varphi = 0°$ 或者 180°，F_a 与 F_f 之间的夹角为 90° 或者 270°，如图 4-108(a) 所示，即两者正交，转子磁动势作用在直轴上，而电枢磁动势作用在交轴上，电枢反应的结果使得合成磁动势的轴线位置产生一定的偏移，幅值发生一定的变化。这种作用在交轴上的电枢反应称为交轴电枢反应，简称交磁作用。

（3）$\dot I_a$ 滞后于 $\dot E_0$ 90°时的电枢反应。此时 $\varphi = 90°$，F_a 与 F_f 之间的夹角为 180°，如图 4-108(b) 所示，即两者反相，转子磁动势和电枢磁动势一同作用在直轴上，方向相反，电枢反应为纯去磁作用，合成磁动势的幅值减小，这一电枢反应称为直轴去磁电枢反应。

（4）$\dot I_a$ 超前于 $\dot E_0$ 90°时的电枢反应。此时 $\varphi = 90°$，F_a 与 F_f 之间的夹角为 0°，即两者同相，转子磁动势和电枢磁动势一同作用在直轴上，方向相同，电枢反应为纯增磁作用，合成磁动势的幅值加大，这一电枢反应称为直轴增磁电枢反应。

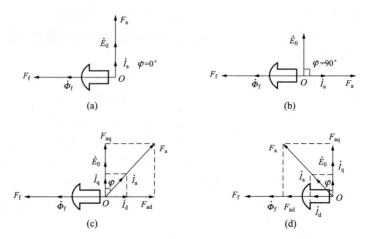

图 4-108　用时空相量图分析同步发电机的电枢反应

(a)$\varphi = 0°$；(b)$\varphi = 90°$；(c)$0° < \varphi < 90°$；(d)$-90° < \varphi < 0°$

（5）一般情况下的电枢反应。一般情况下（φ 为任意角度时），如图 4-108（c）和（d）所示，可将 $\dot{I}_a$ 分解为直轴分量 $\dot{I}_d$ 和交轴分量 $\dot{I}_q$，$\dot{I}_d$ 产生直轴电枢磁动势 F_{ad}，F_{ad} 与 F_f 同相或反相，起增磁或者去磁作用；$\dot{I}_q$ 产生交轴电枢磁动势 F_{aq}，F_{aq} 与 F_f 正交，起交磁作用。根据正交分解原理有

$$\left.\begin{array}{l} \dot{I}_a = \dot{I}_d + \dot{I}_q \\ I_d = I_a \sin\varphi \\ I_q = I_a \cos\varphi \end{array}\right\} \tag{4-93}$$

$$\left.\begin{array}{l} F_a = F_{ab} + F_{aq} \\ F_{ad} = F_a \sin\varphi \\ F_{aq} = F_a \cos\varphi \end{array}\right\} \tag{4-94}$$

4.8.4　电枢反应电抗和同步电抗

当三相对称的电枢电流流过电枢绕组时，将产生旋转的电枢磁动势 F_a，F_a 将在电机内部产生跨过气隙的电枢反应磁通 $\dot{\Phi}_a$ 和不通气隙的漏磁通 $\dot{\Phi}_\sigma$，$\dot{\Phi}_a$ 和 $\dot{\Phi}_\sigma$ 将分别在电枢各相绕组中感应出电枢反应电动势 $\dot{E}_a$ 和漏磁电动势 $\dot{E}_\sigma$。$\dot{E}_a$ 与电枢电流 $\dot{I}_a$ 的大小成正比（不计饱和），比例常数称为电枢反应电抗 X_a，考虑到相位关系后，每相电枢反应电动势为

$$\dot{E}_a = -jX_a \dot{I}_a \tag{4-95}$$

电枢反应电抗 X_a 的大小和电枢反应磁通 $\dot{\Phi}_a$ 所经过磁路的磁阻成反比，$\dot{\Phi}_a$ 所经过的磁路与电枢磁动势 F_a 轴线的位置有关。对于凸极电机而言，当 F_a 和 F_f 重合时，即 F_a 和磁极的轴线重合时，$\dot{\Phi}_a$ 经过直轴气隙和铁心而闭合（这条磁路称为直轴磁路），如图 4-109（a）所示。此时由于直轴磁路中的气隙较短，磁阻较小，所以电枢反应电抗就较大。当 F_a 和 F_f 正交时，即 F_a 和磁极的轴线垂直时，$\dot{\Phi}_a$ 经过交轴气隙和铁心而闭合（这条磁路称为交轴磁路），如图 4-109（b）所示。此时由于交轴磁路中的气隙较长，磁阻较大，所以电枢反应电抗就较小。一般情况下，F_a 和 F_f 之间的夹角由负载的性质决定，为 $90°+\varphi$，$\dot{\Phi}_a$ 的流通路径介于直轴磁路和交轴磁路之间，电枢反应电抗的大小也就介于最大和最小之间。

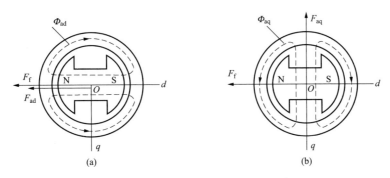

图 4-109 凸极电机中枢磁通的流通路径

(a)直轴磁路;(b)交轴磁路

由于 F_a 和 F_f 之间的夹角受制于内功率因数角 φ(即负载的性质),不同负载时,F_a 和 F_f 之间的夹角不同,对应的 X_a 也就不同,这给分析问题带来了诸多不便。为了解决这一问题,人们采用了正交分解法和叠加原理,将 F_a 看成是其直轴分量 F_{ad} 和交轴分量 F_{aq} 的叠加,并认为 F_{ad} 单独激励直轴电枢反应磁通 $\dot{\Phi}_{ad}$,其流通路径为直轴磁路,对应有一个固定的直轴电枢反应电抗 X_{ad},并在电枢每组绕组中产生直轴电枢反应电动势 $\dot{E}_{ad}$;F_{aq} 单独激励交轴电枢反应磁通 $\dot{\Phi}_{aq}$,其流通路径为交轴磁路,对应有一个固定的交轴电枢反应电抗 X_{aq},并在电枢每相绕组中产生交轴电枢反应电动势 $\dot{E}_{aq}$。

电动势 $\dot{E}_a$ 可以写为

$$\dot{E}_a = \dot{E}_{ad} + \dot{E}_{aq} = -jX_{ad}\dot{I}_d - jX_{aq}\dot{I}_q \tag{4-96}$$

考虑到漏磁通 $\dot{\Phi}_\sigma$ 引起的漏抗电动势 $\dot{E}_\sigma = -jX_\sigma\dot{I}_a$($X_\sigma$ 为电枢绕组的漏电抗)后,电枢绕组中由电枢电流引起的总感应电动势为

$$\begin{aligned}
\dot{E}_a + \dot{E}_\sigma &= -jX_{ad}\dot{I}_d - jX_{aq}\dot{I}_q - jX_\sigma\dot{I}_a \\
&= jX_{ad}\dot{I}_d - jX_{aq}\dot{I}_q - jX_\sigma(\dot{I}_d + \dot{I}_q) \\
&= j(X_{ad} + X_\sigma)\dot{I}_d - j(X_{aq} + X_\sigma)\dot{I}_q \\
&= jX_d\dot{I}_d - jX_q\dot{I}_q
\end{aligned} \tag{4-97}$$

式中,$X_d = X_{ad} + X_\sigma$ 定义为直轴同步电抗,$X_q = X_{aq} + X_\sigma$ 定义为交轴同步电抗。

对于隐极电机来说,由于电枢为圆柱体,忽略转子齿槽分布所引起的气隙不均匀后,可认为隐极电机直轴磁路和交轴磁路的磁阻相等,直轴和交轴电枢反应电抗相等,即 $X_a = X_{ad} = X_{aq}$,由于 $\dot{I}_a = \dot{I}_d + \dot{I}_q$,并代入式(4-97)可得

$$\begin{aligned}
\dot{E}_a + \dot{E}_\sigma &= -jX_{ad}\dot{I}_d - jX_{aq}\dot{I}_q - jX_\sigma\dot{I}_a = -jX_a\dot{I}_a - jX_\sigma\dot{I}_a \\
&= -j(X_a + X_\sigma)\dot{I}_a = -jX_s\dot{I}_a
\end{aligned} \tag{4-98}$$

式中,$X_s = X_a + X_\sigma$ 定义为隐极电机的同步电抗。

由定义可知,同步电抗包括两部分:电枢绕组的漏电抗和电枢反应电抗。在实用上,常将两者作为一个整体参数来处理,这样便于分析和测量。

4.8.5 同步发电机并入电网的条件与方法

把同步发电机并联至电网的过程称为投入并联,或称为并列、并车、整步。在并车时必

·293·

须避免产生巨大的冲击电流，以防止同步发电机受到损坏、电网遭受干扰。为此，并车前必须检查发电机和电网是否适合以下条件：

（1）双方应有一致的相序。

（2）双方应有相等的电压。

（3）双方应有同样或者十分接近的频率和相位。

下面研究这些条件之一得不到满足时会发生的情况。

（1）如果双方电压有效值不相等，在图 4-110 中，电网用一个等效发电机 A 来表示，B 表示即将并车的发电机。若 U 不等于 U_1，在开关 S 的两端，会出现差额电压 $\Delta U = U_1 - U$，如果闭合 S，在发电机和电网组成的回路中必然会出现瞬态冲击电流。因此，在并车时，电压的有效值必须相等。

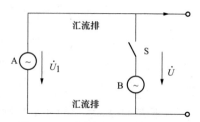

图 4-110　同步发电机并联运行

（2）如果双方频率或者相位不相等，则 U 和 U_1 不能同步变化，即 U 和 U_1 的瞬时值将不相等，并车后也会出现瞬时电压差 ΔU，从而引起并车冲击电流。因此，要求频率必须相等或十分接近。

（3）如果双方相序不一致，U 和 U_1 的瞬时值将会出现较大的差值电压，错误并车将会产生很大的冲击电流。因此，并车时必须严格保证相序一致。

上述条件中，除相序一致是绝对条件外，其他条件都是相对的，因为通常电机可以承受一些小的冲击电流。

并车的准备工作是检查并车条件和确定合闸时刻。通常用电压表测量电网电压 U_1，并调节发电机的励磁电流使得发电机的输出电压 $U = U_1$。再借助同步指示器检查调整频率和相位以确定合闸时刻。

同步指示器通常采用以下两种连接方法。

1. 灯光明暗法

如图 4-111(a)所示，将 3 只灯泡直接跨接于电网与发电机的对应相之间，灯泡两端的电压即为发电机端电压 U 电网电压 U_1 的差值 $\Delta U = U - U_1$，在图 4-112 中，用相量 $\dot{A}_1$、$\dot{B}_1$、$\dot{C}_1$ 表示电网的电压相量，$\dot{A}$、$\dot{B}$、$\dot{C}$ 代表发电机的电压相量，两组相量分别以角速度 ω_1、ω 旋转。如果两组相量大小相等、相序一致、频率接近，则两组相量转向相同且存在缓慢的相对角速度 $\omega_1 - \omega$，ΔU 的大小在 $0 \sim 2U_1$ 之间变化，灯光呈现出明暗交替的变化。调整发电机的转速使得 ω 十分接近 ω_1，等待两组相量完全重合时，$\Delta U = 0$，灯泡熄灭，此时刻是合闸并车的最佳时刻。

综上所述，明暗法并车方法为：① 通过调节发电机励磁电流的大小使得 $\Delta U = U - U_1$；② 电压调整好后，如果相序一致，灯光应表现为明暗交替，如果灯光不是明暗交替，则说明相序不一致，这时应调整发电机的出线相序或电网的引线相序，严格保证相序一致；③ 通过调节发电机的转速改变 U 的频率，直到灯光明暗交替十分缓慢时，说明 U 和 U_1 的频率已十分接近，这时等待灯光完全变暗的瞬间，即可合闸并车。

2. 灯光旋转法

如图 4-111(b)和图 4-113 所示，灯 1 跨接于 AB_1，灯 2 跨接于 A_1B，灯 3 跨接于 C_1C。

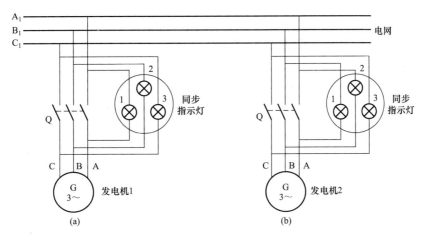

图 4-111　三相同步发电机整步

(a)灯光明暗法；(b)灯光旋转法

如果两组相量大小相等、相序一致、频率接近，则加于 3 只指示灯的电压 ΔU_1、ΔU_2、ΔU_3 的大小将交替变化。假设 ω-ω_1 旋转，在转到 $\dot{C}$ 和 $\dot{C}_1$ 重合时，灯 3 熄灭，灯 1 和灯 2 亮度一样；再转到 $\dot{C}$ 和 $\dot{B}_1$ 重合时，$\dot{B}$ 将和 $\dot{A}_1$ 重合，灯 2 熄灭，灯 3 和灯 1 同亮；到 $\dot{C}$ 和 $\dot{A}_1$ 重合时，$\dot{A}$ 也与 $\dot{B}_1$ 重合，熄灭灯 2，灯 3 同亮。可见灯光发亮的顺序为 12→31→23→12→…，在圆形的指示器上，相当于灯光顺时钟旋转。同理，如果 ω_1 快于 ω，则灯光逆时钟旋转。调整发电机转速，直到灯光旋转十分缓慢，等待灯 3 完全熄灭时，即可合闸并车。

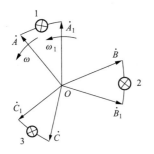

图 4-112　灯光明暗法电压相量图

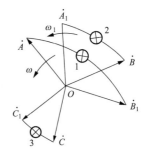

图 4-113　灯光旋转法电压相量图

综上所述，旋转法并车方法为：① 通过调节发电机励磁电流的大小使得 $U = U_1$；② 电压调整好后，如果相序一致，则灯光旋转，否则说明相序不一致，这时应调整发电机的出线相序或电网的引线相序，严格保证相序一致；③ 通过调节发电机的转速改变 U 的频率，直到灯光旋转十分缓慢时，说明 U 和 U_1 频率已十分接近，这时等待灯 3 完全熄灭的瞬间即可合闸并车。

灯光法又称为理想整步法。由于它对并车条件逐一检查和调整，所以费时较多。一般可采用简单的自整步法：在相序一致的情况下将励磁绕组通过适当的电阻短接，再用原动机把发电机拖动到接近同步速(相差 2%～5%)，在没有接通励磁电流的情况下将发电机接入电网，再接通励磁并调节励磁强弱，依靠定子磁场和转子磁场之间的电磁转矩将转子拉入同步转速，并车过程结束。需要注意的是，励磁绕组必须通过一限流电阻短接，因为直接开路，将在其中感应出危险的高压；因此直接短路，将在定、转子绕组中产生很大的冲击电流。自整步法的优点是：操作简单，方便快捷；缺点是：合闸时有冲击电流。

4.8.6 同步发电机有功功率及无功功率的调节方法

1. 功率平衡与功角概念

同步发电机的功率流程如图4-114所示。P_1 为自原动机向发电机输入的机械功率，其中一部分提供轴与轴承间的摩擦、转动部分与空气的摩擦及通风设备的损耗，总计为机械损耗 P_m，另一部分供给定子铁心中的涡流和磁滞损耗，总计为铁心损耗 P_{Fe}，$P_M = P_1 - (P_m + P_{Fe})$ 为通过电磁感应作用转变为定子绕组上的电功率，称为电磁功率。如果是负载运行，定子绕组中还存在定子铜耗 P_{Cu1}，$P_2 = P_M - P_{Cu1}$ 就是发电机的输出功率。同步发电机的功率平衡方程式为

$$\begin{cases} P_1 = P_M + P_{Fe} + P_m \\ P_M = P_2 + P_{Cu1} \end{cases} \tag{4-99}$$

定子绕组的电阻一般较小，其铜耗可以忽略不计，则有

$$P_M = P_2 = mUI\cos\varphi = mUI\cos(\psi - \delta) \tag{4-100}$$

其中 ψ 为内功率因数角，$\delta = \psi - \varphi$ 定义为功角。它表示发电机的励磁电动势 $\dot{E}_0$ 和端电压 $\dot{U}$ 之间相位差。功角 δ 对于研究同步电机的功率变化和运行的稳定性有重要意义。图4-115画出了同步电机的简化时空相量图。图中忽略了定子绕组的漏磁电动势，认为 $\dot{U} \approx \dot{E}_0 + \dot{E}_a$，$\dot{E}_0$ 对应于转子磁动势 F_f，$\dot{E}_a$ 对应于电枢磁动势 F_a，所以可近似认为端电压 $\dot{U}$ 由合成磁动势 $F = F_f + F_a$ 所感应。F 和 F_f 之间的空间相角差即为 $\dot{E}_0$ 和 $\dot{U}$ 之间的时间相角差 δ，可见功角 δ 在时间上表示端电压和励磁电动势之间的相位差，在空间上表现为合成磁场轴线与转子磁场轴线之间的夹角。并网运行时，$\dot{U}$ 为电网电压，其大小和频率不变，对应的合成磁动势 F 总是以同步速度 $\omega_1 = 2\pi f$ 旋转。因此功角 δ 的大小只能由转子磁动势的角速度 ω 决定。稳定运行时，$\omega = \omega_1$，因此 F 与 F_f 之间无相对运动，对应每一种稳定状态，δ 具有固定的值。

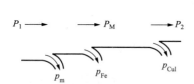

图4-114 同步发电机功率流程图

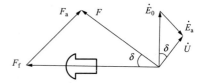

图4-115 功角的空间概念

2. 功角特性

功角特性指的是电磁功率 P_M 随功角 δ 变化的关系曲线 $P_M = f(\delta)$，下面分别是凸极电机和隐极电机的功角特性。

（1）凸极电机功角特性

$$P_M = mU\frac{U\sin\delta}{X_q}\cos\delta + mU\frac{E_0 - U\cos\delta}{X_d}\sin\delta$$

$$= m\frac{UE_0}{X_d}\sin\delta + m\frac{U^2}{2}\left(\frac{1}{X_q} - \frac{1}{X_d}\right)\sin2\delta$$

$$= P'_M + P''_M \qquad (4-101)$$

式中　　P'_M——基本电磁功率，$P'_M = m\dfrac{UE_0}{X_d}\sin\delta$；

$\qquad\quad P''_M$——附加电磁功率，$P''_M = m\dfrac{U^2}{2}\left(\dfrac{1}{X_q} - \dfrac{1}{X_d}\right)\sin 2\delta$。

（2）隐极电机的功角特性。在式（4-101）中，令 $X_d = X_q = X_s$ 即得，只有基本电磁功率。

（3）有功功率的调节。功角特性 $P_M = f(\delta)$ 反映了同步发电机的电磁功率随着功角变化的情况。稳态运行时，同步发电机的转速由电网的频率决定，恒等于同步转速，即发电机的电磁转矩 T_M 和电磁功率 P_M 之间成正比关系

$$T_M = \frac{P_M}{\Omega} \qquad (4-102)$$

式中　　Ω——转子的机械角速度。

电磁转矩与原动机提供的动力转矩及空载阻力转矩相平衡 $T_1 = T_M + T_0$，其中 T_0 为空载转矩（因摩擦、风阻等引起的阻力转矩）。

可见要改变发电机输送给电网的有功功率 P_M，就必须改变原动机提供的动力转矩，这一改变可以通过调节水轮机的进水量或汽轮机的气门来达到。当功角处于 $0 \sim \delta_m$ 时，随着 δ 的增大，P_M 亦增大，同步发电机在这一区间能够稳定运行。而当 $\delta > \delta_m$ 时，随着 δ 的增大，P_M 反而减小，电磁功率无法与输入的机械功率相平衡，发电机转速越来越大，发电机将失去同步，故在这一区间发电机不能稳定运行。

（4）并网运行时无功功率的调节。由异步发电机的 V 形曲线（图 4-116），通过调节励磁电流可以达到调节同步发电机无功功率的目的。当某一欠励状态开始增加励磁电流时，发电机输出的超前无功功率开始减少，电枢电流中的无功分量开始减少；达到正常励磁状态时，无功功率变为零，电枢电流中的无功分量也变为零，此时 $\cos\varphi = 1$；如果继续增加励磁电流，发电机将输出滞后性的无功功率，电枢电流中的无功分量又开始增加。电枢电流随励磁电流变化的关系表现为一个 V 形曲线。V 形曲线是一簇曲线，每一条 V 形曲线对应一定的有功功率。V 形曲线上都有一个最低点，对应 $\cos\varphi = 1$ 的情况。将所有的最低点连接起来，将得到与 $\cos\varphi = 1$ 对应的线，该线左边为欠励状态，功率因数超前，右边为过励状态，功率因数滞后。

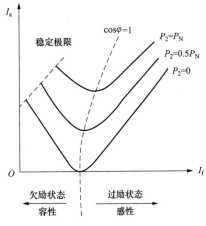

图 4-116　同步发电机的 V 形曲线

4.8.7　同步电动机的运行特性

1. V 形曲线

与发电机类似，同步电动机的功率因数可以通过改变励磁电流的大小来调节。如果增大励磁电流使电动机处于过励状态，则励磁磁动势 F_f 增大，而合成磁动势 F 的大小是不变的（由电网电压决定），按照磁动势平衡原理，电网将输出给电动机一超前电流 $\dot{I}_a$，该电流在

电动机内部将产生去磁性的电枢反应，使得磁动势得到平衡。电网输出给电动机超前电流相当于电网从电动机处吸取了滞后电流，正好满足了附近电感性负载的需要，使得电网的功率因数得到补偿。

如果减小励磁电流使电动机处于欠励状态，则励磁磁动势 F 也减小，电网必须输出给电动机一滞后电流来产生增磁电枢反应，以保持合成磁动势 F 不变。这种情况和异步电动机的情况类似，所以同步电动机一般不采用欠励运行。

如果保持机械负载不变（相当于有功功率不变），调节励磁电流 I_f，对应的电枢电流 I_a 随之而变，和发电机一样可画出同步电动机的 V 形曲线（图 4-117）。

但是同步电动机也有一些缺点，如起动性能较差，结构上较异步电动机复杂，还要有直流电源来励磁，价格比较贵，维护又较为复杂，所以一般在小容量设备中还是采用异步电动机。在中大容量的设备中，尤其是在低速、恒速的拖动设备中，应优先考虑选用同步电动机，如拖动恒速轧钢机、电动发电机组、压缩机、离心泵、球磨机、粉碎机、通风机等。

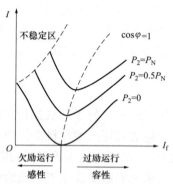

图 4-117　同步电动机 V 形曲线

利用同步电动机能够改变电网功率因数这一优点，亦有制造专门用作改变电网功率因数的电动机，不带任何机械负载，这种不带机械负载的同步电动机称之为同步补偿机或同步调相机。同步调相机是在过励情况下空载运行的同步电动机。

2. 同步电动机的功角特性

同步电动机以凸极转子结构比较多，因此以凸极电动机的功角特性为例来研究。

同步电动机的功角特性公式和发电机的一样都可以从相量图中导出。电动机的功角 δ 为 $\dot{U}$ 超前 $\dot{E}_0$ 的角度，如将发电机功角特性中的 δ 用 $-\delta$ 来替代，这样电磁功率就变成了负值，电动机状态下是电网向电动机提供有功功率，所以写电动机公式时，将负号去掉，于是功角特性就和发电机的功角特性具有相同的形式

$$
\begin{aligned}
P_M &= mU\frac{U\sin\delta}{X_q}\cos\delta + mU\frac{E_0 - U\cos\delta}{X_d}\sin\delta \\
&= m\frac{UE_0}{X_d}\sin\delta + m\frac{U^2}{2}\left(\frac{1}{X_q} - \frac{1}{X_d}\right)\sin 2\delta \qquad (4\text{-}103) \\
&= P_M' + P_M''
\end{aligned}
$$

相应的电磁转矩为
$$
T_M = \frac{P_M}{\Omega} = \frac{P_M' + P_M''}{\Omega} = T_M' + T_M'' \qquad (4\text{-}104)
$$

从上面式子可以看出同步电动机的电磁转矩包括基本电磁转矩 T_M' 和附加电磁转矩 T_M'' 两部分，当励磁电流为零，即 $E_0 = 0$ 时，仍具有附加电磁转矩 T_M''。利用此原理，可以制成所谓的磁阻同步电动机。这种电动机的转子上没有励磁绕组，是凸极式的，靠它的直轴与交轴磁阻不相等而产生电磁转矩。它的容量一般很小，常做成 10kW 以下的电动机，能在变频、变压的电源下运行，而且速度比较均匀，常在转速需要均匀的情况下被采用，如精密机床工业、人造纤维工业、计算机等。

3. 同步电动机的异步起动

当定子绕组接上电源后，按照同步电机的原理，同步电动机是不能产生起动转矩的。目

前工矿企业中看到的同步电动机都能够起动，这是利用异步电动机的原理来产生起动转矩，使得电动机转动起来的。下面我们分析同步电动机没有起动转矩的原因及起动问题的解决方法。

图 4-118 是一台两极同步电动机，假设在合闸瞬间，转子（已经加励磁）处于图 4-118(a)所示的位置，此时，电磁转矩 T 倾向于使转子逆时针转动；在另一个瞬间［图 4-118(b)］，定子磁场已转过 180°，而转子由于机械惯性尚未起动，电磁转矩 T 倾向于使转子顺时针转动。由于定子磁场以同步转速旋转，作用于转子上的力矩随时间以 $f=50\text{Hz}$ 作交变，那么转子上受到的平均转矩为零。因此，同步电动机是不能自行起动的。同步电动机没有起动转矩是它的一大缺点，它

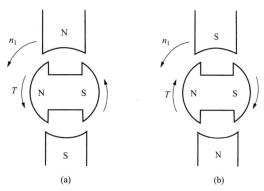

图 4-118　两极同步电动机起动时的同步转矩
(a)转矩为逆时针；(b)转矩为顺时针

的起动只能依靠其他方法，使得转子转动到接近同步转速时，经过拉入同步过程，才能实现同步电动机运行。

同步电动机的起动方法，目前几乎都采用异步起动法。要实现同步电动机的异步起动，就需要在转子磁极表面装有类似异步电动机笼型转子的短路绕组，称之为起动绕组。与异步电动机工作相似，旋转磁场将在转子起动绕组中感应电流，此电流和旋转磁场相互作用产生异步转矩，这样同步电动机就按照异步电动机的原理转动起来。在转速上升到接近同步转速时，在给励磁绕组中通入直流励磁电流，使得转子产生磁极磁场，此时它和气隙磁场的转速已经十分接近，依靠这两个磁场间的相互吸引力产生转矩(称为同步转矩)，将转子磁极拉入同步，这个过程称为拉入同步过程。

4.8.8　同步发电机的绝缘、温升要求及冷却方式

同步发电机的绝缘、温升要求的总原则与 4.7 节中的异步电动机相应理论相似，在此不多叙述。但由于同步发电机输出功率巨大，发热量大，冷却成为主要难题。常见的发电机冷却形式介绍如下：

1. 空气冷却发电机

在该系统内，冷风经鼓风经三路进入电机：一路是从护环下进入，吹拂转子绕组端部表面后，进入定、转子之间的气隙；另一路是直接进入气隙；还有一路是经定子机座端部和通风管吹拂定子绕组端部和铁心两侧的结构部件，再流经定子铁心的部分通风道后也进入气隙。这三路风分别吸取了一定的热量，在气隙汇合后再一同经定子铁心的另一部分通风道，成为热风而排出，这是典型的空气表面冷却电机的通风系统。

2. 氢气冷却发电机

氢气的相对密度约为空气的十分之一，采用它来取代空气，可使发电机的通风摩擦损耗减少近 90%，从而使电机的总损耗减少 30%~40%，大大提高了电机的效率。此外，氢气有较良好的散热性能，因此较早地取代空气而广泛地应用于汽轮发电机中。

氢气冷却发电机在结构上有两个特殊的要求必须考虑，即防爆和防漏。因此整个电机特别是它的两个轴伸端必须采取十分严密的密封同时电机的外壳也需采用较厚的钢板以能承受

发生意外爆炸时的压力，而不致引起事故的扩大。

当采用氢内冷时，定子绕组一般是采用将氢气从绕组的一端进入，而由另一端排出。转子由于发热更严重，常采用两端进风，然后在转子中部沿半径方向出风或多路并联的进出风风路。

3. 水内冷发电机

凝结水电导率低，化学性稳定，流动性好，尤其是具有远远优于空气和氢气的良好散热能力，因此是理想的冷却介质。自 1958 年我国研制成第一台定子、转子绕组都采用水内冷的 12 000kW 双水内冷汽轮发电机以来，世界各国已制造了不少这种发电机。

双子内冷发电机的定、转子绕组的结构冷水从外部水系统通过管道流至装在定子机座上的进水环和转子上进水支座，再分别经绝缘管流入各个绕组，吸收热量后再经绝缘水管汇总到装在机座上的出水环和转子出水支座，然后排入电机的外部水系统。

4. 超导体发电机

近年来世界各主要工业国已开始研制超导汽轮发电机，它是巨型汽轮发电机的一种很有前途的冷却方式。由于超导状态下电机绕组的电阻完全消失，从而彻底解决了电机的发热温升问题，也大大提高了电机的效率。超导励磁绕组中的许用电流密度可提高为常规绕组的几十倍，这样电机中的磁通密度可以取得很高，使得传统常规电机中导磁的铁心可以省掉，做成无槽气隙绕组的形式，在它们的最外面再加上一个屏蔽壳以防电机磁场外散。由于省掉了电机传统的铁心，发电机体积与重量大为下降而综合性能得到极大提高。

> **小结与提示** 同步电动机部分应了解同步电动机的种类及主要结构，重点掌握同步电动机的工作原理和同步电动机电枢反应的基本概念，掌握同步电动机的运行特性并了解同步电动机励磁方式及励磁系统，了解同步发电机并入电网条件与方法、同步发电机有功功率及无功功率的调节方法。

4.9 过电压及绝缘配合

4.9.1 电力系统过电压的种类

过电压是指在电气设备或线路上出现的超过正常工作要求并对其绝缘构成威胁的电压。按产生的原因分类如图 4-119 所示。

图 4-119 电力系统过电压分类

内部过电压是由于系统的操作、故障和某些不正常运行状态，使系统电磁能量发生转换而产生的过电压。内部过电压的能量来自电力系统本身，经验证明，内部过电压一般不超过系统正常运行时额定相电压的 3~4 倍，在以中、低压为主要电压等级的供配电系统中，内部过电压对系统自身的运行安全危害相对较轻，但在高压和超高压系统中就显得特别重要。

常见的内部过电压如下：

（1）工频过电压是由于电网运行方式的突然改变，引起某些电网工频电压的升高。

常见形式有：① 由长线路电容效应造成的末端电压升高；② 不对称接地带来的健全相

对地电压升高；③ 突然甩负荷造成的电压升高；④ 中性点位移造成的电压升高；⑤ 共用接地体的高压接地电压窜入低压系统造成的过电压等。

（2）谐振过电压是产生于系统中电感与电容组合构成的振荡回路。谐振过电压主要有线性谐振过电压（发生在由恒定电感、电容和电阻组成的回路中）和非线性铁磁谐振过电压（由于变压器、电压互感器等的磁路饱和造成）。

常见形式有：① 铁磁谐振过电压；② 各相不对称断开时的过电压；③ 在中性点绝缘系统中，电磁式电压互感器引起的铁磁谐振过电压；④ 开关断口电容与母线电压互感器之间的串联谐振过电压；⑤ 传递过电压等。

（3）操作过电压是指由于开关分、合闸操作或事故状态而引起的过电压。

常见形式有：① 切断小电感电流时的过电压，如切除空载变压器、切除电抗器等；② 切断电容性负载时的过电压，如切除空载长线、电容器等；③ 中性点不接地系统的弧光接地过电压等。

对内部过电压的保护措施有：采用灭弧性能良好不重燃的断路器（对于超高压系统采用具有中、低值并联电阻的断路器）、限制工频电压升高的并联电抗器、保护间隙、限制内部过电压的磁吹避雷器、阻尼电阻、电容器以及合理的运行操作方式避免发生谐振等。

小结与提示

（1）电力系统过电压的分类：内部、外部。

（2）工频过电压：用负荷引起的工频电压升高、空载线路末端的电压升高、发电机的自励磁、系统不对称短路时的电压升高。

（3）操作过电压：切除空载线路引起的过电压、空载线路合闸时的过电压、电弧接地过电压、切除空载变压器的过电压。

（4）谐振过电压：铁磁谐振、各相不对称断开时的过电压、开关断口电容与母线电压互感器之间的串联谐振过电压。

（5）传递过电压。

4.9.2 雷电过电压特性

1. 雷电的特性参数

（1）雷暴日是在一天内只要听到雷声就算一个雷暴日。我国把年平均雷暴日不超过15天的地区叫作少雷区；超过15天但不超过40天的地区叫作中雷区；超过40天不超过90天的地区叫作多雷区，超过90天及根据运行经验雷害特别重的地区叫作强雷区。

（2）地面落雷密度 N_g 是指每年、每平方千米的地面遭受雷击的次数，一般按下式计算

$$N_g = 0.024T_d^{1.3} \tag{4-105}$$

式中　T_d——年平均雷暴日。

（3）年预计雷击次数 N

$$N = kN_g A_e \tag{4-106}$$

式中　k——校正系数；

　　A_e——等效面积，km^2。

N 是在进行防雷设计时确定防雷等级的很重要的一个参数。

（4）雷电流波形是一种非周期性脉冲波，其幅值和陡度随各次放电条件而异。在防雷保护中，建议采用的雷电流波形为 $2.6/50\mu s$（波头/波长长度）。

2. 雷电过电压种类及防护措施

雷电过电压也称外部过电压，是由于电力系统中的设备或建筑物遭受来自大气中的雷击或雷电感应而引起的过电压。雷电冲击波的电压幅值可高达 1 亿 V，其电流幅值可高达几十万安，因此对系统危害极大，必须加以防护。

雷电过电压又分为直击雷过电压、感应雷过电压、侵入雷过电压。

（1）直击雷过电压。当雷电直接击中电气设备、线路或建筑物时，强大的雷电流通过其流入大地，在被击物上产生较高的电位降，称为直击雷过电压。

基本防护措施就是将雷电接闪并泄放到大地。

（2）感应雷过电压。

1）静电感应。当线路或设备附近发生雷云放电时，虽然雷电流没有直接击中线路或设备，但在导线上会感应出大量的和雷云极性相反的束缚电荷，当雷云对大地上其他目标放电后，雷云中所带电荷迅速消失，导线上的感应电荷就会失去雷云电荷的束缚而成为自由电荷，并以光速向导线两端急速涌去，从而出现过电压，称为静电感应过电压。

2）电磁感应。由于雷电流有极大的峰值和陡度，在它周围有强大的变化电磁场，处在此电磁场中的导体会感应出极大的电动势，使有气隙的导体之间放电，产生火花，引起火灾。

基本防护措施是将金属体连通并接地，等电位就可消除彼此的电动势差。

（3）侵入雷过电压。是由于线路、金属管道等遭受直接雷击或感应雷而产生的雷电波，沿线路、金属管道等侵入变配电所或建筑物而造成。

基本防护措施是线缆入建筑物的外皮接地及适时设置浪涌保护器。

小结与提示

（1）相关概念：雷电放电、雷暴日与雷电小时、少雷区、中雷区、多雷区、强雷区、地面落雷密度、雷电流波形。

（2）雷电流：雷电流幅值的累积概率、波头时间和波长时间定义。

（3）雷电过电压：感应过电压（静电感应、电磁感应）、直击雷过电压、雷电波的侵入。

4.9.3 接地和接地电阻、接触电压和跨步电压的基本概念

（1）接地是电气设备的某部分与大地之间作良好的电气连接称为接地。接地可分为工作接地和保护接地两种形式。工作接地是为保证电力系统和设备达到正常工作的要求而进行的接地叫作工作接地。例如：变压器中性点接地是工作接地，电压互感器一次绕组的中性点接地能保证一次系统中相对地电压测量的准确度，这也是工作接地。保护接地是为保障人身安全防止间接触电而进行的接地叫保护接地。例如互感器二次侧端子接地、设备外壳接地为保护接地。

接地体是指埋入地中并直接与土壤相接触的金属导体，例如埋地的钢管、角铁等；接地线是指电气设备应接地部分与接地体相连接的金属导体，接地线在设备正常运行情况下是不载流的，但在故障情况下要通过接地故障电流。

【例 4-29】（2005）下列叙述哪项是正确的？（　　　）

A. 发电厂和变电站接地网的接地电阻主要根据工作接地的要求决定

B. 保护接地就是根据电力系统的正常运行方式的需要而将网络的某一点接地

C. 中性点不接地系统发生单相接地故障时，非故障相电压不变，所以可以继续运行 2h 左右

D. 在工作接地和保护接地中，接地体材料一般采用铜或铝

答案：A

提示：B 项中正常运行方式不正确；C 项中非故障相电压将升高为线电压，而不是不变；D 项中接地体材料选择错误。

（2）接地电阻是散流电阻加接地体和接地线本身的电阻称为接地电阻。由于接地体和接地线本身的电阻很小，可忽略不计，所以可认为接地电阻等于散流电阻，其主要决定于接地装置的结构和土壤的导电能力，在数值上等于接地点处的电位 U_m 与接地电流 I 的比值，即 $R = U_m / I$。

相关概念：散流电阻是指接地体与土壤之间的接触电阻以及土壤的电阻之和。接地电流是电气设备发生接地故障时，电流经接地装置流入大地并作半球形散开，这一电流称为接地电流。由于这半球形球面距接地体越远的地方球面越大，所以距接地体越远的地方，散流电阻越小。试验表明，在接地故障点 20m 远处，实际散流电阻已趋近于零，这电位为零的地方，称为电气上的"地"或"大地"。

（3）接触电压是当电气设备绝缘损坏时，人站在地面上接触该电气设备，人体所承受的电位差称为接触电压 U_{tou}。例如，当设备发生接地故障时，以接地点为中心的地表约 20m 半径的圆形范围内，便形成了一个电位分布区。这时如果有人站在该设备旁边，手触及带电外壳，那么手与脚之间所呈现的电位差，即为接触电压，如图 4-120 所示。

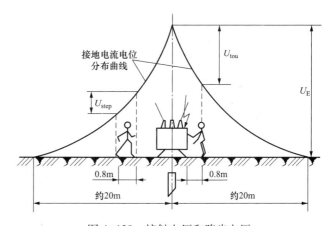

图 4-120　接触电压和跨步电压

说明：对地电压是指电气设备接地部分与零电位的"大地"之间的电位差，如图 4-120 中的 U_E。

（4）跨步电压是在接地故障点附近行走，人的双脚之间所呈现的电位差称为跨步电压 U_{step}，如图 4-112 所示。跨步电压的大小与离接地点的远近及跨步的长短有关，离接地点越近，跨步越长，跨步电压就越大，离接地点达 20m 时，跨步电压通常为 0V。

小结与提示

（1）相关概念：接地、接地电阻。

（2）接地电阻：定义、不同接地装置的接地电阻值。

（3）接触电压和跨步电压：定义、计算。

4.9.4 氧化锌避雷器的基本特性

1. 作用原理

氧化锌避雷器(以下称为 ZnO 避雷器)主要是由氧化锌电阻片组装而成的。它的非线性系数很小，故具有较好的非线性伏安特性。氧化锌避雷器在正常的工作电压下，具有极大的电阻，而呈现出绝缘状态。在雷电过电压的作用下，则呈现低电阻状态，泄放雷电流，使与避雷器并联的电气设备的残压被限制在设备的安全值以下，待有害的过电压消失后，避雷器便迅速的恢复高电阻，而呈现出绝缘状态，从而有效地保护了设备的绝缘免受过电压的损害。其伏安特性可用公式 $u = Ci^{\alpha}$ 表示，其中非线性指数 α 与电流密度有关。

2. 基本特点

(1) 结构简单、无间隙、体积小、重量轻。α 一般只有 0.01~0.04，即使在大冲击电流(例如 10kA)下，α 也不会超过 0.1，已接近于理想值 $\alpha = 0$，因此 ZnO 避雷器可以省去串联的火花间隙，成为无间隙避雷器，由于无间隙，在陡波头冲击放电电压作用下，残压值升高也较小，可使电力设备的绝缘水平降低，这对于超高压系统经济意义重大。

(2) 动作响应快，保护性能好。传统的 SiC 避雷器要等到电压升高到间隙的冲击放电电压后才可将电流泄放，而 ZnO 避雷器由于没有火花间隙，放电没有时延，一旦作用电压开始升高，阀片立即开始吸收过电压的能量，抑制过电压的发展。

(3) 通流容量大。ZnO 避雷器的通流能力完全不受串联间隙被灼伤的制约，仅与阀片本身的通流能力有关，而 ZnO 阀片单位面积的通流能力要比 SiC 阀片大 4~5 倍，通流容量大的优点使得 ZnO 避雷器完全可以用来限制操作过电压，也可以耐受一定持续时间的工频过电压。

(4) 无续流，能耐受多重雷电过电压或操作过电压。当作用在阀片上电压超过某一值时，将发生"导通"，其后，ZnO 阀片上的残压受其良好的非线性特性所控制，当系统电压降至起始动作电压以下时，ZnO 的"导通"状态终止，相当于一绝缘体，不存在工频续流。在雷击或操作过电压作用下，ZnO 避雷器因无续流，只需吸收冲击过电压能量，而不需吸收续流能量，因此 ZnO 避雷器具有耐受多重雷击和重复发生的操作过电压的能力。

(5) 耐污秽性能好。由于没有串联间隙，因而可避免因瓷套表面不均匀污染使串联火花间隙放电电压不稳定的问题，有利于制造耐污型和带电清洗型避雷器。

3. 有关技术参数

(1) 额定电压是指正常运行时避雷器两端之间允许施加的最大工频电压有效值，即在系统短时工频过电压直接加在 ZnO 阀片上时，避雷器仍允许吸收规定的雷电及操作过电压能量，特性基本不变，不会发生热击穿。

(2) 最大持续运行电压允许持续加在避雷器两端之间的最大工频电压有效值。其值一般等于或大于系统运行最大工作相电压，该电压决定了避雷器长期工作的老化性能。

(3) 参考电压包含工频参考电压和直流参考电压。它是指避雷器通过 1mA 工频电流阻性分量峰值或者 1mA 直流电流时，其两端之间的工频电压峰值或直流电压。

(4) 残压是当避雷器动作时，避雷器两端的残余电压，也即放电电流流过避雷器时，在其端子间的电压峰值。

（5）压比是指避雷器通过大电流时的残压与通过 1mA 直流电流时电压之比。压比越小，意味着通过大电流时之残压越低，则 ZnO 避雷器的保护性能越好。目前，此值约为 1.6 ~ 2.0。

【例 4-30】（2007）决定电气设备绝缘水平的避雷器参数是（　　　　）。

A. 额定电压　　　　B. 残压　　　　C. 工频参考电压　　　　D. 最大长期工作电压

答案：B

【例 4-31】（2008）避雷器的额定电压是依据下列哪项电压值选定的？（　　　　）

A. 预期的操作过电压幅值　　　　B. 系统的标称电压

C. 预期的雷电过电压幅值　　　　D. 预期的工频过电压

答案：D

小结与提示

（1）氧化锌避雷器：结构、非线性伏安特性（小电流区、非线性区和饱和区）、优点。

（2）技术参数：工频续流、残压、起始动作电压及压比。

（3）氧化锌避雷器的应用。

4.9.5 避雷针、避雷线保护范围的确定

1. 避雷针

避雷针的功能实质上是引雷作用，它能对雷电场产生一个附加电场（这附加电场是由于雷云对避雷针产生静电感应引起的），使雷电场畸变，从而将雷云放电的通道由原来可能向被保护物体方向发展的方向，吸引到避雷针本身，然后经与避雷针相连的引下线和接地装置，将雷电流泻放到大地中去，使被保护物体免受雷击。避雷针一般采用镀锌圆钢或镀锌钢管制成。它通常安装在电杆或构架、建筑物上，它的下端要经引下线与接地装置连接。

避雷针的保护范围以它能够防护直击雷的空间来表示，现行国家标准《建筑物防雷设计规范》规定采用 IEC 推荐的 "滚球法" 来确定，不同防雷等级的滚球半径见表 4-7。

表 4-7　　　　　　　　　　　　　　不同防雷等级的滚球半径

建筑物的防雷类别	滚球半径 h_r/m	建筑物的防雷类别	滚球半径 h_r/m
一类	30	三类	60
二类	45		

单支避雷针的保护范围，按下面方法确定：

（1）当避雷针高度 $h \leqslant h_r$ 时，具体做法如下，如图 4-121 所示。

1）在距离地面 h_r 处作一平行地面的平行线。

2）以避雷针的针尖为圆心，h_r 为半径作弧线，交于平行线的 A、B 两点。

3）以 A、B 为圆心，h_r 为半径作弧线，该弧线与针尖相交并与地面相切，则从此弧线起到地面上的整个锥形空间就是避雷针的保护范围。

4）避雷针在被保护物高度 h_x 的 xx' 平面上的保护半径，按下式计算

$$r_x = \sqrt{h(2h_r - h)} - \sqrt{h_x(2h_r - h_x)}$$

$$(4-107)$$

式中　　r_x——避雷针在 h_x 高度的 xx' 平面上的保护半径，m；

　　　　h_r——滚球半径，m，按表 4-7 确定；

　　　　h_x——被保护物的高度，m。

5）避雷针在地面上的保护半径，按公式 $r_0 = \sqrt{h(2h_r - h)}$ 计算。

（2）当避雷针高度 $h > h_r$ 时，在避雷针上取高度 h_r 的一点代替单支避雷针的针尖作为圆心，其余的作法与（1）相同。

关于两支及多支避雷针的保护范围，可参见有关规范和设计手册，此处略。

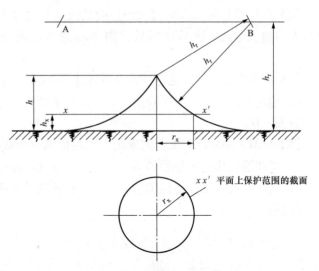

图 4-121　单支避雷针的保护范围

2. 避雷线

避雷线的功能和原理也与避雷针的基本相同。避雷线一般采用截面不小于 35mm² 的镀锌钢绞线，架设在架空线路的上方，以保护架空线路和其他物体免遭直接雷击。由于避雷线既是架空又要接地，因此它又称为架空地线。

单根避雷线的保护范围按下面方法确定。

（1）当避雷线的高度 $h \geqslant 2h_r$ 时，无保护范围。

（2）当避雷线高度 $h \leqslant 2h_r$ 时，方法如下（要注意：在确定架空避雷线高度时，应计及弧垂的影响；在无法确定弧垂的情况下，等高支柱间的档距小于 120m 时避雷线中点的弧垂宜采用 2m，档距为 120~150m 时弧垂宜采用 3m，如图 4-122 所示）：

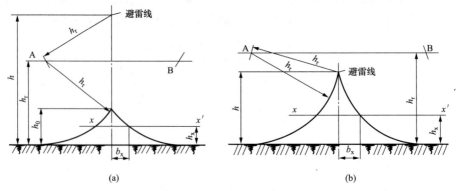

图 4-122　单根避雷线的保护范围

（a）$h_r < h < 2h_r$；（b）$h \leqslant h_r$

1）距离地面 h_r 处作一平行于地面的平行线。

2）以避雷线为圆心，h_r 为半径作弧线，交于平行线的 A、B 两点。

3）以 A、B 为圆心，h_r 为半径作弧线，两弧线相交或相切并与地面相切，则从此该两弧线起到地面止就是避雷线的保护范围。

4）当避雷线的高度 $h_r < h < 2h_r$ 时，保护范围的最高点的高度 h_0 按下式计算

$$h_0 = 2h_r - h \qquad (4-108)$$

5）避雷线在 h_x 高度的 xx' 平面上的保护宽度（半径）b_x，按下式计算

$$b_x = \sqrt{h(2h_r - h)} - \sqrt{h_x(2h_r - h_x)} \qquad (4-109)$$

式中　h——避雷线的高度，m；

　　　　h_x——被保护物的高度，m。

关于双支避雷线的保护范围可参见有关规范和设计手册。

【例 4-32】（2007）避雷针高 20m，变电站距离它 10m，变电站高 4m，则（　　）。

A. 能被保护　　　　　　　　　　　B. 不能被保护

C. 防雷级别未知，无法计算　　　　D. 滚球半径未知，无法计算

答案：A

提示：此题很容易错选为 C 或 D，但因为单选，故需要进行进一步的计算来判断。已知 $h = 20m$，$r_x = 10m$，$h_x = 4m$，根据 $r_x = \sqrt{h(2h_r - h)} - \sqrt{h_x(2h_r - h_x)}$，有

若 $h_r = 30m$，则计算得 $r_x = \sqrt{20 \times (2 \times 30 - 20)}m - \sqrt{4 \times (2 \times 30 - 4)}m = 13.31m > 10m$；

若 $h_r = 45m$，则计算得 $r_x = \sqrt{20 \times (2 \times 45 - 20)}m - \sqrt{4 \times (2 \times 45 - 4)}m = 18.87m > 10m$；

若 $h_r = 60m$，则计算 $r_x = \sqrt{20 \times (2 \times 60 - 20)}m - \sqrt{4 \times (2 \times 60 - 4)}m = 23.18m > 10m$。

【例 4-33】烟囱高 35m，上装 2m 避雷针，旁边锅炉房近边距烟囱中心 10m，长×宽×高为 16m×8m×8m，以宽方向顺着径向如图 4-123 所示，试判断此时 3 类建筑的锅炉房能否得到烟囱避雷针保护。

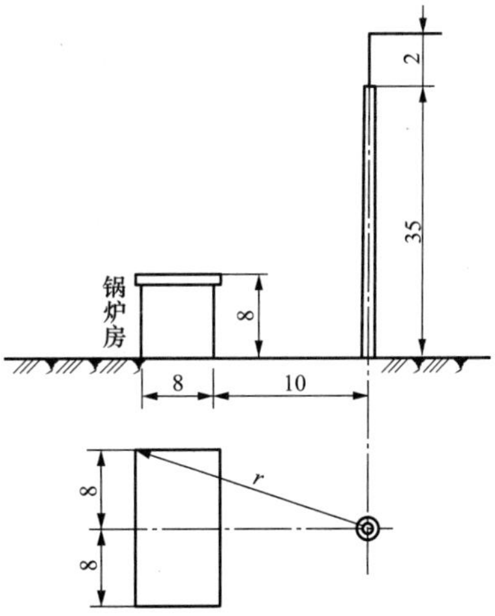

解：方法 1，由题意知，避雷针总高 $h = (35 + 2)m = 37m$，离保护锅炉房高度 $h_x = 8m$，3 类滚球半径 $h_r = 60m$，故 $r_x = \sqrt{37 \times (2 \times 60 - 37)}m - \sqrt{8 \times (2 \times 60 - 8)}m = 25.4m$，今锅炉房在 $h_x = 8m$ 高度上最远一角距避雷针的水平距离为 $r = \sqrt{(10+8)^2 + 8^2}m = 19.7m < r_x = 25.4m$，所以烟囱上的避雷针是可以保护锅炉房的。

图 4-123　例 4-33 图（单位：m）

方法 2，已知 $r = 19.7m$，取 20m，$h_x = 8m$，$h_r = 60m$，则有 $20 = \sqrt{h \times (2 \times 60 - h)} - \sqrt{8 \times (2 \times 60 - 8)}$，化简即 $20 = \sqrt{120h - h^2} - 30$，变为标准式为 $h^2 - 120h + 50^2 = 0$，解得 $h = \dfrac{120 \pm \sqrt{120^2 - 4 \times 50^2}}{2} = \dfrac{120 \pm 66.3}{2}$，有 93.15m 和 26.85m 两解，取后解即 $h = 26.85m < 37m$。因此，此 3 类建筑保护仅需针高 27m 即可，现 37m 完全能保护。

本题中注意：r_x 是离保护中心最远点，往往将建筑物的长、宽尺寸作为勾股，按勾股定理以求弦长，切忌直接以垂距代入。

4.10 断路器

4.10.1 断路器的作用、功能及分类

1. 断路器的作用

断路器是电力系统中最重要的控制和保护设备。它具有以下两个方面的作用：

（1）控制作用：即根据电网运行要求，将一部分电气设备及线路投入或退出运行状态、转为备用或检修状态。

（2）保护作用：即在电气设备或线路发生故障时，通过继电保护装置及自动装置使断路器动作，将故障部分从电网中迅速切除，防止事故扩大，保证电网的无故障部分得以正常运行。

2. 断路器的功能

断路器的工作特点是瞬时从导电状态变为绝缘状态，或者瞬时从绝缘状态变为导电状态。因此要求断路器具有以下功能：

（1）导电。在正常的闭合状态时应为良好的导体，不仅对正常的电流，而且对规定的短路电流也应能承受其发热和电动力的作用，保持可靠的接通状态。

（2）绝缘。相与相之间、相对地之间以及断口之间具有良好的绝缘性能，能长期耐受最高工作电压，短时耐受大气过电压及操作过电压。

（3）开断。在闭合状态的任何时刻，应能在不发生危险过电压的条件下，在尽可能短的时间内安全地开断规定的短路电流。

（4）关合。在开断状态的任何时刻，应能在断路器触头不发生熔焊的条件下，在短时间内安全地闭合规定的短路电流。

3. 断路器的分类

断路器依据装设地点不同，可以分为户内和户外两种；依据所采用的灭弧介质及作用原理的不同，可以分为如下几种：

（1）多油断路器。利用绝缘油作为灭弧介质、相间及相对地绝缘介质。

（2）少油断路器。其绝缘油只作灭弧介质，载流部分是借空气和陶器绝缘材料或有机绝缘材料来绝缘，灭弧方式多为横向吹动电弧。

（3）空气断路器。利用压缩空气作为灭弧介质和绝缘介质，并采用压缩空气作为分、合闸的操作动力。

（4）SF_6断路器。利用具有优良灭弧性能和绝缘性能的SF_6气体作为灭弧介质和绝缘介质。

（5）真空断路器。利用压力低于1atm（标准大气压，1atm=101.325kPa）的空气作为灭

弧介质。这种断路器中的触头不易氧化，寿命长，行程短。

（6）自产气断路器。利用固体绝缘材料在电弧的作用下分解出的大量的气体进行气吹灭弧。常用的灭弧材料有聚氯乙烯和有机玻璃等。

（7）磁吹断路器。靠磁力吹弧，将电弧吹入狭缝中，使电弧熄灭。

小结与提示

（1）断路器的作用：正常运行、故障或不正常工作。

（2）断路器的功能。

（3）断路器的操作顺序。

（4）断路器的分类：多油、少油、空气、SF_6、磁吹、真空。

（5）断路器的操动机构：手动、电磁式、弹簧储能、压缩空气。

4.10.2　断路器的主要性能与参数的含义

为了描述断路器的特性，制造厂家给出了断路器各方面的技术参数，以便电气设计和运行中使用。断路器的主要性能归为额定性能、开断关合性能、耐受性能、操作性能四大类，其相应的参数介绍如下：

1. 额定性能

（1）额定电压 U_N。额定电压是指断路器长期正常工作能够承受的线电压有效值，它不仅决定了断路器的绝缘水平，而且还决定了断路器的总体尺寸和灭弧条件。

（2）最高工作电压 U_{max}。考虑到线路上有电压降，供端母线电压高于受端母线电压，断路器可能在高于额定电压下长期工作，因此还规定了断路器可以长期运行的最高工作电压：对于额定电压为220kV 及以下的设备，其最高工作电压为额定电压的 1.15 倍；对于额定电压为 330kV 及以上的设备，其最高工作电压为额定电压的 1.1 倍。

（3）额定电流 I_N。额定电流是指断路器长期允许通过的电流，在该电流下断路器各部分的温升不会超过容许数值。该参数决定了断路器触头及导电部分的截面，并且在某种程度上也决定了它的结构。

2. 开断关合性能

（1）额定开断电流 I_{Nkd}。额定开断电流是指在额定电压下，断路器能可靠开断的最大短路电流的有效值。该参数表征了断路器的断路能力和灭弧能力。$\sqrt{3}\,U_N I_{Nkd}$ 称为开断容量，根据国际电工委员会(IEC)的规定，现只把额定开断电流作为表征开断能力的唯一参数，而断流容量仅作为描述断路器特性的一个数值。

（2）额定关合电流 I_{Ngh}。额定关合电流是指在规定的使用条件下，断路器能可靠关合的最大电流峰值，一般取额定开断电流的 $1.8\sqrt{2}$ 倍。该参数表征断路器关合电流的能力，即断路器关合预伏故障的短路电流时，其触头不应因最大短路电流的电动力使之分开、引起跳动而使触头被电弧熔焊。

3. 耐受性能

（1）热稳定电流 I_r。热稳定电流是指断路器在合闸位置，在一定热稳定时间内(通常为4s)允许通过的最大电流有效值，其值等于额定开断电流 I_{Nkd}。它是表征断路器承受短路电流热效应能力的一个参数。

（2）动稳定电流 i_{dw}。动稳定电流是指断路器在合闸位置时，允许通过的最大电流峰值。这个数值是由断路器各部分所能承受的最大电动力所决定的，其值等于额定关合电流 I_{Ngh}。它是表征断路器承受短路电流电动力效应能力的一个参数。

4. 操作性能

（1）分闸时间 t_{off}。分闸时间也称全开断时间，是指断路器从接到分闸命令瞬间起（即跳闸线圈加上电压）到三相电弧完全熄灭所经过的时间。分闸时间由固有分闸时间和燃弧时间两部分组成。固有分闸时间是指从断路器接到分闸命令瞬间起，到触头刚刚分离为止的一段时间；燃弧时间是指从触头刚分离瞬间起，到各相电弧均熄灭为止的时间间隔。

（2）合闸时间 t_{on}。合闸时间是指断路器从接到合闸命令瞬间起（即合闸线圈加上电压）到各相触头完全接通为止的一段时间。

（3）重合闸性能。自动重合闸装置能明显提高供电可靠性，但断路器实现自动重合闸的工作条件比较严格，这是因为自动重合闸不成功时，断路器必须连续两次跳闸灭弧，两次跳闸之间还必须关合于短路故障，为此要求断路器满足自动重合闸的操作循环，记为

$$分—\theta—合分—t—合分 \qquad\qquad (4-110)$$

式中　　θ——断路器切断短路故障后，从电弧熄灭时刻起到电路重新接通为止所经过的时间，称为无电流间隔时间，通常 θ 为 0.3~0.5s；

　　　　t——强送电时间，通常取 180s。

式（4-110）的含义：原先处于合闸送电状态中的断路器，在继电保护装置作用下分闸（第一个"分"），经过时间 θ 后断路器又重新合闸，如果短路故障是永久性的，则在继电保护装置作用下无时限立即分闸（第一个"合分"），经强送电 t（180s）后手动合闸，如短路故障仍为消除，则随即又跳闸（第二个"合分"）。

【例 4-34】（2009，2011）下列叙述正确的是（　　）。

A. 验算热稳定的短路计算时间为继电保护动作时间与断路器全开断时间之和

B. 验算热稳定的短路计算时间为继电保护动作时间与断路器固有分闸时间之和

C. 电气的开断计算时间应为后备保护动作时间与断路器固有分闸时间之和

D. 电气的开断计算时间应为主保护动作时间与断路器全开断时间之和

答案：A

小结与提示

（1）额定电压及额定电流。

（2）额定开断电流和额定断流容量。

（3）关合能力。

（4）耐受性能：短时热电流（热稳定电流）、峰值耐受电流（力稳定电流）。

（5）操作性能：全开断时间、合闸时间。

（6）自动重合闸性能。

4.10.3 断路器常用的熄弧方法

1. 交流电弧熄灭的条件

交流电弧每半周期自然熄灭是熄灭交流电弧的最佳时机，实际上，在电流过零后，弧隙中存在着两个恢复过程。一方面由于去游离作用的加强，弧隙间的介质逐渐恢复其绝缘性能，称为介质强度恢复过程，以耐受的电压 $U_d(t)$ 表示。另一方面，电源电压要重新作用在触头上，弧隙电压将逐渐恢复到电源电压，称为弧隙电压恢复过程，用 $U_r(t)$ 表示。电弧过零后，如果弧隙电压恢复过程上升速度较快，幅值较大，弧隙电压恢复过程大于弧隙介质强度恢复过程，介质被击穿，电弧重燃；反之，则电弧熄灭。因此，交流电弧熄灭的条件是

$$U_d(t) > U_r(t) \tag{4-111}$$

如果能够采取措施，防止 $U_r(t)$ 振荡，将周期性振荡特性的恢复电压转变为非周期性恢复过程，电弧就更容易熄灭。

2. 断路器开断短路电流时的弧隙电压恢复过程

断路器开断短路电流时的电路如图 4-124 所示。R、L 为电源和变压器的电阻和电感，C 可以认为是变压器绕组及连接线对地的分布电容，r 为断路器触头并联电阻，由于电源电压和电流不同相位，开断瞬间电源电压的瞬时值为 U_0。熄弧后，从瞬态恢复电压过渡到电源电压的时间很短，一般不超过几百微秒，可近似认为 U_0 不变，故电源用直流电源来替代。断路器开断短路电流时的弧隙电压恢复过程相当于二阶电路过渡过程中，电容 C 两端的电压变化过程 u_C，即 $u_C = u_r$。

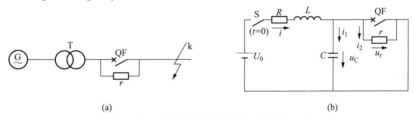

图 4-124 断路器开断短路电流时的电路

(a)开断电路；(b)等效电路

如图 4-124(b)所示，当 $t = 0$，开关 S 闭合时，得方程 $LC \dfrac{d^2 u_C}{dt^2} + \left(RC + \dfrac{L}{r}\right)\dfrac{du_C}{dt} + \left(\dfrac{R}{r} + 1\right)u_C = U_0$，其特征根为 $\alpha_{1,2} = -\dfrac{1}{2}\left(\dfrac{R}{L} + \dfrac{1}{rC}\right) \pm \sqrt{\dfrac{1}{4}\left(\dfrac{R}{L} - \dfrac{1}{rC}\right)^2 - \dfrac{1}{LC}}$。由以上分析可得如下重要结论：

(1) 触头并联电阻 r 可以降低恢复电压的上升速度，r 越小，恢复电压的上升速度越低。

(2) 当 $\dfrac{1}{4}\left(\dfrac{R}{L} - \dfrac{1}{rC}\right)^2 < \dfrac{1}{LC}$ 时，$\alpha_{1,2}$ 为共轭复根，弧隙电压恢复过程为衰减的周期性振荡过程，周期性振荡过程的恢复电压上升速度较快，幅值较大，给电弧的熄灭带来困难。如果断路器触头没有装设并联电阻，即 $r = \infty$，则周期性振荡过程中的弧隙恢复电压最大值可达到 $2U_0$，如图 4-125 中曲线 1 所示，实际上由于 R 及弧隙电阻的存在，弧隙恢复电压最大值在 $(1.3 \sim 1.6)U_0$。

(3) 当 $\frac{1}{4}\left(\frac{R}{L}-\frac{1}{rC}\right)^2=\frac{1}{LC}$ 时, $\alpha_{1,2}$ 为相等的负实根。此时, 弧隙电压恢复过程仍是非周期性的, 但处在临界情况。忽略 R, 临界并联电阻值为

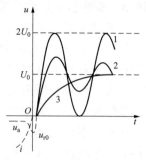

图 4-125　恢复电压变化过程
1—$r=\infty$, 周期性过程；2—衰减
周期性过程；3—非周期性过程

$$r_{\mathrm{Cr}}=\frac{1}{2}\sqrt{\frac{L}{C}} \qquad (4-112)$$

当 $r\leqslant r_{\mathrm{Cr}}$ 时, 弧隙电压恢复过程为非周期性；当 $r>r_{\mathrm{Cr}}$ 时, 弧隙电压恢复过程为衰减周期性, 因此, 弧隙电压恢复过程由电路参数决定, 在断路器触头间并联低值电阻(几欧至几十欧), 可以改变弧隙电压恢复过程的上升速度和幅值。当 $r\leqslant r_{\mathrm{Cr}}$ 时, 可以将弧隙恢复电压由周期性振荡特性恢复电压转变为非周期性恢复电压, 大大降低了恢复电压的上升速度和幅值, 改善了断路器的灭弧条件。

【例 4-35】(2005)断路器开断交流电路的短路故障时, 弧隙电压恢复过程与电路的参数等有关, 为了把具有周期性振荡特性的恢复过程转变为非周期性的恢复过程, 可在断路器触头两端并联一只电阻 r, 其值一般取下列哪项？(C、L 为电路中的电容、电感)(　　)

A. $r\leqslant\frac{1}{2}\sqrt{\frac{C}{L}}$　　B. $r\geqslant\frac{1}{2}\sqrt{\frac{C}{L}}$　　C. $r\leqslant\frac{1}{2}\sqrt{\frac{L}{C}}$　　D. $r\geqslant\frac{1}{2}\sqrt{\frac{L}{C}}$

答案：C

提示：参见式(4-112)。

【例 4-36】(2008)为使断路器的弧隙电压恢复过程为非周期性的, 可在断路器触头两端(　　)。

A. 并联电阻　　B. 并联电容　　C. 并联电感　　D. 并联辅助触头

答案：A。

3. 断路器常用的熄弧方法

(1) 吹弧灭弧法。利用灭弧介质(气体、油等)在灭弧室中吹动电弧。用弧区外新鲜、低温的灭弧介质吹拂电弧, 对熄灭电弧起到多方面的作用。它可将电弧中大量正负离子吹到触头间隙以外, 代之以绝缘性能高的新鲜介质；它使电弧温度迅速下降, 阻止热游离继续进行, 使触头间的绝缘强度提高；被吹走的离子与冷介质接触, 加快了复合过程的进行；吹弧使电弧拉长变细, 加快了电弧的扩散, 弧隙电导下降。按吹弧方向分为：① 横吹：吹弧方向与电弧轴线相垂直时, 称为横吹, 横吹更易于把电弧吹弯拉长, 增大电弧表面积, 加强冷却和增强扩散。② 纵吹：吹弧方向与电弧轴线相一致时, 称为纵吹, 纵吹能促使弧柱内带电质点向外扩散, 使新鲜介质更好地与炽热的电弧相接触, 冷却作用加强, 并把电弧吹成若干细条, 易于熄灭。③ 纵横混合吹：在高压断路器中, 常采用纵、横混合吹弧方式, 熄弧效果更好。

(2) 提高断路器触头分离速度。在高压断路器中都装有强力断路弹簧, 以加快触头的分离速度, 迅速拉长电弧, 使弧隙的电场强度骤降, 同时使电弧的表面积突然增大, 有利于电弧的冷却及带电质点的扩散和复合, 削弱游离而加强去游离, 从而加速电弧的熄灭。

(3) 长弧切短灭弧法。在交流电弧电流过零时, 阴极附近几乎立即出现 150~250V 的介

质强度，这种现象叫作近阴极效应。在低压开关电器中，广泛利用近阴极效应，将长电弧分割成许多短弧，则电弧上的电压降将增大若干倍，当外施电压小于电弧上的电压降时，则电弧就不能维持而迅速熄灭。低压断路器和电磁接触器的钢灭弧栅片就是很典型的例子，同时钢片对电弧还有冷却作用。

（4）利用固体介质的狭缝狭沟灭弧。狭缝由耐高温的绝缘材料（如陶土或石棉水泥）制作，通常称为灭弧罩。电弧形成后，用磁吹线圈产生的磁场作用于电弧，电弧受电动力作用升入狭缝中并继续向上运动，狭缝对电弧有下列影响：电弧断面积被狭缝挤成很小，又因狭缝中的气体被加热使弧中压力很大，于是加强了弧中的复合过程。电弧与灭弧罩内表面接触，热量被冷的灭弧罩吸收，电弧温度下降，复合作用加强。有的熔丝在熔管内充填石英砂，就是利用这种狭沟灭弧原理。

（5）在断路器的主触头两端加装低值并联电阻。如图4-126所示，在灭弧室主触头 Q_1 两端加装低值并联电阻时，为了最终切断电流，必须另加装一对辅助触头 Q_2。分闸时，主触头 Q_1 先打开，并联电阻 r 接入电路，在断开过程中起分流作用，同时降低恢复电压的幅值和上升速度，使

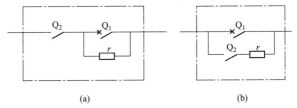

图4-126　在断路器的主触头两端加装低值并联电阻
(a) Q_2 与 Q_1 串联；(b) Q_2 与 Q_1 并联

主触头间产生的电弧容易熄灭；当主触头 Q_1 间的电弧熄灭后，辅助触头 Q_2 接着断开，切断通过并联电阻的电流，使电路最终断开。合闸时，顺序相反，即辅助触头 Q_2 先合上，然后主触头 Q_1 合上。

（6）采用多断口灭弧。在许多高压断路器中，常采用每相两个或多个断口相串联的方式，如图4-127所示。熄弧时，利用多断口把电弧分解为多个相串联的短电弧，使电弧的总长度加长，弧隙电导下降；在触头行程、分闸速度相同的情况下，电弧被拉长的速度成倍增加，促使弧隙电导迅速下降，提高了介质强度的恢复速度；另一方面，加在每一断口上的电压减小数倍、输入电弧的功率和能量减小，降低了弧隙电压的恢复速度，缩短了灭弧时间。多断口比单断口具有更好的灭弧性能。

采用多断口的结构后，每一个断口在开断时电压分布不均匀，下面以两个断口的断路器为例加以说明。图4-128为单相断路器在开断接地故障时的电路图，U 为电源电压，U_1 和 U_2 分别为两个断口的电压。电弧熄灭后，每个断口可用一等效电容 C_d 代替，中间的导电部分与底座和大地间可记作一个对地电容 C_0，那么可由图4-129所示电路图来计算每个断口上的电压，即 $U_1 = U\dfrac{C_d + C_0}{2C_d + C_0}$，$U_2 = U\dfrac{C_d}{2C_d + C_0}$，在少油断路器中，$C_d$ 和 C_0 一般都是几十皮法，现假定 $C_d = C_0$，可计算得到 $U_1 = 2U/3$，$U_2 = U/3$，可见两个断口上的电压相差很大。第一个灭弧室的工作条件显然要比第二个灭弧室恶劣很多。为使两个灭弧室的工作条件相接近，通常采用断口并联电容的方法。一般在每个灭弧室的外边并联一个比 C_d、C_0 大得多的电容 C，称为均压电容，其容量一般为 $1000 \sim 2000\mathrm{pF}$，接有均压电容后的等效电路如图4-130所示，由于 C 值比 C_d 和 C_0 大得多，C_0 可忽略不计，则断口电压分布为 $U_1 = U_2 \approx$

$U\dfrac{C_d+C}{2(C_d+C)}=\dfrac{1}{2}U$，由此可知，当在断口上并联足够大的电容后，电压将平均分布在每一个断口上，从而提高了断路器的灭弧能力。

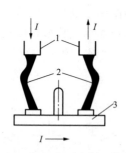

图 4-127　每相有两个断口的断路器
1—静触头；2—电弧；3—动触头

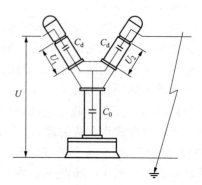

图 4-128　断路器开断单相接地故障时的电路图

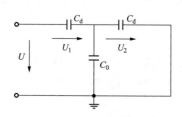

图 4-129　断口电压分布计算图

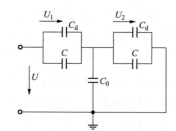

图 4-130　有均压电容时断口电压分布计算图

（7）采用耐高温金属材料制作灭弧触头。电弧中的去游离强度，在很大程度上与触头材料有关，采用熔解点高、导热系数和热容量大的铜钨合金、银钨合金制作触头，其在电弧高温下不易熔化和蒸发，可以减少热电子发射和金属蒸汽，减弱游离过程，有较高的抗电弧、抗熔焊能力，利于电弧熄灭。

（8）采用优质的灭弧介质。良好的灭弧绝缘介质可以有效抑制碰撞游离、热游离的发生并具有较强的去游离作用。电气设备中常用的灭弧介质有气体介质如六氟化硫 SF_6、氢气、空气等；液态介质如开关油；固态介质如石英砂。

以常见的真空和 SF_6 灭弧为例，对于真空灭弧，断路器的动、静触头置于真空中，其电弧是由触头电极蒸发出来的金属蒸汽形成的。高真空条件下，气体中分子的自由行程大得多，碰撞游离很难产生，绝缘强度很高，电弧容易熄灭。SF_6 气体是一种不可燃的惰性气体，其绝缘性能很好，它的灭弧能力要比空气高 100 倍左右。

小结与提示
（1）电弧：定义、组成、碰撞游离、去游离、复合、交流电弧。
（2）灭弧方法：速拉灭弧、吹弧灭弧法、冷却灭弧法、短弧灭弧法、狭缝灭弧法、真空灭弧法。

4.10.4 断路器的运行和维护工作要点

1. 断路器的运行工作要点

在电网运行中，高压断路器操作和动作较为频繁，为使断路器能安全可靠运行，保证其性能，必须做到以下几点：

（1）断路器工作条件必须符合制造厂规定的使用条件，如户内或户外、海拔、环境温度、相对湿度等。

（2）断路器的性能必须符合国家标准的要求及有关技术条件的规定。

（3）在正常运行时，断路器的工作电流、最大工作电压和断流容量不得超过额定值。

（4）在满足上述要求的情况下，断路器的瓷件、机构等部分均应处于良好状态。

（5）运行中的断路器，机构的接地应可靠，接触必须良好可靠，防止因接触部位过热而引起断路器事故。

（6）运行中与断路器相连接的汇流排，接触必须良好可靠，防止因接触部位过热而引起断路器事故。

（7）运行中断路器本体、相位油漆及分合闸机械指示等应完好无缺，机构箱及电缆孔洞使用耐火材料封堵，场地周围应清洁。

（8）断路器绝对不允许在带有工作电压时使用手动合闸或手动就地操作按钮合闸，以避免合于故障时引起断路器爆炸和危及人身安全。

（9）远方和电动操作的断路器禁止使用手动分闸。

（10）明确断路器的允许分、合闸次数，以便很快地决定计划外检修。断路器每次故障跳闸后应进行外部检查并做记录。

（11）为使断路器运行正常，在下述情况下，断路器严禁投入运行：① 严禁将有拒跳或合闸不可靠的断路器投入运行；② 严禁将严重缺油、漏气、漏油及绝缘介质不合格的断路器投入运行；③ 严禁将动作速度、同期、跳合闸时间不合格的断路器投入运行；④ 断路器合闸后，由于某种原因，一相未合闸，应立即拉开断路器，查明原因。缺陷消除前，一般不可进行第二次合闸操作。

（12）对采用空气操作的断路器，其气压应保持在允许范围内。

（13）多油式断路器的油箱或外壳应有可靠的接地。

（14）少油式断路器外壳均带有工作电压，故运行中值班人员不得任意打开断路器室的门或网状遮栏。

2. 断路器的维护工作要点

（1）断路器的巡视检查。断路器在运行中的巡视检查项目有：油断路器中油的检查；表计观察；瓷套检查；真空断路器检查；断路器导电回路和机构部分的检查；操动机构的检查。

断路器的特殊巡视检查项目有：在系统或线路发生事故使断路器跳闸后对断路器进行检查；高峰负荷时检查各发热部位是否发热变色、示温片熔化脱落；天气突变、气温骤降时，检查油位是否正常，连接导线是否紧密；下雪天应观察各接头处有无融雪现象；雷雨、大风过后，应检查套管瓷件有无闪络痕迹，导线有无断股或松股等现象。

巡视检查应紧急停用故障断路器的情况：套管有严重破损和放电现象；多油断路器内部有爆裂声；少油断路器灭弧室冒烟或内部有异常声响；油断路器严重漏油，油位过低；SF_6

断路器气室严重漏气，发出操作闭锁信号；真空断路器出现真空破坏的"咝咝"声；液压机构突然失电压到零；断路器端子与连接线连接处发热严重或熔化。

（2）断路器的异常运行及故障处理。高压断路器的异常运行情况有：断路器拒绝合闸；电动操作不能分闸；事故情况下高压断路器拒跳；断路器误动作；断路器油位异常；断路器过热；跳合闸线圈冒烟。

高压断路器的故障处理：

1）油断路器声音异常的原因主要有：断路器内部绝缘损坏，造成带电部分向外壳放电，行程较有规律的"噼啪"声；断路器内应与带电部分等电位的绝缘部分连接松脱，则由于悬浮电位放电形成不规则的放电声；动静触头接触不良，形成主电流回路放电和接触不良，造成电弧在油中急剧燃烧，则会有不断的开水似的"咕噜"声。

2）油断路器严重缺油时应采取以下措施：立即断开缺油断路器的操作电源，断路器改为非自动状态；在操作把手上挂"不许拉闸"标示牌；可经倒运行方式将断路器退出运行，停电加油，不能倒运行方式者，应汇报调度和有关上级。

3）断路器拒合闸故障的处理：判定是否由于故障线路保护后加速动作跳闸；检查电气回路各部分是否有故障；检查机械方面是否有故障。

4）断路器拒跳闸故障的处理：根据事故现象，判别是否属于断路器"拒跳"事故；确定故障后应立即手动拉闸。

5）断路器误跳闸故障的处理：及时准确地记录所发出的信号、特征；对于可以立即恢复运行的，如人员误碰、误操作，或受机械外力振动，保护盘受外力振动引起自动脱扣的误跳等可恢复断路器运行；若由于其他电气或机械部分故障，无法立即恢复送电的，则应联系调度将误跳断路器停用，转为检修处理。

6）油断路器着火的原因：外部套管污秽或受潮，造成对地闪络或相间闪络；油不清洁或受潮引起内部闪络；分、合闸动作速度缓慢；断路器遮断容量不够、油质劣化等；油面过高使油箱内缓冲空间不足，事故跳闸时内部压力过大；油面过低，事故跳闸时弧光冲出油面。

7）断路器误合闸故障的处理：经检查确定误合应拉开误合断路器；若拉开又再误合，则应取下合闸熔断器，分别检查电气和机械方面的原因，联系调度将断路器停用作检修处理。

8）真空断路器真空度下降的原因主要有：使用材料气密情况不良；金属波纹管密封质量不良；在调试过程中，行程超过波纹管的范围，或超程过大，受冲击力太大。

小结与提示

（1）断路器的操作。

（2）正常操作的要求。

（3）故障状态下的操作要求。

（4）断路器的异常运行。

（5）真空断路器常见的异常运行。

4.11 互感器

4.11.1 电流、电压互感器的工作原理、接线形式及负载要求

互感器是一种特殊的变压器，其作用有两个：

（1）将一次回路的高电压和大电流变为二次回路标准的低电压和小电流，使测量仪表和保护装置标准化、小型化，并使其结构轻巧、价格便宜。

（2）隔离高压电路。互感器一次侧和二次侧没有电的联系，只有磁的联系，使二次设备与高电压部分隔离，且互感器二次侧均接地，从而保证了设备和人身的安全。

1. 电流互感器的工作原理、接线形式及负载要求

（1）工作原理。电流互感器简称 TA，它由一次绕组、铁心、二次绕组构成，其一、二次电流之比称为电流互感器的额定电流比，记为

$$K_i = \frac{I_{N1}}{I_{N2}} \approx \frac{N_2}{N_1} \tag{4-113}$$

式中　I_{N1}——TA 一次侧的额定电流，A；

　　　I_{N2}——TA 二次侧的额定电流，5A 或 1A；

　　　N_1——TA 一次侧绕组匝数；

　　　N_2——TA 二次侧绕组匝数。

TA 的工作特点：① 一次绕组串联于主电路中，由于一、二次绕组的安匝数要相等，即 $I_1 N_1 = I_2 N_2$，故 TA 的一次侧匝数少，二次侧匝数多；② 二次侧近似短路，这是因为 TA 二次侧所串接的为测量仪表、继电器等的电流线圈，其阻抗值很小；③ TA 的二次绕组不允许开路。一旦开路，磁通密度将过度增大，铁心剧烈发热导致 TA 损坏，同时很高的开路电压对人员安全和仪器绝缘都是很大的威胁。

（2）接线形式。电流互感器的接线方式是指电流互感器与电流继电器之间的连接形式，有如下几种。

1）三相三继电器式接线也称三相完全星形接线，如图 4-131（a）所示。每一相都装有电流互感器和电流继电器 KA，TA 二次侧分别与 KA 线圈串联，3 个 KA 的触头并联后输出信号，形成"或"的逻辑关系，因此任何一个 KA 动作均可使信号发出。

优点：能够反映所有的短路故障类型。

缺点：所用保护元件最多。

应用：主要用于大电流接地系统。

2）两相两继电器式接线如图 4-131（b）所示。电流互感器通常装在 A、C 两相上。

优点：所用元件较少，能够反映各种类型的相间短路。

缺点：当没有装 TA 的 B 相单相短路时，保护装置不会动作。

应用：主要用于小电流接地系统。

3）两相三继电器式接线也称两相不完全星形接线，如图 4-131（c）所示。它仍然只在 A、C 两相装设 TA，但较两相两继电器式接线多增加了一个电流继电器 KA_3，显然 KA_3 检测到的电流为 $-\dot{I}_b$。

特点：只多增加一个元件就克服了两相两继电器式接线的缺陷。

应用：变压器的保护或小电流接地系统。

4）两相一继电器式接线又称两相电流差接线，如图 4-131（d）所示。由于 TA 的非同名端相连，所以流入继电器的电流为 A、C 两相电流之差 $\dot{I}_a - \dot{I}_c$。

优点：所用元件最少。

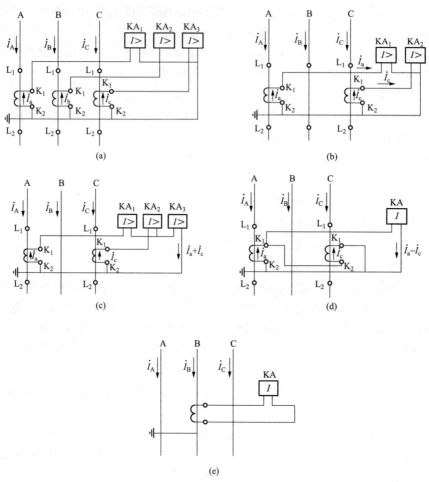

图 4-131　电流互感器的接线形式

（a）三相三继电器式接线；（b）两相两继电器式接线；（c）两相三继电器式接线；

（d）两相一继电器式接线；（e）一相式接线

缺点：不同短路类型有不同的接线系数，从而导致有不同的灵敏度。

应用：主要用于小容量电动机的保护。

5）一相式接线如图 4-131（e）所示，TA 通常装在 B 相。用于负荷平衡的三相系统，可以用单相电流反映三相电流值，主要用于测量电路。

（3）负载要求。

1）电流互感器的误差及影响因素：

① 电流误差。电流误差为二次电流的测量值乘以互感器额定电流比所得的值 $K_i I_2$ 与实际一次电流 I_1 之差，以后者的百分数来表示，即

$$f_i = \frac{K_i I_2 - I_1}{I_1} \times 100\% \tag{4-114}$$

② 相位误差。相位误差为旋转 180° 的二次电流相量 $-\dot{I}_2'$ 与一次电流相量 $\dot{I}_1$ 之间的夹角 δ_i，并规定 $-\dot{I}_2'$ 超前于 $\dot{I}_1$ 时，相位差 δ_i 为正值，反之为负值。

电流互感器的误差与二次负载阻抗、一次电流的大小等因素有关。① 当一次侧电流越大时，铁心饱和越严重，电流误差越大；② 从二次侧看进去，TA 相当于一个电流源，其等效电路如图 4-132 所示。当二次侧所串接的仪表越多，阻抗 Z 越大时，由于电流源内阻抗 z 的分流增大，从而励磁电流的数值会大大增加，铁心饱和，即一次电流的很大一部分将用于提供励磁电流，这样使得 $K_i I_2$ 与 I_1 差值增大，准确度下降。

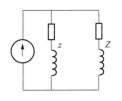

图 4-132　电流互感器
误差分析

2）TA 的准确度等级。准确度等级是指在规定的二次负荷范围内，一次电流为额定值时的最大误差，电流互感器根据测量时误差的大小而划分为不同的准确度等级，我国准确级规定为 0.2、0.5、1、3、10 共 5 级，B 级为保护级，用于继电器保护。不同准确级的电流互感器用于不同范围，如 0.2 级作实验室精密测量用，0.5 级做计算电费测量用，1 级供配电盘上的仪表使用，一般指示仪表和继电保护用 3 级、10 级。

3）TA 的额定容量。TA 的额定容量 S_{N2} 是指电流互感器在额定二次电流 I_{N2} 和额定二次阻抗 Z_{N2} 下运行时，二次绕组输出的容量，即 $S_{N2} = I_{N2}^2 Z_{N2}$。由于电流互感器的二次电流为标准值（5A 或 1A），故其容量也常用额定二次阻抗来表示。因电流互感器的误差和二次负荷有关，故同一台电流互感器使用在不同准确级时，会有不同的额定容量，例如 LMZ-10-3000/5 型电流互感器在 0.5 级下工作时 $Z_{N2} = 1.6\Omega(S_{N2} = 40V \cdot A)$，而在 1 级工作时，$Z_{N2} = 2.4\Omega(S_{N2} = 60V \cdot A)$。电流互感器对负载的要求就是负载阻抗之和不能超过互感器的额定二次阻抗值。

2. 电压互感器的工作原理、接线形式及负载要求

（1）工作原理。电压互感器简称 TV，其工作原理与普通电力变压器相同，结构和接线也相似，一次绕组匝数很多，而二次绕组匝数很少，相当于降压变压器，工作时，一次绕组并联在一次电路中，而二次绕组并联接入仪表、继电器等的电压线圈。其一、二次绕组电压之比称为电压互感器的额定电压比，记为

$$K_u = \frac{U_{N1}}{U_{N2}} \approx \frac{N_1}{N_2} \tag{4-115}$$

式中　U_{N1}——TV 一次侧的额定电压，V；

　　　U_{N2}——TV 二次侧的额定电压，100V；

　　　N_1——TV 一次侧绕组匝数；

　　　N_2——TV 二次侧绕组匝数。

电压互感器与变压器的不同：① TV 容量小。TV 二次额定电压 100V，容量通常很小，只有几十伏安或几百伏安。② TV 二次相当于空载。因为 TV 二次侧所接的都是电压线圈，其阻抗很大，从而电流很小；这一点也要求 TV 二次侧正常工作时不允许短路，否则会流过很大的短路电流烧毁设备。③ TV 具有较低的磁通密度。为了使 TV 误差不超过规定值，必须限制其磁化电流，故其铁心用质量较好的硅钢片来制造。

（2）接线形式。电压互感器的接线形式如图 4-133 所示。

图 4-133（a）接线用于小电流接地系统（35kV 及以下），只能测得线电压；图 4-133（b）接线用于大电流接地系统（110kV 及以上），只能测量相电压；图 4-133（c）是由 2 台单相电压互感器组成的 V-V 形接线，可用来测量线电压，但是不能测量相电压，广泛用于 35kV 及

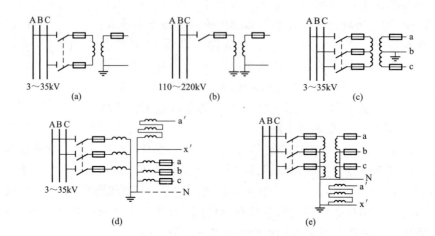

图 4-133 电压互感器的接线形式

(a)、(b)单相电压互感器接线;(c)V-V 接线;(d)一台三相五柱式电压
互感器接线;(e)三台单相电压互感器接线

以下的电网中;图 4-133(d)所示为 1 台三相五柱式电压互感器接线,一次绕组接成星形,且中性点接地;基本二次绕组也接成星形,并且中性点接地,既可测量线电压,又可测量相电压;附加二次绕组每相的额定电压按 100V/3 设计,接成开口三角,也要求一点接地。正常时,开口三角绕组两端电压为零,如果系统中发生一相完全接地,开口三角绕组两端出现 100V 电压,供给绝缘监视继电器,使之发出一个故障信号,但不跳开断路器。这种接线在 3~35kV 电网中得到广泛应用。

图 4-133(e)为由 3 台单相电压互感器构成的 YNynd 联结,这种联结既可用于小电流接地系统,也可用于大电流接地系统,但应注意两者附加二次绕组的额定电压不同,用在前者应为 100V/3,用在后者则为 100V,原因是当一次系统中一相完全接地时,两种情况下开口三角形绕组两端的电压均为 100V。

3~35kV 电压互感器高压侧一般经隔离开关和高压熔断器接入高压电网,低压侧也应装低压熔断器;110kV 及以上的电压互感器可直接经由隔离开关接入电网,不装高压熔断器,低压侧仍要装;380V 的电压互感器可经熔断器直接接入电网,而不用隔离开关。

(3)负载要求。

1)TV 的误差及影响因素。

① 电压误差:电压误差为二次电压的测量值与额定变比的乘积,与实际一次电压之差,以后者的百分数表示,即

$$f_u = \frac{K_u U_2 - U_1}{U_1} \times 100\% \tag{4-116}$$

② 相位误差:相位误差为旋转 180°的二次电压相量 $-\dot{U}_2$ 与一次电压相量 $\dot{U}_1$ 之间的夹角 δ_u,并规定 $-\dot{U}_2$ 超前于 $\dot{U}_1$ 时相位差为正,反之为负。

③ TV 的误差与二次负载、功率因数和一次电压等运行参数有关。

a)励磁电流越大,误差也越大,因此可采用高磁导率的冷轧硅钢片做铁心,以减小

磁阻。

b）从二次侧看进去，TV 相当于一个电压源，如图 4-134 所示，当二次侧所并联的仪表越多，总阻抗 Z 越小时，由于电压源内阻抗 z 的分压作用增大，使得 $K_u U_2$ 与 U_1 的差值增大。

图 4-134　电压互感器误差分析

2）TV 的准确度等级。TV 的测量误差以其准确度等级来表示。电压互感器的准确级，是指在规定的一次电压和二次负荷变化范围内，负荷功率因数为额定值时，电压误差的最大值。我国规定的电压互感器的测量精度有 0.2、0.5、1、3、3P、6P 六个准确度等级。0.2、0.5、1 三个等级的适用范围同 TA；3 级用于某些测量仪表和继电保护装置；3P 和 6P 两个等级属于保护用电压互感器的准确度等级。

3）TV 的额定容量。TV 的额定容量是指与最高准确度等级对应的额定容量。每一个准确度等级都规定有对应的二次负荷的额定容量，实际的二次负荷超过了规定的额定容量时，TV 的准确度等级就要下降。例如 JDZ-10 型 TV，0.5、1、3 级时对应的二次负荷额定容量分别为 80V·A、120V·A、300V·A。TV 的最大容量按在最高工作电压下长期允许发热条件来确定，上述 TV 的最大容量为 500V·A，其二次额定容量为 80V·A。

电压互感器的负载要求就是负载容量之和不能超过互感器的额定二次容量值。

小结与提示

（1）互感器的作用。

（2）电流互感器：工作原理、误差、接线注意事项、负载要求、准确度等级、10% 误差曲线、额定容量。

（3）电压互感器：工作原理、误差、接线注意事项、负载要求、准确度等级、额定容量。

4.11.2　电流、电压互感器在电网中的配置原则及接线形式

1. 电流互感器在电网中的配置原则及接线形式

（1）在发电机、主变压器、大型厂用变压器和 110kV 及以上大电流接地系统各回路中，一般应三相均装设电流互感器；而对于非主要回路则一般仅在 A、C 两相上装设；对小电流接地系统，依具体要求按两相或三相配置。

（2）凡装有断路器的回路均应装设电流互感器，其数量应满足测量仪表、保护和自动装置的要求。

（3）在未设断路器的下列地点也应装设电流互感器，如发电机和变压器的中性点、发电机和变压器的出口、桥形接线的跨条上等。

（4）主变回路的电流互感器作测量和保护作用，主变主保护一般采用纵差动保护，因此 TA 按三相配置，低压侧电流互感器二次绕组一个供差动保护作用，另一个供测量使用。

2. 电压互感器在电网中的配置原则及接线形式

（1）发电机。一般在发电机出口装设 2~3 组电压互感器，其中一组为 3 只单相双绕组电压互感器，供励磁调节装置用，准确级为 0.5 级。另外一组为三绕组构成 YNynd 联结，供测量、同期、继电保护及绝缘监视用。当二次负荷过大时，可增设一组电压互感器。当发电机出口与主变压器低压侧经断路器相接，且厂用电支路由主变压器低压侧引出时，还应该

在厂用电支路的连接点上设一组三绕组电压互感器。

（2）母线。工作母线和备用母线都应装一组三绕组电压互感器，而旁路母线可不装。母线如分段应在各分段上各装一组三绕组电压互感器。另外，若升高电压等级的接线为无母线形式，例如内桥式接线，则应在桥支路两端连接点上设置一组三绕组电压互感器。

（3）35kV及以上线路按对方是否有电源考虑。对方无电源时不装，有电源时，可装一台单相双绕组或单相三绕组电压互感器。110kV及以上线路，为了节约投资和占地，载波通信和电压测量可共用耦合电容，故一般选择电容分压式电压互感器。

小结与提示
（1）电流互感器：配置原则、接线形式。
（2）电压互感器：配置原则、接线形式。

4.11.3 各种形式互感器的构造及性能特点

1. 电流互感器的构造及性能特点

按一次绕组匝数可分为单匝式和多匝式。单匝式分为贯穿型和母线型两种；多匝式可分为线圈式、"8"字形和U形。

（1）单匝式：贯穿型互感器本身装有单根铜管或铜杆作为一次绕组，母线型互感器则本身未装一次绕组，而是在铁心中留出一次绕组穿越的空隙，施工时以母线穿过空隙作为一次绕组。通常，多油断路器和变压器套管上的装入式电流互感器，就是一种专用母线型互感器。单匝式结构简单、尺寸小、价廉，其内部电动力不大。其缺点是：一次电流小时，一次安匝 I_1N_1 与励磁安匝 I_0N_1 相差不大，故误差大，因此额定电流在400A及以下采用多匝式。

（2）多匝式："8"字形绕组结构的电流互感器，其一次绕组为圆形并套住带环形铁心的二次绕组，构成两个互相套着的环，形如"8"字。由于"8"字线圈电场不均匀，故只用于35~110kV电压级。多匝式电流互感器其测量准确级可以很高，但当过电压或较大的短路电流通过时，一次绕组的匝间可能承受过电压。

U形电流互感器一次绕组呈U形，主绝缘全部包在一次绕组上，绝缘共分10层，层间有电容屏（金属箔），外屏接地，形成圆筒式电容串结构，由于其电场分布均匀和便于实现机械化包扎绝缘，目前在110kV及以上的高压电流互感器中得到广泛应用。

2. 电压互感器的构造及性能特点

（1）三相式结构：三相式结构的电压互感器仅适用于20kV及以下的电压等级，有三相三柱式和三相五柱式两种结构，如图4-135所示。

三相三柱式电压互感器为三相、双绕组、油浸式屋内产品。其一次绕组只能 Y 联结，不能 YN 联结，这是因为若中性点接地，当系统发生接地故障时，

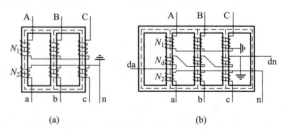

(a)　　　　　　(b)

图4-135　三相式电压互感器结构原理示意图

(a) 三相三柱式结构；(b) 三相五柱式结构

三相绕组中的零序电流同时流向中性点，并通过大地构成回路。但是，在同一时刻，零序磁

通在三柱中上下方向相同，不能在铁心中构成零序磁通回路，只能通过气隙和铁外壳构成回路，由于磁阻很大，使得零序电流比正常励磁电流大很多倍，从而使得互感器绕组过热甚至烧毁。一次绕组Y联结而中性点不接地，当系统发生单相接地故障时，接地相对中性点的电压不变，加于电压互感器一次绕组上的电压并未改变，互感器的每相二次绕组指示的还为相电压，即反应不出接地故障相，故三相三柱式电压互感器不能用作绝缘监视。

三相五柱式电压互感器为三相、三绕组、油浸式屋内产品。由于两个边柱为零序磁通提供了通路，其一次绕组可以 YN 联结，它可用来向系统绝缘监视装置的 3 只电压表供电，系统某相接地时，接地相电压表指示下降，非接地相电压表指示上升。正常开口三角电压为零，故障时，可发出预警信号。

（2）单相式结构。单相式结构的电压互感器适用于任何电压等级，可分为普通式和串级式。35kV 级以下电压互感器采用普通式结构，110kV 及以上的电磁式电压互感器普遍制成串级式结构，其特点是：铁心与绕组采用分级绝缘，节省了绝缘材料，减小了重量和体积，降低了成本。

> **小结与提示**
> （1）电流互感器：类型、分类、结构、型号、额定电流比。
> （2）电压互感器：类型、分类、结构、型号、额定变比。

4.12 直流电机

4.12.1 直流电机的基本原理与结构

1. 直流电动机的基本工作原理

首先分析一个简单的物理模型（图 4-136），图中 N、S 是一对磁铁，它可以是永久磁铁，也可以为电磁铁，所谓电磁铁就是在磁极铁心上绕上励磁线圈且通入直流电，便产生固定的极性。

两极间装一转动的线圈，当线圈 abcd 中通入直流电流，此时载流导体在磁场受到力的作用，根据电磁力定律，力的大小为 $f=Bli$，方向由左手定则判断。在力的作用下使线圈按逆时针方向旋转，当线圈转过 180° 后，所产生的电磁转矩变成顺时针方向了，所以这种物理模型不能作连续运转。要使电枢受到一个方向不变的电磁转矩，关键在于旋转过程中应保持每极下导体中电流的方向不变，即流过线圈中的电流方向及时地加以变换，即进行所谓"换向"，为此必须增加换向器装置。

换向器由互相绝缘的换向片构成，装在轴上与电枢一同旋转，换向器又与两个固定不动的电刷 B_1、B_2 相接触，这样当直流电压加于电刷时，换向器的作用使外电路的直流电流改为线圈内的交变电流，这种换向作用称为逆变，以保证每极下导体中所流过的电流方向不变，从而使电动机连续的旋转，这就是直流电动机的工作原理。

2. 直流发电机的工作原理

直流发电机的工作原理就是把电枢线圈中感应的交变电动势靠换向器的作用，从电刷端引出。如图 4-136 所

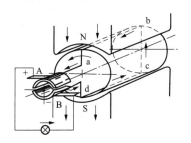

图 4-136 直流电动机工作模型

示模型中，电刷上不加直流电压，用原动机拖动电枢按逆时针方向旋转，根据电磁感应定律导体 ab 和 cd 分别切割不同极下的磁力线而感应电动势 $e=BLv$，方向由右手定则判定。整个线圈的电动势 $E_{ad}=2BLv$，当电枢逆时针转过 180° 时，线圈边中电动势反向，随着电枢的旋转线圈中感应出交变电动势。由于换向器的作用，在电刷两端的电动势却为直流电动势。电刷 A 通过换向片所引出的电动势始终是切割 N 极磁力线的线圈中的电动势，因此 A 始终是正极性，同理 B 始终是负极性。所以电刷端引出方向不变，但大小变换的脉振电动势，这就是直流发电机的工作原理。其中换向器的作用为整流，又叫作机械整流子。

3. 直流电动机的基本结构

电动机由两大部分组成，其中，静止部分为定子，旋转部分为转子，如图 4-137 所示。

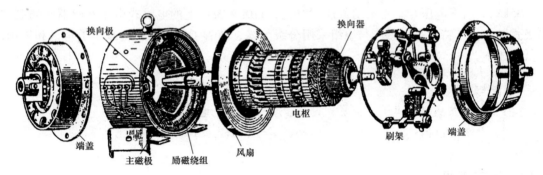

图 4-137　直流电动机结构示意图

（1）直流电动机的静止部分（定子）。

1）主磁极的作用是建立主磁场。主磁极由主极铁心和套装在铁心上的励磁绕组组成。铁心是由 1~1.5mm 厚的钢板冲片叠压紧固而成。极靴的作用是使主磁通在过气隙时分布的更合理，并且固定励磁绕组。

2）机座的作用一是作为磁路的一部分，二是固定主极、换向极和端盖。通常是用铸钢或厚钢板焊成，机座中有磁通通过的部分称为磁轭。

3）换向极装在两极之间。其作用是用来改善换向，也是由铁心和线圈组成，换向极绕组与电枢绕组串联。

4）电刷装置是电枢电路的引入（或引出）装置，通过它可以把电动机旋转部分的电流引出到静止的电路里，它与换向器配合才能使电动机获得直流电动机的效果。

（2）直流电动机的转动部分。

1）电枢铁心既是主磁路的组成部分，又是电枢部分绕组的支撑部件。为减少电枢铁心内的涡流损耗，铁心一般采用 0.5mm 厚的硅钢片叠压而成。

2）电枢绕组。叠放在电枢铁心的槽内，是由按一定规律连接的线圈组成。它是直流电动机的电路部分。上、下层之间及线圈与铁心之间都要有绝缘，槽口处用槽楔压紧。

3）换向器是直流电动机的重要部件，在发电机中可将电枢绕组中交变的电流转换成电刷上的直流，起整流作用，而在直流电动机中将电刷上的直流变为电枢绕组内的交流，即起逆变作用。换向器由许多换向片组成，片间用云母绝缘，电枢绕组的每个线圈的两端分别接到两个换向片上。

4.12.2 直流电机的励磁方式与分类

直流电机按能量的来源分为直流电动机与直流发电机两大类。假如按励磁绕组的供电方式又分为他励、并励、串励、复励 4 大类(图 4-138)。

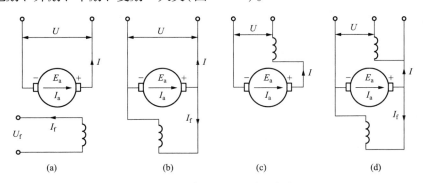

图 4-138 直流电机的励磁方式

(a)他励式;(b)并励式;(c)串励式;(d)复励式

1. 直流电机的励磁方式

直流电机的磁场可以由永久磁场产生,也可以由励磁绕组产生。前者为永久磁场,后者为电磁场。一般来讲永久磁铁的磁场较弱,所以现在绝大多数直流电机的主磁场都是由励磁绕组通以直流励磁电流产生的,我们称这种磁场为直流电机的主磁场,有时也称为励磁磁场。

励磁绕组的供电方式称为励磁方式。直流电机的运行性能因励磁方式的不同而不同,按照励磁方式的不同,直流电机分他励和自励,具体又分四大类。

(1)他励直流电机。励磁绕组与电枢绕组无连接关系,而由其他直流电源供电的直流电机。电枢电流等于负载电流:$I_a=I$。

(2)并励直流电机。励磁绕组与电枢绕组并联后加同一电压。

对于发电机:$I_a=I+I_f$;对于电动机:$I=I_a+I_f$。

(3)串联直流电机。励磁绕组与电枢绕组串联。

电流关系:$I=I_a=I_f$。

(4)复励直流电机。具有两个励磁绕组,一个与电枢并联,另一个与电枢绕组串联。

电枢与并联绕组并联后再与串联磁绕组串联称为短复励。

电枢与串联绕组串联后再与并励绕组并联称为长复励。

若串励绕组与并励绕组产生的磁动势方向相同为积复励,相反为差复励。

2. 直流电机的空载磁场

空载磁场是在无载情况下(电枢电流一般为零),励磁绕组中通入电流后由励磁磁动势单独建立的磁场。

空载时主磁场的磁通分两部分,即主磁通和漏磁通。

由于磁极极靴宽度总是小于极距,在极靴下气隙较小,所以极靴下沿电枢表面主磁场较强,极靴以外,气隙加大,主磁场明显削弱,在两极间的几何中性线处磁密为零。气隙磁场磁通密度(简称磁密)分布波形为一礼帽形,如图 4-139 所示。

(1)直流电机的空载磁路。直流电机的磁路在电机磁路中具有典型性,理解其分析和计算的方法，对电机的分析、设计是十分重要的。

直流电机的空载磁场指励磁绕组中通过励磁电流时建立的磁场。其磁通分为主磁通和漏磁通。

主磁通：从主极过气隙到转子，因气隙小，磁导大。所以磁通很大。

漏磁通：仅铰链励磁绕组本身，由空气闭合，不进入电枢铁心。因气隙大，磁导率小，所以其值很小。

（2）空载磁路计算。按直流磁路计算的第一类问题进行计算。根据材料的截面积的不同，再由各段磁路 A_i 和 φ_i 计算各段 $B_i = \varphi_i/A_i$。最后可得到计算整个闭合磁路所需的磁动势 F_0。

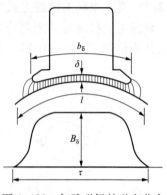

图 4-139　气隙磁场的磁密分布

$$F_0 = \sum_{k=1}^{n} H_k l_k = 2H_\delta\delta + 2H_t l_t + H_c l_c + 2H_m l_m + H_i l_i \qquad (4-117)$$

计算表明：气隙和电枢齿这两部分磁压降之和占整个空载磁动势的85%以上。

（3）直流电机的磁化曲线。分别计算不同的磁通时所需的励磁磁动势，可得到直流电机的磁化曲线如图 4-140 所示。磁化曲线体现了电机磁路的非线性。

（4）直流电机负载时的磁场。空载时的气隙磁场仅由主磁极上的励磁磁动势所建立。当电机带上负载后，电枢绕组中流过电流，从而产生了电枢磁动势。因此负载时电机中的气隙磁场是由励磁磁动势和电枢磁动势共同建立。电枢磁动势的出现使气隙磁场发生畸变，并产生电磁转矩，实现了机电能量的转换。

下面对电枢磁动势进行研究。

首先，看一下电枢磁场的分布情况。为简单计，绕组为整距，电刷放在几何中性线上。在一极下元件中电枢电流的方向相同，根据右手螺旋法则，确定了电枢磁场磁力线的方向如图 4-141 所示。

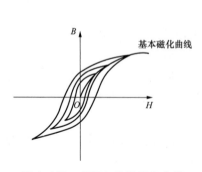

图 4-140　直流电机的磁化曲线

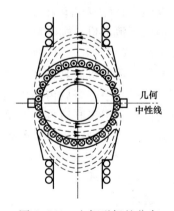

图 4-141　电枢磁场的分布

当电刷放在几何中性线上时，电枢磁动势的轴线与主极轴线正交，称为交轴电枢磁动势。与主极轴线正交的轴称为交轴，重合的轴称为直轴。

下面分析电枢磁动势波形，首先从一个元件入手，将图 4-141 从几何中性线处切开拉直。

一个元件时，磁动势波形为一个矩形波，三个元件时其磁动势波形为三个矩形波的叠加成为一个三个阶梯的阶梯波，若元件再增多，则其波形为多个阶梯组成的阶梯波，其波形近似为一三角波，如图4-142所示。

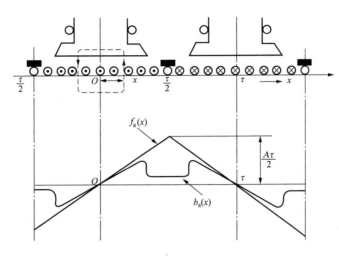

图 4-142　电枢磁动势波形

设主极中心取为原点 O，取一经过距原点 $+x$ 及 $-x$ 的闭合回路，设 Z_a 为电枢绕组总导体数，D 为电枢直径，根据安培环路定律，此回路所含的安培导体数为 $\dfrac{2XZ_a i_a}{\pi D}$。

在 X 处气隙的磁动势为 $f_a(x) = \dfrac{1}{2}\left(\dfrac{2XZ_a i_a}{\pi D}\right) = AX\left(-\dfrac{\tau}{2} \leqslant X \leqslant \dfrac{\tau}{2}\right)$，其中 $A = \dfrac{Z_a i_a}{\pi D}$。

电枢表面单位长度上的安培导体数称为电负荷。

在几何中性线处，即 $X = \dfrac{\tau}{2}$ 处，交轴电枢磁动势达到最大值为 $F_{aq} = A\dfrac{\tau}{2}$。

（5）电枢反应。负载时电枢磁动势对主极磁场的影响称为电枢反应。如果电枢磁动势有交轴和直轴分量，则电枢反应就相应的称为交轴电枢反应或直轴电枢反应。

1）交轴电枢反应。当电刷放在几何中性线上时，由电枢磁动势波（三角波）可得电枢磁密的分布波形。

$$B_a(x) = \mu_0 \frac{f_a(x)}{\delta(x)} = \mu_0 H \tag{4-118}$$

式中　$\delta(x)$——气隙长度；

　　　μ_0——真空磁导率，$\mu_0 = 4\pi \times 10^{-7}$。

由式（4-118）确定波形为马鞍形，如图4-143所示。

以直流发电机为例进行具体分析，得出三点结论：① 气隙磁场发生畸变；② 去磁作用；③ 几何中线与物理中线（即 O 与 O'）不重和。

2）直轴电枢反应。若电刷不在几何中性线上，除交轴电枢磁动势外，还有直轴电枢磁动势，若为发电机电刷顺电枢旋转方向移 β，直轴电枢反应是去磁的；若发电机电刷逆电枢旋转方向移 β，直轴电枢反应是增磁的。电动机情况与发电机正好相反。

4.12.3 直流电机感应电动势和电磁转矩的计算

1. 电枢绕组的感应电动势

直流电机无论作为发电机还是作为电动机运行，电枢绕组中都感应电动势，该感应电动势指一条支路的电动势（即电刷间的电动势），简称电枢电动势。

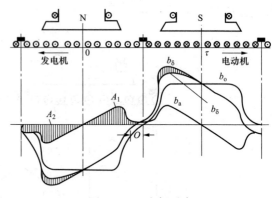

计算方法是首先推出每根导体的电动势，则一条支路中各串联导体的电动势的代数和即为电枢电动势。

设电枢导体有效长度为 L，导体切割气隙磁场的速度为 v，则每根导体的感应电动势为 $e_x = B_{\delta x} L v$，其中 $B_{\delta x}$ 为导体所在处的气隙磁密。

图 4-143 电枢反应

设电枢总导体数为 Z_a，支路数为 $2a$，则每条支路串联导体数为 $Z_a/2a$，则支路电动势为 $E_a = \sum_1^{Z_a/2a} B_{\delta x} L v = L v \sum_1^{Z_a/2a} B_{\delta x}$。

各导体所处位置的 $B_{\delta x}$ 互不相同。为简单计，引入气隙平均磁密 B_{av}，它等于电枢表面各点气隙磁密的平均值 $B_{av} = \dfrac{1}{Z_a/2a} \sum_1^{Z_a/2a} B_{\delta x}$（一极下各导体磁密之和，再除导体数得平均磁密），则整理得 $E_a = L v \dfrac{Z_a}{2a} B_{av}$。

又因为

$$v = \omega R = \frac{2\pi n}{60} R = \frac{2\pi R}{60} n = 2p\tau \frac{n}{60} \qquad (2\pi R = 2p\tau)$$

$$E_a = L \times 2p\,\tau \frac{n}{60} \times \frac{Z_a}{2a} \times B_{av} = \frac{pZ_a}{60a} n (B_{av} L\tau) = \frac{pZ_a}{60a} n\Phi = C_e n\Phi \qquad (4\text{-}119)$$

其中，$C_e = \dfrac{pZ_a}{60a}$（电动势常数）。

不计饱和时，Φ 与励磁电流 I_f 成正比，即 $\Phi = K_f I_f$

$$E_a = \frac{pZ_a}{60a} n K_f I_f = C_e \frac{60\Omega}{2\pi} K_f I_f = \frac{60 C_e}{2\pi} K_f I_f \Omega = G_{af} I_f \Omega$$

$$G_{af} = \frac{60 C_e}{2\pi} K_f$$

当磁路饱和时，E_a 与 Φ、n 成正比；当磁路不饱和时，E_a 与 I_f、n 成正比。

2. 直流电机的电磁转矩

当电枢内有电流时，载流导体与气隙磁场相互作用产生电磁转矩。电磁转矩的计算方法为：首先算出一个导体的电磁转矩，再计算一个极下所有导体的电磁转矩，最后乘以 $2p$ 就得到整个电枢产生的电磁转矩。

设电枢表面任一点的气隙磁密为 $B_{\delta x}$，该处导体中流过的电流为 i_a，有效长度为 L，电

枢直径为 D，则作用与该处载流导体上的电磁转矩为 $T_C = b_{\delta x} L i_a \dfrac{D}{2}$，由于一极下导体数为 $\dfrac{Z_a}{2p}$，

则作用于一极下导体的转矩为 $T_p = \sum\limits_1^{Z_a/2p} B_{\delta x} L i_a \dfrac{D}{2} = L i_a \dfrac{D}{2} \sum\limits_1^{Z_a/2p} B_{\delta x}$，因为 $B_{av} = \dfrac{1}{Z_a/2p} \times \sum\limits_1^{Z_a/2p} B_{\delta x}$，

所以 $T_p = \dfrac{Z_a}{2p} B_{av} L i_a \dfrac{D}{2}$。

因此，作用于整个电枢上的转矩为 $T_e = 2p T_p = Z_a B_{av} L i_a \dfrac{D}{2}$。

而 $\pi D = 2p\tau$，$\Phi = B_{av} L \tau$，支路电流 $i_a = \dfrac{I_a}{2a}$，所以有

$$T_e = Z_a \left(\dfrac{\Phi}{L\tau} L \right) \left(\dfrac{I_a}{2a} \right) \dfrac{1}{2} \left(\dfrac{2p\tau}{\pi} \right) = \dfrac{pZ_a}{2\pi a} \Phi I_a = C_T \Phi I_a \qquad (4-120)$$

$$C_T = \dfrac{pZ_a}{2\pi a} \qquad （转矩常数）$$

如 I_a 单位为 A，Φ 单位为 Wb，则 T_e 单位为 N·m。

$$C_T = \dfrac{60}{2\pi} C_e = 9.55 C_e \qquad (4-121)$$

不计饱和时，Φ 与励磁电流 I_f 成正比，即 $\Phi = K_f I_f$，则

$$T_e = C_T K_f I_f I_a = \dfrac{60}{2\pi} C_e K_f I_f I_a = G_{af} I_f I_a$$

当磁路饱和时，T_e 与 Φ、I_a 成正比；当磁路不饱和时，T_e 与 I_f、I_a 成正比。

将 E_a 两端同乘以 I_a 得

$$E_a I_a = G_{af} I_f \Omega I_a = T_e \Omega \qquad （电磁功率守恒）$$

上式表明无论是电动机还是发电机，在能量转换过程中电功率变为机械功率或机械功率变为电功率的这部分功率为 $E_a I_a$ 或 $T_e \Omega$，由于能量不灭，所以功率是守恒的。

4.12.4 直流电机的运行原理

直流电机的运行情况可由基本方程式进行分析。

1. 直流电机的电路基本方程式

因为 $I = I_a$，则

对励磁回路：$U_f = U$，$U_f = I_f R_f$。

对电枢回路：电动机 $U = E_a + I_a r_a + 2\Delta U_S = E_a + I_a R_a$ $(4-122)$

             发电机 $E_a = U + I_a r_a + 2\Delta U_S = U + I_a R_a$ $(4-123)$

式中 r_a——电枢绕组电阻；

   $2\Delta U_S$——正、负一对电刷上的接触电压降；

   R_a——电枢回路总电阻，包括电枢绕组电阻和电刷接触电阻；

   R_f——励磁绕组电阻。

2. 直流电机的转矩平衡方程

（1）直流发电机。原动机以 T_1 的转矩拖动转子沿逆时针方向旋转，则 E_a、I_a、T_e 的方向如

图 4-144 所示，T_e 的方向与 T_1 相反，为制动性质的转矩，T_e 为拖动转矩，则 $T_1 = T_e + R_0\Omega = T_e + T_0$。其物理意义为：当电机作为发电机运行时，拖动转矩 T_1 与发电机内部产生的制动性质转矩 T_e 和电机本身的机械阻力转矩 T_0 相平衡。

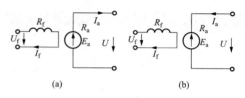

图 4-144 直流电机的电路

(a)发电机；(b)电动机

（2）直流电动机。电动机中电枢电流与运动电动势方向相反。T_e 为驱动转矩，所以

$$T_e = T_2 + T_0 \tag{4-124}$$

式中，T_2 为轴上输出转矩，其物理意义为拖动性质的转矩 T_e 与制动性质的负载转矩 T_2 及电机本身的机械阻力转矩相平衡。

3. 电磁功率及功率方程

（1）电磁功率。采用电动机惯例，励磁绕组输入的功率为 $P_f = U_f I_f = I_f R_f I_f = I_f^2 R_f$，这部分功率全部变为励磁绕组内的电阻损耗。

电枢绕组输入的功率为 $U I_a = I_a(E_a + I_a R_a) = E_a I_a + I_a^2 R_a$，可见它是由两部分组成：① 电枢回路铜损耗 $I_a^2 R_a$；② 电磁功率 $E_a I_a$。

前已证明：$E_a I_a = T_e \Omega = P_e$。

对于电动机，$E_a I_a$ 为电枢绕组中运动电动势所吸收的电功率，$T_e \Omega$ 为电磁转矩对机械负载所做的机械功率，由于能量守恒，两者相等。由于是机械功率转换为电功率，所以无论是电动机还是发电机，P_e 是能量转换过程中的转换功率，能量转换发生在电枢电路和机械系统之间，而 P_e 的大小与 I_f 的大小（即耦合磁场的强弱）有关。

（2）功率方程。以并励磁直流电机为例研究功率方程。

并励电动机：$P_1 = UI = U(I_a + I_f) = U I_a + U I_f = (E_a + I_a R_a) I_a + U_f I_f$

$\qquad = E_a I_a + I_a^2 R_a + U_f I_f = P_e + P_{Cua} + P_{Cuf}$

式中　P_1——输入功率；

$\qquad P_{Cua}$——电枢回路总铜耗；

$\qquad P_{Cuf}$——励磁回路铜耗。

$$P_e = T_e \Omega = (T_2 + T_0)\Omega = T_2\Omega + T_0\Omega = P_2 + P_0 \tag{4-125}$$

式（4-125）中，$P_2 = T_2\Omega$，为电动机输出的机械功率，所以

$$P_1 = P_e + P_{Cua} + P_{Cuf} = P_2 + P_0 + P_{Cua} + P_{Cuf} \tag{4-126}$$

由式（4-126）可直观地画出功率流程图，如图 4-145 所示。

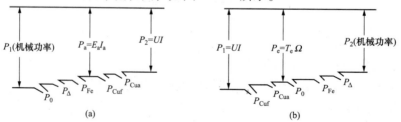

图 4-145 直流电机的功率流程图

(a)发电机；(b)电动机

其中 P_Δ 为杂散损耗，由于电枢有齿槽的存在而产生的损耗，难于精确计算，国标规定有补偿绕组的按 $1\% P_N$，无补偿绕组的按 $0.5\% P_N$ 估算，并励发电机的功率有

$$P_1 = T_1 \Omega = (T_e + T_0)\Omega = T_e \Omega + T_0 \Omega = P_e + P_0 = P_e + P_{Fe} + P_\Omega$$

$$P_e = E_a I_a = (U + I_a R_a) I_a = U I_a + I_a^2 R_a = U(I + I_f) + I_a^2 R_a$$

$$= U I + U I_f + I_a^2 R_a = P_2 + P_{Cuf} + P_{Cua} \tag{4-127}$$

式中，$P_2 = UI$ 为发电机输出的电功率，所以 $P_1 = P_e + P_{Fe} + P_\Omega = P_2 + P_{Cua} + P_{Cuf} + P_{Fe} + P_\Omega$。

4. 并励直流发电机的自励和运行特性

（1）并励发电机的自励。并励和复励都是一种自励发电机，即不需要外部电源供给励磁电流，这种自励发电机首先是在空载时建立电压，即所谓"自励"，然后再加负载，下面以并励为例研究其自励过程（图4-146）。

1）自励过程。励磁绕组是并联在电枢绕组两端，励磁电流是由发电机本身提供。发电机由原动机拖动至额定转速，由于发电机磁路里总有一定的剩磁。当电枢旋转时，发电机电枢端点将有一个不大的剩磁电压 E_{0r}，E_{0r} 同时加在励磁绕组两端，便有一个不大的励磁电流通过，从而产生一个不大的励磁磁场。如励磁绕组连接适当，可使励磁磁场的方向与电机剩磁方向相同，从而使电机的磁通和由它产生的端电压 $U_0 = E = C_e \Phi n$ 增加。如图4-147所示，在此略大一点的电压作用下，励磁电流又进一步加大，最终稳定在空载特性和励磁电阻线的交点A，A点所对应的电压即为空载稳定电压。若调节励磁回路电阻，可调节空载电压稳定点。加大 R_f，则励磁电阻线斜率加大，交点A向原点移动。端点电压降低，当励磁电阻线与空载特性相切时，没有固定交点，空载电压不稳定，当励磁电阻线的斜率大于空载特性斜率，交点为剩磁电压，则发电机不能自励。

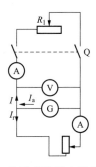

图4-146 并励直流发电机的自励电路

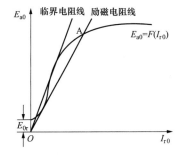

图4-147 并励直流发电机的自励过程

2）自励条件。从上述发电机的自励过程可以看出，要使发电机能够自励，必须满足三个条件：

① 电机必须有剩磁。如电机失磁，可用其他直流电源激励一次，以获剩磁。

② 励磁绕组并到电枢绕组的极性必须正确。否则，电枢电动势会下降，如果有这种现象，可将励磁绕组对调。

③ 励磁回路的电阻应小于临界电阻，即 $R_f < R_{cr}$。否则与空载特性无交点，不能建立电压。

（2）并励直流发电机的运行特性。与他励相同，也有外特性，调整特性和效率特性。调

整特性和效率特性与他励十分相近，仅说明其外特性(图 4-147)。

外特性：$n=n_N=C$，$R_f=$常值，$U=f(I)$ 的关系。

与他励外特性比较，并励的外特性有三个特点：① 同一负载电流下，端电压较低；② 外特性有"拐弯"现象；③ 稳定短路电流小。所以并励外特性比他励低。电压调整率一般在 20% 左右。

4.12.5 直流电动机的机械特性

直流电动机的机械特性指的是电动机的电磁转矩和转速之间的关系，下面以他励电动机和串励电动机为例说明。

1. 他励电动机的机械特性

他励电动机和并励电动机的特性一样，带动负载运行，归根结底就是向负载发出一定的转矩，并使之得到一定的转速。T_e 和 n 是生产机械对电动机提出的两项要求。在电机内部 T_e 和 n 不是相互独立的，它们之间存在着确定的关系，这种关系称为机械特性。

由

$$U=E_a+I_a R_a=C_e \Phi n+\frac{T_e}{C_T \Phi} R_a$$

得

$$n=\frac{U}{C_e \Phi}-\frac{R_a}{C_e C_T \Phi^2} T_e \qquad (U=U_N, R_f=C) \tag{4-128}$$

由于 $U=U_N$，$R_f=C$，如不计磁饱和效应(忽略电枢反应影响)，则 $\Phi=C$，他励电动机机械特性为一稍微下降的直线，如图 4-148 所示。

机械特性具有以下特点：

(1) $T_e=0$ 时，$n=n_0=\dfrac{U_N}{C_e \Phi}$ 称为理想空载转速。

(2) $T_e=T_N$ 时，$n=n_N$。

(3) 特性为一斜率为 $\dfrac{R_a}{C_e C_T \Phi^2}$ 的向下倾斜的直线，由于 $R_a \ll C_e C_T \Phi^2$，所以为稍微下降的直线，这种特性称为硬特性。

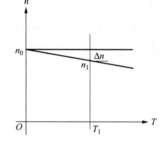

图 4-148　他励直流电动机机械特性

(4) 电枢反应的影响。如考虑磁饱和，交轴电枢反应呈去磁作用，由式(4-128)可知，$\Phi \downarrow \rightarrow n \uparrow$，其机械特性的下降减小，或水平，或上翘。

为避免上翘，采取一些措施，可加串励绕组，其磁动势抵消电枢反应的去磁作用。

2. 固有机械特性与人为机械特性

当 $U=U_N$、R_f、R_a 时，$n=f(T_{em})$ 称为自然机械特性，而当 U、R_f 或 Φ 改变时，$n=f(T_{em})$ 称为人为机械特性，如图 4-149 所示，一般有

$$n=\frac{U-I_a(R_a+R_f)}{C_e \Phi}=\frac{U}{C_e \Phi}-\frac{R_a+R_f}{C_e C_T \Phi^2} T_{em} \tag{4-129}$$

(1) 电枢串电阻时的人为机械特性 [图 4-149(a)] 特点：① n_0 不变，β 变大；② R_s 越大，特性越软。

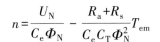

$$n=\frac{U_{\mathrm{N}}}{C_{\mathrm{e}}\varPhi_{\mathrm{N}}}-\frac{R_{\mathrm{a}}+R_{\mathrm{s}}}{C_{\mathrm{e}}C_{\mathrm{T}}\varPhi_{\mathrm{N}}^{2}}T_{\mathrm{em}}$$

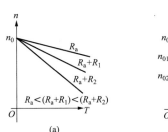
(a)

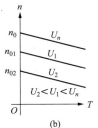
(b)

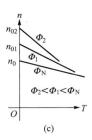
(c)

图 4-149　他励直流电动机人为机械特性

(a)电枢串电阻时；(b)降低电枢电压时；(c)减弱励磁磁通时

（2）降低电枢电压时的人为机械特性[图 4-149(b)]特点：① n_0 随 U 变化；② U 不同，曲线是一组平行线。

（3）减弱励磁磁通时的人为机械特性[图 4-149(c)]特点：① 弱磁，n_0 增大；② 弱磁，β 增大。

3. 电力拖动系统稳定运行的充分必要条件

（1）必要条件：电动机的机械特性与负载的转矩特性开发利用在有交点，即存在 $T_{\mathrm{em}}=T_{\mathrm{L}}$。

（2）充分条件：在交点处满足于 $\dfrac{\mathrm{d}T_{\mathrm{em}}}{\mathrm{d}n}<\dfrac{\mathrm{d}T_{\mathrm{L}}}{\mathrm{d}n}$，或者说，在交点的转速以上存在 $T_{\mathrm{em}}\geqslant T_{\mathrm{L}}$；在交点的转速以下存在 $T_{\mathrm{em}}\geqslant T_{\mathrm{L}}$。

4.12.6　直流电动机的起动、制动及调速方法

1. 直流电动机的起动

直流电动机接到电源后，转速从零达到稳定转速的过程称为起动过程，是一动态过程，情况较为复杂，仅介绍起动要求和起动方法。

直流电动机起动的基本要求是：① 起动转矩要大；② 起动电流要限制在安全范围之内；③ 起动设备简单、经济、可靠。

直流电动机在起动时，$n=0$，所以 $E_{\mathrm{a}}=0$，$I_{\mathrm{a}}=\dfrac{U}{R_{\mathrm{a}}}$，其中 I_{a} 可突增至额定电流的十多倍，故此必须加以限制，在保证产生足够的起动转矩下，尽量减小起动电流，一般直流电动机瞬时过载电流不得超过 $(1.5\sim2)I_{\mathrm{N}}$。

常用的起动方法有三种，分别介绍如下：

（1）直接起动。加全压起动，起动电流 $I_{\mathrm{a}}=\dfrac{U}{R_{\mathrm{a}}}$ 达十倍以上额定电流，仅用于小型电动机。

优点：操作简单，不需起动设备。缺点：冲击电流大，对电网电压影响较大，对电动机存在机械冲击。只适用于小型电动机起动。

（2）电枢回路串变阻器起动。为限制起动电流，在起动时将起动电阻串入电枢回路，待转速上升后，再逐级将起动电阻切除。串入变阻器时的起动电流为

$$I_{St} = \frac{U}{R_a + R_{St}} \tag{4-130}$$

只要 R_{St} 选择适当，能将起动电流限制在允许范围内，随 n 的上升可切除一段电阻。采用分段切除电阻，可使电动机在起动过程中获较大加速，且加速均匀，缓和有害冲击。

（3）减压起动。开始起动时将低电压，则 $I_a = \frac{U'}{R_a}$，并使 I_a 限制在一定范围内。采用减压起动时，需专用调压电源、直流发电机或晶闸管整流电源。优点：起动电流小，能量损耗小。缺点：设备投资大。

2. 直流电动机的制动

一台生产机械工作完毕就需要停车，因此需要对电动机进行制动。最简单的停车方法是断开电源，靠摩擦损耗转矩消耗掉电能，使之逐渐停下来，这叫作自由停车法。

自由停车一般较慢，特别是空载自由停车，需较长的时间，如希望快速停车，可使用电磁制动器，俗称"抱闸"。也可使用电气制动方法，该方法分三种：能耗制动、反接制动和回馈制动。

（1）能耗制动。停车时，不只是断电，而且将电枢立即接到 R_L 上（为限制电流过大），因为磁场保持不变，由于惯性，n 存在且与电动时相同，所以 E_a 与电动时方向相同（图4-150）。

$$U = 0 = E_a + I_a(R_a + R_L)，有\ I_a = -\frac{E_a}{R_a + R_L} \tag{4-131}$$

由于电流方向相反，所以 T_e 反向。

由于转矩与电动状态相反，产生一制动性质的转矩，使其快速停车。制动过程是电动机由惯性发电，将动能变成电能，消耗在电枢总电阻上，因此称之为能耗制动。能耗制动操作简单，但低速时制动转矩很小。

（2）反接制动。采用以上能耗制动方法，在低速时效果差，如采用反接制动（图4-151），可得到更强烈的制动效果。利用反向开关将电枢两端反接到电源上，反接同时串入电阻 R_L（为限制电流过大）。

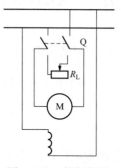

图4-150　能耗制动

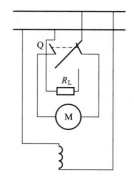

图4-151　反接制动

此时，电枢两端的电压为 $-U$，因而 $I_a = \frac{-U - E_a}{R_a + R_L}$ 为负，所以 T_e 为负，$n = -\frac{U}{C_e \Phi} -$

$$\frac{R_\mathrm{a}+R_\mathrm{L}}{C_\mathrm{e}C_\mathrm{T}\Phi^2}T_\mathrm{e}\circ$$

反接制动时，最大电流不得超过 $2I_\mathrm{N}$，则应使 $R_\mathrm{a}+R_\mathrm{L}\geqslant\dfrac{U_\mathrm{N}+E_\mathrm{a}}{2I_\mathrm{N}}\approx\dfrac{2U_\mathrm{N}}{2I_\mathrm{N}}=\dfrac{U_\mathrm{N}}{I_\mathrm{N}}$，则 $R_\mathrm{L}\geqslant\dfrac{U_\mathrm{N}}{I_\mathrm{N}}-R_\mathrm{a}\circ$

对于能耗制动，有 $R_\mathrm{L}\geqslant\dfrac{U_\mathrm{N}}{2I_\mathrm{N}}-R_\mathrm{a}\circ$

缺点：能量损耗大，转速下降到零时，必须及时断开电源，否则将有可能反转。

（3）回馈制动。当 $n>n_0$，则 $E_\mathrm{a}>U$，$I_\mathrm{a}=\dfrac{U-E_\mathrm{a}}{R_\mathrm{a}}$ 为负，T_e 为负，例如电车下坡时的运行状态，电车在平路上行驶时，摩擦转矩 T_L 是制动性质的，这时 $U>E_\mathrm{a}$，$n_0>n$；当电车下坡时，T_L 仍存在（暂不考虑数值变化），车重产生的转矩是帮助运动的，如 $|T_\mathrm{W}|>|T_\mathrm{L}|$，合成转矩与 n 方向相同，因而 n 上升，当 $n>n_0$，$E_\mathrm{a}>U_\mathrm{N}$，使 I_a、T_e 均为负。此时电动机进入发电状态，发出电能，回馈到电网，称为回馈制动。

总之，电气制动是电动机本身产生一制动性质的转矩，使电动机快速减速或停转。

3. 直流电动机的调速

许多生产机械需要调节转速，直流电动机具有在宽广的范围内平滑而经济的调速性能。因此在调速要求较高的生产机械上得到广泛应用。

调速是人为的改变电气参数，从而改变机械特性，可在某一负载下得到不同的转速，如从 n_1 与 n_2；负载变化时，在同一特性上转速由 n_1 至 n_1'（$T_\mathrm{z}\rightarrow T_\mathrm{z}'$）。

下面讨论调速原理及优、缺点。

从直流电动机的转速公式 $n=\dfrac{U-I_\mathrm{a}R_\mathrm{a}}{C_\mathrm{e}\Phi}$ 可知，在某一负载下（I_a 不变），其中 U、R_a、Φ 中均可调节，所以可有三种调速方法。

（1）电枢串电阻调速。由串电阻的机械特性可知，所串电阻越大，斜率越大，转速越低。未串电阻时，工作在 a 点，突串 $R_{\Omega 1}$ 时，n 来不及突变，由 a 点到 b 点。

因为此时 $T_\mathrm{e}<T_\mathrm{z}$，使 n 下降，直至 c 点（$T_\mathrm{e}=T_\mathrm{z}$），调速过程完成。系统稳定运行在 c 点。优点：设备简单，操作方便。缺点：属有级调速，轻载几乎没有调节作用，低速时电能损耗大，接入电阻后特性变软，负载变化时转速变化大（即动态精度差）只能下调。

此种调速方法一般用于调速性能要求不高的设备上，如电车、起重机等。有时为提高机械特性硬度，在串 R_Ω 的同时，在电枢两端并一电阻 R_B。用等效电源法求等效电路，等效电源电压为电枢两端开路电压 $\dfrac{R_\mathrm{B}}{R_\mathrm{B}+R_\Omega}U\circ$

等效串联电阻为电源短路时，从电枢两端看进去的电阻 $\dfrac{R_\mathrm{B}R_\Omega}{R_\mathrm{B}+R_\Omega}\circ$

由等效电路得 $n=\dfrac{\dfrac{R_\mathrm{B}}{R_\Omega+R_\mathrm{B}}U}{C_\mathrm{e}\Phi}-\dfrac{R_\mathrm{a}+\dfrac{R_\Omega R_\mathrm{B}}{R_\Omega+R_\mathrm{B}}}{C_\mathrm{e}C_\mathrm{T}\Phi^2}T_\mathrm{e}=n_0'-\beta'T_\mathrm{e}$，而 $n_0'=\dfrac{\dfrac{R_\mathrm{B}}{R_\Omega+R_\mathrm{B}}U}{C_\mathrm{e}\Phi}<n_0$，$\beta'=$

$$\dfrac{R_{a}+\dfrac{R_{\Omega}R_{B}}{R_{\Omega}+R_{B}}}{C_{e}C_{T}\varPhi^{2}}<\beta，\text{所以特性硬度提高。}$$

（2）调节电枢电压调速。应用此方法，电枢回路应用直流电源单独供电，励磁绕组用另一电源他励。

目前用得最多的可调直流电源是晶闸管整流装置（SCR），对容量数千瓦以上的采用交流电动机直流发电机机组。

缺点：调压电源设备复杂，一般下调转速。

优点：硬度一样，可平滑调速，且电能损耗不大。从以上两种方法属电枢控制。

（3）弱磁调速。改变 $\varPhi$ 的调速，增大 $\varPhi$ 可能性不大，因电动机磁路设计在饱和段，所以只有减弱磁通。可在励磁回路中串电阻实现。

由 $n=\dfrac{U}{C_{e}\varPhi}-\dfrac{R_{a}}{C_{e}C_{T}\varPhi^{2}}T_{e}=n_{0}-\beta T_{e}$ 可知，$\varPhi\downarrow\rightarrow n_{0}=\dfrac{U}{C_{e}\varPhi}\uparrow$，$\beta=\dfrac{R_{a}}{C_{e}C_{T}\varPhi^{2}}\uparrow$，但 n_{0} 比 βT_{e} 增加快，一般情况下（可忽略 βT_{e}），$\varPhi\downarrow\rightarrow n\uparrow$。设负载转矩不变，则 $T_{e}=C_{T}\varPhi_{1}I_{a1}=C_{T}\varPhi_{2}I_{a2}$，有 $\dfrac{I_{a2}}{I_{a1}}=\dfrac{\varPhi_{1}}{\varPhi_{2}}$；又 $U=E_{a}+I_{a}R_{a}\approx E_{a}$，因 U 不变，所以 $E_{a}=C_{e}\varPhi_{1}n_{1}=C_{e}\varPhi_{2}n_{2}$，则 $\dfrac{n_{2}}{n_{1}}=\dfrac{\varPhi_{1}}{\varPhi_{2}}$，减少磁通可使转速上升，即 $\varPhi\downarrow\begin{cases}n\uparrow\rightarrow P_{2}=T_{z}\Omega\uparrow\\I_{a}\uparrow\rightarrow P_{1}\uparrow\end{cases}\Rightarrow\eta=\dfrac{P_{2}}{P_{1}}\text{基本不变。}$

缺点：调速范围小，只能上调，磁通越弱，I_{a} 越大，使换向变坏。

优点：设备简单，控制方便。调速平滑，效率几乎不变，调节电阻上功率损耗不大。

（4）串励电动机的调速。由串励电动机机械特性，$n=\dfrac{1}{C_{e}K_{S}}\left[\sqrt{\dfrac{C_{T}K_{S}}{T_{e}}}U-(R_{a}+R_{S})\right]=E\dfrac{U}{\sqrt{T_{e}}}-F$ 分析如下。其中 $E=\dfrac{1}{C_{e}}\sqrt{\dfrac{C_{T}}{K_{S}}}$，$F=\dfrac{R_{a}+R_{\Omega}}{C_{e}K_{S}}$。

1）可用在电枢回路中串接电阻的方法来调速。电枢回路总电阻为 $R=R_{a}+R_{S}+R_{\Omega}$，R_{Ω} 越大，斜率越大，电动机效率较低。

2）改变 U。用改变 U 调速时，效率较高。特性与固有特性平行。

3）可在励磁绕组两端并电阻 R_{B}。加入 R_{B} 后，减弱磁通，使 n 上升。不接 R_{B} 时，$I_{S}=I_{a}$；接 R_{B} 后，$I_{S}=I_{a}\dfrac{R_{B}}{R_{S}+R_{B}}<I_{a}$。

4）可在电枢两端并电阻 R_{B}。并 R_{B} 后，$I_{S}=I_{a}+I_{B}>I_{a}$；不并 R_{B} 时，$I_{S}=I_{a}$。因此 $\varPhi\uparrow\rightarrow n\downarrow$，可下调转速，$n_{0}'=\dfrac{I_{B}R_{B}}{C_{e}\varPhi}$。

小结与提示　直流电机部分应首先了解直流电机的分类和直流电机的励磁方式，重点掌握直流电机的基本原理与结构，掌握直流电机感应电动势和电磁转矩的计算，理解并励直流发电机建立稳定电压的条件，了解直流电动机的机械特性以及直流电动机稳定运行的条件，并掌握直流电动机的起动、调速及制动方法。

4.13 电气主接线

4.13.1 电气主接线的主要形式及对电气主接线的基本要求

1. 对电气主接线的基本要求

在构成系统电气接线图时必须考虑以下基本要求。

（1）可靠性。电气接线必须保证用户供电的可靠性，应分别按各类负荷的重要性程度安排相应可靠程度的接线方式，保证电气接线可靠性可以用多种措施来实现。

（2）灵活性。电气系统接线应能适应各式各样可能运行方式的要求，并可以保证能将符合质量要求的电能送给用户。

（3）安全性。电力网接线必须保证在任何可能的运行方式下及检修方式下运行人员的安全性与设备的安全性。

（4）经济性。是指投资省、年运行费用少、占地面积小三个方面。

（5）应具有发展与扩建的方便性。在设计接线时，要考虑5~10年的发展远景，要求在设备容量、安装空间以及接线形式上，为5~10年的最终容量留有余地。

2. 电气主接线的主要形式

电气主接线一般按照有、无汇流母线，可分为两大类：有母线和无母线，具体形式如图4-152所示。

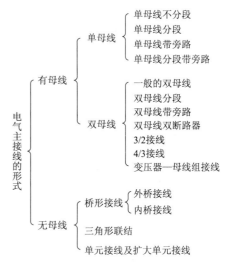

图4-152 电气主接线的主要形式

（1）单母线不分段。单母线不分段是有母线接线中最简单的接线形式，如图4-153所示。这种接线的特点是整个配电装置中只有一组母线，所有的电源和引出线都经过相应的断路器和隔离开关连接到母线上。优点：接线简单、清晰，采用设备少，操作方便，便于扩建和采用成套配电装置；缺点：接线不够灵活可靠，如母线故障，则该母线上的所有回路均停电；检修任一出线断路器时，该回路也将停电。故它适用于小容量和用户对供电可靠性要求不高的发电厂和变电站中。

（2）单母线分段。当出线回路数增多时，可用分段断路器 QF_d 或分段隔离开关 QS_d 将母线分成几段，如图4-154所示。根据电源数目和功率大小，母线可分为2~3段，段数分得越多，故障时停电范围越小，但使用的断路器数量越多，其配电装置和运行也就越复杂，所需费用也越高。优点：重要用户可从不同母线段上分别引出馈线，提高了供电可靠性；任何一段母线检修，只停该段，其他段可以继续供电，减小了停电范围。缺点：增加了分段开关的投资和占地面积；某段母线或出线断路器检修时仍有停电问题。单母分段有以下三种运行方式：双电源并列运行——实际中考虑到两个电源的同期要求，很少采用；双电源分列运行——又称暗备用或热备用；双电源一用一备运行——又称明备用或冷备用。单母线分段形式一般适用于中、小容量发电厂和变电站的6~10kV配电装置及出线回路数目较少的35~220kV配电装置中。

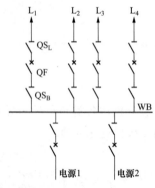

图 4-153 单母线不分段接线

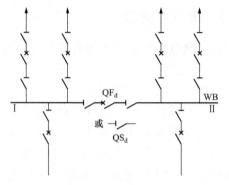

图 4-154 单母线分段接线

（3）单母线带旁路。如图 4-155 所示，在工作母线 WB 外侧增设一组旁路母线 WP，并经旁路隔离开关 QS_p 引接到各线路的外侧，另设一组旁路断路器 QF_p，两侧带隔离开关，跨接于工作母线与旁路母线之间。旁路母线的作用是：检修任一出线断路器时，不会中断对该回路的供电。具体操作如下：平时旁路断路器 QF_p 和旁路隔离开关均处于分闸位置，旁路母线 WP 不带电；当需要检修某出线断路器，如 QF_1 时，合上旁路断路器 QF_p 及其隔离开关，检查旁路母线 WP 是否完好；若完好，再合上连接 WP 和出线回路的隔离开关 QS_p（等电位操作）；再断开出线断路器 QF_1 及其相应的隔离开关，这样 QF_1 退出运行，可以检修，由主母线经旁路断路器，经旁路母线向该出线回路供电。需要注意的是：旁路断路器在同一时间里只能代替一个出线断路器的工作。

（4）单母线分段带旁路。如图 4-156 所示，这种接线方式兼顾了旁路母线和母线分段两方面的优点。这种方法是在单母线分段接线的基础上又增设了一组旁路母线，并通过两组专用旁路断路器 QF_{p_1} 和 QF_{p_2} 将旁路母线与分段母线 I 和分段母线 II 相连接，每个出线回路均设有旁路隔离开关（如 QS_3）与旁路母线相连。单母线分段带旁路较单母线分段接线的供电可靠性有所提高，但所用断路器和隔离开关的数量增多，实际中，也可用母线分段断路器兼作旁路断路器以节省设备投资和减少占地面积。

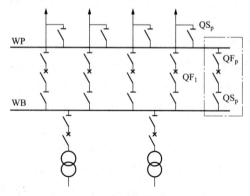

图 4-155 单母线带旁路接线

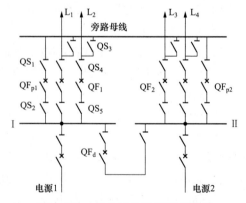

图 4-156 单母线分段带旁路接线

（5）一般的双母线。图 4-157 为一般双母线接线，它有两组母线，一组为工作母线，另一组为备用母线，每一电源和每一出线都经一台断路器和两组隔离开关分别与两组母线相连，任一组母线都可以作为工作母线或备用母线，两组母线之间通过母线联络断路器 QF_L 连接。优点：运行方式灵活；检修母线时不中断供电；工作母线故障仅短时停电；便于扩建；缺点：变更运行方式时，操作较复杂，容易出现误操作；由于增加了大量的母线隔离开关等设备，故占地面积较大，投资大。双母线接线一般适用于对可靠性要求较高、出线回路数较多、母线故障要求迅速恢复供电的 6~220kV 系统中。

（6）双母线分段。用断路器将其中一组母线分段，或将两组母线分段。图 4-158 将一组母线 I 用分段断路器 QF_d 分成两段 W_1 和 W_2，两个分段母线与另一组母线 II 之间都用母联断路器 QF_{L1}、QF_{L2} 连接，称为双母线三分段接线。这种接线方式比双母线具有更高的可靠性，运行方式更灵活。如可以将两个母联断路器断开、分段断路器合上，W_1 和 W_2 为工作母线，II 为备用母线，全部进出线均分在 W_1 和 W_2 两个分段上运行；也可以将两个母联断路器中的一个和分段断路器合上，而另一个母联断路器断开，进出线合理地分配在三段上运行，此种运行方式可以减少母线故障的停电范围，母线故障时的停电范围只有 1/3。若将两组母线均用分段断路器分开，则构成双母线四分段接线，该接线可以避免双母线三分段接线在一组母线检修合并母联断路器故障时发生全所停电事故，母线故障时的停电范围只有 1/4，可靠性进一步提高。但是双母线接线使用的电气设备更多，配电装置也更为复杂。

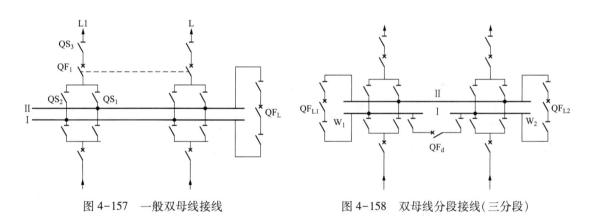

图 4-157　一般双母线接线　　　　　　图 4-158　双母线分段接线（三分段）

（7）双母线带旁路。为了不停电检修任一回路断路器，可采用带旁路母线的双母线接线形式，如图 4-159 所示。该接线供电可靠性和运行灵活性都很高，但所用设备较多、占地面积大、经济性较差。其广泛用于 110~220kV 的系统中，通常当 220kV 出线在 5 回及以上，110kV 出线在 7 回及以上时，设计规程规定应装设专用旁路断路器。

（8）双母线双断路器。接线如图 4-160 所示，图中每个回路内，无论是进线（电源），还是出线（负荷），都通过两台断路器与两组母线相连。正常运行时，母线、断路器和隔离开关全部投入运行。优点：任何一组母线或任何一台断路器因检修而退出工作时，都不会影响系统的供电；隔离开关不用来倒闸操作，减少了因误操作引起事故的可能性；母线故障时，与故障母线相连的所有断路器自动断开，不影响任何回路运行。但这种接线的设备投资太大，限制了它的使用范围。

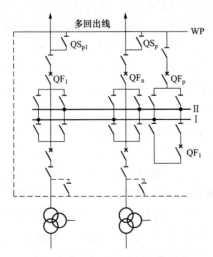

图 4-159　双母线带旁路接线

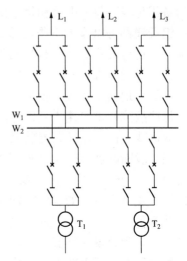

图 4-160　双母线双断路器接线

（9）3/2接线。如图4-161所示，两组母线之间接有若干串断路器，每一串有3台断路器，每两台之间接一条回路，每串共有两条回路，平均每条回路装设一台半（3/2）断路器，故又称一个半断路器接线。紧靠母线侧的断路器称为母线断路器，如QF_1和QF_3，两个回路之间的断路器称为联络断路器，如QF_2。优点：由于形成多环形，故具有高度的供电可靠性；运行调度十分灵活；操作检修方便。缺点：继电保护和二次接线复杂。它用于大型发电厂和330kV及以上、进出线回路数6回及以上的高压、超高压配电装置中。

（10）4/3接线。两组母线之间接有若干串断路器，每一串有4台断路器，每两台之间接一回路，这样每一串共有3个回路，即3个回路共用4台断路器，故称为4/3断路器。正常运行时，两组母线和全部断路器都投入工作，形成多环状供电，因此具有很高的可靠性和灵活性。该接线布置较复杂，且要求同串的3个回路中，电源和负荷容量相匹配。

（11）变压器-母线组接线。由于超高压系统的主变压器均采用质量可靠、故障率较低的产品，故可直接将主变压器经隔离开关接到两组母线上，省去断路器以节约投资。万一主变压器，如T_1故障时，即相当母线W_1故障，所有靠近W_1的断路器均跳开，但也并不影响各出线的供电。主变压器用隔离开关断开后，母线即可恢复运行。

当出线数为5回及以下时，各出线均可经双断路器分别接至两组母线，可靠性很高（图4-162中L_1、L_2、L_3）；当出线数为6回及以上时，部分出线可以采用3/2接线（图4-162中L_4、L_5），可靠性也很高。变压器-母线组接线适用于超高压远距离大容量输电系统中对系统稳定性和供电可靠性影响较大的变电站主接线。

（12）桥形接线。当发电厂和变电站中只有2台变压器和2回线路时，可以采用桥形接线，它分为外桥接线和内桥接线两种形式。

1）外桥接线：桥断路器在进线断路器的外侧，即进线侧，如图4-163所示。

外桥接线的特点如下：① 变压器操作方便。如变压器发生故障时，仅故障变压器支路的断路器自动跳闸，其余三条支路可以继续工作，并保持相互联系。② 线路投入与切除时，操作复杂。如线路检修或故障时，需断开两台断路器，并使该侧变压器停止运行，需经倒闸操作恢复变压器工作，造成变压器短时停电。③ 桥回路故障或检修时全厂分列为两部分，使两个单元之间失去联系；同时，出线侧断路器故障或检修时，造成该回路停电。

基于以上分析，故外桥接线适用于两回进线两回出线且线路较短、故障可能性小和变压器需要经常切换、线路有穿越功率通过的发电厂和变电站中。

2）内桥接线：桥断路器在进线断路器的内侧，即出线侧，如图4-164所示。

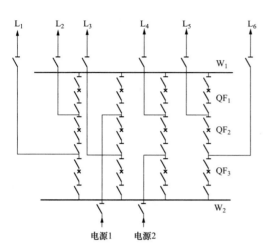

图4-161　3/2接线

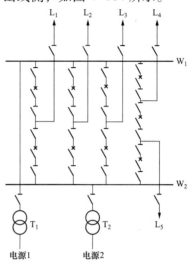

图4-162　变压器-母线组接线

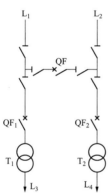

图4-163　外桥接线

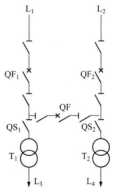

图4-164　内桥接线

内桥接线的特点如下：① 线路操作方便。如线路故障，仅故障线路的断路器跳闸，其余三条支路可以继续工作。② 正常运行时，变压器操作复杂。如变压器 T_1 检修时，需要断开断路器 QF_1、QF_3，使未故障线路 L_1 供电受到影响，需经倒闸操作，拉开隔离开关 QS_1 后，再合入 QF_1、QF_3 才能恢复线路 L_1 工作，因此将造成该侧线路的短时停电。③ 运行方式不灵活。

基于以上分析，故内桥接线适用于线路较长、故障可能性较大、变压器不需要经常切换运行方式的发电厂和变电站中。

（13）多角形接线。又称多边形接线，如图4-165所示。多边形的每一个边上各安装有一台断路器和两组隔离开关，多边形的各个边相互连接成闭合的环形，各出线回路通过隔离开关分别接到角形的各个顶点上。多角形接线中，断路器数目等于回路数目，且每条回路都与两台断路器相连接，即接在"角"上。优点：闭环运行时具有较高的可靠性；没有汇流主母线和相应的母线故障；任一回路故障或停运时，只需断开与其相连的两台断路器，不影响其他回路的正常工作；任一断路器检修时，所有回路都不会中断供电；隔离开关不作倒闸操作从而不会出现误操作。缺点：多角形开环运行时，可靠性显著下降；运行方式变化导致各支路电流变化，使得继电保护整定复杂；多角形接线闭合成环，扩建较难。在110kV及以上配电装置中，当出线回路数不多，且发展比较明确时，可以采用多角形接线，一般以采用三角形或四角形为宜，最多不要超过六角形。

（14）单元及扩大单元接线。图4-166(a)为单元接线，发电机和变压器直接连接成一个单元，再经断路器接至高压母线，发电机发出的电能经变压器升压后直接送入高压电网，称为单元接线。该接线简单清晰、投资小、占地少、操作方便，由于不设发电机电压母线，减少了发电机电压侧发生短路故障的概率。没有地区负荷的发电厂，或地区负荷由原有机组承担而电厂进行扩建时，大都采用单元接线。

图4-166(b)为扩大单元接线，两台发电机与一台主变压器相连，可以减少变压器及高压侧断路器的台数，也相应减少了配电装置间隔，还减少了投资和占地面积。但扩大单元接线的运行灵活性较差，例如检修变压器时，两台发电机必须退出运行。

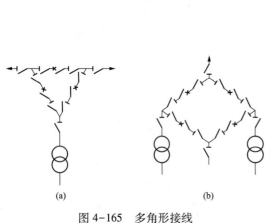

图4-165 多角形接线

(a)三角形接线；(b)四角形接线

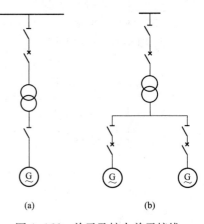

图4-166 单元及扩大单元接线

(a)单元接线；(b)扩大单元接线

小结与提示

（1）主接线的基本要求。

（2）单母线接线：单母不分段、单母线分段接线、带旁路母线的单母线接线、单母线分段带旁路的接线形式、图形表达、特点、应用条件。

（3）双母线接线：双母线接线、双母线带旁路接线、双母线单(双)分段带旁路接线的接线形式、图形表达、特点、应用条件。

（4）一个半断路器接线：接线形式、图形表达、特点、应用条件。

（5）变压器-母线接线：接线形式、图形表达、特点、应用条件。

（6）无母线接线：桥式(桥式接线、内桥接线)、角形接线、单元接线的接线形式、图形表达、特点、应用条件。

4.13.2 各种主接线中主要电气设备的作用和配置原则

1. 隔离开关

（1）作用：因其没有专门设置的灭弧装置，故它不能用来接通或切断电路中的负荷电流，更不能接通或通断短路电流。隔离开关用在系统中主要是起隔离电压作用，形成一个明显可见的断点，保证检修工作的安全，同时它还可以配合断路器进行倒闸操作。

（2）配置原则：

1）中、小型发电机出口一般应装设隔离开关。

2）在一个半断路器接线中，前两串的线路和变压器出口处，应装设隔离开关。

3）多角形接线中的进出线应装设隔离开关，以便在进出线检修时，闭环运行。

4）断路器的两侧应配置隔离开关，以便在断路器检修时隔离电源。

5）桥形接线中的跨条宜用两组隔离开关串联，以便于进行不停电检修。

6）中性点直接接地的普通变压器中性点均应通过隔离开关接地，自耦变压器的中性点则不必装设隔离开关。

2. 断路器

（1）作用：因其具有可靠的灭弧装置，故能通断正常负荷电流，还能通断短路故障电流，实现保护。

（2）配置原则：

1）发电机与三绕组变压器为单元连接时，在发电机和变压器之间宜装设断路器。

2）300～500kV 并联电抗器回路不宜装设断路器。

3）需要倒送厂用电，且接有公共厂用变压器的单元回路，在发电机出口处宜装设断路器。

4）开停机频繁的调峰水电厂，需要减少高压侧断路器操作次数的单元回路，在发电机出口处宜装设断路器。

5）在断路器与隔离开关配合操作时，必须严格遵守操作程序，先合隔离开关，后合断路器；而在线路停电时，要先断开断路器，后断开隔离开关。为了避免误操作，在断路器与隔离开关之间应加装电磁或机械闭锁装置，使得在断路器未开断之前，不能操作隔离开关。

3. 负荷开关

（1）作用：用于接通和切断负荷电路的开关设备，具有简单的灭弧装置，所以不能切断短路电路，能通断一定的负荷电流和过负荷电流。

（2）配置原则：

1）通常负荷开关与熔丝（管形熔断器）串联，借助（管形熔断器的）熔丝切断短路电流。

2）负荷开关断开后，与隔离开关一样具有明显的断开间隙。

4. 避雷器

（1）作用：限制过电压以保护电气设备。

（2）配置原则：

1）配电装置的每组母线上应装设避雷器，但进出线都装设避雷器时除外。

2）220kV 及以下变压器到避雷器的电气距离超过允许值时，应在变压器附近增设一组避雷器。

3）连接在变压器低压侧的调相机出线处宜装设一组避雷器。

4）单元连接的发电机出线宜装一组避雷器。

5）三绕组变压器低压侧的三相上宜各设置一台避雷器。

6）发电厂、变电站的35kV及以上电缆进线段，在电缆与架空线的连接处应装设避雷器。

小结与提示

（1）断路器和隔离开关：作用和配置原则。

（2）负荷开关：作用和配置原则。

（3）熔断器：作用和配置原则。

（4）互感器：作用和配置原则。

4.13.3　各种电压等级电气主接线限制短路电流的方法

1. 选择适当的主接线形式和运行方式

（1）发电机组采用单元接线：各发电机和升压变压器采用单元接线而不在机端并联运行，将大大减少发电机机端短路的短路电流。

（2）环形电网开环运行：在环形电网某一穿越功率最小处开环运行，就是将本来并联运行的两大部分分开运行，使得短路阻抗增大，从而短路电流减小。

（3）并联运行的变压器分开运行：多数降压变电站中装有两台变压器，其低压侧母线常采用单母线分段接线，当分段断路器分开运行时，会使短路电流大为减少。

（4）具有双回线的用户，在条件允许时，采用单回路供电。

2. 装设限流电抗器

（1）装设普通电抗器：

1）装设母线分段电抗器。如图 4-167 所示，母线分段电抗器 L_1 装设在发电机电压的 6~10kV 母线分段处，它能限制来自另一母线的发电机所提供的短路电流，对发电厂内部的短路电流限流作用较大，对系统提供的短路电流也能起到一定的限制作用。使得发电机出口、主变压器低压侧、母联和分段断路器都能按其工作电流选择 I_N。

2）装设线路电抗器。线路电抗器安装在 6~10kV 母线上的每条电缆出线回路，如图 4-167 中的 L_2 所示，架空线路因其电抗

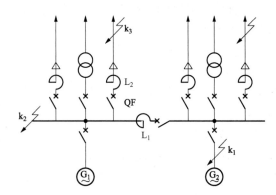

图 4-167　普通电抗器的装设地点

较大，故不需要限流。L_2 可以显著减小其所在回路中的短路电流，使出线能选用轻型断路器，即 I_N 不升级，还可以减小出线回路电缆的截面。另外，当出线发生短路故障时，装设 L_2 能维持母线上有较高的剩余电压，这对其他没有故障的用户，特别是对电动机的自起动非常有利。线路电抗器的额定电抗百分值常取 3%~6%，为保证电压质量，正常运行时其电压损失不得超过 5%。

（2）装设分裂电抗器。分裂电抗器在线圈中间有一个抽头作为公共端，将线圈分成两个分支即两臂，两臂有互感耦合，而且在电气上也是连通的。图形符号和等效电路如图 4-168

所示。一般中间抽头用来连接电源，两臂用来连接大致相等的两组负荷。两臂的自感相同，$L_1 = L_2 = L$，自感抗 $x_L = \omega L$，两臂的互感为 M，互感抗 $x_M = \omega M = \omega fL = fx_L$，耦合系数为 $f = M/L$，f 一般取 $0.4 \sim 0.6$。

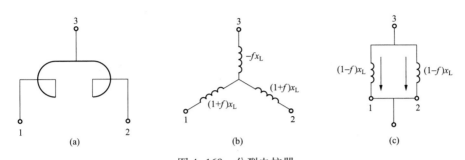

图 4-168　分裂电抗器

(a)图形符号；(b)等效电路图；(c)正常运行时等效电路图

优点：① 正常运行时的电压损失小。设正常运行时两臂的电流相等，都为 I，则每臂的电压降为 $\Delta U = \Delta U_{31} = \Delta U_{32} = I(1+f)x_L - 2Ifx_L = I(1-f)x_L$，若取 $f = 0.5$，则 $\Delta U = Ix_L/2$，即正常运行时，由于互感的作用，电流所遇到的电抗为分裂电抗器一臂电抗的 $1/2$，电压损失比普通电抗器小。② 短路时限流作用较强。③ 比普通电抗器多供一倍的出线，减少了电抗器的数目。

缺点：① 正常运行中，当一臂的负荷变动时，会引起另一臂电压波动。② 一臂短路、另一臂接有负荷时，由于互感电动势的作用，将在另一臂产生感应过电压。

3. 采用低压分裂绕组变压器

低压分裂绕组变压器是一种将低压绕组分裂成为相同容量的两个绕组的变压器，它用于发电机-主变压器扩大单元接线，如图 4-169(a)所示，以限制发电机出口短路时的短路电流；用作高压厂用变压器，两个分裂绕组分别接至两组不同的厂用母线段，如图 4-169(b)所示，以限制厂用电系统的短路电流。图 4-169(c)是等效电路，图 4-169(d)是正常运行时的等效电路。x_1 为高压绕组电抗，数值很小，x_2'、x_2'' 分别为两个分裂低压绕组的电抗，它们的数值相等而且比较大。

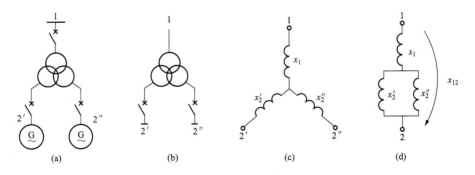

图 4-169　低压分裂绕组变压器

(a)发电机-主变压器扩大单元接线；(b) 变压器接至两组不同的厂用母线段；

(c)等效电路；(d) 正常运行时的等效电路

正常工作时，若忽略 x_1，则 $x_{12} = x_1 + \dfrac{x_2'}{2} \approx \dfrac{x_2'}{2}$，若 2′ 点短路，等效电抗为 $x_{12}' = x_1 + x_2' \approx x_2' = 2x_{12}$，即为正常工作时的 2 倍，显然能够起到限流的作用。

小结与提示
（1）选择适当的主接线形式和运行方式。
（2）加装限流电抗器：普通电抗器、分裂电抗器。
（3）采用分裂低压绕组变压器。

4.14 电气设备选择

4.14.1 电气设备选择和校验的基本原则和方法

1. 按正常工作条件选择

（1）额定电压和最高工作电压。由于电气设备的允许最高工作电压为其额定电压 U_r 的 1.1~1.15 倍，而因电力系统负荷变化和调压等引起的电网最高运行电压不超过电网额定电压的 1.1 倍，所以按下述原则选择电压，即

$$额定电压 \qquad U_r = U_N \tag{4-132}$$

式中　U_r——电气设备的额定电压；

　　　U_N——系统的标称电压。

$$最高工作电压 \qquad U_m \geqslant U_w \tag{4-133}$$

式中　U_m——开关电器最高工作电压；

　　　U_w——开关电器装设处的最高工作电压。

（2）额定电流。电器设备的额定电流是指其在额定环境温度下的长期允许电流，为满足长期发热条件，按照下述原则选择，即

$$I_r \geqslant I_c \tag{4-134}$$

式中　I_r——开关电器额定电流；

　　　I_c——开关电器装设处的计算电流。

应当注意，有关手册中给出的各种电器设备的额定电流，均是按照标准环境条件确定的，当设备实际使用环境条件不同时，应对其额定电流进行修正。

（3）按使用环境选择设备。选择设备时，还要考虑环境湿度、污染情况、海拔、安装地点、经济条件等多因素来进行选择。

2. 按短路情况校验设备的动、热稳定和开断能力

（1）动稳定校验。动稳定是指电气设备承受短路电流产生的电动力效应而不损坏的能力。满足动稳定的条件

$$i_{max} \geqslant i_{sh} \text{ 或者 } I_{max} \geqslant I_{sh}$$

式中　i_{max}——开关电器的极限通过电流峰值；

　　　i_{sh}——开关电器安装处的三相短路冲击电流；

　　　I_{max}——开关电器的极限通过电流有效值；

I_{sh}——开关电器安装处的三相短路冲击电流有效值。

（2）热稳定校验。热稳定是指电气设备承受短路电流热效应而不损坏的能力。热稳定校验的实质是使电器设备承受短路电流热效应时的短时发热最高温度不超过短时最高允许温度，电器的热稳定是由热稳定电流与其通过的时间来决定的。满足热稳定的条件是

$$I_t^2 t \geqslant I_\infty^2 t_{im}$$

式中　I_t——开关电器的 t 秒热稳定电流有效值；

　　　I_∞——开关电器安装处的三相短路电流有效值；

　　　t_{im}——假想时间，它是继电保护动作时间和断路器全开断时间之和。

（3）开断能力校验。不同功能的开关电器具有不同的分断能力要求。

对于断路器应该能分断最大短路电流，满足下式

$$I_{br} \geqslant I_{kmax}^{(3)}$$

式中　I_{br}——断路器的额定分断电流；

　　　$I_{kmax}^{(3)}$——断路器安装处最大运行方式下三相短路电流有效值。

对于负荷开关，应该能分断最大负荷电流，满足下式

$$I_{fr} \geqslant I_{lmax}$$

式中　I_{fr}——负荷开关的额定分断电流；

　　　I_{lmax}——负荷开关安装处的最大负荷电流。

3. 几种特殊情况说明

由于回路的特殊性，对下列几种情况可不校验热稳定或动稳定：

（1）用熔断器保护的电器，其热稳定由熔体的熔断时间保证，故可不校验热稳定。

（2）采用限流熔断器保护的设备可不校验动稳定。

（3）在电压互感器回路中的裸导体和电器可不校验动、热稳定。

（4）对于电缆，因其内部为软导线，外部机械强度很高，不必校验其动稳定。

各高压电器设备选择和校验的项目见表 4-8。

表 4-8　　　　　　　　　　高压电器设备选择和校验的项目

设备名称	电压/kV	电流/A	开断电流/kA	短路电流稳定		其他校验项目
				热稳定	动稳定	
断路器	√	√	√	√	√	
隔离开关	√	√		√	√	
负荷开关	√	√	√	√	√	
熔断器	√	√	√			选择性
电压互感器	√					准确度及二次负荷
电流互感器	√	√		√	√	准确度及二次负荷
支持绝缘子	√				√	
套管绝缘子	√	√		√	√	
母线		√		√	√	
电力电缆	√	√		√		

注：表中√都为应选择或校验的项目。

【例 4-37】 试选择某 10kV 高压配电所进线侧的高压户内真空断路器的型号规格。已知该进线的计算电流为 295A，配电所母线的三相短路电流周期分量有效值为 3.2kA，继电保护的动作时间为 1.1s。

解： 初步选 ZN1-12/630-16 型断路器见表 4-9，经校验，所选正确。

表 4-9　　　　　　　　　　ZN1-12/630-16 型断路器选择与校验

序号	安装地点的电气条件			ZN1-12/630-16 型断路器技术数据	结论
	项 目		数 据		
1	额定电压	U_N	10kV	12kV	合格
2	额定电流	I_N	295A	630A	合格
3	断流能力	$I_k^{(3)}$	3.2kA	16kA	合格
4	动稳定	$i_{sh}^{(3)}$	$2.55 \times 3.2\text{kA} = 8.16\text{kA}$	40kA	合格
5	热稳定	$I_\infty^2 t_j$	$(3.2\text{kA})^2 \times (1.1+0.2)\text{s} = 13.3\text{kA}^2 \cdot \text{s}$	$(16\text{kA})^2 \times 4\text{s} = 1024\text{kA}^2 \cdot \text{s}$	合格

【例 4-38】 某变电站 10kV 母线处，三相短路电流为 10kA，三相短路冲击电流为 25kA，假想时间为 1.2s。现在拟在母线的一出线处安装两只 LQJ-10 型电流互感器，分别装于 A、C 两相，其中 0.5 级二次绕组用于测量，接有三相有功电能表和三相无功电能表的电流线圈各一只，每一电流线圈功率为 0.5V·A，电流表一只，消耗功率 3V·A。电流互感器二次回路采用 BV-500-1×2.5mm² 的铜芯塑料线，互感器距离仪表的单向长度为 2m。若线路负荷计算电流为 50A，试选择电流互感器变比并校验其动、热稳定和准确度。

解： 查手册，根据线路计算电流 50A，初步选变比为 75/5A 的 LQJ-10 型电流互感器，动稳定倍数 $K_{es} = 225$，热稳定倍数 $K_t = 90$，0.5 级二次绕组的 $S_{2N} = 10\text{V} \cdot \text{A}$。

（1）动稳定校验。

$K_{es} \times \sqrt{2} I_{1N} = 225 \times 1.414 \times 0.075\text{kA} = 23.86\text{kA} < 25\text{kA}$，不满足动稳定要求。

重选变比为 160/5A，$K_{es} = 160$，$K_t = 75$，则

$K_{es} \times \sqrt{2} I_{1N} = 160 \times 1.414 \times 0.16\text{kA} = 36.2\text{kA} > 25\text{kA}$，故满足动稳定要求。

（2）热稳定校验。

$(K_t I_{1N})^2 t = (75 \times 0.16)^2 \times 1\text{kA}^2 \cdot \text{s} = 144\text{kA}^2 \cdot \text{s} > I_\infty^2 t_{im} = 10^2 \times 1.2\text{kA}^2 \cdot \text{s} = 120\text{kA}^2 \cdot \text{s}$

故满足热稳定要求。

（3）准确度校验。

$$S_2 \approx \sum S_i + I_{2N}^2 (R_1 + R_c)$$

式中　　$\sum S_i$——二次回路中所接的仪表线圈的容量；

　　　　R_c——二次回路中所有接头、触头的接触电阻，一般取 0.1Ω；

　　　　R_1——二次回路中导线电阻，其值为

$$R_1 = L_c / \gamma s \tag{4-135}$$

其中　L_c 为导线的等效长度，计算方法如下：

$$L_c = \begin{cases} l \text{（三相星形接线）} \\ \sqrt{3}\,l \text{（两相不完全星形）} \\ 2l \text{（一相式接线）} \end{cases}$$

γ 为导线的电导率，铜电导率为 $53\text{m}/(\Omega \cdot \text{mm}^2)$，铝电导率为 $32\text{m}/(\Omega \cdot \text{mm}^2)$，$s$ 为导线截面积，mm^2。

所以有 $S_2 \approx \sum S_i + I_{2N}^2 (R_1 + R_c) = (0.5+0.5+3)\text{V} \cdot \text{A} + 5^2 \times [\sqrt{3} \times 2/(53 \times 2.5) + 0.1]\text{V} \cdot \text{A}$

$\qquad\qquad = 7.15\text{V} \cdot \text{A} < 10\text{V} \cdot \text{A}$

故满足准确度要求。

小结与提示

（1）按正常工作条件选择额定电压和额定电流。

（2）按当地环境条件校核。

（3）按短路情况来校验电气设备的动稳定和热稳定。

4.14.2 硬母线选择和校验的原则和方法

母线（也称汇流排）处于各级配电装置的中心环节，作用是汇集和分配电能。母线有软、硬之分。软母线一般采用钢芯铝绞线，用悬式绝缘子将其两端接紧固定，软线在拉紧时存在适当的弛度，工作时会产生横向摆动，故软线的线间距离要大，常用于电压较高的户外配电装置。硬母线采用矩形、槽形或管形截面的导体，用支柱绝缘子固定，多数只作横向约束，而沿纵向则可以伸缩，注意承受弯曲和剪切应力，硬母线的相间距离小，广泛用于电压较低的户内外配电装置。

1. 导体材料的选择

硬母线的材料有铜、铝和钢三种。铜具有电阻率低、机械强度高、耐腐蚀性能好等特点，但铜在我国储量不多，比较贵重。铝的电导率约为铜的 60%，铝焊接较为复杂，机械性能和耐腐蚀较铜差，但铝价格低、重量轻。钢价廉、机械强度好，焊接简便，但集趋效应严重，若负载工作电流则损耗太大，常用于接地网的连接线。

2. 导体截面形状的选择

硬母线的截面形状有矩形、槽形和管形。矩形母线散热面积大，材料利用率高，承受立弯时的抗弯强度好，但趋肤效应大，周围的电场很不均匀，易产生电晕，故只用于 35kV 及以下、持续工作电流在 4000A 及以下的屋内配电装置中。槽形母线趋肤效应较小，冷却条件好、机械强度高，常用在 35kV 及以下、持续工作电流在 4000~8000A 的配电装置中。管形母线的曲率半径大，材料导电利用率、散热、抗弯强度和刚度都较好，趋肤效应小，可用于 8000A 以上的大电流母线，也可用于 220kV 及以上屋外配电装置作长跨距硬母线。

3. 母线截面尺寸的选择

（1）为了保证母线的长期安全运行，母线导体在周围介质极限温度 θ_{lim} 和导体正常发热最高允许温度 θ_N 下的允许电流 I_N，经过修正后的数值应大于或等于流过导体的最大持续工作电流 I_{wmax}，即

$$I_{wmax} \leqslant K I_N$$

式中 K——综合修正系数，K 值与海拔、环境温度等因素有关，可查阅有关手册。

（2）为了考虑母线长期运行的经济性，一般应按经济电流密度选择导体截面，导体的经济截面计算公式为

$$S_{sec} = \frac{I_{wmax}}{j}$$

式中 j——经济电流密度，A/mm^2。

4. 电晕电压校验

电晕放电会造成电晕损耗、无线电干扰、噪声和金属腐蚀等许多危害。因此，110~220kV 裸母线晴天不发生可见电晕的条件是：电晕临界电压 U_c 应大于最高工作电压 U_{wmax}，即 $U_c > U_{wmax}$。

对于 330~500kV 超高压配电装置，电晕是选择导线的控制条件。要求在 1.1 倍最高运行相电压下，晴天夜间不发生可见电晕。选择时应综合考虑导体直径、分裂间距和相间距离等条件，经技术经济比较，确定最佳方案。

5. 热稳定校验

校验母线在短路时的热稳定的计算公式为

$$S_{min} = \frac{I_\infty}{C} \sqrt{t_{im} K_f}$$

式中 C——热稳定系数，与导体材料、结构及最高允许温度、长期工作额定温度有关；

K_f——趋肤效应系数。

6. 动稳定校验

由于硬母线都安装在支持绝缘子上，当短路冲击电流通过母线时，电动力将使母线产生弯曲应力，因此要对其进行动稳定校验。若求出母线最大相间计算应力 σ_{cmax} 不超过母线材料的允许应力 σ_y，即 $\sigma_{cmax} \leqslant \sigma_y$，则认为母线的动稳定是满足要求的。

7. 共振校验

如果母线的固有振动频率与短路电动力交流分量的频率相近以至发生共振，则母线导体的动态应力将比不发生共振时的应力大得多，这会导致母线导体及支持结构的设计和选择发生困难。此外，正常运行时若发生共振，会引起大的噪声，干扰运行。因此，母线应尽量避免共振。为了避免导体发生危险的共振，对于重要回路的母线，应使其固有振动频率在下述范围以外：单条母线及母线组中各单条母线：35~150Hz；对于多条母线组及带引下线的单条母线：35~155Hz；对于槽形母线和管形母线：35~160Hz；当母线固有振动频率无法限制在共振频率范围之外时，母线受力计算必须乘以振动系数。

小结与提示

（1）母线的选型：矩形、槽形和管形。

（2）母线截面选择：按导体长期发热允许电流选择、按经济电流密度选择。

（3）母线截面的校验：电晕电压校验、热稳定校验、动稳定校验、母线共振的校验。

（4）封闭母线的选择。

电气工程基础复习题

4.1 电力系统基本知识

4-1(2023)在10kV网络中，中性点不装设消弧线圈时，单相接地电容电流不超过(   )。

A. 100A   B. 10A   C. 15A   D. 20A

4-2(2012)我国110kV及以上系统中性点接地方式一般为(   )。

A. 中性点直接接地 B. 中性点绝缘 C. 经小电阻接地 D. 经消弧线圈接地

4-3(2013，2024)电力系统接线如图4-170所示，各级电网的额定电压示于图中，发电机、变压器 T_1、T_2、T_3、T_4 额定电压分别为(   )。

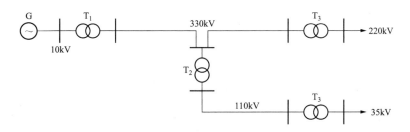

图4-170 题4-3图

A. G：10.5kV，T_1：10.5/363kV，T_2：363/121kV，T_3：330/242kV，T_4：110/35kV

B. G：10.5kV，T_1：10/363kV，T_2：330/121kV，T_3：330/242kV，T_4：110/35kV

C. G：10.5kV，T_1：10.5/363kV，T_2：330/121kV，T_3：330/242kV，T_4：110/38.5kV

D. G：10kV，T_1：10.5/330kV，T_2：330/220kV，T_3：330/110kV，T_4：110/35kV

4-4(2010，2013)为抑制空载输电线路末端电压升高，常在线路末端(   )。

A. 并联电容器 B. 并联电抗器 C. 串联电容器 D. 串联电抗器

4-5(2014，2022)发电机与10kV母线相接，变压器一次侧接发电机，二次侧接110kV线路，发电机与变压器额定电压分别为(   )。

A. 10.5kV，10/110kV   B. 10kV，10/121kV

C. 10.5kV，10.5/121kV   D. 10kV，10.5/110kV

4-6(2016)当35kV及以下系统采用中性点经消弧线圈接线方式运行时，消弧线圈的补偿度应该选择为(   )。

A. 全补偿   B. 过补偿   C. 欠补偿   D. 以上都可以

4-7(2022)中性点不接地系统，发生单相接地故障时，线电压(   )。

A. 相位变化，幅值不变   B. 相位变化，幅值变化

C. 相位不变，幅值变化   D. 相位不变，幅值不变

4-8(2021)变压器 T_2 工作于+2.5%抽头，则 T_1、T_2 的实际变比为 (   )。

A. 2.857，3.182 B. 0.087，3.182 C. 0.087，2.929 D. 3.143，2.929

4-9(2011)中性点非有效接地配电系统中性点加装消弧线圈是为了(   )。

A. 增大系统零序阻抗 B. 提高继电保护的灵敏性

C. 补偿接地短路电流 D. 增大电源的功率因数

4-10（2009）35kV 及以下中性点不接地配电系统可以带单相接地故障运行的原因是（ ）。

A. 设备绝缘水平低 B. 过电压幅值低 C. 短路电流小 D. 设备造价低

4-11（2011）电力系统接线如图 4-171 所示，各级电网的额定电压示于图中，发电机、变压器 T_1、T_2 的额定电压分别为（ ）。

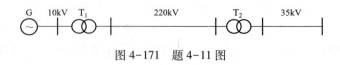

图 4-171 题 4-11 图

A. G：10.5kV；T_1：10.5/242kV；T_3：220/38.5kV

B. G：10kV；T_1：10/242kV；T_3：242/35kV

C. G：10.5kV；T_1：10.5/220kV；T_3：220/38.5kV

D. G：10.5kV；T_1：10.5/242kV；T_3：220/35kV

4-12（2017）连接 110kV 和 35kV 的降压变压器，额定电压是（ ）。

A. 110/35 B. 110/38.5 C. 121/35 D. 121/38.5

4-13（2024）我国电力系统三相交流电的额定周期是（ ）。

A. 0.01s B. 0.05s C. 0.015s D. 0.02s

4.2 电力线路、变压器的参数与等效电路

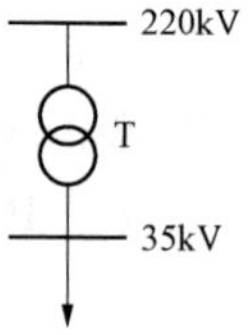

4-14（2021）图4-172 所示电力网络，其中变压器铭牌参数如下：负载损耗 $\Delta P_S = 276$kW，短路电压百分数 $U_k\% = 10.5$，$S_N = 40\,000$kV·A，归算到高压侧的变压器电阻、电抗参数为（ ）。

图 4-172
题 4-14 图

A. 7.08Ω，73.53Ω B. 12.58Ω，26.78Ω

C. 9.56Ω，121.58Ω D. 8.349Ω，127.05Ω

4-15（2021）图4-173 所示电路中，参数已注明，取基准值 100MV·A，用近似计算法得发电机及变压器 T 的电抗标幺值为（ ）。

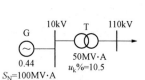

图 4-173 题 4-15 图

A. 0.67，0.21 B. 0.44，0.21

C. 0.44，0.56 D. 0.15，0.5

4-16（2007）某三相三绕组自耦变压器，$S_{TN} = 90$MV·A，额定电压为 220/121/38.5kV，容量比 100/100/50，实测的短路试验数据如下：$P'_{k(1-2)} = 333$kW，$P'_{k(1-3)} = 265$kW，$P'_{k(2-3)} = 277$kW，（1、2、3 分别代表高、中、低压绕组，上标"'"表示未归算到额定容量）三绕组变压器归算到低压侧等效电路中的 R_{T1}、R_{T2}、R_{T3} 分别为（ ）。

A. 1.990Ω，1.583Ω，1.655Ω B. 0.026Ω，0.035Ω，0.168Ω

C. 0.850Ω，1.140Ω，5.480Ω D. 0.213Ω，0.284Ω，1.370Ω

4-17（2008，2024）为了描述架空线路传输电能的物理现象，一般用电阻来反映输电线路的热效应，用电容来反映输电线路的（ ）。

A. 电场效应   B. 磁场效应   C. 电晕现象   D. 泄漏现象

4-18(2009，2020)反映输电线路的磁场效应的参数为(　　)。

A. 电抗   B. 电阻   C. 电容   D. 电导

4-19(2008、2018)在中性点绝缘系统发生单相接地故障时,非故障相相电压(　　)。

A. 保持不变   B. 升高 $\sqrt{2}$ 倍   C. 升高 $\sqrt{3}$ 倍   D. 为零

4-20(2013，2022)在电力系统分析和计算中，功率、电压和阻抗一般分别是指(　　)。

A. 一相功率、相电压、一相阻抗   B. 三相功率、线电压、一相等效阻抗

C. 三相功率、线电压、三相阻抗   D. 三相功率、相电压、一相等效阻抗

4-21(2023)有一台 SFL1-20000/110 型变压器接入 35kV 网络供电，铭牌参数为：短路损耗 $\Delta P_k = 135\text{kW}$，短路电压百分数 $u_k\% = 10.5$，空载损耗 $\Delta P_0 = 22\text{kW}$，空载电流百分数 $I_k\% = 0.8$，$S_N = 20\ 000\text{kV·A}$，归算到高压侧的变压器参数为(　　)。

A. 4.08Ω，63.53Ω B. 12.58Ω，26.28Ω

C. 4.08Ω，12.58Ω D. 12.58Ω，63.53Ω

4-22(2014，2022)输电线路电气参数电阻和电导反映输电线路的物理现象分别为(　　)。

A. 电晕现象和热效应   B. 热效应和电场效应

C. 电场效应和磁场效应   D. 热效应和电晕现象

4-23(2013)下列网络中的参数如图 4-174 所示，用近似计算法计算得到的各元件标幺值为下列哪项数值？（取 $S_B = 100\text{MV·A}$）(　　)

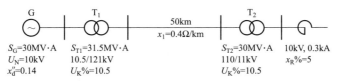

图 4-174　题 4-23 图

A. $x_d' = 0.15$，$x_{T1*} = 0.333$，$x_{l*} = 0.090\ 7$，$x_{T2*} = 0.333$，$x_{R*} = 0.698$

B. $x_d'' = 0.5$，$x_{T1*} = 0.35$，$x_{l*} = 0.099\ 2$，$x_{T2*} = 0.33$，$x_{R*} = 0.873$

C. $x_d'' = 0.467$，$x_{T1*} = 0.333$，$x_{l*} = 0.151$，$x_{T2*} = 0.35$，$x_{R*} = 0.873$

D. $x_d'' = 0.5$，$x_{T1*} = 0.3$，$x_{l*} = 0.364$，$x_{T2*} = 0.3$，$x_{R*} = 0.698$

4-24(2012)电力系统采用标幺值计算时，当元件的额定容量、额定电压为 S_N、U_N，系统统一基准容量、基准电压为 S_B、U_B，设某阻抗原标幺值为 $Z_{*(N)}$，则该阻抗统一基准 Z_* 为(　　)。

A. $Z_* = \left(Z_{*(N)} \times \dfrac{S_N}{U_B^2}\right) \times \dfrac{U_N^2}{S_B}$ B. $Z_* = \left(Z_{*(N)} \times \dfrac{U_N^2}{S_N}\right) \times \dfrac{S_B}{U_B^2}$

C. $Z_* = \left(Z_{*(N)} \times \dfrac{U_N}{S_N^2}\right) \times \dfrac{S_B^2}{U_B}$ D. $Z_* = \left(Z_{*(N)} \times \dfrac{S_N^2}{U_N}\right) \times \dfrac{U_B}{S_B^2}$

4-25(2017)架空输电线路等值参数中表征消耗有功功率的是(　　)。

A. 电阻、电导   B. 电导、电纳   C. 电纳、电阻   D. 电导、电感

4-26(2017)标幺值中，导纳基准表示为(　　)。

A. $\dfrac{U^2}{S}$ B. $\dfrac{S}{U^2}$ C. $\dfrac{S}{U}$ D. $\dfrac{U}{S}$

4-27（2024）对于小于100km的短距离输电线路，一般采用的等效电路为（　　）。

A. T型 B. 一字型 C. Π型 D. T型和Π型

4.3 简单电网的潮流计算

4-28（2011,2023）一条220kV的单回路空载线路，长200km，线路参数为$r_1 = 0.18\Omega/\mathrm{km}$，$x_1 = 0.415\Omega/\mathrm{km}$，$b_1 = 2.86\times10^{-6}\mathrm{s/km}$，线路受端电压为242kV，线路送端电压为（　　）。

A. 236.26kV B. 242.2kV C. 220.35kV D. 230.6kV

4-29（2012）电力系统电压降定义为（　　）。

A. $\mathrm{d}\dot{U} = \dot{U}_1 - \dot{U}_2$
B. $\mathrm{d}\dot{U} = |\dot{U}_1| - |\dot{U}_2|$

C. $\mathrm{d}\dot{U} = \dfrac{\dot{U}_1 - \dot{U}_2}{U_N}$
D. $\mathrm{d}U = \dfrac{U_1 - U_2}{U_N}$

4-30（2013）在图4-175所示系统中，已知220kV线路的参数为$R = 31.5\Omega$，$X = 58.5\Omega$，$B/2 = 2.168\times10^{-4}\mathrm{S}$，线路始端母线电压为$223\underline{/0°}$ kV，线路末端电压为（　　）。

A. $225.9\underline{/-0.4}$ kV

B. $235.1\underline{/-0.4}$ kV

C. $225.9\underline{/0.4}$ kV

D. $235.1\underline{/0.4}$ kV

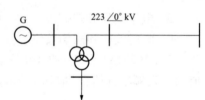

图4-175 题4-30图

4-31（2013）某高压电网线路两端电压分布如图4-176所示，则有（　　）。

A. $P_{ij}>0$，$Q_{ij}>0$

B. $P_{ij}<0$，$Q_{ij}<0$

C. $P_{ij}>0$，$Q_{ij}<0$

D. $P_{ij}<0$，$Q_{ij}>0$

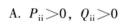

图4-176 题4-31图

4-32（2011）电力系统电压降计算公式为（　　）。

A. $\dfrac{P_iX+Q_jR}{U_i}+\mathrm{j}\dfrac{P_iR-Q_iX}{U_i}$
B. $\dfrac{P_iX-Q_jR}{U_i}+\mathrm{j}\dfrac{P_iR+Q_iX}{U_i}$

C. $\dfrac{Q_iR+R_iX}{U_i}+\mathrm{j}\dfrac{P_iR-Q_iX}{U_i}$
D. $\dfrac{P_iR+Q_iX}{U_i}+\mathrm{j}\dfrac{P_iX-Q_iR}{U_i}$

4-33（2012）在忽略输电线路电阻和电导的情况下，输电线路电抗为X，输电线路电纳为B，线路传输功率与两端电压的大小及其相位差θ之间的关系为（　　）。

A. $P = \dfrac{U_1U_2}{B}\sin\theta$
B. $P = \dfrac{U_1U_2}{X}\cos\theta$

C. $P = \dfrac{U_1 U_2}{X} \sin\theta$ D. $P = \dfrac{U_1 U_2}{B} \cos\theta$

4-34(2012)电力系统在高压网线路中并联电抗器的作用为(   )。

A. 提高线路输电功率极限

B. 增加输电线路电抗

C. 抑制线路轻(空)载时末端电压升高

D. 补偿线路无功,提高系统电压

4-35(2014)某线路两端母线电压分别为 $\dot{U}_1 = 230.5\underline{/12.5^\circ}$ kV 和 $\dot{U}_2 = 220.9\underline{/10.0^\circ}$ kV,线路的电压降落为(   )。

A. 13.76kV   B. 11.6kV

C. $13.76\underline{/56.96^\circ}$ kV   D. $11.6\underline{/30.45^\circ}$ kV

4-36(2017,2022)线路末端的电压偏移是指(   )。

A. 线路始末两端电压的相量差   B. 线路始末两端电压的数量差

C. 线路末端电压与额定电压之差   D. 线路末端空载时与负载时电压之差

4-37(2017)110kV 输电线路参数 $r = 0.21\Omega/\text{km}$,$x = 0.4\Omega/\text{km}$,$b/2 = 2.79 \times 10^{-6}\text{s/km}$,线路长度 $l = 100\text{km}$,线路空载,线路末端电压为 120kV 时,线路始端的电压充电功率为(   )。

A. $118.66\underline{/0.339^\circ}$ kV,7.946Mvar   B. $121.36\underline{/0.332^\circ}$ kV,8.035Mvar

C. $121.34\underline{/-0.332^\circ}$ kV,8.035Mvar   D. $118.66\underline{/-0.339^\circ}$ kV,7.946Mvar

4-38(2018)额定电压 110kV 的辐射型电网各段阻抗及负荷如图 4-177 所示,已知电源 A 的电压为 121kV,若不计电压降落横分量,则 B 点电压为(   )。

A. 105.507kV   B. 107.363kV   C. 110.452kV   D. 103.401kV

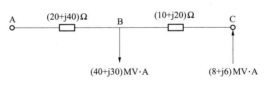

图 4-177 题 4-38 图

4-39(2019)高压电网中,有功功率的流向是(   )。

A. 从电压高端向低端流动   B. 从电压低端向高端流动

C. 电压超前向电压滞后流动   D. 电压滞后向电压超前流动

4-40(2024)输电线路带大负载时,线路末端电压与首端电压的关系是(   )。

A. 等于   B. 低于   C. 高于   D. 不确定

4.4　无功功率平衡和电压调整

4-41(2009)电力系统的有功功率电源是(   )。

A. 发电机   B. 变压器   C. 调相机   D. 电容器

4-42(2013)SF-31500/110±2×2.5%变压器当分接头位置在+2.5%位置时,分接头电压

为(　)。

  A. 112.75kV   B. 121kV   C. 107.25kV   D. 110kV

4-43(2010)降低网络损耗的主要措施之一是(　)。

  A. 增加线路中传输的无功功率   B. 减少线路中传输的有功功率

  C. 增加线路中传输的有功功率   D. 减少线路中传输的无功功率

4-44(2010)电力系统的频率主要取决于(　)。

  A. 系统中的有功功率平衡   B. 系统中的无功功率平衡

  C. 发电机的调速器   D. 系统的无功补偿

4-45(2018)某配电所,低压侧有计算负荷为880kW,功率因数为0.7,欲使功率因数提高到0.98,则并联的电容器的容量是(　)。

  A. 880kvar   B. 120kvar   C. 719kvar   D. 415kvar

4-46(2014)两台相同变压器其额定功率为31.5MV·A,在额定功率、额定电压下并联运行,每台变压器空载损耗294kW,短路损耗1005kW,两台变压器总有功损耗为(　)。

  A. 1.299MW   B. 1.091MW   C. 0.649MW   D. 2.157MW

4-47(2018,2023)某变电所有一台变比为(110±2×2.5%)kV/6.3kV,容量为31.5MV·A 的降压变压器,归算到高压侧的变压器阻抗为 $Z_T=(2.95+j48.8)\Omega$,变压器低压侧最大负荷为 $(24+j18)MV \cdot A$,最小负荷为 $(12+j9)MV \cdot A$,变电所高压侧电压在最大负荷时保持110kV,最小负荷时保持113kV,变电所低压母线要求恒调压,保持6.3kV,满足该调压要求的变压器分接头电压为(　)。

  A. 110kV   B. 104.5kV   C. 114.8kV   D. 121kV

4-48(2012)一降压变电站,变压器归算到高压侧的参数如图4-178所示,最大负荷时变压器高压母线电压维持在118kV,最小负荷时变压器高压母线电压维持在110kV,若不考虑功率损耗,变电站低压母线逆调压,变压器分接头电压应为(　)。

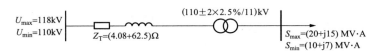

图4-178 题4-48图

  A. 109.75kV   B. 115.5kV   C. 107.25kV   D. 112.75kV

4-49(2018)一35kV的线路阻抗为(10+j10)Ω,输送功率为(7+j6)MV·A,线路始端电压38kV,要求线路末端电压不低于36kV,其补偿容抗为(　)。

  A. 10.08Ω   B. 10Ω   C. 9Ω   D. 9.5Ω

4-50 在无功功率不足的电力系统中,首先应该采取的措施是(　)。

  A. 采用无功补偿装置补偿无功的缺额

  B. 改变变压器电压比调压

  C. 增加发电机的有功出力

  D. 调节发电机励磁电流来改变其端电压

4-51(2017)电力系统中最基本的无功功率电源是(　)。

  A. 调相机   B. 电容器   C. 静止补偿器   D. 同步发电机

4-52(2021)在大负荷时升高电压，小负荷时降低电压的调压方式，称为（   ）。

A. 逆调压　　　　B. 顺调压　　　　C. 常调压　　　　D. 线性调压

4-53(2024)对于供电距离较近、负荷变动不大的变电所常采用（   ）。

A. 逆调压　　　　B. 顺调压　　　　C. 常调压　　　　D. 不确定

4.5　短路电流计算

4-54(2011)下列网络接线如图4-179所示，元件参数标幺值示于图中，f点发生三相短路时各发电机对短路点的转移阻抗及短路电流标幺值分别为（   ）。

A. 0.4，0.4，5　　　　　　　　B. 0.45，0.45，4.44

C. 0.35，0.35，5.71　　　　　　D. 0.2，0.2，10

4-55(2016)已知图4-180所示系统中开关B的遮断容量为2500MV·A，取 $S_B = 100\text{MV·A}$，求f点三相短路时的冲击电流为（   ）kA。

A. 13.49　　　　B. 17.17　　　　C. 24.28　　　　D. 26.51

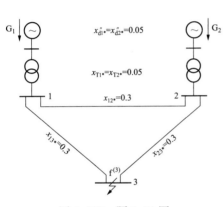

图4-179　题4-54图

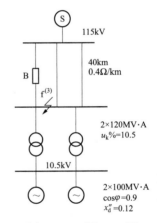

图4-180　题4-55图

4-56(2016)系统各元件的标幺值电抗如图4-181所示，当线路中部f点发生不对称短路故障时，其零序等效电抗为（   ）。

A. 0.09　　　　B. 0.12　　　　C. 0.14　　　　D. 0.186

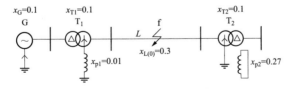

图4-181　题4-56图

4-57(2012)网络接线如图4-182所示，元件参数示于图中，系统S的短路容量为1200MV·A，取 $S_B = 60\text{MV·A}$，当图示f点发生三相短路时，短路点的短路电流及短路冲击电流分别为（   ）。

A. 6.127kA，14.754kA　　　　　　B. 6.127kA，15.57kA

C. 5.795kA，15.574kA　　　　　　　　D. 5.795kA，14.754kA

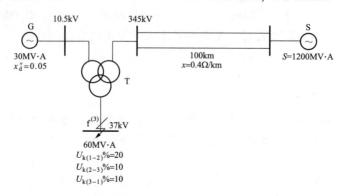

图4-182　题4-57图

4-58（2014）同步发电机突然发生三相短路后定子绕组中的电流分量有（　　）。

A. 基波周期交流、直流、倍频分量　　　　B. 基波周期交流、直流分量

C. 基波周期交流、非周期分量　　　　　　D. 非周期分量、倍频分量

4-59　下列关于正序网络说法不正确的是（　　）。

A. 正序网络是个有源网络

B. 正序网络包括空载线路和变压器

C. 电源的正序电动势不为零

D. 正序网络与计算对称短路时的网络相同

4-60（2011）系统接线如图4-183所示，图中参数均为归算到统一基准值 $S_B = 100MV \cdot A$ 的标幺值。变压器接线方式为 YNd11，系统在 f 点发生 BC 两相短路，发电机出口 M 点 A 相电流为（　　）。

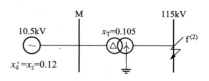

图4-183　题4-60图

A. 18.16kA　　　　B. 2.0kA　　　　C. 12.21kA　　　　D. 9.48kA

4-61　根据正序等效定则，已知 $X_{2\Sigma} = 0.388$，$X_{0\Sigma} = 0.196$，则单相短路时的 $x_\Delta^{(n)}$ 为（　　）。

A. 0.130　　　　B. 0.388　　　　C. 0.584　　　　D. 0.196

4-62（2018）在短路电流计算中，为简化分析通常会做假定，下列不符合假定的是（　　）。

A. 不考虑磁路饱和，认为短路回路各元件的电抗为常数

B. 不考虑发电机间的摇摆现象，认为所有发电机电动势的相位都相同

C. 不考虑发电机转子的对称性

D. 不考虑线路对地电容、变压器的励磁支路和高压电网中的电阻，认为等效电路中只有各元件的电抗

4-63（2018）在大接地电流系统中，故障电流中含有零序分量的故障类型是（　　）。

A. 两相短路　　　B. 两相短路接地　　　C. 三相短路　　　D. 三相短路接地

4-64（2018）TN 接地系统低压网络的相线零序阻抗为 10Ω，保护线 PE 的零序阻抗为 5Ω，TN 接地系统低压网络的零序阻抗为（　　）。

A. 15Ω　　　　B. 5Ω　　　　C. 20Ω　　　　D. 25Ω

4-65 电力系统发生两相短路接地，其复合序网为（　　）。

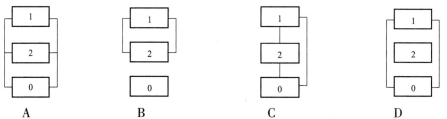

    A   B   C   D

4-66（2020）单相短路的短路电流为 30A，则其正序分量的大小为（　　）。

A. 30A   B. 30   C. 10A   D. 15A

4-67（2014）某一简单系统如图 4-184 所示，变电所高压母线接入系统，系统的等效电抗未知，已知接到母线的断路器 QF 的额定切断容量为 2500MV·A，当变电所低压母线发生三相短路时，短路点的短路电流（kA）和冲击电流（kA）分别为（　　）。（取冲击系数为 1.8，$S_B = 1000\text{MV·A}$）

A. 31.154kA，12.24kA

B. 3.94kA，10.02kA

C. 12.239kA，31.15kA

D. 12.93kA，32.92kA

图 4-184　题 4-67 图

4-68（2024）短路容量也称短路功率，已知 $S_B = 200\text{MV·A}$，$I_* = 0.8$，则短路功率 S 为（　　）。

A. 91MV·A   B. 160MV·A

C. 80MV·A   D. 100MV·A

4-69（2018）图 4-185 所示为某无穷大电力系统，$S_B = 100\text{MV·A}$，两台变压器并联运行下 k_2 点的三相短路电流的标幺值为（　　）。

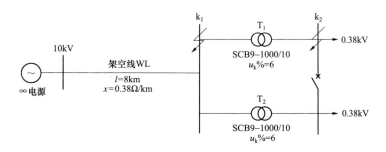

图 4-185　题 4-69 图

A. 0.272   B. 0.502   C. 0.302   D. 0.174

4-70（2012）系统接线如图 4-186 所示，各元件参数为 G1、G2：30MV·A，$x_d'' = x_2 = 0.1$，T1、T2：30MV·A，$U_k\% = 10$。选 $S_B = 30\text{MV·A}$ 时，线路标幺值为 $x_1 = 0.3$，$x_0 = 3x_1$。当系统在 f 点发生 A 相接地短路时，短路点短路电流为（　　）。

A. 2.21kA   B. 1.199kA   C. 8.16kA   D. 9.48kA

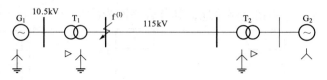

图 4-186　题 4-70 图

4-71（2010）系统接线如图 4-187 所示，图中参数均为归算到统一基准之下（$S_B = 50\text{MV·A}$）的标幺值。系统在 f 点发生 A 相接地，短路处短路电流及正序相电压有名值为（　　）。（变压器联结组别 Yd11）。

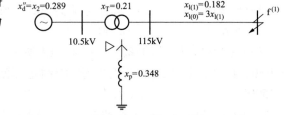

图 4-187　题 4-71 图

A. 0.238kA，58.16kV

B. 0.316kA，100.74kV

C. 0.412kA，58.16kV

D. 0.238kA，52.11kV

4-72（2014）某简单系统其短路点的等效正序电抗为 $X_{(1)}$，负序电抗为 $X_{(2)}$，零序电抗 $X_{(0)}$，利用正序等效定则求发生单相接地短路故障处正序电流，在短路点加入的附加电抗为（　　）。

A. $\Delta X = X_{(1)} + X_{(2)}$

B. $\Delta X = X_{(2)} + X_{(0)}$

C. $\Delta X = X_{(1)} /\!/ X_{(0)}$

D. $\Delta X = X_{(2)} /\!/ X_{(0)}$

4-73（2017）平行架设双回输电的每一回路的等效阻抗与单回输电线路相比，不同在于（　　）。

A. 正序阻抗减小，零序阻抗增大

B. 正序阻抗增大，零序阻抗减小

C. 正序阻抗不变，零序阻抗增大

D. 正序阻抗减小，零序阻抗不变

4-74（2017）如图 4-188 所示，已知 QF 的额定断开容量为 500MV·A，变压器的额定容量为 10MV·A，短路电压 $u_k\% = 7.5$，输电线路 $x_s = 0.4\Omega/\text{km}$，以 $S_B = 100\text{MV·A}$，$U_B = U_{av}$ 为基值，求出 f 点发生三相短路时起始次暂态电流和短路容量的有效值为（　　）。

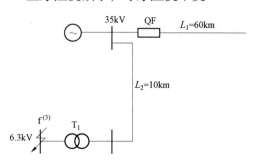

图 4-188　题 4-74 图

A. 7.179kA，78.34MV·A

B. 8.789kA，95.95MV·A

C. 7.377kA，80.50MV·A

D. 7.377kA，124.6MV·A

4-75　取 $S_B = 100\text{MV·A}$ 时的各元件标幺值如图 4-189 所示，求短路点 A 相单相短路电流有名值为（　　）。

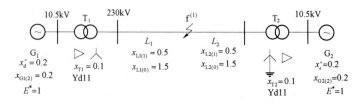

图 4-189　题 4-75 图

A. 0.235 0kA   B. 0.313 8kA   C. 0.470 7kA   D. 0.815 2kA

4-76(2019)发电机、电缆和变压器归算至 $S_B = 100\text{MV} \cdot \text{A}$ 的电抗标幺值如图 4-190 所示，试计算图示网络中 K_1 点发生短路时，短路点的三相短路电流为（　　）。

A. 15.88kA   B. 16.21kA   C. 0.64kA   D. 0.6kA

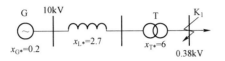

图 4-190　题 4-76 图

4-77(2019)无限大功率电源供电系统如图 4-191 所示，已知电力系统出口断路器的断流容量为 $600\text{MV} \cdot \text{A}$，架空线路 $x = 0.38\Omega/\text{km}$，用户配电站 10kV 母线上 K_1 点短路的三相短路电流周期分量有效值和短路容量分别为（　　）。

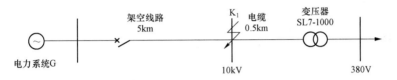

图 4-191　题 4-77 图

A. 7.29kA，52.01MV·A   B. 4.32kA，52.01MV·A

C. 2.91kA，52.9MV·A   D. 2.86kA，15.5MV·A

4-78(2023)三相短路的短路电流只包含（　　）。

A. 正序分量   B. 负序分量   C. 零序分量   D. 不确定

4.6　变压器

4-79(2013)变压器的额定容量 $S_N = 320\text{kV} \cdot \text{A}$，额定运行时空载损耗 $p_0 = 21\text{kW}$，如果电源电压下降10%，变压器的空载损耗将为（　　）。

A. 17.01kW   B. 18.9kW   C. 23.1kW   D. 25.4kW

4-80(2012)一台 $S_N = 63\ 000\text{kV} \cdot \text{A}$，50Hz，$U_{1N}/U_{2N} = 220/10.5\text{kV}$，YNd 连接的三相变压器，在额定电压下，空载电流为额定电流的1%，空载损耗 $P_1 = 61\text{kW}$，其阻抗电压 $u_k = 12\%$，当有额定电流时的短路铜损耗 $P_2 = 210\text{kW}$，当一次侧保持额定电压，二次侧电流达到额定的80%且功率因数为 0.8(滞后)时效率为（　　）。

A. 99.47%   B. 99.49%   C. 99.52%   D. 99.55%

4-81(2014)两台变压器 A 和 B 并联运行，已知 $S_{kA} = 1200\text{kV} \cdot \text{A}$，$S_{kB} = 1800\text{kV} \cdot \text{A}$，阻抗电压 $u_{kA} = 6.5\%$，$u_{kB} = 7.2\%$，且已知变压器 A 在额定电流下的铜耗和额定电压下的铁耗分别为 $P_{\text{Cu}} = 1500\text{W}$ 和 $P_{\text{Fe}} = 540\text{W}$，那么两台变压器并联运行，当变压器 A 运行在具有最大效率的情况下，两台变压器所能供给的总负载为（　　）。

A. 1695kV·A   B. 2825kV·A   C. 3000kV·A   D. 3129kV·A

4-82(2011)一台 $S_N = 5600\text{kV} \cdot \text{A}$，$U_{1N}/U_{2N} = 6000/330\text{V}$，Yd 联结的三相变压器，其空载损耗 $p_0 = 18\text{kW}$，短路损耗 $p_{kN} = 56\text{kW}$。当负载的功率因数 $\cos\varphi_2 = 0.8$(滞后)保持不变，

变压器的效率达最大值时，变压器一次边输入电流为(　　　)。

    A. 305.53A　　　　　B. 529.2A　　　　　C. 538.86A　　　　　D. 933.33A

4-83(2020)做变压器短路试验所测的数据，可用于计算(　　　)。

    A. 励磁阻抗及铁心损耗　　　　　　　　B. 一次侧漏抗及铁心损耗

    C. 二次侧漏抗及二次侧电阻　　　　　　D. 励磁阻抗及二次侧电阻

4-84(2017)一台变压器工作时额定电压调整率等于零，此负载应为(　　　)。

    A. 电阻性负载　　　　　　　　　　　　B. 电阻电容性负载

    C. 电感性负载　　　　　　　　　　　　D. 电阻电感性负载

4-85(2024)变压器的其他条件不变时，电源频率减少15%，假设磁路不饱和，则一次绕组漏电抗 x_1 和二次绕组漏电抗 x_2 会(　　　)。

    A. 增加10%　　　　B. 不变　　　　　C. 减少15%　　　　D. 减少20%

4-86(2019)一变压器容量为 10kV·A，铁耗为 300W，满载时铜耗为 400W，变压器在满载时向功率因数为 0.8 的负载供电效率为(　　　)。

    A. 0.8　　　　　　B. 0.97　　　　　C. 0.95　　　　　D. 0.92

4-87(2017)一台单相变压器，额定容量 $S_N = 1000$kV·A，额定电压 $U_N = 100/6.3$kV，额定功率 $f_N = 50$Hz，短路阻抗 $Z_k = 74.9 + j315.2\Omega$，该变压器负载运行时电压变化率恰好等于 0，则负载性质和功率因数 $\cos\varphi_2$ 为(　　　)。

    A. 感性负载 $\cos\varphi_2 = 0.973$　　　　　　　B. 感性负载 $\cos\varphi_2 = 0.8$

    C. 容性负载 $\cos\varphi_2 = 0.973$　　　　　　　D. 容性负载 $\cos\varphi_2 = 0.8$

4.7　感应电动机

4-88(2018)一台 50Hz 的感应电动机，其额定转速 $n = 730$r/min，该电动机的额定转差率为(　　　)。

    A. 0.037 5　　　　B. 0.026 7　　　　C. 0.375　　　　　D. 0.267

4-89(2018)某发电机的主磁极数为 4，已知电网频率为 $f = 50$Hz，则其转速应为(　　　)。

    A. 1500r/min　　　　B. 2000r/min　　　　C. 3000r/min　　　　D. 1000r/min

4-90　交流异步电动机转子绕组电流频率 f_2 与定子绕组电流频率 f_1 之间的关系为(　　　)。

    A. $f_1 = (1-s)f_2$　　　B. $f_1 = (s-1)f_2$　　　C. $f_2 = sf_1$　　　D. $f_1 = sf_2$

4-91(2018)改变三相异步电动机旋转方向的方法是(　　　)。

    A. 改变电源频率　　　　　　　　　　　B. 改变电源电压

    C. 改变定子绕组中电流的相序　　　　　D. 改变点击的工作方式

4-92(2013)一台三相四极绕线转子异步电动机，额定转速 $n_N = 1440$r/min，接在频率为 50Hz 的电网上运行，当负载转矩不变，若在转子回路中每相串入一个与转子绕组每相电阻阻值相同的附加电阻，则稳定后的转速为(　　　)。

    A. 1500r/min　　　　B. 1440r/min　　　　C. 1380r/min　　　　D. 1320r/min

4-93(2017)一台运行于 50Hz 交流电网的三相感应电机的额定转速为 1440r/min，其极对数必为(　　　)。

A. 1   B. 2   C. 3   D. 4

4-94(2017)要改变异步电动机的转向，可以采取(   )。

A. 改变电源的频率   B. 改变电源的幅值

C. 改变电源三相的相序   D. 改变电源的相位

4-95(2017)一台丫联结的三相感应电动机，额定功率 $P_N = 15\text{kW}$，额定电压 $U_N = 380\text{V}$，电源频率 $f = 50\text{Hz}$，额定转速 $n_N = 975\text{r/min}$，额定运行的效率 $\eta_N = 0.88$，功率因数 $\cos\varphi = 0.83$，电磁转矩 $T_e = 150\text{Nm}$，该电动机额定运行时电磁功率和转子铜耗为(   )。

A. 15kW，392.5W   B. 15.7kW，392.5W

C. 15kW，100W   D. 15.7kW，100W

4-96(2020)下面关于感应电动机表述正确的是 (   )。

A. 只产生感应电动势，不产生电磁转矩   B. 只产生电磁转矩，不产生感应电动势

C. 不产生感应电动势和电磁转矩   D. 产生感应电动势和电磁转矩

4-97(2020)三相异步电动机拖动恒转矩负载运行，若电源电压上升 10%，设电压调节前、后的转子电流分别为 I_1 和 I_2，那么(   )。

A. $I_1 < I_2$ B. $I_1 = I_2$ C. $I_1 > I_2$ D. $I_1 = -I_2$

4-98(2013)一台三相六极异步电动机接于工频电网运行，若转子绕组开路时，转子每组感应电动势为 110V。当电机额定运行时，转速 $n_N = 980\text{r/min}$，此时转子每组电动势 E_{2s} 为(   )。

A. 1.47V   B. 2.2V   C. 38.13V   D. 110V

4-99(2012)一台三相笼型异步电动机，额定电压为 380V，定子绕组△联结，直接起动电流为 I_{st}，若将电动机定子绕组改为丫联结，加线电压为 220V 的对称三相电源直接起动，此时的起动电流为 I'_{st}，那么 I'_{st} 与 I_{st} 相比，如何变化? (   )

A. 变小   B. 不变   C. 变大   D. 无法判断

4-100(2010，2008)绕线转子异步电动机拖动恒转矩负载运行，当转子回路串入不同电阻，电动机转速不同，而串入电阻与未串电阻相比，对转子的电流和功率因数的影响是(   )。

A. 转子的电流大小和功率因数均不变   B. 转子的电流大小变化，功率因数不变

C. 转子的电流大小不变，功率因数变化   D. 转子的电流大小和功率因数均变化

4-101 电机理论中电角度 $\theta_{电}$ 与机械角度 $\theta_{机}$ 的关系为(   )。

A. $\theta_{电} = p\theta_{机}$ B. $\theta_{电} = \theta_{机}$ C. $\theta_{电} = s\theta_{机}$ D. $\theta_{机} = p\theta_{电}$

4-102(2020)一台三相，丫联结，220V 线电压，7.5kW，60Hz，6 极的感应电动机，转子的转差率为 2%，定子电流为 18.8A，归算后转子的电阻为 0.144Ω，那么转子的转速为 (   )。

A. 125.7rad/s   B. 123.2rad/s   C. 114.3rad/s   D. 110.5rad/s

4-103(2022)感应电动机参数铭牌 $f = 50\text{Hz}$，$p = 3$，$s = 4\%$，则其转速为(   )。

A. 1000r/min   B. 750r/min   C. 730r/min   D. 960r/min

4-104(2014)一台三相绕线转子异步电动机，如果定子绕组中通入频率为 f_1 的三相交流电，其旋转磁场相对定子以同步速 n_1 逆时针旋转，同时向转子绕组通入频率为 f_2，相序相反的三相交流电，其旋转磁场相对于转子以同步速为 n_2 顺时针旋转，转子相对定子的转速和转向为(   )。

A. n_1+n_2，逆时针   B. n_1+n_2，顺时针

C. n_1-n_2，逆时针   D. n_1-n_2，顺时针

4-105 异步电动机等效电路中的电动势 e_2'、电流 i_2' 与等效归算前的电动势 e_2、电流 i_2 的关系为（   ）。

A. $e_2=k_e e_2'$，$i_2=\dfrac{1}{k_i}i_2'$ B. $e_2=\dfrac{1}{k_e}e_2'$，$i_2=k_i i_2'$

C. $e_2'=\dfrac{1}{k_e}e_2$，$i_2'=k_i i_2$ D. $e_2'=k_e e_2$，$i_2'=\dfrac{1}{k_i}i_2$

4-106 改变 A、B、C 三根电源线与异步电动机的连接关系可以改变电动机的转向，正确方法是（   ）。

A. A、B、C 三线逆时针轮换一边   B. A、B、C 三线顺时针轮换一边

C. A、B、C 三线中任意两根互换一次   D. A、B、C 三线中任意两根互换两次

4-107（2020）一台三相笼型异步电动机的数据为 $P_N=60\text{kW}$，$U_N=380\text{V}$，$n_N=1450\text{r/min}$，$I_N=91\text{A}$，定子绕组采用 Y—△联结，$I_{st}/I_N=6$，$T_{st}/T_N=4$，负载转矩为 320N·m。若电动机可以直接起动，供电变压器允许起动电流至少为（   ）。

A. 182A   B. 233A   C. 461A   D. 267A

4-108（2024）一个三相异步电动机的铭牌参数如下：$f=50\text{Hz}$，额定转速为 1470r/min，则其电动机绕组极数为（   ）。

A. 6   B. 8   C. 4   D. 2

4-109（2022）异步电动机额定电流 20A，正常三角形联结时起动倍数为 5，当采用星形联结起动时，起动电流为（   ）。

A. 100A   B. 20A   C. 33.33A   D. 66.66A

4-110 判断异步电动机工作在电动机状态时，电动机转速的工作范围是（   ），其中 $n_0(\geqslant 0)$ 代表旋转磁场的转速。

A. $n_0\geqslant n\geqslant 0$ B. $n\leqslant 0$ C. $n\geqslant n_0\geqslant 0$ D. $n_0=n$

4-111（2011）一台三相异步电动机在额定电压下空载起动与在额定电压下满载起动相比，两种情况下合闸瞬间的启动电流（   ）。

A. 前者小于后者   B. 相等

C. 前者大于后者   D. 无法确定

4-112（2009）三相异步电动机的旋转磁动势转速为 n_1，转子电流产生的磁动势相对定子的转速为 n_2，则有（   ）。

A. $n_1<n_2$ B. $n_1=n_2$

C. $n_1>n_2$ D. 二者关系无法确定

4-113（2019）一台额定频率为 60Hz 的三相感应电动机，用频率为 50Hz 的电源对其供电，供电电压为额定电压，起动转矩变为原来的（   ）。

A. 5/6 倍   B. 6/5 倍   C. 1 倍   D. 25/36 倍

4-114（2023）三相异步电动机 $U_N=380\text{V}$，$I_N=136\text{A}$，起动电流倍数 $k_s=6.5$，供电变压器限制电动机的最大起动电流为 500A。若空载定子串电抗起动，每相串入最小电抗为（   ）。

A. 0.02Ω   B. 0.19Ω   C. 0.25Ω   D. 2Ω

4-115(2020)电动机转子绕组接入 $2r_2$，转差率为（　　）。

A. s　　　　　　　B. $2s$　　　　　　　C. $3s$　　　　　　　D. $4s$

4-116　某正常运转的国产异步电动机转速为 $975r/min$，它的极对数 p 为（　　）。

A. 3　　　　　　　B. 2　　　　　　　C. 1　　　　　　　D. 4

4-117(2009，2021)一台绕线转子异步电动机运行时，如果在转子回路串入电阻使 R_s 增大 1 倍，则该电动机的最大转矩将（　　）。

A. 增大 1.21 倍　　B. 增大 1 倍　　　C. 不变　　　　　D. 减小 1 倍

4-118(2021)异步电动机空载运行时，其定子电路的功率因数为（　　）。

A. 1，超前　　　　B. 1，滞后　　　　C. ≪1，滞后　　　D. ≪1，超前

4-119　关于交流异步电机不正确的论述是（　　）。

A. 交流异步电机的气隙极小　　　　　B. 交流异步电机单边励磁

C. 交流异步电机理论上能用作发电机　D. 交流异步电机呈现容性

4-120(2021)交流异步电机相对电源呈现的负载特性为（　　）。

A. 容性　　　　　　B. 阻性　　　　　　C. 感性　　　　　D. 中性

4-121　以下是交流异步电动机可能的调速方式，唯一不正确的是（　　）。

A. 改变极对数 p　B. 改变电源频率 f　C. 改变转差率 s　D. 改变励磁电压

4-122(2024)一台三相绕线转子异步电动机，额定频率 50Hz，额定转速为 970r/min。当定子接到额定电压，转子不转且开路时的每相感应电动势 E_2 为 100V，那么电动机在定转速运行时，每相感应电动势 E_{2S} 是（　　）。

A. 0V　　　　　　B. 2.2V　　　　　C. 110V　　　　　D. 3V

4.8　同步电机

4-123(2013)一台三相隐极式同步发电机，并连在大电网运行，Y联结，$U_N = 380V$，$I_N = 84A$，$\cos\varphi_N = 0.8$（滞后），每相同步电抗 $X_s = 1.5\Omega$。当发电机运行在额定状态，不计定子电阻，此时功角 δ 的值为（　　）。

A. 53.13°　　　　B. 49.345°　　　C. 36.87°　　　　D. 18.83°

4-124(2011)一台并网运行的三相同步发电机，运行时输出 $\cos\varphi = 0.5$（滞后）的额定电流，现在要让它输出 $\cos\varphi = 0.8$（滞后）的额定电流，可采取的办法是（　　）。

A. 输入的有功功率不变，增大励磁电流　B. 增大输入的有功功率，减小励磁电流

C. 增大输入的有功功率，增大励磁电流　D. 减小输入的有功功率，增大励磁电流

4-125(2020)同步发电机的最大传输功率发生在功角为（　　）。

A. 0°　　　　　　B. 90°　　　　　　C. 45°　　　　　D. 60°

4-126(2012)有一台 $P_N = 72\,500kW$，$U_N = 10.5kV$，Y联结，$\cos\varphi_N = 0.8$（滞后）的水轮发电机，同步电抗标幺值 $X_d^* = 1$，$X_q^* = 0.554$，忽略电枢电阻，额定运行时的每相空载电动势 E_a 为（　　）。

A. 6062.18V　　B. 10\,176.69V　C. 10\,500V　　D. 10\,735.1V

4-127(2010)一台汽轮发电机并联于无穷大电网，额定负载时功角 $\delta = 20°$，现因故障电网电压降为 $0.6U_N$。试求：当保持输入的有功功率不变继续运行，且使功角 δ 保持在 25°，

应加大励磁使 E_0 上升为原来（　　）倍。

  A. 1.25   B. 1.35   C. 1.67   D. 2

  4-128（2018）一台并联在电网上运行的同步发电机，若要在保持其输出的有功功率不变的前提下，增大其感性无功功率的输出，可以采取下列哪种办法？（　　）

  A. 保持励磁电流不变，增大原动机输入，使功角增加

  B. 保持励磁电流不变，减小原动机输入，使功角减小

  C. 保持原动机输入不变，增大励磁电流

  D. 保持原动机输入不变，减小励磁电流

  4-129（2019，2022）水轮同步发电机星形联结，$U_N = 11kV$，$I_N = 460A$，$X_d = 16\Omega$，$X_q = 8\Omega$，$\cos\varphi = 0.8$（感性）空载电动势 E_0 等于（　　）。

  A. 10kV   B. 11kV   C. 12.1kV   D. 10.9kV

  4-130（2020）一台并联于无穷大电网的同步发电机，在 $\cos\varphi = 1$ 的情况下运行，此时，若保持励磁电流不变，减小输出的有功功率，将引起（　　）。

  A. 功角减少，功率因数下降   B. 功角增大，功率因数下降

  C. 功角减少，功率因数增加   D. 功角增大，功率因数增加

  4-131（2017）一台三角形联结的汽轮发电机并联在无穷大电网上运行，电机额定容量 $S_N = 7600kV \cdot A$，额定电压 $U_N = 3.3kV$，额定功率因数 $\cos\varphi_N = 0.8$（滞后），同步电抗 $X_0 = 1.7\Omega$。不计定子电阻及磁饱和，该发电机额定运行时内功率因数角为（　　）。

  A. 36.87°   B. 51.2°   C. 46.5°   D. 60°

4.9　过电压及绝缘配合

  4-132（2005，2020）断路器开断空载变压器发生过电压的主要原因是（　　）。

  A. 断路器的开断能力不够   B. 断路器对小电感电流的截流

  C. 断路器弧隙恢复电压高于介质强度   D. 三相断路器动作不同期

  4-133（2012）交流超高压中性点有效接地系统中，部分变压器中性点采用不接地方式运行是为了（　　）。

  A. 降低中性点绝缘水平   B. 减小系统短路电流

  C. 减少系统零序阻抗   D. 降低系统过电压水平

  4-134（2016）一幅值为 U 的无限长直角波作用于空载长输电线路，线路末端节点出现的最大电压为（　　）。

  A. 0   B. U C. $2U$ D. $4U$

  4-135（2006）下列说法中正确的是（　　）。

  A. 电网中性点接地方式对架空线过电压没有影响

  B. 内部过电压就是操作过电压

  C. 雷电过电压可分为感应雷过电压和直击雷过电压

  D. 间歇电弧接地过电压是谐振过电压中的一种

  4-136（2018）电力系统内部过电压不包括（　　）。

  A. 操作过电压   B. 谐振过电压

  C. 雷电过电压   D. 工频电压升高

4-137 如果一类防雷建筑物中单支避雷针高度为 20m，则在离地面高度为 7m 的水平面上，该避雷针的保护范围是以避雷针为圆心，半径为(   )m 的圆形区域。(滚球法)

A. 20   B. 30   C. 9   D. 7

4-138(2014)以下关于中性点经消弧线圈接地系统的描述，正确的是(   )。

A. 不论采用欠补偿或过补偿，原则上都不会发生谐振，但实际运行中消弧线圈多采用欠补偿方式，不允许采用过补偿方式

B. 实际电力系统中多采用过补偿为主的运行方式，只有某些特殊情况下，才允许短时间以欠补偿方式运行

C. 实际电力系统中多采用全补偿运行方式，只有某些特殊情况下，才允许短时间以过补偿或欠补偿方式运行

D. 过补偿、欠补偿及全补偿方式均无发生谐振的风险，能满足电力系统运行的需要，设计时可根据实际情况选择适当的运行方式

4-139(2014)在直配电机防雷保护中电机出线上敷设电缆段的主要作用是(   )。

A. 增大线路波阻抗   B. 减小线路电容

C. 利用电缆的趋肤效应分流   D. 减小电流反射

4-140(2014)在分析汽轮发电机安全运行极限时，以下因素中不需要考虑的是(   )。

A. 端部漏磁的发热   B. 发电机的额定容量

C. 原动机输出功率极限   D. 可能出现的最严重的故障位置及类型

4-141(2014)高阻尼电容分压器中阻尼电阻的作用是(   )。

A. 减小支路电感   B. 改变高频分压特性

C. 降低支路电压   D. 改变低频分压特性

4-142(2017)下面操作会产生谐振过电压的是(   )。

A. 突然甩负荷   B. 切除空载线路

C. 切除接有电磁式电压互感器的线路   D. 切除有载变压器

4-143(2017)电气设备工作接地电阻值(   )。

A. <0.5Ω   B. 0.5~10Ω   C. 10~30Ω   D. >30Ω

4-144(2017)避雷线架设原则正确的是(   )。

A. 330kV 及以上架空线必须全线装设双避雷线进行保护

B. 110kV 及以上架空线必须全线装设双避雷线进行保护

C. 35kV 线路需全线装设避雷线进行保护

D. 220kV 及以上架空线必须全线装设双避雷线进行保护

4-145(2019)一类防雷建筑物的滚球半径为 30m，单根避雷针高度为 25m，则地面上的保护半径为(   )。

A. 30.5m   B. 25.8m   C. 28.5m   D. 29.6m

4.10 断路器

4-146(2009，2012，2023)高压断路器一般采用多断口结构，通常在每个断口并联电容 C，并联电容的作用是(   )。

A. 使弧隙电压的恢复过程由周期性变为非周期性

B. 使得电压能均匀地分布在每个断口上

C. 可以增大介质强度的恢复速度

D. 可以限制系统中的操作过电压

4-147（2014）以下关于电弧的产生与熄灭的描述中，正确的是（　　）。

A. 电弧的形成主要是碰撞游离所致

B. 维持电弧燃烧所需的游离过程是碰撞游离

C. 空间电子主要是由碰撞游离产生的

D. 电弧的熄灭过程中空间电子数目不会减少

4-148 以下关于系统中断路器和隔离开关描述正确的是（　　）。

A. 断路器和隔离开关均作为断路设备，工作特点相同

B. 断路器不具有开断电流能力，隔离开关具有开断电流能力

C. 断路器具有灭弧能力，一般用于载流线路的开合，隔离开关不具有灭弧能力，只提供一个明显断点

D. 隔离开关先开后合，断路器先合后开

4-149（2018）用隔离开关分段单母线接线，"倒闸操作"是指（　　）。

A. 接通两段母线，先闭合隔离开关，后闭合断路器

B. 接通两段母线，先闭合断路器，后闭合隔离开关

C. 断开两段母线，先断开隔离开关，后断开负荷开关

D. 断开两段母线，先断开负荷开关，后断开隔离开关

4-150（2013）断路器中交流电弧熄灭的条件是（　　）。

A. 弧隙介质强度恢复速度比弧隙电压的上升速度快

B. 触头间并联电阻小于临界并联电阻

C. 弧隙介质强度恢复速度比弧隙电压的上升速度慢

D. 触头间并联电阻大于临界并联电阻

4-151（2024）一般情况下，与高压断路器配合使用的电气设备是（　　）。

A. 电压互感器　　　B. 电流互感器　　　C. 高压隔离开关　　　D. 高压负荷开关

4-152（2018）下列4种型号的高压断路器中，额定电压为10kV的高压断路器是（　　）。

A. SN10-10Ⅰ　　　B. SN10-Ⅱ　　　C. ZW10-Ⅱ　　　D. ZW10-100Ⅰ

4-153（2010）为了使断路器各断口上的电压分布接近相等，常在断路器多断口上加装（　　）。

A. 并联电抗　　　B. 并联电容　　　C. 并联电阻　　　D. 并联辅助断口

4-154（2017，2024）在断路器和隔离开关配合接通电路正确的操作是（　　）。

A. 先合断路器，后合隔离开关　　　B. 先合隔离开关，后合断路器

C. 随便先合断路器、隔离开关都行　　　D. 先合断路器或先合隔离开关都一样

4.11 互感器

4-155（2021）电压互感器采用Y0/Y0接线方式，所测量的电压为（　　）。

A. 一个线电压和两个相电压　　　　　B. 一个相电压和两个线电压

C. 三个线电压　　　　　　　　　　　D. 三个相电压

4-156（2018，2022）某型电流互感器的额定容量 S_{2r} 为 20V·A，二次电流为 5A，准确度等级为 0.5，其负载阻抗的上限和下限分别为（　　　）。

A. 0.6Ω，0.3Ω

B. 1Ω，0.4Ω

C. 0.8Ω，0.2Ω

D. 0.8Ω，0.4Ω

4-157（2011）对于电压互感器以下叙述不正确的是（　　　）。

A. 接地线必须装熔断器

B. 接地线不准装熔断器

C. 二次绕组应装熔断器

D. 电压互感器不需要校验热稳定

4-158　电流互感器二次侧负荷主要包括（　　　）。

A. 仪器仪表的阻抗

B. 连接电缆的阻抗

C. 仪器仪表和电缆的阻抗

D. 仪器仪表、电缆与变压器的阻抗

4-159（2005，2023）中性点不接地系统中，三相电压互感器作绝缘监视用的附加二次绕组的额定电压应选择为（　　　）V。

A. $\dfrac{100}{\sqrt{3}}$

B. 100

C. $\dfrac{100}{3}$

D. $100\sqrt{3}$

4-160　电流互感器不完全星形联结时，测量电压的相别是（　　　）。

A. A、B

B. B、C

C. A、C

D. B

4-161（2007，2010，2024）在 3~20kV 电网中，为了测量相对地电压通常采用（　　　）。

A. 三相五柱式电压互感器

B. 三相三柱式电压互感器

C. 两台单相电压互感器接成不完全星形联结

D. 三台单相电压互感器接成丫/丫联结

4-162（2010，2021）电流互感器二次绕组在运行时，（　　　）。

A. 允许短路不允许开路

B. 允许开路不允许短路

C. 不允许短路不允许开路

D. 允许短路也允许开路

4-163　电压互感器配置原则为（　　　）。

A. 每段主母线和旁路母线都接一组电压互感器

B. 主母线接互感器，旁路母线不接

C. 主母线不接互感器，旁路母线接互感器

D. 以上都不正确

4-164（2017）下列说法正确的是（　　　）。

A. 电磁式电压互感器二次侧不允许开路

B. 电磁式电流互感器测量误差与二次负载大小无关

C. 电磁式电流互感器二次侧不允许开路

D. 电磁式电压互感器测量误差与二次负载大小无关

4.12　直流电机

4-165（2012）一台他励直流电动机，额定运行时电枢回路电阻压降为外加电压的 5%。此时若突将励磁回路电流减小，使每极磁通降低 20%，若负载转矩保持额定不变，那么改变瞬间电动机的电枢电流为原值的（　　　）。

A. 4.8 倍　　　　　　　B. 2 倍　　　　　　　C. 1.2 倍　　　　　　　D. 0.8 倍

4-166（2009）一台并励直流电动机，$P_N = 7.2kW$，$U_N = 110V$，$n_N = 900r/min$，$\eta_N = 85\%$，$R_a = 0.08\Omega$（含电刷接触压降），$I_f = 2A$，当电动机在额定状态下运行，若负载转矩不变，在电枢回路串入一电阻，使电动机转速下降到 450r/min，那么此电阻的电阻值为（　　　）。

A. 0.693 3Ω　　　B. 0.826 7Ω　　　C. 0.834Ω　　　D. 0.912Ω

4-167　直流电机正常工作时，以下（　　　）是交变的。

A. 主电源电压　　B. 主磁极中的磁通　　C. 励磁电流　　　D. 电枢绕组中的电流

4-168　直流电机正常工作时，以下（　　　）是不变的。

A. 电枢绕组中的感应电动势　　　　　　B. 主磁极中的磁通

C. 流过换向器的电流　　　　　　　　　D. 转子铁心中的磁通

4-169（2010）一台并励直流电动机，$U_N = 110V$，$n_N = 1500r/min$，$I_N = 28A$，$R_a = 0.15\Omega$（含电刷压降），$R_f = 110\Omega$。当电动机在额定状态下运行，突然在电枢回路串入一 0.5Ω 的电阻，若负载转矩不变，则电动机稳定后的转速为（　　　）。

A. 1220r/min　　　B. 1255r/min　　　C. 1309r/min　　　D. 1500r/min

4-170（2021）已知并励直流发电机的参数为 $U_N = 230V$，$I_N = 14A$，$n_N = 2000r/min$，$R_a = 1\Omega$（包括电刷接触电阻）。已知电刷在几何中性线上，不考虑电枢反应的影响，仅将其改为电动机运行，并联于 220V 电网，当电枢电流与发电机在额定状态下的电枢电流相同时，电动机转速为（　　　）。

A. 2000r/min　　　B. 1921r/min　　　C. 1788r/min　　　D. 1688r/min

4-171　一台并励直流电动机拖动一台他励直流发电机。当电动机的电压和励磁回路的电阻均不变时，若增加发电机输出的功率，此时电动机的电枢电流 I_a 和转速 n 将（　　　）。

A. I_a 增大，n 降低　　B. I_a 减小，n 增高　　C. I_a 增大，n 增高　　D. I_a 减小，n 降低

4-172（2020）一台 20kW，230V 的并励直流发电机，励磁回路的阻抗为 73.3Ω，电枢电阻为 0.1569Ω，机械损耗和铁损共为 1kW。计算所得电磁功率为（　　　）。

A. 22.0kW　　　B. 23.1 kW　　　C. 20.1kW　　　D. 23.0kW

4-173　以下关于直流电机电枢反应现象不正确的论述为（　　　）。

A. 使电机的空载磁场发生畸变　　　　　B. 电机的几何中性线与物理中性线不重合

C. 电枢反应使电机的机械特性变软　　　D. 电枢反应具有一定的去磁效应

4-174（2019）一台 25kW、125V 的他励直流电机，以恒定转速 3000r/min 运行，并具有恒定励磁电流，开路电枢电压为 122V，电枢电阻为 0.02Ω，计算当端电压为 124V 时，其电磁转矩为（　　　）。

A. 48.9N·m　　　B. 38.9N·m　　　C. 24.9N·m　　　D. 19.9N·m

4-175（2018）他励直流电动机拖动恒转矩负载进行串联电阻调速，设调速前、后的电枢电流分别为 I_1 和 I_2，那么（　　　）。

A. $I_1 < I_2$　　　B. $I_1 = I_2$　　　C. $I_1 > I_2$　　　D. $I_1 = -I_2$

4-176（2024）一台 48V 供电的他励式直流电动机，以恒定转速 1000r/min 运行，开路电枢电压为 45V，电枢电阻为 0.2Ω。励磁电流和负载转矩不变的情况下，将转速调节为 900r/min 时的端电压是（　　　）。

A. 36.0V　　　B. 39.5V　　　C. 42.5V　　　D. 43.5V

4-177 以下不正确的论述是(　　)。

A. 直流电动机与发电机中都产生感应电动势

B. 直流发电机中也产生电磁转矩

C. 直流电动机中不产生感应电动势

D. 直流发电机与电动机中都产生电磁转矩

4-178(2014)一台他励直流电动机，$U_N = 220V$，$I_N = 100A$，$n_N = 1150r/min$，电枢回路总电阻 $R_a = 0.095\Omega$。若不计电枢反应的影响，忽略空载转矩，其运行时，从空载到额定负载的转速变化率 Δn 为(　　)。

A. 3.98%　　　　B. 4.17%　　　　C. 4.52%　　　　D. 5.1%

4-179(2021)已知同步电机感应电动势的频率为$f=50Hz$，磁极数为6，则其转速应为(　　)。

A. 1500r/min　　B. 900r/min　　C. 1000r/min　　D. 1800r/min

4-180(2021，2022)已知并励直流电动机的数据为 $P_N = 18kW$，$U_N = 220V$，$I_{aN} = 88A$，$n_N = 3000r/min$，$R_a = 0.12\Omega$（包括电刷接触电阻），拖动额定的恒转矩负载运行时，电枢回路串入 0.15Ω 的电阻，不考虑电枢反应的影响，稳定后电动机的转速为 (　　)。

A. 3000r/min　　B. 2921r/min　　C. 2803r/min　　D. 2788r/min

4-181(2006)直流电动机起动电流，半载起动电流比空载起动电流(　　)。

A. 空载起动电流>半载起动电流　　　B. 空载起动电流=半载起动电流

C. 空载起动电流<半载起动电流　　　D. 不确定

4-182(2024)他励直流电动机采用串接电阻的方法起动，其目的是(　　)。

A. 防止起动电流过大　　　　　　B. 快速起动

C. 增大起动转矩　　　　　　　　D. 增加励磁磁通

4-183(2019)他励直流电动机的电枢串电阻调速，哪种说法错误？(　　)

A. 只能在额定转速的基础上向下调速

B. 调速效率太小

C. 轻载时调速范围小

D. 机械特性随外串阻值的增加，不发生变化

4-184(2023)串励式直流电动机的转矩增大到原来的4倍，要求电流增大到原来的(　　)倍。

A. 2　　　　　　B. 4　　　　　　C. 8　　　　　　D. 16

4.13　电气主接线

4-185(2022)关于桥式接线，正确的是(　　)。

A. 内桥方便于电源进线故障时两台变压器并列运行

B. 外桥方便于电源进线故障时两台变压器并列运行

C. 内桥方便于电源进线故障时两台变压器分列运行

D. 外桥方便于电源进线故障时两台变压器分列运行

4-186(2014)根据运行状态，电动机的自起动可以分为三类(　　)。

A. 受控自起动，空载自起动，失电压自起动

B. 带负荷自起动，空载自起动，失电压自起动

C. 带负荷自起动，受控自起动，失电压自起动

D. 带负荷自起动，受控自起动，空载自起动

4-187（2009）发电厂用电系统接线通常采用（　　）。

A. 双母线接线形式　　　　　　　　　B. 单母线带旁母接线形式

C. 一个半断路器接线　　　　　　　　D. 单母线分段接线形式

4-188（2014）以下关于一台半断路器接线的描述中，正确的是（　　）。

A. 任何情况下都必须采用交叉接线以提高运行的可靠性

B. 当仅有两串时，同名回路宜分别接入同侧母线，且需装设隔离开关

C. 当仅有两串时，同名回路宜分别接入不同侧母线，且需装设隔离开关

D. 当仅有两串时，同名回路宜分别接入同侧母线，且无需装设隔离开关

4-189（2008、2018）外桥形式的主接线适用于（　　）。

A. 出线线路较长，主变压器操作较少的电厂

B. 出线线路较长，主变压器操作较多的电厂

C. 出线线路较短，主变压器操作较多的电厂

D. 出线线路较短，主变压器操作较少的电厂

4-190　按工作可靠性由高到低的次序排列下列（　　）方式正确。

A. 双母线＞单母线＞单母分段　　　　B. 3/2 接线＞双母线＞单母分段

C. 双母分段＞双母线＞4/3 接线　　　D. 单母分段＞角形接线＞单母线

4-191（2018）主接线在检修出线断路器时，不会暂时中断该回路供电的是（　　）。

A. 单母线不分段接线　　　　　　　　B. 单母线分段接线

C. 双母线分段接线　　　　　　　　　D. 单母线带旁路母线

4-192（2012）下列叙述正确的是（　　）。

A. 为了限制短路电流，通常在架空线路上装设电抗器

B. 母线电抗器一般装设在主变压器回路和发电机回路中

C. 采用分裂低压绕组变压器主要是为了组成扩大单元接线

D. 分裂电抗器两个分支负荷变化过大将造成电压波动，甚至可能出现过电压

4-193（2012）下列接线中，当检修出线断路器时会暂时中断该回路供电的是（　　）。

A. 双母线分段　　　　　　　　　　　B. $\dfrac{3}{2}$

C. 双母线分段带旁母　　　　　　　　D. 单母线带旁母

4-194　下列（　　）不是限制短路电流的措施。

A. 加装母线电抗器　　　　　　　　　B. 母线分列运行

C. 采用负荷开关　　　　　　　　　　D. 采用分裂绕组变压器

4-195（2017）环网供电的缺点是（　　）。

A. 可靠性差　　　　　　　　　　　　B. 经济性差

C. 故障时电压质量差　　　　　　　　D. 线损大

4.14　电气设备选择

4-196（2012）充填石英砂有限流作用的高压熔断器使用的条件为（　　）。

A. 电网的额定电压小于其额定电压

B. 电网的额定电压大于其额定电压

C. 电网的额定电压等于其额定电压

D. 其所在电路的最大长期工作电流大于其额定电流

4-197(2009，2011，2018)下列叙述正确的是(　　)。

A. 验算热稳定的短路计算时间为继电保护动作时间与断路器全开断时间之和

B. 验算热稳定的短路计算时间为继电保护动作时间与断路器固有分闸时间之和

C. 电气的开断计算时间应为后备保护动作时间与断路器固有分闸时间之和

D. 电气的开断计算时间应为主保护动作时间与断路器全开断时间之和

4-198(2018)熔断器的选择和校验条件不包括(　　)。

A. 额定电压　　　　　B. 动稳定　　　　　C. 额定电流　　　　　D. 灵敏度

4-199(2016)关于布置在同一平面内的三相导线短路时的电动力，以下描述正确的是(　　)。

A. 三相导体的电动力是固定的，且外边相电动力最大

B. 三相导体的电动力是时变的，且外边相电动力最大

C. 三相导体的电动力是固定的，且中间相电动力最大

D. 三相导体的电动力是时变的，且中间相电动力最大

4-200(2013)在进行电流互感器选择时，需考虑在满足准确级及额定容量要求下的二次导线的允许最小截面。用 L_c 表示二次导线的计算长度，用 L 表示测量仪器仪表到互感器的实际距离。当电流互感器采用不完全星形联结时，以下关系正确的是(　　)。

A. $L_c = L$　　　　　　　　　　　　B. $L_c = \sqrt{3} L$

C. $L_c = 2L$　　　　　　　　　　　　D. 两者之间无确定关系

4-201(2017)选择电气设备除了满足额定电压、电流外，还需校验的是(　　)。

A. 设备的动稳定和热稳定　　　　　　　B. 设备的体积

C. 设备安装地点的环境　　　　　　　　D. 周围环境温度的影响

4-202(2021)选高压断路器时，校验热稳定性的电流是(　　)。

A. 三相短路冲击电流　　　　　　　　　B. 三相短路电流稳态分量

C. 三相短路冲击电流有效值　　　　　　D. 计算电流

4-203(2017)发电机与变压器连接导体的截面选择，主要依据是(　　)。

A. 导体的长期发热允许电流　　　　　　B. 经济电流密度

C. 导体的材质　　　　　　　　　　　　D. 导体的形状

4-204(2017)下列说法不正确的是(　　)。

A. 熔断器可以用于过电流保护　　　　　B. 电流越小熔断器断开的时间越长

C. 高压熔断器由熔体和熔丝组成　　　　D. 熔断器在任何电压等级都可以用

4-205(2019)电流互感器的选择和校验条件不包括(　　)。

A. 额定电压　　　　　　　　　　　　　B. 开断能力

C. 额定电流　　　　　　　　　　　　　D. 动稳定

电气工程基础复习题答案及提示

4.1 电力系统基本知识

4-1 D

4-2 A 提示：参见 4.1.5 节。

4-3 C 提示：参见 4.1.4 节。

4-4 B 提示：参见表 4-1。

4-5 C

4-6 B

4-7 D

4-8 C 提示：T_1：$k_{T1} = \dfrac{10.5}{121} = 0.087$；　　T_2：$k_{T2} = \dfrac{110 \times 1.025}{38.5} = 2.929$。

4-9 C

4-10 C 提示：因中性点不接地，单相接地时只有故障接地点一个接地点，从而电流构不成回路，故电流小，只报警而不跳闸；但因非故障相电压会升高，故要尽快找出故障点。

4-11 A

4-12 B 提示：一次侧"接谁同谁"，为 110kV；二次侧一般高 10%，为 $35 \times 1.1\text{kV} = 38.5\text{kV}$。

4-13 D

4.2 电力线路、变压器的参数与等效电路

4-14 D 提示：

$$R_T = \frac{\Delta P_s}{1000} \times \frac{U_N^2}{S_N^2} = \frac{276}{1000} \times \frac{220^2}{40^2} \Omega = 8.349\Omega$$

$$x_T = \frac{u_k\%}{100} \times \frac{U_N^2}{S_N} = \frac{10.5}{100} \times \frac{220^2}{40} \Omega = 127.05\Omega$$

4-15 B 提示：

$$x_T = \frac{u_k\%}{100} \times \frac{S_B}{S_N} = \frac{10.5}{100} \times \frac{100}{50} = 0.21$$

$$x_G = 0.44 \times \frac{S_B}{S_N} = 0.44 \times \frac{100}{100} = 0.44$$

4-16 B 提示：参见 4.2.2 节例题的计算过程。

4-17 A 提示：电容是反映带电导线周围电场效应的参数。

4-18 A 提示：电抗是反映载流导线产生的磁场效应的参数。

4-19 C

4-20 B 提示：参考 4.2.2 节式(4-14)下面注意①②③。

4-21 A 提示：参见 4.2.2 节变压器阻抗的计算公式。

$$R_T = \frac{\Delta P_k}{1000} \times \frac{U_N^2}{S_N^2} = \frac{135}{1000} \times \frac{110^2}{20^2}\Omega = 4.08\Omega$$

$$x_T = \frac{u_k\%}{100} \times \frac{U_N^2}{S_N} = \frac{10.5}{100} \times \frac{110^2}{20}\Omega = 63.53\Omega$$

4—22 D 提示：参见 4.2.1 节电阻和电导所表征的物理意义。

4—23 C 提示：参见 4.2.3 节的例 4—10。

4—24 B 提示：参见式（4—24）。

4—25 A

4—26 B 提示：$Z_B = \dfrac{U^2}{S} \Rightarrow Y_B = \dfrac{1}{Z_B} = \dfrac{S}{U^2}$

4—27 B

4.3 简单电网的潮流计算

4—28 A 提示：此题考空载时，线路末端电压升高这一知识点。

根据式 $\dot{U} = U_2 - \dfrac{B}{2}U_2X + j\dfrac{B}{2}U_2R$

$\qquad = 242\text{kV} - \dfrac{1}{2} \times 2.86 \times 10^{-6} \times 200 \times 242 \times 0.415 \times 200\text{kV} + j\dfrac{1}{2} \times 2.86 \times 10^{-6} \times$

$\qquad 200 \times 242 \times 0.18 \times 200\text{kV}$

$\qquad = 236.26 \underline{/0.6°}\ \text{kV}$

4—29 A 提示：参见 4.3.1 节。

4—30 A 提示：由公式 $\dot{U}_1 = U_2 - \dfrac{B}{2}U_2X + j\dfrac{B}{2}U_2R$，将题目已知参数代入，得到

$$223\underline{/0°} = (1 - 2.168 \times 10^{-4} \times 58.5 + j2.168 \times 10^{-4} \times 31.5)U_2$$

从而可以求得

$$\dot{U}_2 = 225.9\underline{/-0.4°}\ \text{kV}$$

4—31 D 提示：参见 4.3.3 节结论"有功功率是从电压相位超前的一端流向滞后的一端，无功功率是从幅值高的一端流向幅值低的一端"。

4—32 D

4—33 C 提示：参见式（4—35）。

4—34 C 提示：参见 4.3.4 节。

4—35 C 提示：线路电压降落是指线路首末端电压的相量差，故

$$\Delta\dot{U} = \dot{U}_1 - \dot{U}_2 = 230.5\underline{/12.5°}\ \text{kV} - 220.9\underline{/10.0°}\ \text{kV} = 13.7\underline{/56.9°}\ \text{kV}$$

4—36 C

4—37 A 提示：空载末端电压升高，所以始端电压一定小于 120kV，故可以排除选项 B、C。有功功率是从电压相位超前流向电压相位滞后，所以始端电压相位角应该为正值，故可以排除选项 D。

4-38 A 提示：此题为已知不同端电压（A 点电压）、功率（B、C 点功率）的情况，故首先假设全网电压均为额定电压 110kV，由末端往首端推算功率。为方便描述，在题图中标注出各功率如图 4-192 所示。

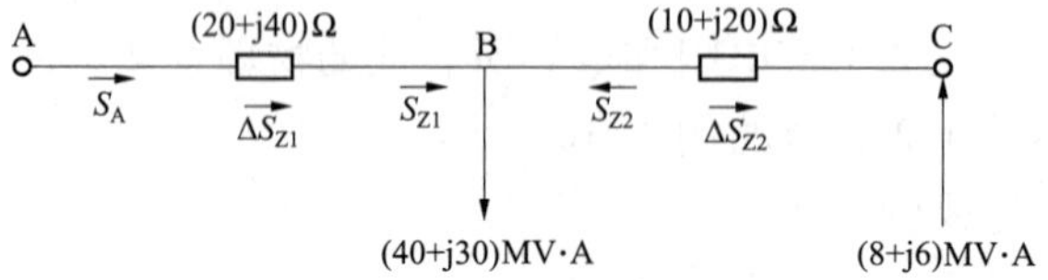

图 4-192 解题 4-38 图

$$\Delta S_{Z2} = \frac{8^2+6^2}{110^2} \times (10+j20) MV \cdot A = (0.082\ 6+j0.165) MV \cdot A$$

$$S_{Z2} = (8+j6) - \Delta S_{Z2} = (8+j6) MV \cdot A - (0.082\ 6+j0.165) MV \cdot A = (7.917\ 4+j5.835) MV \cdot A$$

$$S_{Z1} = (40+j30) MV \cdot A - S_{Z2} = (40+j30) - (7.917\ 4+j5.835) MV \cdot A = (32.082\ 6+j24.165) MV \cdot A$$

$$\Delta S_{Z1} = \frac{32.082\ 6^2+24.165^2}{110^2} \times (20+j40) MV \cdot A = (2.666+j5.333) MV \cdot A$$

$$S_A = S_{Z1} + \Delta S_{Z1} = (32.082\ 6+j24.165) MV \cdot A + (2.666+j5.333) MV \cdot A$$
$$= (34.748\ 6+j29.498) MV \cdot A$$

再由求得的功率和已知的 A 点电压由首端往末端推算电压

$$\Delta U_{AB} = \frac{34.748\ 6 \times 20 + 29.498 \times 40}{121} kV = 15.495 kV$$

故 B 点电压为 $U_B = U_A - \Delta U_{AB} = 121 kV - 15.495 kV = 105.505 kV$。

4-39 C

4-40 B

4.4 无功功率平衡和电压调整

4-41 A 提示：发电机是电力系统"唯一"的有功功率电源。

4-42 A 提示：$110 kV \times (1+2.5\%) = 112.75 kV$。

4-43 D

4-44 A

4-45 C 提示：需要补偿的无功功率为 $Q_{CC} = P_C (\tan\varphi_1 - \tan\varphi_2)$，式中，$P_C$ 为有功计算负荷，补偿前后不变，φ_1 为补偿前的功率因数角，φ_2 为补偿后的功率因数角。

由题意，得到 $Q_{CC} = P_C (\tan\varphi_1 - \tan\varphi_2) = 880 \times [\tan(\arccos 0.7) - \tan(\arccos 0.98)] = 719.09 kvar$。

4-46 B 提示：$\Delta P_T = \Delta P_0 + \Delta P_k \left(\frac{S_c}{S_N}\right)^2 = 294 kW + 1005 kW \times \left(\frac{\frac{1}{2}S_N}{S_N}\right)^2 = 545.25 kW$

$$2\Delta P_T = 2 \times 545.25 kW = 1.091 MW$$

4-47 B 提示：$\max: \left(110 - \frac{24 \times 2.95 + 18 \times 48.8}{110}\right) \times \frac{6.3}{U_{fmax}} = 6.3 \Rightarrow U_{fmax} = 101.371 kV$

min：$\left(113-\dfrac{12\times2.95+9\times48.8}{113}\right)\times\dfrac{6.3}{U_{\text{fmin}}}=6.3\Rightarrow U_{\text{fmin}}=108.8\text{kV}$

求平均值 $U_{\text{f}}=\dfrac{1}{2}(101.371+108.8)\text{kV}=105.09\text{kV}$，选最接近的 -5% 分接头，即 104.5kV。

4-48 B　提示：最大值由 $\left(118-\dfrac{20\times4.08+15\times62.5}{118}\right)\times\dfrac{11}{U_{\text{fmax}}}=1.05\times10$，可得 $U_{\text{fmax}}=114.5713$；最小值由 $\left(110-\dfrac{10\times4.08+7\times62.5}{110}\right)\times\dfrac{11}{U_{\text{fmin}}}=10$，可得 $U_{\text{fmin}}=116.217$。故 $U_{\text{f}}=\dfrac{1}{2}\times(114.5713+116.217)\text{kV}=115.39\text{kV}$，取最接近的 $+5\%$ 分接头电压为 115.5kV。

4-49 C　提示：依题意，作图如图 4-193 所示。

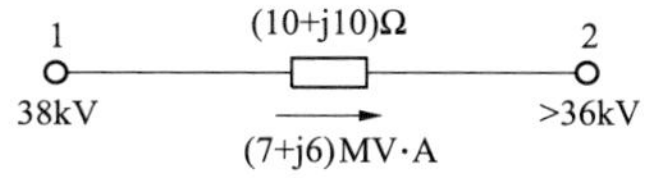

图 4-193　解题 4-49 图

未加电容 C 时，$U_1=38\text{kV}$，$\Delta U_{12}=\dfrac{PR+QX}{U_1}=\dfrac{7\times10+6\times10}{38}\text{kV}=3.421\text{kV}$

$$U_2=U_1-\Delta U_{12}=38\text{kV}-3.421\text{kV}=34.579\text{kV}<36\text{kV}$$

现在要求线路末端电压不低于 36kV，意味着 $\Delta U_{12}<2\text{kV}$

$$\Delta U_{12}=\dfrac{PR+Q(X-X_{\text{C}})}{U_1}=\dfrac{7\times10+6\times(10-X_{\text{C}})}{38}<2\text{kV}$$，可得 $X_{\text{C}}>9\Omega$。

4-50 A　提示：答案 B 改变变压器变比是改变了无功的分布，注意题目说明是无功不足；答案 C 有功与系统频率是密切相关的；答案 D 无功的调节遵循"分层分区就地平衡"的原则。故答案应选 A。

4-51 D　提示：四个选项均为系统的无功功率电源，但最基本的还是发电机。

4-52 A

4-53 B

4.5　短路电流计算

4-54 A　提示：等效电路图变换过程如图 4-194 所示。图(a)是对应图 1 的标幺值等效电路，将 1、2、3 节点间的三角形接法等效变换成星形接法后的等效电路如图(b)所示，此时对应多增加了一个节点 4，根据图(b)很容易求得电源点到短路点间的等效阻抗为 $x_{*\Sigma}=[(0.1+0.1)/\!\!/(0.1+0.1)]+0.1=0.2$，故三相短路电流的标幺值为 $I_{\text{f}}^{(3)}=\dfrac{1}{x_{*\Sigma}}=\dfrac{1}{0.2}=5$。

转移阻抗是指消去除电源节点和短路点以外的所有中间节点后，各电源点与短路点的直接联结阻抗。据此，将图(b)的星形等效变为三角形，从而消去中间节点 4 后，得到图(c)，图(c)中 $Z_1=0.2+0.1+\dfrac{0.2\times0.1}{0.2}=0.4$，$Z_2=0.2+0.1+\dfrac{0.2\times0.1}{0.2}=0.4$。

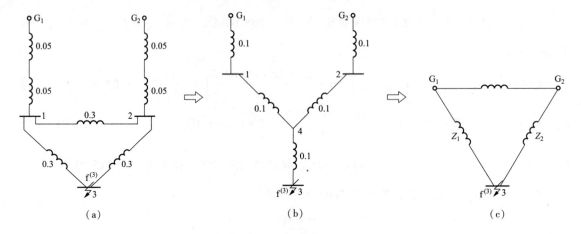

图 4-194 解题 4-54 图

(a)对应原题图的等效电路图；(b)△→丫后等效电路图；

(c)消去中间节点 4 后等效电路图

4-55 D 提示：取 $S_B = 100\text{MV} \cdot \text{A}$，$U_B = U_{av}$，计算各标幺值如下

$$x_{S*} = \frac{S_B}{S_{OC}} = \frac{100}{2500} = 0.04$$

$$x_{L*} = 40 \times 0.4 \times \frac{100}{115^2} = 0.12$$

$$x_{T*} = \frac{u_k\%}{100} \times \frac{S_B}{S_N} = \frac{10.5}{100} \times \frac{100}{120} = 0.087\ 5$$

做出对应标幺值等效电路如图 4-195 所示，从而得到

$$x_{\Sigma*} = \left(0.04 + \frac{1}{2} \times 0.12\right) \Big/\!\!/ \left(\frac{1}{2} \times 0.087\ 5 + \frac{1}{2} \times 0.12\right) = 0.050\ 9$$

$$I^* = \frac{1}{x_{\Sigma*}} = \frac{1}{0.050\ 9} = 19.646$$

考虑到短路点距发电机出口很近，故冲击系数取 1.9，故冲击电流为

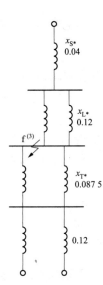

图 4-195 解题 4-55 图

$$i_{sh} = 1.9\sqrt{2} \times 19.646 \times \frac{100}{\sqrt{3} \times 115}\text{kA} = 26.5\text{kA}$$

4-56 C 提示：此题与 2014 年的一道不对称短路电流计算的真题很相似。依据表 4.5-4 "零序网络的绘制原则" 做出对应的零序网络如图 4-196 所示，注意 x_{p1} 以 3 倍值出现，x_{p2} 以 $\frac{1}{9}$ 倍值出现。

显然，其零序等效电抗为 $x_{(0)} = (0.1 + 0.03 + 0.15) /\!\!/ (0.15 + 0.1 + 0.03) = 0.14$。

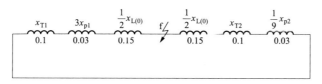

图 4-196　解题 4-56 图

4-57 D　提示：计算各元件在 $S_B = 60MV·A$ 统一基准下的标幺值。

发电机 G：$x_{G*} = 0.05 \times \dfrac{S_B}{S_N} = 0.05 \times \dfrac{60}{30} = 0.1$。

系统 S：$x_{S*} = \dfrac{60}{1200} = 0.05$。

线路 L：$x_{L*} = 0.5 \times 0.4 \times 100 \times \dfrac{S_B}{U_B^2} = 0.5 \times 0.4 \times 100 \times \dfrac{60}{345^2} = 0.01$。

变压器 T：$U_{k1}\% = \dfrac{1}{2} \times (20+10-10) = 10$，$U_{k2}\% = \dfrac{1}{2} \times (20+10-10) = 10$，$U_{k3}\% = \dfrac{1}{2} \times (10+$

$10-20) = 0$；$x_{T(1)*} = \dfrac{U_{k1}\%}{100} \times \dfrac{S_B}{S_N} = \dfrac{10}{100} \times \dfrac{60}{60} = 0.1$，$x_{T(2)*} = \dfrac{U_{k2}\%}{100} \times \dfrac{S_B}{S_N} = \dfrac{10}{100} \times \dfrac{60}{60} = 0.1$，$x_{T(3)*} = \dfrac{U_{k3}\%}{100} \times$

$\dfrac{S_B}{S_N} = \dfrac{0}{100} \times \dfrac{60}{60} = 0$。

做出标幺值等效电路如图 4-197 所示。

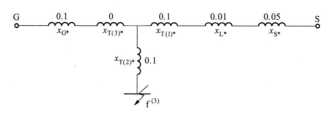

图 4-197　解题 4-57 图

$$x_{\Sigma*} = [(0.1+0) /\!/ (0.05+0.01+0.1)] + 0.1$$

短路点的短路电流有名值为 $I_f^{(3)} = I_{f*}^{(3)} \times \dfrac{S_B}{\sqrt{3}\,U_B} = \dfrac{1}{x_{\Sigma*}} \times \dfrac{S_B}{\sqrt{3}\,U_B} = \dfrac{1}{x_{\Sigma*}} \times \dfrac{60}{\sqrt{3} \times 37} kA = 5.795kA$。

短路点的短路冲击电流为 $i_{sh}^{(3)} = 1.8 \times \sqrt{2} \times I_f^{(3)} = 1.8 \times \sqrt{2} \times 5.795kA = 14.754kA$。

4-58 A

4-59 B　提示：参见 4.5.6 节的 (1)(2)(3) 点。正序网为有源网，故 A、C 正确；对称短路时只有正序分量，故 D 正确。

4-60 C　提示：做出复合序网如图 4-198(a) 所示。

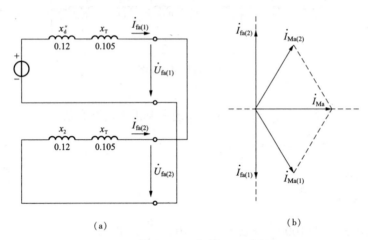

（a）

（b）

图 4-198　解题 4-60 图

（a）复合序网；（b）相量图

故障点 f 处：$\dot{I}_{fa(1)} = -\dot{I}_{fa(2)} = \dfrac{1}{j\,0.12\times2+j\,0.105\times2} = -j\,2.22$，$\dot{I}_{fa(0)} = 0$。

发电机出口 M 点处：$\dot{I}_{Ma(1)} = \dot{I}_{fa(1)}\times e^{j30°}$，$\dot{I}_{Ma(2)} = \dot{I}_{fa(2)}\times e^{-j30°}$，画出相量图如图 4-199
（b）所示。

M 点 A 相电流标幺值：$\dot{I}_{Ma*} = \dot{I}_{Ma(1)} + \dot{I}_{Ma(2)} + \dot{I}_{Ma(0)} = 2.22$。

M 点 A 相电流换算为有名值：$\dot{I}_{Ma} = \dot{I}_{Ma*}\times I_B = 2.22\times\dfrac{S_B}{\sqrt{3}\,U_B} = 2.22\times\dfrac{100}{\sqrt{3}\times10.5}\text{kA} = 12.21\text{kA}$。

类似考题 2018 年再次出现，区别在于 2018 年是求短路点的短路电流。

4-61 C　提示：参见表 4-6，单相短路时的 $x_{\triangle}^{(n)} = X_{2\Sigma} + X_{0\Sigma} = 0.388+0.196 = 0.584$。

4-62 C　提示：简化计算时，常忽略同步发电机次暂态参数的不对称，故选项 C
错误。

4-63 B　提示：因为三相短路是对称短路，所以故障电流中只会含有正序分量，可以
排除选项 C、D。参见复合序网部分，可知两相短路没有零序网络。

4-64 D　提示：参见《工业与民用配电设计手册》，第 4 章短路电流计算的第 5 节低压
网络电路元件阻抗的计算中，TN 接地系统低压网络的零序阻抗等于相线的零序阻抗与三倍
保护线的零序阻抗之和，所以 $10\Omega+3\times5\Omega = 25\Omega$。

4-65 A　提示：A、B、C 分别对应两相短路接地、两相短路、单相短路时的复合
序网。

4-66 C　提示：单相短路时有 $\dot{I}_{fa(1)} = \dot{I}_{fa(2)} = \dot{I}_{fa(0)}$，故 $\dot{I}_{fa} = \dot{I}_{fa(1)} + \dot{I}_{fa(2)} + \dot{I}_{fa(0)} = 3\dot{I}_{fa(1)} \Rightarrow 30 = 3\dot{I}_{fa(1)} \Rightarrow \dot{I}_{fa(1)} = 10\text{A}$。

4-67 B　提示：三相短路时的等效电路如图 4-199 所示。

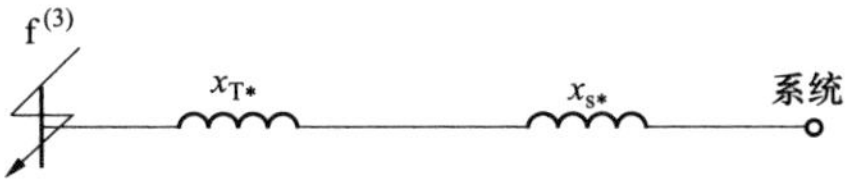

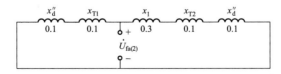

图 4-199　解题 4-67 图

$$x_{s*}=\frac{S_B}{S_{OC}}=\frac{1000}{2500}=0.4,\ x_{T*}=\frac{u_k\%}{100}\times\frac{S_B}{S_N}=\frac{10.5}{100}\times\frac{1000}{120}=0.875,\ x_{\Sigma*}=x_{s*}+x_{T*}=0.4+0.875=$$

1.275，则短路点的短路电流 $I=\dfrac{1}{x_{\Sigma*}}\times\dfrac{S_B}{\sqrt{3}\,U_B}=\dfrac{1}{1.275}\times\dfrac{1000}{\sqrt{3}\times115}\mathrm{kA}=3.94\mathrm{kA}$。

冲击电流为：$i_{sh}=1.8\sqrt{2}\times3.94\mathrm{kA}=10.02\mathrm{kA}$。

4-68 B

4-69 D　提示：取 $S_B=100\mathrm{MV\cdot A}$，$U_{B1}=10.5\mathrm{kV}$，$U_{B2}=0.4\mathrm{kV}$，题中已知两台变压器并联运行，可推断图中断路器为闭合状态。

$$x_{1*}=\frac{0.38\times8}{\dfrac{U_{B1}^2}{S_B}}=\frac{0.38\times8}{\dfrac{10.5^2}{100}}=2.757$$

$$x_{T_1*}=x_{T_2*}=\frac{u_k\%}{100}\times\frac{S_B}{S_N}=\frac{6}{100}\times\frac{100\times10^3}{1000}=6$$

$$x_{\Sigma*}=x_{1*}+x_{T_1*}/\!/x_{T_2*}=2.757+6/\!/6=5.757$$

$$I_{f(k_2)*}^{(3)}=\frac{1}{x_{\Sigma*}}=\frac{1}{5.757}=0.174$$

4-70 B　提示：正序网络（图 4-200）：

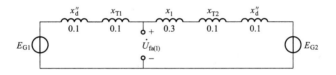

图 4-200　解题 4-70 图（一）

$$x_{\Sigma(1)}=0.2/\!/0.5=1/7$$

负序网络（图 4-201）：

图 4-201　解题 4-70 图（二）

$$x_{\Sigma(2)}=0.2/\!/0.5=1/7$$

零序网络（图 4-202）：

$$x_{\Sigma(0)}=0.1/\!/1=1/11$$

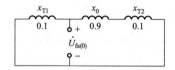

图 4-202　解题 4-70 图 （三）

f 点发生 A 相接地短路的复合序网为正、负、零序网的串联，如图 4-203 所示。

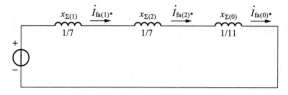

图 4-203　解题 4-70 图 （四）

求得 $\dot{I}_{fa(1)*} = \dot{I}_{fa(2)*} = \dot{I}_{fa(0)*} = \dfrac{1}{1/7+1/7+1/11}$，换算为有名值为 $\dot{I}_{fa} = \dot{I}_{fa*} \times \dfrac{S_B}{\sqrt{3}\,U_B} = 3\,\dot{I}_{fa(1)*} \times$

$\dfrac{S_B}{\sqrt{3}\,U_B} = 3 \times \dfrac{1}{1/7+1/7+1/11} \times \dfrac{30}{\sqrt{3}\times 115}\mathrm{kA} = 1.199\mathrm{kA}$。

4-71 D　提示：做出复合序网如图 4-204 所示。

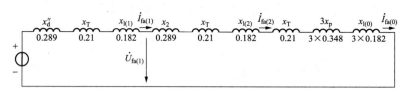

图 4-204　解题 4-71 图

$$\dot{I}_{fa(1)} = \dfrac{1}{(\mathrm{j}0.289+\mathrm{j}0.21+\mathrm{j}0.182)+(\mathrm{j}0.289+\mathrm{j}0.21+\mathrm{j}0.182)+(\mathrm{j}0.21+\mathrm{j}3\times 0.348+\mathrm{j}3\times 0.182)}\mathrm{A}$$
$$= -\mathrm{j}0.316\mathrm{A}$$

短路处短路电流：$\dot{I}_{fa} = 3\,\dot{I}_{fa(1)} \times I_B = 3 \times 0.316 \times \dfrac{50}{\sqrt{3}\times 115}\mathrm{kA} = 0.238\mathrm{kA}$

短路处正序相电压标幺值：$\dot{I}_{fa(1)*} = 1-(-\mathrm{j}0.316\times \mathrm{j}0.681) = 0.784804$

短路处正序相电压有名值：$\dot{U}_{fa(1)} = 0.784804 \times \dfrac{115}{\sqrt{3}}\mathrm{kV} = 52.11\mathrm{kV}$

4-72 B　提示：参考"正序等效定则"。

4-73 C　提示：平行架设的双回无架空地线电力线路的零序阻抗计算包含两部分：单回路的零序阻抗和第二回对第一回的互阻抗，零序阻抗进一步增大。双回并联正序阻抗减小，但每一回的正序阻抗值与单回是一样的。

4-74 C　提示：短路容量 $S = \sqrt{3}\,U_{av}I_f^{(3)} = \sqrt{3}\times 6.3I_f^{(3)} = 10.911\,92I_f^{(3)}$ 四个选项后者与前者比值分别为：A：78.34/7.179 = 10.912 38；B：95.95/8.789 = 10.917 0；C：80.50/

$7.377 = 10.91229$；D：$124.6/7.377 = 16.89$。据此可以排除选项 D，其至可以排除选项 B。

$$x_{S*} = \frac{S_B}{S_{OC}} = \frac{100}{500} = 0.2$$

$$x_{L2*} = 0.4 \times 10 \times \frac{S_B}{U_{B2}^2} = 4 \times \frac{100}{37^2} = 0.2922$$

$$x_{T1*} = \frac{u_k\%}{100} \times \frac{S_B}{S_N} = \frac{7.5}{100} \times \frac{100}{10} = 0.75$$

$$x_{\Sigma*} = x_{S*} + x_{L2*} + x_{T1*} = 0.2 + 0.2922 + 0.75 = 1.2422$$

对应的标幺值等效电路如图 4-205 所示。

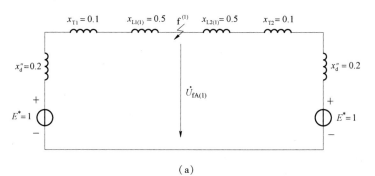

图 4-205　解题 4-74 图

$$I_f^{(3)} = I_{f*}^{(3)} \times \frac{S_B}{\sqrt{3}\,U_{B1}} = \frac{1}{x_{\Sigma*}} \times \frac{S_B}{\sqrt{3}\,U_{B1}} = \frac{1}{1.2422} \times \frac{100}{\sqrt{3} \times 6.3}\,\text{kA} = 7.3775\,\text{kA}$$

$$S = \sqrt{3}\,U_{av}I_f^{(3)} = \sqrt{3} \times 6.3 \times 7.3775\,\text{MV}\cdot\text{A} = 80.5027\,\text{MV}\cdot\text{A}$$

4-75 B　提示：正序网络如图 4-206(a)所示。

$$x_{\Sigma(1)} = (0.2 + 0.1 + 0.5) /\!/ (0.2 + 0.1 + 0.5) = 0.8 /\!/ 0.8 = 0.4$$

负序网络：静止元件线路 L_1、L_2 和变压器 T_1、T_2 的负序参数与正序参数相同。旋转元件发电机 G_1、G_2 题目给的负序参数与正序参数相同，所以 $x_{\Sigma(2)} = 0.4$。

零序网络［图 4-206(b)］：

$$x_{\Sigma(0)} = 1.5 + 0.1 = 1.6$$

做出复合序网［图 4-206(c)］：

$$I_{fA(1)*} = \frac{1}{0.4 + 0.4 + 1.6} = \frac{5}{12}$$

（a）

（b）　　　　　　　　　（c）

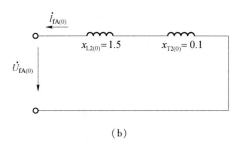

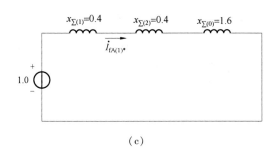

图 4-206　解题 4-75 图

$$I_{fA*} = I_{fA(1)*} + I_{fA(2)*} + I_{fA(0)*} = 3 \times \frac{5}{12} = \frac{5}{4}$$

换算成有名值，得 $I_{fA} = I_{fA*} \times \dfrac{S_B}{\sqrt{3}\, U_B} = \dfrac{5}{4} \times \dfrac{100}{\sqrt{3} \times 230}$ kA $= 0.313\ 8$ kA

4–76 B 提示：$x_{\Sigma*} = x_{G*} + x_{L*} + x_{T*} = 0.2 + 2.7 + 6 = 8.9$

$$I_{K1}^{(3)} = I_{*K1}^{(3)} I_B = \frac{1}{x_{\Sigma*}} \times \frac{S_B}{\sqrt{3}\, U_B} = \frac{1}{8.9} \times \frac{100}{\sqrt{3} \times 0.4} \text{kA} = 16.218 \text{kA}$$

4–77 C 提示：取 $S_B = 100$ MV·A，$U_B = U_{av}$，有

$$x_{G*} = \frac{S_B}{S_{OC}} = \frac{100}{600} = \frac{1}{6}$$

$$x_{L*} = 0.38 \times 5 \times \frac{S_B}{U_B^2} = 0.38 \times 5 \times \frac{100}{10.5^2} = 1.723$$

$$x_{\Sigma*} = x_{G*} + x_{L*} = \frac{1}{6} + 1.723 = 1.89$$

$$I_{f(K1)}^{(3)} = \frac{1}{x_{*\Sigma}} \times \frac{S_B}{\sqrt{3}\, U_B} = \frac{1}{1.89} \times \frac{100}{\sqrt{3} \times 10.5} \text{kA} = 2.91 \text{kA}$$

$$S = \sqrt{3}\, U I_{f(K1)}^{(3)} = \sqrt{3} \times 10.5 \times 2.91 \text{MV·A} = 52.92 \text{MV·A}$$

4–78 A 提示：三相短路是对称短路。

4.6 变压器

4–79 A 提示：$P_{Fe} \propto \beta_M^2 f^{1.3}$，$U_1 \approx E_1 = 4.44 f N_1 \Phi_m$。

4–80 C 提示：$\eta = \left(1 - \dfrac{\beta^2 P_k + P_0}{\beta S_N \cos\varphi_2 + \beta^2 P_k + P_0}\right) \times 100\%$，$\beta = 0.8$。

4–81 A 提示：最大效率时，$\beta_{max} = \sqrt{\dfrac{P_{Fe}}{P_{Cu}}} = \dfrac{I_{A2*}}{I_{B2*}}$，$\dfrac{I_{A2*}}{I_{B2*}} = \dfrac{u_{kA}}{u_{kB}}$。

4–82 B 提示：空载损耗为铁损，短路损耗为铜损。

4–83 C 提示：短路试验可计算二次侧漏抗和二次侧电阻，但不能计算铁心损耗和励磁阻抗。

4–84 B 提示：电压调整率与负载性质的对应关系。

4–85 C 提示：一次绕组漏电抗 $x_1 = 2\pi f L_1$，二次绕组漏电抗 $x_2 = 2\pi f L_2$。当电源频率 f 减少 15% 时，x_1 和 x_2 都相对应地减少 15%。

4–86 D

4–87 C 提示：$\Delta U = \beta(R^* \cos\varphi_2 + X^* \sin\varphi_2) = 0$

$$\Rightarrow \tan\varphi_2 = -\frac{R^*}{X^*} = -\frac{R}{X} = -\frac{74.9}{315.2} = -0.237\ 6 < 0 \ （呈容性）$$

$$\Rightarrow \cos\varphi_2 = 0.973$$

4.7 感应电动机

4-88 B

4-89 A

4-90 C

4-91 C

4-92 C 提示：原电阻 R_2，转差率 s_N，串入电阻 R_2，转差率 s，则 $\dfrac{R_2+R_2}{s}=\dfrac{R_2}{s_N}$。

4-93 B 提示：$n=\dfrac{60f}{p}$。

4-94 C 提示：相序决定转向。

4-95 B 提示：考虑损耗的存在，$P_e > P_N$，$P_{Cu2}=sP_e$。

4-96 D 提示：根据感应电动机的工作原理，感应电动机运行中既感应电动势，也产生电磁转矩。

4-97 C 提示：根据题意，三相异步电动机拖动恒转矩负载运行，由转矩公式 $P_{em}=9.55C_e\phi I_a$，以及电源电压上升 10% 引起的旋转磁场磁通变大，要保证调节前后转矩不变，需要减小转子电流，所以有 $I_1 > I_2$。

4-98 B 提示：$E_{2s}=sE_{20}$。

4-99 A

4-100 D

4-101 A 提示：电角度指电信号周期变化的时间角。

4-102 B 提示：$n_0=\dfrac{60\times f}{p}=\dfrac{60\times 60}{3}$ r/min $=1200$ r/min，转子转差率为 2%。

那么，转速 $n=n_0(1-s)=1200\times(1-0.02)$ r/min $=1176$ r/min，换算为单位 rad/s 的转速，则有 $n\times\dfrac{2\pi}{60}=1176\times\dfrac{2\pi}{60}$ rad/s $=123.1$ rad/s。

4-103 D 提示：感应电动机的同步转速 $n_0=\dfrac{60f}{p}=1000$ r/min，根据转差率的定义，$s=\dfrac{n_0-n}{n_0}\times 100\%=4\%$，可得电动机转速 $n=960$ r/min。

4-104 A

4-105 D

4-106 C 提示：目的在改变三相电流的相序。

4-107 A 提示：依照题意，电动机正常工作时采用 △ 工作方式，如图 4-207 所示。

所以相电流：$I_{相}=\dfrac{I_N}{\sqrt 3}=\dfrac{91}{\sqrt 3}$A。

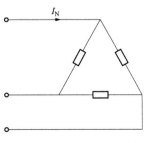

图 4-207 解题 4-107 图

每相的电抗：$X_{相} = \dfrac{380}{I_{相}} = \dfrac{380\sqrt{3}}{91}\Omega$。

星形起动时稳态电流：$I_{线} = I_{相} = \dfrac{220}{X_{相}} = \dfrac{91}{3}\text{A} = 30.33\text{A}$。

所以 $I_{st} = 6 \times 30.33\text{A} = 182\text{A}$。

4-108 C　提示：异步电动机的额定转速 $n = 1470\text{r}/\text{min}$，则其同步转速为 $n_0 = 1500\text{r}/\text{min}$。根据异步电动机同步转速公式，$n_0 = 60f/p$，频率 $f = 50\text{Hz}$，则极对数 $p = 2$ 对，因此磁极数为 4。

4-109 C　提示：异步电动机在起动瞬间，星形联结的起动电流是三角形联结起动电流的 $1/3$。三角形联结起动时电流为 100A，则星形联结起动电流为 33.33A。

4-110 A

4-111 B　提示：异步电动机起动电流与负载无关。

4-112 B

4-113 B

4-114 B　提示：根据三相异步电动机起动时的等效电路，其短路阻抗为 $|Z_k| = \sqrt{R_k^2 + X_k^2} = \sqrt{(r_1 + r_2')^2 + (x_1 + x_2')^2} \approx X_k$。

电动机直接起动时，起动电流 $I_{n1} = \dfrac{U_p}{|Z_k|} \approx \dfrac{U_p}{X_k} = 6.5 \times 136\text{A} = 884\text{A}$。

定子每相串电抗 X 起动时，起动电流 $I_{n2} = \dfrac{U_p}{X_k + X} = 500\text{A}$，可得 $X = 0.19\Omega$。

4-115 C　提示：此题的考点是电动机串电阻调速的问题。设串入电阻前后的转差率分别为 s_2 和 s_2'，串入电阻前后所对应的转子电阻值分别为 r_2 和 r_2'，则由机械特性公式 $\dfrac{r_2}{s_2} = \dfrac{r_2'}{s_2'}$，再由 $r_2' = r_2 + r_s$，其中，r_s 表示将转差率由 s_2 增大到 s_2' 时，每相需要串入的电阻值为 $2r_2$（题目中已知），并由机械特性得 $\dfrac{r_2}{s_2} = \dfrac{r_2'}{s_2'} = \dfrac{r_2 + 2r_2}{s_2'} = \dfrac{3r_2}{s_2'}$，可知 $s_2' = 3s$。

4-116 A

4-117 C

4-118 C　提示：三相异步电动机在电路中呈感性，因此功率因数是滞后的。三相异步电动机空载时，定子电流基本上是励磁电流，主要用于无功励磁，因此空载时功率因数很低。

4-119 D　提示：异步电动机尤其是感应电动机对电网呈现感性。

4-120 C

4-121 D　提示：异步电动机的转速计算公式为 $n = \dfrac{n_0 - n}{n_0}$。

4-122 D　提示：$E_{2S} = sE_2$。根据异步电动机的额定转速 $n = 970\text{r}/\text{min}$，可推断其同步转速 $n_0 = 1000\text{r}/\text{min}$，可以计算出转差率 $s = \dfrac{n_0 - n}{n_0} \times 100\% = 3\%$。因此，$E_{2S} = s \times E_2 = 3\text{V}$。

4.8 同步电机

4-123 D 提示：画相量图计算。

4-124 B 提示：增大有功功率，提高功率因数。

4-125 B 提示：根据同步电机有功功率公式 $P_{em} = \dfrac{mE_0 U}{x_s}\sin\delta$，则功角为 $90°$ 时传输功率最大。

4-126 D 提示：$E_a = U\cos(\varPhi - \varphi) + I_d x_d$，可画相量图计算。

4-127 B 提示：由 P_{em} 不变得 $\dfrac{E_0 U_N}{x_d}\sin20° = \dfrac{E'_0 \times 0.6U_N}{x_d} \times \sin25°$。

4-128 C

4-129 C 提示：水轮发电机属于凸极式同步发电机，其内功率因数角

$$\psi = \arctan\frac{U_N\sin\varphi + I_N X_q}{U_N\cos\varphi} = 55.85°$$

功率因数角 $\theta = \psi - \varphi = 55.85° - \arccos0.8 = 18.98°$，则直轴电流 $I_d = I_N\sin\psi = 460 \times \sin55.85°A = 380.7A$。

由此可计算空载电动势 $E_0 = U_N\cos\theta + I_d X_d = 12.10kV$。

4-130 A 提示：对于同步发电机，当忽略定子绕组电阻后，输出功率等于电磁功率。由电磁功率公式 $P_M = \dfrac{mUE_0}{X_C}\sin\theta$。

可知，相电压 U 是常量，由无穷大电网决定；励磁电流不变，则电动势 E_0 不变，X_C 对发电机为定值，故输出功率减小，功角 θ 减小。变化前功率因数 $\cos\varphi = 1$ 为最大状态，变化后功率因数只能下降。

4-131 B 提示：内功率因数角为感应电动势 E_0 与电枢电流之间的相位角。

4.9 过电压及绝缘配合

4-132 B 提示：$u = L\dfrac{di}{dt}$，变压器为一个感性负载，电流的突变必然造成过电压。

4-133 B

4-134 C 提示：参考"行波的折射和反射"的公式即可。本题中末端空载，末端节点上的电压值 $u_{2q} = 2u_{1q} = 2U_0$。

4-135 C 提示：参见 4.9.1 节电力系统过电压的种类。

4-136 C 提示：参见 4.9.1 节知识点复习中的系统过电压的种类，雷电过电压属于外部过电压。

4-137 C 提示：$r_x = \sqrt{h(2h_r - h)} - \sqrt{h_x(2h_r - h_x)} = \sqrt{20\times(2\times30 - 20)}\,m - \sqrt{7\times(2\times30 - 7)}\,m = 9m$。

4-138 B

4-139 C

4-140 D

4-141 B 提示：高阻尼电容分压器在测量高频信号时，利用电阻的特性转换；而在测量低频信号时，则是利用电容的转换特性。

4-142 C 提示：A属于工频过电压，B、D属于操作过电压，C属于谐振过电压。

4-143 B 提示：标准接地电阻规范要求：（1）独立的防雷保护接地电阻应小于或等于10Ω；（2）独立的安全保护接地电阻应小于或等于4Ω；（3）独立的交流工作接地电阻应小于或等于4Ω；（4）独立的直流工作接地电阻应小于或等于4Ω。

4-144 A 提示：避雷线的重要作用是使线路雷击跳闸率降低，所以110kV线路一般沿全线架设避雷线，在雷电特别强烈地区，宜装设双避雷线。220kV线路宜沿全线架设双避雷线，以降低其雷击跳闸率。而对35kV及以下线路，考虑到感应过电压及架设避雷线对整个线路造价的影响，一般不沿全线架设避雷线。必须装设双避雷线的应该是330kV。

4-145 D 提示：由题意，将$h_r=30m$、$h=25m$、$h_x=0m$代入公式，得

$$r_x=\sqrt{h(2h_r-h)}-\sqrt{h_x(2h_r-h_x)}=\sqrt{25(2\times30-25)}\,m-0m=29.6m$$

4.10　断路器

4-146 B

4-147 A 提示：从阴极表面发射出来的自由电子，在触头间电场力的作用下，向阳极加速运动，途中与中性粒子碰撞时，若电子有足够的动能，将是中性粒子游离为正离子和自由电子，这个过程叫碰撞游离，电弧的形成主要是碰撞游离所致。电弧形成后，弧隙温度很高，此时处于高温下的触头间隙中分子和原子产生强烈的布朗运动，质点运动加速，动能增加，质点相互碰撞，其结果可使中性粒子游离成电子和正离子，这个过程叫热游离，维持电弧燃烧所需的游离过程是热游离。带电质点相互中和为不导电的中性质点，使带电质点减少的现象叫作去游离。如果去游离过程强于游离过程，电弧便会越来越弱，最后熄灭。显然电弧熄灭过程中的去游离会使得电子数目减少。

4-148 C 提示：隔离开关因没有灭弧装置，因此其作用只是形成一个明显的断点，不能开断电流，A、B错误；D操作顺序要具体看是合闸还是分闸。

4-149 A 提示：负荷开关通常与熔断器配合使用，断路器通常与隔离开关配合使用。

4-150 A

4-151 C

4-152 A 提示：此题只需要搞清楚高压断路器型号的表示方法：1 2 3—4 5/6 7 8。

1——断路器的字母代号，S—少油，D—多油，Z—真空，K—空气，L—SF_6；

2——安装场所代号，N—屋内型，W—屋外型；

3——设计序列号；

4——额定电压，kV；

5——其他标志，G表示改进型，F表示分相操作；

6——额定电流，A；

7——额定开断能力(kA 或 MV·A);

8——特殊环境代号。

4-153 B

4-154 B 提示:断路器具有可靠的灭弧装置,可以关合、开断短路电流;隔离开关没有灭弧装置,其作用只是形成一个明显的断开点。

4.11 互感器

4-155 D

4-156 C 提示:由 $S_{2N}=I_N^2 Z_{2N}$,可得二次额定负荷阻抗为:$Z_{2N}=\dfrac{S_{2N}}{I_N^2}=\dfrac{20}{5^2}\Omega=0.8\Omega$。按照 JJG 313—2010《测量用电流互感器》相关要求,二次回路阻抗应该满足二次负荷不低于额定负荷 25% 的要求,故下限为 0.2Ω。二次负载阻抗不能超过二次额定负荷,故上限为 0.8Ω。

4-157 A

4-158 C 提示:D 中的变压器是属于一次的设备,故不包括。

4-159 C 提示:参见 4.11.1 节中电压互感器的接线形式。

4-160 C

4-161 A 提示:选项 B 无法检测零序分量;选项 C 不完全星形联结无法测量相对地电压;选项 D 的 Y/Y 联结中性点不接地,也无法测量相对地的电压。

4-162 A 提示:参见 4.11.1 节。

4-163 B 提示:工作母线应装一组三绕组电压互感器,而旁路母线可不装。

4-164 C

4.12 直流电机

4-165 A 提示:$\begin{cases} I_a R_a = 5\% U \Rightarrow E_a = 0.95U = C_e \Phi n \\ \Phi' = 0.8\Phi \Rightarrow E_a' = Ce\Phi'n' = 0.8\times0.95U \Rightarrow I_a' R_a = 0.24U \Rightarrow I_a' = 4.8I_a \end{cases}$

4-166 A 提示:$n = \dfrac{U_N - I_a R}{C_e \Phi}$。

4-167 D 提示:以电刷和换向器的接触面为界,外部交流电,内部直流电。

4-168 B

4-169 C 提示:$n = \dfrac{U_N - I_a R}{C_e \Phi}$。

4-170 D 提示:根据直流发电机的电压平衡方程可得

$$E_a = U_a + R_a I_a \Rightarrow C_e \Phi = \frac{U_N + I_{aN} R_a}{n_N} = \frac{230 + 14\times1}{2000} = 0.122$$

电动机运行时,根据直流电动机的电压平衡式得

$$U_a = E_a + R_a I_a = C_e \Phi + R_a I_a$$

可得 $$n = \frac{U_N - I_{aN} R_a}{C_e \Phi} = \frac{220 - 14\times1}{0.122} \text{r/min} = 1688 \text{r/min}$$

4-171 B 提示：直流发电机输出功率 $P_1 = T_1\Omega = \frac{2\pi}{60}T_1 n$，所以增加输出功率需提高转速；而并励直流电动机转速 $n = \frac{U - I_a R_a}{K_E \Phi}$，显然要提高转速应减小电枢电流。

4-172 A 提示：如图 4-208 所示，直流电机的电磁

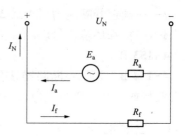

图 4-208 解题 4-172 图

功率 $P_M = E_a \times I_a$，已知 $I_N = \frac{P_N}{U_N} = \frac{20\,000}{230}A = 86.96A$，励磁

电流 $I_f = \frac{U_N}{R_f} = \frac{230}{73.3}A = 3.14A$。则：

电枢电流： $\qquad\qquad\qquad I_a = I_N + I_f = 90.1A$

电枢电动势： $\qquad E_a = U + I_a R_a = 230V + 90.1 \times 0.156V = 244.06V$

电磁功率： $\qquad\quad P_M = E_a I_a = 244.06 \times 90.1W = 21.99kW \approx 22.0kW$

4-173 C

4-174 B

4-175 B

4-176 D 提示：$E_a = c_e \varphi n$。当 $n = 1000r/min$ 时，$E_a = 45V$，可得 $c_e\varphi = 0.045$；$U = E_a + I_a R_a$，那么，此时 $I_a R_a = 3V$。励磁电流和负载转矩不变，当 $n = 900r/min$ 时，$E_a = c_e\varphi n = 0.045 \times 900 = 40.5V$，$U = E_a + I_a R_a = 40.5V + 3V = 43.5V$。

4-177 C 提示：直流发电机与电动机中都产生电磁转矩与感应电动势，目的在于达到电气与机械平衡。

4-178 C 提示：额定负载时，$U_N = C_e \Phi n_N + I_a R_a$。空载时，$I_a = 0$，$n_0 = \frac{U_N}{C_e \Phi}$，转速变化率 $\Delta n = \frac{n_0 - n_N}{n_N} \times 100\%$。

4-179 C 提示：磁极数为 6，则极对数为 3，根据 $n = \frac{60f}{p} = 1000r/min$。

4-180 C 提示：并励直流电动机的电压平衡方程式为

$$E_a = U_a + R_a I_a \Rightarrow C_e \Phi = \frac{U_N - I_{aN} R_a}{n_N} = \frac{220 - 88 \times 0.12}{3000} = 0.07$$

当串入 0.15Ω 的电阻后，由于忽略电枢反应的影响，电枢电流保持不变，那么稳定后电动机的转速为 $n = \frac{U + I_a R_a}{C_e \Phi} = \frac{220 - 88 \times (0.12 + 0.15)}{0.07}r/min = 2803r/min$。

4-181 A

4-182 A 提示：他励直流电动机采用串接电阻的方法起动，主要目的是为了限制起动电流，避免因直接起动而产生的过大电流对电动机及其相关设备造成损害。

4-183 D

4-184 A 提示：直流电动机的转矩为 $T_e = C_T \Phi I_a$，不计饱和时，Φ 与励磁电流 I_f 成正比，即 $\Phi = K_f I_f$，则 $T_e = C_T K_f I_f I_a$。由于串励式直流电动机的电枢电流 I_a 等于励磁电流 I_f，那么，$T_e = C_T K_f I_a^2$，即转矩与电枢电流的二次方成正比。因此，当转矩增大到原来的 4 倍时，相对应地，电流需要增大到原来的 2 倍。

4.13 电气主接线

4-185 C 提示：并列运行条件极为苛刻。

4-186 B 提示：根据电动机运行状态的不同，自起动可以分为三种类型。① 失电压自起动。当运行中突然出现事故，造成电压降低，在事故消除电压恢复时形成的自起动。② 空载自起动。备用电源处于空载状态时，自动投入失去电源的工作段所形成的自起动。③ 带负荷自起动。备用电源已经带有一部分负荷，又自动投入失去电源的工作段时形成的自起动。

4-187 D 提示：厂用电通常采用单母线接线形式，火电厂一般都采用"按炉分段"的接线原则。

4-188 C

4-189 C 提示：外桥接线即指桥断路器在进线断路器的外侧，参见 4.13.1 节第（12）点。

4-190 B 提示：选项 A 中单母线＞单母分段错误；选项 C 中双母线大于 4/3 接线错误；选项 D 中单母分段＞角形接线错误。

4-191 D 提示：参见 4.13.1 节知识点复习中"旁路母线的作用是：检修任一出线断路器时，不会中断对该回路的供电"。

4-192 D 提示：选项 A 是电缆 I_c 较大，加装 L；选项 B 是母线电抗器装在母线分段处；选项 C 的主要目的是为了限制短路电流。

4-193 A 提示：参见 4.13.1 节，旁母的作用就是为了不停电检修某出线断路器。

4-194 C

4-195 C 提示：环网供电可以提高供电可靠性，经济，但接线复杂、调度保护难度增大，故障时电压质量差。

4.14 电气设备选择

4-196 C 提示：参见 4.14.1 节。

4-197 A

4-198 B 提示：选择熔断器时，应该满足下列条件：

1）熔断器的额定电压应不低于线路的额定电压。

2）熔断器的额定电流应不小于它所装熔体的额定电流。

3）熔断器还必须进行断流能力的校验：

对限流式熔断器：因其能在短路电流达到冲击值之前完全熔断并熄灭电流、切除短路故障，故满足的条件是：$I_{OC} \geq I''^{(3)}$。式中：I_{OC} 为熔断器的最大分断电流；$I''^{(3)}$ 为熔断器安装地点的三相次暂态短路电流有效值，在无限大容量系统中，$I''^{(3)} = I_f^{(3)}$。

对非限流式熔断器：因其不能在短路电流达到冲击值之前熄灭电弧，切除短路故障，故满足的条件是：$I_{OC} \geq I_{sh}^{(3)}$，式中，$I_{sh}^{(3)}$ 为熔断器安装地点的三相短路冲击电流有效值。

4）为了保证熔断器在其保护区内发生短路故障时可靠地熔断，熔断器保护的灵敏度应满足条件：$\dfrac{I_{k \cdot min}}{I_{N \cdot FE}} \geq K$。式中：$I_{N \cdot FE}$ 为熔断器熔体的额定电流；$I_{k \cdot min}$ 为熔断器所保护线路末端在系统最小运行方式下的最小短路电流；K 为灵敏系数的最小比值。

4-199 A　提示：同样知识点在 2013 年考过。配电装置中导体均为三相，而且大都布置在同一平面内，计算表明位于中间的 B 相受力峰值最大，此电动力会随短路电流的大小而变化。

4-200 B　提示：参见 4.14.1 节例 4-36。

4-201 A

4-202 B

4-203 B　提示：《电力工程电气设计手册　电气一次部分》配电装置的汇流母线及较短导体（20m 以下）一般按最大长期工作电流选择截面。除配电装置的汇流母线外，对于全年负荷利用小时数较大，母线较长（长度超过 20m），传输容量较大的回路（如发电机至变压器和发电机至主配电装置的回路），均应按照经济电流密度选择导体截面，当无合适规格导体时，导体截面可小于经济电流密度的计算截面。

4-204 D

4-205 B

参 考 文 献

[1] 邱关源. 电路 [M]. 5 版. 北京：高等教育出版社，2018.

[2] 胡翔骏. 电路分析 [M]. 3 版. 北京：高等教育出版社，2016.

[3] 李瀚荪. 电路分析基础 [M]. 5 版. 北京：高等教育出版社，2017.

[4] 王家礼，朱满座，路宏敏. 电磁场与电磁波 [M]. 4 版. 陕西：西安电子科技大学出版社，2016.

[5] 赵凯华，陈熙谋. 电磁学 [M]. 4 版. 北京：高等教育出版社，2018.

[6] 童诗白，华成英. 模拟电子技术基础 [M]. 5 版. 北京：高等教育出版社，2015.

[7] 康华光. 电子技术基础(模拟部分) [M]. 6 版. 北京：高等教育出版社，2014.

[8] 蔡惟铮. 模拟与数字电子技术基础 [M]. 北京：高等教育出版社，2014.

[9] 蔡惟铮. 电子技术基础试题精选与答题技巧 [M]. 3 版. 哈尔滨：哈尔滨工业大学出版社，2006.

[10] 胡宴如. 模拟电子技术学习指导 [M]. 4 版. 北京：高等教育出版社，2014.

[11] 康华光. 电子技术基础(数字部分) [M]. 6 版. 北京：高等教育出版社，2014.

[12] 王毓银. 数字电路逻辑设计 [M]. 3 版. 北京：高等教育出版社，2018.

[13] 何仰赞，温增银. 电力系统分析(上) [M]. 4 版. 武汉：华中科技大学出版社，2016.

[14] 夏道止，杜正春. 电力系统分析 [M]. 3 版. 北京：中国电力出版社，2017.

[15] 熊信银，朱永利. 发电厂电气部分 [M]. 5 版. 北京：中国电力出版社，2015.

[16] 沈其工，方瑜，周泽存，等. 高电压技术 [M]. 4 版. 北京：中国电力出版社，2019.

[17] 刘万顺. 电力系统故障分析 [M]. 3 版. 北京：中国电力出版社，2010.

[18] 肖湘宁. 电能质量分析与控制 [M]. 北京：中国电力出版社，2010.

[19] 张晓江，顾绳谷. 电机及拖动基础 [M]. 5 版. 北京：机械工业出版社，2016.

[20] 李发海，王岩. 电机与拖动基础 [M]. 4 版. 北京：清华大学出版社，2012.

[21] 汤蕴璆. 电机学 [M]. 5 版. 北京：机械工业出版社，2014.

[22] 陈志新. 2024 注册电气工程师执业资格考试专业基础辅导教程 [M]. 北京：中国电力出版社，2024.